“十四五”时期国家重点出版物出版专项规划项目

第二次青藏高原综合科学考察研究丛书

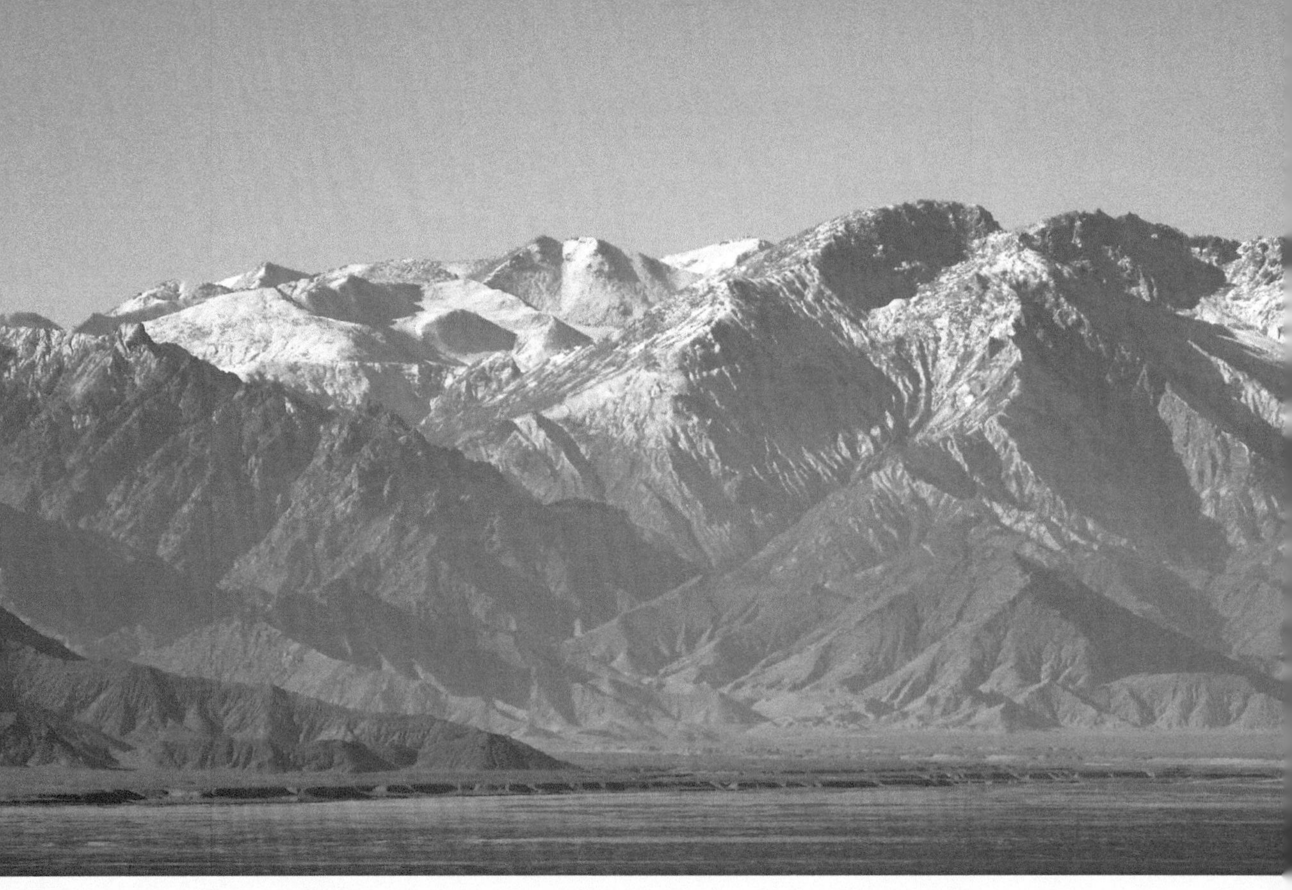

羌塘盆地
构造演化与油气生成和保存

李亚林　付修根　毕文军　贺海洋　等　著

科学出版社

北　京

内 容 简 介

本书介绍了第二次青藏高原综合科学考察研究之青藏高原油气形成保存规律与资源潜力评价科考分队对羌塘盆地油气资源的调查与研究成果。全书以羌塘盆地构造演化为主线，分析了中生代关键时期盆地沉积－构造演化及其与石油地质条件的关系，系统总结了盆地基本构造格局和构造变形特征，对盆地构造单元进行了精细划分，厘清了盆地中生代晚期以来构造事件及其与盆地变形改造、隆升剥蚀的关系，以及构造事件对油气生成与保存条件的影响，同时根据盆地变形改造、岩浆活动、抬升剥蚀等对盆地有利油气保存单元进行了预测，指出了盆地油气有利保存远景区，对羌塘盆地下一步油气评价和勘探工作具有借鉴和指导意义。

本书可供从事石油地质、青藏高原基础地质研究和油气资源勘查等专业的科研、教学等相关人员参考使用。

审图号：GS 京 (2024) 1540 号

图书在版编目（CIP）数据

羌塘盆地构造演化与油气生成和保存 / 李亚林等著. -- 北京：科学出版社, 2024. 9. --（第二次青藏高原综合科学考察研究丛书）. -- ISBN 978-7-03-079144-3

Ⅰ. P618.130.2；P618.130.1

中国国家版本馆CIP数据核字第2024DG3329号

责任编辑：焦 健 张梦雪 / 责任校对：何艳萍
责任印制：肖 兴 / 封面设计：吴霞暖

科学出版社 出版
北京东黄城根北街16号
邮政编码：100717
http: //www. sciencep. com

北京建宏印刷有限公司印刷

科学出版社发行 各地新华书店经销

*

2024年9月第 一 版 开本：787×1092 1/16
2024年9月第一次印刷 印张：24
字数：563 000

定价：318.00元

（如有印装质量问题，我社负责调换）

“第二次青藏高原综合科学考察研究丛书”

指导委员会

刘丛强　中国科学院地球化学研究所
龚健雅　武汉大学
焦念志　厦门大学
赖远明　中国科学院西北生态环境资源研究院
胡春宏　中国水利水电科学研究院
郭正堂　中国科学院地质与地球物理研究所
王会军　南京信息工程大学
周成虎　中国科学院地理科学与资源研究所
吴立新　中国海洋大学
夏　军　武汉大学
陈大可　自然资源部第二海洋研究所
张人禾　复旦大学
杨经绥　南京大学
邵明安　中国科学院地理科学与资源研究所
侯增谦　国家自然科学基金委员会
吴丰昌　中国环境科学研究院
孙和平　中国科学院精密测量科学与技术创新研究院
于贵瑞　中国科学院地理科学与资源研究所
王　赤　中国科学院国家空间科学中心
肖文交　中国科学院新疆生态与地理研究所
朱永官　中国科学院城市环境研究所

“第二次青藏高原综合科学考察研究丛书”
编辑委员会

第二次青藏高原综合科学考察队
青藏高原油气考察分队人员名单

姓名	职务	工作单位
李亚林	分队长	中国地质大学（北京），地质过程与矿产资源国家重点实验室
王　剑	副分队长	西南石油大学
付修根	副分队长	西南石油大学
王立成	队员	中国科学院青藏高原研究所
韩中鹏	队员	中国地质大学（北京），生物地质与环境地质国家重点实验室
陈　曦	队员	中国地质大学（北京），生物地质与环境地质国家重点实验室
毕文军	队员	中国地质大学（北京）
梁　鹰	队员	中国地质大学（北京）
贺海洋	队员	中国地质大学（北京）
李　帅	队员	中国地质大学（北京）
魏玉帅	队员	中国地质大学（北京）
杜林涛	队员	中国地质大学（北京）
程剑波	队员	中国地质大学（北京）
马星铎	队员	中国地质大学（北京）
肖思祺	队员	中国地质大学（北京）
王新航	队员	中国地质大学（北京）

何志浩	队员	中国地质大学（北京）
李子健	队员	中国地质大学（北京）
张文忠	队员	中国地质大学（北京）
贾永永	队员	中国地质大学（北京）
程　欢	队员	中国地质大学（北京）
周子豪	队员	中国地质大学（北京）
杨　博	队员	中国地质大学（北京）
黄旭日	队员	西南石油大学
邬光辉	队员	西南石油大学
王　志	队员	西南石油大学
王忠伟	队员	西南石油大学
杜秋定	队员	西南石油大学
郑　波	队员	西南石油大学

丛书序一

青藏高原是地球上最年轻、海拔最高、面积最大的高原，西起帕米尔高原和兴都库什、东到横断山脉，北起昆仑山和祁连山、南至喜马拉雅山区，高原面海拔4500米上下，是地球上最独特的地质–地理单元，是开展地球演化、圈层相互作用及人地关系研究的天然实验室。

鉴于青藏高原区位的特殊性和重要性，新中国成立以来，在我国重大科技规划中，青藏高原持续被列为重点关注区域。《1956—1967年科学技术发展远景规划》《1963—1972年科学技术发展规划》《1978—1985年全国科学技术发展规划纲要》等规划中都列入针对青藏高原的相关任务。1971年，周恩来总理主持召开全国科学技术工作会议，制订了基础研究八年科技发展规划（1972—1980年），青藏高原科学考察是五个核心内容之一，从而拉开了第一次大规模青藏高原综合科学考察研究的序幕。经过近20年的不懈努力，第一次青藏综合科考全面完成了250多万平方千米的考察，产出了近100部专著和论文集，成果荣获了1987年国家自然科学奖一等奖，在推动区域经济建设和社会发展、巩固国防边防和国家西部大开发战略的实施中发挥了不可替代的作用。

自第一次青藏综合科考开展以来的近50年，青藏高原自然与社会环境发生了重大变化，气候变暖幅度是同期全球平均值的两倍，青藏高原生态环境和水循环格局发生了显著变化，如冰川退缩、冻土退化、冰湖溃决、冰崩、草地退化、泥石流频发，严重影响了人类生存环境和经济社会的发展。青藏高原还是“一带一路”环境变化的核心驱动区，将对“一带一路”沿线20多个国家和30多亿人口的生存与发展带来影响。

2017年8月19日，第二次青藏高原综合科学考察研究启动，习近平总书记发来贺信，指出“青藏高原是世界屋脊、亚洲水塔，是地球第三极，是我国重要的生态安全屏障、战略资源储备基地，是中华民族特色文化的重要保护地”，要求第二次青藏高原综合科学考察研究要“聚焦水、生态、人类活动，着力解决青藏高原资源环境承载力、灾害风险、绿色发展途径等方面的问题，为守护好世界上最后一方净土、建设美丽的青藏高原作出新贡献，让青藏高原各族群众生活更加幸福安康”。习近平总书记的贺信传达了党中央对青藏高原可持续发展和建设国家生态保护屏障的战略方针。

第二次青藏综合科考将围绕青藏高原地球系统变化及其影响这一关键科学问题，开展西风–季风协同作用及其影响、亚洲水塔动态变化与影响、生态系统与生态安全、生态安全屏障功能与优化体系、生物多样性保护与可持续利用、人类活动与生存环境安全、高原生长与演化、资源能源现状与远景评估、地质环境与灾害、区域绿色发展途径等10大科学问题的研究，以服务国家战略需求和区域可持续发展。

“第二次青藏高原综合科学考察研究丛书”将系统展示科考成果，从多角度综合反映过去50年来青藏高原环境变化的过程、机制及其对人类社会的影响。相信第二次青藏综合科考将继续发扬老一辈科学家艰苦奋斗、团结奋进、勇攀高峰的精神，不忘初心，砥砺前行，为守护好世界上最后一方净土、建设美丽的青藏高原作出新的更大贡献！

孙鸿烈

第一次青藏科考队队长

丛书序二

青藏高原及其周边山地作为地球第三极矗立在北半球，同南极和北极一样既是全球变化的发动机，又是全球变化的放大器。2000年前人们就认识到青藏高原北缘昆仑山的重要性，公元18世纪人们就发现珠穆朗玛峰的存在，19世纪以来，人们对青藏高原的科考水平不断从一个高度推向另一个高度。随着人类远足能力的不断加强，逐梦三极的科考日益频繁。虽然青藏高原科考长期以来一直在通过不同的方式在不同的地区进行着，但对于整个青藏高原的综合科考迄今只有两次。第一次是20世纪70年代开始的第一次青藏科考。这次科考在地学与生物学等科学领域取得了一系列重大成果，奠定了青藏高原科学研究的基础，为推动社会发展、国防安全和西部大开发提供了重要科学依据。第二次是刚刚开始的第二次青藏科考。第二次青藏科考最初是从区域发展和国家需求层面提出来的，后来成为科学家的共同行动。中国科学院的A类先导专项率先支持启动了第二次青藏科考。刚刚启动的国家专项支持，使得第二次青藏科考有了广度和深度的提升。

习近平总书记高度关怀第二次青藏科考，在2017年8月19日第二次青藏科考启动之际，专门给科考队发来贺信，作出重要指示，以高屋建瓴的战略胸怀和俯瞰全球的国际视野，深刻阐述了青藏高原环境变化研究的重要性，要求第二次青藏科考队聚焦水、生态、人类活动，揭示青藏高原环境变化机理，为生态屏障优化和亚洲水塔安全、美丽青藏高原建设作出贡献。殷切期望广大科考人员发扬老一辈科学家艰苦奋斗、团结奋进、勇攀高峰的精神，为守护好世界上最后一方净土顽强拼搏。这充分体现了习近平生态文明思想和绿色发展理念，是第二次青藏科考的基本遵循。

第二次青藏科考的目标是阐明过去环境变化规律，预估未来变化与影响，服务区域经济社会高质量发展，引领国际青藏高原研究，促进全球生态环境保护。为此，第二次青藏科考组织了10大任务和60多个专题，在亚洲水塔区、喜马拉雅区、横断山高山峡谷区、祁连山-阿尔金区、天山-帕米尔区等5大综合考察研究区的19个关键区，开展综合科学考察研究，强化野外观测研究体系布局、科考数据集成、新技术融合和灾害预警体系建设，产出科学考察研究报告、国际科学前沿文章、服务国家需求评估和咨询报告、科学传播产品四大体系的科考成果。

两次青藏综合科考有其相同的地方。表现在两次科考都具有学科齐全的特点，两次科考都有全国不同部门科学家广泛参与，两次科考都是国家专项支持。两次青藏综合科考也有其不同的地方。第一，两次科考的目标不一样：第一次科考是以科学发现为目标；第二次科考是以摸清变化和影响为目标。第二，两次科考的基础不一样：第一次青藏科考时青藏高原交通整体落后、技术手段普遍缺乏；第二次青藏科考时青藏高原交通四通八达，新技术、新手段、新方法日新月异。第三，两次科考的理念不一样：第一次科考的理念是不同学科考察研究的平行推进；第二次科考的理念是实现多学科交叉与融合和地球系统多圈层作用考察研究新突破。

“第二次青藏高原综合科学考察研究丛书”是第二次青藏科考成果四大产出体系的重要组成部分，是系统阐述青藏高原环境变化过程与机理、评估环境变化影响、提出科学应对方案的综合文库。希望丛书的出版能全方位展示青藏高原科学考察研究的新成果和地球系统科学研究的新进展，能为推动青藏高原环境保护和可持续发展、推进国家生态文明建设、促进全球生态环境保护做出应有的贡献。

姚檀栋

第二次青藏科考队队长

前　　言

西藏地区是中国大陆上面积最大、勘探和认识程度最低的含油气大区，该区位于全球油气产量最高、储量最丰富的特提斯构造域中段，与之毗邻的西段是著名的中东油气区和中亚油气区，东段是东南亚油气区，特提斯构造域面积仅占全球面积的17%，油气储量却占世界探明总储量的70%。在西藏地区发育了一系列大型中生代、新生代沉积盆地，其中海相沉积盆地主要包括羌塘盆地、措勤盆地、比如盆地、岗巴－定日盆地等，陆相盆地主要包括伦坡拉盆地、尼玛盆地、洞错盆地、可可西里盆地等，构成中生代海相盆地和新生代陆相盆地两大勘探领域。西藏地区中生代海相盆地与中东、北非、中亚油气区具有相似的地质背景和石油地质条件，其中羌塘盆地沉积厚度大、生油层丰富、区域封盖发育，具有较好的储层条件，是该区最具勘探前景的含油气盆地。

羌塘盆地大地构造位置夹持于拉竹龙－金沙江构造带和班公湖－怒江构造带之间，盆地发育巨厚的中生代海相沉积，不仅是我国面积最大的中生代海相盆地，也是西藏地区海相地层保存最为完整的沉积盆地。羌塘盆地油气勘查始于20世纪90年代，1993~1998年中国石油天然气集团有限公司成立了新区油气勘探事业部青藏油气勘探项目经理部，开始对羌塘盆地、措勤盆地、比如盆地、昌都盆地、岗巴－定日盆地等开展了系统的石油地质调查与研究工作，包括石油地质路线调查与填图、遥感地质解译、重力测量、航磁测量、大地电磁测量、二维地震、油气化探等。本次工作查明了羌塘盆地的地层、沉积、构造和基本油气地质条件，取得的主要认识包括：羌塘盆地发育多套烃源层，生烃潜力巨大，具有雄厚的找油基础；盆地白云岩、生物礁、颗粒滩发育，为油气聚集提供了有利的储集空间；泥质岩和膏盐在侏罗系不同层位发育，是盆地良好盖层；盆地发育多套生储盖组合；盆地大型背斜构造发育，为油气聚集提供了有利场所；盆地具有较好的油气远景与资源潜力，应作为西藏地区首选勘探目标（赵政璋等，2001a，2001b，2001c，2001d）。在 1997~2003 年，国家重点基础研究发展计划（973 计划）“羌塘盆地演化与油气资源远景”课题在羌塘盆地发现隆鄂尼–昂达尔错古油藏带，进一步证实了盆地存在大规模油气聚集和成藏过程（王成善等，2004）；自然资源部“十・五”重点研究项目“青藏高原重点沉积盆地油气资源潜力分析”对西藏地区主要海相盆地生、储、盖、油气保存条件及资源潜力等开展了综合分析与资源潜力评价。

2004~2014 年，自然资源部实施了“青藏高原油气资源战略选区调查与评价”专项，对羌塘盆地、措勤盆地、岗巴–定日盆地、比如盆地等海相盆地以及新生代陆相盆地开展了地质走廊大剖面、1∶5 万构造与化探详查、大地电磁测深、二维地震等调查，对羌塘盆地、措勤盆地、可可西里盆地以及沱沱河盆地等进行了油气资源量预测。与此同时，中国石油化工集团有限公司海相前瞻性项目也对羌塘盆地沉积充填序列、构造格架、岩相古地理和石油地质条件等开展了调查与评价。2009~2014 年，中国地质调查局实施了“青藏高原重点盆地油气资源战略调查与选区”和“青藏地区油气调查评价”计划项目，通过二维地震、大地电磁测量、地质浅钻和微生物地球化学等调查，对羌塘盆地开展了靶区优选，优选出 6 个油气勘探有利区带和 9 个重点区块（王剑等，2009；李亚林，2011），并于 2016~2018 年在北羌塘拗陷半岛湖地区实施了羌科 1 井工程（深度为 4696m），发现了多层油气显示及多套膏泥岩（王剑等，2022），深化了对羌塘盆地油气地质及保存条件的认识。

经过几十年的不懈努力和探索，在羌塘盆地基础地质、油气地质、地球物理勘探技术等方面，取得了系列成果，形成了以下认识：①羌塘盆地沉积厚度巨大（6000~13000m），与全球油气资源最为丰富的特提斯构造域油气区具有相似的地质背景和石油地质条件；②盆地发育多套优质烃源岩，具有较好的生烃潜力，具有形成大型油气田的物质基础，其中上三叠统巴贡组和中—下侏罗统曲色组烃源岩厚度大、有机碳含量高、有机质类型好，为盆地主力烃源岩；③羌塘盆地发育多套储集层，其中南羌塘拗陷主要储集层为中侏罗统布曲组白云岩，白云岩分布广泛、物性好、厚度大、普遍含油，为盆地优质储层；④羌塘盆地区域性封盖层发育，北羌塘拗陷中—下侏罗统雀莫错组和中侏罗统夏里组发育厚度巨大的硬石膏层和含膏泥质岩，且均具区域性分布特点，表明盆地具有较好的封盖条件；⑤盆地沉积充填序列、地层–构造格架、岩相古地理特征、基底隆拗格局和石油地质条件研究表明，羌塘盆地中生界发育上三叠统巴贡组—中侏罗统雀莫错组、下侏罗统曲色组—中侏罗统夏里和中侏罗统布曲组—夏里组等多套生储盖组合；⑥南羌塘隆鄂尼–昂达尔错–鄂斯玛白云岩油砂带及羌塘盆地周缘与中央隆起带广泛分布油气（250 余处），表明羌塘盆地曾有过大规模的油气生成、聚集成藏过程；⑦羌塘盆地资源潜力巨大，油气远景资源量可达 50 亿 ~100 亿 t（王成善等，2001；王剑等，2004，2009；刘家铎等，2007）。

尽管西藏地区以羌塘盆地为代表的海相沉积盆地与特提斯构造域油气区具有相似的大地构造背景，并且具有良好的资源前景，但是在整个特提斯构造域，油气分布具有明显的不均一性，油气资源集中分布在少数几个地区，不同构造背景、不同性质与类型的沉积盆地以及不同的古地理条件控制了油气资源形成与分布。此外，西藏地区中生代盆地在大陆汇聚和高原隆升过程中经历了多期不同构造事件的叠加改造，并且发生剥露抬升，成为现今世界海拔最高、面积最大的高原，这一强烈的“盆 – 原”转化过程对盆地油气系统产生了巨大影响。原型盆地在大陆汇聚和高原隆升过程中遭受强烈改造，现今盆地多表现为残留形态，使得油气成藏条件和保存规律异常复杂，而国际上目前对于这种高海拔、强改造、复杂改造型盆地油气成藏的规律尚无先例可循，如何准确认识多期构造事件对盆地油气保存条件的影响，是该区油气资源评价和取得勘探突破面临的难题。从目前研究结果来看，羌塘盆地还存在以下亟待解决的重大地质和石油地质问题。

（1）中生代盆地性质及演化问题。全球大型油气田研究表明沉积盆地的性质和大地构造背景对形成大型油气田具有重要的控制作用。以特提斯构造域最为富集的中东波斯湾地区为例，那里具备了三种最好的油气聚集构造背景，即陆—陆碰撞形成的扎格罗斯前陆盆地、波斯湾被动陆缘盆地和东阿拉伯半岛大陆裂谷盆地。然而，目前对羌塘中生代盆地的性质仍存在较大的争议，存在前陆盆地（李勇等，2001；王成善等，2001）和被动大陆边缘盆地（王剑等，2009，2022）等不同的观点，制约了对盆地油气形成与成藏条件的准确认识。

（2）盆地古地理演化对生、储、盖石油地质条件的控制问题。全球大型油气古地理研究表明，沉积盆地所处的古纬度、古气候和古海洋条件是大型油气区烃源岩、储集层发育和大型油气藏形成的主控因素（Parrish and Curtis，1982；Klemme，1994；朱日祥等，2023）。羌塘盆地晚三叠世—中侏罗世是烃源岩、主力储层发育的重要时期，但是目前对盆地关键烃源岩和储层与全球重大地质事件的关系仍存较大争议，对盆地上三叠统巴贡组和下侏罗统曲色组两套主力烃源岩形成的古地理背景、分布特征，以及古地理对烃源岩品质的影响还不清楚。

（3）多期构造事件对盆地的改造作用及其生烃过程的影响问题。羌塘盆地早白垩世晚期以来经历了多期构造运动（事件），但目前对盆地构造变形和地表隆升主要发生在中生代拉萨 – 羌塘地体碰撞时期（Murphy et al.，1997；Kapp et al.，2005；Volkmer et al.，2007；Staisch et al.，2016），还是新生代印度 – 欧亚碰撞时期（Rowley and Currie，2006；Wang et al.，2008a；Rohrmann et al.，2012；Li et al.，2015c；Lin et al.，

2020）尚存在不同的认识，造成对构造圈闭定型时间及其与油气生成的关系、不同事件对盆地沉积埋藏史、油气生成史的影响存在较大分歧。例如，羌塘盆地目的层的基本构造变形样式存在复式褶皱和多层大规模逆冲推覆等不同认识，一种观点认为南、北羌塘均表现为复式褶皱，北羌塘盆地南北边界和南羌塘断裂相对发育（李亚林，2006；Li et al.，2012，2015c）；另一种观点则认为南、北羌塘均表现为多层大规模逆冲推覆（吴珍汉等，2014，2016）。此外，对羌塘盆地变形改造和隆升过程与盆地埋藏史、油气生成史的关系还不清楚，如盆地构造变形和抬升剥蚀是拉萨–羌塘地体碰撞作用的结果，还是新生代印度–欧亚板块碰撞的结果还不清楚。

（4）盆地构造改造与油气保存问题。油气作为一个流体系统，是地质体中最敏感的部分，油气形成之后，每一次构造事件都对油气的运聚和保存产生明显的影响，即在原型盆地改造过程中使油气藏发生二次运移、破坏乃至部分和全部消失。后期造山作用的构造改造和高原强烈抬升，使得盆地主要勘探目的层不同程度出露，油气保存条件发生显著改变，但对不同时期造山作用和地表抬升对盆地油气形成和保存的影响程度还很不清楚，如何准确认识每次构造事件对盆地的改造作用成为盆地油气评价的关键。但是从目前的研究成果来看，对于油气保存条件的研究是盆地油气地质调查与评价中的最薄弱环节，前期开展的研究也主要是针对盖层条件的研究，而对后期构造改造和隆升作用这两个最为关键问题的认识程度较低。

2019 年以来，第二次青藏高原综合科学考察任务八“青藏高原油气形成保存规律与资源潜力评价”专题针对羌塘盆地存在的关键问题，以板块构造学、沉积盆地动力学和含油气盆地分析理论为指导，对盆地沉积、古地理、结构构造、油气地质条件以及盆地改造作用和保存规律等开展了调查研究，分析了盆地主要烃源岩、储集层和盖层时空分布及其主控因素，对盆地构造改造与油气保存条件进行了分析。在研究思路上突出盆地关键时期构造演化和后期改造与保存条件研究，即以盆地演化为基础，以盆地现今构造特征和构造格局为重点，以后期构造演化的构造事件研究为主线，将地层与沉积、构造分析、热年代学、油气保存单元分析等多种手段结合，分析各期构造事件的变形特征及其对盆地结构构造的控制作用，探讨盆地构造、岩浆和隆升剥蚀对油气保存条件的影响及其复合效应，探索高海拔、改造型盆地油气形成与保存规律，并对盆地有利远景区带（区块）进行预测，本研究成果对羌塘盆地下一步油气评价和勘探工作具有借鉴和指导意义。

本书是第二次青藏高原综合科学考察研究青藏高原油气形成保存规律与资源潜力评价科考分队众多科研和科考人员长期不畏艰苦、辛勤劳动的成果。作者贡献如下：前言、内容简介由李亚林撰写；第 1 章由李亚林、毕文军撰写；第 2 章由付修根、王剑撰写；第 3 章由付修根撰写；第 4 章由张佳伟、钱信禹等撰写；第 5 章由李亚林、程剑波等撰写；第 6 章由毕文军、梁鹰、贺海洋、杜林涛等撰写；第 7 章由毕文军、李亚林等撰写；第 8 章由肖思祺、何志浩等撰写；李亚林、梁鹰对全书进行统稿。李亚林为本书主编，是中国地质大学（北京）的教授，也是第二次青藏高原综合科学考察研究“青藏高原油气形成保存规律与资源潜力评价”专题的总负责人。

参加科学考察工作的，除本书中的各位撰稿人以外，还包括中国地质大学（北京）的王成善、韩中鹏、李帅、王新航、马星铎、李子健、贾永永、黄松、张文忠、杨博、程欢、周子豪、武可聪、宋继政、胡泽凡、范东旭、孙逍晓、张烨、苗澍青、张栩、李圆祥。特别感谢中国科学院地质与地球物理研究所的吴福元院士和秦克章研究员、中国科学院青藏高原研究所的丁林院士和王立成研究员、西藏自治区地质矿产勘查开发局的多吉院士对本次考察的大力支持。在科考过程中得到了西藏自治区自然资源厅、西藏自治区林业和草原局、西藏自治区地质矿产勘查开发局、中国地质大学（北京）科技处、西南石油大学科技处、西藏地勘局第六地质大队、中石化勘探分公司等单位给予的大力支持与帮助，在此，谨向所有关心、支持和帮助本书出版的单位和个人致以衷心的感谢！

摘　　要

位于青藏高原中部的羌塘盆地不仅是我国陆域面积最大的海相残留盆地，也是研究和勘探程度最低的含油气盆地。盆地夹持于拉竹龙－金沙江构造带和班公湖－怒江构造带之间，古、中、新特提斯洋演化以及印度－欧亚大陆碰撞与高原隆升控制了盆地演化和油气系统，导致盆地油气成藏和保存条件异常复杂，成为制约油气评价和取得勘探突破的瓶颈。本书以制约盆地资源评价的重大基础和油气地质问题为研究对象，以盆地构造演化为主线，以大陆碰撞和高原隆升对盆地的改造作用为重点，对盆地烃源岩分布、成因以及盆地构造改造作用与保存条件等开展了综合研究。

通过精细年代学和沉积古地理分析，识别出广泛分布的晚三叠世古风化壳和不整合；恢复重建了晚三叠世—早侏罗世盆地岩相古地理；建立了特提斯演化与盆地演化的时空关系；指出晚三叠世南、北羌塘微陆块拼合导致盆地反转，以及盆地反转对石油地质条件的控制作用；提出北羌塘晚三叠世前陆盆地油气系统和南羌塘侏罗纪早期被动大陆边缘盆地油气系统为盆地最主要的勘探层系。结合东特提斯重大地质事件与全球地质事件，建立了全球重大地质事件与盆地主力烃源岩形成的关系，提出早侏罗世托尔期全球缺氧事件和晚三叠世全球润湿气候事件是盆地主力烃源岩发育的主要控制因素。

盆地埋藏史恢复显示北羌塘坳陷经历了两个埋藏阶段，南羌塘坳陷经历了三个埋藏阶段，南北羌塘坳陷均在晚侏罗世—早白垩世达到最大古地温，埋藏过程及其差异性主要受控于羌塘与松潘－甘孜地体和拉萨－羌塘碰撞事件。生烃史恢复显示北羌塘坳陷经历了中侏罗晚期—早白垩世早期和始新世以后两次生烃高峰期，南羌塘坳陷的两次生烃高峰期分别为早白垩世和中新世。

通过构造变形分析，厘定盆地基本结构和构造变形特征。对盆地基底和盖层进行构造单元划分，将盆地划分为三个一级构造单元、四个二级级构造单元。明确了各构造单元的变形特征和构造样式：北羌塘现今构造样式以大型复式褶皱为主，南羌塘表现为多层次大型逆冲推覆构造。通过同位素地质年代学、构造变形、岩浆作用和构造热年代学等综合分析，建立盆地构造事件序列，以及其沉积、岩浆响应、构造事件与油气生成、保存条件的关系。提出中生代晚期以来盆地经历 140~80 Ma 及 50~40 Ma 两个主要剥露期，第一剥露期受控于拉萨－羌塘碰撞事件，导致盆地抬升剥蚀和主要烃源层初次生烃停滞；第二剥露期受控于印度－欧亚碰撞事件，导致南盆地发生大规模逆冲推覆，对盆地油气藏具有显著破坏改造作用。通过盆地构造变形、岩浆活动、剥蚀强度和油气地质条件对比分析，对盆地改造强度进行划分，提出白滩湖－东月湖－波涛湖、白云湖－映天湖－半岛湖和双泉湖－向阳湖－东湖三个油气有利远景区。

目　　录

第1章

区域地质与石油地质背景

1.1 自然地理概况

青藏高原是全球形成时代最新、海拔最高和面积最大的高原，被誉为“世界屋脊”和“地球第三极”。青藏高原位于祁连山以南、喜马拉雅山脉以北，西起喀喇昆仑山，东抵横断山脉，面积达 240 万 km^2，幅员广袤辽阔，高原四周为高山所环绕，内部地势相对平坦，平均海拔在 4500 m 以上，屹立在塔里木盆地、柴达木盆地、四川盆地和印度河 – 恒河低平原之间。青藏高原位于特提斯构造域东段，特提斯复杂的演化过程在高原广阔的地域上形成了众多性质与类型不同的沉积盆地，海相盆地主要包括羌塘盆地、措勤盆地、岗巴 – 定日盆地、比如盆地等，陆相盆地主要包括扎达盆地、尼玛 – 伦坡拉盆地和可可西里盆地等，这些盆地由于受后期构造改造作用和高原地表隆升的影响，多呈残留状态（图 1.1）。羌塘盆地地处高原腹地（81°~96°E、32°~35°N 之间），平均海拔为 4800 m，东西向延伸约 800 km，南北向宽度为 250~350 km，面积约 220000 km^2，是青藏高原面积最大、油气地质条件最为优越的沉积盆地。

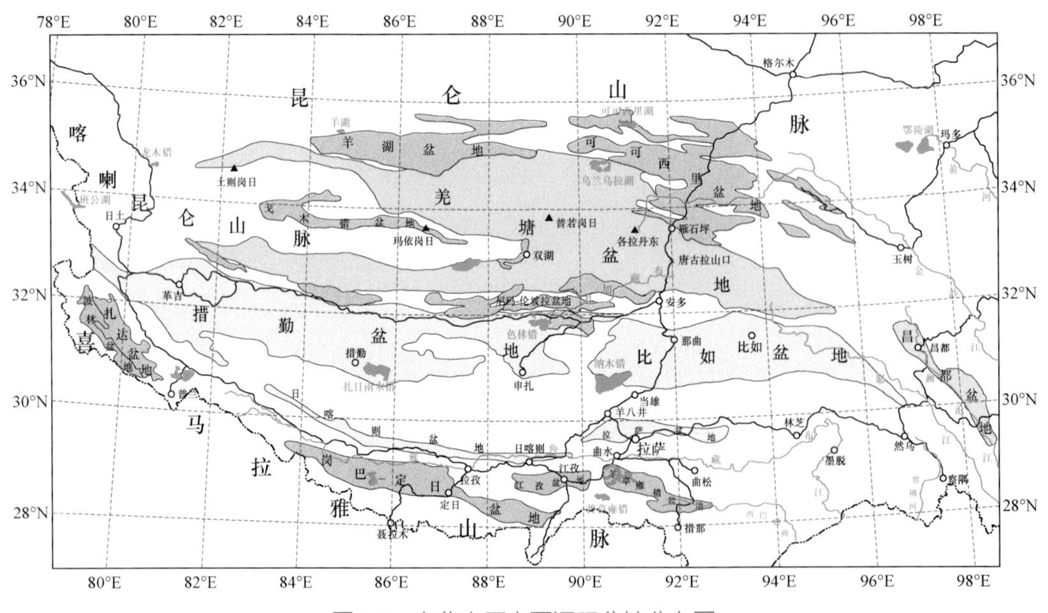

图 1.1　青藏高原主要沉积盆地分布图

羌塘盆地平均海拔为 4800 m，地貌总体较平缓，盆地内规模较大的山系包括唐古拉山、那底岗日山、玛依岗日山、祖尔肯乌拉山等，盆地内湖泊星罗棋布，水系不发育，常流河少。该区地处亚寒带半干旱季风型气候区，气候干燥、寒冷，空气稀薄，低压、缺氧严重，年平均气温为 5℃，最高为 12℃，最低为 –33℃，年降水量平均为 127 mm，年蒸发量为 2427 mm，具气压低、严重缺氧、寒冷干燥、风力强劲、紫外线辐射强、含氧量低、日温差大及天气变化频繁等特点。该区交通极为不便，除青藏铁路和格尔木至拉萨公路、安多 – 改则公路和班戈至双湖、尼玛公路外，其他地区交通不便，盆地北部为无人区，人类赖以生存的物质基础和生活条件缺乏，被称为“生命禁区”。其特殊的自然地理条件和社会经济条件以及复杂油气地质条件，导致羌塘盆地目前仍是我国基础地质研究和油气勘探工作程度最低的地区。

1.2　大地构造背景

青藏高原由多个地体拼接而成，呈现出近东西向展布的构造带与稳定的地体相间的构造格局，自南向北依次为喜马拉雅地体、拉萨地体、羌塘地体、巴颜喀拉 – 松潘 – 甘孜地体、昆仑 – 柴达木地体，各个地体之间被近东西向展布的缝合带分隔，自南向北依次为雅鲁藏布江缝合带、班公湖 – 怒江缝合带、龙木错 – 双湖缝合带、可可西里 – 金沙江缝合带等，代表了各板块或地体（块）由北而南依次向古欧亚大陆南缘拼贴增生的地质历史。羌塘地体夹持于北部的可可西里 – 金沙江缝合带与南部的班公湖 – 怒江缝合带之间，北部邻接巴颜喀拉 – 松潘 – 甘孜地体，南部邻接拉萨地体（图 1.2）。羌塘盆地为发育于羌塘地体上的沉积盆地，盆地内广泛发育中生代海相沉积地层，不仅是我国面积最大的中生代海相残留盆地之一，也是青藏高原内部海相地层保存最为完整的沉积盆地，南北两侧古洋盆演化及其汇聚碰撞作用控制了盆地的形成与演化。然而，尽管羌塘盆地具有良好的石油基础地质条件，但在后期受拉萨 – 羌塘地体、印度 – 欧亚大陆碰撞与高原隆升的影响，原型盆地经历了多次构造运动的叠加改造，使得油气成藏和保存条件异常复杂，因此，区域大地构造演化成了探讨盆地形成演化和油气成藏与保存的关键问题。

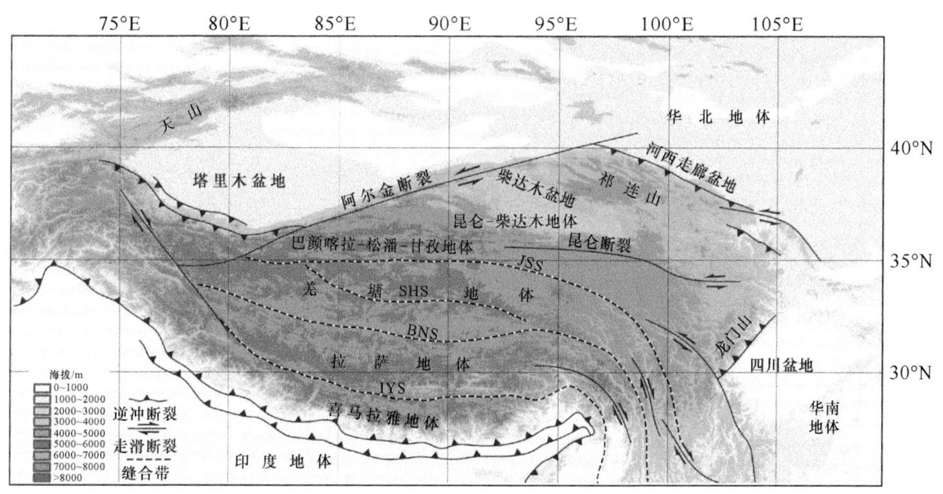

图 1.2　青藏高原及邻区大地构造简图

JSS：可可西里 – 金沙江缝合带；SHS：龙木错 – 双湖缝合带；BNS：班公湖 – 怒江缝合带；IYS：雅鲁藏布江缝合带

1.2.1　可可西里 – 金沙江缝合带

可可西里 – 金沙江缝合带作为羌塘地体北界和东界与巴颜喀拉 – 松潘 – 甘孜相邻，

是一条规模巨大的构造混杂岩带，沿拉竹龙－西金乌兰湖－巴塘－得荣一线展布，继续向南经哀牢山－滕条江一带与越南境内的黑水河相接；向西与红山湖－乔尔天山缝合带相接。可可西里－金沙江缝合带表现为一条规模巨大的构造混杂岩带，其中泥盆纪、石炭纪、二叠纪、三叠纪等不同时代地层、火山岩沿带分布，呈断块型出露。晚三叠世巨厚复理石建造的浅变质碎屑岩、基性、中酸性辉石分布最为广泛。

黄汲清和陈炳蔚（1987）认为可可西里－金沙江缝合带为二叠纪古特提斯关闭的缝合带，是古特提斯演化产物，为冈瓦纳大陆和劳亚大陆拼合界线。关于可可西里－金沙江缝合带的性质，目前存在较大分歧。归纳起来有：其一，认为该带曾是欧亚大陆与冈瓦纳大陆之间广阔海洋（古特提斯洋）的消失位置，代表两大古陆的缝合带（边千韬等，1997）；其二，认为该带只是欧亚大陆南缘的一条陆内结合带，不具两大古陆界线意义；其三，认为该带是一个小洋盆（刘训等，1992），或是裂陷槽（蒋忠惕，1994）和内陆裂谷带（尹集祥，1997）。对于可可西里－金沙江缝合带代表的古特提斯洋盆开启时代基本确定为晚泥盆世—早石炭世（莫宣学等，1993；潘桂棠，1997；汪啸风等，1999），闭合时代为晚三叠世—早侏罗世（Dewey et al.，1988；潘桂棠，1997；Kapp et al.，2003a，2003b；Zhai et al.，2016）。洋盆的闭合是通过双向俯冲完成的，二叠纪—三叠纪向北俯冲到巴颜喀拉－松潘－甘孜地体之下，晚三叠世—早侏罗世向南俯冲到北羌塘之下（Dewey et al.，1988；Pearce and Houjun，1988；Kapp et al.，2003a；Zhang et al.，2006；Zhai et al.，2016）。

1.2.2 羌塘地体

王鸿祯先生早在1982年就提出了羌塘盆地可能存在稳定基底（王鸿祯，1982），并据此将其称为羌塘地体。羌塘地体古老结晶变质主要出露于地体中部，通过对查桑－茶布地区戈木日群变质岩系岩石组合、接触关系、变质变形和同位素年代学综合研究发现，原戈木日群可解体为三叠系硅质岩系与果干加年日群和戈木日群变质岩系，年代学研究表明果干加年日群形成于1111 Ma，而戈木日群时代老于1111 Ma，并在戈木日群中首次发现了2762 Ma和3204 Ma的碎屑锆石（王国芝和王成善，2001），这表明羌塘盆地不仅存在元古宙变质基底，而且可能存在太古宙陆核。这些特点表明，羌塘地体不仅存在古老的结晶基底，而且与中国其他大型地体（扬子地体、塔里木地体等）在基底组成与结构上存在一致性。羌塘地体奥陶系—侏罗系发育了不同性质与类型的海相沉积，构成地体的沉积盖层，也就是羌塘盆地的主体，但从整个盆地沉积充填厚度来看，整个羌塘盆地古生代—中生代沉积平均厚度大于10000 m，其中上三叠统—上侏罗统海相沉积平均厚度大于5000 m，为盆地油气评价与勘探主要目的层系。

羌塘地体侏罗系沉积发育广泛，沉积厚度大，分布面积广，覆盖了整个羌塘地体大部分区域。出露在地体中部、中西部的古生界将羌塘地体划分为北羌塘拗陷、中央隆起带和南羌塘拗陷三个部分。北羌塘拗陷介于可可西里－金沙江缝合带与中央隆起带（中部蛇绿构造混杂岩带）之间，主要出露为侏罗系（厚度＞5000 m），古生界和三叠系零星分布于拗陷的南北边缘。中央隆起带位于戈木日、玛依岗日、双湖一带，以双湖为界，中央隆起带分为西部隆起区和东部隆起潜伏区。沉积学研究表明，指示该隆起在三叠纪晚期以来，对南、北拗陷的沉积具有显著的控制作用（王成善和伊海生，2001）。中央隆起带发育寒武纪—三叠纪蛇绿混杂岩和高压变质带（Pullen et al.，2011；Zhai et al.，2011a），被认为是龙木错 – 双湖古特提斯洋俯冲、碰撞关闭的产物（李才等，1995；Yang et al.，2011；Zhai et al.，2011a，2011b；Zhang et al.，2011）。南羌塘拗陷位于班公湖 – 怒江缝合带和中央隆起带之间，主要出露侏罗系、上三叠统，靠近中央隆起带出露二叠系，上白垩统阿布山组磨拉石沉积不整合于下伏海相沉积之上，标志海相沉积在早白垩世之前结束，海相盆地进入后期改造阶段（Li et al.，2013，2017c）。

1.2.3　龙木错 – 双湖缝合带

沿羌塘地体中部一线出露一套延伸大于 500 km 的蛇绿混杂岩和晚三叠世高压变质岩，被认为是古特提斯洋的残余，代表了沿龙木错 – 双湖缝合带俯冲碰撞造山作用的产物，龙木错 – 双湖缝合带将羌塘地体划分为南羌塘和北羌塘两个次级地体（李才等，1995）。混杂岩主要由超基性岩、堆晶杂岩、枕状玄武岩、放射虫硅质岩、大理岩等岩块（片）等组成，具有典型蛇绿构造混杂岩特征，蛇绿岩时代为寒武纪—二叠纪（吴彦旺，2013），高压变质岩主要包含蓝片岩、白云母片岩和少量大理岩和榴辉岩的变基性岩（Yin and Harrison，2000；Kapp et al.，2003b；Li et al.，2006；Pullen et al.，2011；Zhai et al.，2011b），缝合带形成于龙木错 – 双湖特提斯洋岩石圈的向北俯冲，高压变质带由于板块的回撤而就位（Yang et al.，2011；Zhai et al.，2011b；Zhang et al.，2011）。区域对比研究表明，龙木错 – 双湖缝合带与昌宁 – 孟连缝合带皆发育早古生代与晚古生代蛇绿混杂岩，两者属于同一洋盆，且洋盆经历了寒武纪—二叠纪的长期演化过程，经历了早古生代大洋扩张、早古生代中晚期—晚古生代俯冲消减、晚二叠世末—早三叠世弧 – 弧（陆）碰撞造山等过程，在 244~230 Ma 发生深俯冲，龙木错 – 双湖 – 昌宁 – 孟连缝合带构成了原古特提斯大洋最终消亡后的残迹（王保第等，2021）。也有观点认为沿龙木错 – 双湖缝合带的蛇绿混杂岩为可可西里 – 金沙江缝合带向南俯冲、拆离抬升的产物（Kapp et al.，2000，2003b；Yin and Harrison，2000；Pullen et al.，2011），但该观点在解释变质岩系出露机制时遇到困难，并且与诸多地质事实不符（Zhang et al.，2011）。最新的航空重磁资料显示，南、北羌塘重磁场特征不同，北羌塘基岩磁性明显强于南羌塘，南、北羌塘地体很可能具有不同的地质演化历史（周道卿等，2021）。

1.2.4　班公湖 – 怒江缝合带

班公湖 – 怒江缝合带为羌塘地体与其南的拉萨地体的构造边界，缝合带西起班公湖，向东经日土、改则、东巧、安多、索县、类乌齐、丁青，然后沿怒江南延进入缅甸境内，全长2000 km以上，宽几千米至几十千米。班公湖–怒江缝合带出露一套巨厚的深海相复理石沉积岩系和基性、超基性岩系。复理石沉积岩系主要为侏罗系木嘎岗日群和中—上三叠统乌嘎群，乌嘎群为一套弱变质的板岩、砂质板岩、长石岩屑石英砂岩、硅质灰岩、硅质岩，夹有中基性火山岩及火山碎屑岩，厚度大于2000 m。木嘎岗日群为一套厚度巨大、分布面积广的浅变质复理石沉积，主要为片理化复成分粗砾岩、细砾岩、含砾砂岩、粉砂质页岩、粉砂岩、泥岩夹生物灰岩和千枚岩、粉砂质板岩等，其中常夹有石炭系、二叠系、三叠系灰岩外来岩块和蛇绿岩混杂岩体（块）。沿班公湖–怒江缝合带断续分布大量基性、超基性岩体（群），主要集中于西段班公湖–改则一带、中段湖区一带、东段丁青一带和南段怒江沿岸，被称为班公湖–东巧–怒江蛇绿岩带（王希斌等，1987）或基性–超基性岩带（邓万明，1984）。目前对于班公湖–怒江洋的消亡历史，包括俯冲极性及洋盆闭合时间都存在争议，传统观点认为班公湖–怒江洋是向北俯冲到羌塘地体之下的（Yin and Harrison，2000；Guynn et al.，2006；Kapp et al.，2007；Zhang et al.，2012），然而，近年来的研究认为班公湖–怒江洋盆的消亡是南北双向俯冲的结果（Pan et al.，2012；Zhu et al.，2016），其闭合时间也从中侏罗世跨度到晚白垩世（Kapp et al.，2007；Pan et al.，2012；Zhang et al.，2012；Zhu et al.，2016；Li et al.，2016；Huang et al.，2017；Li et al.，2017b；Liu et al.，2017）。Hu等（2022）对班公湖–怒江缝合带各类资料综合分析认为，早侏罗世（190~180 Ma）班公湖–怒江洋岩石圈向北俯冲，中侏罗统晚期（166~163 Ma）安多微大陆与南羌塘碰撞，晚侏罗世（150~145 Ma）拉萨地体与羌塘地体碰撞，晚白垩世早期海相完全消亡，开始发育大陆红层沉积。

1.2.5 拉萨地体

拉萨地体南北宽150~300 km，东西延伸约2500 km，位于班公湖–怒江缝合带与雅鲁藏布江缝合带之间，也称冈底斯–念青唐古拉地体。拉萨地体目前发现的最老的地层为念青唐古拉群，主要分布于羊八井、当雄和申扎一带，岩性主要为长石石英片岩、斜长角闪岩、变粒岩、阳起石绿帘绿泥片岩、大理岩等。在拉萨地体纳木错一带，出露新元古代奥长花岗岩（约787 Ma）以及新元古代变质岩（张泽明等，2010；Dong et al.，2011），代表了拉萨地体前寒武纪结晶基底，地体最老的沉积盖层为寒武纪变火山–沉积地层（计文化等，2009），且被奥陶纪沉积不整合覆盖（李才等，2010）。

措勤地区在古生代和中生代发育厚度巨大的被动大陆边缘滨浅海相稳定型碳酸盐岩和碎屑岩沉积，石炭系—二叠系含有冷水相动植物分子，被认为曾是冈瓦纳古陆的一部分。拉萨地体分布范围最广泛的是中、新生代火山–沉积岩系，区内大规模分布侏罗系—古近系，新生代陆相火山–沉积地层不整合覆盖在不同时代的古老地层之上，其中晚侏罗世开始广泛接受海相沉积，这些沉积岩系构成措勤盆地的主体。对于拉萨地体（措勤盆地），以往的石油地质调查和盆地评价中以中生界为评价对象，而将古生界作为中生代措勤盆地的基底，但新的调查证实古生界具有较好的油气地质条件，并且发现了多处古生界油气显示，因此拉萨地体古生界具有一定的资源潜力，值得进一步深入研究。

Zhu 等（2009）根据锆石 U-Pb 年龄和 Hf 同位素等研究结果，将拉萨地体划分为南部、中部和北部三个次级构造单元。北拉萨地体发育中晚三叠世—早白垩世沉积，并被上覆晚白垩世陆相磨拉石不整合覆盖，同时北拉萨地体早白垩世岩浆活动广泛发育（120~110 Ma），代表了与班公湖－怒江洋盆向南俯冲相关的岩浆作用（120~110 Ma）（Zhu et al.，2011）。中拉萨地体出露新元古代变质基底，寒武纪变质火山岩—二叠纪盖层沉积广泛分布，在整个拉萨地体范围内有保存很好的奥陶系—三叠系石沉积。南部拉萨地体以近东西向展布的冈底斯岩基以及大规模火山岩分布为特点，时代从三叠纪末延续至中新世（Zhu et al.，2011），三叠纪—早白垩世岩浆活动通常归因于新特提斯洋的向北俯冲，而晚白垩世—新生代岩浆活动主要来源于俯冲的新特提斯洋岩石圈的回转（rollback）（100~65 Ma）、印度大陆和亚洲大陆之间的初始碰撞（65~60 Ma）、俯冲的新特提斯洋岩石圈断裂（60~40 Ma）和印度大陆向北俯冲（30~20 Ma）（Ma et al.，2013；Jiang et al.，2014）。火山沉积盖层主要为早—中侏罗世叶巴组火山－碎屑沉积组合和晚侏罗世—早白垩世桑日群碎屑沉积岩。

1.3　沉积地层

1.3.1　地层分区

羌塘盆地范围广阔，自 20 世纪 80 年代开展的区域地质调查和石油地质调查，分别根据调查区的特点建立了各自的地层区划和地层系统，根据岩石地层组合特征和沉积层序，特别是 1∶25 万区域地质调查成果，将羌塘盆地羌塘地层区分为四个地层分区，即中央隆起地带层分区、开心岭地层分区、北羌塘拗陷地层分区和南羌塘拗陷地层分区（图 1.3）。

1.3.2　地层划分

羌塘盆地自然环境艰苦，地层研究程度很低，在考虑地层学多重地层划分原则的基础上，吸收前人在该区获得的地质资料，特别是 1∶25 万区域地质调查成果，并在归纳上述成果的基础上，提出盆地岩石地层划分对比方案（表 1.1 和表 1.2）。

（1）前泥盆系：该系见于中央隆起带，为一套浅变质岩系，过去多被称为阿木岗群或戈木日群，不同研究者对其时代和对比有不同的认识，王成善和伊海生（2001）将其解体为元古宙的戈木日群结晶基底、中元古界的果干加年山群褶皱基底和构造卷入的石炭系—三叠系变质盖层，本次将其统称为前泥盆系戈木日群。

（2）下古生界：该地层出露的最老地层为奥陶系，主要出露于玛依岗日幅地区，包括下古拉组（O_1x）、塔石山组（$O_{2\text{-}3}t$），其间其与上覆志留系三岔沟组（Ss）整合接触。

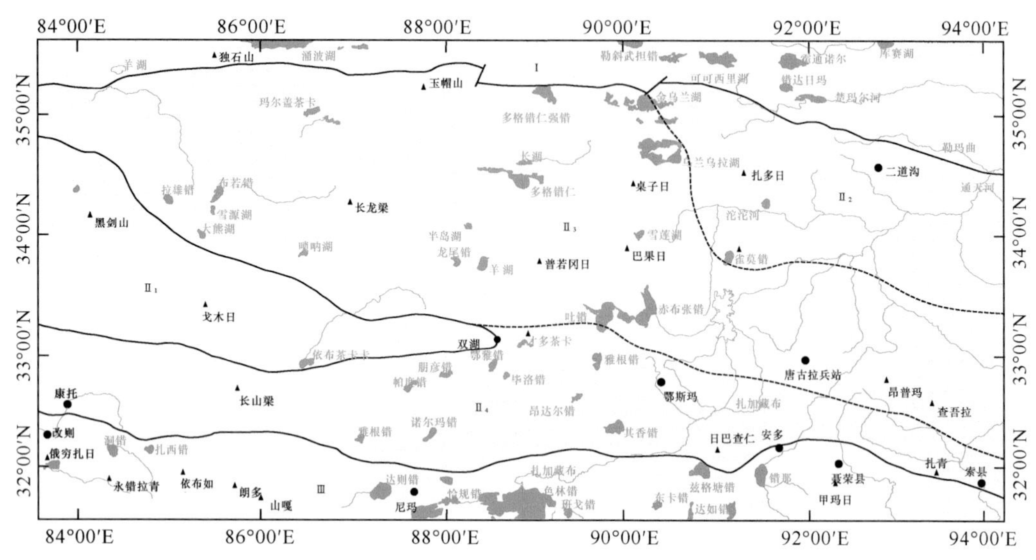

图 1.3　羌塘盆地及邻区地层分区图

Ⅰ：南昆仑–巴颜喀拉地层区；Ⅱ：羌塘地层区；Ⅱ$_1$：中央隆起带地层分区；Ⅱ$_2$：开心岭地层分区；Ⅱ$_3$：北羌塘拗陷地层分区；Ⅱ$_4$：南羌塘拗陷地层分区；Ⅲ：冈底斯–念青唐古拉地层区

表 1.1　羌塘盆地前中生代地层划分对比简表

<table>
<tr><th colspan="2">地层系统</th><th colspan="2">中央隆起带及北羌塘拗陷地层分区</th><th>南羌塘拗陷地层分区</th><th colspan="2">开心岭地层分区</th></tr>
<tr><td rowspan="11">上古生界</td><td rowspan="5">二叠系</td><td>上统</td><td>热觉茶卡组（$\mathrm{P_3r}$）</td><td>?</td><td colspan="2">那益雄组（$\mathrm{P_3n}$）</td></tr>
<tr><td rowspan="3">中统</td><td rowspan="3">雪源河组（$\mathrm{P_2x}$）</td><td rowspan="3">龙格组（$\mathrm{P_2lg}$）　鲁谷组（$\mathrm{P_2l}$）</td><td rowspan="3">开心岭群</td><td>九十道班组（$\mathrm{P_2j}$）</td></tr>
<tr><td>诺日巴尕日保组（$\mathrm{P_2nr}$）</td></tr>
<tr><td>尕笛考组（$\mathrm{P_2gd}$）</td></tr>
<tr><td>下统</td><td>长蛇湖组（$\mathrm{P_1c}$）</td><td rowspan="2">吞龙贡巴组（$\mathrm{P_1t}$）
曲地组［（$\mathrm{C_2}$–$\mathrm{P_1}$）q］
展金组（$\mathrm{C_2z}$）</td><td colspan="2" rowspan="2"></td></tr>
<tr><td rowspan="3">石炭系</td><td>上统</td><td>冈玛错组（$\mathrm{C_2g}$）</td></tr>
<tr><td rowspan="2">下统</td><td rowspan="2">日湾茶卡组（$\mathrm{C_1r}$）</td><td rowspan="2">擦蒙组（$\mathrm{C_1c}$）</td><td rowspan="2">杂多群</td><td>碳酸盐岩组（$\mathrm{C_1zt}$）</td></tr>
<tr><td>碎屑岩组（$\mathrm{C_1zs}$）</td></tr>
<tr><td rowspan="3">泥盆系</td><td>上统</td><td>拉竹龙组（$\mathrm{D_3l}$）</td><td>?　?</td><td colspan="2" rowspan="8">?</td></tr>
<tr><td>中统</td><td>查桑组（$\mathrm{D_2c}$）</td><td rowspan="2">长蛇山组（Dch）</td></tr>
<tr><td>下统</td><td>平沙沟组（$\mathrm{D_1p}$）</td></tr>
<tr><td rowspan="4">下古生界</td><td>志留系</td><td colspan="2">?</td><td>三岔沟组（Ss）</td></tr>
<tr><td rowspan="3">奥陶系</td><td>上统</td><td rowspan="3"></td><td rowspan="2">塔石山组（$\mathrm{O_{2\text{-}3}t}$）</td></tr>
<tr><td>中统</td></tr>
<tr><td>下统</td><td>下古拉组（$\mathrm{O_1x}$）</td></tr>
<tr><td colspan="2">前泥盆系</td><td colspan="2">戈木日群</td><td>?</td></tr>
</table>

表 1.2 羌塘盆地中生代地层划分对比简表

<table>
<tr><th colspan="2">地层系统</th><th>中央隆起分区</th><th colspan="2">北羌塘分区</th><th colspan="2">南羌塘分区</th><th colspan="2">开心岭分区</th></tr>
<tr><td rowspan="2">白垩系</td><td>上统</td><td></td><td colspan="4">阿布山组（K_2a）</td><td colspan="2"></td></tr>
<tr><td>下统</td><td></td><td colspan="4">雪山组、白龙冰河组（J_3–K_1）</td><td colspan="2" rowspan="2">雪山组</td></tr>
<tr><td rowspan="3">侏罗系</td><td>上统</td><td></td><td colspan="4">索瓦组（J_3s）</td></tr>
<tr><td>中统</td><td></td><td colspan="4">夏里组（J_2x）
布曲组（J_2b）</td><td colspan="2"></td></tr>
<tr><td>下统</td><td></td><td colspan="2">雀莫错组（$J_{1\text{-}2}q$）</td><td colspan="2">色哇组（J_2s）
曲色组（J_1s）</td><td colspan="2">雀莫错组（$J_{1\text{-}2}q$）</td></tr>
<tr><td rowspan="5">三叠系</td><td rowspan="3">上统</td><td>那底岗日组（T_3nd）</td><td colspan="2">那底岗日组（T_3nd）</td><td>日干配错组（T_3r）</td><td>土门格拉组（T_3t）</td><td rowspan="3">结扎群</td><td>巴贡组（T_3bg）</td></tr>
<tr><td rowspan="2">肖茶卡组（T_3x）</td><td rowspan="2">肖茶卡组（T_3x）</td><td rowspan="2">藏夏河组（T_3z）</td><td colspan="2" rowspan="2">肖茶卡组（T_3x）?</td><td>波里拉组（T_3bl）</td></tr>
<tr><td>甲丕拉组（T_3j）</td></tr>
<tr><td>中统</td><td colspan="3">康南组（T_2k）</td><td colspan="4" rowspan="2"></td></tr>
<tr><td>下统</td><td colspan="3">康鲁组（T_1k） 硬水泉组（T_1y）</td></tr>
<tr><td colspan="2">二叠系</td><td colspan="3">热觉茶卡组（P_3r）</td><td colspan="2">?</td><td colspan="2">那益雄组（P_3n）</td></tr>
</table>

（3）上古生界：该地层主要发育于中央隆起和开心岭隆起区，主要为滨浅海碳酸盐岩–碎屑岩及海陆交互含煤地层，但两隆起带岩石地层的发育及划分差异较多，难以统一，分别采用各自的岩石地层系统。泥盆系在北羌塘、南羌塘和中央隆起带均有发育，过去有时代依据的地层主要为中、上泥盆统查桑组、拉竹龙组和上二叠统热觉茶卡组，近年来该区先后建立了下泥盆统平沙沟组、石炭系日弯茶卡组和冈玛错组、二叠系长蛇湖组和雪源河组。

（4）中生界：该地层广泛发育于南、北羌塘地区，特别是侏罗系广泛分布，而三叠系和白垩系出露相对零星，发育不全。上三叠统在各分区均有分布，包括北羌塘和中央隆起分区的肖茶卡组、藏夏河组、那底岗日组，以及南羌塘分区的日干配错组、土门格拉组、肖茶卡组，其中那底岗日组原定义为下侏罗统，王剑等（2008）对其中火山岩精确定年（锆石年龄为 205~216 Ma），确定为上三叠统。

（5）新生界：羌塘盆地自白垩纪晚期以来已抬升为陆，无海相地层，发育各种类型的陆相沉积岩及火山岩。

1.3.3 地层系统

1. 前泥盆系

羌塘盆地前泥盆系主要出露于中央隆起带戈木日、玛依岗日、西亚尔岗等地，岩石组合由变质砂岩、石英片岩、角闪片岩、绿泥钠长片岩、板岩、变质玄武岩及大理岩等组成，厚度可达数千米，未见底，上部被古生代沉积不整合覆盖。王成善和伊海生（2001）将这套变质岩系解体为三部分，下部称为戈木日群，相当于古元古界的结晶基底；中部称为果干加年山岩群，为由中元古界组成的褶皱基底；上部为由石炭系—三叠系不同时代地层卷入的变质盖层。由于该套变质岩系研究程度很低，不同的分类方案依据有限，因此将这套变质岩系笼统称为戈木日群，时代归前泥盆纪（图 1.4 和图 1.5）。

2. 古生界

1）奥陶系—志留系

羌塘盆地奥陶系—志留系主要出露于南羌塘塔石山一带，包括奥陶系下古拉组（O_1x）、塔石山组（$O_{2-3}t$）和志留系三岔沟组（Ss），三者之间为整合接触。下古拉组为一套杂色变质细碎屑岩夹结晶灰岩，下部为黑灰色砂岩、粉砂岩、粉砂质页岩；上部为浅灰色薄层状板岩化粉细砂岩、变质粉细砂岩。中—上奥陶统塔石山组下部为中厚层状结晶灰岩、砂屑结晶灰岩夹变质钙质粉砂岩；上部以粉灰色中厚层状结晶灰岩、灰白色厚层大理岩化灰岩为主，夹青灰色砂屑结晶灰岩，产极丰富的鹦鹉螺类、腹足类、海百合茎及保存欠佳的腕足类等化石。志留系三岔沟组岩石类型包括绢云母化粉砂岩、绢云母片岩、结晶灰岩等，产笔石类（图 1.4 和图 1.5）。

2）泥盆系

中央隆起及北羌塘地层分区泥盆系主要包括下泥盆统平沙沟组、中泥盆统查桑组和上泥盆统拉竹龙组（图 1.4）。平沙沟组总体为一套细碎岩夹碳酸盐岩组合。下部主要为中薄层钙质粉砂岩、细砂岩，中层状岩屑长石细砂岩；中部以灰色、褐灰色、浅灰黄色中层状砂岩、粉砂岩为主，夹厚层灰岩、鲕粒灰岩，粉砂岩中产双壳类，如 *Actinodesnia* cf. *vespertilia* 等（李才等，2006）。上部为浅灰色、灰黄色鲕粒灰岩、鲕状灰岩、砾屑灰岩、结晶灰岩夹薄层状泥质灰岩、泥质条带灰岩、泥晶灰岩。中泥盆统查桑组零星出露于中央隆起带的查桑、查布一带，主要为一套含三叶虫、腕足类和珊瑚等化石的生物碎屑灰岩和微晶灰岩。上部产腕足类 *Strigoceras-Zdimir* 组合、菊石 *Manticoceras* sp.；中部产腕足类 *Gypidulina* sp.、*Indospirifer* sp.、珊瑚 *Temnophyllum* sp.、*Disphyllum* sp. 等；下部产三叶虫 *Phacops guangxienisis*、*Cyphspides orientalis* 等，时代为早—中泥盆世（李才等，2006）。上泥盆统拉竹龙组，岩性由灰色生物碎屑灰岩和灰岩组成，产腕足类 *Tenticospirifer* cf. *vilis*、*Yunnanella* sp.、*Cyrtospirifer* sp.、珊瑚 *Phyllipsastraea macoumi* 等（李才等，2006）。

南羌塘地层分区泥盆系长蛇山组（Dch）主要发育于荣玛长蛇山一带，下部为中厚层状大理岩化灰岩、砂屑结晶灰岩；上部为黄灰色、褐灰色中薄层状变质粉砂岩、变质岩屑长石砂岩、变质长石石英细砂岩、粉砂岩夹中薄层状大理岩化砂屑灰岩，底部与下伏志留系连续沉积（图 1.5）。

3）石炭系

中央隆起及北羌塘地层分区石炭系包括下石炭统日湾茶卡组和上石炭统冈玛错组（图 1.4）。日湾茶卡组岩性为灰色、深灰色灰岩、生物灰岩、生物屑灰岩、泥灰岩与灰色、杂色页岩、砂岩、粉砂岩、含砾砂岩的不等厚互层，含丰富的珊瑚、腕足类、双壳类化石，这些丰富的珊瑚、腕足类、双壳类化石都反映了早石炭世的生物群面貌，其中的珊瑚动物群可被称为 *Yuanophyllum-Kueichouphyllum* 组合，时代属早石炭世

界	系	统	组	段	厚度/m	岩性柱	岩性简述	沉积相：亚相	沉积相：相
新生界	新近系		石坪顶组		0~2200		安山岩、玄武岩、英安岩		
	古近系		唢纳湖组		0~4300		含膏灰岩、细砾岩和泥岩		湖泊
			康托组		0~1850		砾岩、砂岩和泥岩互层		湖泊河流
中生界	白垩系	上白垩统	阿布山组		0~950		砾岩、砂砾岩、砂岩及泥岩		湖泊河流
		上侏罗统—下白垩统	雪山组		340~2079		砾岩、砂岩、粉砂岩、泥岩	平原 前缘	三角洲
	侏罗系	上统	索瓦组		284~1228		泥晶灰岩、泥灰岩、介壳灰岩、泥岩夹石膏	萨布哈潮上	潟湖 潮坪
		中统	夏里组		214~679		上部为含砾砂岩、砂岩、粉砂岩；下部为泥灰岩、泥云岩、粉砂质泥岩夹石膏	前缘平原	三角洲 潮坪
			布曲组	上段	356		上部为泥晶灰岩夹泥岩 下部为鲕粒灰岩、泥晶灰岩		台地
				中段	125		泥岩、白云质泥晶灰岩夹石膏		潮坪
				下段	292		泥晶灰岩、泥灰岩、生屑灰岩		台地
		中–下统	雀莫错组		499~931		砾岩、砂岩、泥岩夹白云质灰岩、泥晶灰岩		潮坪 潟湖 三角洲
	三叠系	上统	那底岗日组		217~1571		凝灰岩、安山岩、英安岩夹砂岩		
			肖茶卡组		1063~1184		南带为砂岩、炭质页岩夹灰岩及煤线；中带为微泥晶灰岩；北带为砂岩与泥岩互层		
		中统	康南组		301~540		上部为泥岩、粉砂岩、砂岩；下部为灰岩、泥灰岩与泥岩		三角洲 陆棚
		下统	康鲁组	上段	298~1010		泥晶灰岩、鲕粒灰岩、生物扰动灰岩	浅滩	台地
				下段	310~728		含砾砂岩、粉砂岩、泥页岩	前缘平原	三角洲
古生界	二叠系	上统	热觉茶卡组		330~1150		砂岩、粉砂岩、泥页岩夹灰岩及煤线	平原前三角洲	三角洲
		中统	雪源河组	上段	500~2240		生物碎屑灰岩、微晶灰岩夹珊瑚礁灰岩	礁浅滩	台地
		下统	长蛇湖组	下段	>562		灰岩、砂岩		滨岸
	石炭系	上统	冈玛错组		>149		灰岩、砂岩、粉砂岩		
		下统	日湾茶卡组		395~1282		灰岩、泥灰岩、粉砂岩、泥岩，底部为砾岩		陆棚
	泥盆系	上统	拉竹龙组		>245~440		灰岩	开阔台地	台地
		中统	查桑组		>554		生物碎屑灰岩、微晶灰岩		
		下统	平沙沟组		>833		砂岩、粉砂岩、灰岩		三角洲
前泥盆系			戈木日群				千枚岩、板岩、片麻岩		

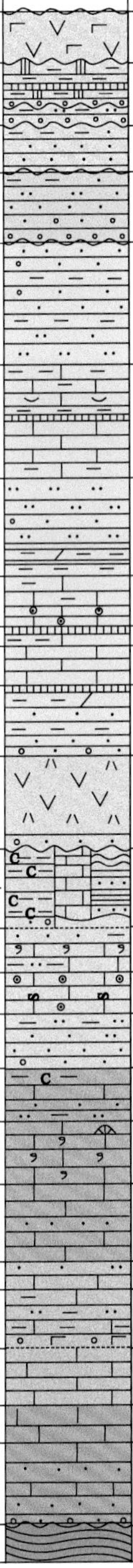

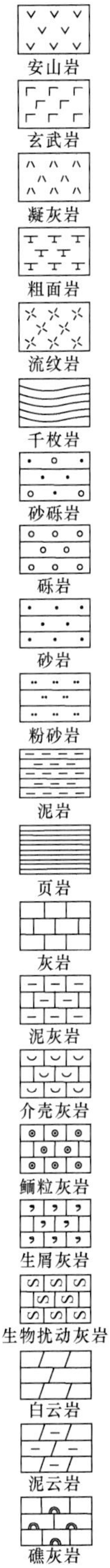

安山岩　玄武岩　凝灰岩　粗面岩　流纹岩　千枚岩　砂砾岩　砾岩　砂岩　粉砂岩　泥岩　页岩　灰岩　泥灰岩　介壳灰岩　鲕粒灰岩　生屑灰岩　生物扰动灰岩　白云岩　泥云岩　礁灰岩

图 1.4　北羌塘坳陷综合地层柱状图

地层系统					厚度/m	岩性柱	岩性简述	沉积相	
界	系	统	组	段				亚相	相
新生界	古近系	始新统	康托组		552		紫红色泥岩、粉砂岩与杂色砾岩、砂岩		河湖相
中生界	白垩系	上统	阿布山组		1635		灰黄色砾岩、砂砾岩、粗砂岩		
	侏罗系	上侏罗统	索瓦组		1677		浅灰色颗粒灰岩夹泥晶灰岩	浅缓坡	缓坡
							灰绿色泥岩夹细砂岩		陆棚
							泥晶灰岩、泥灰岩	深缓坡	碳酸盐岩缓坡
							上部为灰色砂屑粉晶灰岩 下部为灰色–深灰色泥晶灰岩、泥灰岩	中缓坡 中深缓坡	
		中侏罗统	夏里组		842		深灰色粉砂质泥岩夹细砂岩		陆棚
							深灰色–灰黑色粉砂质页岩与中–细砂岩不等厚互层	前缘 前三角洲	三角洲
			布曲组		1085		灰黑色泥岩、泥灰岩互层 灰色–深灰色泥晶灰岩、泥灰岩夹生屑灰岩	中深缓坡	缓坡
							灰色砂屑微晶灰岩，砂屑灰岩、泥晶灰岩	浅缓坡	缓坡
							灰色泥晶灰岩、灰泥岩夹泥岩	中缓坡	
			色哇组		1158		浅灰色泥晶灰岩、粉砂质泥岩	浅缓坡	
							灰绿色粉砂质泥岩夹细砂岩		陆棚
							深灰色–灰黑色钙质页岩夹少量粉砂岩透镜体		
		下侏罗统	曲色组		1537		黄灰色钙质页岩与泥灰岩、灰岩互层	深缓坡	缓坡
							黄灰色粉砂质泥岩		陆棚
							深灰色–灰黑色钙质页岩		
							深灰色粉砂质泥岩和粉砂岩、细砂岩	前缘 前三角洲	三角洲
							深灰色–灰黑色钙质页岩夹少量砂岩、灰岩		陆棚
	三叠系	上三叠统	日干配错组		871~2675		西部地区：灰色–深灰色砂岩、砂岩、凝灰质泥岩、粉砂岩 东部地区：下为砾岩、砂岩、粉砂岩；中上为砂岩夹炭质泥岩	平原 前三角洲 前缘	三角洲
					112~1924		生屑灰岩、鲕粒灰岩、泥灰岩，底部为凝灰质泥岩	浅缓坡 深缓坡	缓坡
					267~817		灰色复成分砾岩、砂岩、玄武岩、安山岩夹灰岩		水下扇 浅海
二叠系							灰白色海绵礁灰岩、生屑灰岩		

安山岩 玄武岩 凝灰岩 砂砾岩 砾岩 砂岩 粉砂岩 泥岩 页岩 灰岩 泥灰岩 礁灰岩 鲕粒灰岩 生屑灰岩 白云岩

图 1.5 南羌塘拗陷综合地层柱状图

（刘世坤和姚宗富，1988）。冈玛错组岩性为黄灰色、灰绿色、黄绿色砂岩、含砾砂岩、粉砂岩的不等厚互层，夹页岩、薄层灰岩、泥灰岩或砂质灰岩，向下与日湾茶卡组整合接触，向上未见顶，该组下部可见珊瑚、腕足类等晚石炭世化石组合，其中珊瑚多为小型无鳞板单体珊瑚。

南羌塘地层分区石炭系包括擦蒙组、展金组、曲地组。下石炭统擦蒙组为一套砂岩、板岩、含砾板岩、含砾粉砂岩组合；展金组主要为砂岩、粉砂岩、板岩等互层组合，夹火山碎屑岩，以含冈瓦纳相双壳类化石 *Eurydesma*、*Ambikella* 为特征，反映出其时代为晚石炭世（朱同兴等，2005a）。上石炭统—下二叠统曲地组总体为一套碎屑岩夹碳酸盐岩，时代从晚石炭世晚期到早二叠世中、晚期（图 1.5）。

开心岭地层分区的石炭纪地层主要为下石炭统杂多群，下部碎屑岩组岩性为深灰至浅灰色的中厚层岩屑石英粉砂岩、岩屑砂岩、石英砂岩等，含植物化石 *Archaeocalamites* sp. 等；上部碳酸盐岩组为灰色、深灰色灰岩、生物碎屑灰岩、砂屑灰岩等，向下与碎屑岩组整合接触，向上被新近系红色砾岩角度不整合覆盖，含珊瑚 *Palaeosomilia multilamellata* var. *kueichowphylloides*、*Lithostrotion* sp.、*Corwenia* sp.，属早石炭世（李勇等，2005）。

4）二叠系

中央隆起及北羌塘地层分区二叠系包括下二叠统长蛇湖组、中二叠统雪源河组、上二叠统热觉茶卡组。长蛇湖组以碳酸盐岩为主，夹细碎屑岩，产丰富的䗴类化石 *Rubustoschwagrina*、*Triticites*、*Sphaeroschwagerna*、*Pseudofusulina*、*Ozawainella* 等，是我国较典型的早二叠世分子组合（李才等，2006）。中二叠统雪源河组与长蛇湖组整合接触，岩性为泥晶灰岩、砂屑灰岩、生屑灰岩组合，普遍含䗴类化石 *Parafusulina*、*Monodiexodina*、*Schwagerina*、*Pseudofusulina*、*Neoschwagerina*、*Verbeekina*、*Sumatrine*、*Chusenella* 等，还产有珊瑚 *Waagenophyllum*、*Liangshanophyllum*、*Lophophyllidium*、*Amplexocarinia* 等（李才等，2006），属我国南方茅口期常见的化石分子。上二叠统热觉茶卡组岩性为灰色 – 深灰色中厚层粗砂岩、粉砂岩、页岩、泥岩夹薄煤层。顶部与含有丰富的早三叠世双壳类化石的下三叠统康鲁组呈微角度不整合接触（图 1.4）。

南羌塘地层分区下二叠统吞龙贡巴组，主要为一套碎屑岩与碳酸盐岩互层，在不同地区，各岩性也不一致，产有䗴类 *Monodiexodina*、*Schwagerina*、*Parafusulina*、*Pseudofusulina*、*Triticites*、*Rugosofusulina* 等，腕足类 *Gratiosina*、*Spinomarginifera*、*Neospirife*、*Stenoscisma*，珊瑚 *Waagenophyllum*、*Yatsengia* 等，多见于我国南方早—中二叠世栖霞 – 茅口期地层中（梁定益等，1983）。中二叠统龙格组主要岩石组合为结晶灰岩、生物礁灰岩、含砂灰岩、白云岩及部分鲕状灰岩，含生物化石䗴类和群体珊瑚、苔藓虫、钙藻及部分腕足类、腹足类。鲁谷组岩性下部以灰岩为主，含有丰富䗴类、腕足类、珊瑚、苔藓虫等化石；中部以深灰色风化面黄灰色厚层状枕状玄武岩为主，夹块状玄武岩和粉色中层状凝灰质火山角砾岩，黄灰色中厚层状砾岩（中砾为主）、含砾砂岩、凝灰质砂岩及灰白色中层状角砾状灰岩，凝灰质砂岩中含丰富的䗴类化石；上部为黄灰色中厚层状微晶灰岩夹浅灰色中层角砾状灰岩、灰色薄层状泥晶灰岩，产蜓类及珊瑚化石（图 1.5）。

开心岭地层分区二叠系自上而下划分为：上统那益雄组、中统九十道班组、诺日巴尕日保组、尕笛考组。尕笛考组主要由火山碎屑岩、灰岩和岩屑长石石英砂岩组成，顶部见灰绿色灰岩含 *Glomospira gordialis-Neodiscus paraovatus* 有孔虫组合，可与华南地区 *Neodiscus decorus-Langella perforata* 有孔虫组合对比，属中二叠统栖霞阶（李勇等，2005）。诺日巴尕日保组与上覆九十道班组整合接触，主要岩性为灰色、灰绿色、灰褐色粉砂质泥岩、蚀变安山质玄武岩、中–粗粒岩屑砂岩、粗粒砂岩和砾岩，与上覆九十道班组为连续沉积。九十道班组主要岩性为深灰色中层状生物介壳微晶灰岩、蜓灰岩、珊瑚礁灰岩、紫色中层状岩屑石英砂岩、灰色中层状砂质灰岩、深灰色细晶玄武岩、泥灰岩。该组蜓类组合包含了华南地区 *Neoschwagerina* 带和 *Yabeina* 带，属中二叠统茅口阶和冷坞阶。上二叠统那益雄组下部以泥质粗–细粒岩屑石英砂岩、含砾粗粒岩屑石英砂岩、岩屑石英砂岩、粉砂岩为主；上部主要为紫色、灰绿色、暗灰绿色蚀变微晶玄武岩、蚀变安山玄武岩，层位相当于长兴阶下部。

3. 中生界

中生代的地层在羌塘盆地广泛出露，覆盖了南、北羌塘的广大地区，其次为三叠系（主要是上三叠统）较多地分布于隆起带之上及周围，而白垩系则露头极为零星（图 1.4 和图 1.5）。

1）三叠系

中央隆起带及北羌塘地层分区三叠系包括康鲁组（T_1k）、硬水泉组（T_1y）、康南组（T_2k）、肖茶卡组（T_3x）、藏夏河组（T_3z）、那底岗日组（T_3nd）。康鲁组以灰色、灰白色砂岩、粉砂岩为主，夹少量粉砂质泥岩及煤线，双壳类化石组合显示康鲁组应属早三叠世早期的沉积。硬水泉组岩性组合为灰色、深灰色、浅灰绿色中厚层状泥质灰岩、鲕粒灰岩、生物屑泥灰岩、泥片状泥质灰岩，夹薄层状钙质粉砂岩、粉砂质泥岩，含早三叠世双壳类、牙形石、菊石化石。康南组与下伏硬水泉组生物屑泥灰岩整合接触，为灰色、灰绿色砂岩、粉砂质泥岩、页岩夹透镜状泥质灰岩组合。肖茶卡组为一套海相碳酸盐岩与碎屑岩不等厚互层的沉积组合，下部见中基性火山岩、火山碎屑岩，厚度在各地相差较大。藏夏河组为一套砂泥质深水复理石沉积，岩性组合为灰色、深灰色薄至中厚层状细砾岩、含砾砂岩、细粒岩屑长石砂岩、长石岩屑砂岩，石英砂岩、粉砂岩、粉砂质泥页岩和泥页岩组成多种互层状韵律式沉积。含牙形石 *Epigondolella postera* 和 *E. obneptis spatulatus*，腕足类 *Caucasorhynchia*、*Halobia plicasa*、*H. superbescens* 及 *Triadithyris* 等晚三叠世诺利期的化石分子（朱同兴等，2005b）。那底岗日组主要为一套火山岩、火山碎屑岩沉积，王剑等（2008）对石水河、那底岗日等地火山岩中单颗粒锆石的 SHRIMP 定年，确定时代为 205±4 Ma、208±4 Ma 和 210±4 Ma，为晚三叠世中期（诺利晚期）。

南羌塘地层分区日干配错组下部为灰色砾岩–砂岩–粉砂岩–泥岩组合，夹中、基性火山岩、火山角砾岩，上部为微晶灰岩、介壳灰岩夹泥灰岩，与下伏钙质凝灰岩整合接触，含双壳类、腕足类，时代为晚三叠世中、晚期。土门格拉组分布于安多县西北的土门格拉一带，岩性为一套含煤碎屑岩、页岩、泥岩，产丰富的双壳类化石、植物及孢粉化石组合，双壳类化石时代为晚三叠世晚期。

开心岭地层分区甲丕拉组岩性以紫红色砾岩、砂岩、页岩的交互沉积为主，不整合于上二叠统之上，整合于波里拉组石灰岩之下。波里拉组与下伏甲丕拉组和上覆巴贡组皆为整合接触，岩石组合为灰色、灰黑色泥质灰岩、生物碎屑灰岩，含丰富的菊石、珊瑚、腕足类、双壳类化石。巴贡组岩性主要为灰黑色、深灰色泥岩、粉砂质泥岩、粉砂岩，夹灰岩、泥质灰岩，上被下—中侏罗统雀莫错组角度不整合覆盖。

2）侏罗系

A. 中、下侏罗统

中、下侏罗统是羌塘盆地内分布最为广泛的地层，下部地层在南、北羌塘盆地存在一定差异，羌北盆地称雀莫错组（$J_{1\text{-}2}q$）、羌南盆地称曲色组（J_1s）、色哇组（J_2s）；中、上部全盆趋于一致，统称布曲组（J_2b）和夏里组（J_2x）。

（1）曲色组为南羌塘拗陷早侏罗世的典型沉积，岩性可分为四段：一段以深灰色、灰黑色泥页岩为主夹少量灰岩、粉砂质页岩和透镜状细砂岩；二段由灰色、深灰色砂岩、粉砂岩、粉砂质页岩及页岩组成；三段由灰色、深灰色泥页岩夹少量粉砂质泥页岩组成；四段由灰色、深灰色泥灰岩、微晶灰岩和泥岩组成，产丰富的菊石化石，主要有 *Grammoceras striatulum*、*Renziceras* sp.，时代为早侏罗世托尔期中、晚期（王永胜等，2012）。

（2）雀莫错组下部为紫红色砾岩，生物化石稀少；中部为紫红色、灰绿色岩屑石英砂岩、粉砂岩；上部为灰绿色粉砂岩、泥岩、泥灰岩，雀莫错组多呈假整合于上三叠统那底岗日组或不整合于上三叠统之上，局部直接不整合于古生代地层之上，顶部与中侏罗统布曲组整合接触。中、上部产 *Astarte muhibergi*、*A. elagans*、*Protocardia truncata*，*Pleuromyaoblita*、*Camptonectes laminatus*、*Modiolus imbricatus*、*Protocardia* cf. *hepingxiangensis* 等双壳类化石，时代为中侏罗世巴柔期（王永胜等，2012）。

（3）色哇组为一套深灰色、灰绿色粉砂岩、泥岩、页岩夹砂岩、泥灰岩构成的韵律组合，其中产丰富的菊石、双壳类、腕足类和腹足类化石，时代较为确切的为菊 石 *Dorsetensia* cf. *regrediens*、*Witchellia* sp.、*Witchellia tebtica*、*Calliphylliceras* sp.、*Dorsetensia* sp. 和 *Cadomites* sp.，是欧、非、美洲以及我国珠峰地区常见的中侏罗世早期化石（王永胜等，2012）。

（4）布曲组为整合于雀莫错组之上的一套碳酸盐岩沉积，在盆地边缘以及中央隆起带附近含较多的多细碎屑岩夹层。在北羌塘拗陷中、西部，碳酸盐岩含量达70%~95%，岩性以灰色、深灰色中 – 厚层状泥晶灰岩、泥灰岩、生物碎屑灰岩、藻灰岩为主，夹少量粉砂岩、泥岩、页岩和内碎屑灰岩；在东部和北部乌兰乌拉湖 – 雀莫错 – 雁石坪一带，碎屑岩含量可达 25%~50%，岩性组合表现为灰色薄 – 中层状灰岩、生物碎屑灰岩与泥岩、页岩、粉砂岩呈互层或夹层产出；沿中央隆起那底岗日 – 达卓玛－依仓玛一带，灰岩层占组厚的40%~85%，岩性以灰色、浅灰色中－厚层状泥晶灰岩为主，以含丰富的生物碎屑灰岩、鲕粒灰岩、核形石灰岩、粒屑灰岩等为特征；在南羌塘拗陷隆鄂尼－昂达尔错一带，地层出露不全，岩性为微晶灰岩、藻礁灰岩、珊瑚礁灰岩、白云岩等，形成一个断续延伸的礁、滩带。

（5）夏里组整合于下伏布曲组与上覆索瓦组两套碳酸盐岩之间，厚度较为稳定，一般在200~1000 m，岩性为灰绿色、紫色、灰黑色石英砂岩、岩屑砂岩、粉砂岩、泥岩互层，夹灰岩、细砾岩、石膏层等，化石较少，但可见双壳类、腕足类及植物碎屑等。夏里组岩性以紫红色碎屑岩夹石膏沉积为特征，但在盆地内不同区域有一定差异。在盆地东部地区，下部由灰色、灰绿色及暗紫红色薄－中层状钙质泥岩、泥灰岩、泥晶灰岩夹石膏和少量钙质石英砂岩、粉砂岩组成；上部以紫红色、灰绿色中层状钙质细粒石英砂岩、钙泥质粉砂岩为主，夹粉砂质泥岩、钙质泥岩等。显著特点是呈紫红色、含有丰富的石膏层，在达卓玛石膏层多达10余层。在北羌塘拗陷西部曲龙沟、野牛沟、马牙山、半岛湖等地区，为灰色、灰绿色薄－中层状钙质细粒石英砂岩、长石砂岩、粉砂岩和泥岩夹泥晶灰岩、砂屑灰岩、生屑灰岩等，局部夹砾岩透镜体，普遍未含石膏。在南羌塘拗陷，夏里组由灰色薄层状泥岩、浅灰色薄－中层状粗粉砂岩及灰色薄至中层状细粒石英砂岩互层组成，局部夹灰色薄－中层状生屑鲕粒灰岩。

B. 上侏罗统

索瓦组（J_3s）主要由一套各种浅海碳酸盐岩组成，并夹灰绿色、紫红色泥页岩、粉砂岩及石膏层，含双壳类、腕足类、珊瑚、棘皮类、腹足等化石。索瓦组整合于下伏夏里组和上覆雪山组两套碎屑岩组合之间，大多厚约数百米。

（1）索瓦组下段以深灰色薄层状泥灰岩、泥质泥晶灰岩、生物介壳灰岩为主，夹薄层状钙质泥岩、粉砂岩，中部含少量石膏夹层，生物化石丰富；在盆地中西部，岩性为灰色中－厚层状泥晶灰岩、生物碎屑灰岩、砂屑灰岩、核形石灰岩、鲕粒灰岩、礁灰岩等，夹少量钙质粉砂岩、长石砂岩、泥岩，普遍含菊石，局部形成点礁、生物滩，不含膏岩层。

索瓦组上段由灰色、深灰色钙质泥岩、粉砂岩、页岩、泥灰岩夹（或互层）泥晶灰岩、介壳灰岩等组成。在化石组合上，其下部富含丰富的菊石和双壳类化石，尤其以 *Virgatosphinctes* sp.、*Aulacosphinctes* sp. 等提塘期菊石化石最为丰富，在其上部（如独星湖剖面）见到具有早白垩世贝利阿斯期色彩的菊石分子 *Blanfordiceras cricki*（郑有业等，2003）。在东湖剖面，顶部采到大量裸子植物花粉，以 *Classopollis*（绝大多数为 *Classopollis dipocyclus*）占绝对优势，为川西地区晚侏罗世至早白垩世普遍发育的孢粉（王剑等，2004）。

（2）雪山组主要为一套巨厚三角洲相碎屑岩系，下部为紫红色、灰绿色、浅灰色及黄灰色等组成的杂色碎屑岩和泥岩组合，上部为紫红色碎屑岩组合，夹含砾粗砂岩或细砾岩。盆地内该组地层均未见顶。

（3）白龙冰河组（J_3–K_1）为西藏区调队所创，为一套浅海相泥灰岩、泥岩、灰岩、白云质灰岩、鲕粒灰岩及页岩等，总厚度达2080 m。其中含有丰富的菊石化石，下部见

Progeronia sp. 菊石化石，被认为是西欧、北非、马达加斯加及印度等地产于上侏罗统下部牛津阶至基莫里阶的标准化石；上部发育 *Virgatosphinctes* sp.、*Aulacosphinctes* sp.、*V. muilifasciatus* 等菊石化石组合，它们广泛出现于世界各地，为提塘阶上部菊石组合（朱同兴等，2005b）。此外，剖面附近相当于上部层位还采有代表早白垩世贝利阿斯期的菊石化石 *Berriasella* sp.。可见白龙冰河组时代跨越了整个晚侏罗世至早白垩世。

C. 白垩系

羌塘地层区中的白垩系出露极为零星，地层出露不全，主要为上白垩统，由于地层以陆相红色磨拉石建造及火山岩相为主，化石贫乏，因而研究程度很差。羌塘地层区的白垩纪中晚期地层为一套紫红色碎屑岩夹泥灰岩及石膏层的河湖相沉积，应属磨拉石建造。在西部的原 1 ∶ 100 万改则幅中这套地层零星分布，被称为阿布山组，组名源自吴瑞忠等（1986）所称的阿布山群。阿布山组由紫灰色、紫红色、土红色砾岩、含砾砂岩、砂岩、粉砂岩、泥岩互层夹泥灰岩组成，可见该组角度不整合于上覆的古近系或更新统之下，角度不整合于下伏的三叠系及更老地层之上，出露厚度数百米至 2000 余米，但多不完整。在其命名剖面上，该组泥灰岩中含较丰富的孢粉化石，但该组一般化石稀少。在比洛错西北和多玛西地区阿布山组中发现了两处火山岩夹层，时代为 99~94 Ma，表明阿布山组时代为晚白垩世。

4. 新生界

羌塘地区新生代则全为大小不等的陆相山间盆地河湖沉积环境，地层分区界线更趋模糊，各沉积盆地的陆相沉积皆以碎屑沉积为主，化石稀少，因而划分对比困难。

中央隆起带及南、北羌塘地层分区主要包括康托组（$E_{2\text{-}3}k$）、唢呐湖组（N_2s）、石坪顶组（N_2h）。康托组岩性为一套河流 – 湖泊相紫红色砾岩、砂岩、粉砂岩和泥岩组合，普遍夹膏盐层，属干旱、炎热氧化环境下的山间盆地沉积，以角度不整合覆盖在中生界或更老的地层之上，产淡水双壳类和腹足类、介形虫等化石。唢呐湖组岩性为紫红色砾岩、含砾砂岩、砂岩、粉砂岩、泥岩夹多层石膏组合，不整合于侏罗系之上，与上覆石坪顶组为不整合接触，唢呐湖组的时代争论颇大，至今没有采获具有较为确切依据的生物化石，暂时将之置于上新世。石坪顶组岩性为一套基性 – 酸性火山岩，时代定为上新世 – 更新世。

开心岭地层分区沱沱河组主要为杂色复成分砾岩、含砾砂岩及薄 – 中层状岩屑砂岩，整体上呈现向上由细变粗的沉积特征，主要由五个小旋回组成，每个小旋回呈现向上变细的沉积特征，其中下部砾岩含量相对较少，上部砾岩含量相对较多，为一个退积序列。雅西措组主要为由紫红色、灰色薄 – 中层状粗粒岩屑石英砂岩、中 – 细粒岩屑石英砂岩、岩屑长石砂岩、粉砂岩夹泥岩、泥晶灰岩组成的沉积序列。岩性可分为四个部分，底部为泥岩与泥晶灰岩互层；下部为泥岩、粉砂岩组成的不等厚互层；中部为泥晶灰岩与泥质粉砂岩组成的不等厚互层；上部为砂岩、粉砂岩组成的韵律互层，间夹石膏层。整体上可分为两个大的沉积旋回，每个旋回都呈现向上变细的沉积特征，显示为一个退积序列，与下伏沱沱河组呈整合接触。五道梁组上部为灰色、浅灰色钙质粉砂质泥岩夹黄灰色薄层状泥质粉砂岩、灰色薄层状泥灰岩及灰黑色薄层状硅质岩透镜体。中部为灰色、灰绿色薄层状泥晶泥质灰岩夹钙质粉砂质泥岩。产介形类 *Candona* sp.、*Candoniella* sp.、*Limnocythere* sp.（李勇等，2005）。下部为灰色、深灰色薄层状生物碎屑灰岩、凝块石灰岩与灰色、灰绿色钙质粉砂质泥岩组成韵律互层，含大量中新世孢粉化石。

1.4 石油地质特征

羌塘盆地发育多套烃源岩，主要烃源岩包括上三叠统肖茶卡组黑色泥页岩及泥灰岩、下侏罗统曲色组灰黑色泥页岩，次要烃源岩包括中侏罗统布曲组泥灰岩、夏里组泥岩及碳质页岩，以及上侏罗统索瓦组泥灰岩、泥页岩。另外，近期研究发现盆地古生界展金组、那益雄组也有一定的生烃潜力（王剑等，2009）。盆地储层发育，分布面积广，岩石类型复杂，整体上以低孔低渗为特征，布曲组白云岩是目前盆地发现的物性最好的储层。下—中侏罗统雀莫错组膏岩层和夏里组泥质膏岩层是羌塘盆地最重要的封盖层，此外，上三叠统巴贡组、下侏罗统曲色组、中侏罗统布曲组、上侏罗统索瓦组泥质岩、页岩、致密灰岩等为盆地次要盖层。南羌塘布曲组白云岩油砂带以及盆地周缘与中央隆起带 250 余处油气显示表明羌塘盆地曾有过大规模的油气生成、运移与聚集过程。

1.4.1 烃源岩

羌塘盆地烃源岩主要发育上三叠统肖茶卡组（及其同期异相巴贡组、土门格拉组）、下侏罗统曲色组、中侏罗统布曲组和夏里组以及上侏罗统索瓦组，烃源岩有机质成熟度处于成熟－高成熟阶段或成熟－高成熟－过成熟阶段。R_o、岩石最高热解降温（T_{max}）等热演化指标在平面上均呈现环带状分布特征，在盆地中部地区 R_o 值一般小于 1%，处于成熟阶段；而在盆地周边和中央隆起带附近，演化程度很高，处于高成熟或过成熟阶段。从烃类生成阶段划分和 R_o 值分布可以推测，盆地中部为轻质油区，向周边过渡为凝析油－湿气区，而在盆地边缘则为干气分布区。烃源岩有机质类型包括Ⅰ型、$Ⅱ_1$ 型、$Ⅱ_2$ 型和Ⅲ型，以 $Ⅱ_1$ 型和 $Ⅱ_2$ 型为主，有机质丰度差异较大，其中上三叠统肖茶卡组和下侏罗统曲色组暗色泥岩优质类型好、丰度高，为盆地主要烃源岩。

上三叠统肖茶卡组（含同期异相巴贡组、土门格拉组）除中央隆起带缺失外，在盆地广泛分布，烃源岩以暗色泥（页）岩、含煤泥（页）岩及暗色泥灰岩为主。烃源岩厚度为 42~645 m，在北羌塘拗陷北部藏夏河和中西部沃若山东剖面地区形成两个烃源岩分布中心，厚度分别大于 304.9 m 和 562.69 m。在开心岭地层分区，上三叠统巴贡组前三角洲相黑色泥岩总有机碳（total organic carbon，TOC）含量最高达 3.56%，优质烃源岩累计厚度大于 106 m，南羌塘土门格拉组泥质烃源岩厚度为 38~420 m。肖茶卡组烃源岩有机质类型则以 $Ⅱ_2$ 和Ⅲ型为主，少量 $Ⅱ_1$ 型，该组碳酸盐岩烃源岩有机质类型以Ⅱ$_1$型为主，个别为Ⅰ型。烃源岩热演化程度较高，镜质组反射率平均值为0.94%~3.0%，多数样品大于1.3%，岩石最高热解峰温（T_{max}）均值为447~562℃，反映有机质热演化程度处于高成熟–过成熟阶段。

下侏罗统曲色组潟湖–陆棚相黑色泥（页）岩和深灰色泥灰岩烃源岩仅发育于南羌塘拗陷，并且在拗陷内分布广泛。泥质烃源岩厚度为625~900 m，碳酸盐岩烃源岩厚度为50~150 m，毕洛错剖面黑色薄层状油页岩厚度为35.3 m、灰黑色–深灰色泥灰岩厚度为26.8 m。烃源岩有机质含量变化大，其中毕洛错剖面泥（页）岩有机碳含量为1.87%~26.12%，平均值为8.34%；残余生烃潜量为1.79~91.45 mg/g，平均值为29.93 mg/g；残余沥青“A”含量为0.060%~1.8707%，平均值为0.6614%，为盆地内目前发现最好的烃源岩，其他地区泥质烃源岩有机碳含量为0.4%~0.51%，属较差烃源岩。灰黑色、深灰色碳酸盐岩烃源岩有机碳含量为0.1%~0.35%，属较差–好烃源岩。曲色组泥岩有机质类型以Ⅱ$_1$型为主，其次为Ⅱ$_2$型，少量Ⅰ型。黑色泥（页）岩R_o为0.4%~2.15%，岩石热解峰温为430~609℃，处于成熟–过成熟阶段，热演化程度较高（王剑等，2004，2009；Fu et al.，2014，2016b）。

1.4.2　储集岩

羌塘盆地储集岩以碎屑岩和碳酸盐岩为主，其次为火山岩，分布层位为三叠系—侏罗系。其中雀莫错组、夏里组以碎屑岩储层为主，布曲组、索瓦组以碳酸盐岩储层为主，肖茶卡组和雪山组碳酸盐岩和碎屑岩储层均有分布。羌塘盆地不同区块、不同时代储层分布和储层物性特征有明显差异。储层厚度由中央隆起带向南、北羌塘拗陷区中心减薄。盆地西部以碳酸盐岩储层为主，东部则以碎屑岩储层为主。北羌塘拗陷区储层总体上较好于南羌塘拗陷区储层，同时中央隆起带周缘也是较好储层分布区。有利储层为上三叠统肖茶卡组、中侏罗统布曲组和上侏罗统索瓦组，其中布曲组和索瓦组最好。

中侏罗统布曲组岩性包括粒屑灰岩、砂屑灰岩、鲕粒灰岩、核形石灰岩、藻礁灰岩、珊瑚礁灰岩和白云岩。白云岩是布曲组碳酸盐岩中物性最好的储层，也是羌塘盆地最优质的储层（伊海生等，2004，2014），多在古油藏带出露。白云岩主要发育在南羌塘拗陷隆鄂尼–昂达而错–鄂纵错及鄂斯玛一带，并呈东西向展布、具南北向分带特征。南羌塘拗陷古油藏带剖面布曲组白云岩以晶粒白云岩为主，多呈松散“砂糖状”，且多为古油藏产出层位，前人将其称作“油砂”。南羌塘拗陷中部地区广泛发育白云岩，白云岩孔隙度为2.37%~14.2%，均值为7.188%；渗透率为0.058~14.572mD[①]，均值为5.250mD，可分为隆鄂尼、赛仁、昂达尔错三个分布区。隆鄂尼地区总体属于低孔中渗储层，为较好–好储层。其中，白云岩的储层孔隙度和渗透率参数均远优于石灰岩储层，砂糖状白云岩储层为中等–好级别，石灰岩储层为较差–较好级别，前者剖

① 1mD=$10^{-3}\mu m^2$。

面累计厚度为 20.02m，占 16.30%，后者为 102.83m，占 83.7%。昂达尔错地区属于低孔低渗、特低孔特低渗储层，为中等 – 较好储层。剖面以白云岩为主，白云岩储层厚度累计为 54.31m，占 53.48%。赛仁地区总体属于低孔中渗储层，为较好 – 好储层。其中白云岩储层孔隙度和渗透率参数均远优于石灰岩储层，砂糖状白云岩储层为较好级别，石灰岩储层为较差 – 中等级别，前者剖面累计厚度为 48.26m，占 35.58%，后者为 87.38m，占 64.42%。

上侏罗统索瓦组以碳酸盐岩为主，主要分布在盆地中部和北羌塘拗陷西部。碳酸盐岩储层以北羌塘拗陷长龙梁 – 半岛湖一带以及东湖区域和南羌塘拗陷洒地赛尔保一带厚度最大，多在 300~800m；盆地中部毛毛山、雀姆东达一带储层厚度也可达 300m 左右。全区平均厚度大于 225m。储层岩性以颗粒（核形石、生物碎屑）灰岩为主，局部见礁灰岩（如北雷错）和白云岩（阿木查跃）。碳酸盐岩储层在本组较为发育，各剖面平均孔隙度为 0.50%~8.36%，平均为 2.97%。渗透率为 0.0010~47.4650mD，平均为 7.7015mD。南羌塘拗陷如日夏玛和日尕尔保剖面白云岩储层物性条件最佳，北羌塘拗陷东部和西部均好于中部地区。在北羌塘地层覆盖区大部向盆边扩展区域，在双湖阿布山、雀姆东达、阿木查沃直到东部的土门地区均可见 10~40m 的白云岩，且孔隙度均值在 3%~6%，最高可达 16.9%（阿木查沃），渗透率一般大于 0.1mD，但在雀姆东达、阿木查沃分别也可达到 384mD 和 55.8mD，区域广泛见有礁灰岩分布，为盆内该地层最有利的相区。在有利区向盆中延伸的狭窄区域，其孔隙度一般均在 2%~3%，且也广泛见有礁灰岩和云化现象，综合评价较有利地区。

1.4.3 盖层

羌塘盆地盖层主要分布在上三叠统巴贡组以及侏罗系曲色组、雀莫错组、布曲组、夏里组、索瓦组和上侏罗统—下白垩统雪山组七套岩层中，盖层岩石类型主要为泥（页）岩、泥灰岩、泥晶灰岩、膏岩和致密砂岩等。相对而言，肖茶卡组、雀莫错组和夏里组盖层具有分布面积广、层厚度大的特征。石膏具有较高的突破压力，可塑性强，是盆地最有效的盖层，夏里组和雀莫错组两套含膏盐盖层连续稳定、厚度大、品质好，是盆地优质区域性盖层（李亚林等，2008b）。

北羌塘拗陷雀莫错组为局限海湾 – 潟湖沉积环境，在拗陷中心沉积了大套潟湖相硬膏盐岩夹泥质岩及泥灰岩，地质调查井及羌参 -1 井证实北羌塘拗陷半岛湖 – 万安湖地区雀莫错组膏岩封盖层大于 360 m（井深 3358~3766 m），结合地震资料解译与沉积相分析，这一封盖层在一定范围内侧向延伸连续、稳定，具区域性分布特征，是羌塘盆地重要的区域性封盖层。雀莫错组硬石膏呈层状、似层状产出，偶见混入有少量碳酸盐、泥质黏土、氧化铁及黄铁矿等。测井曲线表现为低自然伽马值至极低。硬石膏样品物性分析显示，其孔隙度为 0.6%~2.1%，渗透率为 0.0342×10^{-3}~0.161×10^{-3} μm^2（付修根等，2020；王剑等，2022）。北羌塘拗陷东北各拉丹东雀莫错地区，羌资 -16 井揭示雀莫错组石膏层厚度累计达 372 m；西南部唢呐湖 – 黑尖山地区和东部巴格日

陇巴 – 乌兰乌拉湖地区，雀莫错组膏岩层累计厚度在 5~50 m，局部地区厚度增加。

夏里组出露区及已剥蚀区以外的覆盖区，预测其泥（页）岩、泥质岩夹硬石膏岩区域性盖层主要分布于北羌塘拗陷，南羌塘拗陷夏里组多呈残块分布，仅在其香错 – 果根错一带有零星出露。夏里期为羌塘盆地海退期，北羌塘拗陷以潮坪 – 潟湖和三角洲相沉积为主，南羌塘拗陷从北到南具滨岸 – 三角洲 – 浅海 – 斜坡盆地相展布特征，地层岩石类型以陆源细碎屑岩为主夹碳酸盐岩和膏岩。夏里组膏岩发育，大面积分布于北羌塘拗陷以及南羌塘拗陷。北羌塘拗陷夏里组盖层厚度一般在 200 m 以上，拗陷中部大于 600 m，膏岩盖层单层厚度为 0.027 m，累计厚度为 1060 m；南羌塘拗陷膏岩盖层单层厚度为 0.02~6 m，累计厚度一般为 10~20 m，局部厚度增加。羌资 -17 井及羌参 -1 井证实夏里组膏泥岩封盖层厚约 260 m，结合地震资料解译与沉积相分析预测，这些封盖层在一定范围内侧向延伸连续、稳定，具区域性分布特征，同时，在这一层区域封盖层之下，羌资 -17 井及羌参 -1 井都发现了高浓度硫化氢与甲烷气体显示，录井全烃值在 10% 以上，从而肯定了羌塘盆地北部具有良好油气保存条件，改变了羌塘盆地“保存条件差”的传统认识。

1.4.4　生储盖组合

依据生、储、盖层的时空配置关系，可将盆地生、储、盖层划分成三个组合（图 1.6），即上三叠统肖茶卡组—中下侏罗统雀莫错组组合（Ⅰ）、下侏罗统曲色组—中侏罗统夏里组组合（Ⅱ）、中侏罗统布曲组—中侏罗统夏里组组合（Ⅲ）。组合（Ⅰ）烃源岩以肖茶卡组泥岩、泥灰岩等为主，以肖茶卡组中砂岩、生物碎屑灰岩、鲕粒灰岩和礁灰岩等为主储层；以肖茶卡组泥岩、泥晶灰岩、微晶灰岩和雀莫错组泥岩、页岩为盖层。该套组合烃源岩厚度大、有机碳含量较高、储层储集性能优越、盖层也发育，为盆地有利生储盖组合；组合（Ⅱ）主要发育于南羌塘拗陷，其中烃源岩以曲色组、色哇组泥（页）岩为主，储层以布曲组灰岩和白云岩为主，夏里组泥岩、膏岩为盖层，为盆地有利生储盖组合；组合（Ⅲ）中侏罗统布曲组泥灰岩、泥质灰岩、泥晶灰岩为烃源岩，储层为中侏罗统布曲组灰岩、生物碎屑灰岩、白云质灰岩和白云岩，盖层为布曲组泥灰岩和夏里组泥岩和膏岩，为盆地有利生储盖组合。组合（Ⅳ）上侏罗统索瓦组泥岩、灰岩为烃源岩，储层为上侏罗统、索瓦组灰岩白云岩，盖层为上侏罗统，雪山组泥质岩、索瓦组膏岩，为盆地有利生储盖组合。

1.4.5　资源潜力与资源量

赵政璋等（2000）分别用原始有机碳法、原始生烃潜量法和化学动力学盆地模拟法等对肖茶卡组、布曲组和索瓦组三套主要烃源岩的生烃量和资源量进行了计算。化学动力学盆地模拟法的总生油量为 6137.2 亿 t，资源量为 27.55 亿 t；原始有机碳法和原始生烃潜量法的总生油量为 4034 亿 ~5460 亿 t，资源量为 40.3 亿 ~54.6 亿 t。其

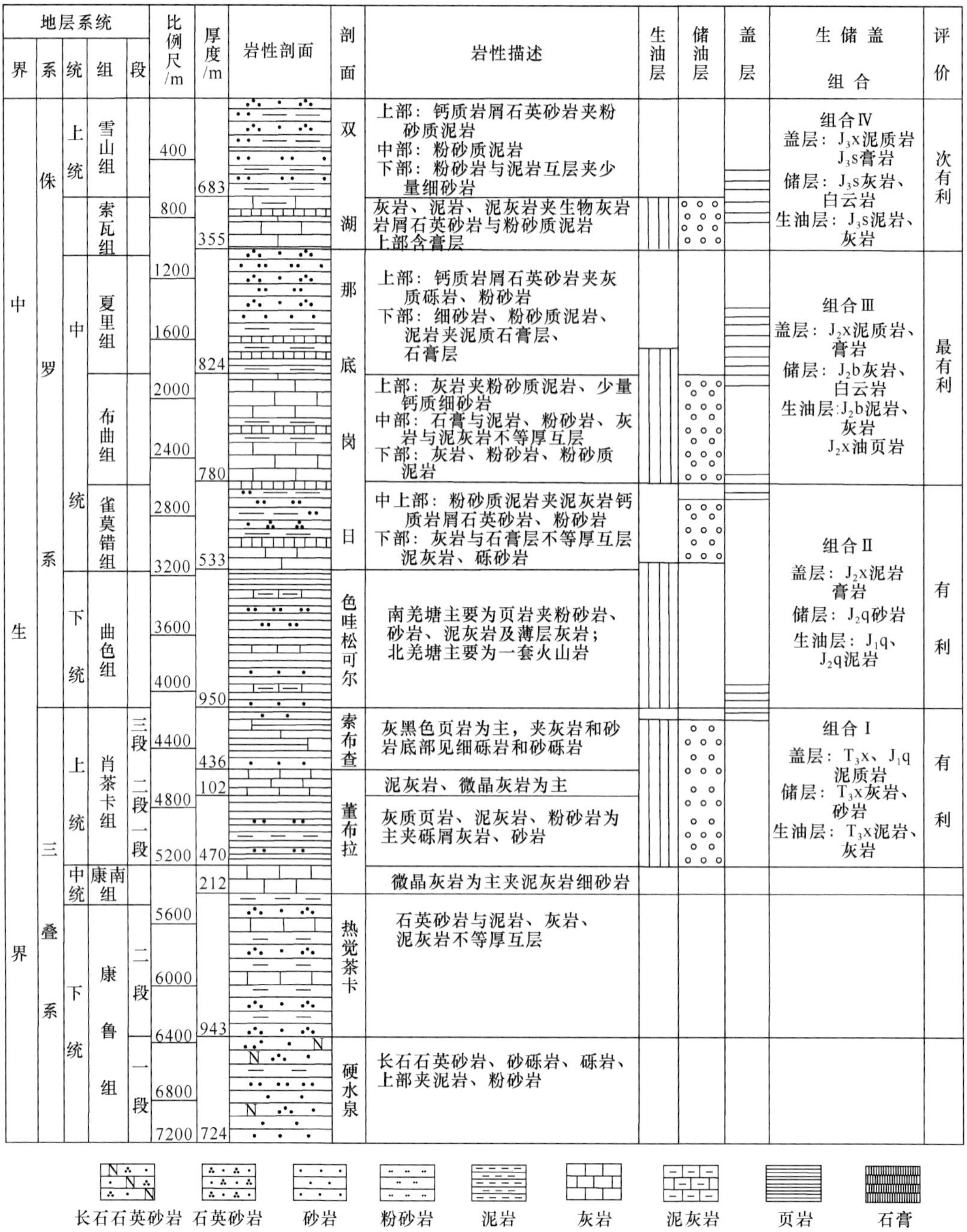

界	系	统	组	段	比例尺/m	厚度/m	岩性剖面	剖面	岩性描述	生油层	储油层	盖层	生储盖组合	评价
中生界	侏罗系	上统	雪山组		400	683		双湖	上部：钙质岩屑石英砂岩夹粉砂质泥岩 中部：粉砂质泥岩 下部：粉砂岩与泥岩互层夹少量细砂岩				组合Ⅳ 盖层：J_3x泥质岩 J_3s膏岩 储层：J_3s灰岩、白云岩 生油层：J_3s泥岩、灰岩	次有利
			索瓦组		800	355		双湖	灰岩、泥岩、泥灰岩夹生物灰岩岩屑石英砂岩与粉砂质泥岩上部含膏层					
		中统	夏里组		1200 1600	824		那底岗日	上部：钙质岩屑石英砂岩夹灰质砾岩、粉砂岩 下部：细砂岩、粉砂质泥岩、泥岩夹泥质石膏层、石膏层				组合Ⅲ 盖层：J_2x泥质岩、膏岩 储层：J_2b灰岩、白云岩 生油层:J_2b泥岩、灰岩 J_2x油页岩	最有利
			布曲组		2000 2400	780		那底岗日	上部：灰岩夹粉砂质泥岩、少量钙质细砂岩 中部：石膏与泥岩、粉砂岩、灰岩与泥灰岩不等厚互层 下部：灰岩、粉砂岩、粉砂质泥岩					
			雀莫错组		2800 3200	533		那底岗日	中上部：粉砂质泥岩夹泥灰岩钙质岩屑石英砂岩、粉砂岩 下部：灰岩与石膏层不等厚互层泥灰岩、砾砂岩				组合Ⅱ 盖层：J_2x泥岩 膏岩 储层：J_2q砂岩 生油层：J_1q、J_2q泥岩	有利
		下统	曲色组		3600 4000	950		色哇松可尔	南羌塘主要为页岩夹粉砂岩、砂岩、泥灰岩及薄层灰岩；北羌塘主要为一套火山岩					
	三叠系	上统	肖茶卡组	三段	4400	436		索布查	灰黑色页岩为主，夹灰岩和砂岩底部见细砾岩和砂砾岩				组合Ⅰ 盖层：T_3x、J_1q泥质岩 储层：T_3x灰岩、砂岩 生油层：T_3x泥岩、灰岩	有利
				二段	4800	102		董布拉	泥灰岩、微晶灰岩为主					
				一段	5200	470		董布拉	灰质页岩、泥灰岩、粉砂岩为主夹砾屑灰岩、砂岩					
		中统	康南组			212			微晶灰岩为主夹泥灰岩细砂岩					
		下统	康鲁组	二段	5600 6000 6400	943		热觉茶卡	石英砂岩与泥岩、灰岩、泥灰岩不等厚互层					
				一段	6800 7200	724		硬水泉	长石石英砂岩、砂砾岩、砾岩、上部夹泥岩、粉砂岩					

长石石英砂岩　石英砂岩　砂岩　粉砂岩　泥岩　灰岩　泥灰岩　页岩　石膏

图 1.6　中生界生储盖组合分布及评价图（据王剑等，2009 修编）

中北羌塘拗陷西部吐波错 – 白滩湖深凹陷原始总生烃量为 3712 亿 ~5062 亿 t，布曲组生烃量为 1519 亿 ~2126 亿 t；索瓦组生烃量为 110 亿 ~1540 亿 t；肖茶卡组生烃量为 843 亿 ~1012 亿 t。

新一轮全国油气资源潜力评价（2006 年）采用类比法和有机碳法对羌塘盆地资

源量进行了计算，利用类比法计算出盆地石油地质资源量为 53.08 亿 t，可采资源量为 11.68 亿 t，远景资源量为 84.73 亿 t；天然气地质资源量为 6325 亿 m^3，可采资源量为 3844 亿 m^3，远景资源量为 12113 亿 m^3。同时通过有机碳法与类比法进行特尔非加权后，其石油地质资源量为 52.18 亿 t，可采资源量为 10.43 亿 t，远景资源量为 86.35 亿 t；天然气地质资源量为 6691 亿 m^3，可采资源量为 4049 亿 m^3，远景资源量为 12553 亿 m^3。其中布曲组和肖茶卡组石油地质资源量相对较高，分别为 17.78 亿 t 和 16.36 亿 t，分别占盆地总石油地质资源量的 34% 和 31.4%。

王剑等（2008，2009）采用有机碳法计算羌塘盆地中生界各油气系统总资源量为 104.4 亿 t，其中北羌塘拗陷 60.8 亿 t，南羌塘拗陷 43.6 亿 t。肖茶卡组油气资源量最大，达 30.29 亿 t，以生气为主；曲色组为 7.85 亿 t；雀莫错组资源量仅次于肖茶卡组，达 16.74 亿 t；布曲组和夏里组资源量大体相当，分别为 8.38 亿 t 和 10.92 亿 t。

从上述计算结果来看，不同研究者对羌塘盆地资源量预测结果存在一定的差异，其结果为 27 亿 ~86 亿 t，其主要原因是对盆地研究程度较低、选区的关键参数不同，随着盆地研究程度的进一步深入和提高，对盆地资源量的认识程度将更为客观准确。

第2章

中生代盆地演化及动力学机制

青藏高原由多个微地体拼接而成，自北向南主要包括巴颜喀拉–松潘甘孜地体、北羌塘地体、南羌塘地体、拉萨地体及喜马拉雅地体（图 2.1a）（Sengor，1987；Dewey et al.，1988；Yin and Harrison，2000；Zhang et al.，2012；Wan et al.，2019）。这些地体分别被可可西里–金沙江缝合带、龙木错–双湖缝合带、班公湖–怒江缝合带及雅鲁藏布江缝合带所隔开（Yin and Harrison，2000；Zhu et al.，2013）。作为青藏高原的主要构造单元，北羌塘地体和南羌塘地体被古特提斯洋、古特提斯洋分支及新特提斯洋所环绕。因此，北羌塘地体和南羌塘地体在古特提斯洋闭合、新特提斯打开和扩张过程中起着关键的联系作用，记录了古特提斯洋和新特提斯洋的演化历史。

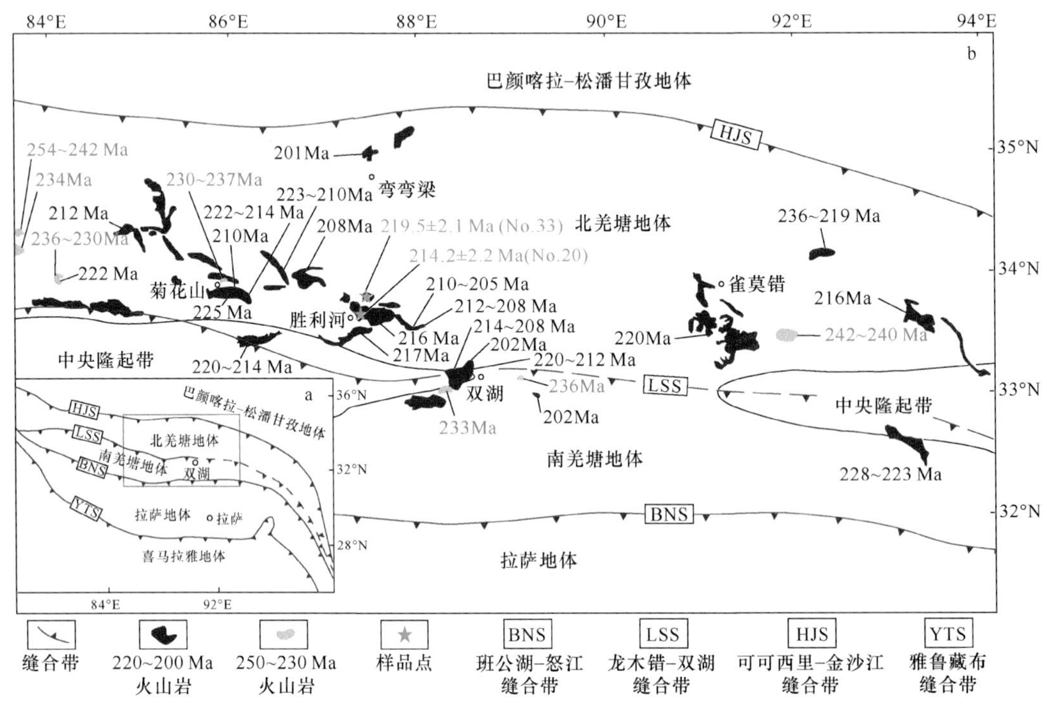

图 2.1 青藏高原构造简图（a）及羌塘盆地中—晚三叠世火山岩露头分布图（b）

发表的火山岩年龄数据来源于 Chen et al.，2016；Fan et al.，2017；付修根等，2008；Fu et al.，2010，2016；Hu et al.，2010；李才等，2007；Li et al.，2015a，2015b，2018；Liu et al.，2016；Lu et al.，2017；Ma et al.，2016；Wang et al.，2008b，2008c；李学仁等，2020；Wu et al.，2016，2019；Zhai et al.，2011b，2013；Zhang et al.，2011，2014a；朱弟成等，2006；Wang et al.，2022

古、新特提斯洋的打开和关闭驱动南、北羌塘地体穿过特提斯洋向北漂移，随后依次拼接到欧亚大陆南部（Metcalfe，1996；Ding et al.，2014；Wan et al.，2019）。然而，特提斯洋的构造演化仍存在很大的争议性，如构造背景、开启和关闭时间及俯冲模型等。羌塘盆地作为东特提斯构造域的重要组成部分，显然，是了解特提斯洋演化的重要窗口。在前期羌塘盆地地质调查的基础上，笔者首次提出了晚三叠世羌塘盆地负反转模式。盆地反转通常包括两种反转类型，即正反转和负反转（Ziegler，1987）。正反转指盆地在早期伸展背景的基础上叠加挤压作用（Turner and Williams，2004；

Suo et al.，2020），而负反转指盆地在早期挤压背景的基础上叠加伸展作用（Harding，1985；Williams et al.，1989）。前人针对正反转型盆地开展了大量的研究工作（Roberts，1989；Brodie and White，1994；Knott et al.，1995；Lowell，1995；Sandiford，1999；Fildani and Hessler，2005；Bonini et al.，2012；Stephenson et al.，2020；Martínez et al.，2021），而负反转型盆地受到的关注则较少（Williams et al.，1989；Faccenna et al.，1995；D'Agostino et al.，1998；Babaahmadi et al.，2018；Yu et al.，2022）。总的来说，盆地反转研究对于揭示造山带的地质历史及其板块构造动力学具有重要意义（Goodge，1997；Brunet et al.，2003；Holford et al.，2009；Sciunnach and Garzanti，2012；Vincent et al.，2016）。中生代羌塘盆地构造负反转揭示了古特提斯洋闭合到新特提斯洋快速扩张的演化过程，以及南、北羌塘地体之间显著不同的演化历史。在南、北羌塘地体上发育起来的羌塘盆地是目前陆域规模最大的含油气盆地，开展中生代羌塘盆地反转研究可为南、北羌塘地体部署差异化的油气地质调查提供有力的理论支撑。

2.1　中生代盆地反转的沉积响应

2.1.1　中生代羌塘盆地沉积充填序列演化

羌塘盆地中三叠统—下侏罗统包括中三叠统的康南组、上三叠统的土门格拉组（及同期异相的藏夏河组、巴贡组）、上三叠统那底岗日组、下侏罗统曲色组和中—下侏罗统雀莫错组。岩石组合包括碳酸盐岩、泥岩、页岩、砂岩、火山岩等，按照岩相组合与沉积特征的不同，可进一步划分为六个与区域构造演化有关的沉积序列。

1. 沉积序列 A：中三叠世浅海陆棚沉积序列

沉积序列 A 对应于北羌塘拗陷康南组沉积，其出露非常局限，仅见于北羌塘拗陷南部的江爱达日那地区（图 2.2b），该地层下部为灰色、灰绿色粉砂质泥岩夹泥质粉砂岩，见泥灰岩透镜体，向上过渡为细砂岩。粉砂岩中发育小型沙纹层理，整体发育粉砂质泥岩 – 泥质粉砂岩 – 中层状钙质细砂岩组成的向上变粗的逆粒序韵律。灰岩中发育丰富的菊石化石，包括 *Hollandites void* Oppel、*H. hidimba* Diener、*H. truncus* Oppel、*H. vyasa* Diener、*H. visvakarma* Diener、*H.* sp.、*Paraceratites* cf. *binodosus* Hauer、*Cuccoceras taramellii* Mojs（朱同兴等，2006）。因此，康南组被解释为浅海陆棚沉积。

2. 沉积序列 B：晚三叠世三角洲前缘沉积序列

沉积序列 B 对应于土门格拉组（或藏夏河组）下部沉积，岩性主要为细粒岩屑长石砂岩，反映了水动力条件较强的三角洲前缘沉积（图 2.2）。在沃若山剖面，土门格拉组下部发育三角洲前缘水下分流间湾沉积序列，其特征为钙质泥岩夹粉砂岩、细砂岩的岩性组合。泥岩中水平层理发育，局部含生物碎屑；细砂岩具有较好的分选性，磨圆度中等，成熟度一般；粉砂岩中见有少量的生物介壳类碎屑。剖面向上，发育三角洲前缘水下分流水道沉积，岩性为一套粉砂岩夹细砂岩组合，分选性和磨圆度较好，

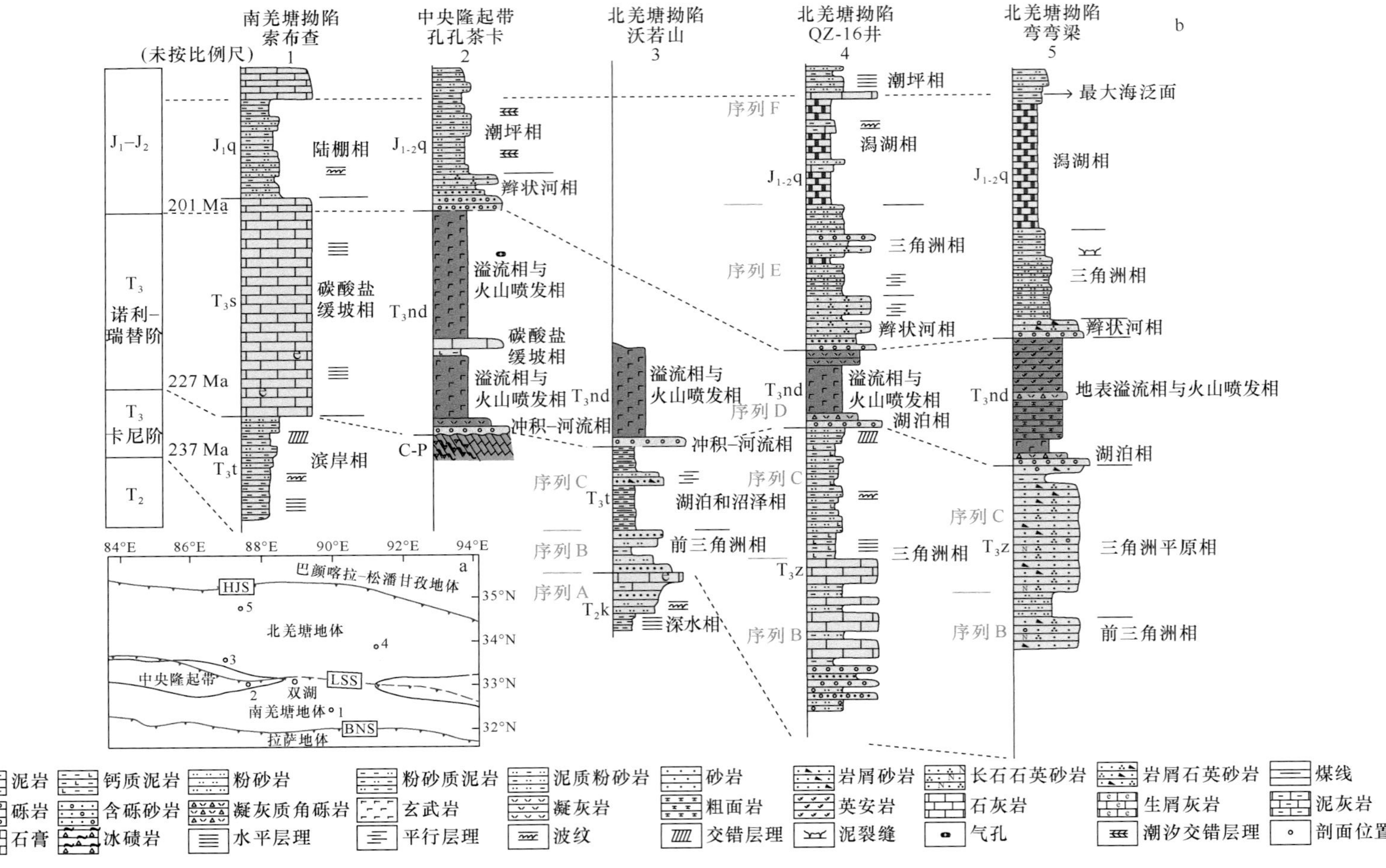

图 2.2 羌塘盆地中三叠统—中侏罗统地层对比图

a. 典型剖面位置图；b. 沉积序列 A~F 的垂向特征（T_2k：康南组；T_3z：藏夏河组；T_3t：土门格拉组；T_3s：索布查组；T_3nd：那底岗日组；$J_{1-2}q$：雀莫错组；J_1q：曲色组；J_1–J_2：中—下侏罗统）

成熟度较高，发育小型交错层理、透镜状层理、平行层理和递变层理。因此，沉积序列 B 被认为沉积于浅水环境并伴随着大量陆源碎屑输入被解释为三角洲前缘亚相沉积。

3. 沉积序列 C：晚三叠世三角洲平原沉积序列

沉积序列 C 对应于土门格拉组（或藏夏河组）中上部沉积，其岩性主要为泥岩、粉砂岩和细砂岩夹煤线。露头剖面上，中部以泥岩夹粉砂条带为主，泥岩中水平层理发育，粉砂岩中见沙纹层理，含双壳类化石：*Amonotis* cf. *rothpletziyushensis* Sha et Chen，*Halobia* sp.（朱同兴等，2006），为三角洲平原分流间湾沉积产物。剖面向上逐渐变为薄层状粉砂质泥岩与钙质粉砂岩的韵律层，局部夹煤线（图 2.2），显示三角洲平原沼泽沉积特征。在土门格拉组上部，以粉砂岩、细砂岩为主，分选和磨圆一般，成熟度不高，发育波痕、小型交错层理，显示高能沉积特征，为三角洲平原分支河道砂体沉积（图 2.2）。因此，沉积序列 C 被解释为三角洲平原亚相。

4. 沉积序列 D：晚三叠世火山喷发沉积序列

沉积序列 D 对应于羌塘盆地那底岗日组，该地层岩性以玄武岩、流纹岩、英安岩、火山角砾岩、凝灰岩及陆源碎屑岩为主，发育柱状节理、杏仁构造、侵蚀面、块状层理和交错层理。该序列底部分布着局部性的冲洪积相砾岩（图 2.2）。火山喷发早期以火山喷发相的火山角砾岩、火山凝灰岩为特征，在羌塘盆地西部的菊花山、东部的鄂尔陇巴、北部的弯弯梁等剖面均发育火山角砾岩；火山凝灰岩则发育于北羌塘南部的沃若山、羌科 -1 井等剖面。火山喷溢相以玄武岩、流纹岩为特征，在羌塘盆地北部的弯弯梁剖面，下部发育枕状玄武岩（图 2.2），上部发育流纹岩，构成了典型的双峰式火山岩组合。那底岗日组陆相火山喷发序列的底界面为前诺利期古风化壳（图 2.3），

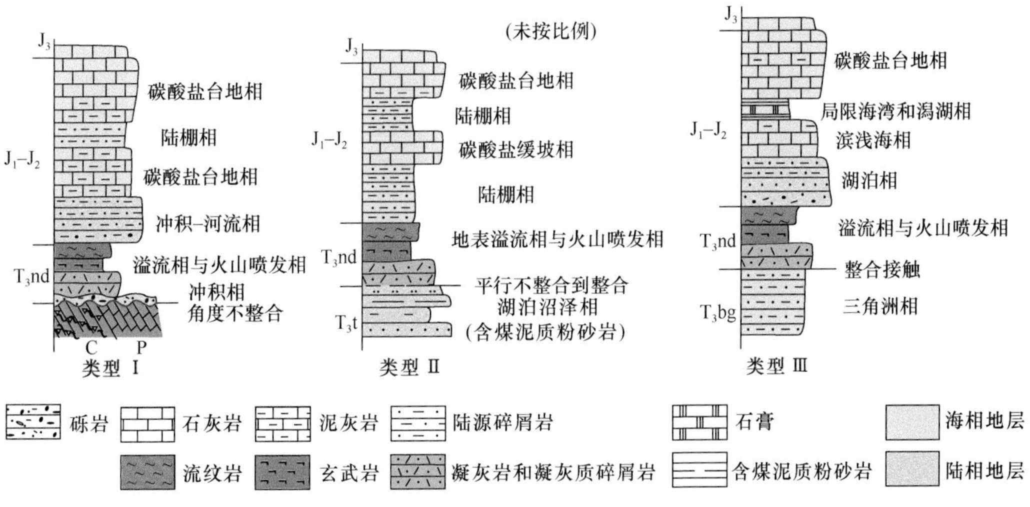

图 2.3　羌塘盆地中生代（T_3–K_1）典型的沉积超覆类型（未按比例）

沉积序列类型 I：那底岗日组角度不整合超覆于石炭系、二叠系之上；沉积序列类型 II：那底岗日组假整合或整合超覆于晚三叠世土门格拉组之上；沉积序列类型III：那底岗日组与下伏地层（巴贡组）为整合或平行不整合接触

而海相火山喷发序列与下覆土门格拉组呈整合接触（图 2.3）（王剑等，2009；Fu et al.，2010）。根据地层叠置关系，羌塘盆地沉积序列 D~F 可以划分为三种不同的沉积超覆类型（图 2.3）。

类型Ⅰ：典型剖面位于南羌塘盆地北缘及中央隆起带，以南羌塘北缘的肖切堡、孔孔茶卡剖面最具代表性。该类型沉积超覆的主要特征是上三叠统那底岗日组角度不整合沉积超覆在古生代褶皱地层之上（图 2.3）。角度不整合面之上通常发育古风化壳（王剑等，2010；王剑和付修根，2018），不整合面之下为二叠系及石炭系褶皱地层。局部地区，那底岗日组底部发育冲洪积相底砾岩，在缺失底砾岩的地区，表现为那底岗日组火山岩或沉火山碎屑岩直接沉积超覆在不整合面之上。值得指出的是，羌塘盆地大部分地区缺失那底岗日组沉积，这种情况下，雀莫错组底砾岩直接超覆于不整合面之上。

类型Ⅱ：典型剖面位于北羌塘地区，以北羌塘菊花山 – 胜利河一带为代表。该类型沉积超覆的主要特征是上三叠统那底岗日组低角度不整合（或平行不整合）沉积超覆在上三叠统土门格拉组之上（图 2.3）。与类型Ⅰ相似，角度不整合面之上通常发育古风化壳（王剑等，2010；王剑和付修根，2018）。不同的是，不整合面之下为上三叠统，那底岗日组底砾岩或火山岩及沉火山碎屑岩沉积超覆其上，呈低角度不整合或平行不整合接触，不整合面之上局部地区也发育冲洪积相底砾岩。

类型Ⅲ：典型剖面位于羌塘盆地东北部地区，以雀莫错 – 各拉丹冬一带为代表。该类型沉积超覆的主要特征是上三叠统那底岗日组与下伏地层呈整合接触，表现为连续沉积（图 2.3）。与类型Ⅰ及类型Ⅱ不同，类型Ⅲ中—上三叠统与侏罗系之间基本上为连续沉积，表现为上三叠统巴贡组残留海相沉积与巴贡组（那底岗日组对应地层）河湖相沉火山碎屑岩为整合接触（图 2.3）。

5. 沉积序列 E：早侏罗世陆源近海湖沉积序列

沉积序列 E 对应于羌塘盆地雀莫错组下部，雀莫错组底部的一些横向不连续的砾岩和粗砂岩层（如图 2.2 中的羌资 -16 井）代表了初始阶段的河流相和冲积相沉积。紫红色粗砂岩、细砂岩、粉砂岩与泥晶灰岩互层，构成向上变细的沉积序列。该沉积序列中发育小型交错层理、波痕、泥裂、平行层理等沉积构造。石膏、盐、半咸水和淡水双壳类也在该沉积序列中被发现（王剑等，2004；Fu et al.，2016b），指示陆源近海湖相。

6. 沉积序列 F：早侏罗世潮坪沉积序列

沉积序列 F 对应于羌塘盆地雀莫错组上部，岩性主要以发育紫红色 – 灰绿色粉砂岩、泥岩及灰绿色砂岩为特征。其中，紫红色泥岩和灰绿色泥岩不等厚互层形成韵律层理，粉砂岩中发育鱼骨状交错层理（Wang et al.，2019）；雀莫错组上部砂岩 – 粉砂岩 – 泥岩构成多个向上变细的沉积旋回（Wang et al.，2019），砂岩主要为石英砂岩、长石岩屑砂岩和岩屑砂岩。石英砂岩具有好的分选性、呈次圆状 – 圆状、颗粒支撑，为接触式胶结，具有高的成分成熟度和结构成熟度；岩屑砂岩分选性较差，颗粒呈棱角状－次棱角状，具有低的成分成熟度和结构成熟度，发育波状层理、脉状层理、波痕及交错层理（Wang et al.，2019）。基于沉积构造、岩性组合及叠加样式特征分析，我们认为该套沉积物为潮坪相产物。

综合以上沉积序列分析：从沉积序列 C 到 D 表现为羌塘盆地发生构造隆升，导致陆相沉积区的侵蚀及沉积相的向海迁移（图 2.2）。下部层序包括沉积序列 A、B 和 C，表现为从浅海陆棚相向上过渡到三角洲前缘和三角洲平原，反映了一个向上变浅的海退型沉积序列。上部层序包括沉积序列 D、E 和 F，表现为从冲洪积相向上过渡为陆源近海湖和潮坪相，反映一个向上变深的海侵沉积序列。羌塘盆地记录的向上变浅的海退型沉积序列为盆地反转或海退及碎屑物输入提供了证据，具体阐述如下。

前期在羌塘盆地的肖茶卡、沃若山、菊花山、石水河等地区开展野外油气地质调查发现，在上三叠统肖茶卡组的顶部普遍发育一层厚数十厘米至 1 m 左右的褐色－紫红色黏土质角砾岩。岩石学与地层学的研究表明该套褐色－紫红色黏土质角砾岩具古风化壳的地质特征（图 2.4）（付修根等，2007；王剑等，2007）。剖面露头上古风化壳具有明显的三层结构：上部为褐色－紫红色黏土状皮壳层，厚度为数厘米至数十厘米，这些皮壳层表面见溶沟或溶槽，仅见少量的溶蚀角砾，角砾间以钙质胶结为主。皮壳层之下为溶蚀角砾层，厚度一般为数十厘米至 1 m 左右。该层中溶蚀角砾发育，角砾成分单一，几乎均为下伏地层的灰岩，砾径为 0.1~4.0 cm，个别达 10~20 cm，角砾

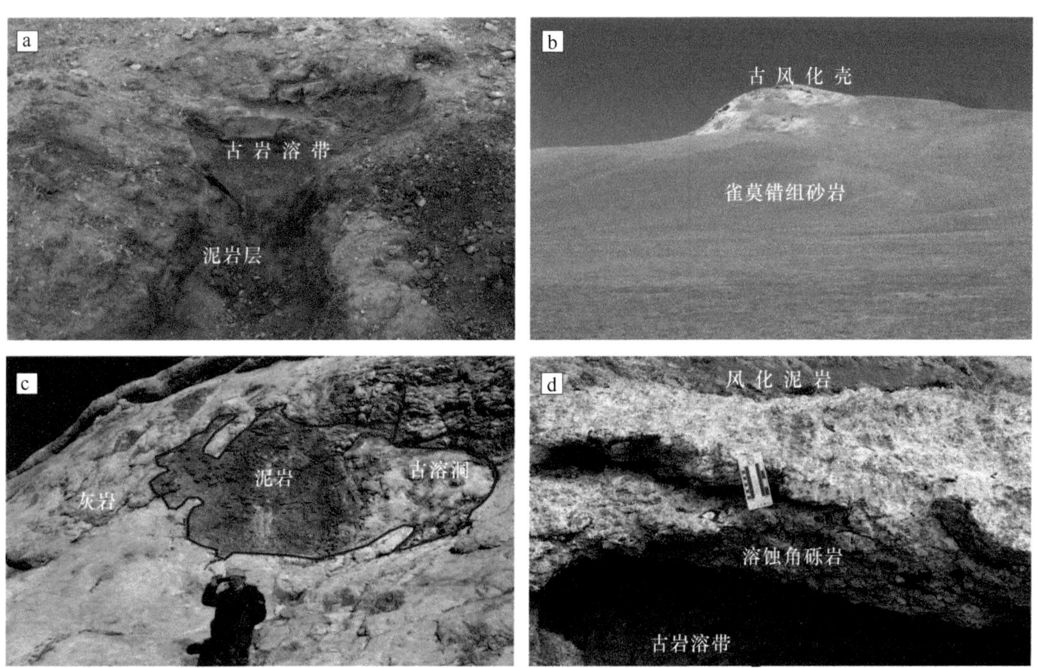

图 2.4　那底岗日组上覆古风化壳

a. 古风化壳中红色黏土层之上的古岩溶带；b. 雀莫错组砂岩之上的古暴露面；c. 灰岩中的古洞穴被黏土岩充填；d. 不整合面自下而上由古岩溶带、溶蚀角砾及风化黏土组成

分选性较差，为钙质胶结，具明显的溶蚀特征。角砾层之下则为过渡层，与角砾层相比，过渡层具有角砾明显偏大的特征，但角砾的溶蚀程度更低。另外，从挖掘的探槽剖面来看，皮壳层之上可能还存在一套厚约 30 cm 的黏土层，该层中几乎见不到角砾，以褐色和红色黏土为主。在局部地区还发育大型的古溶洞，里面填满了棕色粗砂岩或黏土岩。从区域上看，古风化壳广泛分布于北羌塘拗陷、中央隆起带和南羌塘拗陷（图 2.3）。区域上，古风化壳不整合于那底岗日组火山岩或者雀莫错组碎屑岩之下，表明那底岗日组与下伏地层之间存在明显的沉积间断。

尽管南羌塘的沉积体系与北羌塘存在一定的差异，但沉积演化特征是基本一致的，表现为晚三叠世的海退和早侏罗世的海侵特征。中三叠地层在南羌塘尚未见到典型的露头，推测该时期南羌塘可能大多暴露地表，至晚三叠世，南羌塘地区广泛发育碳酸盐岩台地沉积，对应于索布查组，晚三叠世的那底岗日组火山岩序列在南羌塘地区分布局限，典型的剖面为中央隆起带南缘的肖茶卡剖面，另外，在毕洛错地区也有少量出露。早侏罗世，南羌塘地区普遍发生了海侵，沉积了曲色组陆棚相页岩。

2.1.2　中生代岩相古地理演化

羌塘盆地晚三叠世发生了重要的古地理反转。羌塘周缘前陆盆地形成于晚二叠世，其形成可能与古特提斯洋及其分支的洋壳俯冲作用有关（Dewey et al.，1988；李勇等，2003；Li et al.，2004；Yang et al.，2014）。前人基于晚三叠世火山岩古地磁资料研究认为古特提斯洋及其分支洋关闭于晚三叠世（Song et al.，2015），因此推断中三叠世晚期可能是羌塘前陆盆地的最后碰撞阶段。中三叠世晚期，北羌塘拗陷为一个向北变深的残留海，海相沉积主要见于北部，为陆棚相，中北部发育潮坪 – 潟湖相，南部发育三角洲平原，靠近中央隆起带附近，主要为河流 – 三角洲沉积（图 2.5a）。然而，在南羌塘拗陷内部，中三叠世基本没有沉积记录，除了南羌塘拗陷北部残留的陆相湖泊和沼泽沉积外，中三叠统广泛缺失（图 2.5a）。值得注意的是，卡尼期古地理格局继承了中三叠世古地理格局的特点，但相比而言，卡尼期沉积物具有比中三叠世更浅的水体环境。因此，仅在北羌塘拗陷北缘发育卡尼期潮坪 – 潟湖相沉积，而在北羌塘拗陷中部发育河流 – 三角洲平原 – 沼泽相的含煤层系，主要见于盆地周缘及中央隆起带周缘（图 2.5b）。

晚三叠世诺利期至瑞替期可能与新特提斯洋的快速扩张期相对应，促使南羌塘拗陷快速沉降，在南羌塘地区南部（靠近新特提斯洋）再次发生海侵。随着海侵作用的进行，沉积中心向北迁移，发育深海沉积，而在北羌塘地区由于古特提斯洋关闭的影响，接受的是陆相沉积（图 2.5c）。早侏罗世新特提斯洋的持续扩张使得北羌塘拗陷持续沉降和海侵。然而，在中央隆起带地区狭窄的浅海水道限制了北羌塘地区与外界海水的交换，在北羌塘地区发育半咸水的陆源近海湖，沉积厚层蒸发岩。从沉积相的区域分布来看，北羌塘拗陷发育半咸水湖相沉积，南羌塘拗陷北部发育三角洲泥岩 / 砂岩，南羌塘拗陷中部和南部发育深海沉积（图 2.5d）。

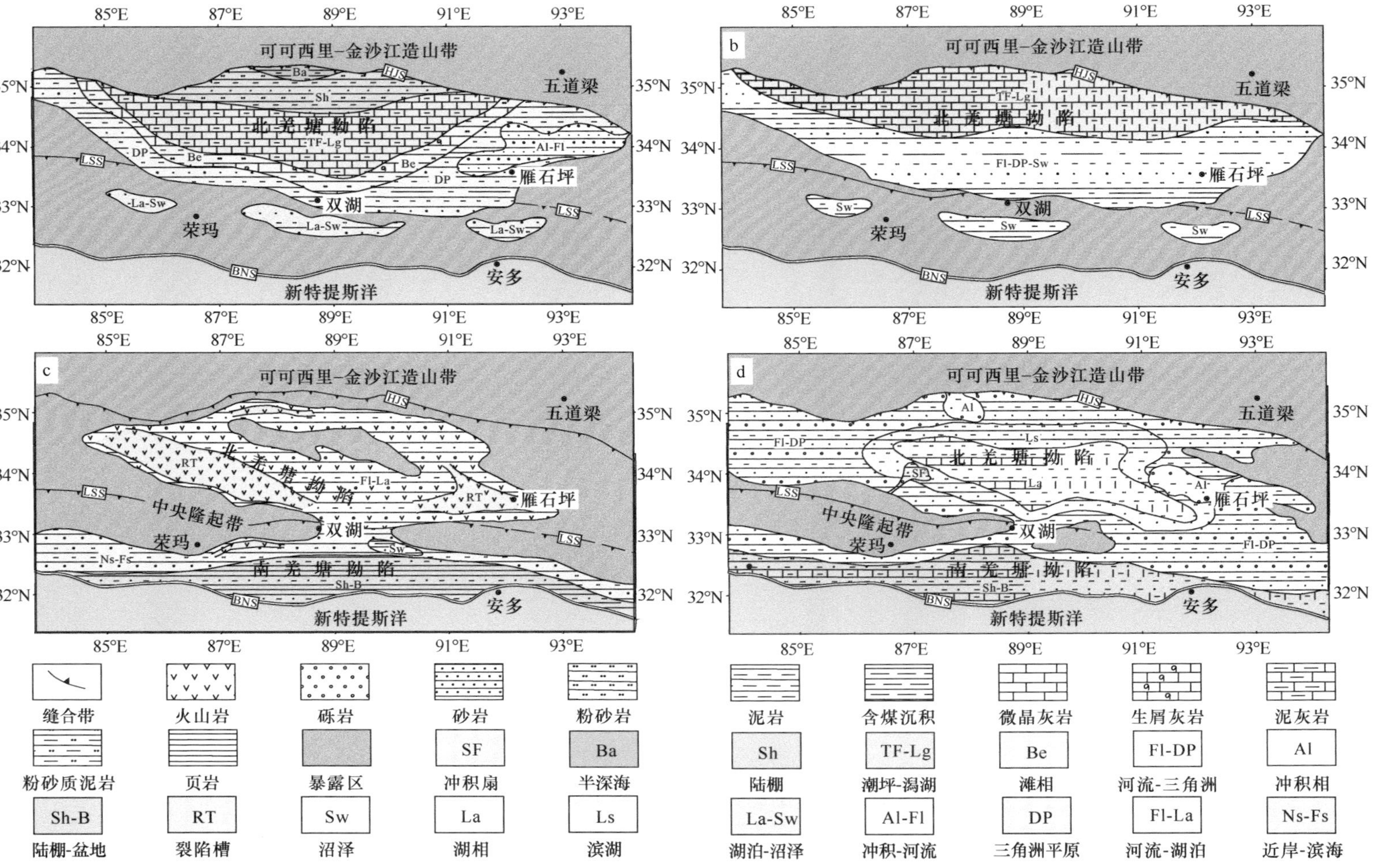

图 2.5　羌塘盆地中三叠世至早—中侏罗世岩相古地理图

a. 中三叠世；b. 晚三叠世卡尼期；c. 晚三叠世诺利期－瑞替期；d. 早—中侏罗世

本次研究的古地理资料为羌塘盆地的构造演化提供了新的证据。羌塘地体在经历了早卡尼期俯冲之后，在卡尼期地层沉积结束之后构造趋于稳定，使得北羌塘地区暴露、侵蚀，并伴随着 2 Ma 的沉积间断（朱同兴等，2002）。从诺利期开始（详见 2.3 节）盆地负反转与盆地的快速沉降及伸展背景相对应，在沉积记录上体现在沉积相和沉积厚度的显著变化。具体体现在北羌塘拗陷早期沉积的海相沉积区在诺利期转变为陆相沉积区，而前期南羌塘拗陷北缘的陆相沉积区转为海相沉积区。

2.1.3 中生代羌塘盆地沉积物源演化

碎屑岩中单颗粒锆石 U-Pb 年龄的研究在示踪物源区、限定沉积岩的形成时代、了解古老基底的物质组成方面起着越来越重要的作用（徐亚军等，2007；赵英利等，2010）。本次研究主要利用多接收激光剥蚀电感耦合等离子体质谱（LA-MC-ICP-MS）技术，对羌塘盆地中部 – 北部地区晚二叠世至早—中侏罗世地层中的碎屑锆石进行 U-Pb 测年，进一步探讨中生代羌塘盆地反转与沉积物源演化的关系。

上二叠统凝灰质砂岩中锆石颗粒具有显著的自形晶，其阴极发光图像具有清晰的振荡环带。锆石的 Th/U 值较高（绝大部分比值＞ 0.4），可能为岩浆成因的锆石。凝灰质砂岩锆石 U-Pb 年龄最显著的特征是存在晚二叠世的单峰值，其峰值年龄为 259.3±0.9 Ma（图 2.6）。相比而言，上三叠统砂岩锆石具有明显不同的年龄分布，自太古宙—晚三叠世均有分布（图 2.6），主要分布在五个年龄区间，其中 2000~1800 Ma 年龄分布最集中，还有 2500 Ma、820 Ma、400 Ma 及 280 Ma 四个次级年龄峰值。

中—下三叠统砂岩碎屑锆石年龄谱系图显示一个单峰，其峰值加权平均年龄为 252 Ma（图 2.6），这可能与羌塘盆地晚二叠世广泛的岛弧型岩浆活动有关（Li et al.，2004）。然而，上三叠统样品具有不同的年龄谱系图，包括新太古代（~2500 Ma）、古元古代（2000~1800 Ma）、新元古代（~820 Ma）年龄峰值，这可能是来自邻区古生代地层中的再循回碎屑锆石，因为中央隆起带内没有较老的早古生代（或晚新元古代）地层。上三叠统样品中泥盆世（~400 Ma）和早二叠世（~280 Ma）的次级峰值可能是中央隆起带遭受风化剥蚀的首次记录。另外，239~203 Ma 碎屑锆石年龄值的出现表明这些锆石主要来源于羌塘盆地内部的三叠纪岩石地层（Gehrels et al.，2011）。中央隆起带二叠纪—上三叠纪为滨浅海相，晚古生代—三叠纪广泛连续出露在构造混杂岩之上（Pullen et al.，2011），也支持上述认识。虽然侏罗系中碎屑锆石年龄的比例与上三叠统砂岩略有不同，但两者的年龄范围和峰值年龄较相似（图 2.6），表明侏罗系中碎屑锆石主体继承了上三叠统的碎屑锆石。

因此，明显的侵蚀不整合和显著的物源变化可能与古特提斯洋关闭引起的构造隆升有关（李勇等，2003；Zhai et al.，2013；Yan et al.，2016），而不是全球海平面变化，因为研究区构造隆升、剥蚀及其物源改变比晚三叠世全球海退的时间要早（Miller et al.，2005）。因此，陆上暴露、沉积间断及陆相沉积是卡尼期沉积物的共同特征。但

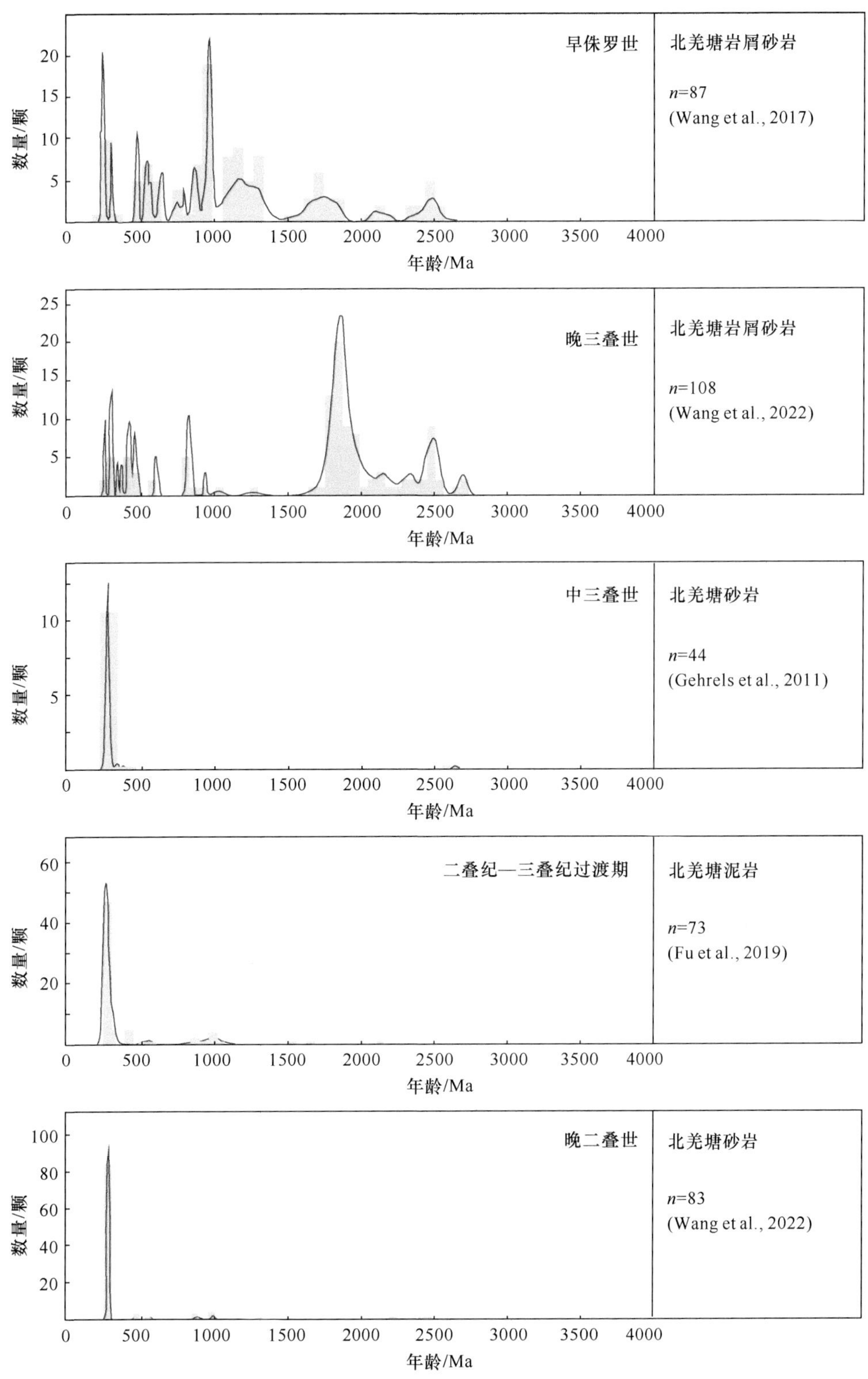

图 2.6　羌塘盆地晚二叠世—早侏罗世沉积岩碎屑锆石年龄分布谱系图

是，隆升的卡尼期地层被上覆的诺利期—瑞替期地层超覆，这一地层接触关系表明一次新的构造事件开启于卡尼期至诺利期之间（沉积序列 C 和 D）。随后的沉积超覆事件对应于陆内裂谷引发的热沉降（Fu et al.，2010）。因此，羌塘盆地上三叠统物源的转变揭示盆地经历了从挤压到伸展背景的负反转。

2.2 中生代盆地反转的岩浆记录

本次研究从胜利河剖面和玛尔果茶卡剖面采集了 30 件上三叠统那底岗日组流纹岩和玄武岩样品，用于开展主微量元素分析，同时收集前人发表的那底岗日组火山岩地球化学数据，综合讨论岩浆形成的大地构造背景。全岩主量元素的分析工作在中国地质调查局成都地质调查中心实验室完成，主要采用熔片法，实验方法参照 Kimura（1998），分析误差小于 5%。微量元素的测试在国家地质测试中心通过 ICP-MS 仪器完成，实验方法参照 Yang 等（2004），分析误差小于 5%。

结果表明，30 件那底岗日组流纹岩和玄武岩样品的烧失量在 0.78%~5.19%（表 2.1）。烧失量是样品蚀变程度判别的重要标志，部分玄武岩样品具有较高的烧失量。在采集的玄武岩样品中，较新鲜的样品和蚀变较大的样品具有近乎平行的稀土元素和高场强元素的配分模式，反映蚀变较强的玄武岩仍然保留着它们原始稀土元素和高场强元素信号。流纹岩样品相对较为新鲜，其烧失量介于 0.78%~1.30%（表 2.1）。

薄片观察显示，流纹岩样品具有斑状结构，斑晶由石英（15%~20%）、钾长石（50%）和少量的斜长石（1%~2%）构成。基质主要由玻璃质、微晶石英和不规则的绢云母构成。玄武岩同样具有斑状结构，主要为蚀变的斜长石斑晶（20%），基质的成分主要为微晶斜长石（45%）、辉石（25%）、绿帘石（6%）和磁铁矿（4%）。

研究区那底岗日组玄武岩样品 SiO_2 含量为 53.32%~56.89%，Al_2O_3 含量为 16.28%~16.76%，Fe_2O_3、MgO 和 TiO_2 的含量分别为 9.05%~9.46%、3.07%~3.48%、1.06%~1.15%。流纹岩样品具有高的 SiO_2 含量和低的 MgO 含量，分别为 78.44%~83.87% 和 0.01%~0.44%。样品具有弱铝质 – 过铝质的特点，其 A/CNK［Al_2O_3/（CaO+Na_2O+K_2O）］摩尔比值为 0.98~1.15（表 2.1）。玄武岩样品具有低的稀土元素含量（106×10^{-6}~113×10^{-6}）、弱的 Eu 负异常（0.78~0.85）（图 2.7a）和低的 $(La/Yb)_N$ 值（4.54~4.95，均值为 4.66）。在原始地幔标准化的微量元素蛛网图中，大离子亲石元素表现出显著的富集（如 K、Rb 和 Ba）（图 2.7b）。元素 Pb 表现为明显的正异常，Ta、Nb 和 P 具有显著的负异常。相反，流纹岩样品显著的 Eu 负异常（图 2.7c）及明显的轻稀土富集，$(La/Yb)_N$ 值波动较大，为 3.97~9.04。元素 Pb 及大离子亲石元素表现为明显的富集，高场强元素 Ta、Nb、P 和 Ti 表现为强烈的亏损（图 2.7d）。在 Nb/Y-Zr/TiO_2 图解中，那底岗日组火山岩样品大部分样品落在流纹岩和玄武岩区域（图 2.8a），具有典型双峰式火山岩特征。在 Nb^*_2-Zr/4-Y 和 Zr-Zr/Y（Pearce and Norry，1979）图解中，那底岗日组玄武岩样品主要集中在板内背景（图 2.8b 和图 2.8c），其与羌塘盆地东部格拉丹东地区玄武岩的构造背景一致（Fu et al.，2010）。

表 2.1　羌塘盆地那底岗日组火山岩主微量元素数据

样品	No.20-1	No.20-2	No.20-3	No.20-4	No.20-5	No.20-6	No.20-7	No.20-8	No.20-9	No.20-10	No.20-11	No.20-12	No.20-13	No.20-14	No.20-15
岩性	流纹岩														
SiO_2	81.26	80.50	80.74	78.44	83.87	80.09	80.91	79.95	80.75	80.06	80.22	79.90	80.46	80.33	82.94
Al_2O_3	9.77	10.20	9.67	11.36	8.24	10.51	10.06	10.51	10.20	10.67	10.65	10.33	9.99	10.21	9.16
Fe_2O_3	1.38	1.66	1.70	1.74	1.50	1.56	1.29	1.42	1.42	1.31	1.65	1.82	2.10	1.84	1.40
CaO	0.58	0.42	0.74	0.62	0.71	0.48	0.51	0.46	0.40	0.43	0.36	0.60	0.34	0.39	0.36
K_2O	0.96	1.29	1.30	0.98	0.15	1.13	1.06	1.34	1.07	1.15	1.01	1.04	1.14	1.10	0.37
Na_2O	4.68	4.09	3.73	4.96	4.24	4.44	4.27	4.25	4.32	4.42	4.59	4.43	4.17	4.33	4.48
MgO	0.21	0.40	0.37	0.34	0.01	0.33	0.34	0.44	0.35	0.37	0.28	0.37	0.36	0.37	0.10
P_2O_5	0.03	0.04	0.04	0.04	0.05	0.04	0.04	0.04	0.05	0.05	0.05	0.04	0.05	0.04	0.04
MnO	0.01	0.01	0.01	0.01	0.01	0.01	0.01	0.01	0.01	0.01	0.01	0.01	0.01	0.01	0.01
TiO_2	0.05	0.05	0.05	0.06	0.05	0.06	0.06	0.06	0.06	0.06	0.06	0.06	0.06	0.05	0.05
LOI	0.93	1.01	1.30	1.16	0.86	1.04	1.13	1.21	1.07	1.16	0.83	1.08	1.02	1.00	0.78
A/CNK	1.00	1.15	1.09	1.10	0.98	1.12	1.11	1.13	1.13	1.15	1.15	1.09	1.15	1.13	1.09
Sc	2.68	3.16	2.84	2.91	1.38	3.04	2.92	2.91	47.64	3.02	2.68	2.53	2.64	2.74	1.99
V	4.49	4.65	4.06	4.21	3.88	4.44	3.88	3.60	271.50	5.56	4.63	4.38	4.49	4.22	4.91
Cr	4.44	6.46	5.47	4.89	5.22	5.18	3.38	2.49	175.30	3.62	5.02	4.76	8.69	6.19	7.98
Co	0.46	1.71	0.56	0.16	0.02	0.41	0.05	0.10	57.91	0.07	0.34	0.15	0.57	0.56	0.41
Ni	1.98	2.60	2.62	1.92	2.60	2.40	1.07	0.71	93.43	0.79	1.92	2.06	3.57	1.88	2.28
Cu	6.09	6.56	7.07	5.73	7.42	25.46	7.29	6.54	9.30	6.70	6.26	6.19	8.29	5.66	7.06
Zn	1.97	9.68	9.60	15.33	2.85	10.70	20.08	23.78	191.00	14.49	3.33	17.75	10.89	3.90	2.37
Ga	6.33	7.20	7.70	7.47	3.48	7.85	7.11	7.72	20.54	7.52	6.43	6.45	6.75	7.66	4.97
Ge	1.00	1.12	1.11	0.98	0.86	1.18	1.09	0.98	2.14	1.02	0.96	0.85	1.16	1.08	0.88
Rb	31.04	41.38	44.11	34.83	4.85	43.59	37.38	45.36	10.89	41.49	31.48	30.79	37.11	40.07	14.08
Sr	132.20	114.20	136.20	147.90	164.20	141.60	149.90	127.40	274.00	142.50	139.50	124.40	121.50	152.80	150.80
Y	18.91	19.24	21.21	42.45	22.55	19.68	19.57	25.25	26.93	20.60	24.52	24.41	27.82	21.77	26.95

续表

样品	No.20-1	No.20-2	No.20-3	No.20-4	No.20-5	No.20-6	No.20-7	No.20-8	No.20-9	No.20-10	No.20-11	No.20-12	No.20-13	No.20-14	No.20-15
岩性								流纹岩							
Zr	64.56	75.82	68.29	84.30	63.36	69.79	69.48	75.64	61.56	77.06	71.70	72.78	73.85	74.19	60.23
Nb	7.47	8.40	7.85	9.32	7.07	7.97	7.92	8.54	5.53	8.62	8.42	8.55	8.42	8.06	6.82
Cs	1.21	1.88	1.66	1.79	0.53	1.81	1.46	2.03	0.13	1.74	1.54	1.59	1.72	1.54	0.85
Ba	409.80	417.70	932.40	377.20	2624.0	328.80	561.60	377.60	35.32	492.20	513.80	333.00	254.00	666.90	849.40
La	21.78	28.29	26.89	31.28	12.97	25.19	25.72	23.09	16.48	27.76	22.51	21.00	23.69	27.59	26.14
Ce	46.42	63.36	58.62	65.27	25.76	55.78	57.15	49.67	39.46	61.81	45.66	44.48	50.55	60.78	52.53
Pr	5.55	7.37	6.82	7.97	3.41	6.43	6.53	5.88	5.54	6.94	5.65	5.43	5.96	7.04	6.86
Nd	21.33	27.66	26.14	30.90	13.62	24.29	24.57	22.42	23.65	26.29	21.20	20.64	22.82	26.62	25.58
Sm	4.38	5.59	5.31	7.35	3.53	4.87	5.03	5.01	5.35	5.23	4.80	4.82	5.11	5.33	5.62
Eu	0.61	0.73	0.66	1.19	0.44	0.65	0.69	0.76	1.47	0.70	0.71	0.71	0.79	0.72	0.86
Gd	3.63	4.16	4.27	8.31	4.02	3.78	3.88	4.72	5.37	4.06	4.73	4.68	5.22	4.22	5.53
Tb	0.58	0.61	0.66	1.48	0.72	0.57	0.60	0.82	0.89	0.63	0.79	0.80	0.93	0.67	0.92
Dy	3.50	3.57	3.86	8.56	4.28	3.49	3.46	4.70	5.15	3.79	4.73	4.64	5.35	4.11	5.30
Ho	0.73	0.73	0.82	1.65	0.87	0.76	0.76	0.96	1.09	0.80	0.96	0.92	1.08	0.84	1.09
Er	2.12	2.13	2.36	4.20	2.54	2.25	2.14	2.63	2.91	2.37	2.52	2.57	2.92	2.38	2.79
Tm	0.33	0.34	0.36	0.58	0.37	0.36	0.34	0.37	0.45	0.37	0.37	0.38	0.41	0.37	0.38
Yb	2.17	2.25	2.38	3.38	2.35	2.39	2.28	2.45	2.83	2.57	2.37	2.36	2.59	2.48	2.40
Lu	0.34	0.35	0.37	0.50	0.36	0.36	0.34	0.36	0.42	0.39	0.36	0.34	0.39	0.36	0.36
Hf	2.57	2.83	2.71	3.18	2.43	2.73	2.75	2.86	1.77	3.00	2.76	2.79	2.96	2.92	2.37
Ta	0.78	0.80	0.78	0.85	0.72	0.82	0.79	0.76	0.39	0.90	0.76	0.76	0.79	0.82	0.68
Pb	3.32	3.98	3.77	5.14	3.98	3.35	3.66	4.14	13.23	2.71	4.42	3.93	3.99	3.33	6.95
Th	11.62	13.56	12.49	14.55	11.63	12.81	12.39	12.73	1.58	13.56	12.62	12.34	12.51	12.94	11.48
U	1.63	1.68	1.72	1.95	1.07	1.90	1.87	1.86	0.37	1.95	1.63	1.53	1.88	1.96	1.31

续表

样品编号	No.33-1	No.33-2	No.33-3	No.33-4	No.33-5	No.33-6	No.33-7	No.33-8	No.33-9	No.33-10	No.33-11	No.33-12	No.33-13	No.33-14	No.33-15
岩性	玄武岩														
SiO_2	56.72	56.32	53.52	55.07	54.22	55.40	55.87	56.89	55.93	54.09	56.59	54.16	55.98	55.40	54.57
Al_2O_3	16.48	16.55	16.75	16.63	16.55	16.53	16.71	16.54	16.54	16.64	16.28	16.76	16.49	16.33	16.65
Fe_2O_3	9.29	9.40	9.23	9.46	9.30	9.41	9.44	9.30	9.41	9.13	9.25	9.31	9.29	9.05	9.11
CaO	6.05	6.24	6.76	6.02	6.61	6.17	5.97	5.84	6.42	6.73	6.18	6.34	6.06	6.30	6.26
K_2O	1.92	1.95	1.48	1.63	1.58	1.70	1.95	2.03	1.79	1.56	1.66	1.52	1.70	1.46	1.46
Na_2O	2.31	2.27	2.26	2.27	2.23	2.18	2.19	2.26	2.15	2.19	2.41	2.24	2.25	2.24	2.30
MgO	3.10	3.09	3.30	3.48	3.36	3.44	3.27	3.11	3.12	3.32	3.07	3.30	3.22	3.22	3.30
P_2O_5	0.11	0.10	0.09	0.09	0.09	0.09	0.09	0.12	0.10	0.09	0.09	0.09	0.10	0.13	0.09
MnO	0.14	0.14	0.13	0.15	0.14	0.16	0.14	0.13	0.15	0.14	0.13	0.13	0.14	0.14	0.13
TiO_2	1.09	1.15	1.10	1.10	1.12	1.09	1.09	1.09	1.10	1.10	1.06	1.12	1.07	1.06	1.09
LOI	2.45	2.44	5.19	3.78	4.55	3.54	3.00	2.34	2.95	4.78	2.95	4.77	3.39	4.42	4.83
A/CNK	0.98	0.96	0.95	1.01	0.95	0.99	1.01	1.00	0.96	0.95	0.96	0.99	0.99	0.97	0.99
Sc	28.00	28.30	27.35	28.23	28.02	26.65	27.41	26.27	26.10	25.60	25.08	26.13	25.90	25.30	26.84
V	189.00	198.90	197.70	198.30	201.60	193.70	189.00	189.40	187.80	188.50	181.40	194.60	185.80	185.80	196.80
Cr	8.95	10.17	13.69	114.90	13.75	11.78	11.64	11.48	8.90	11.73	9.66	11.04	11.38	11.76	12.80
Co	21.55	21.90	21.62	23.83	22.41	21.31	21.78	21.78	21.34	20.99	21.46	23.16	21.23	21.21	22.46
Ni	4.18	4.62	5.86	85.06	5.46	5.26	4.86	4.49	4.29	5.52	4.49	5.23	5.53	9.22	4.74
Cu	11.66	14.88	7.87	17.31	8.78	7.67	9.20	13.41	11.31	7.58	20.77	8.58	18.30	18.14	11.28
Zn	93.05	102.70	109.00	81.63	71.70	93.36	85.35	84.73	98.18	86.95	88.58	85.08	91.92	87.13	91.43
Ga	18.69	18.94	18.86	18.89	18.55	17.90	18.75	18.72	18.22	18.07	18.13	18.75	18.58	18.48	18.86
Ge	1.57	1.62	1.43	1.62	1.45	1.56	1.51	1.49	1.40	1.43	1.58	1.56	1.51	1.29	1.47
Rb	75.77	79.68	62.06	72.13	65.63	70.31	84.93	85.37	72.30	65.41	66.38	64.81	69.41	61.99	61.44
Sr	270.70	278.90	209.60	211.60	212.80	214.70	206.80	248.10	198.20	207.80	255.80	207.60	222.60	198.90	211.60
Y	29.01	29.57	27.49	28.66	28.43	27.41	29.34	29.52	28.84	27.14	29.28	28.04	28.05	27.88	28.21

续表

样品编号	No.33-1	No.33-2	No.33-3	No.33-4	No.33-5	No.33-6	No.33-7	No.33-8	No.33-9	No.33-10	No.33-11	No.33-12	No.33-13	No.33-14	No.33-15
岩性	玄武岩														
Zr	135.50	135.70	129.80	131.80	128.40	126.50	134.00	142.60	128.90	130.30	137.50	129.70	128.50	130.10	130.70
Nb	6.82	6.95	6.51	6.78	6.55	6.56	6.78	6.90	6.59	6.39	6.64	6.51	6.48	6.46	6.66
Cs	1.30	1.05	3.50	3.51	3.11	3.46	4.68	3.17	3.99	3.31	1.20	3.44	2.16	3.00	3.18
Ba	419.20	444.40	316.60	369.10	353.10	349.10	370.20	428.90	335.10	335.00	392.10	333.00	401.60	342.30	342.40
La	19.53	19.57	18.75	18.67	19.01	18.81	19.43	20.20	19.32	18.84	20.06	18.82	18.60	19.06	19.24
Ce	40.98	41.37	39.87	39.92	40.26	38.77	41.71	42.36	40.58	39.35	41.98	40.04	39.59	39.41	40.07
Pr	5.10	5.12	5.05	4.95	5.00	4.95	5.26	5.22	5.18	5.05	5.28	5.09	4.97	5.06	5.10
Nd	19.96	20.44	19.61	19.49	20.00	19.46	20.28	20.75	20.07	19.82	20.73	20.06	19.48	19.73	19.77
Sm	4.62	4.61	4.47	4.44	4.50	4.40	4.67	4.78	4.65	4.48	4.58	4.60	4.49	4.49	4.67
Eu	1.23	1.27	1.27	1.24	1.23	1.28	1.30	1.26	1.28	1.28	1.27	1.23	1.22	1.24	1.33
Gd	4.90	4.93	4.62	4.74	4.82	4.76	4.97	4.94	4.93	4.74	4.93	4.78	4.74	4.75	4.85
Tb	0.85	0.85	0.84	0.86	0.84	0.85	0.87	0.87	0.88	0.85	0.86	0.87	0.84	0.85	0.84
Dy	5.16	5.17	4.90	5.11	5.01	5.09	5.27	5.36	5.41	5.10	5.29	4.97	5.12	5.08	5.22
Ho	1.11	1.09	1.08	1.09	1.06	1.06	1.13	1.13	1.11	1.09	1.14	1.07	1.07	1.12	1.10
Er	3.17	3.10	2.99	3.11	3.08	3.03	3.09	3.21	3.13	3.07	3.19	3.13	3.08	3.08	3.05
Tm	0.46	0.45	0.45	0.46	0.44	0.45	0.47	0.48	0.48	0.45	0.47	0.45	0.45	0.44	0.45
Yb	3.01	3.05	2.88	2.92	2.92	2.91	3.04	2.93	2.99	2.98	3.01	2.96	2.86	2.97	2.92
Lu	0.44	0.47	0.43	0.47	0.44	0.44	0.48	0.46	0.45	0.45	0.45	0.45	0.45	0.45	0.45
Hf	3.61	3.39	3.42	3.37	3.38	3.36	3.54	3.69	3.52	3.43	3.60	3.46	3.48	3.55	3.52
Ta	0.55	0.54	0.52	0.53	0.50	0.52	0.52	0.55	0.54	0.53	0.53	0.53	0.51	0.52	0.53
Pb	5.83	6.95	15.01	10.36	6.04	5.22	7.46	10.62	5.36	5.91	5.45	8.05	9.04	6.87	7.31
Th	7.24	7.27	6.78	6.90	6.98	6.83	7.37	7.58	7.45	6.98	7.87	7.30	7.16	7.31	7.23
U	1.32	1.46	1.43	1.38	1.48	1.35	1.47	1.50	1.48	1.48	1.47	1.56	1.43	1.46	1.46

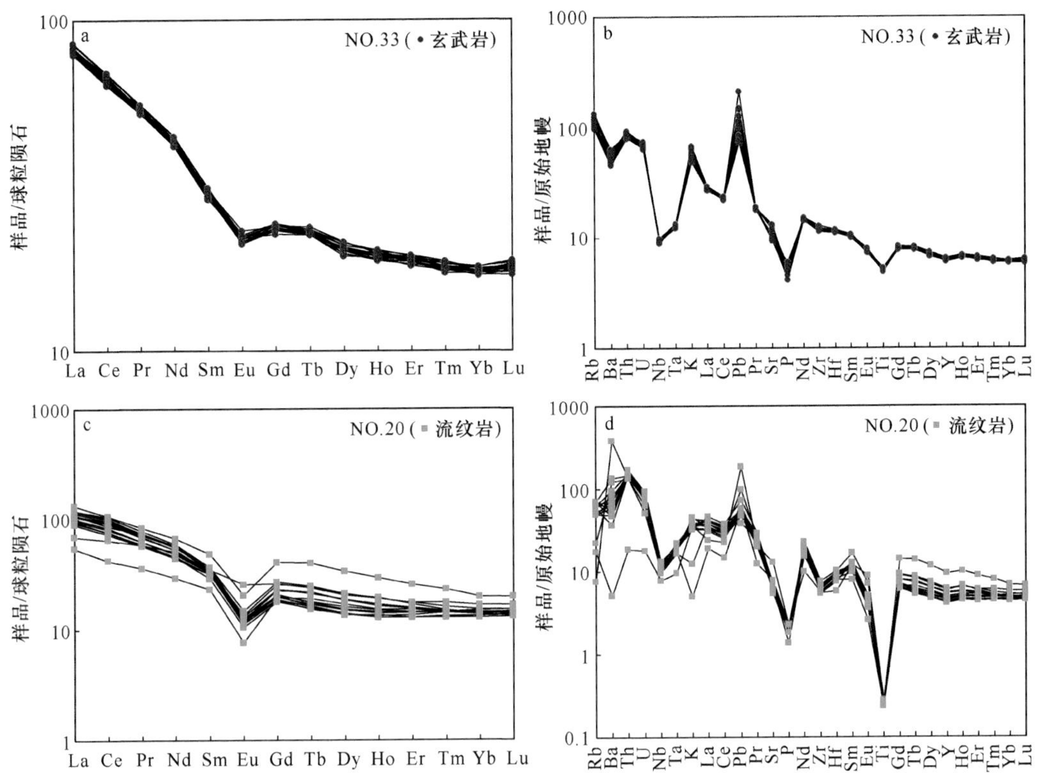

图 2.7　那底岗日组火山岩球粒陨石标准化的稀土元素配分曲线

a 和 b. 玄武岩样品（No.33）原始地幔标准化的微量元素蛛网图；c 和 d. 流纹岩样品（No. 20）原始地幔标准化的微量元素蛛网图；羌塘盆地那底岗日组采样位置见图 2.1（球粒陨石数据和原始地幔数据均引用 Sun and McDonough，1989）

关于羌塘盆地晚三叠世火山岩的性质目前有三种不同的认识与假说：①与南、北羌塘碰撞挤压背景有关（李才等，2007；Zhai et al.，2011a）；②与陆内裂谷背景有关（Fu et al.，2010；Li et al.，2018b）；③与南、北羌塘碰撞后伸展背景有关（Zhai et al.，2013；Liu et al.，2016；Wu et al.，2016；Xu et al.，2020）。实际上，羌塘盆地三叠纪岩浆作用可能代表了两次独立的岩浆事件（图 2.1b）。羌塘盆地三叠纪第一次岩浆事件发生在中三叠世—晚三叠世卡尼期（> 230 Ma），其可能形成于碰撞的构造背景，随着大规模俯冲作用的发生，古特提斯洋在晚三叠世演化成陆–陆碰撞的构造背景（Wang et al.，2000b；李勇等，2003；Song et al.，2015）。羌塘盆地北缘晚三叠世（230 Ma）磨拉石沉积序列可能标志着古特提斯洋壳俯冲作用的结束。另外，在可可西里–金沙江缝合带内巴颜喀拉群的下部发育少量的火山碎屑岩和安山岩夹层（Chen et al.，2011），可能代表了古特提斯洋俯冲的岩浆记录。晚三叠世早期（卡尼期）基性熔岩以大离子亲石元素和轻稀土元素富集，高 Nb 和 Ta 含量及缺乏 Eu 异常为特征（Zhang et al.，2011）。羌塘盆地中三叠世富 Nb 的玄武岩及典型的洋岛玄武岩中高场强元素及轻稀土元素表现为一定的富集（Chen et al.，2016；Fan et al.，2017）。综上分析，羌塘盆地晚三叠世早期（卡尼期）玄武岩可能形成于碰撞挤压的构造背景。

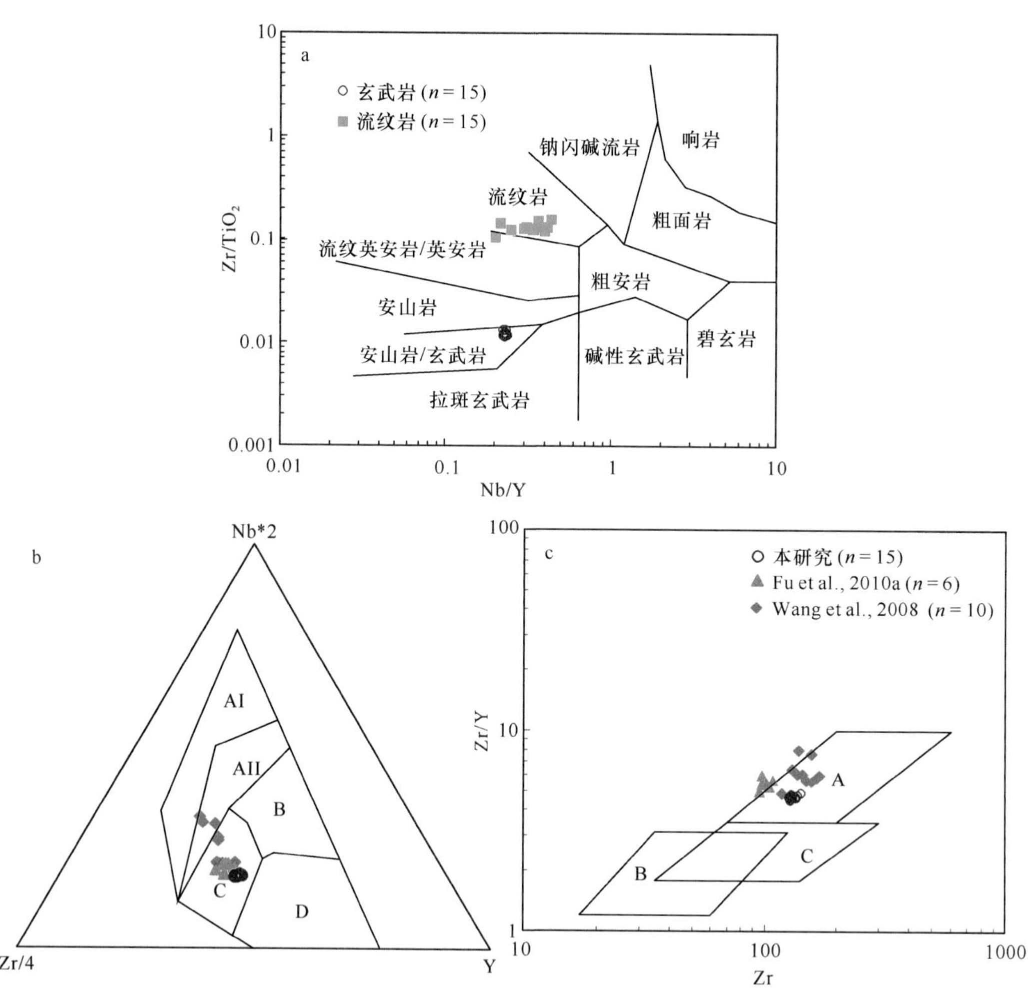

图 2.8 羌塘盆地那底岗日组火山岩构造背景判别的地球化学图解

a. Nb/Y-Zr/TiO_2 图解（n= 样品数量，Winchester and Floyd，1977）；b. Nb*2-Zr/4-Y 三角判别图（Meschede，1986）；（AI：板内碱性玄武岩，AII：板内碱性玄武岩 + 板内拉斑玄武岩，B：洋中脊玄武岩，C：富集的板内拉斑玄武岩 + 岛弧玄武岩，D：亏损的板内拉斑玄武岩 + 岛弧玄武岩）；c. Zr-Zr/Y 判别图（Pearce and Norry，1979）（A：板内玄武岩，B：岛弧玄武岩，C：洋中脊玄武岩，N：样品数量）

然而，在晚三叠世诺利期，羌塘盆地岩浆活动的性质发生了明显的变化，也就是对应于研究区第二次岩浆事件，即那底岗日组火山 – 火山碎屑岩。元素地球化学资料表明那底岗日组双峰式火山岩很可能与典型伸展背景下的岩浆作用有关（图 2.8b 和 c）。那底岗日组玄武岩（诺利期 – 瑞替期）具有高的 Nb/Zr 值（0.048~0.058）、Ta/Hf 值（0.12~0.16）和 Zr/Y 值（4.47~6.01）（表 2.1），是板内玄武岩的典型特征。然而，羌塘盆地东部诺利期玄武岩地球化学特征也表现出与岛弧相关的特点，如高的 La/Ta 值、La/Nb 值、Th/Hf 值和 Th/Nb 值（Fu et al.，2010）。晚三叠世火山岩陆内裂谷（Fu et al.，2010；Li et al.，2018b）及碰撞后伸展背景（Zhai et al.，2013；Liu et al.，2016；Wu et al.，2016；Xu et al.，2020）的两种模式，可能是羌塘盆地晚三叠世诺利期岩浆喷发成分多样性的原因。

事实上，大陆碰撞过程通常伴随着碰撞后岩浆作用，因为板片断离会引起弧后的伸展（van de Zedde and Wortel，2001）。然而，羌塘盆地晚三叠世古特提斯洋壳板片断离模式未考虑羌塘地体南部新特提斯洋扩张的影响，其模式与区域构造背景不一致。晚三叠世诺利期–瑞替期是新特提斯洋快速扩张的一个重要时期，其扩张导致羌塘被动大陆边缘盆地的形成。因此，羌塘盆地晚三叠世诺利期–瑞替期岩浆作用的发生可能与新特提斯洋的快速扩张有关，其主要证据如下：①新特提斯洋在晚三叠世诺利期–瑞替期快速扩张的时间（王冠民和钟建华，2002；王剑等，2009）；②羌塘盆地诺利期–瑞替期火山岩及新特提斯洋盆具有双峰式伸展构造属性（Fu et al.，2010；Li et al.，2018a）；③南羌塘拗陷晚三叠世沉积（索布查组）主要为稳定的碳酸盐岩台地，伴随少量的近源堆积，代表了典型的被动大陆边缘沉积；④在班公湖–怒江缝合带里面发现的晚三叠世深海平原沉积也支持被动大陆边缘背景（Li et al.，2017b）；⑤中生代羌塘盆地的沉积序列符合被动大陆边缘沉积演化的特征（王剑和付修根，2018）。综合羌塘盆地晚三叠世构造背景及岩浆的性质，我们推断羌塘盆地晚三叠世诺利期–瑞替期火山岩很可能形成于陆内裂谷背景。

2.3　盆地反转的时间

在北羌塘地区，那底岗日组角度不整合于古风化壳之上，表明那底岗日组与下伏地层之间存在沉积间断（付修根等，2009；Fu et al.，2010）。通常情况下，古风化壳的出现代表着隆升作用，是盆地演化结束的标志（付修根等，2009；Fu et al.，2010；Basilone et al.，2017，2018）。因此将那底岗日组划分为新的构造层（Fu et al.，2010），代表了新一轮盆地的演化。本次研究在胜利河地区和玛尔果茶卡地区分别采集了流纹岩和玄武岩样品（采样位置见图 2.1），并对其开展了高精度的锆石 SHRIMP U-Pb 定年。流纹岩和玄武岩样品中锆石均为自形晶，长 110~260 μm，长宽比约为 2 ∶ 1，在阴极发光图谱中具有清晰的韵律环带。流纹岩和玄武岩样品的 Th/U 值均大于 1，分别为 0.31~1.60 和 0.15~0.72，其特征显示岩浆来源。胜利河地区流纹岩（No.20）样品分析了 12 颗锆石，其年龄分布较为集中（图 2.9a）。12 颗锆石 $^{206}Pb/^{238}U$ 年龄分布在 210~218 Ma，其加权平均年龄为 214.2±2.2 Ma（95% 置信度，MSWD=1.30）（图 2.9a）。玛尔果茶卡玄武岩（No.33）分析了 14 颗锆石，其中一颗锆石的 $^{207}Pb/^{206}Pb$ 年龄为 1024±21 Ma，表明该锆石是继承围岩的，其他 13 颗锆石具有一致的 U-Pb 谐和线，$^{206}Pb/^{238}U$ 年龄分布在 215~226 Ma，其加权平均年龄为 219.5±2.1 Ma（95% 置信度，MSWD=1.11）（图 2.9b）。

近年来，在北羌塘地区广泛报道了那底岗日组火山–火山碎屑岩的 U-Pb 年龄数据（图 2.1b）。翟庆国和李才（2007）获取了菊花山地区那底岗日组下部英安岩的锆石 SHRIMP U-Pb 年龄为 219±4 Ma。另外，前人在胜利河、那底岗日和石水河地区分别获取了那底岗日组英安岩的锆石 SHRIMP U-Pb 年龄为 217±4.9 Ma（付修根等，

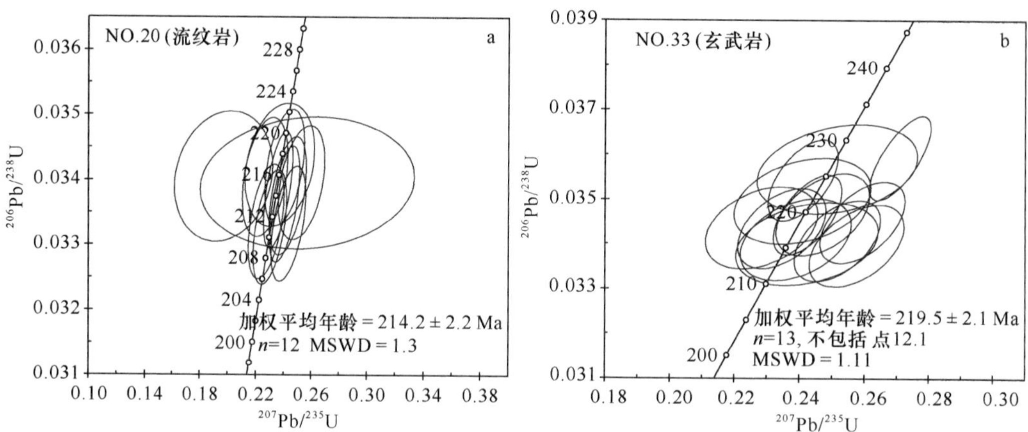

图 2.9 羌塘盆地那底岗日组样品的锆石 U-Pb 谐和年龄分布图

a. 胜利河地区流纹岩样品（No.20）；b. 玛尔果茶卡地区玄武岩样品（No. 33）

2010）、210±4 Ma（王剑等，2007）和 208±4 Ma（王剑等，2007），其样品分别取自那底岗日组的下部、上部和中下部。王剑等（2008）在沃若山地区那底岗日组中部获取的凝灰岩锆石 SHRIMP U-Pb 年龄为 216±4 Ma。这些那底岗日组火山 – 火山碎屑岩主要出露在北羌塘拗陷的西南缘（图 2.2b）。另外，在北羌塘盆地东部格拉丹东地区那底岗日组底部获取的玄武岩 SHRIMP U-Pb 年龄为 220.4±2.3 Ma（Fu et al.，2010）。同时，在北羌塘盆地北缘弯弯梁地区那底岗日组顶部获取的流纹岩 SHRIMP U-Pb 年龄为 202.3±1.6 Ma 和 204±2 Ma。另外，方湖地区那底岗日组底部、中下部和上部的凝灰岩 / 凝灰质砂岩获取的 U-Pb 年龄分别为 221.7±1.3 Ma、217.0±1.5 Ma 和 207.1±1.3 Ma（Wang et al.，2019）。综合前人分析，那底岗日组底部凝灰岩直接沉积超覆于下部上三叠统土门格拉组之上，最能代表中生代羌塘盆地的反转年龄。因此，我们认为中生代羌塘盆地反转开启年龄可能为 220.4~221.7 Ma。

2.4 盆地反转的动力学机制

羌塘盆地位于班公湖 – 怒江缝合带和可可西里 – 金沙江缝合带之间。许多学者认为古特提斯洋在大地构造上位于现今的可可西里 – 金沙江缝合带地区，而新特提斯洋位于现今的班公湖 – 怒江缝合带地区（Yin and Harrison，2000；Kapp et al.，2003a；Pullen et al.，2008；Gehrels et al.，2011；Song et al.，2015）。但是也有部分学者认为古特提斯洋位于羌塘盆地的中部，对应于龙木错 – 双湖缝合带（李才等，2007；Zhai et al.，2011a，2013；Zhang et al.，2011；Metcalfe，2013；Wu et al.，2016）。古、新特提斯洋的演化对于认识中生代羌塘盆地的反转起着关键性的作用，尽管古特提斯洋的位置目前还存在很大的争议性。为了探讨中生代羌塘盆地反转与古、新特提斯洋演化之间的关系，根据岩浆活动、变质作用、沉积序列及构造变形的特征将中生代羌塘盆地反转和古、新特提斯洋的演化划分为四个阶段（图 2.10），具体过程如下。

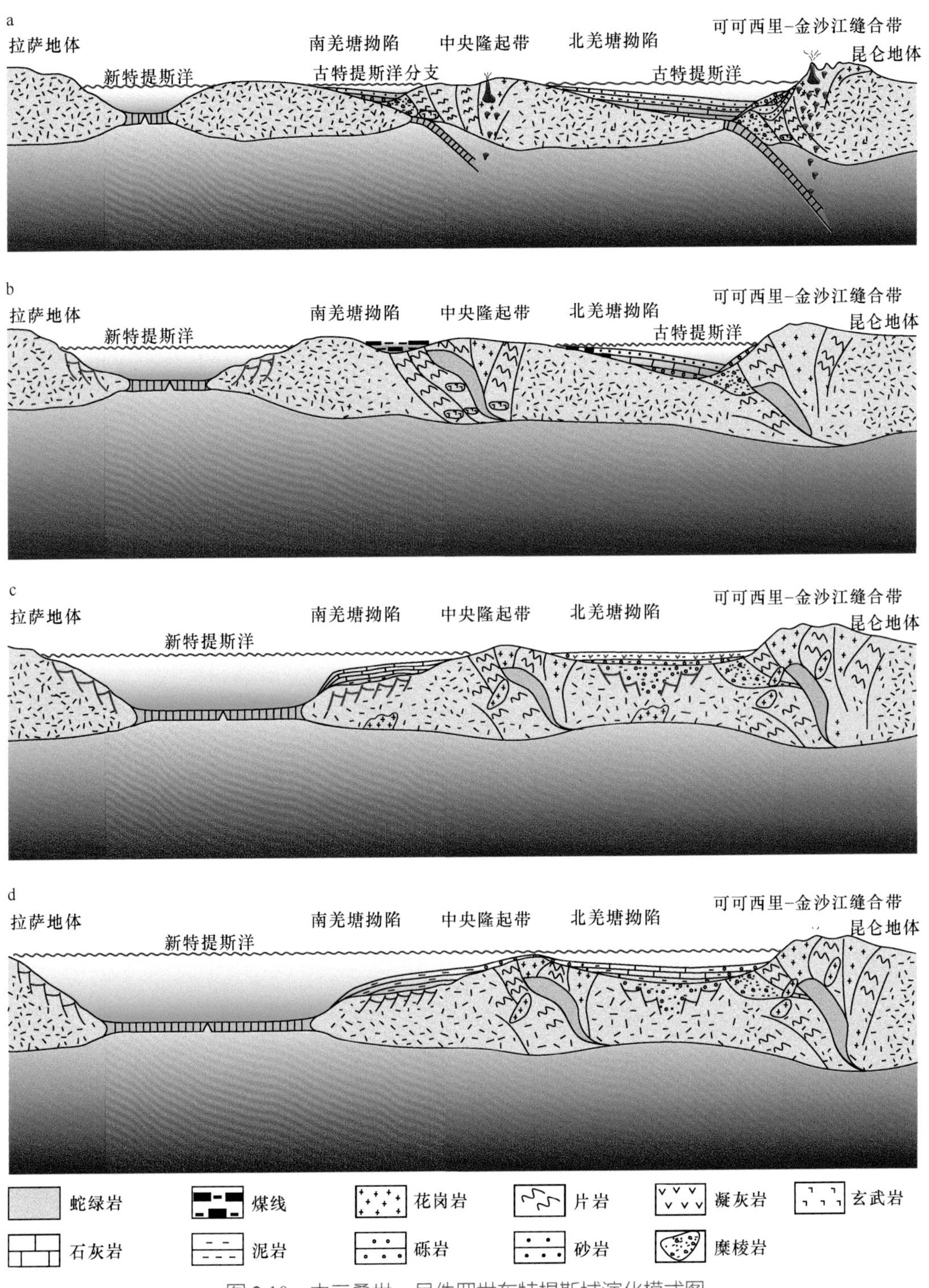

图 2.10　中三叠世—早侏罗世东特提斯域演化模式图

a. 中三叠世：古特提斯洋壳与昆仑地体碰撞，以及古特提斯分支洋关闭；b. 晚三叠世卡尼期：古特提斯洋最终关闭形成统一的羌塘地体，在北羌塘形成残留海沉积；c. 晚三叠世诺利期 – 瑞替期：新特提斯洋快速扩张及羌塘裂谷盆地的开启；d. 早侏罗世：羌塘盆地的快速海侵

2.4.1 中三叠世

北羌塘地体与昆仑地体、南羌塘地体与北羌塘地体发生碰撞，导致古特提斯洋及其分支关闭（图 2.10a）。羌塘盆地深部结构成像研究表明在盆地西部可见清晰的莫霍面偏移，而在盆地东部并未见清晰的莫霍面偏移现象（He et al.，2009；Gao et al.，2013），认为西部的中央隆起带可能是古特提斯洋的分支。因此，随着古特提斯洋的关闭在北羌塘地体北缘和中央隆起带地区发育残留海盆。由于南羌塘地体和北羌塘地体向北俯冲和碰撞（Li et al.，2006），在中央隆起带和可可西里－金沙江缝合带地区产生了与之相关的变质作用（Pearce and Houjun，1988a；Nie et al.，1994；Kapp et al.，2003b；Pullen et al.，2008；Zhai et al.，2011b；Dan et al.，2018）和岩浆作用（Wang et al.，2000b；Zhang et al.，2011；Zhai et al.，2013；Xu et al.，2020）。此时，南羌塘地体的大部分地区都被隆升遭受剥蚀，除了与新特提斯洋相连的南部地区，其北部为残留前陆盆地的一部分。前人研究表明，新特提斯大洋在二叠纪时期打开（Sengor et al.，1988），南羌塘地体洋壳随之从新特提斯洋壳上裂解出来，并向北漂移、俯冲，并与北羌塘地体发生碰撞，持续的碰撞挤压作用使得南羌塘地区残留海前陆盆地在接受短暂沉积之后可能被抬升遭受隆升剥蚀作用。古特提斯洋洋壳的最终俯冲使得北羌塘地体与欧亚大陆发生拼贴（Sengor，1984；Dewey et al.，1988；Yin and Harrison，2000；Yan et al.，2016），形成可可西里－金沙江缝合带。Li 等（1995）和 Zhang 等（2006）依据原位缝合带的模式认为古特提斯洋壳的俯冲极性是向北的，尽管一些学者认为其是向南俯冲的（Dewey et al.，1988；Pearce and Houjun，1988a；Sengor et al.，1988；Nie et al.，1994；Yin and Nie，1996）。俯冲后期阶段导致可可西里－金沙江缝合带南缘形成深海钙质重力流沉积（Chang，2000），北羌塘地体的前陆盆地（中央隆起带北缘）发育中三叠统康南组细粒碎屑沉积与海底扇（Liang et al.，2020）。

2.4.2 晚三叠世早期（卡尼期）

北羌塘地体和南羌塘地体的最后碰撞形成了统一的羌塘地体（图 2.10b），使得羌塘盆地高压变质带最终形成，即中央隆起带。该时期，南羌塘地体的大部分地区依然为隆升的剥蚀区，除了其北部浅水区沉积了一套含煤系的土门格拉组。在南羌塘地区，目前暂未发现前卡尼期地层，可能与新特提斯洋闭合和逆冲作用引起的剥蚀作用有关。与北羌塘地体相比，南羌塘地体呈现出较高的地形地貌，其很可能与南羌塘地体增生到北羌塘地体之上碰撞作用有关。相反，北羌塘前陆盆地在经历北羌塘地体与昆仑地体碰撞之后在可可西里－金沙江缝合带南缘演化为一个萎缩的残留海（Yan et al.，2016）。此时，北羌塘地体的北缘是整个羌塘盆地的沉积中心。北羌塘地区萎缩的残留海沉积物演化成经典的前陆盆地沉积序列，向上主要由藏夏河组下部的深海复理石沉积、中部的浅海碳酸盐台地和上部滨岸含煤系的陆源碎屑沉积序列构成。这一向上变浅的海相沉积序列可能代表了东特提斯地区古特提斯洋的最终关闭。早—中三叠世（250~236 Ma）在可可西里 – 金沙江缝合带和中央隆起带地区发育与俯冲作用有关的岩浆作用（Chen et al.，2016；Fan et al.，2017）。值得注意的是，新特提斯洋随着洋壳的继续扩张而打开。

2.4.3　晚三叠世诺利期—瑞替期

晚三叠世诺利期—瑞替期为羌塘盆地演化的关键时期（图 2.10c），其显著的沉积特征是那底岗日组火山 – 沉积序列角度不整合沉积于下覆地层之上。那底岗日组火山岩时代为 220 Ma 左右，其形成于陆内裂谷背景（Fu et al.，2010），但也有一部分学者认为碰撞后的伸展背景（Xu et al.，2020）。那底岗日组底部的不整合面可能反映了一个区域性的隆升（Fu et al.，2010），且发生在裂谷体系形成之前。裂谷作用开始前的大陆隆升被认为是软流圈上涌和岩石圈初始伸展的结果（Thiessen et al.，1979；Artyushkov and Hofman，1998；Lithgow-Bertelloni and Silver，1998；Gurnis et al.，2000）。这一驱动的地球动力学机制可能与新特提斯洋的快速扩张有关，古地磁资料显示新特提斯洋在晚三叠世表现为快速地漂移（Wang et al.，2022）。新特提斯洋的扩张与羌塘地体裂谷体系的关系就类似于大西洋扩张造成非洲板块裂陷一样（Doglioni et al.，2003）。晚三叠世羌塘盆地构造背景由碰撞挤压型前陆盆地转换为裂谷体系发育初期的区域隆升，盆地发生了负反转，前文讨论的古地理和沉积相组合也为盆地负反转提供了支撑。北羌塘地区藏夏河组海相沉积序列转换为那底岗日组陆相沉积序列，表明该地区发生了盆地的负反转，因为前陆盆地的剥露可能与构造体制的转换有关（Bernet et al.，2001；Reiners and Brandon，2006）。相反，南羌塘拗陷区沉积序列从土门格拉组含煤系地层转换为索布查组的海相沉积序列。晚三叠世沉积中心或者沉降中心由北羌塘地区迁移到南羌塘地区。

2.4.4　早侏罗世

后裂谷作用热沉降使得羌塘盆地发生了大规模的海侵（图 2.10d），这次海侵作用使得南、北羌塘拗陷成为一个统一的整体，南、北羌塘拗陷多连续沉积。新特提斯洋演化成一个成熟的洋盆，直到中侏罗世—早白垩世洋壳开始向北俯冲到羌塘地体之下（Girardeau et al.，1984；Pearce and Deng，1988b）。早侏罗世，羌塘盆地缺乏显著的构造运动整体进入稳定沉积期，代表了中生代羌塘海相盆地演化的开始。

第3章

盆地主力烃源岩及其主控因素

3.1 主要烃源岩特征

羌塘盆地为青藏高原最具勘探潜力的中生代海相盆地，其上沉积了巨厚的海相地层并发育多套烃源岩。其中，主要烃源岩包括上三叠统肖茶卡组（或同期异相的巴贡组、土门格拉组，下同）黑色泥页岩及泥灰岩、下侏罗统曲色组灰黑色泥页岩；次要烃源岩包括中下侏罗统雀莫错组暗色泥灰岩和深灰色泥岩、中侏罗统布曲组泥灰岩、夏里组泥岩及碳质页岩、上侏罗统索瓦组泥灰岩、泥页岩；此外，古生界下二叠统展金组、上二叠统那益雄组也有一定的生烃潜力（据王剑等，2009）。目前，除少量地质调查井及 1 口参数井以外，羌塘盆地烃源岩评价资料主要集中在南、北羌塘拗陷的边缘带露头剖面上，盆地内部还缺乏系统的评价资料。

3.1.1 上三叠统烃源岩

羌塘盆地上三叠统烃源岩产出层位主要见于盆地东部的巴贡组、北部的藏夏河组、盆地周缘及中央隆起带的土门格拉组，它们是同期异相沉积物。巴贡组分布于盆地东部的雀莫错地区，厚度超过 594 m，岩性以深灰色至灰黑色块状钙质泥岩、含钙质泥页岩为主，夹浅灰色钙质粉砂岩，指示了三角洲前缘与前三角洲的沉积环境，巴贡组前三角洲相黑色泥岩是羌塘盆地最重要的烃源岩（王剑等，2009；宋春彦等，2018b；Yu et al.，2019）。藏夏河组近东西向展布在盆地北部的藏夏河（厚度＞304.9 m）–多色梁子（厚度＞116.14 m）–丽江湖一带，出露面积较小，剖面多未见顶底，岩性为灰色、深灰色薄至中厚层状细砾岩、含砾砂岩、细粒岩屑长石砂岩、长石岩屑砂岩，石英砂岩、粉砂岩、粉砂质泥岩和泥页岩组成多种互层状韵律式沉积（图 3.1a），为一套深水复理石沉积，是前陆盆地前渊带的沉积产物。土门格拉组主要分布于盆地周缘及中央隆起两侧，出露在土门（厚度 420 m）、沃若山（厚度为 562.69 m）（图 3.1b）和扎那陇巴（厚度＞227 m）（图 3.1c）等地区，岩性为一套深灰色、灰黑色薄层状泥页岩，含煤泥页岩夹砂岩，向上砂岩含量逐渐增加，为一套三角洲平原沉积。纵向上，泥质烃源岩分布在北羌塘拗陷北部藏夏河一带、北羌塘拗陷南部、中央隆起带及其潜伏隆起带，主要产出于上三叠统藏夏河组上部，与过渡相砂岩互层（图 3.2）。结合烃源岩有机含量和厚度分布图可以看出，在北羌塘拗陷北部藏夏河和中西部沃若山地区形成两个烃源岩分布中心（图 3.3 和图 3.4）。

羌塘盆地上三叠统各组烃源岩的有机质类型主要为Ⅱ-Ⅲ型干酪根（表 3.1），然而各组烃源岩的有机质类型具有一定的差异性。巴贡组主要沉积于前三角洲环境，有机质类型以 $Ⅱ_2$ 型干酪根为主，如雀莫错剖面、羌资 -16 井等（表 3.1）。藏夏河组主要为深水沉积，有机质类型多为 $Ⅱ_1$ 型，如多色梁子剖面（表 3.1）。土门格拉组以三角洲平原沉积为主，含煤线，有机质类型主要为 $Ⅱ_2$-Ⅲ型干酪根，如沃若山剖面、羌资 -6 井、羌资 -13 井、羌资 -15 井等（表 3.1）。

图 3.1　羌塘盆地上三叠统烃源岩野外露头及岩心特征

a. 羌塘盆地北部多色梁子剖面：藏夏河组泥页岩夹砂岩野外照片；b. 北羌塘南部沃若山剖面：土门格拉组含煤系泥岩野外照片；c. 南羌塘北部扎那陇巴剖面：土门格拉组含煤系页岩照片；d. 羌塘东部羌资 -7 井：巴贡组泥岩照片

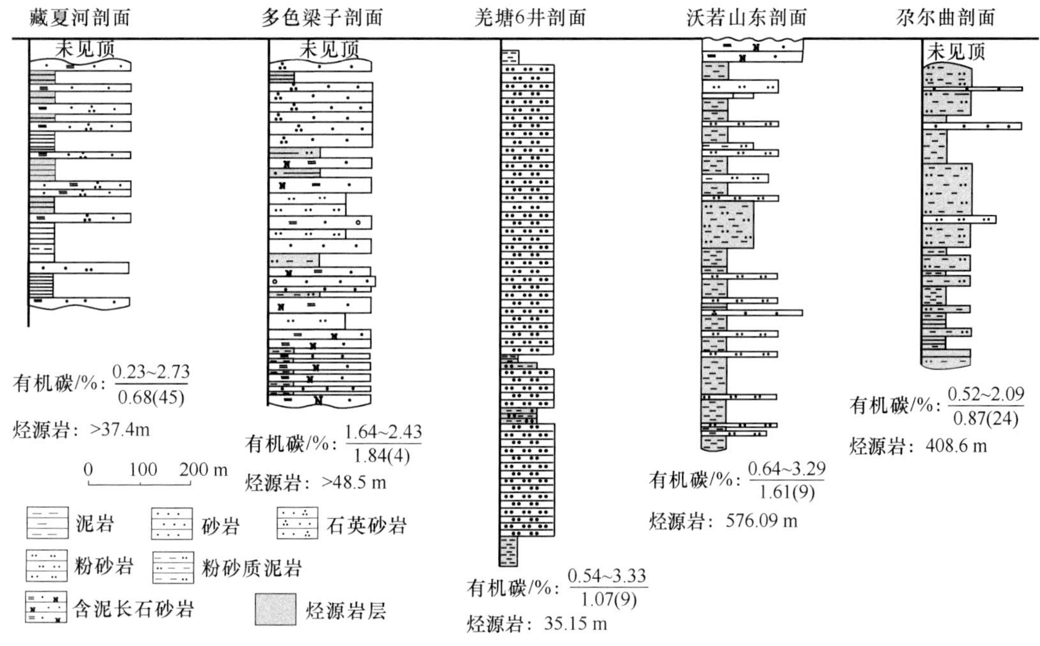

图 3.2　羌塘盆地上三叠统泥质烃源岩纵向分布图

图中有机碳数据分数线之上为最小值～最大值；分数线之下括号外为平均值，括号内为样品数

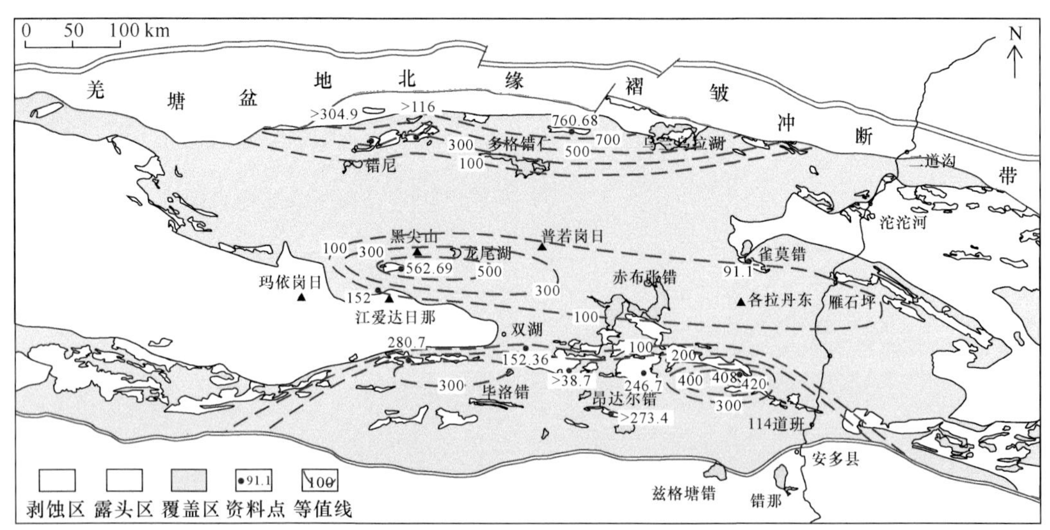

图 3.3　羌塘盆地上三叠统泥质烃源岩厚度等值线分布图（据王剑等，2009 修编）

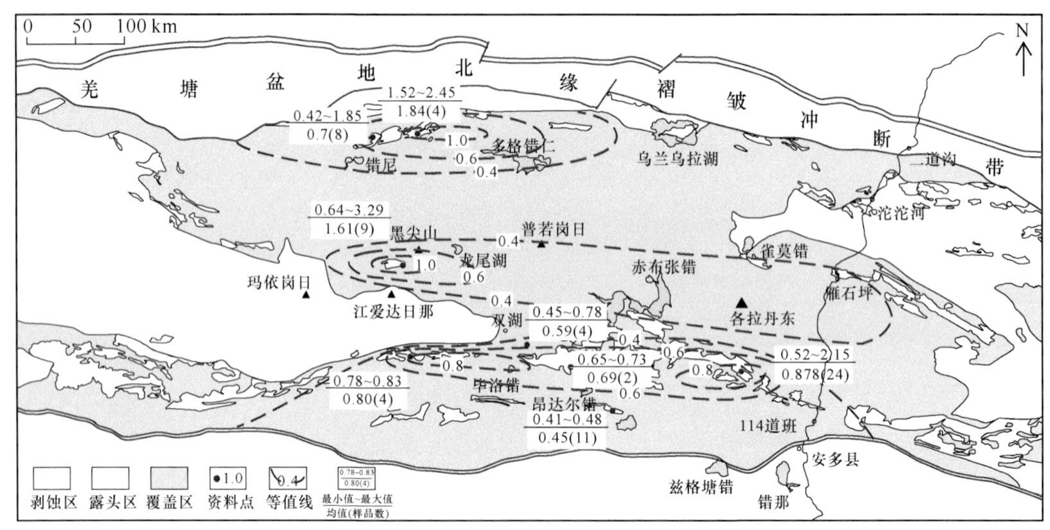

图 3.4　羌塘盆地上三叠统泥质烃源岩有机碳等值线图（据王剑等，2009 修编）

羌塘盆地上三叠统烃源岩有机质总体处于成熟 – 高成熟演化阶段。北羌塘拗陷北部的多色梁子剖面，藏夏河组泥岩镜质组反射率（R_o）介于 1.29%~1.51%；北羌塘拗陷南部的沃若山剖面，土门格拉组泥岩 R_o 分布在 1.40%~1.79%，而南羌塘北部扎那陇巴剖面，土门格拉组泥岩 R_o 为 1.08%~1.52%；在羌塘东部的雀莫错剖面，巴贡组泥岩 R_o 为 1.30%~1.46%（表 3.1）。因此，上三叠统各剖面烃源岩热演化程度基本一致，总体处于成熟 – 高成熟阶段。但需要注意的是，部分剖面发现了异常高的 R_o，如藏夏河剖面（2.95%~3.27%，均值为 3.10%）、明镜湖剖面（2.60%~3.56%，均值为 2.98%）等（表 3.1），这些剖面异常高的 R_o 可能与断裂或热液作用有关，在多个钻井中，如羌资 -13 井、羌资 -15 井和羌资 -16 井也发现了类似的特征（表 3.1）。

表 3.1　羌塘盆地上三叠统烃源岩数据统计表

上三叠统烃源岩	剖面/井名	岩性	厚度/m	TOC/%	S_1+S_2/(mg/g)	氯仿沥青"A"/%	有机质类型	R_o/%	T_{max}/℃
巴贡组	雀莫错	泥岩	594	0.53~1.66/1.03（11）			II_2	1.30~1.46/1.40（11）	
	羌资-7井	泥岩	241.18	0.38~3.56/1.06（22）			II_2–III	1.46~1.90/1.62（14）	470~537/503（14）
	羌资-8井	泥岩	166.44	0.32~3.37/1.10（27）			II_2–III		373~572/502（14）
	羌资-16井	泥岩	162	0.40~1.09/0.68（16）			II_2	2.44~2.77/2.62（8）	536~602/580（4）
藏夏河组	多色梁子	泥岩	> 116.14	1.52~2.43/1.84（4）	0.38~0.76/0.50（4）	0.0106~0.0109/0.0107（2）	II_1	1.29~1.51/1.48（2）	
	藏夏河	泥岩	> 304.92	0.42~1.85/0.70（8）	0.04~0.20/0.088（8）	0.0091~0.0023/0.0152（5）	II_2–III	2.95~3.27/3.10（7）	
土门格拉组	沃若山	泥岩	562.69	0.64~3.29/1.61（9）	0~0.06/0.023（9）	0.0006~0.0015/0.0009（9）	II_2–III	1.40~1.79/1.60（9）	
	肖茶卡	泥岩	280.68	0.78~0.83/0.80（4）	0.027~0.04/0.031（4）	0.0005（1）	II_2	1.24~1.70/1.55（3）	
	扎那陇巴	泥岩	> 227	0.40~1.57/0.84（8）	0.02~0.82/0.26（8）	0.0043~0.0117/0.0066（6）	III	1.08~1.52/1.38（8）	
	明镜湖	泥岩	645.8	0.64~1.0/0.81（23）	0.04~0.21/0.11（23）		II_1–II_2	2.60~3.56/2.98（12）	
	土门格拉	泥岩	420	0.23~24.45/4.29（22）					
	羌资-6井	泥岩	318	0.33~3.33/0.94（11）	0.003~0.01/0.005（11）	0.45~2.80/0.89（11）	II_2–III	1.38	433~443/437（11）
	羌资-13井	泥岩	128.6	0.21~2.04/0.78（14）			II_2–III	2.20~2.49/2.24（4）	549~576/564（4）
	羌资-15井	泥岩	84	0.56~0.85/0.68（17）			II_2–III	2.01~2.24/2.15（5）	

注：表中分式含义为最小值~最大值/平均值（样品数）。

3.1.2　下侏罗统烃源岩

羌塘盆地下侏罗统烃源岩仅见于南羌塘拗陷（图 3.5），烃源岩形成环境为潟湖到陆棚环境。陆棚相烃源岩主要出露在南羌塘拗陷东南部的松可儿地区（图 3.6a），向西噶尔敖包、木苟日王及帕度错地区断续出露，延至改则县康托一带尖灭（王剑等，2009），烃源岩主要为黑色泥页岩，厚度可达 625.28 m。下侏罗统潟湖相烃源岩主要分布于南羌塘北部的毕洛错地区，烃源岩主要由深灰色至灰黑色钙质页岩、油页岩（图 3.6b）、泥岩及泥灰岩组成，厚度达到 172 m。

羌塘盆地下侏罗统曲色组烃源岩的有机碳含量差异明显（图 3.7），其中以毕洛错剖面泥页岩（油页岩）有机碳含量最高，64 件露头样品有机碳含量分布在 0.52%~21.49%，均值为 4.10%，岩石热解生烃潜力（S_1+S_2）为 1.79~91.45 mg/g，均值为 29.93 mg/g，氯

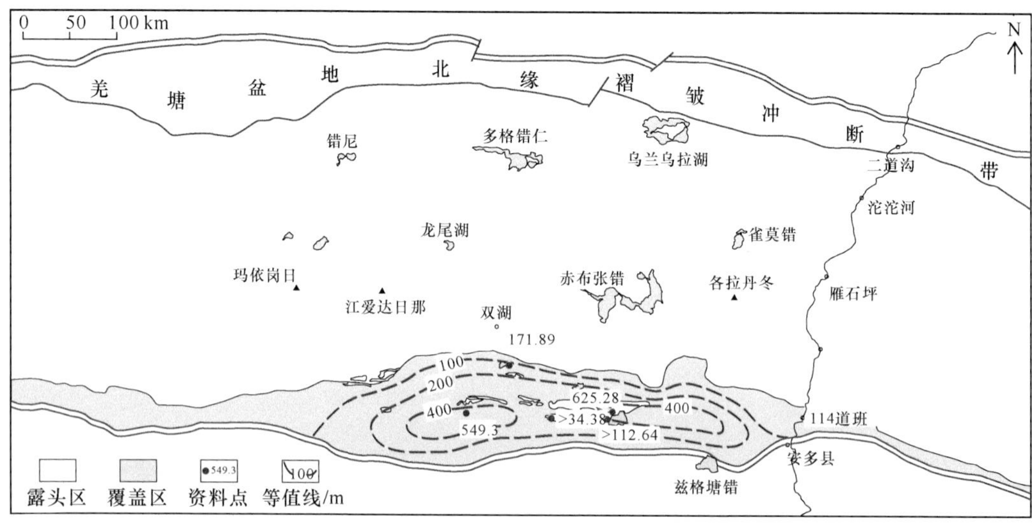

图 3.5 羌塘盆地下侏罗统曲色组泥质烃源岩厚度等值线图（据王剑等，2009 修编）

图 3.6 羌塘盆地下侏罗统烃源岩野外露头特征

a. 南羌塘南部松可尔剖面：曲色组页岩夹粉砂岩野外照片；b. 南羌塘北部毕洛错剖面：曲色组油页岩夹灰岩野外照片

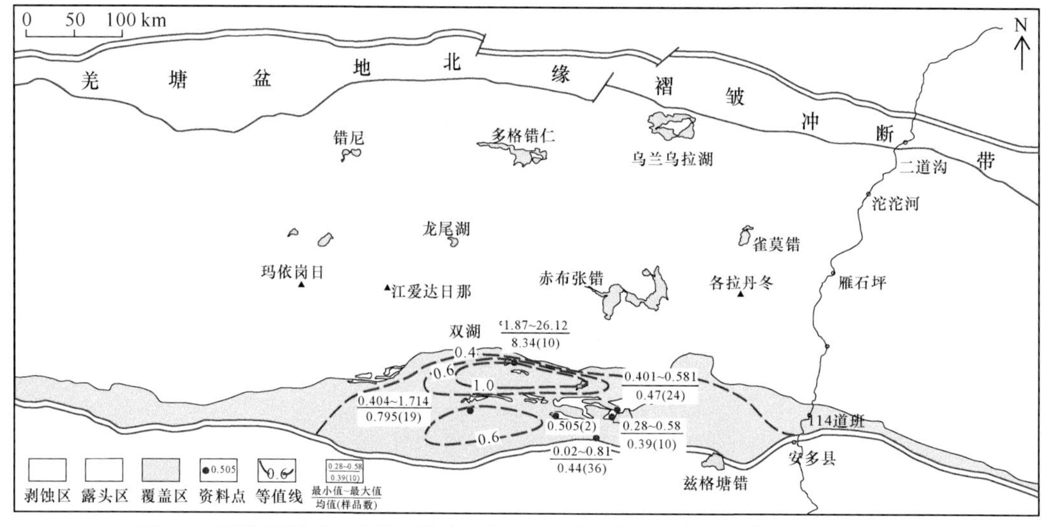

图 3.7 下侏罗统曲色组泥质烃源岩有机碳等值线图（据王剑等，2009 修编）

仿沥青“A”含量为 0.0608%~1.8707%，均值为 0.6614%，达到好烃源岩级别（表 3.2）。在南羌塘的其他地区，曲色组烃源岩有机碳含量较低，为差烃源岩。在松可尔剖面，曲色组 24 件黑色页岩有机碳含量为 0.41%~0.66%，均值为 0.47%，岩石热解生烃潜力（S_1+S_2）为 0.02~0.07 mg/g，均值为 0.04 mg/g，氯仿沥青“A”含量为 0.0059%~0.0116%，均值为 0.0014%（表 3.2），在嘎尔敖包剖面，曲色组 6 件黑色页岩有机碳含量分布在 0.50%~0.57%，均值为 0.54%，岩石热解生烃潜力（S_1+S_2）为 0.06~0.20 mg/g，均值为 0.13 mg/g，氯仿沥青“A”含量为 0.0037%~0.0052%，均值为 0.0044%（表 3.2），在木苟日王剖面，曲色组 10 件黑色页岩有机碳含量介于 0.40%~0.88%，均值为 0.59%，岩石热解生烃潜力（S_1+S_2）为 0.04~0.14 mg/g，均值为 0.08 mg/g（表 3.2）。因此，羌塘盆地下侏罗统优质烃源岩主要见于毕洛错剖面，而南羌塘拗陷的其他剖面尽管具有厚度较大的烃源岩，但以差烃源岩为主。

表 3.2　羌塘盆地下侏罗统曲色组烃源岩数据统计表

剖面	岩性	厚度 /m	TOC/%	S_1+S_2/（mg/g）	氯仿沥青“A” /%	有机质类型	R_o/%	T_{max}/℃
毕洛错	油页岩、泥岩	172	0.52~21.49 4.10（64）	1.79~91.45 29.93（8）	0.0608~1.8707 0.6614（8）	Ⅱ$_1$–Ⅱ$_2$	0.40~1.30	430~446 437（8）
松可尔	泥（页）岩	625.28	0.41~0.66 0.47（24）	0.02~0.07 0.04（15）	0.0059~0.0116 0.0014（15）	Ⅱ$_2$	1.78~2.15	
嘎尔敖包	泥岩	34.38	0.50~0.57 0.54（6）	0.06~0.20 0.13（6）	0.0037~0.0052 0.0044（6）	Ⅱ$_2$	1.70	
木苟日王	页岩	549	0.40~0.88 0.59（10）	0.04~0.14 0.08（10）		Ⅱ$_1$–Ⅱ$_2$	2.0	

羌塘盆地下侏罗统烃源岩的有机质类型以Ⅱ型干酪根为主。在毕洛错剖面，有机质类型为Ⅱ$_1$–Ⅱ$_2$，以Ⅱ$_1$型干酪根为主。在木苟日王、嘎尔敖包及松可尔剖面，有机质总体以Ⅱ$_2$型为主，其次为Ⅱ$_1$型，少量Ⅰ型和Ⅲ型。

羌塘盆地下侏罗统烃源岩有机质总体处于成熟–高成熟演化阶段。在南羌塘拗陷北部的毕洛错剖面，下侏罗统泥质烃源岩 R_o 介于 0.4%~1.3%，岩石热解峰温（T_{max}）介于 430~446℃，均值为 437℃，总体显示成熟特征。在松可尔和嘎尔敖包剖面，页岩 R_o 为 1.70%，处于高成熟演化阶段；而在木苟日王剖面，页岩 R_o 为 2.0%，同样显示烃源岩成熟度高。由于松可尔地区存在温泉，嘎尔敖包和木苟日王地区发育大量的脉状方解石，因此，这些剖面实测的干酪根镜质组反射率可能受到了后期热液的影响。

3.1.3　下白垩统烃源岩

羌塘盆地下白垩统烃源岩主要分布于北羌塘拗陷，其沉积环境为半封闭的海湾环境（图 3.8）。胜利河油页岩呈北西西–南东东向展布，按出露情况可分为西部、中部、东部三个分布区（图 3.9）。其中西部出露位置主要包括西长梁和东长梁地区，中部出露位置集中在胜利河地区，东部出露位置在长蛇山地区，东西向延伸超过 60 km、宽约

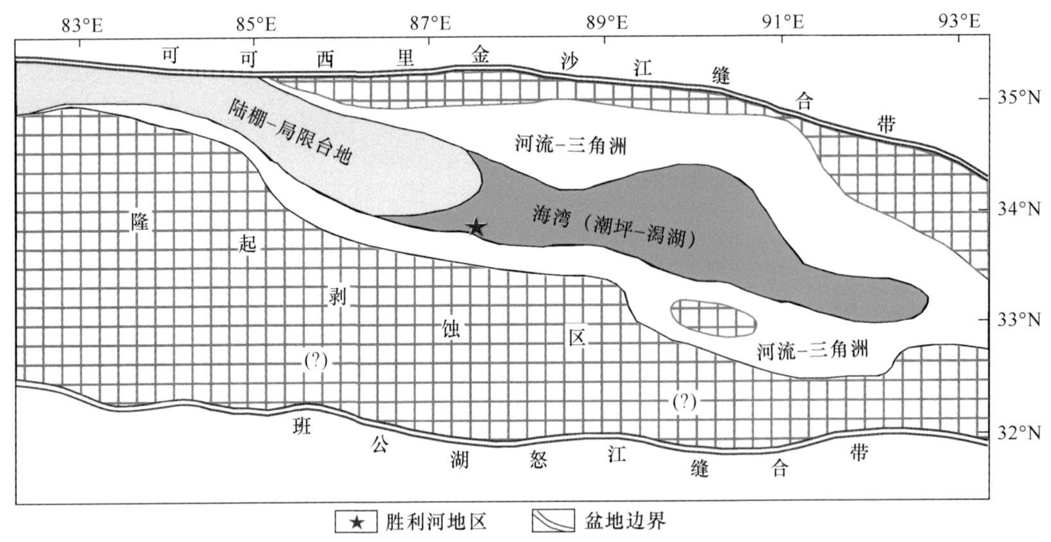

图 3.8　羌塘盆地早白垩岩相古地理图

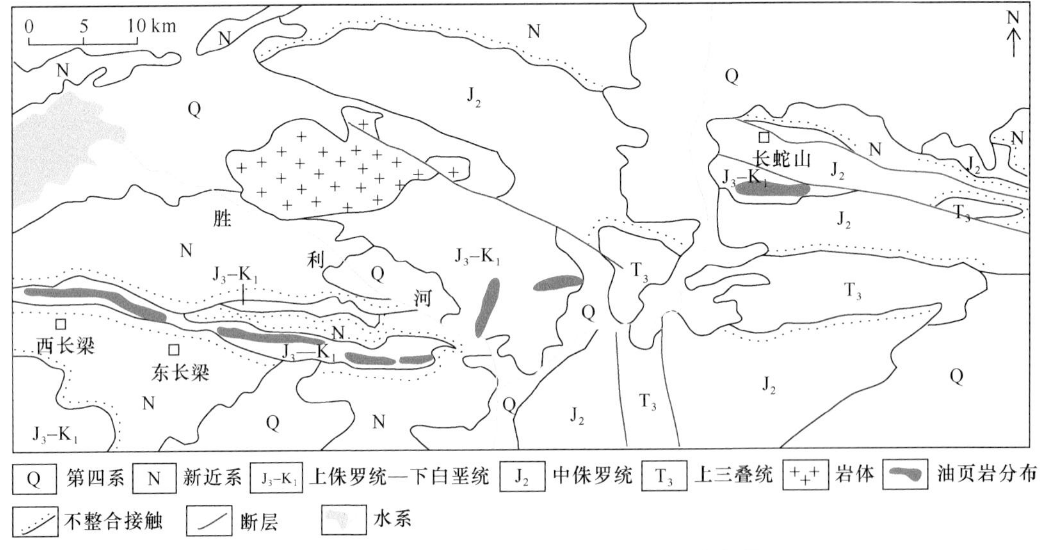

图 3.9　北羌塘盆地下白垩统烃源岩地表分布图

30 km。总体而言，胜利河地区东部地区较西部地区油页岩单层厚度较大。露头剖面初步估计的胜利河油页岩资源量为 4.49 亿 t，地球物理勘探和沉积相预测胜利河油页岩资源量应大于 10.00 亿 t。采自该地层中大量的孢粉化石揭示其时代归属为早白垩世，同时，胜利河油页岩 Re-Os 同位素定年为 113±29 Ma（王剑等，2007），因此，胜利河油页岩的时代归属应为早白垩世中晚期巴雷姆阶—阿普特阶（Barremian-Aptian）（Fu et al.，2020a）。

（1）西长梁油页岩：主要出露于西长梁山地区，油页岩露头呈近东西向延伸，油页岩产于灰色薄层状、中层状生屑微晶灰岩、泥晶灰岩、泥灰岩、泥质灰岩中（图 3.10），页理极为发育，油页岩单层厚度为 2~6 cm。油页岩表面具有大量腹足类、腕足类等化

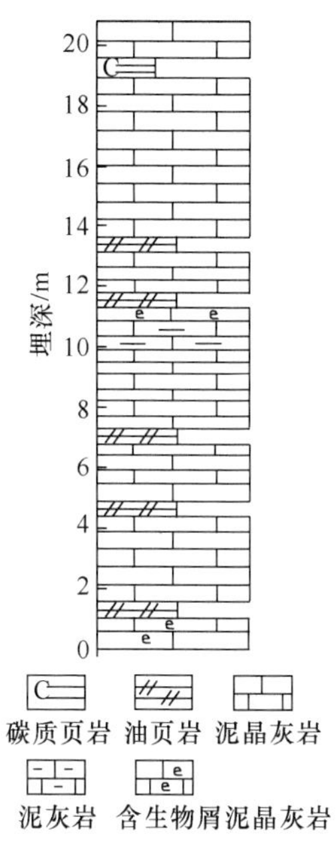

图 3.10　西长梁油页岩纵向充填基本序列

石，纹饰多不清楚，化石含量为 60%~80%。

（2）东长梁油页岩：主要分布于东长梁山地区，油页岩露头呈东西向展布，油页岩顶底见生屑泥晶灰岩和泥晶灰岩，少量出露，大部分被第四系覆盖。该地区油页岩单层厚度一般为 2~8 cm，累计厚度为 15~70 cm。油页岩新鲜面颜色以深灰色和灰黑色为主，呈薄片状或叶片状，可用小刀剥离出毫米级页片，易碎，破碎后断口呈贝壳状。敲开后有明显油气味，可燃烧，发出浓烈焦油臭味。

（3）胜利河 – 长蛇山油页岩：主要出露于东长梁以东至胜利河、长蛇山一带，野外露头整体呈东西向延伸，油页岩产出层位上下均为灰岩。该地区出露油页岩的平均累计厚度约 2.85 m，最大累计厚度达到 10.47 m（图 3.11）。油页岩新鲜面主要呈褐黑色和灰黑色，风化后略显灰色，易碎，沿岩层面可见大量呈层状分布的双壳类化石，油页岩表面偶见鱼类化石，由于受后期构造（挤压）影响，双壳类化石多呈扁平状，化石个体大多数在 1.0 cm 左右。将新鲜油页岩放入水中，水面上可见油花，油页岩燃烧时火焰高 1~2 cm，烟浓黑，并发出浓烈焦油味。该地区油页岩可进一步分为东段、中段和西段。其中油页岩东段出露三层油页岩，单层厚度最大可达 5.24 m，最薄一层为 0.20 m，一般厚度为 0.60~1.20 m，累计厚度超过 10.47 m。油页岩中段出露油页岩 3~5 层，最厚一层油页岩达到 0.98 m，最薄为 0.13 m，一般厚度为 0.40~0.90 m。油页岩西段出露 5~7 层油页岩，单层油页岩厚度最大达到 1.07 m，最薄为 0.44 m，一般厚度为 0.59~0.93 m。

羌塘盆地下白垩统胜利河油页岩烃源岩有机碳含量高，分布在 4.31%~21.37%，均值达到 9.76%。岩石热解生烃潜力（S_1+S_2）介于 5.66~111.1 mg/g，均值为 40.17 mg/g，氯仿沥青“A”含量为 0.12%~2.1375%，均值为 0.7173%，达到好烃源岩级别。产油指数

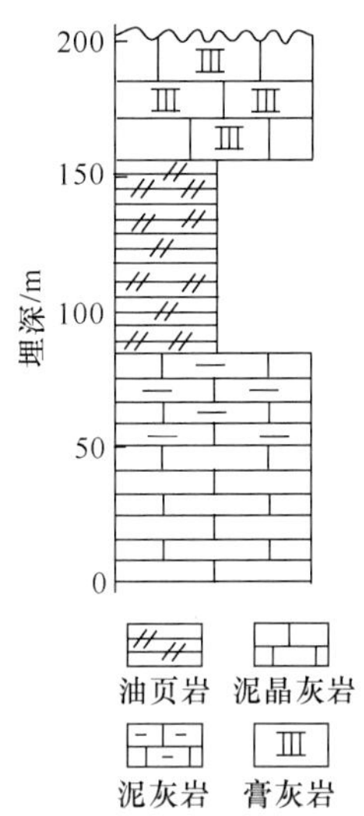

图 3.11 胜利河油页岩纵向充填基本序列

（S_1/S_1+S_2）分布在 0.019~0.063，均值为 0.035。

胜利河油页岩干酪根显微组分腐泥组占绝对优势，含量达到 58%~77%（均值为 67.24%），镜质组次之，含量为 11%~25%（均值为 17.88%）；惰质组含量较少，介于 10%~17%，均值为 13.24%；壳质组含量最低，为 1%~2%。

油页岩中饱和烃含量分布在 12.75%~34.69%，均值为 20.88%；芳烃介于 17.07%~29.37%，均值为 22.79%；饱 / 芳值为 0.53%~1.57%，均值为 0.93%；饱和烃 + 芳烃为 21.87%~56.78%，均值为 39.60%；非烃 + 沥青质为 32.98%~67.67%，均值为 52.4%。上述表明饱和烃、芳烃含量较为接近，且芳烃含量略高于饱和烃，反映出油页岩有机质类型以混合型的腐泥 – 腐殖质型为主。结合胜利河油页岩干酪根显微组分分析，油页岩有机质类型为腐殖腐泥型（II_1）和腐泥腐殖型（II_2）。

油页岩干酪根镜质组反射率（R_o）值分布在 0.37%~0.9%，均值为 0.58%，反映了油页岩有机质处于未成熟 – 低成熟阶段。30 件油页岩岩石热解分析表明油页岩热解峰温 T_{max} 最小值为 433℃，最大值为 460℃，均值为 446℃，同样指示油页岩热演化程度处于低成熟阶段。

3.2 重要地质事件与主要烃源岩的形成

3.2.1 盆地反转与主要烃源岩分布

羌塘盆地晚三叠世发生了重要的古地理反转，对主要烃源岩分布具有控制作用。中三叠世，北羌塘拗陷广泛发育海相沉积，受古特提斯洋关闭的影响，该时期北羌塘表现为前陆盆地沉积的特征。北羌塘北部发育深水沉积，向南逐渐过渡为陆棚相、潮坪 – 潟湖相，靠近中央隆起带附近，以河流 – 三角洲沉积为主。值得注意的是，该时期南羌塘地区大部分为隆起剥蚀区，仅在部分地区出现湖泊 – 沼泽沉积（图 2.5a）。

晚三叠世卡尼期 – 诺利期，羌塘盆地含煤系沉积广泛分布，主要见于盆地周缘及中央隆起带地区。该时期北羌塘仍以海相沉积为主，深水区位于北羌塘北部，但水体明显变浅，发育潮坪 – 潟湖相沉积，在北羌塘南部，发育河流 – 三角洲沉积环境，而在南羌塘、中央隆起带地区则广泛发育沼泽沉积（图 2.5b）。

晚三叠世瑞替期，羌塘盆地古地理环境发生了显著变化，该时期北羌塘大部分地区隆升成陆，主要发育古风化壳和火山岩，部分地区发育湖相（图 2.5c）。而南羌塘大部分地区为海相（图 2.5c），发育碳酸盐缓坡和浅水陆棚沉积。

早侏罗世，受班公湖 – 怒江洋盆快速扩张的影响，南羌塘拗陷发生海侵，并逐渐侵漫过中央隆起带进入北羌塘地区。因此，该时期南羌塘南部以陆棚相沉积为主，南羌塘北部则发育水体相对较浅的河流 – 三角洲沉积（图 2.5d）。该时期北羌塘则以陆缘近海湖沉积为主，受到海侵的影响，湖泊面积明显大于晚三叠世，该时期湖泊中心位于半岛湖一带，发育深湖相、半深湖相。由半岛湖向周围水体变浅，发育滨湖、河流 – 三角洲沉积（图 2.5d）。

从古地理演化特征来看，中三叠世—晚三叠世的海相沉积主要位于北羌塘地区。该时期深水区位于北羌塘北部及拗陷地区，浅水区位于北羌塘南部。至晚三叠世，北羌塘大部分地区隆升成陆，北羌塘以陆相沉积为主。而南羌塘古地理演化特征与北羌塘完全相反，在中三叠世，南羌塘大部分地区为陆相沉积，至晚三叠世，南羌塘则广泛发育海相沉积，海侵从南羌塘南部开始，至早侏罗世，海水逐渐侵漫过中央隆起带，北羌塘逐渐开始接受新一轮的海相沉积。显然，由于受到地体拼合以及南部海侵的影响，羌塘盆地晚三叠世发生了明显的古地理反转现象，表现为北羌塘由海相沉积逐渐转化为陆相沉积，而南羌塘则由陆相沉积转化为海相沉积。

羌塘盆地三叠纪的沉积演化特征控制了该时期烃源岩的展布。晚三叠世，随着古特提斯洋的最后关闭，在北羌塘拗陷北部以及拗陷区发育深水沉积，如在北羌塘的藏夏河 – 多色梁子地区，发育深水复理石沉积，岩石组合为灰色、深灰色薄至中厚层状细砾岩、含砾砂岩、细粒岩屑长石砂岩、长石岩屑砂岩，石英砂岩、粉砂岩、粉砂质泥（页）岩和泥（页）岩组成多种互层状韵律式沉积地层；砂岩常具粒序层理等浊流沉积构造。该套地层的下段，以灰黑色薄层状泥页岩、粉砂质泥岩为主，厚度约 120 m，有机碳含量为 0.42%~2.43%（表 3.1）（藏夏河和多色梁子剖面）。与此同时，在盆地周缘及中央隆起带，发育了一套三角洲平原相的含煤系沉积，如北羌塘拗陷南部的沃若山剖面、中央隆起带的才多茶卡剖面、南羌塘拗陷北部的扎那拢巴剖面。这些地区的烃源岩以含煤系泥（页）岩为主，泥岩有机碳含量可达 3.33%（表 3.1）。在北羌塘拗陷北部藏夏河和南部的沃若山地区形成两个烃源岩分布中心（王剑等，2009）。

中特提斯洋的快速扩张导致了在北羌塘的弯弯梁、菊花山、那底岗日等地区形成了多个裂陷中心，与此同时，早侏罗世海平面上升导致在南羌塘首先发生海侵，并跨过中央隆起带进入北羌塘拗陷。该时期北羌塘大部分地区表现为由陆相沉积快速向海相沉积转换的特征，而南羌塘的沉积序列表现为稳定的被动大陆边缘沉积特征，沉积了曲色组，岩性以深灰色、灰黑色泥（页）岩为主，夹少量石灰岩、粉砂质页岩和透镜状细砂岩，发育钙质结核和水平层理。然而，该地层露头剖面的研究表明，其有机碳含量较低（表 3.2），一般为 0.4% 左右，具有较差的生烃能力（王剑等，2009）。曲色组优质烃源岩沉积于潟湖环境，主要见于毕洛错地区，毕洛错剖面泥（页）岩有机碳含量分布在 0.52%~21.49%，均值为 4.10%（表 3.2）。

上述分析表明，古特提斯洋的关闭导致了前陆盆地沉积序列主要发育在北羌塘拗陷，而南羌塘大部分地区为隆起剥蚀区，因此，晚三叠世烃源岩主要分布在北羌塘的深水地区，如北部的前渊深水区、北羌塘的深拗陷区，煤系烃源岩则主要分布于盆地周缘、中央隆起带等地区。中特提斯洋的快速扩张导致北羌塘多个地区形成裂陷中心，总体而言，北羌塘早侏罗世烃源岩并不发育，该时期发生了由南向北的海侵，深水陆棚沉积发育在南羌塘南部，尽管该地区目前尚未发现优质烃源岩，但发育沉积厚度巨大的差 – 中等烃源岩，仍然是盆地早侏罗世的有利烃源岩。在南羌塘的一些局限环境，如毕洛错的潟湖环境，形成了优质烃源岩。

3.2.2 晚三叠世润湿气候事件与烃源岩形成

晚三叠世卡尼期润湿气候事件（Carnian pluvial event，CPE）也被称为洪水事件，是三叠纪最显著的气候和沉积事件之一。CPE 总体表现为幕次降雨量的增加，在意大利北部 Dolomite 地区，碳酸盐岩中夹多层黑色页岩和硅质碎屑岩，反映了多幕的湿润气候（Roghi et al.，2010）。卡尼期润湿气候事件也表现为碳酸盐岩含量的显著降低，在古特提斯洋，碳酸盐的形成受到抑制，几乎所有的热带、亚热带特提斯碳酸盐工厂生产力减弱（Hornung et al.，2007），反映在湿润气候的黑色页岩、黏土质放射虫硅质岩或古土壤层广泛覆盖于碳酸盐岩之上。因此，CPE 也被称为卡尼期碳酸盐生产危机（Hornung et al.，2007）。卡尼期润湿气候事件的开启伴随着全球碳循环的扰动，其特征是碳同位素的快速负偏（2‰~4‰），其成因可能与兰格利亚大火成岩省的喷发有关（Dal Corso et al.，2012，2015；Sun et al.，2016）。大规模的火山喷发带来了轻 ^{13}C 的二氧化碳（Dal Corso et al.，2015），从而导致了海洋 – 大气系统中出现碳同位素的负偏。与此同时，大量二氧化碳的注入也导致了全球气候的变暖，特提斯洋牙形石磷酸盐的氧同位素研究表明，该时期全球气温上升了 4~7℃（Hornung et al.，2007；Sun et al.，2016）。

晚三叠世卡尼期碳酸盐岩危机之后，在全球的许多地方都发育了一套富有机质沉积（Andrews et al.，2014），如奥地利、德国境内的东阿尔卑斯、意大利境内的南阿尔卑斯（Mueller et al.，2016）、印度的喜马拉雅（Hornung et al.，2007）、中国的鄂尔多斯盆地（Zhang et al.，2021b）等地区，这些富有机质的沉积可能与温暖潮湿的气候事件有关。

近年来，东特提斯域羌塘盆地 CPE 研究取得了重要进展。结合前人的菊石生物地层，Fu 等（2020a）对上三叠统雀莫错剖面进行了详细的沉积学、矿物学、地球化学和碎屑锆石年代学分析。研究发现，羌塘盆地晚三叠世烃源岩沉积期发生了明显的气候变化，表现为伊利石含量的明显降低和绿泥石含量的显著升高，以及 Mg、Fe 元素的快速增加和陆源碎屑物质输入的增加（Fu et al.，2020a）。羌塘盆地晚三叠世的气候变化事件可能为区域性或全球性事件，在羌塘盆地的中部（Wang et al.，2017c）和东部地区（Yu et al.，2019；Fu et al.，2020a）均被较好地识别。该时期还伴随着碳循环的扰动，其特征为碳同位素的快速负偏，在羌塘盆地东部的雀莫错剖面，有机碳和无机碳同位素的负偏具有一致性（~6‰）（Fu et al.，2020a）。晚三叠世，快速的碳同位素负偏现象在羌资 -8 井中也被较好地识别（图 3.12），而且具有幕式负偏的特征，这一特征可与全球卡尼期典型的碳同位素偏移特征对比，可能是 CPE 在羌塘盆地的响应（Fu et al.，2020a）。因此，羌塘盆地晚三叠世烃源岩的形成受到了 CPE 的显著控制。在 CPE 期间，大量二氧化碳的释放引起全球变暖，羌塘盆地受温暖潮湿的气候影响，陆源碎屑物质输入显著增加，这是对全球变暖的区域性响应（Fu et al.，2020a）。温暖潮湿的气候条件可以为海洋和陆生生物的生长创造有利的环境，同时，气候的变暖还会造成淡水注入的增加，从而带来大量的营养物质，造成表层水体浮游生物的大量繁殖，提高了生物生产力（高的 P 和 Ba 含量），为有机质的积累提供了物质基础（Yu et al.，2019）。虽然，氧化还原指标 Mo 和 U 的富集系数［$EF=(X/Al)_{sample}/(X/Al)_{PAAS}$，$X$ 代表元素，PAAS 为澳大利亚后太古平均页岩］、C_{org} ∶ P 值和 Pr/Ph 值均指示页岩沉积期底层水体为氧化 – 贫氧的环境，不利于有机质的保存，但是相对较高的沉积速率减少了有机质的氧化（Yu et al.，2019）。此外，CPE 期间泥岩中 $CaCO_3$ 含量的快速降低，降低了 $CaCO_3$ 对有机质富集的稀释作用。综上可以看出 CPE 期间大量的淡水注入携带了丰富的营养物质，促进了浮游生物的繁盛，高的生物生产力对上三叠统烃源岩的形成具有重要影响。

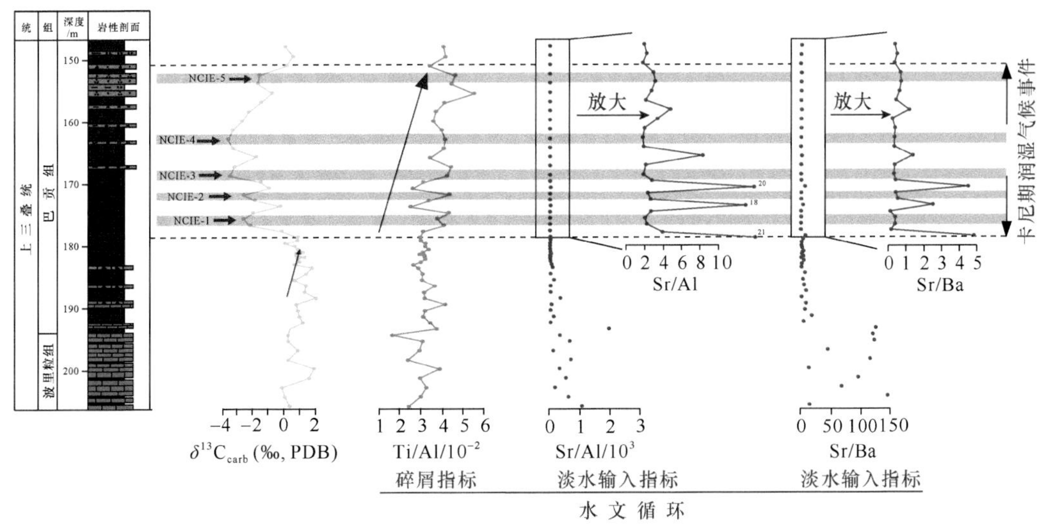

图 3.12　羌塘盆地羌资 -8 井晚三叠世碳同位素幕式偏移

3.2.3 早侏罗世大洋缺氧事件与烃源岩形成

早侏罗世托尔期大洋缺氧事件（toarcian oceanic anoxic event，T-OAE，~183 Ma），也被称为 Jenkyns 事件，是地质历史时期最重要的极热事件之一（Jenkyns，1988；Remírez and Algeo，2020；Kemp et al.，2022）。T-OAE 时期伴随着富有机质沉积物的广泛沉积（Jenkyns，1988；Cohen et al.，2007），这些沉积物被认为是众多盆地重要的烃源岩。

T-OAE 是中生代典型的大洋缺氧事件，T-OAE 时期全球碳循环发生了剧烈扰动，表现为碳同位素在总体正偏的背景下被突然出现的急剧碳同位素负偏（碳同位素偏移 CIE，幅度为 2‰~7‰）阻断（Hesselbo et al.，2007；Müller et al.，2017），与 T-OAE 相关的 CIE 是全球同时期地层对比的重要标志。这种碳同位素异常不仅在海相生态系统中被广泛识别，而且在陆相源区的生物标志物以及化石中也被广泛识别（McElwain et al.，2005；Hesselbo and Pieńkowski，2011），表明了该事件对大气 CO_2 库的影响。因此，T-OAE 可能是一次全球性事件（Hesselbo et al.，2000；Kemp et al.，2019）。T-OAE 不仅对气候系统造成了扰动，而且也对海洋生态系统产生了显著影响（Kemp and Izumi，2014）。T-OAE 时期伴随着海平面上升，陆地和海洋生物多样性降低，海水酸化，海水快速升温，以及陆地风化速率加快（Bailey et al.，2003；Wignall et al.，2005；Suan et al.，2011；Slater et al.，2019；Kemp et al.，2020；Müller et al.，2020）。

近年来，东特提斯地区 T-OAE 的研究取得了突破。南羌塘拗陷下侏罗统为曲色组，岩性为一套黑色页岩夹灰岩地层，见有大量的菊石、腕足类和双壳类化石。Fu 等（2016a）通过对毕洛错剖面曲色组页岩底部碎屑锆石最大沉积年龄（184.4±0.6 Ma）和碳同位素数据的分析，结合前人对古生物地层的研究，发现毕洛错富有机质页岩（下侏罗统曲色组烃源岩）存在明显的碳同位素负异常，可以与 T-OAE 时期的碳同位素负偏进行精确地对比，率先查明羌塘盆地 T-OAE 的精确层位，提出毕洛错黑色页岩相的形成与 T-OAE 有关（图 3.13）。沉积古环境的恢复对于认识烃源岩中有机质富集具有重要作用。化学风化指数（如化学蚀变指数 CIA、成分变异指数 ICV）记录了羌塘盆地在 T-OAE 期间湿度增加，气候很可能为半干旱到半湿润的条件。碎屑指数（石英、钾长石、钠长石和层状硅酸盐矿物含量的总和）在 T-OAE 时期也发生了明显的升高，指示了该时期陆源碎屑输入增加。Sr/Al 值、Sr/Ba 值和菱铁矿含量共同揭示了油页岩沉积期淡水输入增加。毕洛错油页岩中氧化还原敏感元素 V 和 U 具有中等富集的特征，氧化还原敏感的 Mo 元素具有高度富集的特征，富集系数为 36.2，表明了缺氧（静水）的水体环境（Tribovillard et al.，2006）。这一解释也得到了页岩中高 C_{org}：P 值（221~346）的支持（Fu et al.，2017）。同时，在毕洛错页岩（油页岩）中也发现大量草莓状黄铁矿，这些黄铁矿颗粒的粒径大多小于 0.5 μm（Fu et al.，2014），同样指示页岩（油页岩）沉积期为缺氧的水体环境。古生产力指标 P 和 TOC 在 T-OAE 时期发生

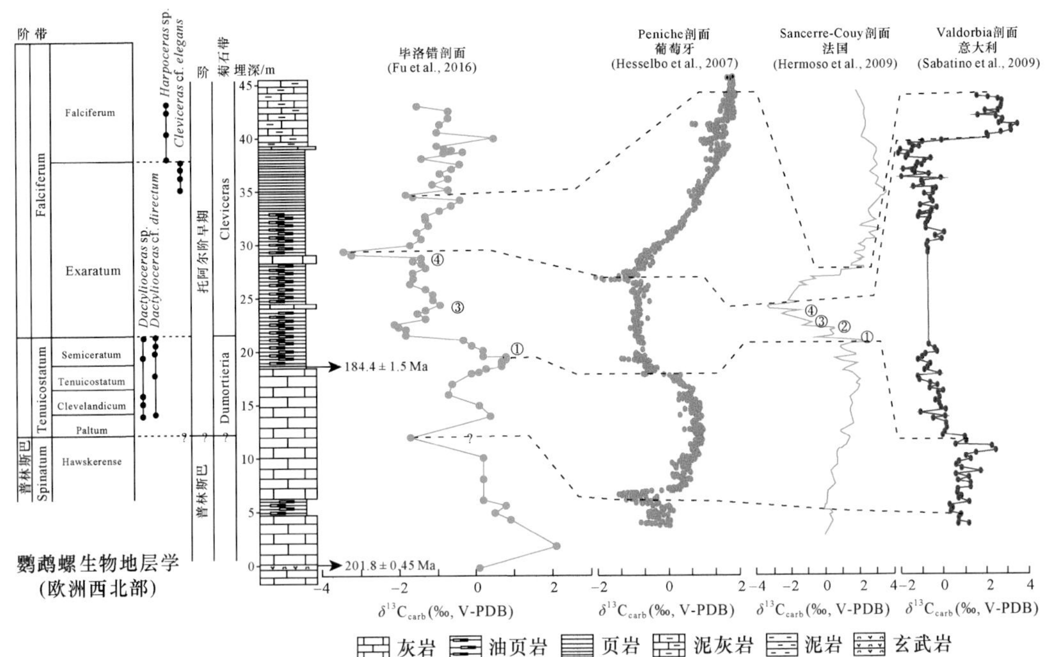

图 3.13　羌塘盆地毕洛错剖面岩性特征、碳同位素剖面及对比（据 Fu et al.，2016a 修改）
①～④表示碳同位素偏移事件

了显著的升高，反映了该时期浮游生物勃发，表层生物生产力急剧升高。上述研究表明，下侏罗统曲色组烃源岩形成于较为温暖的气候、淡水输入增加、缺氧（静水）和高生物生产力的条件下。T-OAE 对于下侏罗统烃源岩的形成具有重要的控制作用：在 T-OAE 时期，发生了全球性变暖，在羌塘盆地表现为半干旱到半湿润的气候，湿度升高和淡水输入增加，该时期的气候条件有利于浮游生物的繁盛。此外，陆地淡水输入增加一方面促进水体的分层，分层的水体造成底层水体为还原环境，能够为有机质积累提供良好的保存条件，而上层氧化水体有利于生物的存在；另一方面，增强的淡水输入带来了大量营养物质，促进浮游生物的生长，从而提高生物生产力，这有利于有机质的生产。总的来说，羌塘盆地下侏罗统烃源岩的形成受到 T-OAE 全球变暖条件下淡水输入增加驱动的高生物生产力和良好的保存条件（分层水体）的共同控制。

3.2.4　早白垩世的大洋缺氧与烃源岩形成

羌塘盆地下白垩统烃源岩（胜利河油页岩）主要出露在白龙冰河组序列的中部。白龙冰河组中有丰富的孢粉化石，其中该组下部的孢粉有 *Brevilaesuraspora orbiculata*、*Classopollis* spp.、*C. annulatus*、*C. minor*、*C. classoides*、*Cyathidites minor*、*Cyclogranisporites* sp.、*Densoisporites* sp.、*Dicheiropollis etruscus*、*Osmundacidites* spp.、*Pinuspollenites* sp.、*Perinopollenites* sp.、*Todisporites minor*、*Vitreisporites* sp. 等，在这些孢粉中，*Dicheiropollis* 花粉是早白垩世早期典型的分子，此外，这一孢粉组

合中含有丰富的 *Classopollis*，揭示地层时代为早白垩世早期。中部发育的孢粉包括 *Apiculatisporites* sp.、*Biretisporites* sp.、*Cerebropollenites* sp.、*C.* cf. *papilloporus*、*Chasmatosporite* sp.、*Cicatricosisporites* sp.、*C. ludbrooki*、*Classopollis* sp.、*Densosporites* sp.、*Ephedripites* cf. *notensis*、*Jiaohepollis* sp.、*Lygodiumsporites subsimplex*、*Perinopollenites* sp.、*Reticulisporites* sp.、*Triporopollenites* sp.、*Tricolporopolenites* sp. 等，在这些孢粉中，最明显的特征是出现被子植物花粉 *Triporopollenites* sp. 和 *Tricolporopolenites* sp.，表明沉积时代为早白垩世，此外，*Ephedripites* cf. *notensis*、*Lygodiumsporites subsimplex* 和 *Cicatricosisporites ludbrooki* 的出现也支持了上述认识。另外，在白龙冰河组中部页岩（油页岩）中获得的 Re-Os 同位素年龄为 124.5±4.3 Ma，反映白龙冰河组中部地层时代应为早白垩世中期。白龙冰河组上部现有孢粉 *Cycadopites* sp.、*C. adjectus*、*C. balmei*、*Classopollis* sp.、*C. annulatus*、*C. classoides*、*C. granulatus*、*C. minor*、*Cyclogranisporites* sp.、*Doltoidospora regularis*、*Lygodiumsporites subsimplex*、*Osmundacidites* spp.、*Senegalosporites* sp.、*Steevesipollenites* sp. 和 *Waltzispora* sp. 等，在这些孢粉中，最明显的特征是出现 *Senegalosporites* sp. 和 *Steevesipollenites* sp.，此外，还识别出较低含量的 *Lygodiumsporites subsimplex*，指示该地层时代为早白垩世晚期（阿尔布阶，Albian）。

结合羌塘盆地白龙冰河组的孢粉研究和页岩的 Re-Os 同位素年龄，Fu 等（2020b）对羌塘盆地胜利河页岩（油页岩）剖面的碳同位素进行了研究。碳同位素分析结果表明，碳同位素剖面可以分为 10 段（C4~C13），其中，C5、C10 和 C12 为明显负偏，C7 和 C8 表现为波动性变化，C9 和 C11 表现为明显的正偏（图 3.14）。这些特征可与西北特提斯域巴雷姆期典型剖面的碳同位素特征对比，记录了巴雷姆期全球大洋缺氧事件。在西北特提斯域的 Cluses 剖面，碳同位素剖面可以分为 13 段（Huck et al., 2013），其中，Cluses 剖面的 C4~C13 段与胜利河剖面的 C4~C13 段能够较好地对比

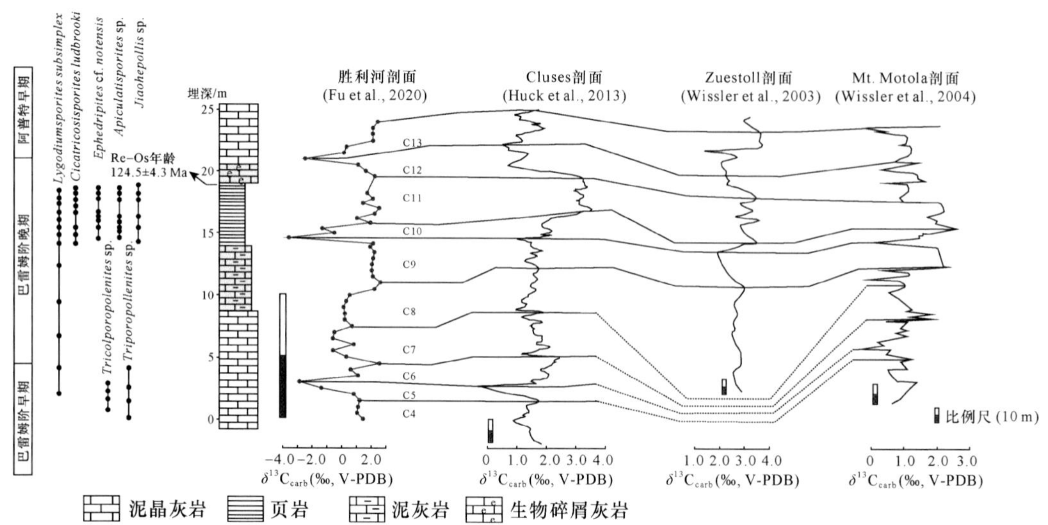

图 3.14 羌塘盆地胜利河剖面岩性特征、碳同位素剖面及对比（据 Fu et al., 2020b 修改）

（图 3.14）。另外，在南特提斯域的 Mt. Motola 剖面（Wissler et al.，2004）、北特提斯域的 Zuestoll 剖面（Wissler et al.，2003），碳同位素也记录了相似的变化特征。因此，巴雷姆期碳同位素异常可能并不是区域性的，而是全球碳循环的反映。

胜利河油页岩的形成伴随有碳同位素的大幅度快速负偏和全球（或区域）气候的变暖（Fu et al.，2020b），揭示了巴雷姆期全球大洋缺氧事件对胜利河油页岩沉积的控制作用。通过对胜利河油页岩沉积学、地球化学、矿物学的研究，揭示了胜利河海相油页岩发育大量的细粒草莓状黄铁矿（粒径大多小于 5 μm），具有低的 Pr/Ph 值、高的伽马蜡烷值、高的 Mo 富集并伴随着 U 和 V 的富集，轻微高的 C_{org} ：P 值，低的 Th/U 值，共同指示了油页岩沉积于缺氧的水体环境（Fu et al.，2009a，2020b；Nie et al.，2023）。TOC、P、Cu/Al 和自生 Ni 含量等古生产力指标反映出油页岩沉积期表层水体具有高的生物生产力（Fu et al.，2020b；Nie et al.，2023）。碎屑输入指标 Ti/Al 和 Si/Al 在油页岩沉积期突然升高，揭示了该时期陆源碎屑物质输入增加（Fu et al.，2020b；Nie et al.，2023）。孢粉数据（如 *Chasmatosporite*、*Apiculatisporites*、*Ephedripites* cf. *notensis* 和 *Jiaohepollis* 的大量出现）和元素地球化学气候指标（如 Mg/Ca、Th/K 和 Rb/Sr）指示油页岩沉积期气候变得温暖潮湿（Fu et al.，2009b，2020b；Nie et al.，2023）。该时期变暖的气候条件也被记录在了同时期的全球其他剖面中（Godet et al.，2006；Huck et al.，2013），显示出羌塘盆地胜利河油页岩沉积期发生了全球（或区域）变暖。上述研究表明，下白垩统胜利河油页岩的形成对应全球（或区域）气候变暖时期，该时期研究区底层水体为缺氧的条件，表层水体具有高的生物生产力，陆源碎屑物质输入明显增加。胜利河油页岩沉积期变暖的气候条件可以为海洋浮游的生长创造有利的环境。此外，气候变暖导致区域性水循环增强与陆地径流和碎屑物质输入增加，强地表径流带来了丰富的营养物质，促进了生物大量繁盛，提高了生物生产力，这为有机质的富集提供了物质基础；同时，大量的陆地径流输入有利于半封闭海湾分层水体的形成，进而导致还原的底层水体，为有机质的保存提供了良好的条件。此外，高的生物生产力产生的大量有机质在分解过程中会消耗大量的氧气，也有助于缺氧水体的形成（Fu et al.，2020b；Nie et al.，2023）。综上所述，羌塘盆地下白垩统烃源岩的形成受到巴雷姆期全球大洋缺氧事件期间气候变暖导致的水文循环加剧的显著影响，水文循环诱导好的保存条件（分层水体）和高的生物生产力共同控制该时期有机质的富集。

第4章

羌塘盆地埋藏史、热演化史与生烃史

青藏高原上的沉积盆地是探讨高原演化及其对全球气候环境影响的“档案库”（Wang et al.，2000a，2002）。羌塘盆地作为青藏高原上最大的含油气盆地，其埋藏、热演化和生烃过程的恢复对于理解羌塘盆地及其周围主要地质单元的构造演化具有极其重要的意义，也对油气成藏等关键问题具有指导意义。

4.1 埋藏史恢复

羌塘盆地埋藏史恢复可以从侧面反映沿班公湖 – 怒江缝合带和可可西里 – 金沙江缝合带发生的碰撞作用对于高原初期地壳运动的影响。同时，基于沉积剖面的埋藏史恢复对于盆地性质、烃源岩分布及埋藏深度等关键问题能够提出理论指导。由于强烈的风化作用和新生代的构造活动（Kapp et al.，2005），羌塘盆地地层保存较差。目前，羌塘盆地大部分油气勘探钻井都是浅钻（深度不超过 1.5 km），只钻遇了中生代地层序列的一小部分。因此，进行埋藏史恢复必须对所有离散的地表剖面进行物理或生物地层对比，建立综合地层剖面（Sciunnach and Garzanti，2012）。截至当前，国内多家地质单位在羌塘盆地实测地质剖面超过 300 条，获得地质浅钻超过 30 口。在实测地层剖面的基础上，结合大量已有地层资料，最终选取羌塘盆地 11 条综合剖面进行埋藏史恢复。以目前的技术手段，地层年龄（尤其是灰岩的地层年龄）很难精确限定，野外很难找到纯度较高的凝灰岩层，往往是沉凝灰岩层。沉积地层的年龄主要根据古生物化石（如菊石、双壳类、珊瑚、腕足类、有孔虫、放射虫和䗴类等）、同位素测年结果以及古地磁年代学（Fang et al.，2016）来限定。埋藏历史的精确性强烈依赖地层年龄的精度，因此，在将生物地层时代转换为数值年龄时，地层年代表的选择至关重要。近年来不同研究者得到的地层年代表差异不大，本次采用 Gradstein 等（2004）和 Ogg 等（2008）总结出的地层年代表。

在北羌塘盆地，考虑到其地理面积较大，共选取九条综合剖面进行埋藏史恢复（图 4.1）。北羌塘盆地大部分综合剖面都是离散不连续的，只有那底岗日和雀莫错两地（图 4.1 中的 4 和 9）为连续剖面。北羌塘盆地的综合剖面中有三个主要不整合分隔地层（图 4.2）。所有综合剖面的底部均为上三叠统沉积物，岩性有所差异。部分为海相灰岩，如独雪山、双泉湖、祖尔肯乌拉山等地出露的菊花山组和雀莫错出露的波里拉组；部分为碎屑沉积物，如黑虎岭和长水河出露的藏夏河组、当玛岗的土门格拉组、雀莫错的巴贡组和鄂尔陇巴组。但那底岗日和阿木岗地区并未保存晚三叠世海相地层。那底岗日综合剖面底部为上三叠统那底岗日组火山岩，岩性以中酸性岩为主，夹有少量基性岩；阿木岗综合剖面底部为下二叠统变质火山岩。第一个不整合出现在上三叠统沉积物与那底岗日组火山岩之间。这一不整合仅出现在北羌塘盆地西部独雪山、双泉湖和黑虎岭等地，北羌塘东部地区无那底岗日组火山岩记录，上三叠统沉积物与中侏罗统粗碎屑岩之间的不整合在整个北羌塘盆地十分普遍。下侏罗统沉积物在北羌塘盆地缺失，表明古特提斯洋闭合后北羌塘盆地经历了较长时间的暴露或构造抬升。中、下侏罗统（雀莫错组）、布曲组、夏里组与上侏罗统索瓦组、白龙冰河组、雪山组的沉

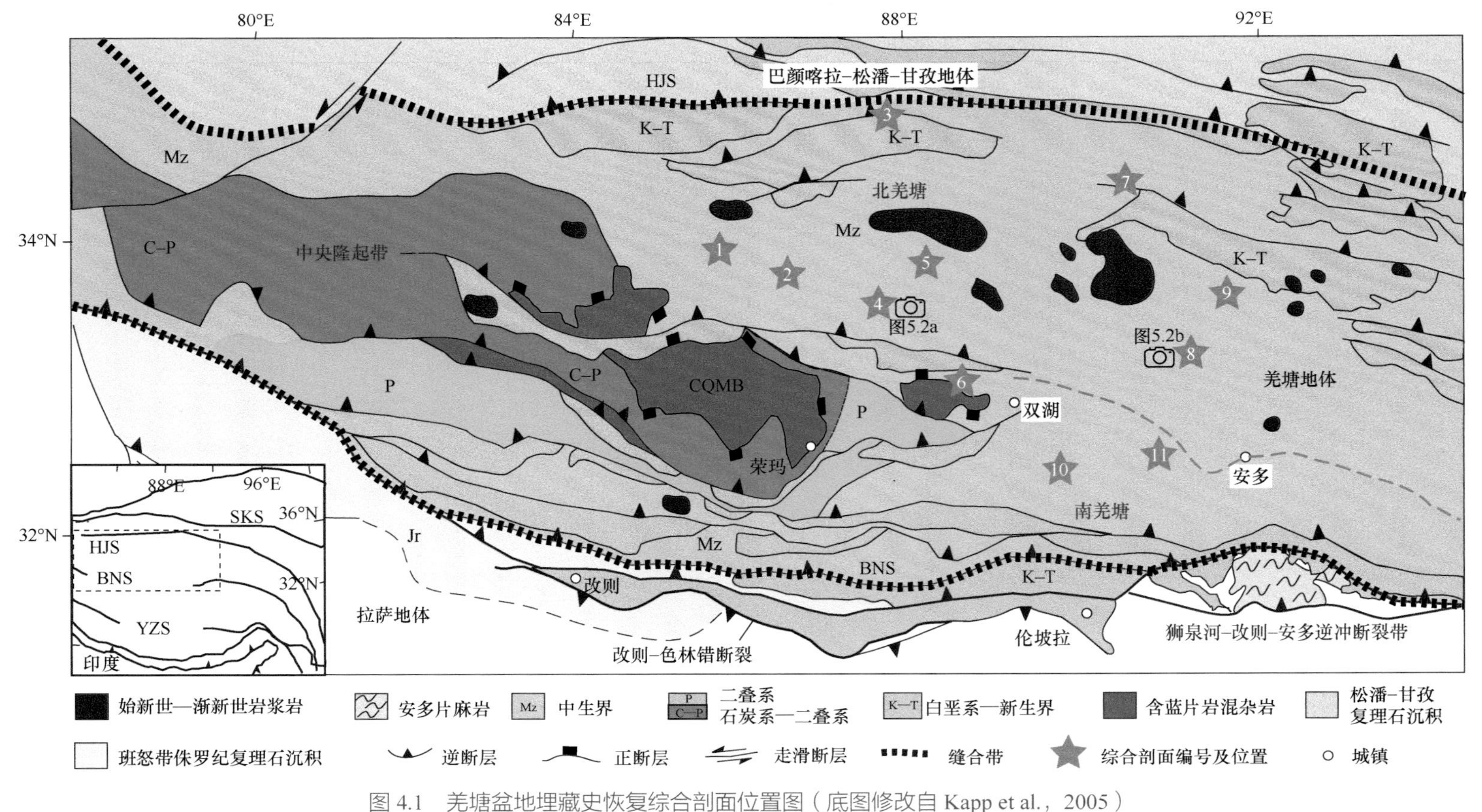

图 4.1　羌塘盆地埋藏史恢复综合剖面位置图（底图修改自 Kapp et al.，2005）

SKS：南昆仑缝合带；HJS：可可西里 – 金沙江缝合带；BNS：班公湖 – 怒江缝合带；YZS：雅鲁藏布江缝合带；CQMB：中央隆起带高压变质岩。综合剖面位置：1. 独雪山；2. 双泉湖；3. 黑虎岭；4. 那底岗日；5. 长水河；6. 阿木岗；7. 祖尔肯乌拉山；8. 当玛岗；9. 雀莫错；10. 毕洛错；11. 达卓玛

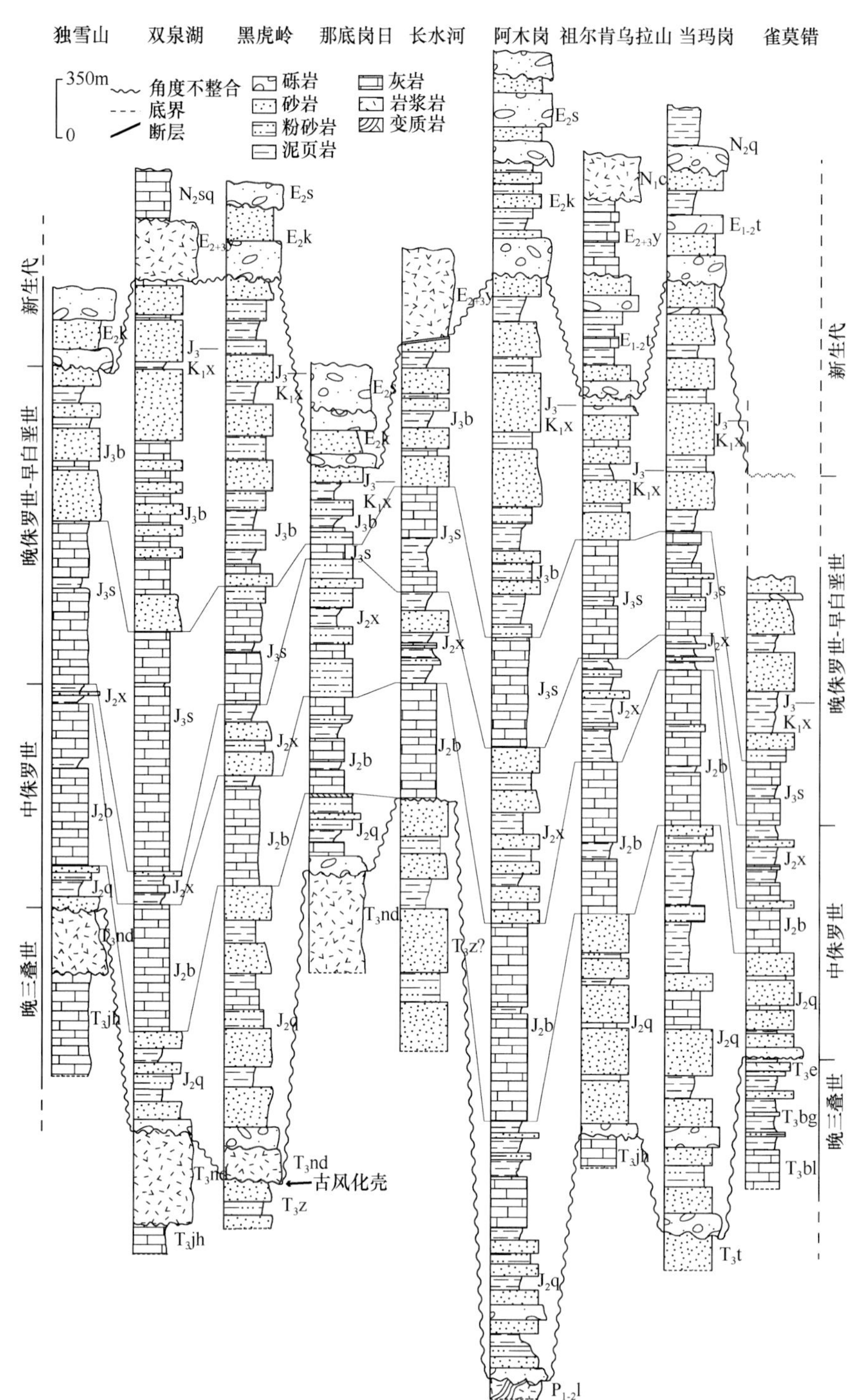

图 4.2　北羌塘盆地 9 条综合剖面柱状图

$P_{1\text{-}2}l$：鲁谷组；T_3jh：菊花山组；T_3z：藏夏河组；T_3t：土门格拉组；T_3nd：那底岗日组；T_3bl：波里拉组；T_3bg：巴贡组；T_3e：鄂尔陇巴组；J_2q：雀莫错组；J_2b：布曲组；J_2x：夏里组；J_3s：索瓦组；J_3b：白龙冰河组；J_3—K_1x：雪山组；E_2k：康托组；E_2s：唢呐湖组；$E_{1\text{-}2}t$：沱沱河组；$E_{2+3}y$：鱼鳞山组；N_1c：查保马组；N_2q：曲果组；N_2sq：双泉湖组

积特征如前所述，在区域上与侏罗系沉积特征基本一致。值得注意的是，白龙冰河组和雪山组可能是同时异相，因此，在部分综合剖面中并没有同时出露这两套地层。中生代最后的不整合出现在晚侏罗世最高海相层之上，被新生代紫红色砂砾岩相（康托组）覆盖。整个白垩系在北羌塘盆地都缺失，表明北羌塘盆地自拉萨地体和羌塘地体碰撞以来都处于物源剥蚀区。

在南羌塘盆地，共选取两条综合剖面进行埋藏史恢复（图 4.1）。中生代地层相对于北羌塘盆地较完整，被两个大的角度不整合分隔（图 4.3）。上三叠统为细粒碎屑沉积物（毕洛错的日干配错组、达卓玛的阿堵拉组）、砂岩（达卓玛的多盖拉组），以及灰岩（毕洛错的索布查组）。毕洛错综合剖面的中生代地层为连续完整的，而在达卓玛综合剖面中，上三叠统砂岩与中—下侏罗统雀莫错组之间存在明显的角度不整合（图 4.3）。这表明南羌塘盆地在晚三叠世—早侏罗世的古地理特征存在较大的东西差异。侏罗纪早期，南羌塘盆地毕洛错地区的曲色组和色哇组，与达卓玛地区的雀莫错组可能为同时异相，两者的主要差别在于沉积物粒度和厚度不同，表明毕洛错地区的古水深可能大于达卓玛地区。侏罗系其他地层特征为灰岩夹砂岩、粉砂岩和泥岩。下部灰岩单元为布曲组，表明在海进 – 海退过程中曾经存在干旱的时期。上部灰岩单元为索瓦组，以深色生物碎屑灰岩大量沉积为特征。两个灰岩单元之间的碎屑岩单元粒度相对较细。在索瓦组顶部发育区域性角度不整合，上侏罗统海相碎屑岩在南羌塘盆地并不发育（图 4.3）。上白垩统阿布山组仅在南羌塘盆地有出露。阿布山组之上角度不整合覆盖新生代康托组砂砾岩。

埋藏史恢复方法为回剥反演技术，回剥反演分析的主要思路就是各地层在保持其骨架厚度不变的条件下，从现今盆地分层现状出发，按地质年代逐层剥去，直至全部剥完为止（石广仁，2000），根据各类沉积物的孔隙度 – 深度关系，运用沉积压实原理恢复地层厚度，并考虑负荷作用，选用合适的沉积模式，计算盆地的构造沉降量和沉降速率，分析其埋藏史（叶加仁和陆明德，1995）。

总沉降曲线的定量计算主要依靠对地层单元的逐层去压实计算（Bond and Kominz，1984）。去压实的原理为随深度增加岩层孔隙度降低（Allen and Allen，2005）。通常，孔隙度随着深度增加呈指数形式减小（Steckler and Watts，1978；Sclater and Christie，1980）：

$$\Phi=\Phi_0 e^{-cy} \tag{4.1}$$

式中，Φ_0 为表面孔隙度；Φ 为给定深度 y 的孔隙度；c 为与岩性有关的倾斜度系数。每一种岩性的标准 Φ_0 和 c 值采用 Sclater 和 Christie（1980）提供的数据（表 4.1）。

在去压实计算过程中，将单位横截面积的某地层单元从深度 y_1 和 y_2 处恢复到未压实状态下的 y_1' 和 y_2' 处时（图 4.4），脱压厚度 H 按式（4.2）计算（Allen and Allen，2005）：

$$H = y_2' - y_1' = y_2' - y_1 + \Phi_0[(e^{-cy_{1'}} - e^{-cy_{2'}}) - (e^{-cy_1} - e^{-cy_2})]/c \tag{4.2}$$

式中，$\Phi_0(e^{-cy_{1'}} - e^{-cy_{2'}})/c$ 为去压实后孔隙含量；$\Phi_0(e^{-cy_1} - e^{-cy_2})/c$ 为去压实前孔隙含量。

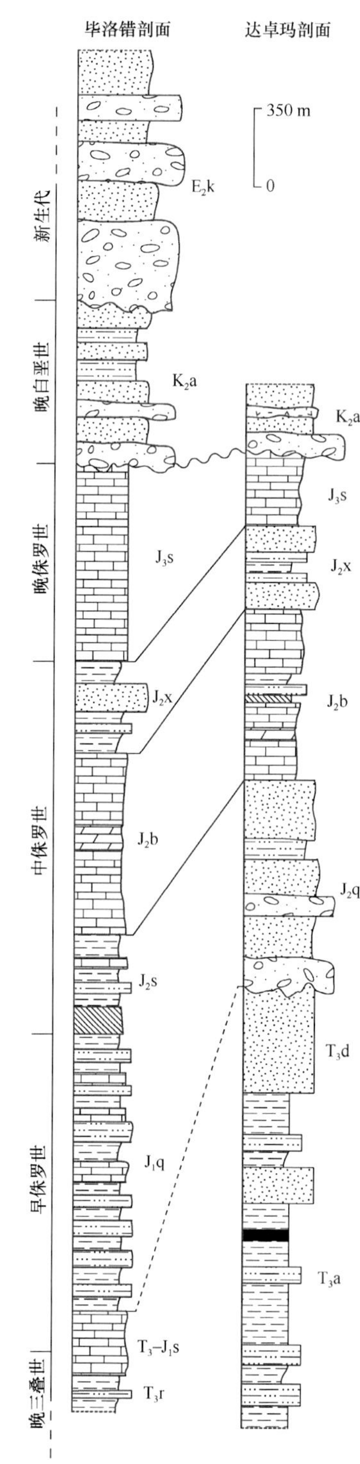

图 4.3　南羌塘盆地两条综合剖面柱状图

T_3a：阿堵拉组；T_3d：夺盖拉组；T_3r：日干配错组；T_3–J_1s：索不查组；J_1q：曲色组；J_2s：色哇组；J_3s：索瓦组；K_2a：阿布山组。其他地层代码与图 4.2 相同

表 4.1　不同岩性孔隙度随深度的指数变化关系参数及对应岩性的沉积物颗粒密度 ρ_{sg}

岩性	Φ_0	c/（10^{-5}cm）	ρ_{sg}/（g/cm^3）
砂岩	0.49	0.27	2.65
泥页岩	0.63	0.51	2.72
白垩	0.70	0.71	2.71
泥质砂岩	0.56	0.39	2.68

注：文献来源为 Sclater 和 Christie（1980）。

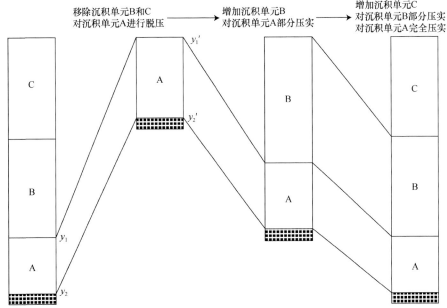

图 4.4　脱压原理示意图（修改自 Allen and Allen，2005）

盆地的总沉降可以分为两个部分，一部分由沉积物负载造成，另一部分由构造作用等造成。经过去压实计算后得到的沉降曲线是总沉降曲线，而非构造沉降曲线（Watts et al.，1982）。要得到构造沉降曲线必须利用均衡模型从总沉降中去除沉积物载荷的影响（Einsele，1992）。采用艾力均衡模式进行构造沉降分析时，羌塘盆地的很多参数不易确定，如岩石圈挠曲刚度。

在艾力均衡模式中，构造沉降 D 可以通过 Watts 和 Ryan（1976）给出的公式从总沉降 H 中“回剥”出来：

$$D = H\left(\rho_m - \rho_s\right) / \left(\rho_m - \rho_w\right) \tag{4.3}$$

式中，ρ_m、ρ_s和ρ_w分别为岩石圈地幔、沉积物和水体密度。

岩石圈地幔和水体的密度为固定值，本章分别采用 3.33 g/cm^3 和 1.035 g/cm^3。沉积物密度 ρ_s 根据各岩层密度加权平均计算而来，计算公式如下（Allen and Allen，2005）：

$$\rho_s = \sum\{[\Phi_i \cdot \rho_w + (1-\Phi_i)\rho_{sgi}] / H\}Y_i' \tag{4.4}$$

式中，Φ_i 为岩层 i 的孔隙度；ρ_{sgi} 为岩层 i 的沉积物颗粒密度；Y_i' 为岩层 i 的厚度。

地层的剥蚀现象在盆地尤其是叠合盆地的多期次构造抬升运动中普遍存在，因此沉积盆地埋藏史恢复的首要也是核心任务是对沉积盆地剥蚀厚度的恢复。剥蚀厚度的恢复方法可归为四大类（袁玉松等，2008）：①地热学方法，即古温标法，包括常用的镜质组反射率法、磷灰石裂变径迹法和流体包裹体法等；②地质学方法，包括地层对比法、沉积－剥蚀速率法和沉积波动过程分析法等；③地球物理学方法，主要是利用测井和地震资料，包括孔隙度法和声波时差法等；④地球化学方法，包括天然气平衡浓度法和宇宙成因核素法。地热学方法是沉积盆地剥蚀量定量计算的首选方法之一，而地质学方法中的地层对比法简单易用，可以定性地为其他方法提供约束（袁玉松等，2008）。结合羌塘盆地的勘探实际，目前宜采用的方法为地层对比法和古温标法。

地层对比法的原理就是根据钻井、地震等资料，用曲线拟合法测量出邻近区内未发生剥蚀处地层厚度变化的趋势，来推测被剥蚀地区的剥蚀量（李伟，1996）。地热学方法是目前研究程度较成熟、应用较广泛的一种恢复剥蚀厚度的方法，主要是镜质组反射率法和磷灰石裂变径迹法，其原理是利用不整合面上下构造层之间的 R_o 差值或地层最大埋深与最小埋深的古地温，来推算剥蚀厚度。

在反演盆地沉降史的过程中，通常把海平面变化和古水深作为边界条件。全球海平上升将给盆地带来新的水体负荷及更多的沉积物，从而增加沉降量；反之减少，这种效应主要适用于长期全球海平面波动变化，因此需要考虑古海平面相对于现代海平面的变化。可以从四个方面确定海平面是否发生了变化：①由板块构造运动引起的岩石圈物质的差异性；②由沉积物堆积或运移引起的海洋盆地可容纳空间的变化；③由洋中脊系统体积变化引起的海洋盆地可容纳空间变化；④由极地冰盖和冰川作用引起的水量降低。尽管很多地区的海平面变化与全球尺度下的海平面变化有所不同，但许多研究依然采用了全球海平面曲线，究其原因，研究区的海平面变化没有参考数据，只能用全球尺度下的参考值来近似代替。本章采用 Miller 等（2005）和 Haq 等（1987）的海平面曲线进行羌塘盆地中生代海平面变化对比。

古水深估算通常具有较大误差（Bertram and Milton，1988）。在没有古测深数据的情况下，古水深主要依靠化石、沉积构造、地球化学指标和沉积环境解释等进行估算（Sciunnach and Garzanti，2012）（图 4.5），因此具有相对较大的误差。例如，中侏罗统布曲组的生物标志物指示近海至浅海沉积环境（Chen et al.，2014），因此古水深范围为 0~150 m。

在古水深和海平面变化校正进行之后，最终的构造沉降 Y 根据式（4.5）进行计算（Sclater and Christie，1980）：

$$Y = D + W_d - \Delta_{sl} \cdot \rho_m / (\rho_m - \rho_w) \tag{4.5}$$

式中，W_d 为估算的古水深；Δ_{sl} 为海平面变化值。

在误差来源方面，通常来自地层厚度方面的误差很小。地层厚度的误差主要来自不确定的剥蚀量，这将影响沉降曲线的形态和沉降的范围。地层年龄是本次进行沉降史恢复时一个主要的误差来源，因为地层年龄大部分来自生物地层学。只有上三叠统那底岗日组火山岩的年龄是通过锆石 U-Pb 年龄限定的。年龄误差对沉降曲线的总体形态影响较小。古水深估算的误差较大，尤其是深水沉积物（Sciunnach and Garzanti，

图 4.5　羌塘盆地地层剖面中特定的古水深指示标志

a. 潮坪相砂岩中振荡波痕（达卓玛上三叠统夺盖拉组，古水深 50±50 m）；b. 向上变细的沉积旋回，旋回底部为砾岩或含砾砂岩（阿木岗中下侏罗统雀莫错组，古水深 10±10 m）；c. 波状层理灰岩（阿木岗中侏罗统雀莫错组，古水深 50±50 m）；d. 潮坪相砂岩中的对称波痕（达卓玛中侏罗统夏里组，古水深 50±50 m）；e. 泥岩中菊石化石（长水河上侏罗统白龙冰河组，古水深 50 m）；f. 河流相含砾砂岩中定向排列的砾石（毕洛错上白垩统阿布山组，古水深 10±5 m）

2012）。古水深主要依据古环境解释进行估算，因此古水深估算的范围较大。海平面校正以全球海平面为基准，可能与羌塘地区中生代的海平面变化历史有所差异。

4.1.1　北羌塘拗陷

北羌塘拗陷九条综合剖面和南羌塘拗陷的两条综合剖面的埋藏史恢复如图 4.6 所

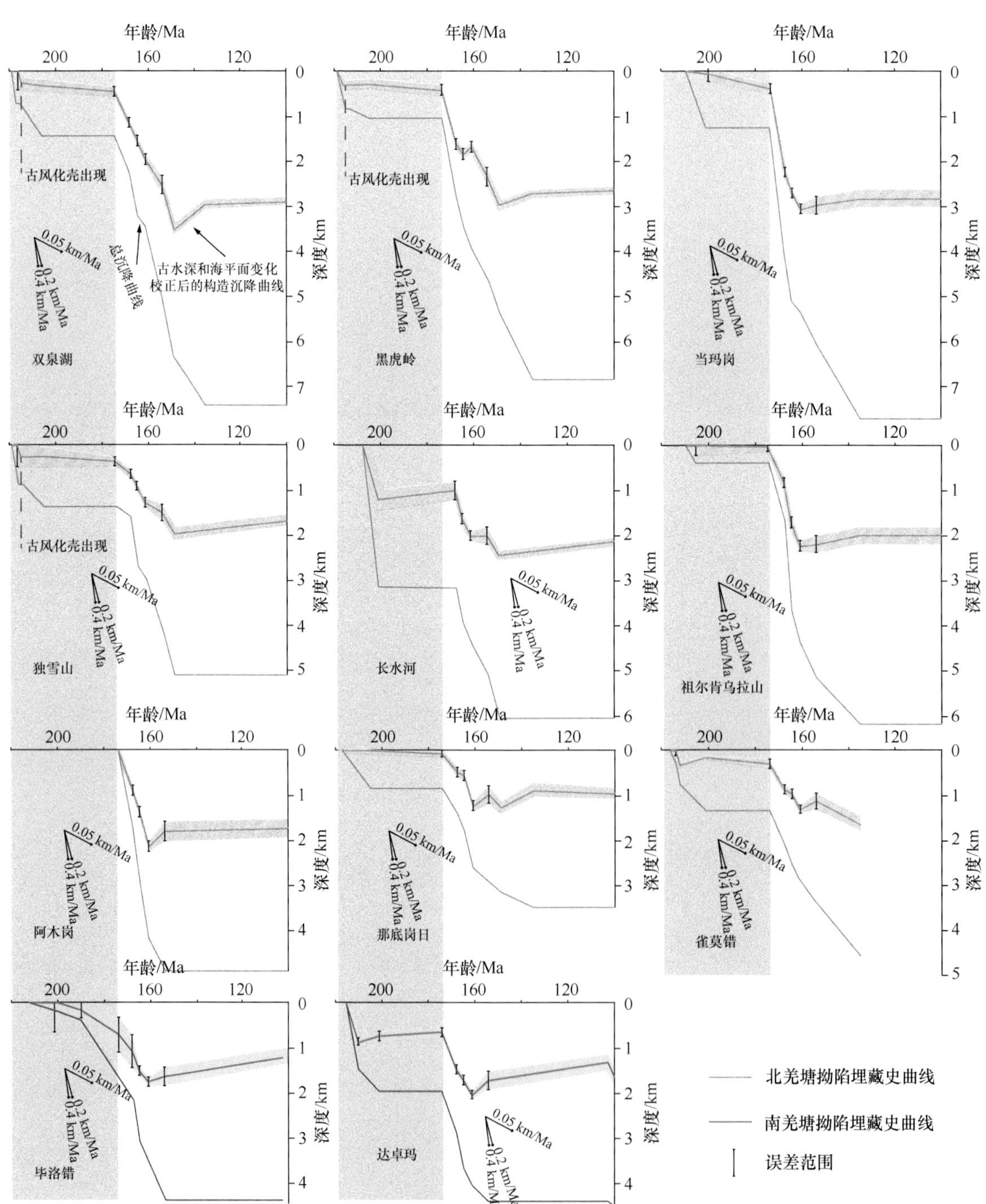

图 4.6　北羌塘坳陷、南羌塘坳陷综合剖面埋藏史曲线（Zhang et al.，2019）

粗实线代表构造沉降曲线；细实线代表总沉降曲线；灰色阴影区域代表晚三叠世—早侏罗世盆地沉降的第一阶段；构造沉降曲线上的彩色阴影区域代表构造沉降的误差范围；图中给出了沉降速率参考线

示（Zhang et al.，2019）。每组埋藏史曲线均由总沉降曲线和构造沉降曲线构成。根据埋藏历史（图 4.6、图 4.7），结合前人对羌塘盆地沉积物搬运方向、物源（图 4.8）和构造变形时间的研究，中生代北羌塘拗陷的埋藏史可以划分为两个主要阶段。第一阶段为晚三叠世—早侏罗世，第二阶段为中侏罗世—早白垩世。

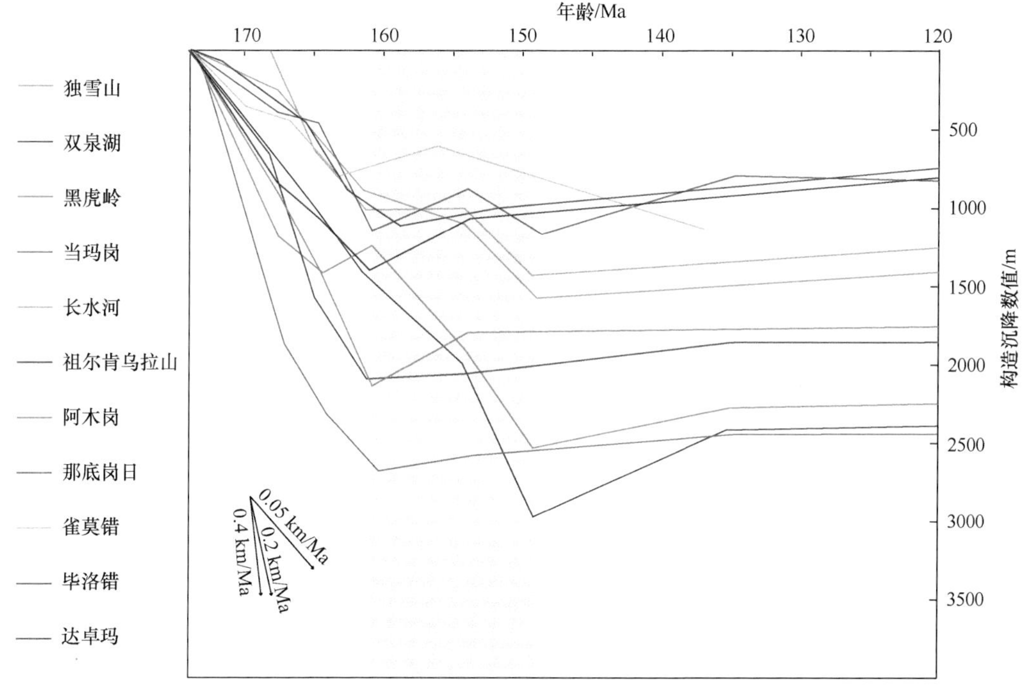

图 4.7　羌塘盆地 170~120 Ma 构造沉降历史

图中给出了沉降速率参考线。绿色阴影区域代表羌塘盆地沉降逐渐停止的过程，最终在 148 Ma 左右，整个羌塘盆地的沉降过程完全终止

1. 晚三叠世—早侏罗世埋藏过程

南、北羌塘在三叠纪之前为相互分离的不同地体（李才等，1995）。北羌塘拗陷在晚三叠世—早侏罗世时期受巴颜喀拉 – 松潘 – 甘孜地体和羌塘地体碰撞（图 4.9a）（Yan et al.，2016）的影响，成为前陆盆地（李勇等，2003；宋春彦，2012）。李勇等（2003）提出，晚三叠世，北羌塘拗陷的北部边界古水流为南西方向，由北向南，岩相逐渐由深水浊积岩和三角洲砂岩变为更薄、更细的前渊沉积物。这些沉积特征表明到晚三叠世结束时，金沙江缝合带已经变为构造剥蚀区（李勇等，2003），碎屑沉积物形成于碰撞背景下（Wang et al.，2017c）。

这一时期，北羌塘拗陷沉降曲线的形态表现为“上凹”（图 4.6 中灰色阴影区域），这种形态特征与后缘前陆盆地（Naylor and Sinclair，2008）和裂谷盆地（Steckler and Watts，1978）沉降曲线特征一致，这一阶段北羌塘拗陷沉降曲线误差较大，所体现出来的形态特征不明显。古风化壳的出现（付修根等，2007；王剑等，2007）意味着北

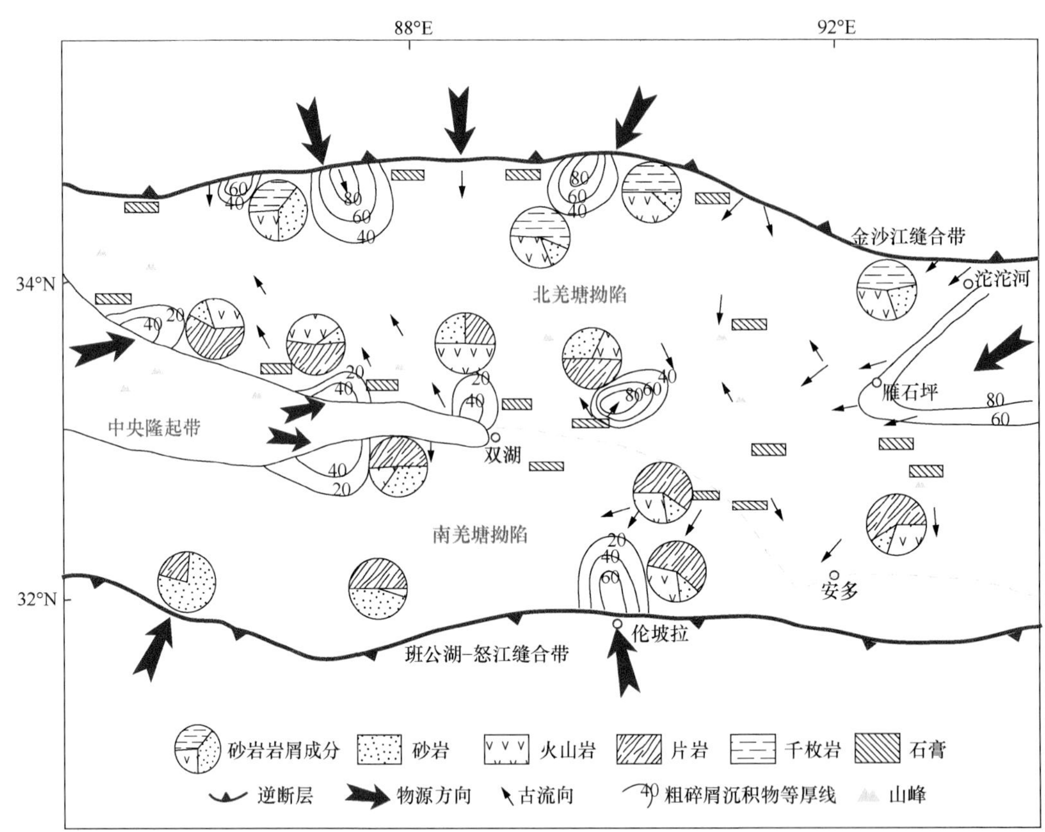

图 4.8 羌塘盆地中侏罗世—早白垩世古水流方向、物源方向及砂岩岩屑组分（修改自李勇等，2001）

羌塘拗陷在晚三叠世晚期抬升成陆，也标志着晚三叠世埋藏的停止。埋藏停止后，那底岗日组火山岩角度不整合覆盖在古风化壳之上。那底岗日组火山岩岩性以中酸性岩为主，夹有少量基性岩，可能为裂谷盆地开始的标志（Fu et al.，2010；Wang et al.，2022）；也可能像北羌塘拗陷发现的其他双峰式火山岩（Zhang et al.，2011）一样，那底岗日组火山岩是晚三叠世向北俯冲的南羌塘大洋岩石圈发生断裂的结果（翟庆国和李才，2007；Zhai et al.，2013）。自古风化壳出现之后，北羌塘盆地就一直维持剥蚀区的状态，在构造沉降曲线上表现为长时间的不整合（图 4.7）。

2. 中侏罗世—早白垩世埋藏过程

中侏罗世—早白垩世为羌塘盆地演化的主要阶段。自早侏罗世起，羌塘盆地整体已经完全拼合到了欧亚大陆南缘（Dewey et al.，1988；Pearce and Houjun，1988）。羌塘地体和欧亚大陆之间的碰撞挤压导致了造山楔的生长，现今保存为可可西里–金沙江缝合带。侏罗纪时期，班公湖–怒江大洋岩石圈的俯冲可能导致松潘–甘孜地体的俯冲（图 4.9b），由于松潘–甘孜地体已经被证明是一个刚性板块，至少其内部是刚性的（Tian et al.，2014），通过压力应力场的传导机制（Replumaz et al.，2016）可能会导致刚性松潘–甘孜地体的俯冲。这一过程使得早侏罗世已经成为剥蚀区的北羌塘拗陷再

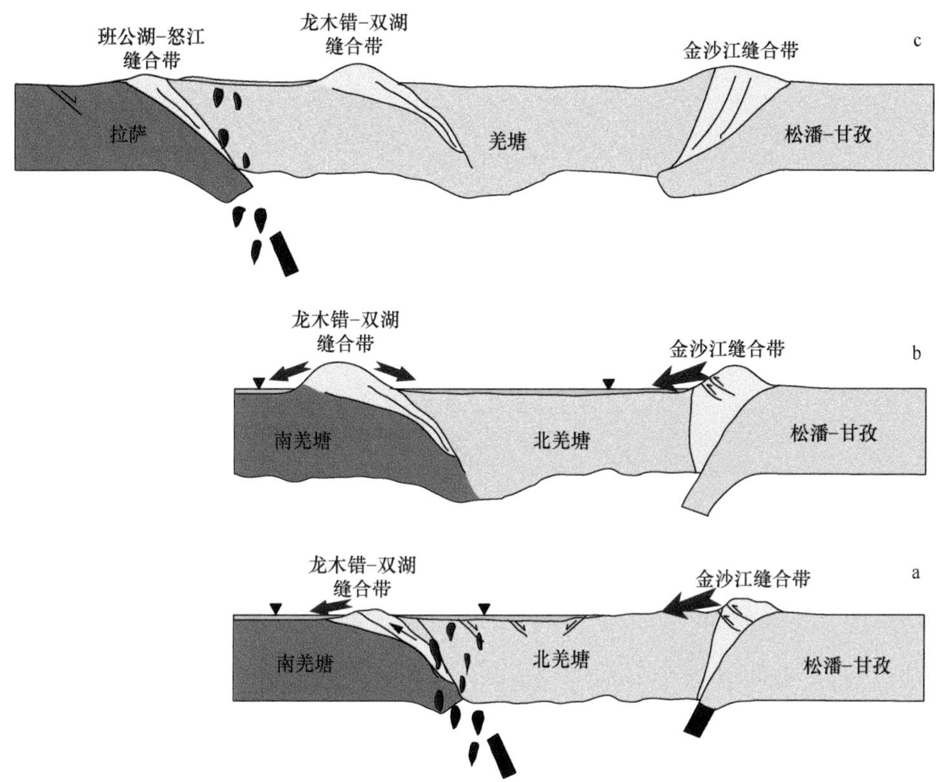

图 4.9　中生代羌塘盆地及其邻区地体演化模式图（图中每个地体并不是按比例绘制）

a. 晚三叠世—早侏罗世；b. 中侏罗世—早白垩世；c. 白垩纪

次沉降到海平面以下，并为侏罗系巨厚沉积物提供了可容纳空间。为了更清楚地理解中侏罗世—早白垩世沉降历史，将 175~120 Ma 的构造沉降曲线进行了放大（图 4.7）。北羌塘拗陷沉降过程开始于 175 Ma 左右，沉降曲线特征为“上凹”或接近直线（独雪山和双泉湖）。除了独雪山和双泉湖，这一时期沉降曲线的末段均表现为随时间沉降速率降低（图 4.7）。这两处近似直线的沉降曲线特征可能是由于独雪山和双泉湖十分靠近中央隆起带，有大量的沉积物从中央隆起带剥露到盆地中（图 4.8）。其他所有沉降曲线特征与伸展背景下的热沉降曲线（Steckler and Watts，1978；Christie-Blick and Biddle，1985），或者后缘前陆盆地的沉降特征一致（Naylor and Sinclair，2008；Sinclair and Naylor，2012）。然而，如此高的沉降速率需要 β 值大于 2（假定岩石圈是均一的，地壳厚度为 33 km），如此高的 β 值应该已经产生了洋壳。

因此，结合沉降曲线特征和前人对中生代北羌塘拗陷物源、古水流和变形时限的研究，此时期的北羌塘拗陷应该为与北部金沙江造山带（Leeder et al.，1988）相对应的后缘前陆盆地。这一结论被许多地质证据支持。

第一，李勇等（2001）根据古水流、砂岩岩屑组分分析和物源分析，重建了羌塘盆地侏罗纪古地貌和古地理特征（图 4.8）。雀莫错组底部的磨拉石沉积（图 4.2）代表了盆地沉降的开始，地球化学和沉积学证据表明，磨拉石之上的砂岩可能形成于碰撞背景下（Wang et al.，2018；Zhang et al.，2021a）。砂岩骨架颗粒分析结果显示，北羌塘拗陷的沉积物主要来自再旋回造山带（李勇等，2001）。结合古水流，北羌塘拗陷的主要物源之一为北部的褶皱冲断带，而另有一部分碎屑物质来自盆地内构造高点，即中央隆起带的剥露（图 4.8）。粗碎屑沉积物主要分布于羌塘盆地的边缘，表明构造负载是盆地沉降的主要动力（李勇等，2001）。

第二，羌塘盆地的沉积物厚度呈现出北厚（6~8 km）南薄（4~5 km）的特征，使得羌塘盆地在横剖面上呈现楔形，这是典型的前陆盆地形态特征（Miall，1995；DeCelles and Giles，1996；Allen and Allen，2005）。

第三，侏罗纪沉积物平均堆积速率约为 0.2 km/Ma，最大甚至超过 0.45 km/Ma。这一速率与羌资 -1 井中布曲组灰岩的堆积速率（0.15~0.395 km/Ma，最佳拟合值 0.268 km/Ma）（Cheng et al.，2017）一致。沉积物长时间的高堆积速率通常与前陆盆地（Schwab，2009）或后陆盆地（Horton，2018）有关。而且，到目前为止，没有中侏罗世—早白垩世的伸展构造，如同沉积的正断层等被报道。目前所有高原中部的正断层时代都被限定为新生代（Blisniuk et al.，2001；Wang et al.，2010；Ou et al.，2017）。除此之外，没有发现中晚侏罗世的火山岩，尤其是基性火山岩。沉降末期的速率减慢可能与 163~160 Ma 左右班公湖 – 怒江洋的初始俯冲有关（Li et al.，2014；Li et al.，2017b）。最终在 148 Ma 左右，整个羌塘盆地的沉降埋藏都已终止，均衡反弹量为 80~200 m（图 4.7）。

4.1.2 南羌塘拗陷

中生代南羌塘拗陷的埋藏史可以划分为三个主要阶段。第一阶段为晚三叠世—早侏罗世，第二阶段为中侏罗世—晚侏罗世，第三阶段为晚白垩世。

1. 晚三叠世—早侏罗世埋藏过程

尽管南羌塘拗陷沉降曲线也有相对较大的误差，但毕洛错地区沉降曲线形态特征指示了典型的前缘前陆盆地（pro-foreland basin）（图 4.6）（Kneller，1991；Miall，1995；DeCelles and Giles，1996；Naylor and Sinclair，2008），即沉降速率随时间加快。该前缘前陆盆地的可能成因为在南、北羌塘碰撞过程中（李才等，1995；Zhao et al.，2014；Yan et al.，2016；Liang et al.，2017），其发育于中央隆起造山带的俯冲板片之上（图 4.9a）。毕洛错地区埋藏沉降曲线的“下凹”形态表明局部南羌塘岩石圈的俯冲和中央隆起造山带的增生是盆地演化的主要动力来源，其形成机制与世界上其他前缘前陆盆地类似，如北阿尔卑斯前陆盆地（Homewood et al.，1986）和埃布罗河盆地（Vergés et al.，1998）。最新的地质年代学研究表明，中央隆起带内的变质作用发生在 243~233 Ma（Pullen et al.，2008；Dan et al.，2018），这样使得南、北羌塘的碰撞以及中央隆起剥露作用的时间限定在 220~202 Ma（Kapp et al.，2003b；Dan et al.，2018）。这一时间与毕洛错地区沉降开始的时间一致（图 4.6）。然而，南羌塘拗陷东部达卓玛地区显示了与毕洛错地区完全不同的沉降特征，反而与北羌塘盆地沉降曲线特征相似（图 4.6）。这表明晚三叠世—早侏罗世南羌塘拗陷演化存在较大的东西差异，西部（毕洛错地区）盆地沉降受局部南羌塘俯冲控制，自晚三叠世以来持续加速沉降，未出现沉降的间歇；而东部（达卓玛地区）盆地沉降更多受区域因素控制，可可西里 – 金沙江缝合带的构造侵位和增生是其沉降的主要动力，在南羌塘东部地区没有发生岩石圈的俯冲，因此也没有物质增生到缝合带内。这种东西差异可能是由于南羌塘大陆边缘的不规则形状导致的（Zhang and Tang，2009），使得龙木错 – 双湖古特提斯洋的闭合具有穿时性，西部的闭合较早发生（Zhang and Tang，2009；Lu et al.，2017）。这种差异也间接促成了中央隆起带东西部现今的地貌差异。

2. 中侏罗世—晚侏罗世埋藏过程

进入中侏罗世，南羌塘拗陷东西部埋藏史大致相似，差别在于埋深速率不同。毕洛错地区埋深速率发生了由慢变快再变慢的变化，而东部达卓玛地区埋深速率相对稳定（图 4.6）。

3. 晚白垩世埋藏过程

北羌塘拗陷继承了侏罗纪末期的剥蚀区特征（图 4.9c）。北羌塘拗陷并未发现白垩纪沉积物，很有可能在晚白垩世北羌塘地壳持续增厚。而南羌塘拗陷在晚白垩世由于阿布山组沉积出现了再次沉降（图 4.6）。上白垩统阿布山组是拉萨和羌塘碰撞的响应（图 4.9c）（Yin and Harrison，2000；Kapp et al.，2007；Zhu et al.，2013，2016）。由此推测，两地体之间的碰撞在晚白垩世之前就已经结束。之后，南羌塘也开始发生地壳增厚和抬升。

4.1.3　南北拗陷埋藏史对比

北羌塘拗陷与南羌塘拗陷沉降埋藏史的区别主要存在于两个时期，一是晚三叠世—早侏罗世，二是白垩纪。晚三叠世那底岗日组沉积时期，羌塘地区地壳逐步拉伸减薄，北羌塘拗陷经历了晚三叠世早期的隆升剥蚀后发生了强烈的裂陷作用，并再次开始接受沉积，伴生广泛的火山活动；而南羌塘拗陷则继承了晚三叠世早期的面貌，进一步沉降埋藏，继承了前陆盆地沉积特征，海水仅沿双湖一带的狭窄通道向北浸漫。北羌塘拗陷早侏罗世演化初期（雀莫错组沉积期）以冲洪积相磨拉石建造为特征。相对于晚三叠世时期，北羌塘拗陷可能已经由伸展构造转变为挤压构造，持续快速沉降埋藏，陆源剥蚀区极大地缩小，盆地范围则明显扩大，海水频繁地越过中央隆起带向北浸漫，使盆地内沉积物具有明显的海相沉积特征，但总体上以地表径流和淡水作用为主，陆源沉积物供给主要来自盆地内中央隆起带和北部增生造山带。而南羌塘拗陷在早侏罗世则继承了前陆盆地埋藏沉降特征，表现为持续的海相沉积，泥页岩十分发育。中侏罗世巴通期（布曲组沉积期），南、北羌塘拗陷差异升降作用明显减弱，整个羌塘盆地都发生了整体性的大规模下沉，羌塘地区发生了一次侏罗纪以来最大规模的海侵，前期的大部分物源区被海水淹没，陆源碎屑供应量急剧减少，盆地内沉积了大套碳酸盐岩地层。晚侏罗世—早白垩世，由于班公湖－怒江洋的关闭，整个羌塘发生了整体抬升，绝大部分区域海水退去，成为陆源剥蚀区，北羌塘拗陷在这一时期作为后陆盆地继续进行了沉降和埋藏，形成了盆地内最高海相层白龙冰河组和雪山组；南羌塘拗陷埋藏过程完全停止，沉积间断。到了晚白垩世，北羌塘拗陷与南羌塘拗陷沉降埋藏又出现了显著差异。该时期，由于拉萨地体与羌塘地体的碰撞，在南羌塘拗陷形成了拉伸环境，沉积物快速剥露，形成了陆相阿布山组沉积，而北羌塘拗陷在晚白垩世大部分地区处于稳定状态，几乎不见同时代的沉积地层，北羌塘拗陷在该时期发生沉积间断。

北羌塘拗陷东西部沉降埋藏史也存在一定差异，西部最大埋深可达 7~8 km，其差异在于北羌塘拗陷东部新发现了上白垩统阿布山组沉积，阿布山组在南羌塘分布十分广泛，但在北羌塘盆地鲜有发现。这一发现表明，在晚白垩世，北羌塘拗陷东西部沉积埋藏条件存在一定差别，盆地东部地壳较西部厚，可能早于西部隆起抬升，在晚白垩世，北羌塘拗陷东部已经处于较高的海拔高度。东部阿布山组沉积物很有可能为拉萨－羌塘碰撞在北羌塘的响应，类似于印度－欧亚大陆碰撞形成的藏南新生代磨拉石沉积。此外，北羌塘拗陷中东部地区新生代火山活动强烈，沉积形成了西部地区不发育的鱼鳞山组，埋藏史曲线也更复杂，可能受局部岩浆活动的影响。

综上所述，晚三叠世—早侏罗世，北羌塘拗陷的演化受羌塘与巴颜喀拉－松潘－甘孜地体碰撞的影响，其沉降动力为金沙江造山楔的增生和构造侵位（图 4.9a）；南羌塘拗陷主要受南、北羌塘碰撞的影响，其沉降动力为中央隆起带的增生和南羌塘岩石圈的向北俯冲，该俯冲过程中洋壳的断离导致了北羌塘的岩浆作用（图 4.9a）。进入中侏罗世，南、北羌塘已经成为统一的盆地，盆地沉降动力为金沙江缝合带的增生（图 4.9b）。到了白垩纪，拉萨－羌塘的碰撞导致羌塘盆地沉降终止，羌塘盆地开始出现地壳加厚和快速剥露，南羌塘盆地形成了大量陆相沉积物（图 4.9c）。整个羌塘盆地东西向、南北向埋藏史都存在一定差异。造成这种差异的原因可能为盆地埋藏、抬升的不均一性和穿时性，以及地层划分的不准确性。近年来根据火山岩夹层定年的结果（Li et al.，2015d），之前普遍认为的新生代康托组已被重新标识为晚白垩世阿布山组。地层的重新厘定及时代的精确限定能够对后续羌塘盆地的埋藏史研究提供新的制约。

4.2 热演化史恢复

热史模型的功能是重建含油气盆地的热流史和地温史，在盆地模拟系统中，热流史和地温史的作用在于为以后的生烃史、排烃史和运移聚集史的模拟提供温度场。热流史和地温史本身具有重大地质意义，地热在沉积物的成岩、演化过程中起着重要的作用，各种岩石化学变化和矿物转化都以环境的温度为重要条件；在油气的生成过程中，地热的作用是决定性的因素；不仅如此，对于油气的保存和破坏，地热也是有普遍意义的控制条件。因此，为了查明以油气藏形成为中心的石油地质过程，必须在埋藏史的基础上对沉积层的热史进行恢复。

沉积盆地的热演化史主要保存在沉积地层中。当富有机质的沉积物（成岩作用后为烃源岩）沉积后，由于构造沉降和上覆沉积物加载，埋藏深度增加，温度随之增加，沉积物逐渐转化为干酪根；干酪根继续演变，由固体分解为沥青和石油；如果温度进一步增加，则形成了天然气（Tissot et al.，1974），该埋藏加热形成油气的主要驱动力是温度，其中生油的温度窗口为 60~120℃（Nadeau，2011）（图 4.10）。然而，由于构造隆升会使得沉积盆地部分地层遭受剥蚀，下伏烃源岩层冷却，正在进行的生烃过程可能会被迫停止（任战利等，2008；Henriksen et al.，2011）。因此，重建沉积盆地完整的热演化历史，获得沉积地层加热和冷却的时限与幅度，建立盆地多阶段沉降与隆升过程中烃源岩热演化模式，对于认识烃源岩的成熟度、生排烃史、油气运移规律与评估盆地中被剥露部分的规模及其对油气的影响等方面都至关重要（任战利等，2008；邱楠生等，2020）。

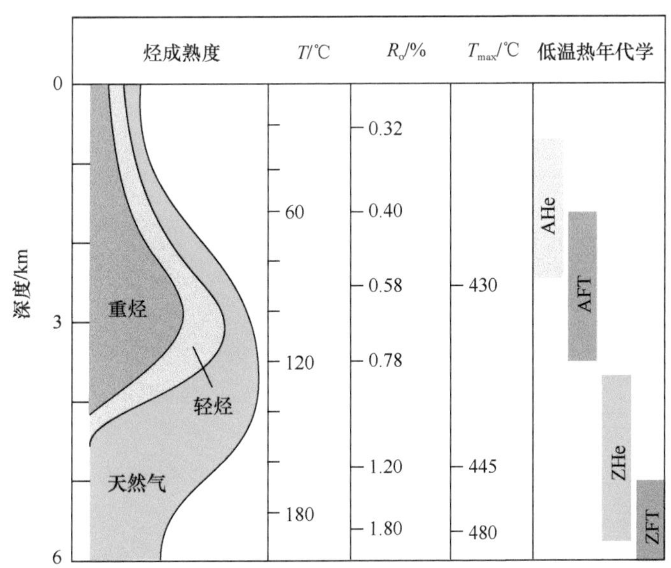

图 4.10　生油温度窗口及常用的古地温指标（Schneider and Issler，2019）

AHe：磷灰石（U-Th）/He；AFT：磷灰石裂变径迹；ZHe：锆石（U-Th）/He；ZFT：锆石裂变径迹

沉积盆地热演化史研究包括沉积盆地现今地温场及古地温场研究两部分，现今地温场研究是古地温场研究的基础（任战利，1999）。重建沉积盆地的温度历史对于认识盆地的演化历史、了解盆地演化过程中的各种复杂的地质作用及其相互关系，具有重要意义（王成善和李祥辉，2003）。研究热演化史的方法可以分为正演法和反演法两类，也有人称为地球动力学模型法和古温标法。正演法，即地球动力学模型法，是通过对盆地形成和发展过程中岩石圈构造及相应热效应的模拟（盆地定量模拟），获得岩石圈热演化史（任战利，1999），主要是根据沉积盆地形成的地球动力学机制的差异，提出不同盆地的数字模型，通过对盆地实际沉降量的拟合，获得盆地热流数据，进行热演化史重建（王成善和李祥辉，2003）。反演法，即古温标法是指利用盆地沉积物中的有机质、矿物、流体包裹体等成分记录的古温度信息反演古地温历史（王成善和李祥辉，2003），常用的古温标法有镜质组反射率（R_o）法、磷灰石裂变径迹法、流体包裹体法以及新近发展的（U-Th）/He 法。这类古温标指示低温和中低温，与盆地和生油层在地质演化过程中的经历的温度相似（王成善和李祥辉，2003）。但是，应当注意的是，古温标是热史恢复的必要非充分条件，拥有古温标并不意味着就能进行热史恢复，还必须考虑盆地的地热、地质条件（胡圣标等，2008）。

镜质组反射率法在恢复沉积盆地热演化历史方面，特别是对于羌塘盆地勘探新区而言尤为重要。R_o 能够有效地记录沉积地层经历的最高古地温，不因后期隆升剥露导致地层冷却而降低。因此，R_o 能够用来评估沉积岩中的有机质成熟度、确定最高古温度（Tissot and Welte，1978）和恢复构造隆升导致的地层剥露厚度。利用镜质组反射率法进行盆地热史的研究通常采用 EASY% R_o 模型。用 EASY% R_o 模型正演古地温史的步骤如下：①重建地层埋藏史；②给定地温史（如地热梯度史或热流史），结合埋藏史算出各地层的古地温场；③利用 EASY% R_o 模型计算各生油层的 R_o 史（理论 R_o 史）；④用实测地层的现今 R_o 和理论 R_o 对比，如果拟合得好，则认为给定的地温史就是地层实际经历的地温史，如果拟合得不好，则重复步骤②③直到拟合较好为止（石广仁，2000）。

磷灰石裂变径迹（apatite fission track，AFT）为估计低温热历史提供了独特的方法，在过去的三十多年里，已经被广泛应用于火成岩、变质岩和沉积岩的低温热历史重建，应用的地质背景包括造山带、裂谷边缘、断层、沉积盆地、克拉通和矿床（Donelick et al.，2005）。有关裂变径迹的应用，最近已经有许多综合的文献，如 Armstrong（2005）、Reiners 和 Brandon（2006）与 Reiners（2007）等，此处仅简要叙述 AFT 热史模拟的基本原理。Gleadow 等（1983）和 Green 等（1986）指出，磷灰石裂变径迹能够提供 20~125℃温度范围内的古地温信息。通常，裂变径迹长度、径迹长度频率分布、年龄衰减、单颗粒年龄频率分布及表观年龄随深度变化这五个参数对温度信息敏感，被用来表征与温度和时间的关系。根据 AFT 模拟热史是依据磷灰石的热退火行为来进行的，即随着温度增加，磷灰石开始经历未退火带－部分退火带－完全退火带变化，这个过程中径迹长度逐渐减小，表观年龄逐渐变小，到最大古地温时发生完全退火，径迹消失，表观年龄为零。当地层抬升开始冷却时，新的径迹开始生成，同位素时钟亦开始记录。AFT 年龄是事件结果的记录，而径迹长度则提供了事件过程的记录。因此，通过径迹长度分布并结合表观年龄可以获得不同热历史之间的盆地发展演化过程（Armstrong，2005）。AFT 法可以通过退火过程来确定最大古地温，还可以确定从最大古地温状况下冷却的时间以及地层达到最大古地温时的古地温梯度（任战利，1999）。利用 AFT 数据模拟热历史的过程包含了通过不同的热历史方法模拟 AFT 参数，以便确定最大古地温的范围和冷却时间。这个过程需要对退火作用动力学的详细了解以及磷灰石的组分，如 Cl 含量和退火动力学参数 D_{par}（代表与磷灰石 C 轴平行，和抛光面相交的裂变径迹蚀刻的最大直径）的测定。根据不同的退火作用，前人建立了不同的退火模型，如 Laslett 等（1987）建立的扇形模型、Carlson 等（1999）和 Donelick

等（1999）建立的统计模型等。Ketcham 等（1999）通过改进的简化统计模型，建立了一个新的多元动力学模型，该模型包含了所有研究的磷灰石退火行为。根据该模型，Ketcham（2005）编写了相关应用软件 HeFTy，在国际上得到了广泛使用。

由于地球浅部温度和深度之间的关系，在排除其他热来源的情况下，盆地热历史记录其上覆岩石被剥露的时间和速率（Reiners and Brandon，2006a，2006b）。由构造隆升导致的剥露将改变盆地地层的热状态和构造样式，从而对油气生成、迁移和圈闭等方面都产生重要影响（图 4.11）。例如，对欧洲大陆边缘的巴伦支海盆地的详细研究发现，来自隆升区烃源岩 R_o 为 0.7%，说明在最大埋藏深度已经生烃，但由于隆升剥露导致了所处温度降低而使得生烃停止。不仅如此，隆升剥露还将导致气体膨胀，从而增加了油气泄露的风险，使得油气发生横向迁移（Henriksen et al.，2011）（图 4.11）。因此，盆地沉降埋藏加热与隆升剥露冷却都被盆地热演化历史记载，而获取沉积盆地完整热演化历史是阐明构造沉降和隆升剥露与油气形成和迁移的关键。

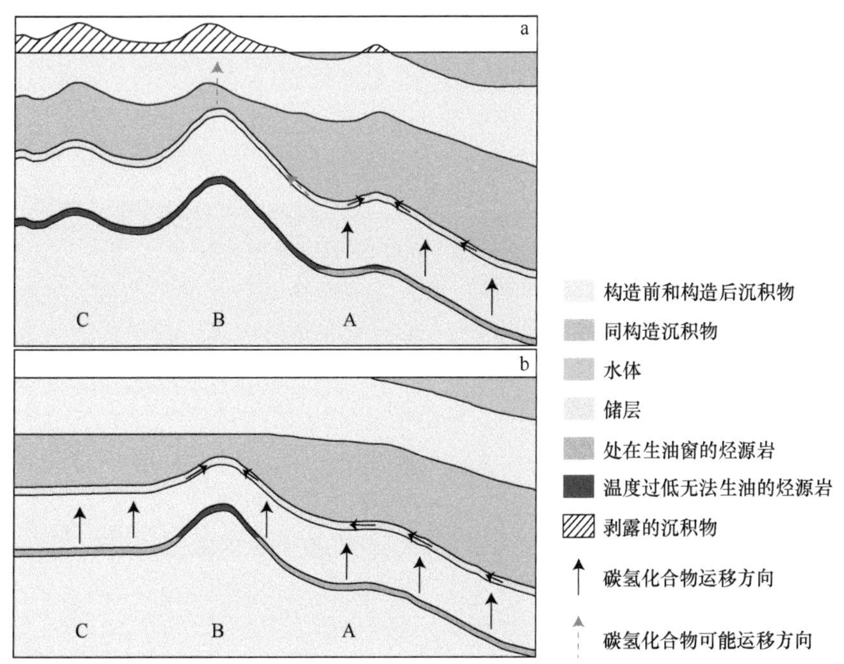

图 4.11　某一地区两次挤压和剥露事件对不同区域油气形成及迁移过程的影响示意图（Henriksen et al.，2011）

a. 现今；b. 挤压隆升剥露前。位置 A：在第二次挤压事件之前尚未形成圈闭，成为碳氢化合物路过区域，但因为处于烃源岩成熟区，有利于构造和剥露后的迁移；位置 B：先存圈闭区，有利于第二次构造运动前碳氢化合物的迁移。由于后期构造运动，圈闭的油气存在全部泄漏的风险。在隆升和剥露之后，从烃源岩成熟区的迁移量减少；位置 C：在第二次挤压事件之前还没有形成圈闭，成为碳氢化合物路过区域。由于隆升剥露导致了烃源岩所处的温度降低，不利于构造和剥露后的迁移

随着油气钻探工作的进行，对羌塘盆地的古地温梯度逐渐有了较为清晰的认识。赵政璋等（2001c）认为羌塘盆地的古地温梯度较低，为 17.2~20℃ /km。王剑等（2004）

在多年油气资源调查工作的基础上提出，古地温梯度可能为26.7℃/km。王立成（2011）基于羌塘盆地四口浅钻和两个实测剖面的 R_o 数据，结合重建的地层埋藏史，采用 EASY% R_o 模型开展了正演模拟。结果表明，北羌塘拗陷索瓦组在 ~100 Ma 古地温达到最大，约为 180℃；而南羌塘拗陷布曲组、夏里组、索瓦组在 125~100 Ma 古地温达到最大，约为 160℃。然而由于当时羌塘盆地只有浅钻，钻遇地层只涉及单个地层单元，因而模拟出的热历史都只是提供了单个地层单元的古地温变化。He 等（2014）通过对羌塘盆地多个钻井分析认为南、北羌塘古地温梯度存在较大差异，南羌塘古地温梯度为 32.0~32.7℃/km，而北羌塘古地温梯度极高，为 81.8~84.3℃/km，其提出羌塘盆地的古地温梯度并不稳定，而且自早侏罗世以来逐渐降低，北羌塘拗陷的高古地温梯度值与热液对流有关。基于这些对羌塘盆地古地温场的认识，本书对羌塘盆地部分地区的热演化史做了简单论述。

4.2.1 北羌塘拗陷热史模拟

在北羌塘拗陷地表剖面未获得较好的 R_o 与深度对应关系，现阶段热史模拟仅呈现较粗略结果，并不是准确的热演化史分析。从模拟结果可以看出，那底岗日地区在早白垩世达到最大古地温，三叠系最大古地温超过 160℃，雀莫错组最大古地温超过 120℃，布曲组最大古地温接近 120℃，夏里组最大古地温超过 100℃，索瓦组最大古地温为 70℃左右，雪山组最大古地温超过 60℃（图 4.12）。新生代的再次埋藏对各地层的最大古地温影响较小，仅略有增高。康托组和唢呐湖组的最大古地温在 40℃左右。

托纳木地区最大古地温高于北羌塘西部的那底岗日地区，新生代构造抬升之前，在晚白垩世，夏里组达到最大古地温超过 200℃，索瓦组最大古地温大于 180℃，白龙冰河组最大古地温大于 160℃，雪山组最大古地温约为 140℃（图 4.13）。新生代的沉积物覆盖和火山作用对上述地层的最大古地温影响不大。该区古地温高于北羌塘西部，更有利于油气生成。

磷灰石裂变径迹的退火行为是一个与时间和温度有关的复杂过程，目前已经建立了许多模型来描述其退火行为，并结合计算机技术，不少研究者设计出了将 AFT 等热年代学方法应用于不同地质背景的软件（Ehlers et al.，2005）。为了更清楚地认识盆地的热演化历史，本书利用 Ketcham（2005）的多元动力学退火模型，应用蒙特卡罗模拟，基于 HeFTy 软件对获得的磷灰石裂变径迹年龄和长度进行了反演模拟。模拟时要求对于进行模拟的样品其封闭径迹要达到一定的数量（一般 100 条）；反演模拟时选择 Ketcham 等（1999）的多元动力学退火模型，以 D_{par} 作为动力学变量，年龄选用池年龄；采用蒙特卡罗模拟法，对每件样品的每一次模拟均进行 10000 次计算，每件样品进行不止一次的模拟；将模拟所得到的池年龄和径迹长度与实测的结果对比，当年龄和径迹长度均大于 0.5 时，认为模拟的数据是好的，当其仅大于 0.05 时，认为是可以接受的。另外，反演模拟时最重要的就是根据样品所处的地质背景确定模拟的初始条件。设定模拟的时间从晚三叠世盆地开始演化的 200 Ma 到现今，模拟温度从羌塘盆地

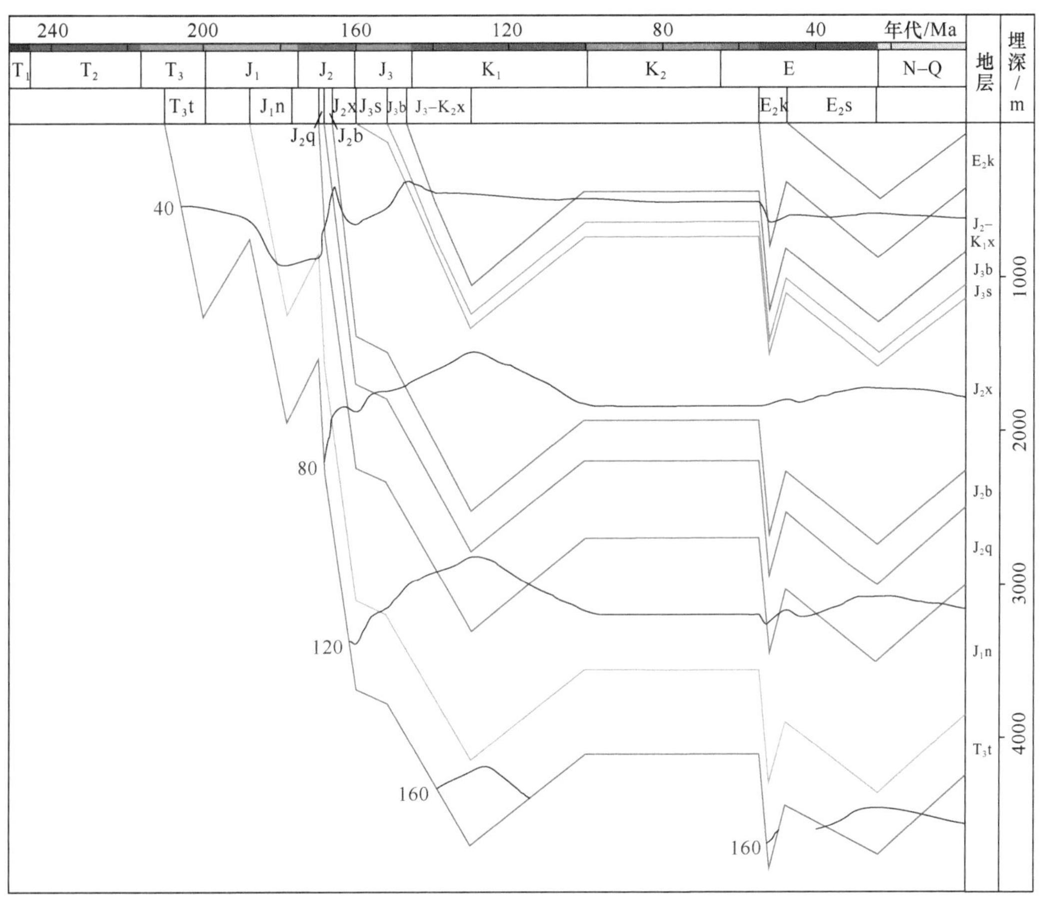

图 4.12　北羌塘拗陷西部那底岗日热史模拟结果（单位：℃）

现今地表温度 20℃，到底界温度 140℃左右。选择的制约条件是早—晚白垩世之间的抬升时间 125~75 Ma 以及晚三叠世 210 Ma 左右火山岩年龄，设定盆地的地温梯度一般为 25℃ /km。

选取的样品为中央隆起带北侧中侏罗统雀莫错组和夏里组样品。从模拟结果（图 4.14）可以看出，该样品热历史与地表剖面模拟结果基本一致，最大埋深为 ~4000 m，与那底岗日（图 4.12）雀莫错组埋深相当。由于该样品相对于那底岗日更靠近东部，符合北羌塘盆地东部厚、西部薄的特征。雀莫错组和夏里组在晚侏罗世—早白垩世达到最大埋深，最大古地温达到 160~200℃，此后发生剥蚀隆升，120~105 Ma 时该样品处于稳定地表环境，沉积间断，在印度 – 欧亚大陆碰撞后的构造活动中，在 ~48 Ma 发生快速沉降，沉积了广泛分布的康托组和唢呐湖组，19~17 Ma 左右快速剥露到地表。

4.2.2　南羌塘拗陷热史模拟

南羌塘拗陷已有多口浅钻数据，根据羌塘盆地的沉积埋藏演化历史，本书将古地

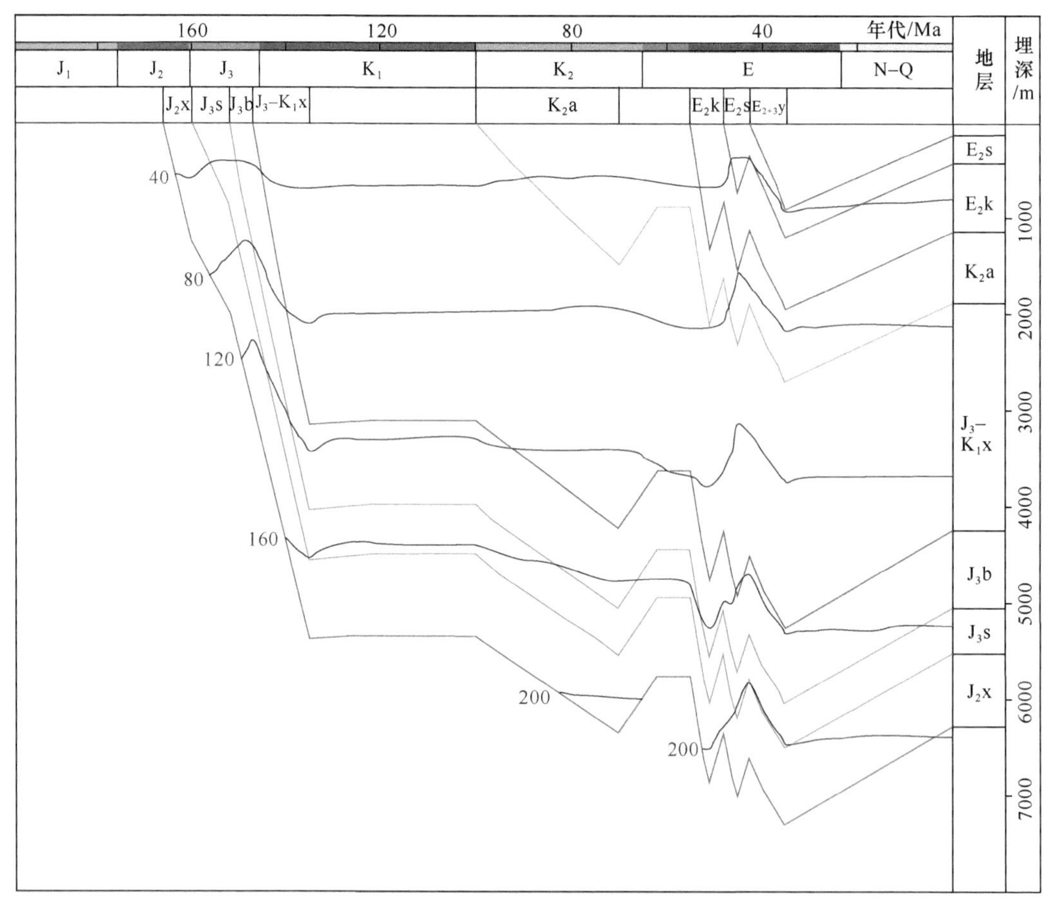

图 4.13　北羌塘拗陷中部托纳木热史模拟结果（单位：℃）

温梯度演化作为重要的约束条件，采用 BasinMod-1D 盆地模拟软件，对羌 D1 井进行了模拟，通过 BasinMod 计算的理论 R_o 值与实测的 R_o 拟合较好，表明模拟结果可信（王立成，2011）。羌 D1 井夏里组在早白垩世末期 125 Ma 左右达到最大古地温 160℃，之后在白垩纪构造事件中抬升，阿布山组沉积之后古地温在 65 Ma 左右达到最大 120℃，便又开始第二次抬升过程，温度在不到 10 Ma 时间内迅速降到地表温度，显示了一期快速冷却事件（王立成，2011）。

南羌塘拗陷西部毕洛错地区热史模拟结果（图 4.15）显示，在白垩纪构造抬升之前，各地层在晚侏罗世约 150 Ma 左右达到最大古地温，三叠系最大古地温超过 280℃，布曲组最大古地温 160℃，夏里组最大古地温 120℃。在构造抬升事件之后，阿布山组在 65 Ma 左右达到最大古地温 70℃，之后开始第二次抬升过程，在 30 Ma 时间内温度快速降低，显示了一期较快速的冷却事件。新生代又经历了 10 Ma 时间内的快速埋藏，最大古地温达到 70℃；之后 20 Ma 时间内，又经历抬升 – 埋藏 – 抬升的反复过程，表明了新生代末期的快速构造演化历史。

南羌塘拗陷东部地区目前获得的镜质组反射率仅限于中石油新区勘探事业部在吉

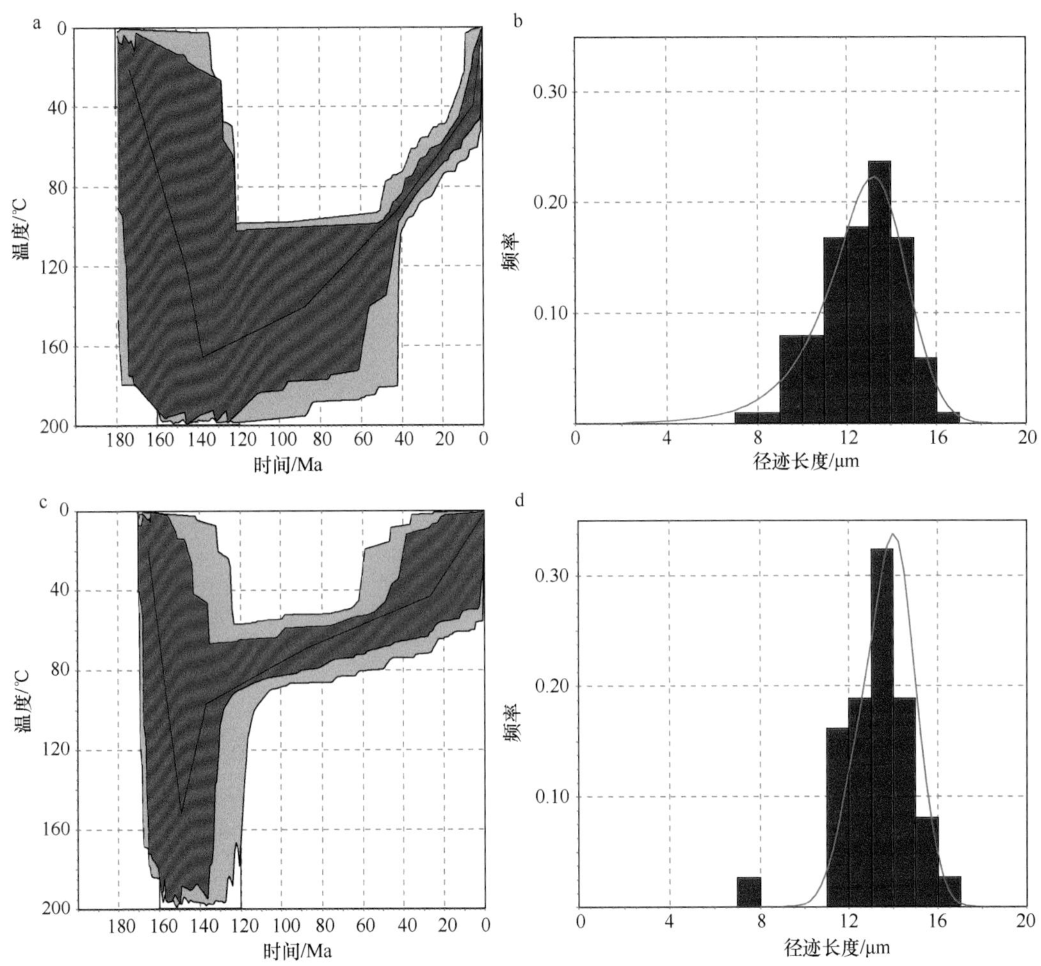

图 4.14　北羌塘坳陷基于低温热年代学热历史模拟结果

a. 北羌塘坳陷雀莫错组热历史；b. 北羌塘坳陷雀莫错组径迹长度分布；c. 北羌塘坳陷夏里组热历史；d. 北羌塘坳陷夏里组径迹长度分布；左列绿色阴影拟合度大于 0.05；紫色阴影拟合度大于 0.5；实线为平均热历史曲线

开结成玛幅和查日萨太尔幅获得的 R_o 数据。其 R_o 数据集中于侏罗系布曲组和夏里组，没有深度与之对应，故无法进行 EASY% R_o 模型模拟。东部马登地区热史模拟结果（图 4.16）显示，三叠系阿堵拉组在早侏罗世约 200 Ma 达到最大古地温 180℃，之后经历了一次大规模的抬升过程。侏罗系布曲组在 170 Ma 左右达到最大古地温约 70℃，夏里组最大古地温达到 60℃。在经历了中侏罗世的抬升之后，白垩系阿布山组在 35 Ma 左右达到最大古地温 60℃。此后，该地区在 35 Ma 时间内快速抬升达到地表温度。与南羌塘坳陷西部地区相比，东部地区埋深更大，但最大古地温却较低，可能是由于古地温梯度不同导致，说明东部地区古地温梯度明显低于西部地区，即南羌塘坳陷西部古地温梯度较高，更有利于油气生成。

与羌 D1 井的模拟结果相比，地表剖面模拟结果埋藏深度浅 1 km 左右，最大古地温因此相对较小，而构造事件发生的时间基本相同。本次模拟较羌 D1 井模拟结果，在

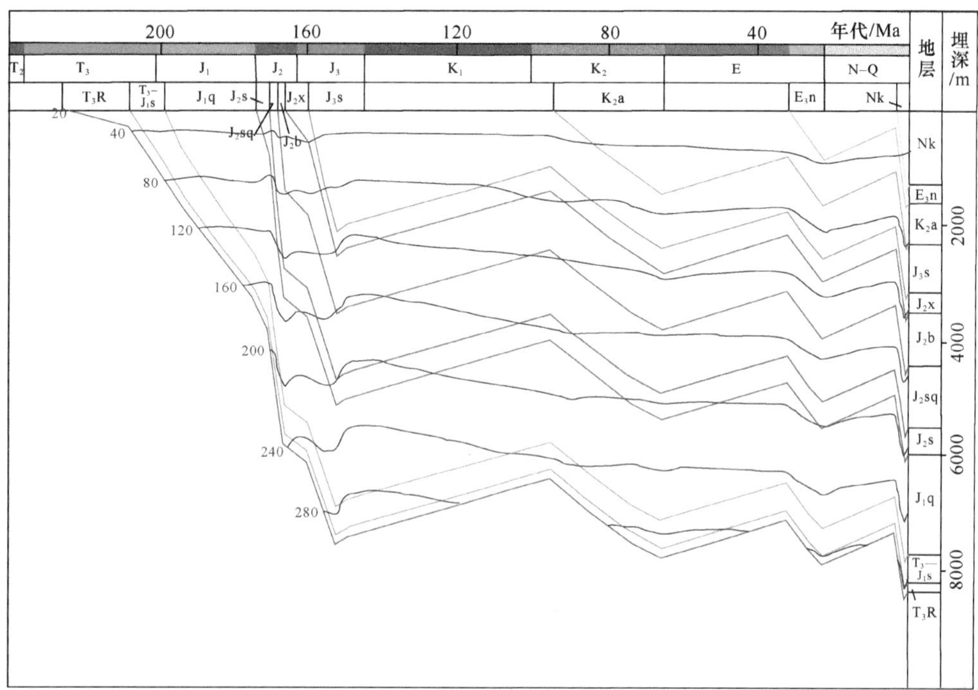

图 4.15　南羌塘拗陷西部毕洛错地区热史模拟结果（单位：℃）

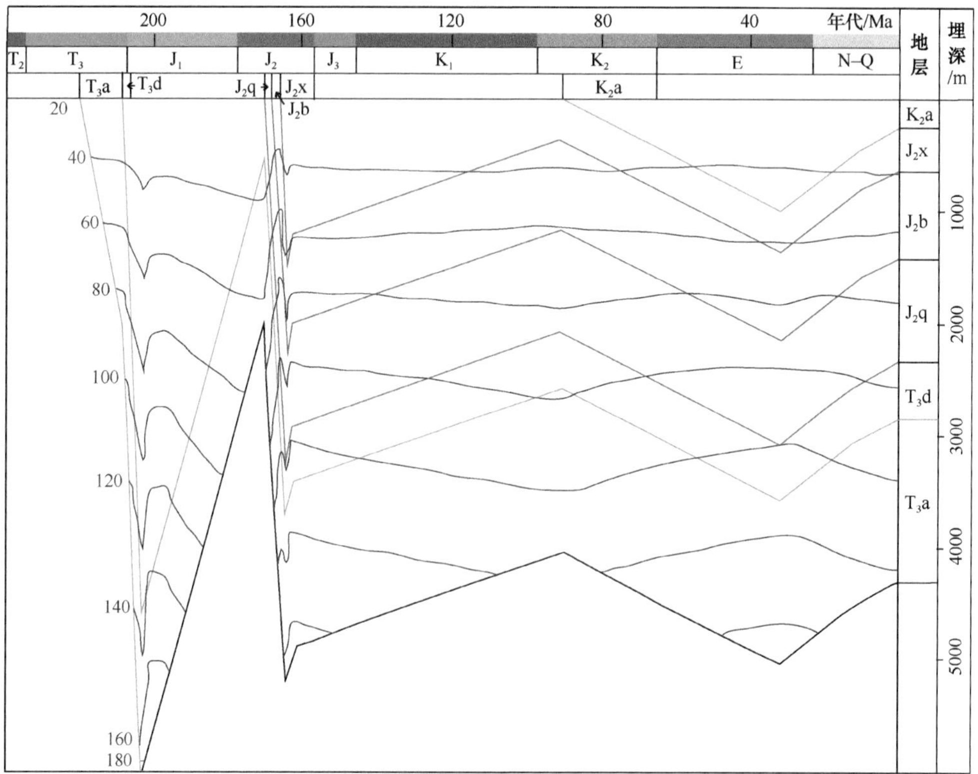

图 4.16　南羌塘拗陷东部马登地区热史模拟结果（单位：℃）

构造事件的划分上更细致，尤其是新生代以来的埋藏 – 抬升历史，这对该地区的构造演化和油气保存条件提供了新的约束。

南羌塘拗陷基于低温热年代学的热历史模拟选取的样品为马登地区上三叠统土门格拉组和中侏罗统布曲组砂岩（图 4.17），模拟结果显示基于低温热年代学的热历史特征与基于地层的热历史特征基本一致（图 4.16）。两件样品均在晚侏罗世—早白垩世达到最大古地温，最大古地温达到 120~160℃，之后早白垩世发生隆升剥蚀，冷却速率 0.72~2℃ /Ma，古地温达到 80~100℃；晚白垩世—早新生代，样品缓慢冷却，基本维持 80~100℃古地温。土门格拉组样品在 45 Ma 再次发生快速冷却至地表温度，冷却速率 1.7℃ /Ma，可能与印度 – 欧亚大陆的初始碰撞有关；布曲组样品在 20 Ma 左右发生再次快速冷却，冷却速率 4℃ /Ma，可能与南羌塘拗陷逆冲断裂活动有关。

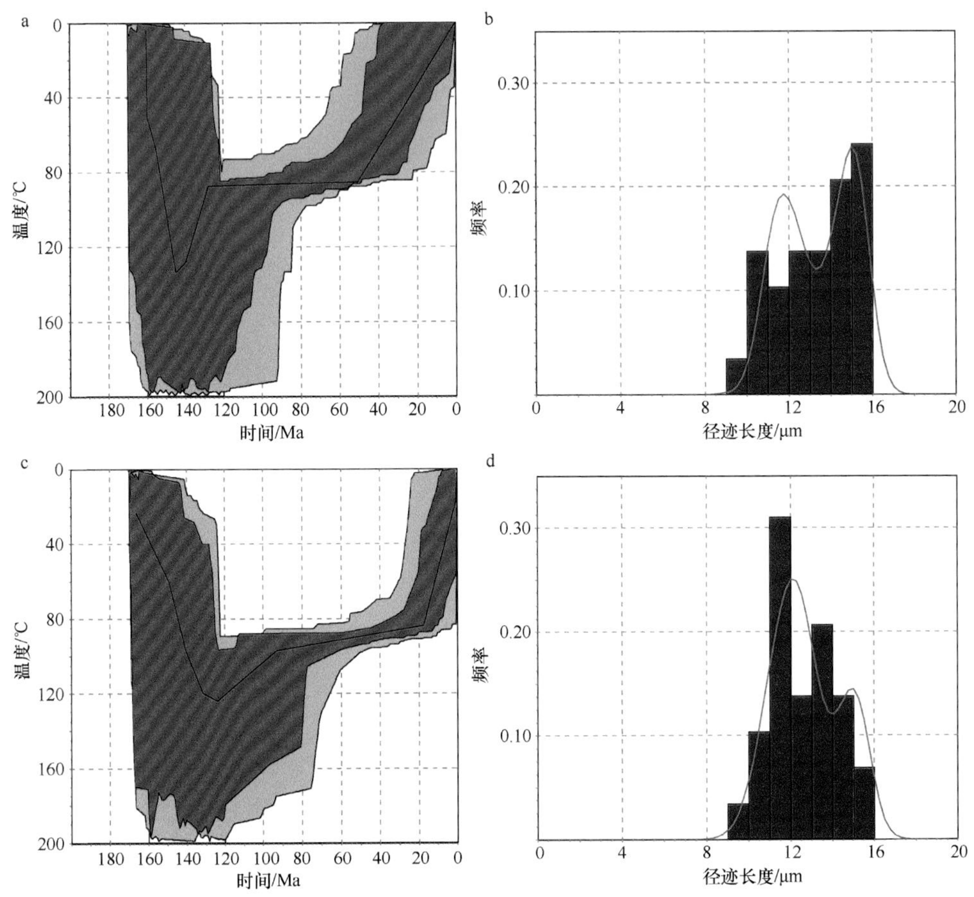

图 4.17　南羌塘拗陷基于低温热年代学热历史模拟结果

a. 南羌塘拗陷上门格拉组热历史；b. 南羌塘拗陷上门格拉组径迹长度分布；c. 南羌塘拗陷布曲组热历史；d. 南羌塘拗陷布曲组径迹长度分布；左列绿色阴影拟合度大于 0.05；紫色阴影拟合度大于 0.5；实线为平均热历史曲线

综上所述，南、北羌塘拗陷均在晚侏罗世—早白垩世第一次达到最大古地温为 160~200℃，随后于早白垩世发生冷却剥蚀，但局部地区由于陆相阿布山组沉积，古地温进一步增加。新生代，南、北羌塘拗陷基本维持了冷却剥蚀的热历史演化特征，但在断陷盆地内仍有大量河湖相沉积物堆积造成古地温增加，使得之前未达到生烃温度的地层可能进入生烃门限，有利于油气生成。

4.3 生烃史恢复

烃源岩层的生烃史恢复能够提供关于各烃源岩层的开始生烃期、最大生烃期及其生烃干涸期的重要信息，以便于寻找与生烃时期相匹配的聚油构造，这对于研究区域油气成藏有着十分重要的意义。

根据干酪根降解生油理论和模拟实验资料，烃源岩在转化为油气过程中，地温及埋藏时间是最重要的控制因素。一般认为，温度与成熟度之间为指数关系，而时间与成熟度之间为线性关系（Lopatin，1971；Waples，1980）。王剑等（2009）根据Waples（1980）提出的时间－温度指数（TTI）有机质成熟度预测方法，建立了羌塘盆地 TTI 与 R_o 的对应关系以及 TTI 与油气生成阶段关系（表 4.2、表 4.3）。理论和实践均表明，有机质的沉积时代越新经历的时间越短，那么生油门限的温度越高。

表 4.2　TTI 与 R_o 关系表

R_o/%	TTI	R_o/%	TTI	R_o/%	TTI
0.30	＜1	1.00	75	1.50	300
0.40	＜1	1.07	92	1.62	370
0.50	3	1.15	110	1.75	500
0.55	7	1.19	120	1.87	650
0.60	10	1.22	130	2.00	900
0.65	15	1.26	140	2.25	1600
0.70	20	1.30	160	2.50	2700
0.77	30	1.36	180	2.75	4000
0.85	40	1.39	200	3.00	6000
0.93	56	1.46	260	3.25	9000

表 4.3　TTI 与油气生成阶段关系表

成熟阶段	油气生成阶段	R_o/%	TTI
未成熟	生物甲烷	＜0.5	＜3
低成熟	石油生油	0.5~1.3	3~20
中成熟	生油高峰		20~160
高成熟	凝析油－湿气	1.3~2.0	160~900
过成熟	干气	＞2.0	＞900

本书对羌塘盆地的热史模拟结果、R_o、流体包裹测温和羌塘的地温梯度资料（表 4.4）（王剑等，2009）进行了生烃史模拟。目前，关于羌塘盆地古地温梯度的认识，主要有两个截然不同的看法。一种观点认为，羌塘盆地的古地温梯度较低，为

1.72~2.0℃ /100m（赵政璋和李永铁，2000；许怀先和秦建中，2004）；另一种观点认为古地温梯度为 2.67℃ /100m（王剑等，2004）。从模拟结果来看，羌塘盆地各地区地温梯度差异并不明显，在拉雄错、董怀桑等地，平均地温梯度为 2.63℃ /100m，在隆鄂尼及野牛沟地区，平均地温梯度为 2.64℃ /100m，在安多及雀莫错地区，平均地温梯度为 2.65℃ /100m（表 4.4）。

表 4.4　羌塘盆地各地温梯度值

位置	(T_1~T_2) /℃		H/m		P/ (℃ /100m)		P 均值
	第一点	第二点	第一点	第二点	第一点	第二点	
野牛沟	7	5	266	189	2.63	2.650	2.64
雀莫错	6.5	5	246	188	2.645	2.655	2.65
安多	6	6	227	226	2.645	2.655	2.65
隆鄂尼	5.5	6	209	227	2.635	2.645	2.64
董怀桑	4.5	4.5	172	170	2.620	2.640	2.63
拉雄错	5	5	191	189	2.620	2.640	2.63

注：文献来自王剑等（2009）。

最近，吴珍汉等（2020）综合地震反射和镜质组反射率等资料，分析了羌塘盆地中部不同地区侏罗系海相沉积地层的埋藏史、热演化史和生烃史。结果显示，侏罗系海相地层在早白垩世早期 R_o 达到最大值，毕洛错油页岩开始早期生油，阿木错烃源岩进入第一期生烃高峰（最大古温度为 129.3℃）；随后毕洛错古油藏在 ~66 Ma 达到生烃高峰（最大古温度为 132.5℃），而阿木错地区则在 ~43 Ma 形成第二期生烃高峰（最大古温度为 138~143.6℃）。显然，上述生烃史对于认识羌塘盆地油气形成与演化具有重要作用。在这些研究工作基础上，对南、北羌塘拗陷生烃史进行了重新梳理，以期获得羌塘盆地烃源岩演化过程。

4.3.1　北羌塘拗陷生烃史

根据表 4.3 所示，由 TTI 取值可以确定烃源岩层的生烃门限。尽管不同学者对于具体取值略有差异，一般认为生油门限 TTI 取值为 10~15，当 TTI 取值大于 160 时，超过生油窗底界，则进入生气阶段。

根据上述对应关系，得出那底岗日地区烃源岩生烃演化史（图 4.18）。那底岗日地区各烃源层的生烃演化过程如下。

（1）土门格拉组（T_3t）在中侏罗世中期进入生油门限，之后经历压实 – 压溶和早期胶结作用，在中侏罗世巴通期晚期进入生油高峰，在晚侏罗世末期进入湿气阶段，在早白垩世进入干气阶段，现今处于湿气 – 干气阶段。由于受后期构造作用的影响，现今部分岩石被抬升至地表。

（2）雀莫错组（J_2q）在中侏罗世晚期进入生油门限，经历压实作用 – 压溶作用

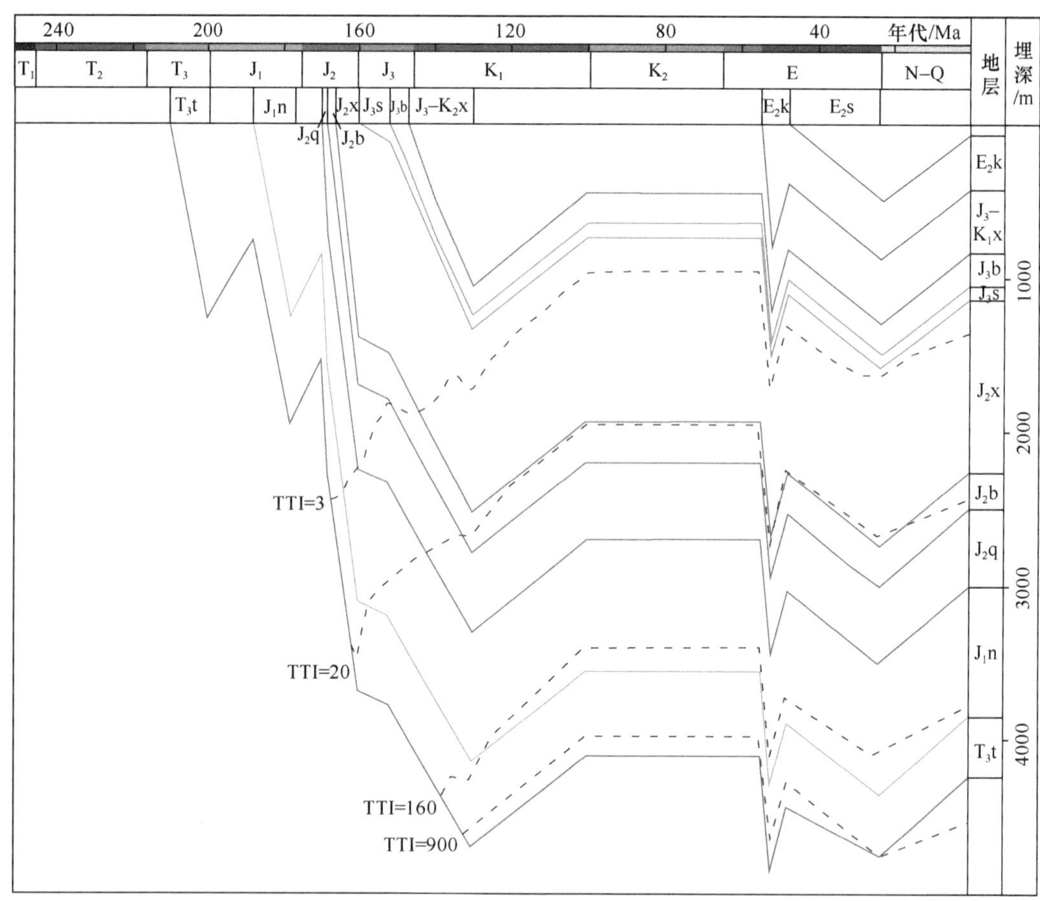

图 4.18　北羌塘拗陷那底岗日地区生烃史曲线

和早期胶结作用，在晚侏罗世晚期进入生油高峰，油气充填于残余孔隙中，始新世（~55 Ma）进入生油末期。

（3）布曲组（J_2b）和夏里组（J_2x）在晚侏罗世进入生油门限，在早白垩世（J_3–K_1x）进入生油高峰，此后因抬升作用而使生油停滞，在始新世（~40 Ma）沉积时埋深增加，再次进入生油高峰。

（4）索瓦组（J_3s）在早白垩世（~130 Ma）沉积埋藏深度未达到门限深度而未进入生油门限，此后在构造作用影响下，一直未进入生油阶段。

根据埋藏曲线模拟结果，北羌塘拗陷中部托纳木地区各烃源层的生烃演化过程如下（图 4.19）。

（1）夏里组（J_2x）在晚侏罗世早期进入生油门限，经历压实作用–压溶作用–第一世代胶结作用，在晚侏罗世晚期进入生油高峰，在早白垩世早期（J_3–K_1x）进入湿气期，在晚白垩世进入干气阶段，现今处于湿气–干气阶段。由于受后期构造作用的影响，现今部分岩石被抬升至地表。

（2）索瓦组（J_3s）在晚侏罗世进入生油门限，在晚侏罗世晚期进入生油高峰，在早白垩世进入湿气阶段，此后虽然经历多次抬升和埋藏，索瓦组一直处于湿气–干气

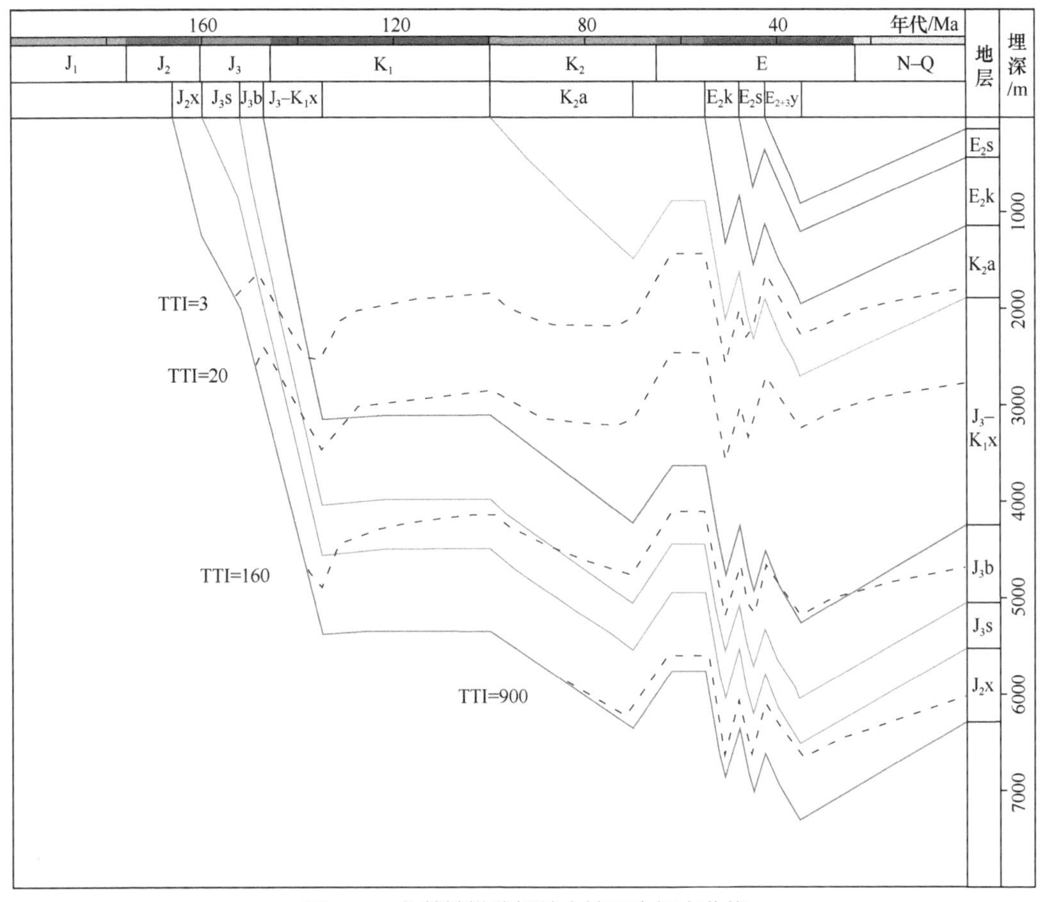

图 4.19　北羌塘拗陷托纳木地区生烃史曲线

阶段。

从以上分析可以看出，那底岗日地区经历了侏罗纪末期和始新世两次较大的沉降，使得烃源岩两次生烃。第一期生烃高峰是中侏罗晚期（164 Ma）到早白垩世早期（138 Ma），在这个阶段土门格拉组、雀莫错组、布曲组及夏里组均达到生油高峰，而索瓦组为低熟阶段。

第二期生烃高峰是新近系始新世（52 Ma）以后，此阶段索瓦组和夏里组在40 Ma进入生油高峰期。托纳木地区经历了一次较大的沉降，发生在晚侏罗世晚期（~147 Ma）。对比北羌塘拗陷、那底岗日和托纳木生烃史可以发现，托纳木地区生烃条件好于西部那底岗日地区，托纳木地区沉积厚度大，多个烃源岩层经历了生油高峰期，相同层位较西部拗陷有机质成熟度高。

4.3.2　南羌塘拗陷生烃史

流体包裹体分析是沉积盆地储层油气充注期次研究的有效手段。据内部获得的毕洛错地区流体包裹体分析结果显示（表 4.5），南羌塘拗陷色哇组盐水包裹体均一温度有四期，分别为 67.1~88.8℃、105.8~144.4℃、151.3~190.5℃和＞200℃；布曲组均一温度有三期，分别为 63.7~89.8℃、95.8~114.6℃和 123.5~161.1℃；夏里组盐水包裹体均一温度有四期，分别为 98.0~114.5℃、129.9~134.1℃、152.9~159.3℃和＞200℃；索瓦组盐水包裹体均一温度有三期，分别为 72.6~109.8℃、110.2~126.3℃和 140.5~149.4℃。

表 4.5 毕洛错流体包裹体测试结果

样品编号	采样位置	岩性	层位	深度 /m	平均均一温度 /℃		
					第一期	第二期	第三期
RP0-10bt1	菇古米琼	灰岩	J_3s	38.50	84.4	99.8	144.0
RP0-8bt1	菇古米琼	灰岩	J_3s	50.00	80.9	120.7	
RP0-2bt1	菇古米琼	灰岩	J_3s	76.80	98.8	117.4	
DP018bt1	董不拉	钙质泥岩	J_2x	544.55	104.3	129.9	
DP14bt3	董不拉	钙质页岩	J_2x	661.89	107.8	134.1	158.1
DP09bt1	董不拉	泥灰岩	J_2x	805.66	114.5	152.9	203.0
DP04bt2	董不拉	生屑灰岩	J_2x	875.27	106.8	155.5	
DP001bt2	董不拉	泥晶灰岩	J_2x	933.82	98.0	159.3	
MP22bt1	米盖尔托巴	泥晶灰岩	J_2b	1038.59	111.0	124.8	
MP017bt1	米盖尔托巴	泥质灰岩	J_2b	1137.59	107.2		
MP014bt1	米盖尔托巴	灰岩	J_2b	1199.59	63.7	95.8	
MP11bt1	米盖尔托巴	泥灰岩	J_2b	1252.59	89.8	108.9	
MP07bt1	米盖尔托巴	泥晶灰岩	J_2b	1352.59	96.7	114.6	161.1
MP06bt1	米盖尔托巴	灰岩	J_2b	1410.59	68.8	110.8	
MP05bt1	米盖尔托巴	泥质灰岩	J_2b	1452.59	82.4	123.5	135.1
MP04bt1	米盖尔托巴	核形石灰岩	J_2b	1492.59	84.9	101.8	150.4
GP058bt1	甘贝夏玛	泥岩	J_2s	1605.70	67.1	106.4	
GP52bt1	甘贝夏玛	泥岩	J_2s	1763.35	177.2	195.0	
GP044bt1	甘贝夏玛	泥岩	J_2s	2181.35	67.2	124.2	
GP042bt2	甘贝夏玛	泥岩	J_2s	2232.65	213.5		
GP039bt1	甘贝夏玛	泥岩	J_2s	2415.95	63.5	88.8	
GP034bt1	甘贝夏玛	泥岩	J_2s	2628.27	172.6	189.5	205.9
GP031bt1	甘贝夏玛	页岩	J_2s	2693.88	105.8	124.5	151.3
GP026bt2	甘贝夏玛	页岩	J_2s	2878.67	105.8	124.5	151.3
GP047bt1	甘贝夏玛	页岩	J_2s	2989.95	76.5	121.7	
GP013bt2	甘贝夏玛	页岩	J_2s	3348.28	84.4		
GP012bt1	甘贝夏玛	页岩	J_2s	3397.45	＜50~60		
GP08bt2	甘贝夏玛	页岩	J_2s	3501.47	＜50~60		
GP05bt2	甘贝夏玛	泥质灰岩	J_2s	3565.60	121.4	144.4	177.5

根据南羌塘埋藏热演化史，中侏罗世末期—晚侏罗世末期以及新生代康托组沉积时期发生过两次大规模的油气聚集和成藏（王成善等，2004）（图 4.20a）。中侏罗世末期—晚侏罗世末期为油气充注高峰期，索瓦组油气充注第一期对应夏里组的前两期和

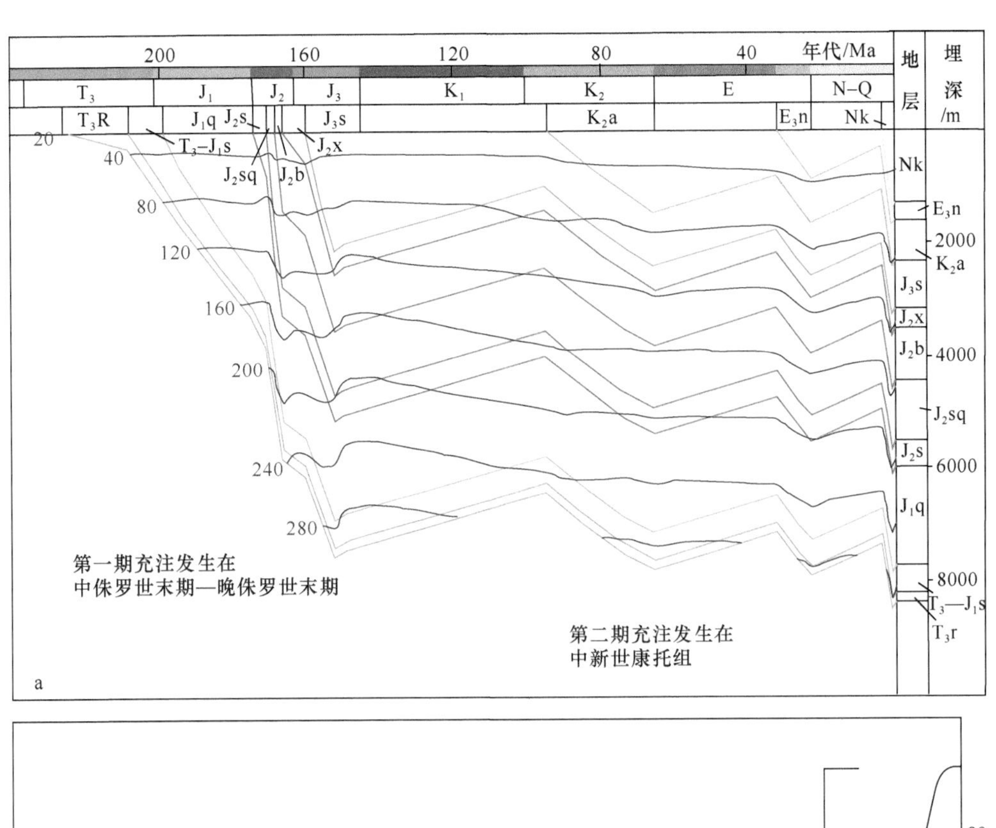

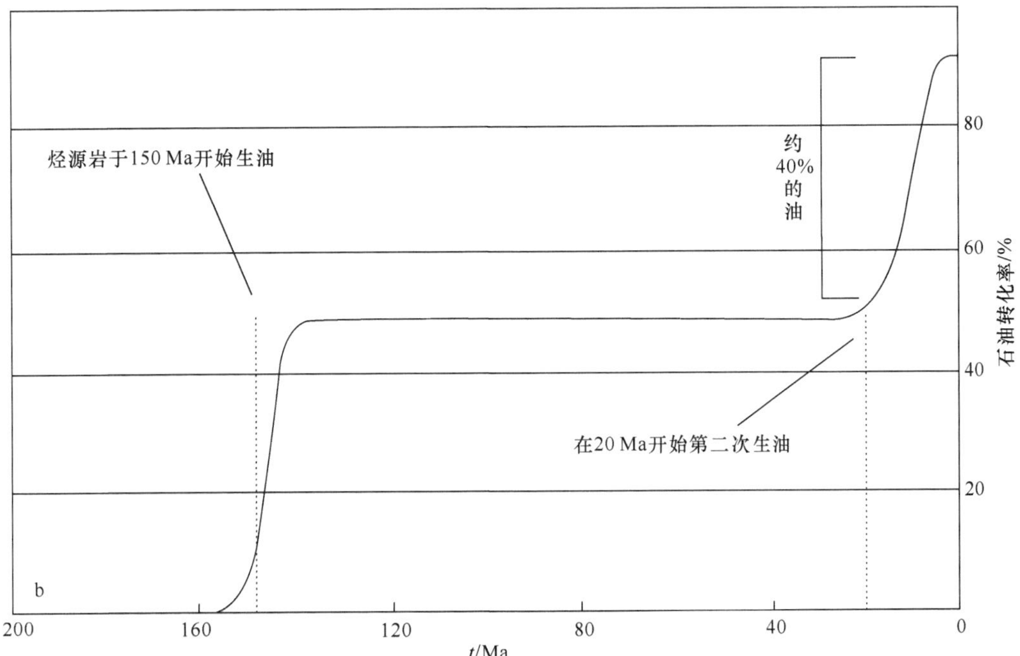

图 4.20　南羌塘毕洛错地区油气注入过程（图 b 修改自王成善等，2004）

布曲组的后两期，索瓦组第二期对应于夏里组后两期（王成善等，2004），而中新世为第二次生油高峰期。油气注入多期性是该区发生两次大规模的生烃 – 油气运移和聚集成藏的有力证据。

王成善等（2004）对南羌塘拗陷毕洛错－昂达尔错地区古油藏带进行对比分析，生烃过程模拟反映羌塘盆地有两次生排烃过程（图 4.20b），第一次发生在 150~140 Ma，第二次发生在约 20 Ma 至今。两次的石油转化率大体相当，与本次流体包裹体分析结果基本一致。根据羌塘盆地演化过程，中央隆起带至少在早侏罗世就已经形成，其南侧的水下隆起在毕洛错地区可以形成地层上的不整合以及岩性圈闭等构造（王成善等，2004）。王成善等（2004）提出，毕洛错古油藏带受背斜构造控制，背斜核部为中侏罗统布曲组灰岩，两翼为中侏罗统夏里组碎屑岩，在空间上表现为紧闭线状或短轴穹隆状。羌塘盆地中生代的褶皱构造主要形成于晚侏罗世—早白垩世盆地沉降终止之后，由此可见，主生烃期与构造圈闭的形成几乎同时发生（王成善等，2004）。这一时期已经开始进入中侏罗统烃源岩第一次生油高峰期，圈闭形成时期与生烃期基本同步，有利于油气聚集（王成善等，2004）。对于喜马拉雅期第二次生烃期而言，圈闭的形成时间明显早于主要生烃期，因此含油气系统的圈闭形成期与油气生成期配置良好，有利于油气的聚集，显示了羌塘盆地具有良好油气勘探前景。

综上所述，北羌塘拗陷经历了两次生烃高峰期，第一期生烃高峰是中侏罗晚期（164 Ma）到早白垩世早期（138 Ma），第二期为新近系始新世（52 Ma）以后。南羌塘拗陷的两次生烃高峰期分别为 150~140 Ma 和 20 Ma 左右，其中第一期与北羌塘拗陷在时间上一致，但中生代形成的油气圈闭受新生代部强烈的逆冲推覆构造破坏，不利于油气勘探。实验模拟结果显示新生代生油为盆地主要生油期，与中生代第一次生油相比生油量大，也是盆地主要成藏期，且后期构造以伸展构造为主，规模小、时间短，对二次生成的油气藏影响有限。

第5章

羌塘盆地构造变形特征

青藏高原由冈瓦纳古陆、劳亚古陆和泛华夏古陆（扬子古陆）裂解拼接组合而成，是塔里木陆块、华北陆块向南（被动）推挤、扬子陆块向西推挤楔入，冈瓦纳古陆北缘不断裂解，块体不断向北运动并依次拼接于欧亚板块之上，使欧亚板块不断增生的结果。因此，青藏高原自北向南由昆仑－柴达木、巴颜喀拉－松潘甘孜、羌塘（南北）、拉萨（冈底斯－念青唐古拉）、喜马拉雅等地体组成，其间分别为可可西里－金沙江缝合带、班公湖－怒江、雅鲁藏布江等缝合带所分隔。羌塘地体位于青藏高原腹地，其变形特征和构造演化严格受控于青藏高原构造变形运动学和动力学环境（图 5.1）。

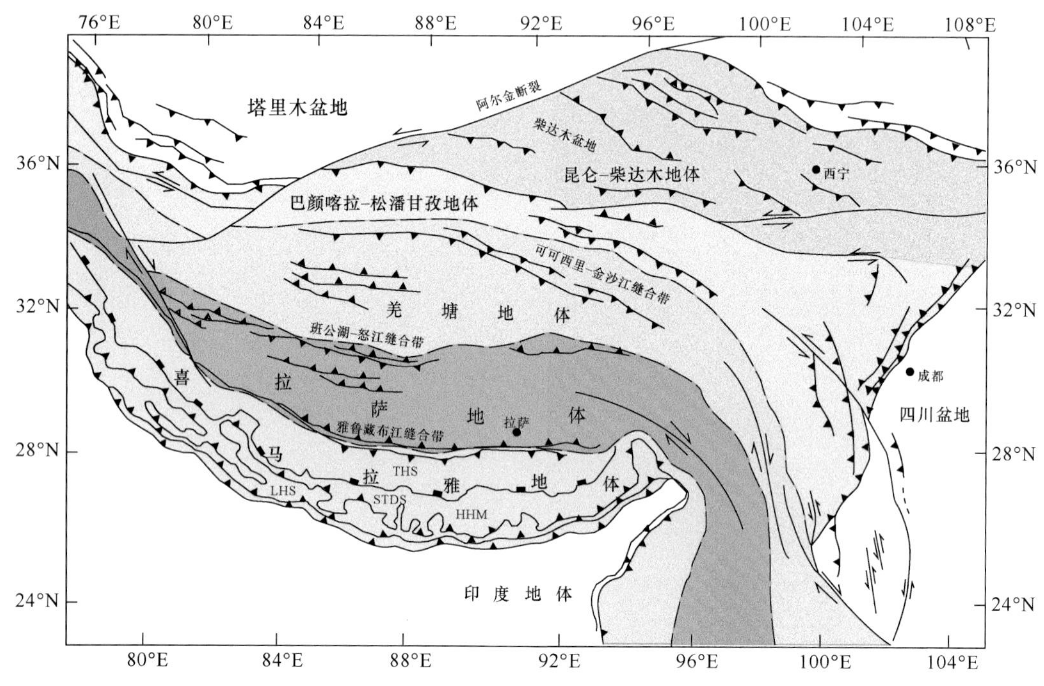

图 5.1 羌塘地体邻区大地构造略图

THS：特提斯喜马拉雅；LHS：低喜马拉雅；HHM：高喜马拉雅；STDS：藏南拆离系

5.1 盆地基底构造特征

5.1.1 基底性质与类型

羌塘盆地基底主要出露于中部隆起带附近，呈近东西向展布，主要由元古宙变质岩系构成，是西藏高原基底组成的一部分。根据建造组合、变质作用特征、变形特征和物源追踪分析，羌塘盆地基底具明显的双层结构，下部为结晶“硬基底”，上部为变质“软基底”。

1. 结晶“硬基底”

结晶“硬基底”主要由元古宇戈木日群和阿木岗群构成，为一套副变质岩。下部阿木岗群主要由大理岩、含榴二云石英片岩、石榴斜长角闪片岩、细粒白云钾长片麻岩组成，厚度大于 1950 m，其间见有超基性岩侵入，部分超基性岩已变质为透闪叶蛇纹石片岩、菱镁叶蛇纹石岩。上部戈木日群主要由石英片岩、绢云石英片岩、绿泥石英千枚岩、变质砂岩夹千枚岩、大理岩组成，厚度大于 3018 m，其间可见辉绿岩脉侵位。其下与阿木岗群呈断层接触。

微观和宏观综合分析均表明结晶基底经历了多期变形改造和叠加。据采集于羌中隆起戈木日、果干加年山等地的绢云母石英糜棱岩中锆石 Pb-Pb 法年龄测定（中国地质科学院地质研究所和宜昌地质矿产研究所同位素室测定）得到五组年龄段（王国芝和王成善，2001）：① 548~509 Ma 可能是羌塘地体与拉萨地体构造拼贴的构造 – 热事件；② 1126~929 Ma 对应于软基底褶皱回返发生的变质年龄，相当于结晶基底上的第三幕变质作用年龄；③ 1300 Ma、1350 Ma 相当于结晶基底上第二幕变质变形年龄；④ 1772 Ma 可能代表的是羌塘地体结晶基底主期变形变质作用年龄；⑤ 2056 Ma、2310 Ma 应为结晶基底变质母岩沉积年龄，说明结晶基底至少是中元古代中期形成的。

2. 变质“软基底”

变质“软基底”主要由玛依岗日组构成，分为上下两部分。下部主要由钠长阳起片岩、绿泥片岩、绿泥钠长片岩、绿泥绢云石英片岩组成，间夹变质砾岩，厚度为 581 m。砾岩中砾石主要为绿泥千枚岩、绢云石英片岩、大理岩和少量脉石英。上部主要由变质砂岩、变质粉砂岩、变质复成分砾岩组成，其顶部为绿泥片岩夹变质粉砂岩和千枚岩，厚度大于 464 m。变质砾岩中砾石成分为变质岩。变质岩系的变形变质特征简单，经历了一幕绿片岩相变质作用，岩系中褶皱宽缓，构造置换不明显。据钠长阳起石片岩中锆石 Pb-Pb 年龄测定为 1205 Ma（王国芝和王成善，2001)，表明其为中元古代晚期产物。

5.1.2　基底结构与构造

1. 基底构造单元划分及特征

根据航磁和重力资料，羌塘盆地及邻区基底具“两拗夹一隆”的一级构造单元特征，即南羌塘拗陷（南羌塘盆地）、中部（央）隆起带、北羌塘拗陷（北羌塘盆地）三个一级构造单元，每个一级构造单元内又可细分为若干个次级凸陷（图 5.2）。

1）北羌塘拗陷

区域重力、航磁、大地电磁（Magnetotelluric，MT）勘探和反射地震资料综合反映出，北羌塘拗陷区内基底也存在明显的起伏，可以进一步划分为次级凸起和凹陷

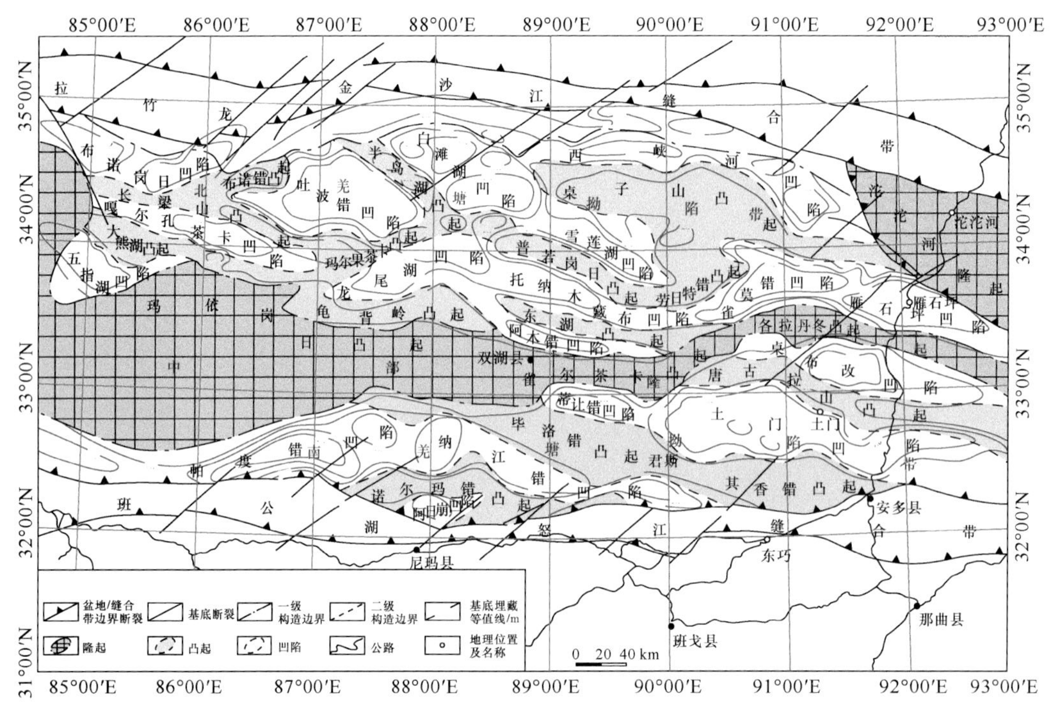

图 5.2　羌塘盆地基底构造图

（图 5.2）。总体来看，这些凸起和凹陷一般呈带状，主要为北西西 – 东西向延伸，其次为北东东向延伸，单个凸起互相联结，构成较明显的棋盘格（网格）状组合图像。

凸起和凹陷在平面上相间排列，总体上呈近东西向带状展布（图 5.2）。凸起大致可划分为三带：南部凸起带总体呈东西向展布，包括大熊湖凸起、龟背岭凸起、东湖凸起南段。基底埋深部位位于大熊湖东，深度仅 2 km，连续性较好，结构较完整。中部凸起带位于北羌塘拗陷中部，总体呈东西向延伸，追踪北西西向和北东东向，呈折线状，连续性好，从西向东横贯全拗陷，包括长梁山凸起、玛尔果茶卡凸起、普若岗日凸起、劳日特错凸起，呈狭长带状。一般埋深为 5~7km，但西部相对东部较浅，西部一般为 3~5 km，东部一般为 5~7 km。北部凸起带不明显，呈断续展现，包括布若错凸起、半岛湖凸起、桌子山凸起。沿东西向凹陷大致可分为以下四带。

（1）南部边缘凹陷带：该带分布于中部隆起北侧，由于中部隆起向北逆冲而遭破坏，不连续，断续展现，包括五指湖凹陷、阿木错凹陷。

（2）南部凹陷带：连续性较好，包括嘎尔孔茶卡凹陷、龙尾湖凹陷、托纳木藏布凹陷。此带沿走向方向有变化，追踪北西西和北东东两个方向，南北较窄。

（3）北部凹陷带：规模较大，南北宽度较大，深度也较大，最深达 9 km；包括吐波错深凹陷、白滩湖深凹陷、雀莫错凹陷。

（4）北部边缘凹陷带：该带沿拗陷北部边缘分布，沿走向不连续，包括布诺岗日凹陷、吐波错凹陷、白滩湖凹陷北段和西峡河凹陷。

以上凸起和凹陷形态特征展布方向，以及分带性和组合，说明北羌塘拗陷是东西向拗陷。该拗陷基底具有西高东低，南高北低的总趋势，南部一般埋深在 2~3 km，北部一般埋深在 5~7 km，最深达 9 km；西部一般埋深在 3~5 km，东部一般埋深在 5~7 km。因此，拗陷基底面总体由南向北倾、由西向东倾，呈不对称结构特征。

北羌塘拗陷基底发育北东东和北西西两组断裂。两组断裂发育程度基本相同，呈等间距分布，构成棋盘格，将基底切成菱形块体。两组基底断裂相交锐角正对东西，它们是羌塘陆块在印支运动以前处于南、北向拉张动力环境下形成的一对张扭性共轭剪切断裂，自三叠纪末至现在在南北向强烈挤压下多次继承性活动，但走滑方向发生了改变。

2）中部隆起带

中部隆起带中按照地层出露情况可以进一步划分为三个次级凸起构造，即西段玛依岗日凸起、中段阿木岗凸起、东段各拉丹冬凸起。东段各拉丹冬凸起在地表未见显示，但地球物理资料显示为中部隆起东延部分，并向北凸出成弧形，各拉丹冬凸起现今地表显示为受区域大断裂带控制的复式背斜或夹持于两条反向逆冲断层之间的断背斜构造带。中部隆起中西段分别为玛依岗日凸起和阿木岗凸起。根据构造特征、岩浆活动和变质作用，隆起带可分为南北两个亚带：北亚带为构造岩浆岩带，燕山早期中基性 – 中酸性岩浆活动强烈；南亚带为断块带，断裂十分发育，岩浆活动相对微弱，带内断层主要为东西向、北西向和北东向三组。中部隆起形成于晚三叠世，定型于侏罗纪，控制了南、北羌塘拗陷沉积。

中部隆起西段前泥盆纪变质基底出露地表，东段自西而东由海西 – 印支构造层逐渐过渡为燕山构造层。在地表，中部隆起带南北两侧的断层构成反冲构造格局，基底变质岩系或海西 – 印支构造层逆冲推覆于侏罗系之上，该反冲断层系已切入深部，形成大型断层三角带，前侏罗纪构造层夹持于三角带内，构成强变质带。

大型含油气盆地基底隆起带对盆地形成机制、空间形态以及盆地演化和油气聚集成藏有重要影响，如塔里木盆地塔中隆起、东营凹陷中央隆起和松辽盆地大庆长垣等，这些隆起带对盆地沉积体系的分布、厚度具有明显的控制作用，并制约了油气的运移与聚集，羌塘盆地中部隆起无疑对盆地性质和油气远景有着重要的影响，然而，从目前羌塘盆地中央隆起研究结果来看，对其形成机制还存在变质核杂岩（Kapp et al., 2000）、三叠纪末碰撞造山作用隆起（李才，2003）、前陆盆地的前缘隆起（李勇等，2002）等不同的认识，因此，羌塘盆地中央隆起的展布、性质、定型时间以及对盆地形成演化的影响还有待进一步深入研究。

3）南羌塘拗陷

南羌塘基底埋深等值线展布，以及航磁、重力和大地电磁测深资料反映出，南羌塘拗陷内部基底发育一系列北西西—东西向展布的次级凸起和凹陷，这些次级构造从南西到北东分别为帕度错 – 纳江错凹陷、诺尔玛错凸起、毕洛错 – 其香错凸起、蒂让 – 土门凹陷、唐古拉山凸起和桌布改凹陷。这些凹陷和凸起均为条带状，呈近东西向雁行状斜列展布。其中，帕度错 – 纳江错凹陷和蒂让碧错 – 土门凹陷最大，埋深达 7~9 km。

2. 基底断裂特征

据重力、航磁和地震勘探资料综合分析，羌塘盆地基底中发育有西北西、东北东两组走滑断层，这两组断裂发育程度基本相同，呈等间距分布，构成明显的棋盘格式构造，将基底切割成菱形块体。羌塘盆地中发育的西北西和东北东两组基底断裂是在印支运动以前羌塘陆块长期处于南北向拉张动力环境下产生的一对共轭张剪性断裂，随后的燕山运动和喜马拉雅运动在强烈的南北向挤压下曾多次发生继承性活动，转变为压剪性，且走滑方向发生改变。

综上所述，羌塘盆地基底具如下特征：①由元古宙变质岩系组成，其结构具下部结晶“硬基底”和上部变质“软基底”双层结构；②构造上具“两拗夹一隆”和“断凸断凹”特征；③北羌塘拗陷基底埋深呈现出南浅北深、西浅东深的特点，南羌塘拗陷基底埋深呈现出南浅北深、中段浅向东西两端变深的特点；④南、北羌塘拗陷具差异性，北羌塘拗陷基底具菱形断块构造特征，次级凸起和凹陷沿东西向相间成带排列，南羌塘拗陷次级凸起和凹陷主要呈西北西向雁行排列；⑤动力学机制为早期南北向拉张，晚期遭受南北向强烈挤压。

5.2 盖层构造变形特征

5.2.1 构造单元划分

羌塘盆地后期改造强烈，为改造残留盆地，盆地现今构造格局是长期构造演化的结果，本次构造单元划分以 1 ∶ 25 万区域地质调查新成果和新资料为基础，在盆地盖层构造单元划分时，以盆地地表大量地质调查资料为依据，并在编制盆地构造形迹和构造纲要图基础上（图 5.3），结合盆地盖层现今构造变形型式以及构造组合特征进行划分（图 5.4）。

根据盆地内不同时代地层的出露情况和展布规律、沉积特征、岩浆活动特征、变质作用特征、断裂构造发育程度、褶皱强度和密度、构造线方向及构造组合样式和分布规律、地球物理特征等综合分析，采用建造和改造相结合的原则。在盆地南羌塘拗陷、中部（央）隆起、北羌塘拗陷三个一级构造单元划分基础上，分别以雪环湖 – 乌兰乌拉湖断层（F_a）、西岔沟 – 赤布张错（F_b）及沿布诺错 – 长梁山 – 亚克错 – 多格错仁北岸 – 玉带山 – 桌子山 – 沱沱河（上游）一线为界，将北羌塘盆地划分为北缘逆冲带（Ⅰ）、北部褶断带（Ⅱ）、中部褶皱带（Ⅲ）、南部褶断带（Ⅳ）四个一级构造单元；其中中部褶皱带（Ⅲ）主要根据出露地层情况、构造线方向、构造改造强度及岩浆活动特征等因素，以多格错仁 – 琵琶湖 – 唢呐湖东断层（F_c）和赤布张错 – 通天河沿断层（F_d）为界，进一步划分为西段东西向构造亚带（$Ⅲ_1$）、中段过渡构造亚带（$Ⅲ_2$）和东段北西向构造亚带（$Ⅲ_3$）（图 5.5，表 5.1）。

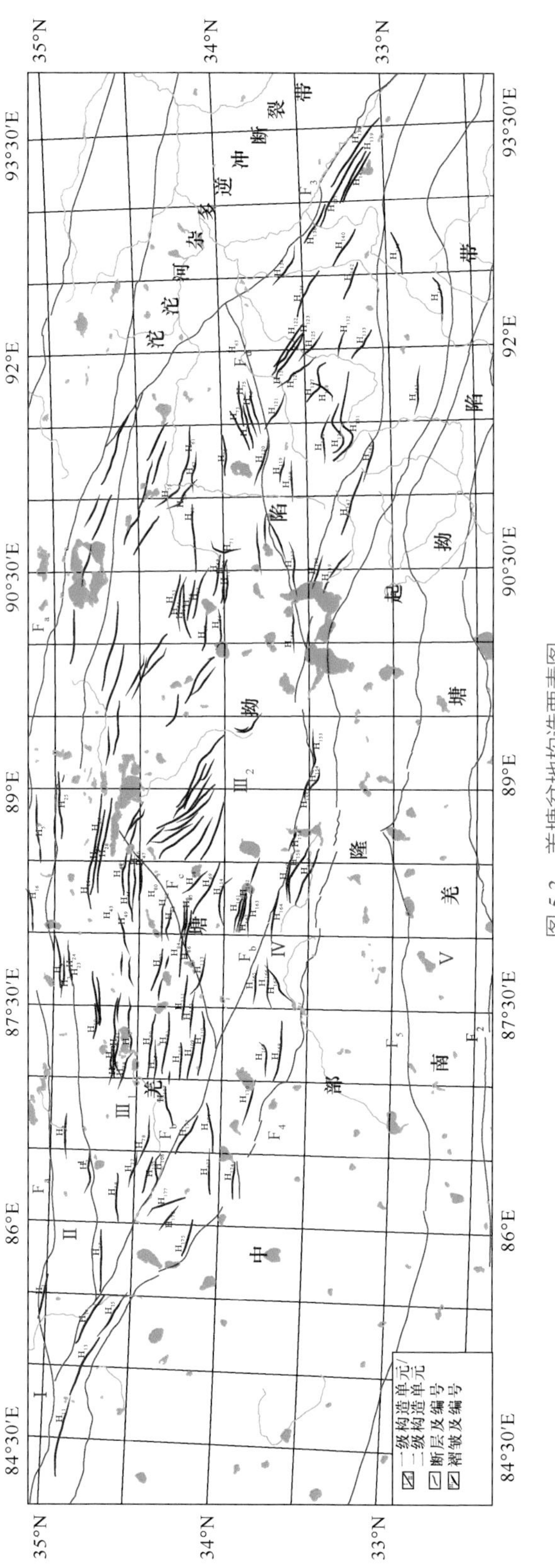

图 5.3　羌塘盆地构造要素图

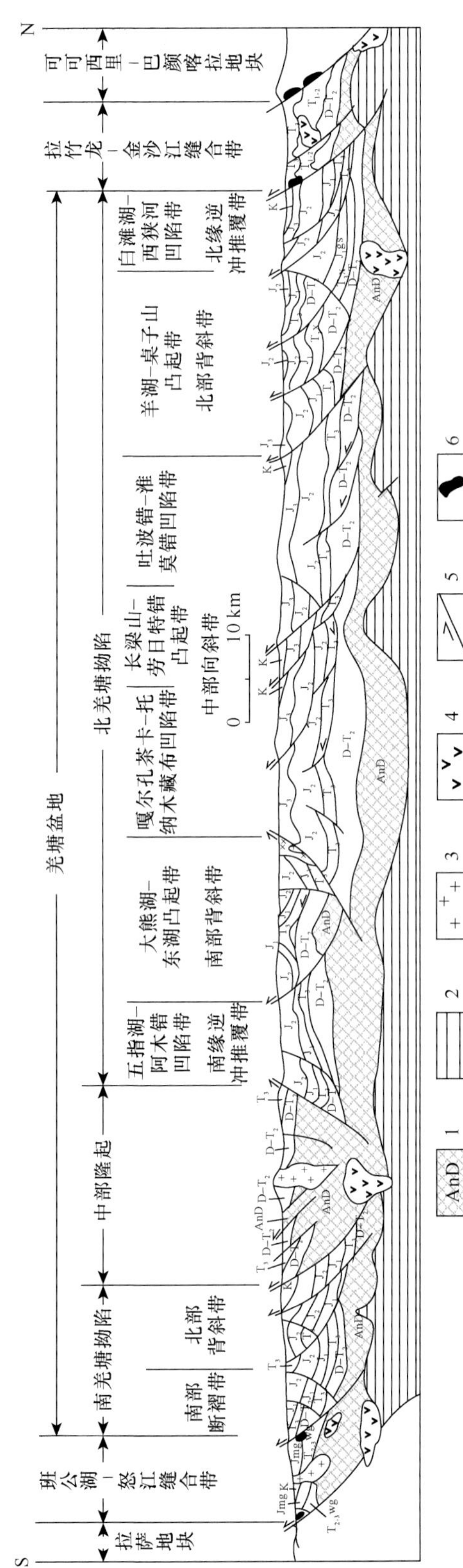

图 5.4　羌塘盆地构造格架与构造样式

1- 前泥盆系基底；2- 壳内低阻层；3- 花岗岩；4- 安山岩；5- 逆断层；6- 超基性岩；J_1- 下侏罗统；J_2- 中侏罗统；J_3- 上侏罗统；$T_{1\text{-}2}$- 下中三叠统；T_3- 上三叠统；D–T_2- 泥盆系—中三叠统；K- 白垩系；Jmg- 木嘎岗日群；$T_{2\text{-}3}$- 乌嘎群

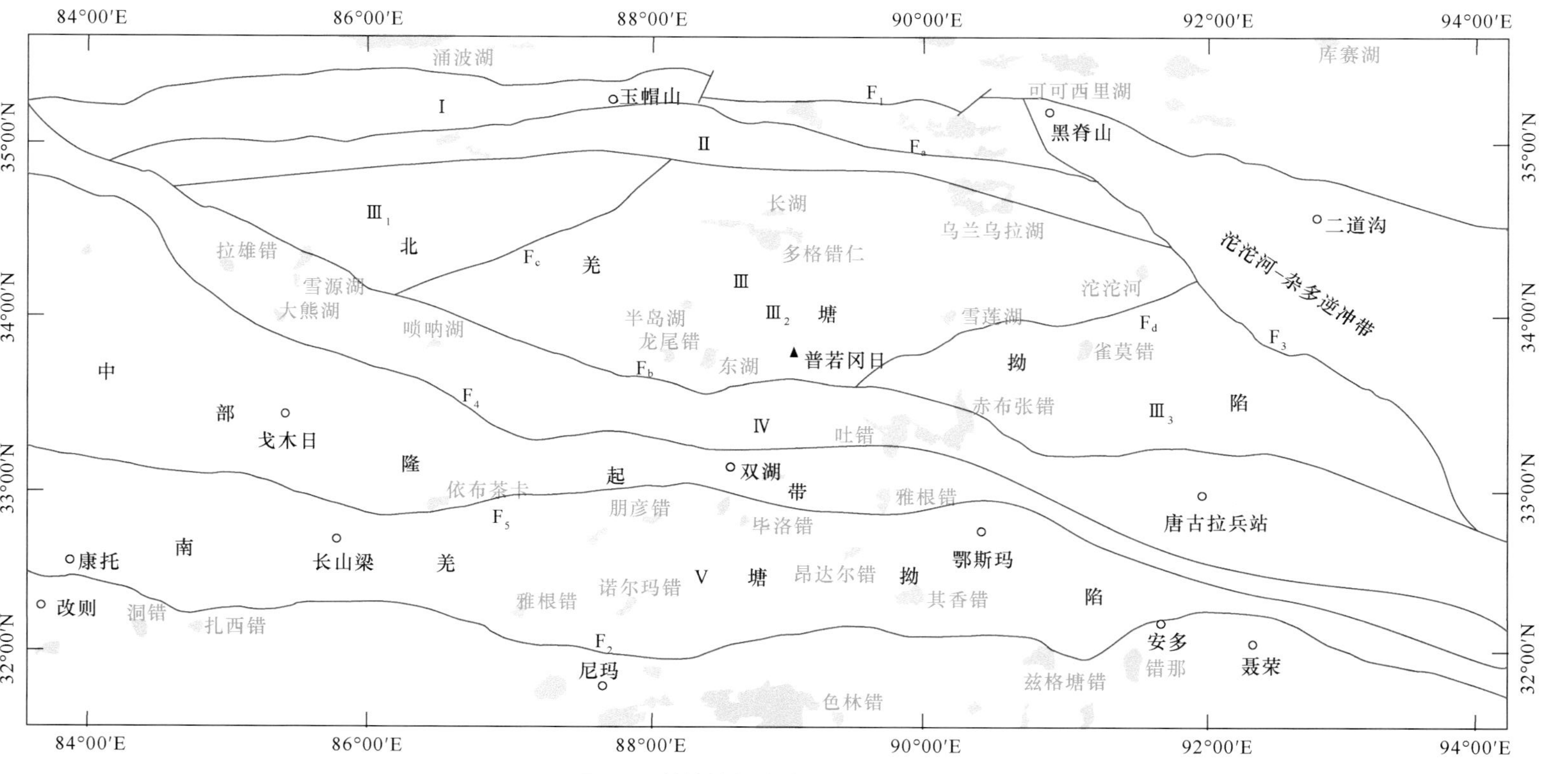

图 5.5　羌塘地体构造单元划分简图

I：北缘逆冲断裂带；II：北部断褶带；III：中部褶皱带（$Ⅲ_1$：西段东西向构造亚带；$Ⅲ_2$：中段过渡构造亚带；$Ⅲ_3$：东段北西向构造亚带）；IV：南部断褶带；V：南羌塘断褶带；F_1：大横山 – 乌丽断层；F_2：改则 – 其香错断层；F_3：扎多日 – 通天河沿断层；F_4：独雪山 – 吐错断层；F_5：鄂雅错 – 达卓玛断层；F_a：雪环湖 – 乌兰乌拉湖；F_b：西岔沟 – 赤布张错断层；F_c：琵琶湖断层；F_d：赤布张错 – 通天河断层

表 5.1 羌塘盆地主要断层特征

构造单元	编号	名称	走向	倾向	倾角 /(°)	性质	上盘	下盘	规模 /km	基本地质特征
I	F_1	镇湖岭断层	EW	东段 S	50~60	逆断层	P_3l	K_2s	60	展布于盆地北部逆冲断裂带内东段，乌兰乌拉湖一带。总体走向东西，局部偏转为北西西。沿走向产状变化大
				西段 N	55		P_3l	J_3s		
	F_2	野牛沟断层	EW	北支 190°	40~50	逆断层	J_2x	J_3s–J_3–K_1x	40~50	展布于盆地北缘逆冲断裂带东段乌兰乌拉湖野牛沟一带，断层向东分为南北两支，两者构成反冲构造组合
				南支 10°~15°	60					
	F_3	天水河断层	EW–NWW	N（5°~15°）	40~50	逆断层	K_2s	K_2s	45	展布于乌兰乌拉湖西侧，总体走向东西，向两侧转为北西西向
	F_4	多格错仁强错南断层	EW	180°	60	逆断层	D_2y	C–P	25	由东西向平行延伸的两条断层组成，为逆断层，两者构成叠瓦状断层组合，并且被北东向及北西向断层所错断
				180°	50		D_2y	D_2y		
	F_5	冬布勒山南断层	EW	180°	50	逆断层	J_3s	J_3–K_1x	35	展布于盆地北部逆冲断裂带中段，向西被石坪顶组所覆盖，上盘发育同走向次级断层，倾向南，倾角未知
	F_6	红土山断层	EW	约 190°	47~49	逆断层	E_2s	E_2s	30	展布于单元中段，总体走向为东西向，东段略偏转为北西西，多处被第四系覆盖
	F_7	沙波梁断层	EW	180°	60	逆断层	E_2s	E_2s	70	分布于北缘逆冲断裂带的中段沙波梁一带，向西被第四系覆盖
	F_8	黑石长梁断层	EW	180°	不清	韧性剪切断层	AnD	T_3R	20	展布于西段黑石长梁西一带，断层由两条对冲断层组成，南支具有韧性剪切特征，岩断层有岩浆岩侵入
				360°	50	逆断层	T_3R	T_3R		
	F_9	朝阳山断层	EW	N	不清	逆断层	P	T	30	分布于西段朝阳山以北，中部被第四系覆盖，向西为康托组所覆盖，为逆断层
	F_{10}	二岔沟断层	EW	N	50~60	逆断层	T	T	35	展布于北缘逆冲断裂带西段，由两条走向近平行的断层组成，向西与 F_b 相交
II	F_{12}	雪环湖断层	EW	N	50	逆断层	T_3z	J_2q–J_2b	30	展布于盆地北部断褶带中部雪环湖西岸，由两条平行延伸的断层所组成，两者倾向相同，组成叠瓦状构造
			EW	N	55	逆断层	J_2q	J_2q		
	F_{13}	牛角梁断层	EW	N	65	正断层	J_2q	T_3z	25	展布于牛角梁一带，向西错断康托组

续表

构造单元	编号	名称	走向	倾向	倾角 /（°）	性质	上盘	下盘	规模 / km	基本地质特征
Ⅱ	F_{14}	北陡黑山断层	EW	N	50~60	枢纽断层	T_3z	J_2q	110	分布于亚克错－北陡黑山－玉盘湖南一带，沿走向多被北东向断层所错断，断层中段和西段倾向北，东段南倾，具枢纽断层特征
			EW	N	50~60		J_3b	J_2q、J_2x		
			EW	S	75		J_3b	J_3–K_1x		
	F_{16}	玉盘湖断层	EW	N	不清	不清	Nsh	西 J_2q	50	展布于单元内中段玉盘湖南，西段被北东向断层所错断，东段被第四系覆盖
							J_3s	东 J_3–K_1x		
	F_{17}	圆湖断层	EW	357°	40~50	逆断层	西 J_3K_1x	T_3z	40	展布于圆湖以北，断层上盘中发育走向北东东次级断层，断层具有右旋走滑特征
							东 J_3s	T_3z		
Ⅲ$_1$	F_{21}	白龙冰河南断层	EW	350°	50~60	左旋走滑	西 J_3b	J_3b	80	分布于盆地中部褶皱带西段崔巍岭－元宝湖一带，向西交于 F_b，向东被第四系覆盖
							中 J_3b	E_2k、N_2sq		
							东 N_2sq	N_2sq		
	F_{22}	乱石山断层	EW	不清	不清	左旋走滑			80	展布于Ⅲ$_3$ 中分水岭－乱石山－长龙梁一带，断层南侧一盘发育有东西向褶皱
	F_{23}	甜水河断层	NWW–EW	190°~200°	70	逆断层	J_2x	J_3s	25	展布于中部褶皱带西段甜水河一带，沿走向被第四系覆盖
	F_{26}	白滩湖断层	EW	北 S	50	逆断层	J_2x	J_2x、J_3b	40	展布于白滩湖一带，由三条走向东西的断层组成，组成对冲和反冲构造组合
				中 N	53	逆断层	J_2x	J_3s、J_3b		
				南 N	47~55	逆断层	J_3s	J_3b		
	F_{24}	白云湖南断层	EW–NWW	不清	不清	不清	J_3b	J_3s	20	展布于小平梁－升云山一带，沿走向被第四系覆盖，断层北侧一盘发育近东西向褶皱
Ⅲ$_2$	F_{15}	多格错仁南断层	东 EW–NWW	26°	53	逆断层	J_2x	J_3b	40	展布于多格错仁南，沿走向呈向北凸的弧形，断层中段被北东向断层所错断
			西 EW	N	50		J_2x	J_3s、J_3b		
	F_{18}	双头山南断层	EW	东 N	60	逆断层	J_2x	J_3s、J_3–K_1x	50	展布于双头山南侧，中部被北东向断层所错断
				西 S	不清		J_3–K_1x	J_3–K_1x		
	F_{19}	跑牛河断层	EW–NWW	东 S	55	逆断层	J_3s	J_3s、J_3–K_1x	50	位于跑牛河一带，走向总体为东西，向西逐渐转为北西西向
				西 20°	不清		J_3–K_1x	J_3–K_1x		
	F_{20}	双头山断层	EW	180~190°	50~60	逆断层	东 J_3s	K_2s	45	展布于双头山一带，沿走向东被第四系所覆盖，中段被北东向断层所错断
							中 Ey	Ey		
							西 J	J		
	F_{27}	半岛湖断层	EW	西 S	66	逆断层	J_3s、J_2x	J_3s	30	展布于半岛湖南，沿走向倾角变化较大，断层中段错断 E_2k 与 J_3s 角度不整合界线
				中 N	不清		E_2k	E_2k		
				东 S	不清		J_3s	E_2k		

续表

构造单元	编号	名称	走向	倾向	倾角 /（°）	性质	上盘	下盘	规模 / km	基本地质特征
$Ⅲ_2$	F_{28}	达日玛断层	EW	355°	60	正断层			40	展布于祖尔肯乌拉山南麓，错断 J_3s、J_2x
	F_{29}	萨保断层	EW	180°	不清	逆断层	Pnr	Pny	45	沿走向被第四系覆盖，被北东向断层所错断
	F_{30}	那日加保麻断层	EW	北 190°	不清	逆断层	J_2x	J_2x	30	展布于那日加保麻一带，由走向近东西的两条逆冲断层组成反冲构造组合
				南 360°	60		J_2x	E_Ny		
$Ⅲ_3$	F_{31}	索达断层	NWW–EW	S	不清	不清	J_2q	T_3	40	展布于$Ⅲ_3$索达一带
	F_{32}	胧哈钦断层	EW	5°	50~60	逆断层	J_2x	J_3s	30~35	展布于$Ⅲ_3$，向东向西均被第四系所覆盖
Ⅳ	F_{33}	美格日给断层	EW	北 N	70	逆断层	J_2q	J_2b	50	展布于盆地南部断褶带东段，由两条近平行延伸的断层组成对冲组合
				南 S	60		J_2q	J_2q		
	F_{34}	巴斯错鄂贡码断层	EW	北 351°	43	逆断层	J_2q	J_2q	35	展布于Ⅳ东段，两条平行断层构成叠瓦状组合，被北西向断层所错断
				南 350°	45		J_2q	J_2q		
	F_{35}	当玛岗断层	EW–NWW	东 190°	51	逆断层	J_2q	J_2b	60	展布于赤布张错南东方向，向西走向偏转为北西西
				向 220°	50		J_2b	J_2b		
	F_{36}	纵钦贡若断层	EW	S（170°~180°）	48~55	逆断层	J_2x	J_3s	25	展布于赤布张错以东，沿走向被第四系覆盖
	F_{38}	蜈蚣山断层	EW	东 N	不清	逆断层	E_2k、J_2b、J_2x	E_2k	40	展布于南部断褶带中段那底岗日蜈蚣山一带，向两侧被第四系覆盖
				西 S	不清		J_2b	J_2b		
	F_{39}	布若错断层	EW	不清	不清		北 J_3s	南 K	60	展布于布若错一带，走向总体为东西，向西偏转为北西西，在中部有岩浆岩充填
	F_{40}	川岛湖断层	EW	不清	不清	不清	J_3s	J_3s	约 120	展布于千层山 – 川岛湖 – 西岔沟一带，多处被第四系覆盖，两盘岩层产状紊乱
	F_{41}	独雪山断层	EW–NWW	355°	70	逆断层	J_3s	J_3s	70	展布于二岔沟 – 独雪山北侧 – 向阳湖一带，断层总体错断 J_3s
	F_{42}	川岛湖断支	NWW–EW	不清	不清	不清	J_3s	J_3s	50	展布于川岛湖以北，向东被第四系所掩盖
Ⅴ	F_{43}	毕洛错南断层	NWW	北 11°	41	逆断层	J_1q	K_2a	180	展布于毕洛错以南，两条走向近平行断层组成对冲构造
				南 23°	35		J_2b	K_2a		
	F_{44}	鲁雄错北断层	EW	359°	33	逆断层	J_2b、J_2x	K_2a	90	展布于鲁雄错以北，向西延伸至朋彦错一带，由两条近平行断层组成逆冲叠瓦状构造
	F_{45}	鲁雄错南断层	EW	13°	35	逆断层	J_1q	K_2a	70	展布于鲁雄错以南，在西部呈向南弧形弯曲
	F_{46}	董玛尔断层	EW	14°	42	逆断层	T_3–J_1s	K_2a	80	展布于董玛尔 – 蒂保加尔一带，断层向东被北东向断层所错断

5.2.2 边界断裂

羌塘盆地北部以大横山 – 乌丽断层（F_1）与拉竹龙 – 金沙江缝合带为界，南以改则 – 其香错断层（F_2）与班公湖 – 怒江缝合带为界，其东以扎多日 – 通天河沿断层（F_3）与沱沱河 – 杂多逆冲断裂带（唐古拉逆冲断裂带）（李亚林等，2011）为界。北羌塘拗陷夹于北边拉竹龙 – 金沙江缝合带与南边羌中隆起之间，其北部边界断层为大横山 – 乌丽断层（F_1），南部以独雪山 – 吐错断层（F_4）与中央隆起为界，中央隆起与南羌塘拗陷以鄂雅错 – 达卓玛（额斯玛）断层（F_5）为界。

1. 大横山 – 乌丽断层（F_1）

地表上该断裂由西部达邦错向东经拜若布错、川岛湖北、大横山、鸭子湖、西金乌兰湖南、乌兰乌拉湖北、乌丽，继续向东延伸，区域称其为川岛湖 – 岗盛日断层，是郭扎错 – 若拉岗日断层中段。此断层规模较大，继续向西经郭扎错延入新疆境内；向东于黑熊山南伸入青海境内。断层总体走向为东西向，局部发生偏转而呈弧形，实际上是追踪北西西和北东东两组断层。总体倾向北，局部倾向南。研究区内该断层多处被第四系掩盖。断层以南多为古近系康托组、唢呐湖组砂岩、泥岩、砾岩；以北为三叠系若拉岗日组变质砂岩。在双鱼山东北见断层倾向近北（345°），倾角较陡，上盘二叠系逆冲于下盘 T_3x 之上；在冬布勒山北见断层走向东西，倾向近北（345°）倾角不清，据地形分析，推测倾角中等（50° 左右）。断层上盘地层为古生界，产状 355° ∠ 60°。上盘发育一条走向北东东—东西韧性剪切带，产状不清，据地形分析，倾向北；在乌兰乌拉湖北见断层近东西，倾向北（4°~10°），倾角较陡。由数条同走向断层构成一破碎带。其北边一条断层产状 10° ∠ 67°，上盘为 T_3q，产状 220° ∠ 37°，下盘为 K_1c，产状 205° ∠ 27°；南边一条断层产状 4° ∠ 60°，断于 K_1c 中，下盘产状 201° ∠ 47°。脑多那尕见断层产状 12° ∠ 50°，上盘 T_3q 逆冲于下盘 T_1p 之上，上盘发育一牵引小背斜。

由于二维地震剖面未穿越该断裂，对其深部结构还缺乏准确约束，但重力资料显示，该断裂带是重力异常的陡变梯度带，是区域性断裂带。断裂带以北地壳厚度沿 8° 的斜坡向北逐渐变薄，即自 70 km 减为 47 km（孟令顺等，1990），航磁资料同样显示了该断层的存在。

2. 改则 – 其香错断层（F_2）

西起改则，向东经加穷错、其香错、莫拜北，继续向东经兹格塘错、索县，到丁青转为北西 – 南东向，并向南延伸。断层在西藏境内总体走向东西，断层总体倾向北，倾角在 40°~70° 之间不等，沿断裂带发育基性和超基性岩。在地震剖面上，改则 – 其香错断层表现为北倾逆冲断层，导致班公湖 – 怒江缝合带木嘎岗日群向南逆冲于白垩纪—新近纪沉积之上，断层向下延伸大于 10 km（图 5.6）。对于南羌塘南界，西侧色林错 –

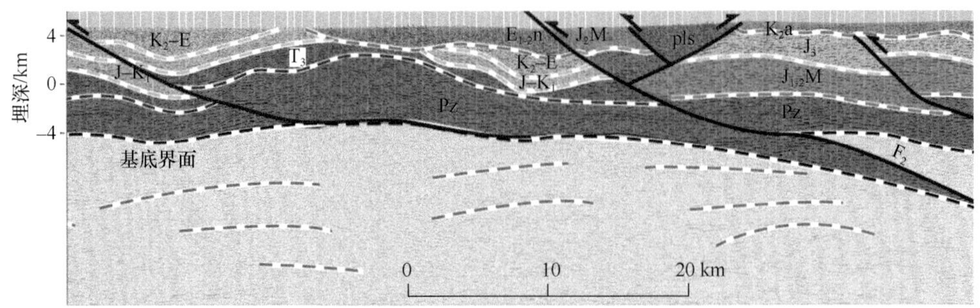

图 5.6　改则 – 其香错断层深部结构

K_2–E：上白垩统—古近系；J–K_1：侏罗系—下白垩统；T_3：上三叠统；Pz：古生界；J_{1-2}M：木嘎岗日群；pls：逆冲混杂岩片；K_2a：阿布山组；J_3：上侏罗统；F_2：改则 – 其香错断层

多格错仁地震剖面穿过了南羌塘拗陷南界，在地震剖面和地表构造研究中，得到了盆地边界改则 – 其香错断裂的深部延伸特征，在地表构造剖面中，南羌塘南界表现为逆冲断层，该断层将早—中侏罗世地层逆冲于巨厚的古近纪牛堡组之上，断层产状约为50°，向下产状轻微变缓。在地震剖面中，深部构造与地表构造对应性良好。在边界断裂下盘，可识别出相对较厚的新生代牛堡组不整合覆盖于中生代碎屑岩之上。在断层上盘，以反冲断层为特征，发育两组反冲断层构造组合，主断层为向南逆冲，次级反冲断层将古生代地层推覆至地表，在断层上盘发育向斜褶皱，褶皱变形幅度较小。断层错断新生代牛堡组，因此南羌塘南界断裂定型于新生代。

3. 扎多日 – 通天河沿断层（F_3）

该断层位于地体东缘、北起扎多日、并与大横山 – 乌丽断层相交，向南东经约改、奔德错切玛、扎日根、通天河沿、多丘、赛贝日、曲桑鄂碎玛，再向南东转为近南延伸，与澜沧江断裂汇合，也被称为乌兰乌拉湖 – 澜沧江断裂带。断层总体倾向北东，局部倾向南西。断层上盘石炭系和二叠系逆冲于下盘三叠系之上。

4. 独雪山 – 吐错断层（F_4）

该断层为北羌塘盆地与羌中隆起界线，西起独雪山，向东经菊花山、嘎尔孔茶卡、玛尔盖茶卡南、双湖北、吐错、土门一线。断层由数条走向平行的断层构成一断裂带，总体呈东西向，局部为北西向，沿走向常被北东向断层和北西向断层错断。断层总体倾向南，与大横山 – 乌丽断层构成北羌塘盆地的南北对冲格局。沿断裂带常见上盘古生代地层逆冲于断层下盘中生代和新生代沉积之上。在盆地西部雪源湖南，见断层倾向南，倾角较陡，上盘菊花山组（T_3jh）逆冲于下盘雀莫错组（J_2q）之上。上盘 T_3jh 为一背斜，产状 350° ∠ 35°、170° ∠ 35°，下盘 J_2q 产状 200° ∠ 20°~35°。在拉雄错东见断层倾向南，倾角较陡（60°~70°）上盘 T_3x 逆冲于下盘 J_1n、J_2q 之上。下盘见同走向、倾向的平移（右）断层。在盆地东部尕尔根，见断层走向北西西—近东西，倾向南西，倾角 55°，断层上盘为 T_3z，下盘为 J_2b。断层上盘 T_3 中发育多条与之走向近于平行、倾向南或北的逆断层，构成较密集的断裂带。

5. 鄂雅错 – 达卓玛断层（F_5）

该断层为南羌塘拗陷与中央隆起带界线。西起热那错，向东经纳丁错、朋彦错、鄂雅错、安多、索乌南，向南东方向延伸出研究区。断层总体走向为东西向，沿走向常呈向北或向南凸的波状弯曲，并被北东向和北西向断层错断。前人对中央隆起与南、北羌塘拗陷的关系一直存在争议。经过野外调查表明，盆地中央隆起与南羌塘拗陷主要表现为逆冲断层，表现为中央隆起三叠系分别逆冲于南羌塘拗陷的侏罗系和阿布山组之上，而不是前人认为的不整合接触，中央隆起与南羌塘拗陷总体构造格局表现为向南逆冲的大型逆冲构造（图 5.7），主逆冲断层在空间上呈近东西—北西西向展布，延伸长度大于 200 km，断层面倾向北或北东，倾角为 30°~50°。

图 5.7　鄂雅错 – 达卓玛断裂宏观特征

K_2a：晚白垩世阿布山组；T_3z：晚三叠世日干配错组；Q：第四系

6. 雪环湖 – 乌兰乌拉湖（F_a）

该断层为北羌塘拗陷中北缘逆冲断裂带（Ⅰ）与北部断褶带（Ⅱ）分界断层，断层向西与西岔沟 – 赤布张错断层（F_b）断层相交，向东过青蛙湖、雪环湖、水波湖、乌兰乌拉湖南一线延伸。该断层断续展布，总体走向东西、倾向北、倾角较陡（55°~70°），局部倾向南，为逆断层，上盘为藏夏河组（T_3z）逆冲于下盘白龙冰河组（J_3b）及雪山组（J_3—K_1x）之上，部分位置可见若拉岗日岩群向南逆冲于侏罗系之上。

7. 西岔沟 – 赤布张错断层（F_b）

该断层为北羌塘拗陷内中部褶皱带（III）与南部断褶带（IV）分界断层。断层西起西岔沟，向东经过分水达坂、向阳湖南、达尔沃错、吐错、赤布张错、唐古拉山、常措南、巴庆南。断层总体走向为近北西—北西西，沿走向呈波状弯曲。断层总体倾向向南，局部为北倾断层，性质为逆冲断层，断层倾角较陡，倾角在 50°~70° 之间。上盘地层常发育雀莫错组、布曲组、白龙冰河组，并多发育小型褶皱。断层沿走向常发育次级断层，组成反冲断层构造组合。

8. 琵琶湖断层（F_c）

该断层为北羌塘拗陷中部褶皱带中次级构造单元西段东西向构造亚带（III_1）与中段过渡构造亚带（III_2）分界断层。走向北东—北东东，断层断续展布于冬布勒 – 长湖北 – 白滩湖 – 琵琶湖 – 玛尔果茶卡北西岸 – 唢呐湖一线。断层多错断中—上侏罗统索瓦组、白龙冰河组，走向为北东向，倾向南东，断层倾角多在 40°~50° 之间。

9. 赤布张错 – 通天河断层（F_d）

该断层为北羌塘拗陷中部褶皱带（III）中次级构造单元中段过渡构造亚带（III_2）与东段北西向构造亚带（III_3）的边界断层，为一规模较大的北东走向断层。断层断续展布于赤布张错、雀莫错南、莫克贴勒、通天河沿一线。断层南西段产状为 163°~170° ∠ 58°。上盘为发育夏里组（J_2x）及索瓦组（J_3s），形成一向斜褶皱，近断层处产状为 170° ∠ 35 °；下盘为 J_2b，产状为 340° ∠ 40°，是逆断层。

5.2.3 构造单元变形特点

通过对整个羌塘盆地的断层及褶皱进行统计，编制了羌塘盆地的构造纲要图（图 5.3），不同褶皱及断裂特征见表 5.1 及表 5.2，以下将结合图 5.3 和表 5.1、表 5.2，对不同构造单元变形基本特点分别叙述。

1. 北缘逆冲断裂带（Ⅰ）

北缘逆冲断裂带展布于盆地北部边缘，其北界为大横山 – 乌丽断层，南界为雪环湖 – 乌兰乌拉湖断层，呈东西向展布的狭长带状，南北宽仅 10 余千米。

北缘逆冲断裂带基底埋深约 5 km，地表出露较多三叠系、侏罗系、古近系、新近系，在东段乌兰乌拉湖附近，出露白垩系；在西段黑石长梁，见前泥盆系和基性岩体。前泥盆系与下伏地层多为断层接触，在中段雪环湖附近，见大片侏罗系、三叠系及零星基性岩出露。

表 5.2　羌塘盆地主要褶皱特征

构造单元	编号	名称	轴向	延伸 /km	核部地层	两翼地层	两翼产状	基本特征
I	H_1	黑砾石山背斜	EW	25.5	T_3	N	347° ∠ 50°，180° ∠ 45°	
	H_2	群岩山向斜	EW	20	P	P	199° ∠ 10°，16° ∠ 10°	
	H_2^1	黑脊山背斜	EW	18.5	J	J	338° ∠ 15°，194° ∠ 18°	
	H_3	红沙湖南背斜	EW	15	J_2q	J_2q	342° ∠ 22°，162° ∠ 35°	被北东向断层错断
	H_4	红沙湖南向斜	EW	30	J_2b	J_2q	160° ∠ 43°，342° ∠ 22°	中段被北东向断层错断，向西向东扬起
	H_5	红土山北向斜	EW	37.5	E_2s	E_2s	西 160° ∠ 43°，338° ∠ 47° 东 28° ∠ 15°，210° ∠ 14°	南、北两翼均被东西向断层所错断
	H_6	乌兰乌拉湖西背斜	EW	33.5	J_2x	E	西 180° ∠ 35°，12° ∠ 40° 东 180° ∠ 32°，12° ∠ 40°	向东消失于乌兰乌拉湖，并被南北向断层所错断
	H_7	乌兰乌拉湖北背斜	EW	35	K_2	K_2	西 205° ∠ 12°，20° ∠ 43° 东 200° ∠ 41°，23° ∠ 37°	北翼发育同轴向向斜，南翼被东西向断层所破坏
	H_8	乌兰乌拉湖中部背斜	NWW–EW	55	K	K	西 185° ∠ 42°，33° ∠ 25° 东 210° ∠ 29°，25° ∠ 30°	两翼被东西向断层所破坏改造
	H_9	乌兰乌拉湖北东背斜	EW	12.5	J_2x	J_3s	20° ∠ 61°，200° ∠ 42°	被北东向断层错断
	H_{10}	扎多日向斜	NWW–EW	75	J_2x	J_3s	西 34° ∠ 53°，228° ∠ 52° 中 40° ∠ 65°，225° ∠ 40° 东 34° ∠ 56°，206° ∠ 40°	北翼被北西西—东西向断层破坏
	H_{16}	沙波梁背斜	EW	20	E_2s	E_2s	185° ∠ 29°，340° ∠ 24°	向东、向西被第四系所覆盖
II	H_{17}	黑塔山向斜	EW	40	J_3b	J_3b	西 210° ∠ 52°，25° ∠ 51° 东 162° ∠ 52°，332° ∠ 25°	北翼被东西向断层所破坏，南翼发育次级同轴小型背斜
	H_{18}	白龙冰河复背斜	EW	30	J_2x	J_3b	40° ∠ 15°~25°，151° ∠ 43°	南北两翼均被次级褶皱复杂化，并被轴向断层所破坏
	H_{19}	亚克错北东复背斜	EW	22.5	T_3z	J_2q	西 341° ∠ 41°，180° ∠ 26° 东 357° ∠ 41°，180° ∠ 37°	两翼发育一系列次级小褶皱，中段被北东向断层错断
	H_{20}	亚克错东背斜	EW	25	T_3z	J_2q	西 350° ∠ 34°，160° ∠ 30° 东 355° ∠ 30°，202° ∠ 40°	中段被北东向断层错断

续表

构造单元	编号	名称	轴向	延伸 /km	核部地层	两翼地层	两翼产状	基本特征
II	H_{22}	丽江湖复背斜	EW	40	T_3z	J_2q	西 210° ∠ 34°，10° ∠ 27° 中 5° ∠ 32°，173° ∠ 48° 东 339° ∠ 70°，180° ∠ 80°	沿走向枢纽波状起伏，东段被北东向断层破坏，向东急剧倾伏
	H_{23}	牛角梁北背斜	EW	20	J_2q	J_2q	203° ∠ 30°，356° ∠ 45°	北翼被东西向断层破坏
	H_{26}	长湖背斜	EW	30	J_3–K_1x	J_3–K_1x	西 340° ∠ 48°，170° ∠ 50° 中 20° ∠ 50°，176° ∠ 35° 东 356° ∠ 36°，168° ∠ 50°	线状褶皱，中段被多条北西向断层错断，东段南翼被东西向断层破坏。两翼发育次级小褶皱
	H_{27}	红咀山东背斜	EW	50	J_3b	J_3–K_1x	348° ∠ 56°，189° ∠ 64°	北翼被东西、北东向断层所破坏
	H_{28}	多格错仁北向斜	EW	55	J_3–K_1x	J_3–K_1x	西 188° ∠ 40°，25° ∠ 35° 中 18° ∠ 48°，190° ∠ 40° 东 170° ∠ 68°，350° ∠ 50°	中段被一系列北西向断层所错断
	H_{29}	恒果湖北西背斜	EW	45.5	J_3b	E_2k	10° ∠ 30°，158° ∠ 28°	发育于大面积 Nsh 中的背斜，为一重褶的复合褶皱
	H_{30}	长湖东背斜	EW	25	J_3–K_1x	J_3–K_1x	西 23° ∠ 35°，205° ∠ 20° 东 160° ∠ 43°，350° ∠ 40°	中段被东西向断层错断，两翼发育次级褶皱
	H_{32}	玉带山北西向斜	EW	100.5	J_3–K_1x	J_3–K_1x	西 170° ∠ 40°，343° ∠ 30° 中 190° ∠ 37°，40° ∠ 40° 东 193° ∠ 40°，16° ∠ 15°	沿走向低点斜列，并被近南北向断层错断，两翼发育有次级小型褶皱
	H_{33}	红沙滩南复背斜	EW	30	J_3–K_1x	J_3–K_1x	15° ∠ 75°，195° ∠ 65°	南北两翼北东西向断层破坏
	H_{34}	枕头崖背斜	EW– NWW	35	J_3s	J_3–K_1x	西 10° ∠ 50°，198° ∠ 48° 中 6° ∠ 32°，193° ∠ 28° 东 35° ∠ 36°，214° ∠ 27°	西段和中段轴面近东西向，东段轴向偏转为北西西，中段被第四系覆盖严重
	H_{35}	豌豆湖复背斜	NWW–EW	50	J_3–K_1x	Ey	西 34° ∠ 38°，175° ∠ 38° 中 25° ∠ 10°，189° ∠ 11° 东 35° ∠ 36°，214° ∠ 27°	被第四系覆盖严重，枢纽沿轴向起伏，向中段倾伏，两翼分别发育次级褶皱
	H_{36}	玛章错钦背斜	NWW	20	J_3s	J_3–K_1x	211° ∠ 38°，32° ∠ 57°	沿轴向向北西方向倾伏，南翼被北西向断层破坏
	H_{37}	葫芦湖东背斜	NWW	26.5	J_3s	J_3–K_1x	西 16° ∠ 45°，190° ∠ 48° 东 26° ∠ 61°，206° ∠ 67°	背斜中部被北西向断层错断

续表

构造单元	编号	名称	轴向	延伸 /km	核部地层	两翼地层	两翼产状	基本特征
	H_{38}	错泥北背斜	NEE–EW	42.5	J_2x	J_3s、J_3b	354° ∠ 35°，180° ∠ 48°	东段轴向东西，西段偏向北东东
	H_{38}[a]	亚克错南西背斜	EW	30	J_2x	J_3s	西 340° ∠ 23°，205° ∠ 40° 东 340° ∠ 30°，194° ∠ 31°	东段南翼被东西向断层破坏
	H_{39}	吐波错背斜	NWW–EW	16.5	J_3s	J_3b	12° ∠ 35°，195° ∠ 40°	
	H_{40}	错尼南背斜	NWW–EW	27.5	J_3s	J_3b、E_2k	西 10° ∠ 35°，157° ∠ 38° 东 200° ∠ 15°，30° ∠ 58°	背斜总体向东倾伏，西段出露地层较老
	H_{41}	错尼北复向斜	EW	55	J_3b	J_3s、J_2x	西 165° ∠ 43°，27° ∠ 15° 中 332° ∠ 20°，170° ∠ 18° 东 160° ∠ 15°，345° ∠ 30°	向斜两翼发育一系列同轴次级小背斜和小向斜，向斜中段被四条断层错断
III₁	H_{42}	黑石山东背斜	EW	35	J_3b	J_3s、J_2x	西 145° ∠ 40°，340° ∠ 30° 东 338° ∠ 48°，200° ∠ 65°	中段被第四系覆盖，背斜被北北东向断层错断
	H_{43}	龙沟复向斜	EW	35	J_3b	J_3b	西 198° ∠ 35°，330° ∠ 20° 东 167° ∠ 40°，334° ∠ 48°	沿轴向向东、西两侧扬起，两翼发育次级褶皱
	H_{45}	白滩湖西背斜	EW	40	J_2x	J_3s、J_3b	西 348° ∠ 54°，172° ∠ 40° 中 345° ∠ 42°，151° ∠ 21° 东 200° ∠ 76°，340° ∠ 70°	背斜两翼发育多个同轴向次级小背斜和小向斜
	H_{46}	白滩湖西南背斜	EW	12.5	J_3s	J_3b	西 19° ∠ 37°，158° ∠ 52° 东 354° ∠ 42°，190° ∠ 37°	背斜枢纽由东、西向中部倾伏
	H_{47}	晚安湖北西背斜	EW	18	J_2x	J_3s、J_3b	西 35° ∠ 55°，210° ∠ 45° 东 15° ∠ 32°，192° ∠ 20°	东段和西段出现高点，东段被南北向断层错断
	H_{77}	乱石山西背斜	EW	15	J_3b	J_3b	35° ∠ 40°，140° ∠ 30°	
	H_{78}	乱石山南背斜	NWW–EW	20	E_2k	E_2k、J_3b	330° ∠ 15°，192° ∠ 20°	
	H_{79}	长龙梁背斜	EW	15.5	J_3s	J_3b	350° ∠ 57°，165° ∠ 34°	
	H_{80}	确旦错复背斜	EW	75	J_3s	J_3b、E_2k	西 350° ∠ 35°，172° ∠ 30° 中 11° ∠ 52°，195° ∠ 40° 东 162° ∠ 68°，31° ∠ 70°	两翼发育次级同轴小褶皱，沿走向枢纽波状起伏。西段、东段均被断层错断

续表

构造单元	编号	名称	轴向	延伸 /km	核部地层	两翼地层	两翼产状	基本特征
III_1	H_{81}	白云湖 – 双尖湖背斜	EW	.35	J_3s	J_3s、E_2k	西 358° ∠ 22°，174° ∠ 30° 东 340° ∠ 40°，197° ∠ 23°	
	H_{82}	黄水湖北背斜	EW	50	J_2x	J_3s、J_3b	西 37° ∠ 25°，187° ∠ 30° 中 24° ∠ 44°，161° ∠ 40° 东 20° ∠ 45°，140° ∠ 60°	沿轴向枢纽起伏，每段分别出露高点；西段被东西向断层错断，中段北翼被东西向断层破坏
	H_{83}	浩波湖南背斜	EW	11	J_2x	J_3s、E_2k	13° ∠ 70°，159° ∠ 57°	E_2k 主要分布于背斜东段和南翼
	H_{109}	升云山东南背斜	EW	22.5	J_3b	J_3b	西 348° ∠ 8°，223° ∠ 22° 中 5° ∠ 25°，195° ∠ 15° 东 10° ∠ 20°，192° ∠ 10°	沿轴向多处被第四系覆盖
	H_{110}	乱石流背斜	EW	37.5	J_3s	J_3b	西 15° ∠ 30°，212° ∠ 12° 中 22° ∠ 40°，164° ∠ 15° 东 10° ∠ 20°，192° ∠ 10°	沿轴向枢纽波状起伏，两翼发育次级褶皱
	H_{112}	确旦错南背斜	EW	17.5	E_2k	E_2s	180° ∠ 10°，17° ∠ 25°	背斜向西被第四系覆盖
III_2	H_{48}	白滩湖东背斜	NWW–EW	12.5	J_3s	J_3s	25° ∠ 55°，196° ∠ 39°	
	H_{49}	多格错仁西南背斜	NW	10	J_3s	J_3s	40° ∠ 61°，217° ∠ 50°	背斜向南东倾伏，南西翼被北西断层破坏
	H_{50}	玉带山背斜	NWW	17.5	J_3s	J_3s	43° ∠ 36°，202° ∠ 40°	中段被南北向断层错断
	H_{51}	玉带山向斜	NWW	27.5	J_3s	J_3s	西 12° ∠ 35°，155° ∠ 30° 东 354° ∠ 20°，212° ∠ 15°	发育于 J_3s 中，枢纽向中段倾伏
	H_{53}	祖尔肯乌拉山西背斜	EW	30	J_2q	J_2b	西 36° ∠ 28°，212° ∠ 20° 东 185° ∠ 46°，15° ∠ 27°	枢纽起伏，东段和西段分别出露高点
	H_{55}	梅花山背斜	NWW–EW	32.5	J_2q	J_2b	西 340° ∠ 40°，177° ∠ 27° 中 10° ∠ 30°，170° ∠ 20° 东 170° ∠ 20°，355° ∠ 32°	西段轴向为北东东向，中段和东段为东西向，枢纽起伏
	H_{57}	雪莲湖北背斜	EW	25	J_2b	J_2x、J_3s	20° ∠ 35°，200° ∠ 56°	南翼零星分布 Ec
	H_{58}	老瓜不金地背斜	NW	12.5	J_2b	J_2x	19° ∠ 27°，235° ∠ 32°	
	H_{59}	老瓜不金地南背斜	NW	30	J_2b	J_2x	西 55° ∠ 45°，210° ∠ 41° 东 213° ∠ 40°，10° ∠ 42°	枢纽起伏，西段和中段分别出现高点，中段被南北向正断层所错断

续表

构造单元	编号	名称	轴向	延伸 /km	核部地层	两翼地层	两翼产状	基本特征
III 2	H_{60}	祖尔肯乌拉山向斜	EW	40	Ec	Ec	353° ∠ 17°，175° ∠ 10°	发育于 Ec 中，东段南翼发育次级小型背斜
	H_{61}	那日胸玛向斜	NWW–EW	37.5	J_2x	J_3s	西 230° ∠ 29°，32° ∠ 34° 中 190° ∠ 33°，20° ∠ 47° 东 210° ∠ 12°，22° ∠ 32°	枢纽起伏，东段和西段分别被北东和南北向断层错断
	H_{64}	太平湖西背斜	NWW–EW	22.5	J_3s	J_3b、Nsh、$E_{2\text{-}3}y$	西 33° ∠ 52°，213° ∠ 35° 东 10° ∠ 40°，170° ∠ 42°	枢纽向东微小倾伏
	H_{65}	太平湖向斜	NWW–EW	40	J_3–K_1x	J_3–K_1x、J_3b	西 161° ∠ 60°，12° ∠ 62° 中 212° ∠ 35°，19° ∠ 54° 东 23° ∠ 75°，200° ∠ 57°	西段近东西向，东段转为北西西向
	H_{66}	太平湖南背斜	NW	17.5	J_3s	$E_{2\text{-}3}y$	23° ∠ 49°，214° ∠ 50°	北东翼 $E_{2\text{-}3}y$ 零星分布
	H_{68}	波涛湖向斜	EW	17.5	J_2x	J_2b	170° ∠ 36°，9° ∠ 31°	枢纽微向东扬起，中段被北东断层错断
	H_{69}	雪莲湖东背斜	EW	25	J_2b	J_2x	西 345° ∠ 18°，171° ∠ 32° 东 15° ∠ 25°，210° ∠ 20°	背斜中部被第四系所覆盖，枢纽轻微波状起伏
	H_{71}	波陇章巴背斜	EW	17.5	J_2b	J_2x	354° ∠ 25°，195° ∠ 32°	背斜中段被北东向正断层所错断
	H_{71}[a]	祖尔肯乌拉山背斜	SN	12.5	J_2q	J_2b	87° ∠ 20°，290° ∠ 26°	背斜微向西弯曲呈弧状
	H_{72}	雀莫错北背斜	EW	25.5	J_2b	J_2x、J_3s	175° ∠ 28°，15° ∠ 57°	
	H_{74}	雀莫错东南背斜	EW	31.5	J_3–K_1x	J_3–K_1x	167° ∠ 12°，342° ∠ 18°	西段南北两翼被北西、北东向断层错断
	H_{75}	尺柔强玛向斜	EW	27.5	J_3–K_1x	J_2x、J_3s	332° ∠ 43°155° ∠ 52°	沿轴向枢纽起伏，总体向东扬起
	H_{76}	江茶扎根背斜	NWW–EW	20	J_2q	J_2b、J_2x、J_3–K_1x	西 347° ∠ 47°，170° ∠ 48° 东 344° ∠ 48°，174° ∠ 45°	沿轴向向西倾伏
	H_{85}	猫鹰咀背斜	EW	15	J_3s	E_2s	30° ∠ 34°，210° ∠ 27°	东段北翼被北西断层破坏
	H_{86}	琵琶湖复向斜	NWW–EW	50	E_2s	J_2b、J_3s	西 165° ∠ 20°，345° ∠ 8° 中 147° ∠ 18°，342° ∠ 30° 东 31° ∠ 20°，220° ∠ 35°	西段和中段轴向近东西向，核部为 E_2s，东段轴向转为北西西，两翼发育多个次级褶皱
	H_{87}	半岛湖北背斜	NW	12.5	J_2x	J_3s、J_3b	西 50° ∠ 37°，250° ∠ 48° 东 25° ∠ 14°，240° ∠ 34°	背斜总体向北西倾伏，中段被北东断层错断

续表

构造单元	编号	名称	轴向	延伸 /km	核部地层	两翼地层	两翼产状	基本特征
III_2	H_{88}	半岛湖西南背斜	NW	26	J_2x	J_3s、J_3b	215° ∠ 28°，50° ∠ 29°	两翼分别发育同轴向次级背斜和向斜
	H_{89}	五节梁背斜	NW	30	J_2x	J_3s、J_3b	西 20° ∠ 33°，213° ∠ 45° 东 28° ∠ 48°，209° ∠ 58°	背斜东段被东西向断层所错断
	H_{90}	半岛湖东南向斜	NW	25	$E_{2\text{-}3}y$	J_3s、J_3b	191° ∠ 65°，23° ∠ 40°	
	H_{91}	半岛湖东南背斜	NW	35	J_2b	J_2x、$E_{2\text{-}3}y$	西 50° ∠ 32°，216° ∠ 30° 东 24° ∠ 30°，201° ∠ 40°	沿轴向枢纽由轻微起伏
	H_{92}	强仁温杂日背斜	NW	38	J_2x	J_3s	50° ∠ 62°，230° ∠ 58°	西段被东西向断层错断
	H_{120}	丹拓背斜	NW	17	T_3	T_3	352° ∠ 23°，230° ∠ 40°	南西翼被北西断层破坏
	H_{150}	玛巧错背斜	EW	15	J_3s	J_3s	9° ∠ 25°，160° ∠ 28°	枢纽微向东倾伏
	H_{151}	吐错北西背斜	NWW	17.5	J_3s	J_3–K_1x、E_2k	20° ∠ 30°，193° ∠ 29°	中段被北西向断层所错断
	H_{161}	饮龙错北背斜	EW	25	J_2b	J_2x、J_3s	35° ∠ 56°，220° ∠ 40°	线型褶皱，沿轴向枢纽起伏，西段、中段、东段分别出现高点
	H_{162}	龙尾错背斜	EW	37.5	J_2b	J_3b、J_3s、E_2k	西 210° ∠ 34°，30° ∠ 39° 中 180° ∠ 58°，34° ∠ 25° 东 10° ∠ 25°，194° ∠ 38°	东部南翼被东西向断层破坏
	H_{163}	龙尾错西背斜	EW	20	J_2x	J_2x、E_2k	164° ∠ 30°，351° ∠ 35°	背斜南翼被北东和北西向断层所破坏
III_3	H_{122}	布茸褶皱群	NW	45	J_2x	J_2b、J_3s	222° ∠ 40°，65° ∠ 50°	褶皱平行展布
	H_{123}		NW		J_2q	J_2b、J_2x	33° ∠ 45°，223° ∠ 40°	
	H_{124}		NW		J_2x	J_2b、J_2q	15° ∠ 51°，262° ∠ 40°	
	H_{126}	楚多背斜	NW	17.5	J_2q	J_2b、J_2x	西 15° ∠ 51°，262° ∠ 40° 中 85° ∠ 45°，230° ∠ 37° 东 98° ∠ 38°，225° ∠ 40°	背斜中段被北东向背斜横跨，形成穹窿状构造
	H_{125}	温泉兵站东背斜	NW	25	J_2q	J_2b、J_2x	不清 中 40° ∠ 46°，180° ∠ 50° 东 210° ∠ 45°，14° ∠ 40°	两翼分别被北西向断层破坏，中段被两条北东向断层切断
	H_{127}	哈布索日背斜	NW	40	J_2q	J_2b、J_2x	西 40° ∠ 50°，196° ∠ 60° 中 346° ∠ 70°，164° ∠ 70° 东 40° ∠ 40°，240° ∠ 40°	背斜总体走向北西，由于叠加北东向褶皱，沿轴向发生向北东和南西向弯曲，呈向北东方向的弧形，产状紊乱

续表

构造单元	编号	名称	轴向	延伸 /km	核部地层	两翼地层	两翼产状	基本特征
III_3	H_{129}	拉萨纳加向斜	弧形	35	J_3–K_1x	J_2b、J_2x	西 220° ∠ 40°，70° ∠ 33° 东 230° ∠ 45°，17° ∠ 50°	中段叠加近南北向褶皱，形成向南凸的弧形
	H_{131}	拉萨纳加背斜	弧形	45	J_2q	J_2b、J_2x、J_3–K_1x	西 70° ∠ 33°，216° ∠ 30° 中 340° ∠ 22°，170° ∠ 36° 东 13° ∠ 20°，220° ∠ 50°	中段叠加近南北向背斜及向斜，呈向南凸弧形
	H_{133}	胧哈钦背斜	NW	22.5	J_2q	J_2b、J_2x	30° ∠ 50°，194° ∠ 30°	东段沿轴部有岩浆侵入
	H_{134}	多丘背斜	NW	15	T_3	J_2b、J_2q	32° ∠ 40°，198° ∠ 45°	
	H_{135}	赛日满向斜	NW	32.5	J_2b	J_2q	195° ∠ 40°，30° ∠ 50°	沿轴向呈线状延伸
	H_{136}	贴峰背斜	NW	20	T_3	J_2q	210° ∠ 80°，30° ∠ 40°	两翼被北西向断层破坏
	H_{137}	曲桑扎钦北向斜	NW	55	J_2q	T_3	西 199° ∠ 50°，23° ∠ 40° 中 23° ∠ 21°，205° ∠ 41° 东 25° ∠ 43°，200° ∠ 41°	两翼被北西向断层破坏，西段被东西向断层错断
	H_{138}	背斜	NW	60	T_3	J_2q	西 31° ∠ 43°，196° ∠ 40° 中 33° ∠ 51°，201° ∠ 41° 东 28° ∠ 51°，208° ∠ 54°	枢纽轻微起伏，出现两个高点，两翼分别被北西向断层破坏
	H_{140}	布支玛利向斜	NW	30	J_2q	J_2q	西 218° ∠ 60°，35° ∠ 62° 中 224° ∠ 40°，28° ∠ 48° 东 23° ∠ 36°，208° ∠ 70°	两翼分别被北西向断层破坏
	H_{141}	尼日阿错背斜	NW	35	J_2q	J_2q	西 30° ∠ 33°，210° ∠ 43° 东 206° ∠ 32°，30° ∠ 33°	两翼分别被北西向断层破坏
IV	H_{11}	川岛湖西背斜	EW	45	J_3s	J_3s	192° ∠ 20°，18° ∠ 50°	两翼分别被东西向断层破坏
	H_{13}	川岛湖东背斜	NWW–EW	40	J_3s	J_3s	西 343° ∠ 80°，191° ∠ 35° 东 60° ∠ 52°，200° ∠ 45°	枢纽向西、向东倾伏，两翼分别被北西西断层破坏
	H_{14}	西岔沟东背斜	NWW	30	J_2x	J_3s	25° ∠ 35°，213° ∠ 45°	翼部零星出现白垩系
	H_{15}	独雪山背斜	NW	20	J_2x	J_3s	245° ∠ 35°，50° ∠ 35°	向西被第四系掩盖
	H_{146}	当玛岗背斜	EW	22	J_2b	J_2x	170° ∠ 37°，30° ∠ 26°	
	H_{147}	纵钦贡若向斜	EW	30	J_2b	J_2q	西 32° ∠ 28°，195° ∠ 55° 东 10° ∠ 25°，220° ∠ 25°	

续表

构造单元	编号	名称	轴向	延伸 /km	核部地层	两翼地层	两翼产状	基本特征
Ⅳ	H_{148}	切可加背斜	EW	12.5	J_2b	E	203° ∠ 38°，348° ∠ 35°	北翼被东西向断层破坏
	H_{149}	赤布张错东背斜	NWW	25	J_2b	E	20° ∠ 24°，220° ∠ 42°	向东向西分别被第四系覆盖
	H_{152}	吐错背斜	NWW–EW	45	J_3b	J_3–K_1x、E_2s	西 160° ∠ 30°，335° ∠ 48° 中 160° ∠ 58°，340° ∠ 36° 东 195° ∠ 40°，349° ∠ 17°	西段被北东、北西向断层所破坏，产状混乱，中段被北西向断层错断，两翼零星出露 E_2s
	H_{156}	达尔沃背斜	NWW–EW	20	J_3s	J_3b	西 10° ∠ 40°，220° ∠ 17° 东 30° ∠ 54°，220° ∠ 30°	西段近东西向，东段转为北西西向，中部被第四系覆盖
	H_{158}	达尔沃西南背斜	NWW–EW	40	E_2s	E_2k	西 168° ∠ 10°，342° ∠ 30° 东 205° ∠ 32°，350° ∠ 24°	向西被第四系覆盖，两翼产状平缓
	H_{159}	阿木错西背斜	NWW	40	E_2s	E_2s	西 10° ∠ 20°，205° ∠ 16° 东 354° ∠ 25°，216° ∠ 30°	两翼产状较为平缓
	H_{169}	玛尔果茶卡东南背斜	EW	15	T_3	J_2q	10° ∠ 20°，194° ∠ 37°	南翼被东西向断层破坏
	H_{170}	玛尔果茶卡向斜	NWW–EW	20	E	E	18° ∠ 10°，166° ∠ 20°	
	H_{172}	长梁山北东背斜	NW	25	J_2q	J_2b	355° ∠ 42°，220° ∠ 56°	两翼被北西向断层破坏
	H_{173}	玛尔果茶卡北向斜	EW	22.5	E	J_3s	168° ∠ 60°，341° ∠ 70°	向东被第四系覆盖
	H_{174}	菊花山背斜	EW	22	T_3	J_2	190° ∠ 53°，330° ∠ 60°	
	H_{177}	长岩山向斜	NWW–SN	22.5	J_3s	J_3s、J_2x	50° ∠ 40°，300° ∠ 85°	两翼被北西向断层破坏
Ⅴ	H_{181}	帕度错西背斜	NWW	35	T_3–J_1	J_1q	310° ∠ 28°，200° ∠ 50°	南翼产状较陡，向西被白垩系覆盖
	H_{182}	帕度错南西向斜	EW	30	J_1q	T_3–J_1	171° ∠ 45°，345° ∠ 50°	褶皱在东段为对称褶皱，褶皱枢纽向西倾伏
	H_{183}	朋彦错南向斜	NWW	20	J_2b	J_2sq	201° ∠ 50°，30° ∠ 40°	褶皱向东偏转为北西向，并被第四系覆盖
	H_{184}	茶多空母背斜	NWW	60	J_3s–J_2x	J_2b	11° ∠ 46°，201° ∠ 18°	褶皱具有不对称性，北翼较陡，南翼平缓
	H_{185}	雷日卡背斜	EW	25	J_1q	J_2sq、J_2b	21° ∠ 46°，205° ∠ 35°	褶皱在西段被北东向断裂所错断
	H_{186}	巴乃玛尔沟向斜	EW	40	J_3s–J_2x	J_2b	201° ∠ 30°，18° ∠ 40°	褶皱在中部呈向南凸弧形，被两条北东向断层所错断
	H_{187}	鄂纵错南向斜	EW	30	J_3s、J_2x	J_2sq、J_2b	165° ∠ 60°，1° ∠ 46°	
	H_{188}	昂达尔错北背斜	EW	40	J_2sq–J_2b	J_3s、J_2x	5° ∠ 46°，173° ∠ 46°	在东段褶皱被北东向断层错断
	H_{189}	杂达期索玛背斜	NWW	45	J_2sq	J_2x	11° ∠ 45°，193° ∠ 41°	两翼发育次级小型褶皱
	H_{190}	日阿向斜	EW	22.5	J_2b	J_2q	181° ∠ 54°，31° ∠ 75°	褶皱变形强烈，较为紧闭
	H_{191}	达卓玛背斜	NWW	35	J_2q、T_3	J_2x	5° ∠ 54°213° ∠ 42°	褶皱西部出露阿布山组，东部有上三叠统地层出露

北缘逆冲断裂带内以东西向逆冲断层为主，其中较大规模断层的基本特征如图 5.3 及表 5.1 所示。断层在盆地西部，主要发育于上三叠统之中，而在盆地中部断层主要多错断新生代地层，在盆地东部多发育于侏罗系—白垩系之中。通过赤平投影图（图 5.8）可以看出，断层走向近东西向，有少量北西西向断层。断层在北缘逆冲断裂带中产状变化较小，南倾、北倾断层均有发育，断层倾角较陡，断层产状均在 50°~60° 之间，区域内断层常构成对冲、反冲和叠瓦状组合，反冲构造常形成抬升形态。

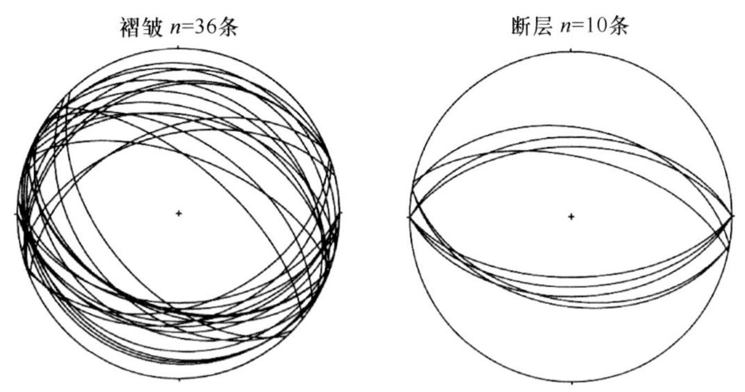

图 5.8 北缘逆冲断裂带中褶皱两翼及断层面产状赤平投影图（下半球投影，下同）
n 表示样本的数量，即用于绘制该投影图的断层面数量

北缘逆冲断裂带中以东西—北西西向褶皱为主（图 5.8），褶皱规模相对较小，延伸多在 30 km 以内。褶皱两翼倾角相对较缓，靠近逆冲断裂附近的褶皱形态更复杂，褶皱更加紧闭，两翼多被后期断层所破坏改造，导致产状有一定改变。北缘逆冲断裂带内规模较大的有红沙湖南背斜（H_4）、红土山向斜（H_5）、乌兰乌拉湖西背斜（H_6）、乌兰乌拉湖北背斜（H_7）、乌兰乌拉湖中部背斜（H_8）等，其特征如表 5.2 所示。

2. 北部断褶带（Ⅱ）

该构造单元位于盆地北部，其北界为雪环湖 – 乌兰乌拉湖断层，南侧边界位于布若错 – 长梁山 – 亚克错 – 多格错仁北岸 – 玉带山 – 桌子山 – 葫芦湖 – 玛日阿错一线。总体呈狭长带状，南北宽 15~30 km，东、西段窄，中部宽；总体呈微向北凸出的宽缓弧形。

本带深部对应于盆地基底布诺错凸起，吐波错深凹陷北部、半岛湖凸起北部、白滩湖深凹陷北部、桌子山凸起。基底埋深总体显示东西向起伏，南北向则呈现自北向南加深的趋势。盖层厚度沿东西向波状起伏，自北向南略有加厚的趋势。带中出露较多上三叠统、侏罗系、新生界和少量泥盆系、石炭系、二叠系。

在北部断褶带中，最明显特征是盆地中发育大量褶皱，而断层相比于北缘逆冲断裂带大量减少（图 5.9），断层为东西向走向断层（表 5.1），多为北倾断层，仅发育少量南倾断层，常构成叠瓦状和反冲构造组合、背冲组合，断层多发育于侏罗系之中，仅在盆地西部错断部分上三叠统（图 5.3）。

通过大量褶皱两翼产状投影，发现在盆地西部和盆地中部的褶皱多为东西向，密

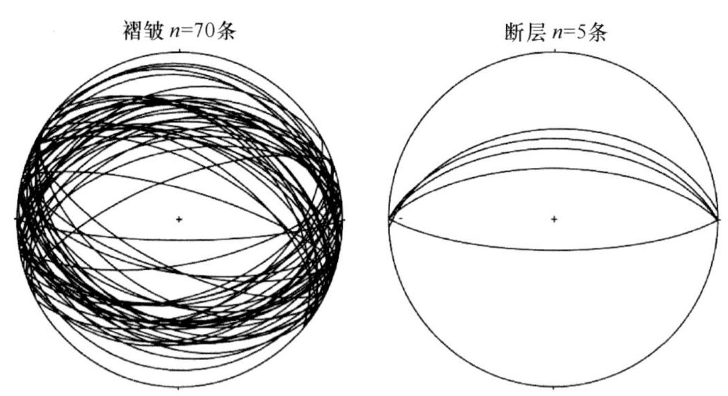

图 5.9　北部断褶带中褶皱两翼及断层产状赤平投影图

集分布于侏罗系之中，而在盆地东部，构造方向转为北东向，褶皱相对盆地中部及西部减少（图 5.3）；褶皱两翼产状相比于其他构造单元倾角较陡，倾角多在 30°~65°，褶皱变形强烈。北部断褶带中褶皱以复背斜为主，典型复背斜包括白龙冰河复背斜（H_{18}）（图 5.10）、亚克错北东复背斜（H_{19}）、丽江湖复背斜（H_{22}）、牛角梁北背斜（H_{23}）、红咀山东背斜（H_{27}）、长湖东背斜（H_{30}）、红沙滩南复背斜（H_{33}）、豌豆湖复背斜（H_{35}）（表 5.2）。背斜核部地层以三叠系（T_3z）、侏罗系（J_2q、J_3s、J_3—K_1x 等）为主。褶皱形态以直立褶皱为主，也可见斜歪褶皱，在边界断裂处附近可见倒转褶皱。

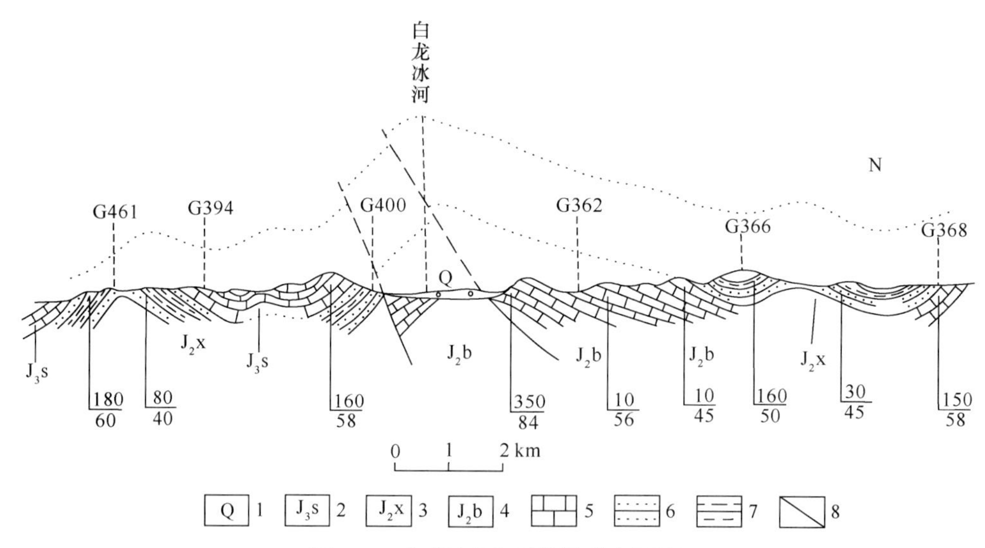

图 5.10　白龙冰河复背斜构造剖面图

1：第四系；2：索瓦组；3：夏里组；4：布曲组；5：灰岩；6：砂岩；7：泥岩；8：逆断层

3. 中部褶皱带（Ⅲ）

中部褶皱带总体呈东西向展布，在东段偏转为北西西—北西向。其北界位于布若错 – 亚克错 – 多格错仁北岸 – 玉带山 – 桌子山 – 葫芦湖 – 玛日阿错一线，南界以西岔沟 – 赤布张错断层为界。该带呈中部宽（110 km），向东、西方向变窄的菱形形态。

中部褶皱带主体与深部基底对应，向斜对应于吐波错深凹陷、白滩湖深凹陷、龙尾错凹陷、托纳木藏布凹陷、雀莫错凹陷，背斜对应于马尔果茶卡凸起、半岛湖凸起、普若岗日凸起、桌子山凸起及劳日特凸起。基底埋深在吐波错－琵琶湖一带，白滩湖－万安湖一带最深，大于 9 km；其次在龙尾错地区、雀莫错地区、乌兰乌拉湖地区，可达 7 km；西部拉雄错地区、东部普若岗日－美日切错一带较浅，基底深度在 2~3 km。

中部褶皱带中断层发育相对较差，主要为北西—北西西向断层，其次为东西的断层，偶见南北向断层和北北东向断层（表 5.1）。其中北西—北西西向断层与北东—北东东向断层构成共轭剪切走滑组合，两者沿走向断续分布。单元内东西走向断层数量较少，沿走向常被北东—北东东向断层、北西—北西西向断层及南北向断层所错断。断层多数倾向北，少数南倾，常构成叠瓦状、对冲、反冲构造组合。

中部褶皱带相对于盆地南部和北部变形较弱，处于应变减弱区。该构造单元中褶皱较发育、数量较多，且复式向斜较发育，规模较大的有错尼北复向斜（H_{41}）、龙沟复向斜（H_{43}）、琵琶湖复向斜（H_{86}）等。向斜核部广泛发育新生代地层，复向斜两翼发育一系列二次级背斜、向斜。褶皱在平面展布上具分带性，其西部，褶皱以东西向为主；中部褶皱具过渡性，由东西向逐渐转变为北西—北西西向；东部以北西向为主。中部褶皱带根据出露地层情况、构造线方向、构造改造强度及岩浆活动特征等因素，划分三个次级构造单元（图 5.5）。

（1）西段东西向构造亚带（$Ⅲ_1$）：该带位于中部褶皱带西段，其东界为琵琶湖断层。该构造带中广泛分布侏罗系及新生代地层。

该构造单元内断层很少发育，多为北倾断层，走向为东西向，少量断层为北西西向，断层多错断新生代地层，并对褶皱形态进行一定改造。构造单元内主要为褶皱变形（图 5.3、图 5.11），褶皱发育数量较多，规模较大（表 5.2），其核部地层以侏罗系为主，翼部分布有新生代地层。褶皱轴向多为近东西向，并伴有少量北西—北西西向褶皱。

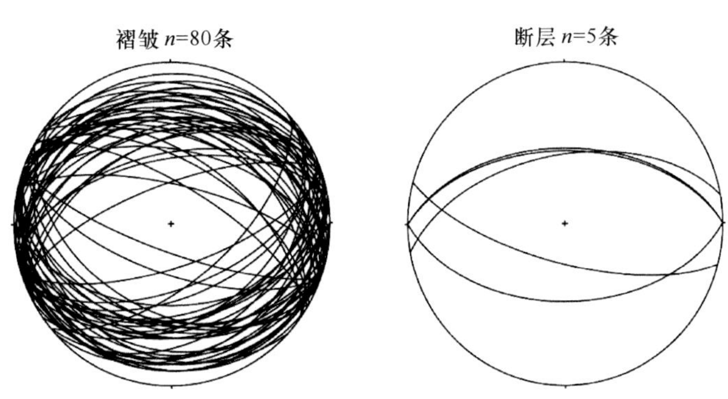

图 5.11　西段东西向构造亚带中褶皱两翼及断层产状赤平投影图

（2）中段过渡构造亚带（$Ⅲ_2$）：位于中部褶皱带中段，西界为琵琶湖断层，东界为赤布张错－通天河断层。该次级构造单元广泛大面积出露侏罗纪末期地层，并伴有古近纪地层，特别是在多格错仁－东月湖一带、祖尔肯乌拉山地区、萨保地区、龙尾

湖 – 东湖地区古近系均广泛分布。

该构造亚带相对复杂，褶皱和断层都发育较广泛。以多格错仁东岸 – 太平湖 – 波涛湖 – 如木称错一线为界，其北东范围内褶皱以东西向为主，其南西范围内以北西向褶皱为主，北西向褶皱集中分布于万安湖、半岛湖、普若岗日一带，常呈雁列状排列。通过对半岛湖地区野外构造路线调查结合地震剖面解释发现，该地区褶皱一般均成群出现，呈复式褶皱样式。单个褶皱轴面近于直立，枢纽一般近水平或起伏于 20° 之内，背斜多总体向东倾伏，向斜多总体向西扬起。两翼产状对称或大致对称，翼间角大部在 110°~150°，少数为 80°~100°，两翼基本对称，转折端大多圆滑，属于开阔褶皱和平缓褶皱。同时，受后期断层改造，褶皱形态常不完整（图 5.12、图 5.13）。

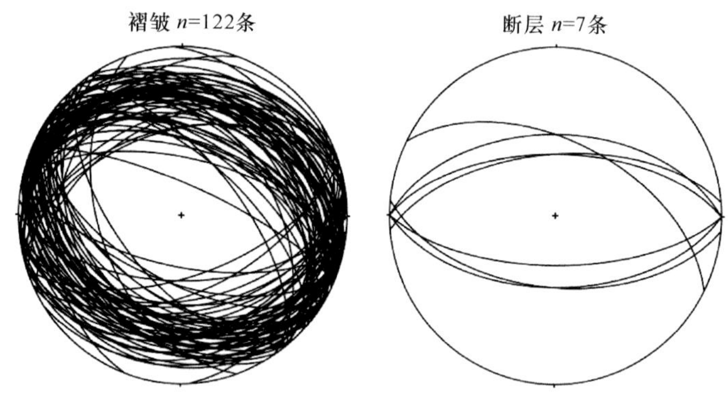

图 5.12　中段过渡构造亚带褶皱两翼及断层产状赤平投影图

（3）东段北西向构造亚带（III_3）：该次级构造单元位于中部褶皱带东段，其西界为赤布张错 – 通天河断层。该带出露地层以侏罗系为主，三叠系出露于构造单元边缘，零星可见白垩系、古近系（图 5.3）。该次级单元内断层发育较少，仅有少量东西—北西西向断层，并且断层多被北东向及南北向断层后期错断。

该次级构造单元内北西向褶皱较发育（图 5.14），其次有少量东西向褶皱。在格拉丹东附近，北东向褶皱横跨北西向褶皱，造成北西向褶皱和东西向褶皱轴迹发生弯曲而呈弧形。

4. 南部断褶带（Ⅳ）

该构造单元位于北羌塘拗陷南部，其北界为西岔沟 – 赤布张错断层，南界为独雪山 – 吐波错断层。褶皱带西起川岛湖西，向东经菊花山、嘎尔孔茶卡、玛尔果茶卡、那底岗日、达尔沃错、赤布张错、唐古拉山、美日格日错。南北宽 20~50 km，呈狭长带状，总体走向东西，西段略偏转为北西 – 北西西。对应深部基底为大熊湖凸起、玛尔果茶卡凸起、龟背岭凸起、东湖凸起、雀莫错凹陷。基底埋深相对较浅，西段 2~3 km，中段 4 km 左右，东段较深 5~7 km。带内出露地层以侏罗系为主，其次为古近系、新近系以及少量石炭系、二叠系、三叠系、白垩系。

南部褶断带中有较多 γπK、πγJ、λπJ 侵入，在玛尔果茶卡见 βμJ、γJ 分布。带中出

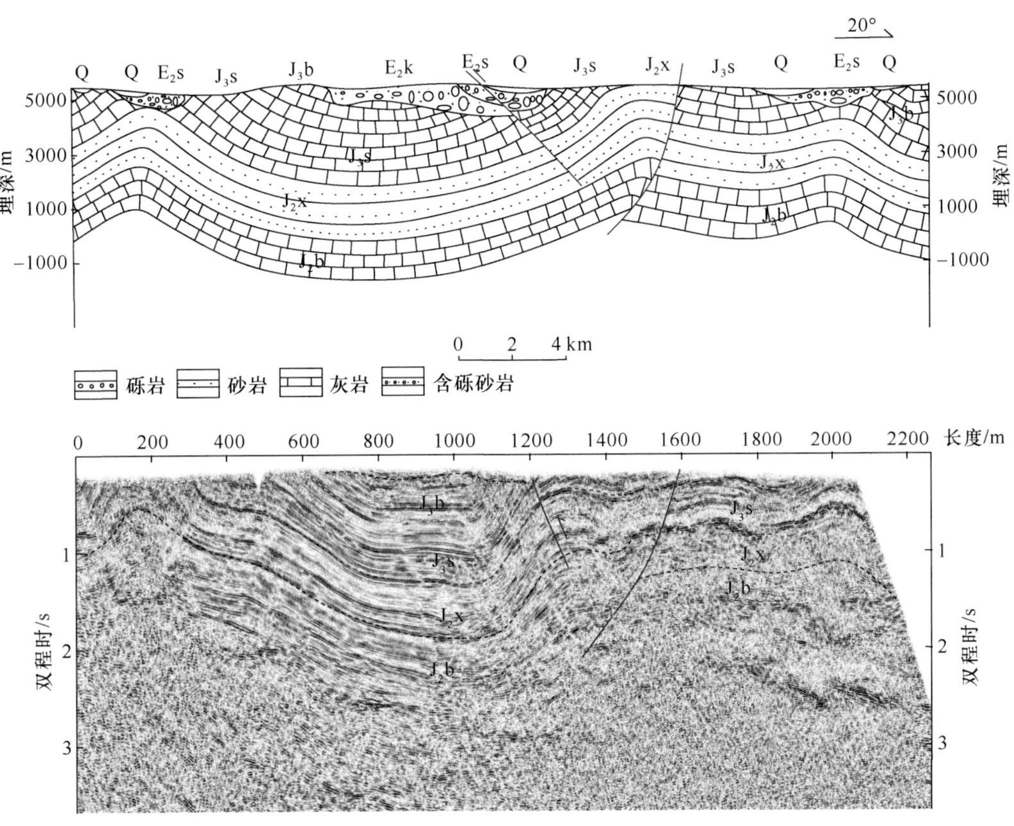

图 5.13　半岛湖地区 QB2015-07SN 地震剖面解释

J_2b：布曲组；J_2x：夏里组；J_3s：索瓦组；J_3b：白龙冰河组；E_2s：唢呐湖组；E_2k：康托组；Q：第四系

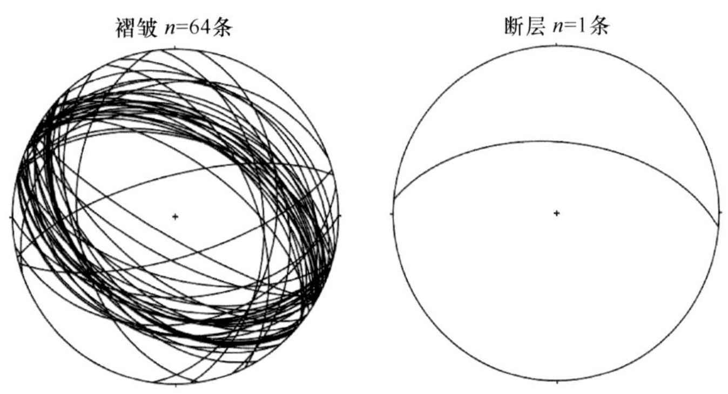

图 5.14　东段北西向构造亚达褶皱两翼及断层产状赤平投影图

露闪长岩体，具碎裂现象，岩体中部以中粒结构为主，其侵入深度至少在 5 km 以上。带中构造较复杂，褶皱及断层均较发育。褶皱以东西向为主，其次为北西向，包括 H_{11}~H_{15}、H_{152}~H_{176}（表 5.2）。其中有长梁山北东背斜（H_{172}）、菊花山背斜（H_{174}）、玛尔果茶卡东南背斜（H_{169}）等。褶皱在平面上常平行成群展布，构成褶皱群，如嘎尔孔茶卡褶皱群。背斜核部地层包括二叠系、三叠系及侏罗系。带中褶皱轴面多数近直立，其次倾向南，少数倾向北，偶见倒转。

该带断层较发育，以东西向断层为主（图 5.15），规模较大的有当玛岗断层（F_{35}）、纵钦贡若断层（F_{36}）、美格日给断层（F_{33}）、巴斯错断层（F_{34}）、布若错断层（F_{39}）、川岛湖断层（F_{40}）、独雪山断层（F_{41}）、川岛湖断支（F_{42}）等（表 5.2）。断层倾角较陡，为 50°~70°，构成叠瓦状组合、对冲或反冲组合（图 5.16）。

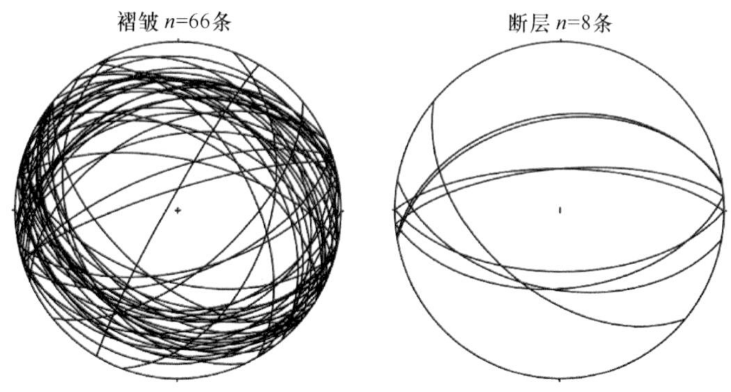

图 5.15　南部断褶带中褶皱两翼及断层产状赤平投影图

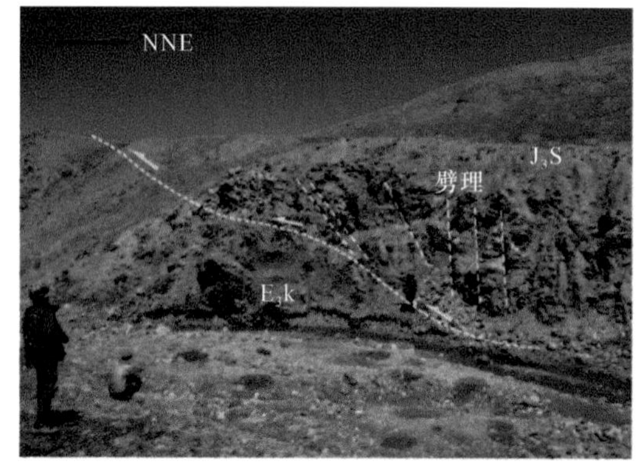

图 5.16　东湖南逆冲断层野外特征

5. 南羌塘断褶带（Ⅴ）

南羌塘断褶带属于南羌塘拗陷，其北界为依布茶卡 – 鄂雅错断裂，南部边界为改则 – 其香错断层。呈狭长带状，总体走向近东西向，在东段转为北西向。南羌塘断褶带基底埋深较浅，东西两段基底相对较深，在 6~9 km，中部基底埋深较浅，深度在 2~5 km，其中最深处位于帕度错和土门凹陷附近，最浅处位于诺尔玛错凸起一带。带内出露地层以中生代侏罗系为主，其次发育有三叠系及白垩系，及少量新生代地层。

南羌塘断褶带内构造变形强烈，褶皱及断层均较为发育（表 5.1），断层以东西—北西西向为主，多数断层北倾，仅发育少量南倾断层（图 5.17），近东西向断层多被后期北东向、近南北向断层所错断。断层组合常形成逆冲叠瓦状构造，并发育少量反冲构造。在南部褶皱带中，逆冲断层更为普遍发育，在色林错－宁日－阿木错－多格错仁地震剖面中，发育多条断层，组成大型逆冲叠瓦状构造，错断整个侏罗纪构造层，断层向下延伸至 8 km 左右，汇聚于基底之上，南部断褶带为一系列逆冲断层控制的薄皮构造，总体为一复式向斜褶皱，呈凹陷形态。

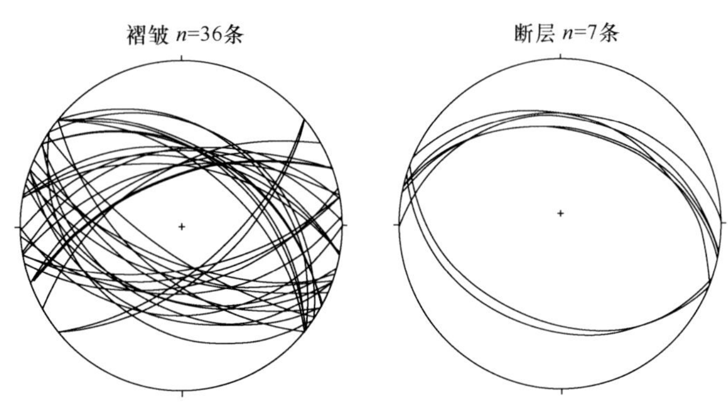

图 5.17　南羌塘断褶带中褶皱两翼及断层产状赤平投影图

南羌塘坳陷内褶皱可以明显分为东西向及北西向褶皱两组，具有明显的分带现象。在断褶带西段，褶皱轴向多为北西西向，而中段多发育东西向褶皱（表 5.2）。背斜褶皱核部地层主体为中侏罗统地层，褶皱两翼产状较陡，倾角在 30°~70° 之间，褶皱多为对称褶皱，断裂带附近褶皱较为紧闭。

5.3　盆地构造变形规律

5.3.1　褶皱构造

1. 褶皱时空分布

羌塘盆地褶皱构造非常发育，主要分布在北羌塘坳陷区及羌南坳陷区。大量统计表明，褶皱构造轴向以东西向和北西西向为主（占 86%），并在空间展布上显示明显的规律性。在南北方向上，背斜构造和向斜构造成群成带分布，并且平行排列，构成东西向展布的背斜和向斜带。同时在东西方向上，褶皱展布也显示出一定规律性，如在北羌塘坳陷区 86°30′E 以西褶皱轴向以北西西—北西向为主；在 86°30′E~88°30′E；褶皱为近东西、北东东向；在 88°30′E 以东又为北西向，总体构成倒“S”形展布轮廓。

而在南羌塘拗陷区轴向以近东西向为主。同时，靠近盆地南北部边界以及中部隆起带两侧的褶皱分布密度较大，形态也较为紧闭，而在北羌塘和南羌塘拗陷中部，褶皱密度相对较小，但规模较大，形态较为开阔。另外，组成褶皱构造的地层在空间展布上也存在一定差异，盆地内背斜核部地层从泥盆系到新近系均有出露，在中部隆起带及其两侧由泥盆系、石炭系、二叠系、三叠系组成的褶皱较发育，在靠近盆地南北边界地区由三叠系组成的褶皱发育，而在北羌塘和南羌塘拗陷中部由侏罗系和新近系组成褶皱发育。就整个盆地背斜构造而言，核部出露地层为前三叠系—上三叠系者占 35%、中—上侏罗统占 59%、白垩系—新近系占 6%，现今盆地地表由侏罗系构成的褶皱构造占盆地背斜总数的 70% 以上。

规模上盆地大型褶皱（长轴＞ 100 km）的数量较少，中型褶皱（长轴 50~100 km）较大型褶皱多，盆地中常见的是小型褶皱（长轴＜ 50 km），三者比例大致为 1 ∶ 2 ∶ 7，盆地中褶皱波长大多为百米级 ~ 千米级，有的可达十千米级。较大规模的褶皱一般发育于盆地南北拗陷中部背斜带和向斜带中，如在北羌塘拗陷区发育的托纳木背斜、白龙冰河背斜、独雪山背斜、菊花山背斜、雪环湖 – 弯弯梁背斜，南羌塘拗陷发育的达卓玛背斜等（表 5.3）。

表 5.3　羌塘盆地主要大型背斜构造统计

背斜名称	核部地层	翼部地层	翼部产状	轴面产状	长轴 / 短轴（比值）/km	面积 /km²
特大型背斜（S > 300 km²）						
托纳木背斜	T_3s^2	J_3–K_1^1x	30° ∠ 25°，210° ∠ 40°	30° ∠ 83°	35/14（2.5）	442
达卓玛复式背斜	J_2q	J_2x、J_3s	0° ∠ 52°，195° ∠ 45°	直立	46/23（2）	440
独雪山背斜	J_1	J_2q、J_2b	215° ∠ 50°，42° ∠ 35°	39° ∠ 83°	＞ 50/15（3.3）	＞ 588.75
白龙冰河背斜	J_2b	J_2x、J_3s	160° ∠ 58°，10° ∠ 56°	178° ∠ 88°	＞ 50/10（5）	＞ 392
长梁山背斜	T_3x	J_1n	180° ∠ 48°，330° ∠ 40°	345° ∠ 86°	70/10（7）	＞ 300
菊花山背斜	T_3x	J_3x^1、T_2q	170° ∠ 50°，340° ∠ 50°	158° ∠ 88°	50/10（5）	324
唐古拉山背斜	J_2q	J_2q	345° ∠ 20°，175° ∠ 30°	341° ∠ 83°	35/13（2.7）	357
大型背斜（100 km² < S < 300 km²）						
沙土湾湖背斜	J_3s^1	J_3s^2	20° ∠ 23°，160° ∠ 31°	357° ∠ 89°	29/7（4.1）	174
咸水河北背斜	J_1b	J_2q–J_2b	355° ∠ 45°，185° ∠ 35°	186° ∠ 85°	22/10（2.2）	172.8
窄石梁背斜	J_2x	J_3s	5° ∠ 45°，190° ∠ 32°	187° ∠ 83°	＞ 35/7（5）	＞ 192
旋山湖背斜	J_2x	J_3s^1	4° ∠ 32°，185° ∠ 20°	184° ∠ 89°	23/5（4.6）	＞ 100
圆顶山背斜	J_2x	J_3s^1	52° ∠ 29°，240° ∠ 42°	57° ∠ 83°	19/8（2.4）	119.32
金星湖背斜	J_3s^1	J_3s^2	348° ∠ 30°，180° ∠ 36°	354° ∠ 88°	35/6（5.9）	228
长龙河北背斜	J_3s^2	J_3–K_1^1x	357° ∠ 35°，182° ∠ 40°	357° ∠ 87°	23/6（3.8）	138
碎石沟背斜	N_1k	N_2^1s	350° ∠ 11°，170° ∠ 25°	355° ∠ 88°	17/8（2.1）	136
雅斗背斜	T_3x	J_2q	350° ∠ 36°，170° ∠ 50°	350° ∠ 82°	18/5.5（3.3）	112
错龙背斜	J_2q	J_2b			50/4（12.5）	＞ 157.1
五节梁背斜	J_2x	J_3s^1	29° ∠ 38°，235° ∠ 43°	39° ∠ 87°	17/8（2.1）	＞ 100
千秋岭背斜	P_1l	J_2b	10° ∠ 50°，160° ∠ 55°	2° ∠ 86°	14/8（1.7）	＞ 100
巴构桑木雀背斜	J_2q^2	J_2b	5° ∠ 69°，190° ∠ 67°	8° ∠ 80°	30/4（7.5）	120

续表

背斜名称	核部地层	翼部地层	翼部产状	轴面产状	长轴 / 短轴（比值）/km	面积 /km^2
大型背斜（100 km^2 < S < 300 km^2）						
卡日背斜	J_2q^1	J_2q^2	5° ∠ 30°，182° ∠ 35°	5° ∠ 87°	43/6（7.7）	240
笙根背斜	J_3s^1	J_3s^2	15° ∠ 38°，205° ∠ 43°	20° ∠ 87°	25/6（4.1）	150
温泉北背斜	J_2q	J_2b			50/5（10）	196.4
温泉北背斜	J_2q	J_2b			50/5（10）	196.4
中型背斜（50 km^2 < S < 100 km^2）						
漫长梁南背斜	J_3s	J_3s	10° ∠ 62°，175° ∠ 35°	184° ∠ 76°	20/5（4）	78.5
三角峰南东背斜	J_2x	J_3–K_1^1x	180° ∠ 41°，30° ∠ 35°	10° ∠ 75°	20/4（5）	62.8
布若错北东背斜	J_3s	J_3s	160° ∠ 60°，355° ∠ 45°	355° ∠ 86°	23/5（4.6）	90.28
甜水河背斜	J_2b	J_2x	180° ∠ 30°，350° ∠ 45°	196° ∠ 87°	25/5（5）	98.13
石心湖背斜	J_2x	J_3s	184° ∠ 32°，358° ∠ 19°	2° ∠ 83°	21/5（4.2）	80
大条梁背斜	J_3s	J_3s	340° ∠ 30°，185° ∠ 45°	355° ∠ 82°	19/4.5（4.2）	70
西长梁东北斜	J_3	J_3s	340° ∠ 50°，177° ∠ 24°	170° ∠ 80°	20/5（4）	78.8
大熊湖背斜	J_1n	J_3s	210° ∠ 45°，5° ∠ 32°	20° ∠ 87°	20/4（5）	62.8
象背山背斜	Nk	Nk	350° ∠ 28°，160° ∠ 22°	166° ∠ 87°	21/5.2（4）	85.8
双泉湖西北背斜	J_2x	J_2x	170° ∠ 35°，320° ∠ 40°	195° ∠ 86°	20/5（4）	78.5
吐波错北背斜	J_3s	J_3s	344° ∠ 27°，164° ∠ 25°	164° ∠ 89°	25.4/3（8.5）	56.5
石心湖北背斜	N_2^1s	N_2^1s	5° ∠ 38°，195° ∠ 17°	188° ∠ 79°	25/5（5）	75
沙壕沟背斜	J_3s	J_3s	12° ∠ 15°，170° ∠ 30°	357° ∠ 82°	23/2（11.5）	54
盐碱地背斜	J_2x	J_3s	347° ∠ 34°，165° ∠ 28°	166° ∠ 87°	20/3（6.6）	60
双泉湖西北背斜	J_2x	J_2x	170° ∠ 35°，320° ∠ 40°	195° ∠ 86°	20/5（4）	78.5
野崖达板背斜	J_3s	J_3s	190° ∠ 40°，350° ∠ 33°	1° ∠ 86°	15/5（3）	58.9
云影湖背斜	J_3s	J_3s	15° ∠ 12°，200° ∠ 38°	19° ∠ 77°	23/5（4.6）	90.3
耀光湖背斜	J_3s	J_3s	18° ∠ 11°，199° ∠ 12°	19° ∠ 89°	20/3.5（5.7）	55
弓夹山复背斜	J_2x	J_3s	32° ∠ 24°，189° ∠ 39°	18° ∠ 82°	> 10/6.5（1.5）	> 51.03
色日阿勒穷背斜	J_3x	J_3s	348° ∠ 73°，165° ∠ 35°	斜歪	15/78	> 94.2
挥鞭河背斜	J_2x	J_3s	40° ∠ 33°，243° ∠ 38°	52° ∠ 87°	> 10/8（1.3）	62.8
光明湖背斜	J_3s^1	J_3s^2	345° ∠ 13°，199° ∠ 12°	19° ∠ 89°	48/3.5（17.7）	60

盆地褶皱在平面展布上，背斜和向斜具有成群成带分布的特点，并且在盆地内呈平行带状展布。但单个褶皱长短轴比值较小，大多在 3~10 之间，为短轴褶皱。少数褶皱长短轴比超过 10，呈线状褶皱。少数褶皱长短轴比小于 3 ∶ 1，呈穹窿状构造，如龙尾错穹窿、雁石坪穹窿等。

2. 褶皱类型与组合样式

褶皱类型与位态取决于褶皱轴面和枢纽产状，表征了褶皱变形应力场的作用方式。羌塘盆地褶皱轴面倾角较大，一般为 70°~85°（图 5.18），轴面主体倾向为北、北北东和南、南南西，枢纽倾伏角一般为 5°~9°，将盆地内褶皱轴面产状、枢纽产状投入

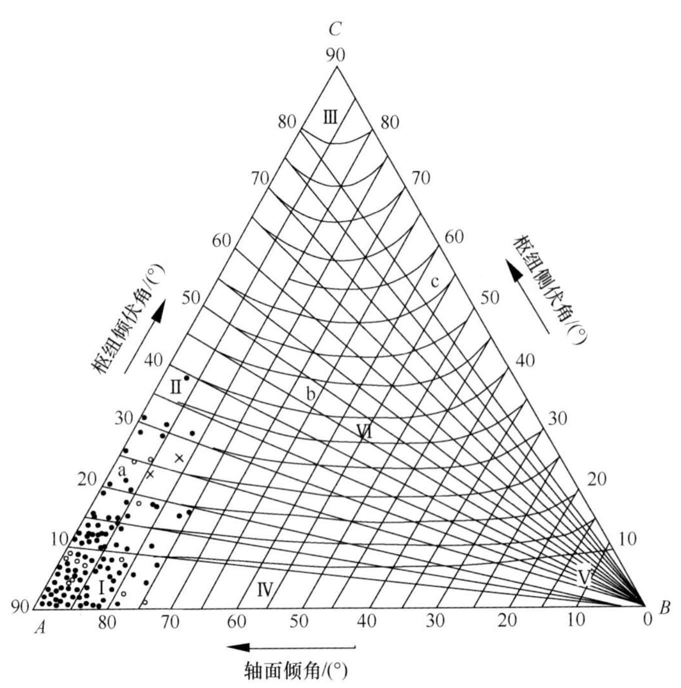

图 5.18　褶皱类型三角网投影图

○表示金沙江断裂缝合带中褶皱；× 表示中部隆起中褶皱；●表示盆地内部褶皱

Rickord 三角网投影图内（图 5.18），大多数落入Ⅰ区范围，部分落入Ⅰ-Ⅱ区过渡部位，少数落入Ⅰ-Ⅳ区过渡部位，表明盆地内褶皱多数为直立水平褶曲，部分为水平直立–直立倾伏褶曲和直立水平–斜歪水平褶曲。同时盆地褶皱翼间角大多在 80°~120°，转折端大多圆滑，属于开阔褶皱和平缓褶皱。但在盆地中所处的构造位置不同，褶皱形态存在一定差异，总体上拗陷区褶皱较隆起区褶皱开阔，盆地边缘断褶带内褶皱较盆地内部褶皱紧闭，北羌塘拗陷褶皱相对南羌塘拗陷褶皱开阔，北羌塘拗陷中西段和东段褶皱相对中段褶皱紧闭。在构造层次上，褶皱两翼地层产状 π 图解显示（图 5.19），发育于较老地层中的褶皱相对于新地层中的褶皱要紧闭一些，三叠纪构造层褶皱出露局限于盆地南北边界断褶带上和中部隆起带北缘，常与逆断层伴生，变形相对强烈，以直立水平–不对称歪斜为主，侏罗系构造以直立开阔褶皱为主，白垩纪—第三纪构造层均为平缓褶皱，表明盆地褶皱具有递进性共轴叠加的特征。

3. 褶皱组合样式

对横切羌塘盆地不同单元构造剖面的研究发现，盆地褶皱在剖面上呈现背斜和向斜相间排列，但北斜的宽度相对较小，形态紧闭，而向斜大多宽缓，具有类隔挡式褶皱的组合特点，即侏罗山式褶皱特征。如在北羌塘拗陷雁石坪温泉地区（图 5.19），背斜一般宽度为数百米，两翼倾角 45°~65°，而相邻向斜宽度一般大于 1~2 km，两翼倾角 30°~50°。同时褶皱剖面的组合样式还与盆地断裂构造密切相关。在盆地南北边界和中部隆起带两侧，逆冲断裂发育，斜歪和紧闭倒转褶皱常见，如南羌塘扎仁地区（图 5.20），

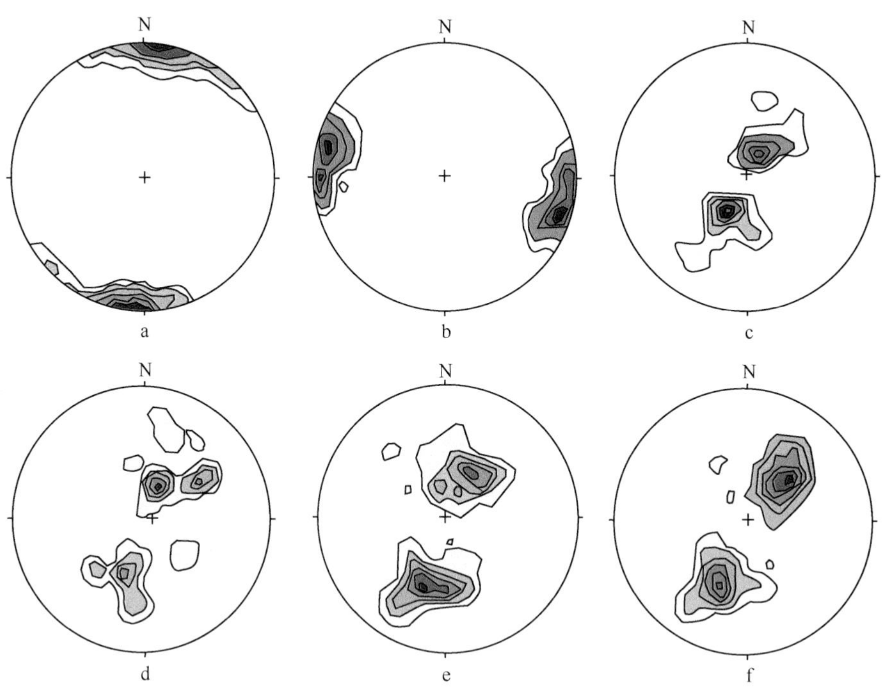

图 5.19　褶皱构造要素投影图（下半球投影）

a. 全区褶皱轴面法线投影（n=205，最大密度为 5.5%-11%-16.5%-22%-27.5%-33%）；b. 全区褶皱枢纽投影（n=156，最大密度为 5.5%-11%-16.5%-22%-27.5%）；c. 新近系褶皱构造 π 图解（n=22，最大密度为 1.1%-3.3%-5.5%-7.7%-9.9%-11%）；d. 白垩系褶皱构造 π 图解（n=36，最大密度为 1.1%-3.3%-5.5%-7.7%-9.9%）；e. 侏罗系褶皱构造 π 图解（n=210，最大密度为 5.5%-11%-16.5%-22%-27.5%-33%）；f. 三叠系褶皱构造 π 图解（n=46，最大密度为 1.5%-4.5%-7.5%-10.5%-12%-13.5%）

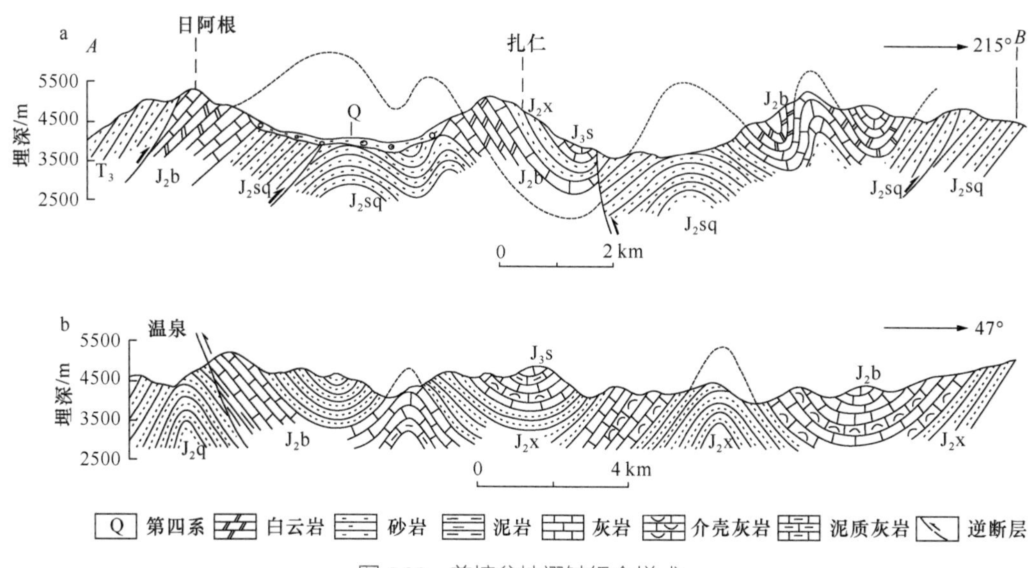

图 5.20　羌塘盆地褶皱组合样式

a. 南羌塘孔仁地区构造剖面；b. 北羌塘温泉地区构造剖面。J_2q：雀莫错组；J_2b：布曲组；J_2x：夏里组；J_3s：索瓦组；T_3：三叠系；J_2sq：莎巧木组褶皱形态受到断层的不完全改造，表现为冲断－褶皱构造样式，如多格错仁地区（图 5.21），从盆地边部向盆地中部逐渐过渡为平缓开阔的直立水平褶皱。

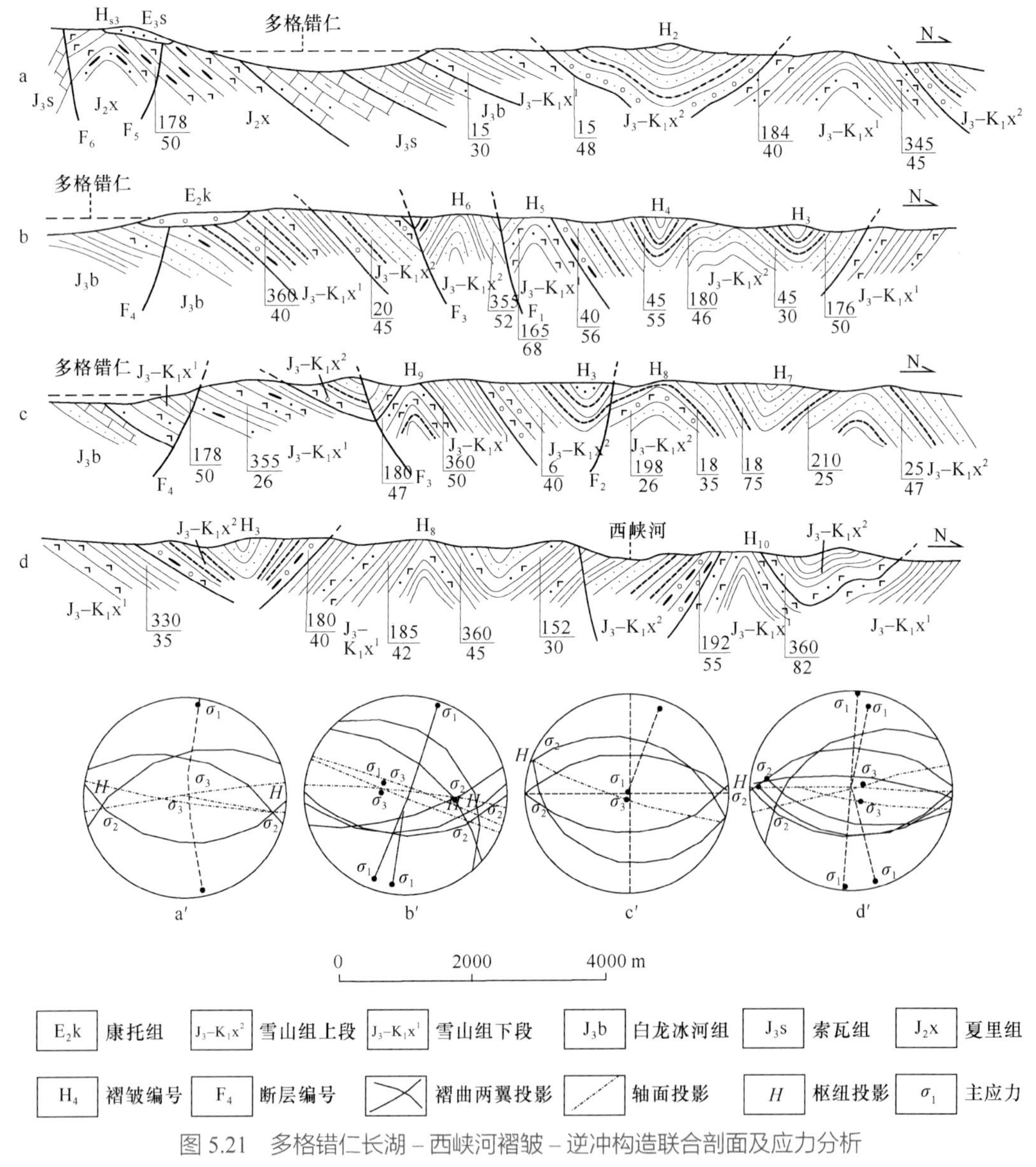

图 5.21 多格错仁长湖－西峡河褶皱－逆冲构造联合剖面及应力分析

4. 褶皱深部变化趋势

由于羌塘盆地地震资料有限，褶皱深部变化特征难以完全恢复。根据地表观察盆地内褶皱多具有协调特征，表现为等厚－不等厚过渡型褶皱，对 86°10′ 重力测量资料数据进行电算处理后发现，康托组（N_k）底面（h_1）的起伏与曲色组（J_1qs）底面（h_2）的起伏有一定的对应性，但康托组底面起伏幅度较曲色组底面起伏幅度更大（图 5.22），

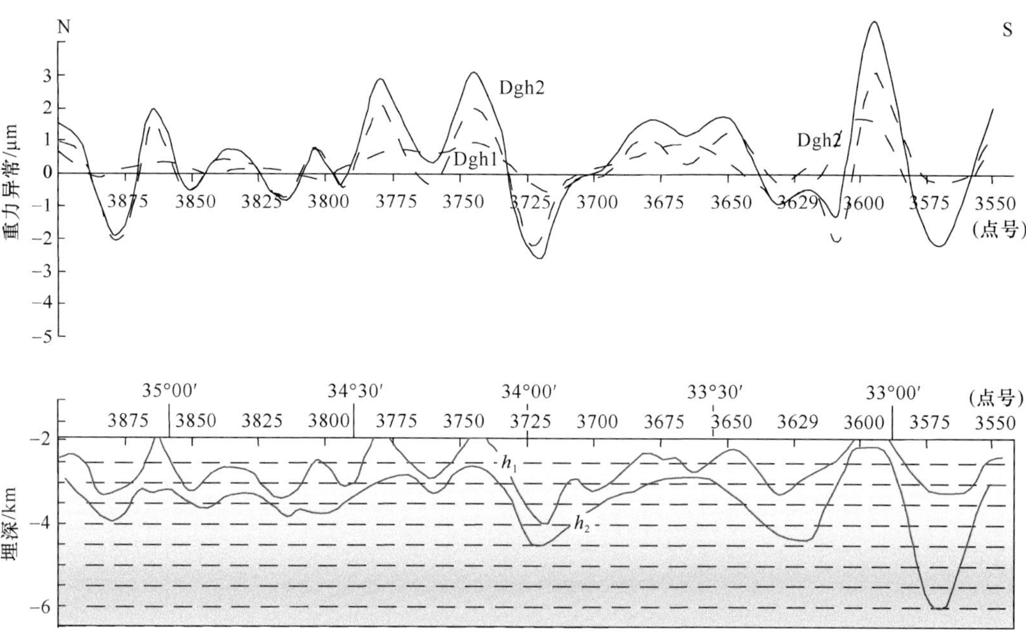

图 5.22　东经 86°10′ 重力场测量三维体 μ- 函数处理剖面

表明盆地内褶皱在深部有减弱、变得更开阔平缓的趋势。此外，新的地震资料也反映出盆地褶皱构造向深部变得更为开阔的趋势。

5. 褶皱叠加与复合

当地壳在同一区域先后经历两种或两种以上，同一方向或不同方向和方式的构造动力作用时，常常形成两个或两个以上的构造（体系），这些构造互相叠加或干扰。

羌塘盆地在长期地质历史演化过程中，经历了南北向继承性挤压以及其他方向的构造动力作用，在盆地内发育多组褶皱，东西向重叠褶皱、南北向褶皱横跨东西向褶皱等多种构造样式。造成盆地岩层先后发育不同方向的褶皱作用，新构造层褶皱形成的同时，老构造层褶皱得以加强（重褶）；以及在同一构造层中发育不同方向的褶皱，后期褶皱对先期褶皱进行改造，使其轴向和形态发生改变。褶皱叠加方式一般分为三类，而羌塘盆地最为常见的褶皱叠加表现为横褶皱跨现象较明显，如长水河地区、诺拉岗日地区、托纳木藏地区均可见近南北向褶皱横跨于东西向褶皱之上，造成东西向褶皱轴向发生弯曲，并形成穹隆状构造，或构造“凹陷”，这些褶皱平面上一般长短轴比小于 3 ∶ 1，规模大、形态好，是盆地中非常有利的构造圈闭。

6. 褶皱形成机制及动力学

1）褶皱反映的构造应力场

对羌塘盆地已有褶皱资料的大量统计分析结果表明（图 5.23），其形成的最大主应力（σ_1）为近南北和北北东向、近水平，偶见北西 – 南东和东西向；中间主应力（σ_2）

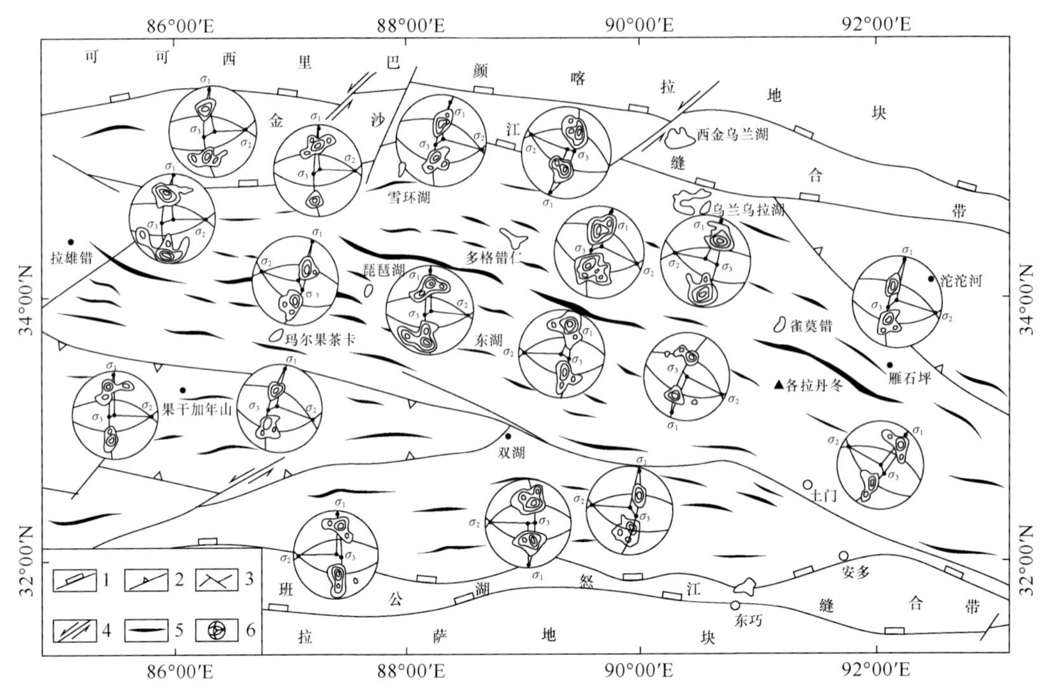

图 5.23　羌塘盆地褶皱展布及应力场

1：缝合带边界断裂；2：盆地构造单元边界；3：主要断层；4：走滑断层；5：背斜轴迹；6：褶皱赤平投影及反映的应力

近水平，主要为北西西和东西向；最小主应力（σ_3）近直立。但主应力方向在空间上存在一定差异：最大主应力在南羌塘拗陷以近南北为主，在北羌塘拗陷西部，为南北—北北西向、中部为南北—北东东向，至 90°E 以东为北东向（图 5.22），反映了盆地在总体南北向挤压应力场作用下，尽管应力场存在一定差异，但其主应力方向均与褶皱轴向直交，表明盆地变形期以北北东、南北向水平挤压为主，垂向发生收缩应变，北西西、东西向伸长，褶皱运动轴直立向上，形成纵弯褶皱。

2）褶皱形成机制

羌塘盆地褶皱变形复杂，其成因机制包含多种因素，通过对褶皱特点和应力场综合分析，发现，盆地褶皱变形机制具有以下特点：

（1）近南北向挤压是盆地褶皱形成的主要受力方式。羌塘盆地的褶皱主要为纵弯褶皱，其褶皱轴展布方向显示，盆地东、西部主要是在北北东 – 南南西向挤压应力场下形成，而盆地中部褶皱主要是在近南北向水平挤压下形成。此外，盆地中的塑性石膏层在强烈水平挤压作用或重力差异作用上向上流动，形成底辟褶皱，如在雁石坪、龙尾错地区发育的盐窿构造。

（2）滑脱作用造成不同构造层褶皱的不协调。盆地基底和盖层中的构造明显不协调，基底以断块构造为主，而盖层中以褶皱为主，此外，不同构造层或同一构造层不同层系中褶皱的发育程度和形态也有所不同，表明基底与盖层之间以及盖层中不同构造层之间或同一构造层中不同层之间存在滑脱面，导致变形的不协调。

（3）后期走滑作用在产生新的小型褶皱的同时，使得早期褶皱形态复杂化。盆地在新生代发育北西和北东向走滑变形，沿走滑断层附近产生褶皱轴陡倾的小型褶皱，同时走滑作用使得早期轴向为东西、北西的褶皱轴向发生偏移和错断，形态变得复杂。如在温泉地区早期北西西向褶皱由于受后期走滑作用的影响，褶皱轴普遍发生弯曲、错断。

（4）基底构造对盖层褶皱具有控制作用。尽管盆地基底构造和盖层构造不协调且存在差异，但基底构造对盖层褶皱构造有显著影响，并在一定程度上控制了盖层构造的发育和形态，表现在基底中的凸凹对盖层褶皱构造的形态与分带具控制作用，基底中凸起带对应盖层中的背斜褶皱带，而凹陷带对应盖层中的向斜褶皱带，由于基底凸起带相对凹陷带较狭窄，相应的盖层中出现类隔挡式褶皱组合特征。此外，受基底北西西和北东东两组断裂的走滑作用影响，盖层中的褶皱呈雁行排列。

（5）多期次板块碰撞造山作用是形成盆地褶皱变形的主要机制。在三叠纪末期，羌塘地体与巴颜喀拉地体的碰撞，导致羌塘盆地前中生代构造层和三叠纪构造层的变形；到燕山晚期，班公湖 – 怒江洋盆关闭，羌塘地体与拉萨地体拼合，使羌塘盆地南北受挤压，侏罗系及以前地层发生褶皱变形，应力由南北向中部推进，变形强度由南北向中部逐渐减弱，使南羌塘拗陷变形强于北羌塘；在喜马拉雅期，由于新特提斯关闭，印度 – 欧亚大陆拼合，导致盆地白垩系和新近系的褶皱变形。因此，多期次碰撞造山作用产生的南北向持续挤压，使不同构造层依次递进变形、并发育东西向褶皱。

羌塘盆地内的褶皱变形机制包括南北向挤压、滑脱作用、基底构造和走滑剪切等，但从盆地褶皱构造形态、样式和空间分布规律来看，南北向挤压作用是盆地褶皱变形的主导因素，在挤压作用下形成了盆地大型东西、北西西向褶皱，同时由于滑脱和走滑作用使盆地褶皱形态复杂化；而褶皱构造由盆地南北边缘的紧闭、斜歪向盆地内部直立宽缓呈规律性变化，表明沿盆地南北边界缝合带的造山作用控制了盆地褶皱形态和分布样式。

5.3.2　断层构造

断裂构造在羌塘盆地十分发育（图 5.24，表 5.4），是盆地的重要构造形式，根据对羌塘盆地区域地质调查资料初步统计，盆地内发育约 3600 条不同性质与类型的断裂构造，按照断层面走向可分为近东西向、北西向、北东向和近南北向四组，其中尤以北西—北西西向、北东—北东东向两组断层最发育，断层性质以逆冲断层和走滑断层为主。

东西向断裂较发育，数量多，但分布规律性不十分明显，大体上是近南北边界地带，较拗陷中部更为发育，其倾向北或南，倾角 50°~60°，规模较大，多发育于背斜轴部，或近轴部，性质为逆断层，构成褶皱逆冲断裂带，东西向断裂经历多次活动，力学性质复杂。北西向断层在盆地内十分发育，规模较大，常斜贯全盆地，总体具有右行走滑的性质。盆地内北东向断层较发育，大体呈带状分布，总体具有左行走滑特点，

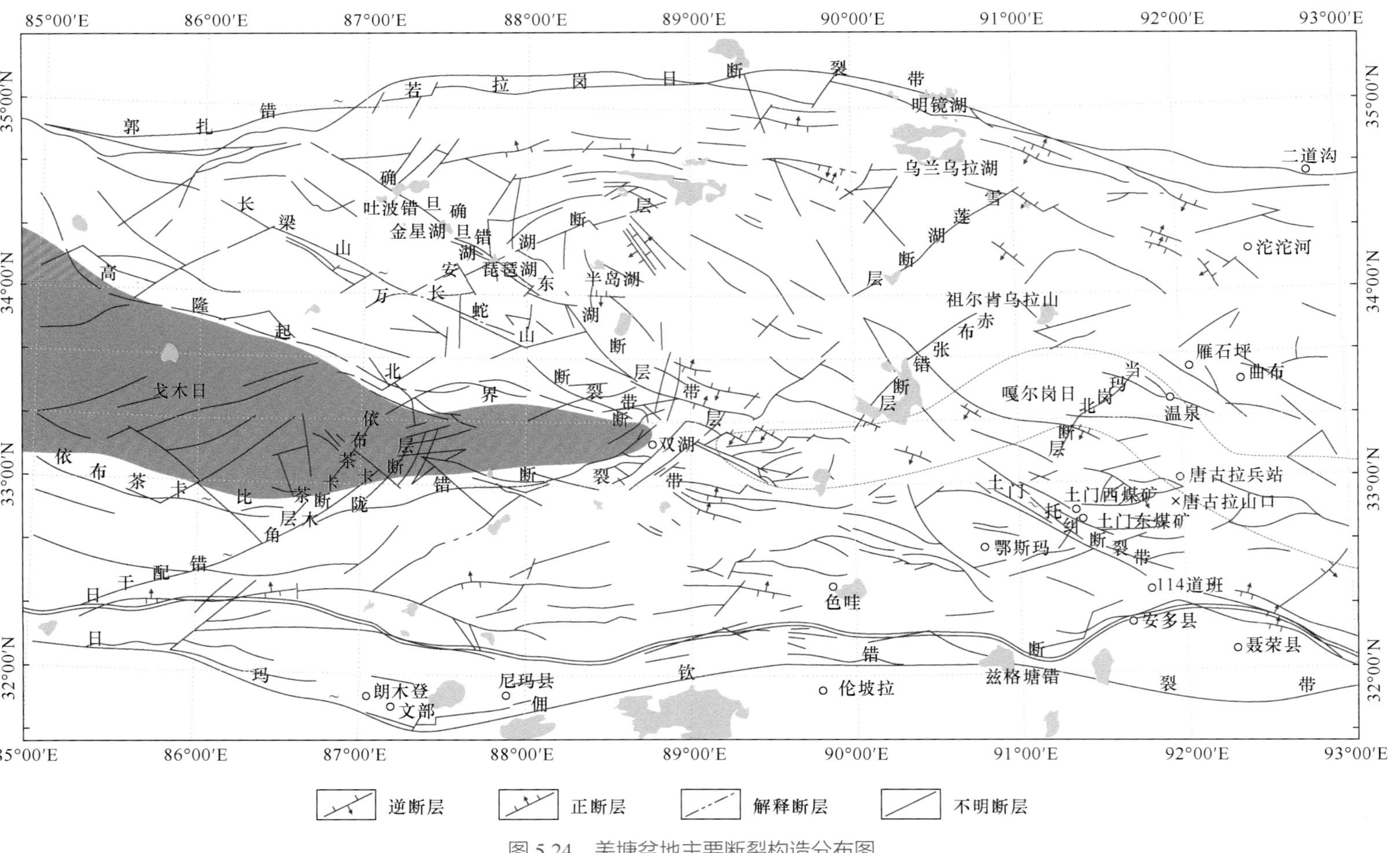

图 5.24　羌塘盆地主要断裂构造分布图

可分为四带，其中西部两带较发育，东部两带发育较差，仅局部可见规模较小的北东向断层。盆地内南北向断层不太发育，仅在琵琶湖、确旦错、吐波错、热觉茶卡、向阳湖、沱沱河上游祖尔肯乌拉山、温泉、双湖等地发现有规模不大的南北向正断层，这些南北向张性断层形成时代较新，其形成演化特点见后文中详细讨论。

表 5.4　羌塘盆地断裂力学机制与断层性质

断裂面走向	力学性质	断层性质
东西向	压性	逆断层
北西向	压剪	右行走滑
北东向	压剪	左行走滑，少量右行走滑
南北向	张性	正断层

综上所述，盆地断层具如下特征：①方向性：有东西向、北西向、北东向和南北向断层。②发育程度的差异性：盆地内断层以东西向、北西向和北东向三组断层最发育，规模最大，切割深度大，而北东向、北西向和南北向断层发育较差。③脆性变形为主，为浅层次构造：羌塘盆地断层绝大多数都具有明显的破碎带，与两侧岩块有较明显的界线，断层岩的碎裂结构清晰，多为角砾岩、碎裂岩、断层泥，可形成挤压构造透镜体，劈理化。这些特征表明盆地断层具脆性变形行为，属上部层次构造。④活动的长期性、继承性、力学性质复杂：盆地断层多数都经历了多次活动，兼具压性、张性、扭性特征；运动方向有顺扭和反扭走滑；北西西向和北东东向断层迁就基底北西西向和北东东向断层，显示盆地断裂经历了多次活动。从区域构造分析，主要断裂开始形成于印支期晚期 – 燕山早期，燕山中晚期 – 喜马拉雅中期为发育高峰期，喜马拉雅晚期为改造加强期。⑤配套特征：各组断层均能与东西向褶皱配套；北东东向和北西西向断层为一对共轭断层，相交锐角正对东西，北东向和北西向为另一共轭断层，相交锐角正对南北，后者常切割前者，表明其形成稍晚于前者。

盆地内断层较发育，并经历了多次活动，每次活动都会对断层本身的形态特征和力学性质进行改造。并在断裂破碎带及两侧围岩中留下相应的构造痕迹。根据实地观测收集到的断层产状数据，包含断裂破碎带的断层角砾、断裂破碎带的断层角砾、构造透镜体 AB 面产状，以及断层上下盘岩石中的派生构造 – 裂隙、牵引褶曲、断面擦痕，利用赤平投影法求得断层形成时或重新活动时的应力状态，结果显示，盆地内断层经历了南北向挤压、北东 – 南西向和北西 – 南东向挤压。

5.3.3　节理构造

1. 节理分布与分期配套

羌塘盆地内节理发育、组数较多，对盆地内野外实测的节理数据统计分析，发现盆地不同构造单元的节理发育特征基本相似。按走向可分为四组，按倾向和倾角可分为八组（图 5.25，表 5.5），其中第 Ⅰ 、Ⅱ组最为发育，Ⅲ组次之，Ⅳ组相对较差。根据野外观察，每一组节理都经历了多次活动，具继承性活动。早期节理被后期构造（变形）利用和改造，其力学性质复杂，兼具压、张、扭特征。节理基本上垂直于岩层层面。

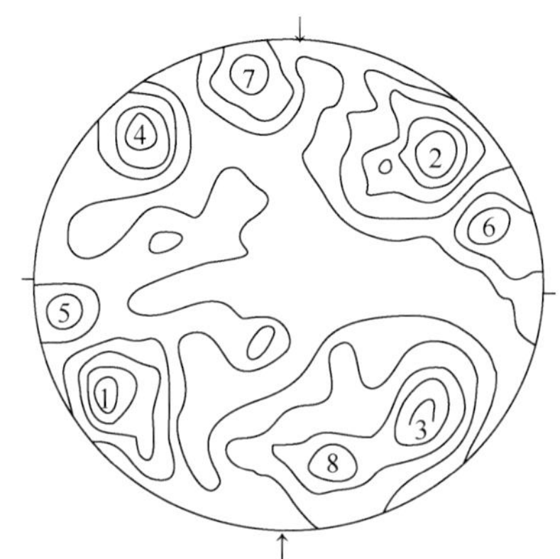

图 5.25　盆地节理产状等密图（n=976，2.7%-8.1%-10.8%-13.5%）

表 5.5　北羌塘盆地节理统计表

分组及代号		Ⅰ		Ⅱ		Ⅲ		Ⅳ	
		Ⅰ$_1$	Ⅰ$_2$	Ⅱ$_1$	Ⅱ$_2$	Ⅲ$_1$	Ⅲ$_2$	Ⅳ$_1$	Ⅳ$_2$
		1	2	3	4	5	6	7	8
变化范围	倾向 /（°）	230~240	40~50	130~135	310~318	250~261	70~77	340~350	160~170
	倾角 /（°）	75~83	70~80	68~79	72~83	75~81	80~88	65~75	
优势产状		235° ∠ 80°	45° ∠ 77°	131° ∠ 75°	315° ∠ 80°	255° ∠ 81°	72° ∠ 79°	349° ∠ 85°	167° ∠ 73°
发育特征		最好	最好	最好	最好	较好	好	一般	较差
配套		（Ⅱ –1）、（Ⅱ – Ⅲ）、（Ⅲ – Ⅳ）、（Ⅱ – Ⅳ）、（Ⅰ – Ⅳ）							

根据不同组节理力学性质、发育程度、充填物特征以及野外观察到的Ⅰ、Ⅱ，Ⅱ、Ⅲ组节理的互切现象，发现第Ⅲ组切割Ⅰ、Ⅱ组，第Ⅳ组切割第Ⅲ组和Ⅰ、Ⅱ组节理，将盆地内节理分期配套为五套，其产生顺序为（Ⅰ – Ⅱ）和（Ⅱ – Ⅲ）、（Ⅲ – Ⅳ）、（Ⅱ – Ⅳ）、（Ⅰ – Ⅳ）。

2. 节理应力场分析

根据盆地节理共轭“X”裂隙的优势产状，利用赤平投影分析、求得主应力方位分别为近南北向、北西 – 南东向、北东 – 南西向和近东西向（图 5.26）。羌塘盆地三叠系肖茶卡组、侏罗系、古近系康托组、唢呐湖组中裂隙发育情况基本一致（图 5.27），表明区内不同时代地层变形时受力状况基本一致，这进一步说明羌塘盆地主变形期为燕山运动和喜马拉雅运动。对古生界和三叠系中节理分析发现，其最大主应力方位同样为南北向、北西 – 南东向、北东 – 南西向和近东西向。由此可见，羌塘地体的变形始于印支运动，主变形期为燕山期和喜马拉雅期，变形特征具有继承性、递变性、统一性。以南北向强烈挤压为主。

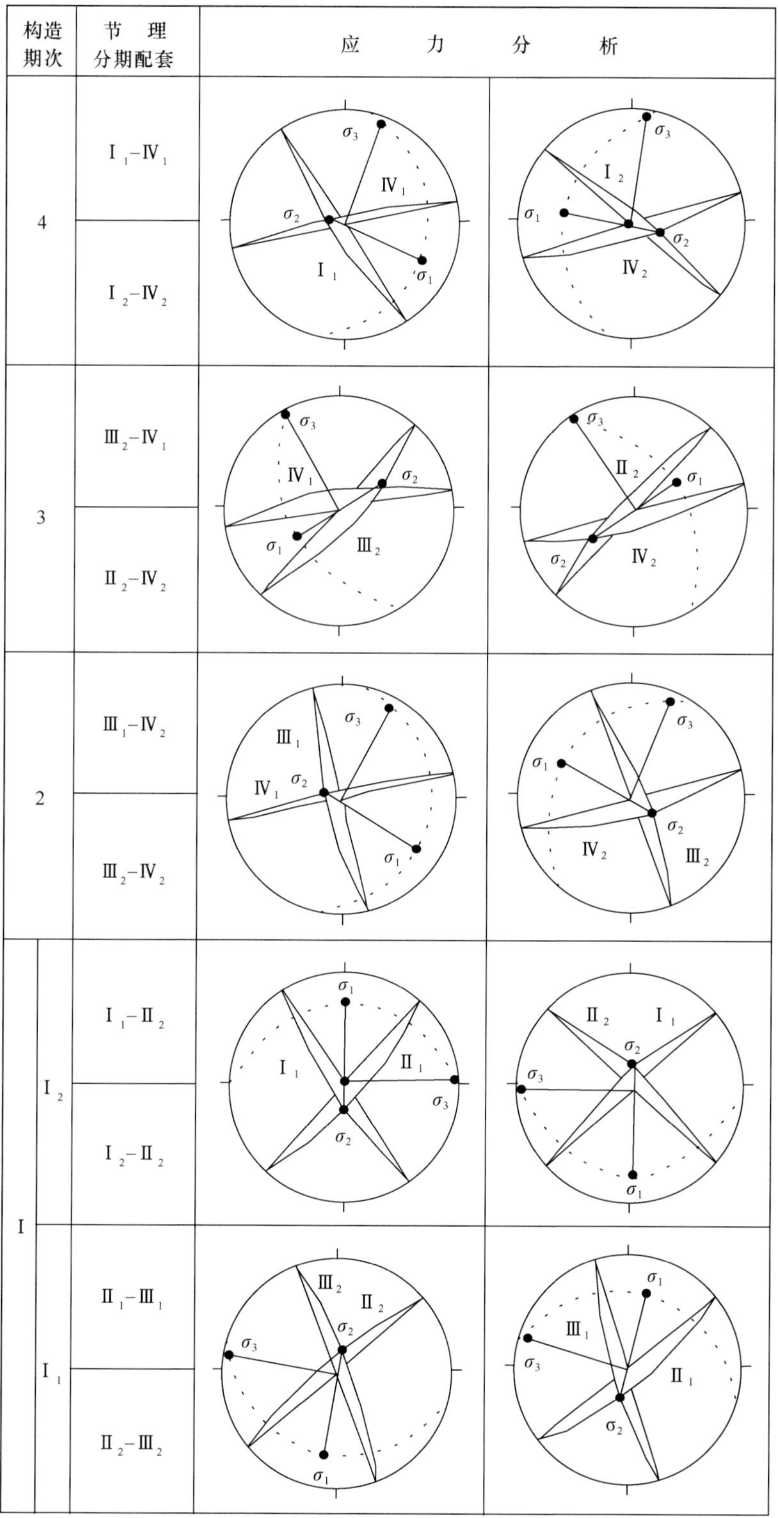

构造期次
节理分期配套
应力分析
4
Ⅰ1-Ⅳ1
Ⅰ2-Ⅳ2
3
Ⅲ2-Ⅳ1
Ⅱ2-Ⅳ2
2
Ⅲ1-Ⅳ2
Ⅲ2-Ⅳ2
Ⅰ
Ⅰ2
Ⅰ1-Ⅱ2
Ⅰ2-Ⅱ2
Ⅰ1
Ⅱ1-Ⅲ1
Ⅱ2-Ⅲ2

图 5.26　节理反映的应力场

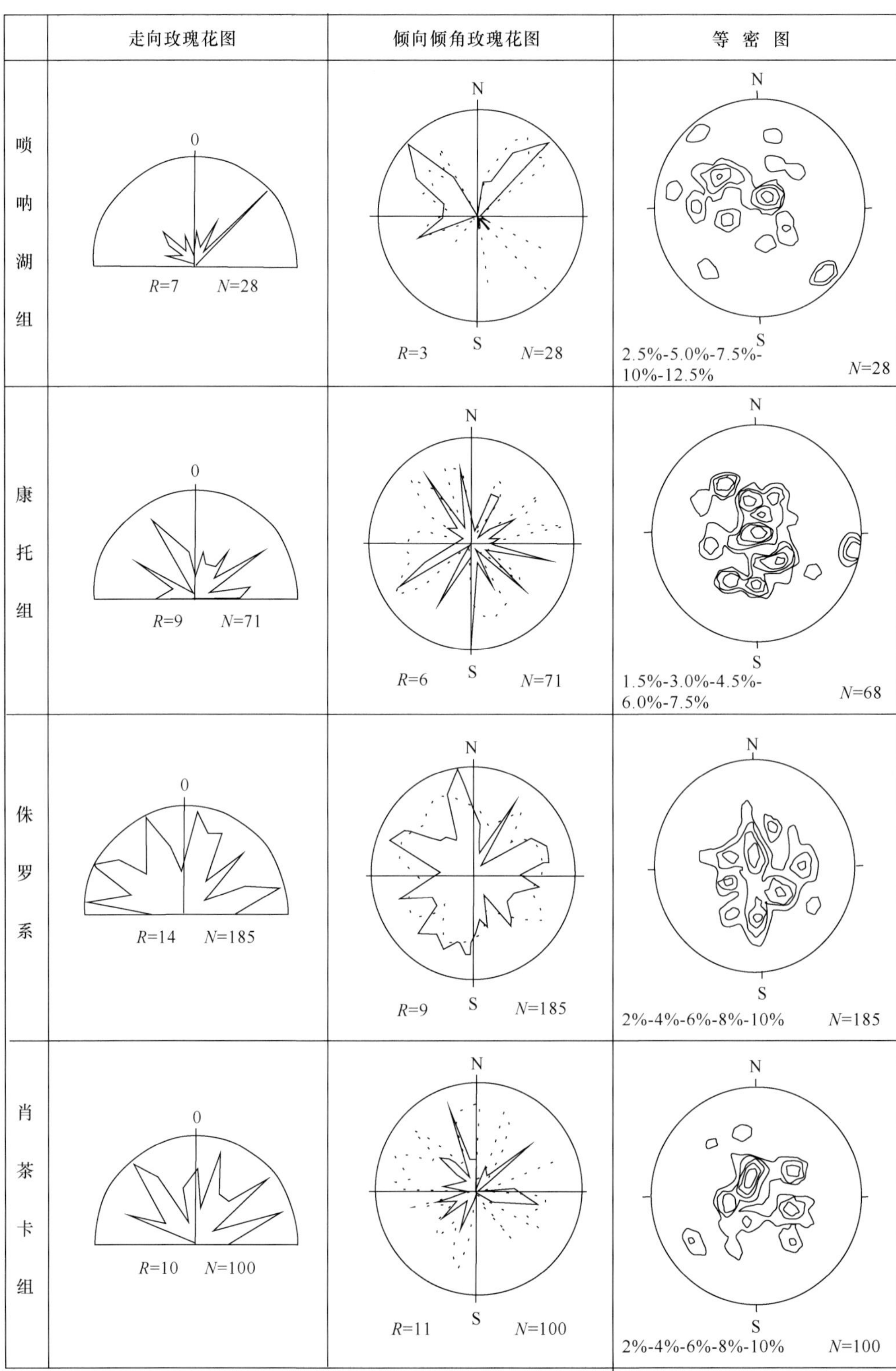

图 5.27 不同时代地层中节理产状对比图

5.3.4 变形规律

综合前面盆地构造变形特征，盆地构造变形具如下规律。

（1）盆地构造具方向性：盆地构造方向性十分明显，以北西西和近东西向为主，褶皱轴向基本为北西西向和近东西向，仅在局部地区发育南北向和北东褶皱。盆地南北边缘部褶皱以东西向为主，中部西段褶皱以东西向为主，中段东西向褶皱和北西向褶皱呈过渡变化，东段则以北西向褶皱为主。压性逆断层全为东西向，另有北东－北东东和北西－北西西两组平移断层以及南北向正断层，以上特征充分显示盆地变形以南北向挤压为主（李亚林等，2008a）。

（2）盆地褶皱形态特征：根据盆地内各褶皱形态的相互关系及褶皱层的厚度在褶皱各部分一致，弯曲各层具有相同的一曲率中心，向下逐渐消失，这与兰姆赛褶皱形态分类 IB 型褶皱类似。褶皱翼间夹角多在 100° 左右。表明盆地乃至整个藏北地区在三叠纪之后的褶皱作用并不强烈。

（3）盆地褶皱位态特征：根据盆地褶皱轴面和枢纽产状进行褶皱位态图投影，均落入 I 区，属直立水平对称褶皱。少数褶皱枢纽略有起伏（II 区），倾伏角在 10° 以内，表明盆地褶皱是在南北向近水平对称挤压作用下形成的。

（4）褶皱形成时间：盆地及邻区晚三叠世苟鲁山克错组（T_3g）、侏罗系（J）、白垩系（K）和古近系沱沱河组（$E_{1-2}t$）、唢呐湖组（E_2s）、康托组（E_2k）、鱼鳞山组（$E_{2+3}y$）、新近系石坪顶组（N_2sh）之间均为角度不整合接触，显示这些地层之间均经历了构造运动。说明盆地及邻区三叠系褶皱雏形形成于晚三叠世金沙江洋壳向北俯冲挤压时期，并在其后的南北向多次继承性挤压下进一步发展和加强；侏罗系褶皱形成于燕山期陆－陆碰撞；白垩系、古近系—新近系的褶皱形成于喜马拉雅期陆内汇聚、南北向强烈挤压和推覆时期。喜马拉雅运动不仅使白垩系、古近系褶皱变形，还使侏罗系及三叠系褶皱进一步加强。主变形期为喜马拉雅期。

（5）盆地逆冲推覆构造较发育，推覆方向总体为自北向南，主推覆滑动面受早期东西向断层面影响。推覆滑脱形成时间为晚燕山－喜马拉雅期，以喜马拉雅期中新世前后为主。邻区常见二叠系、三叠系、侏罗系逆冲推覆于红层之上。在盆地西马尔盖茶卡北见石炭系—二叠系逆冲推覆于新近纪红层之上，在盆地东玉树隆宝湖见晚三叠世砂板岩逆冲于古近纪红层之上。说明盆地及藏北青南地区中新世之后以逆冲推覆叠置作用占主导地位。

（6）盆地断裂力学性质复杂，运动学特征具多样性，以逆冲为主，兼具左旋和右旋走滑特征。

（7）盆地构造具继承性发育特征：不同构造层褶皱方位基本一致。不同构造层节理发育程度基本相同。表明盆地经历了近南北向的继承性（北北西－南北－北北东向）挤压。

（8）羌塘盆地褶皱向深部有减弱的趋势，托纳木地区雅根错 MT 剖面反应深部有几个明显南倾的构造块体叠置，且电阻率较大，各个南倾北冲的大断裂均向下交会到一个向南缓倾的低阻层（主折离面），地层电阻率等值线呈平缓波状，表明开阔宽缓褶皱为主体，并存在一定规模的圈闭构造。龙尾湖地区 MT 反演资料表明，浅部侏罗系电阻率低且发生褶皱，高导层厚度比较均匀且平缓连续，盖层褶皱变形较弱，向下略变舒缓，下部隐伏断层较发育，倾向南，收敛于同一断裂上。万安湖地震测线反映，断层南北倾向明显，存在倾伏的大型鼻状构造。盆地东经 88° 重力场测量三维体一从函数处理剖面显示，康托组底界（h_1）的起伏和相当于曲色组底面（h_2）的起伏有一定对应性，但前者较后者起伏幅度大，基本说明盆地中褶皱幅度向深部有减小的趋势。

（9）盆地逆冲断层具前展式单冲和反冲、对冲楔状逆冲及双重逆冲多种组合几何结构形式。

（10）盆地构造形成具有早期由北向南非同轴剪切（各板块向北俯冲，上盘向南推覆），发展到晚期（缝合带形成，两板块碰撞）同轴南北向水平挤压的力学机制。盆地造山带具复合造山机制，经历了俯冲造山（晚三叠世早中期）、碰撞造山（晚三叠世末期）和陆内变形（中生代中期—新生代）。

第6章

区域构造事件与盆地改造作用

在影响和制约盆地油气后期保存条件的诸多因素中，构造运动是最直接、最宏观的影响因素。以构造事件为标志的构造运动对油气的保存与破坏是油气保存条件研究的核心问题。青藏高原主要海相盆地后期经历了多期构造事件和构造运动的叠加改造，在原型盆地形成之后，后期每一次构造事件都会对盆地油气生成、运移和成藏、保存产生重要的影响。如前所述，羌塘盆地主要为中生代盆地，以海相三叠系—侏罗系为主要勘探目的层系，该高地中生代晚期又经历了强烈构造运动的叠加改造。对于羌塘盆地而言，以上、下白垩统之间的角度不整合为标志的构造事件，是海相原型盆地形成之后经历的第一次构造事件，也是盆地中生代经历的一次强烈构造运动，无疑对盆地油气生成、运聚、成藏和保存有着重要的制约作用。但是长期以来，对于该构造事件的时代、性质还存在争议。这是盆地油气地质研究存在的重大问题，也是探讨新生代构造事件和高原隆升对盆地改造作用研究的前提和基础。本章将以构造事件研究为基础，在查明盆地中生代构造事件时限、变形特征和对盆地构造格局影响的基础上，探讨中生代构造事件对盆地油气成藏和保存的影响和控制作用，为系统分析盆地油气保存条件和保存规律奠定基础。

6.1 拉萨 – 羌塘碰撞与油气成藏及保存

6.1.1 构造事件的基本特点

羌塘原型盆地形成之后经历了多次构造运动的叠加改造，特别是羌塘与拉萨地体的碰撞造山作用。这次造山活动不仅造成盆地区域性不整合，而且导致羌塘地区结束长期海侵历史，是盆地最为重要的构造事件。但是，对该构造事件在羌塘盆地的表现以及与地壳缩短、增厚和高原隆升的关系尚未开展研究，是亟待解决的基础地质问题。

羌塘与拉萨地体碰撞造山构造事件作为羌塘原型盆地形成后经历的第一次区域性构造事件，对盆地油气成藏与保存条件意义尤为重要，前人对盆地新生代变形与保存条件做了大量研究，但对构造事件与油气保存关系研究较少，这直接制约了对盆地油气成藏与保存规律的认识。另外，我国中西部大型盆地勘探证实，侏罗纪末期区域构造事件对油气成藏与保存具有显著的控制作用（贾承造，2005），同时改造型盆地研究证实，以角度不整合为标志的区域性构造事件是油气成藏和保存的主控因素，是改造型盆地油气成藏与保存条件研究的切入点和突破口（张抗，1983；刘池洋和杨兴科，2000）。

羌塘盆地上侏罗统雪山组和白垩系阿布山组间角度不整合被认为是羌塘与拉萨地体碰撞造山的结果（图 6.1）。从盆地沉积作用和地层分布来看，该构造事件不仅导致羌塘盆地结束海侵的历史，进入长期隆升剥蚀状态，并且引发广泛的岩浆活动和强烈构造变形，是盆地最为重要的构造事件。同时，羌塘盆地构造变形研究表明，雪山组和阿布山组在变形上存在显著的差异性，鄂斯玛地区的地质调查中也发现，侏罗系

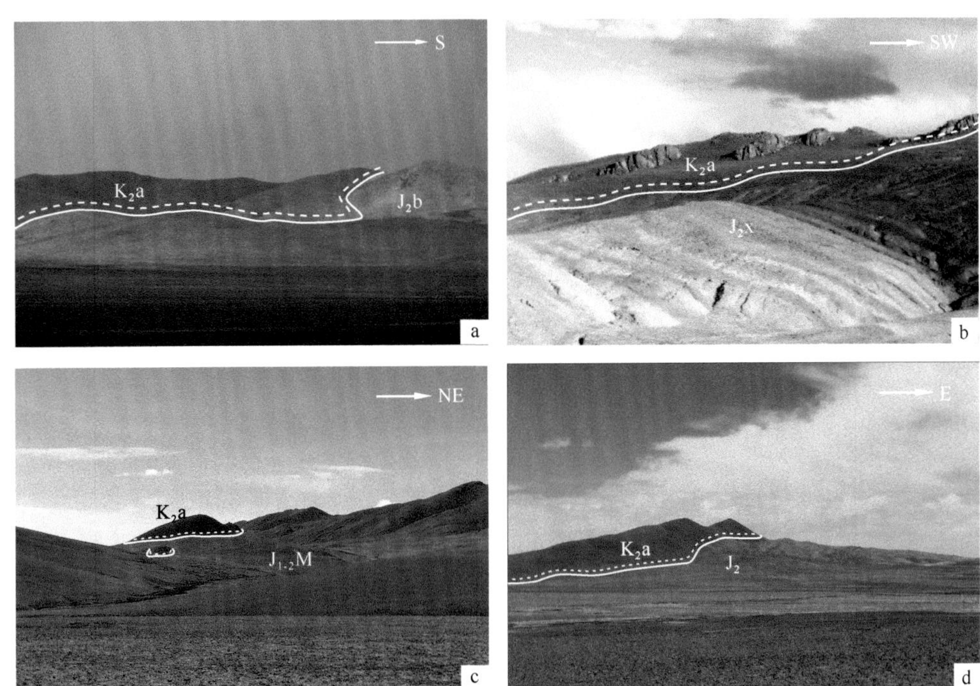

图 6.1　阿布山组与下伏地层不整合接触关系

a. 额斯玛地区阿布山组与布曲组不整合；b. 额斯玛地区阿布山组与夏里组不整合；c. 双湖地区阿布山组与木嘎岗日组不整合；d. 半岛湖地区阿布山组与中侏罗统地层不整合

变形强烈，其变形强度明显大于阿布山组，且与阿布山组间存在明显的不整合关系（图 6.1）；此外，南羌塘地体逆冲断裂发育，而且许多逆冲断层推覆在阿布山组之上（吴珍汉等，2016），表明在阿布山组沉积前后盆地均发生了强烈变形缩短，但从目前研究现状来看，对构造事件的时限、性质、变形特征的认识还存在较大分歧，对构造事件与油气成藏的关系以及对盆地改造作用和油气保存条件尚未开展深入研究。

地质部石油地质综合大队资料（1966 年）将侏罗系雁石坪群上部灰岩以上以碎屑岩为主的沉积定名为雪山组，时代定为晚侏罗世；蒋忠惕（1983）根据其中所含的以 *Nippononaia* 为代表的 *Nippononia off Wakinoensis.*，*Trigonioides* sp. 化石群，将雪山组时代定为早白垩世中期；赵政璋等（2001a）通过大量研究将其定为晚侏罗世（牛津－基末里期）；方德庆等（2002）根据化石和地层对比将雪山组时代定为早白垩世中晚期；谭富文等（2004）通过地层对比将其定为晚侏罗世—早白垩世。对于阿布山组时代也同样存在较大分歧，吴瑞忠等（1986）最早通过双湖阿布山剖面研究将其定名为上白垩统阿布山群，指不整合于侏罗系之上，以中厚层状杂色复成分砾岩、含砾砂岩和岩屑砂岩为主的河流－湖泊相沉积，厚度大于 1200 m；西藏自治区地质矿产局（1993）将该套地层降“群”为“组”称之为阿布山组，但从目前研究结果来看，由于不整合面之上阿布山组为一套粗碎屑岩建造，化石稀少，并且缺少可准确定年的化石属、种，同时在该组中也未发现可供定年的火山岩夹层，对其时代一直存在争议（吴瑞忠等，1986；赵政璋等，2001a；王成善和伊海生，2001），并且该区侏罗系与白垩系的界限问题也未解决。但从目前研究结果来看，由于缺乏准确的同位素年代学约束，对阿布山组时代仍然存在早白垩世和古近纪–新近纪不同的认识。

沉积环境和沉积相研究表明，阿布山组分布局限，主体为高能环境下的冲积扇、辫状河沉积，并且发育浅湖相干热环境下的膏盐沉积，物源主要来自侏罗系海相地层（Ma et al.，2017，2023；杜林涛等，2021）。同时野外地质调查和反射地震反映出阿布山组与侏罗系不同层位间显著的削切不整合关系（图 6.1）。以及裂变径迹研究反映出羌塘盆地在白垩纪初期已经开始抬升冷却（Bi et al.，2021，2022）；以上现象表明羌塘盆地在白垩纪初开始强烈构造变形的同时，伴有地壳的缩短、增厚和隆升作用。但目前对羌塘盆地侏罗纪末期构造变形特征、地壳增厚和隆升作用尚未开展深入研究，对该时期盆地构造缩短量、抬升剥蚀时限与过程还不清楚，严重制约了对盆地隆升作用和油气保存条件的深入认识。另外，从石油地质角度来看，我国西部塔里木、鄂尔多斯等盆地油气勘探证实，侏罗纪末期构造运动加速了烃源岩热演化，导致中生代烃源岩进入生、排烃高峰，也是构造圈闭重要形成期和成藏期（贾承造，2005）。对羌塘盆地而言，由于对本次构造事件的时限、变形特征以及隆升剥蚀程度研究还未开展，对本次构造事件与油气生成、运移、成藏与保存的关系还不清楚，如构造事件与盆地主要烃源层油气生成在时间和空间上的配置关系如何？构造变形和隆升作用对盆地有着怎样的改造作用？油气保存条件如何？有多少目的层被剥蚀？盆地还有哪些目的层得以保存？隆鄂尼古油藏是否为本次抬升剥蚀、破坏的结果？这些都是羌塘盆地现今存在的重大石油地质问题。因此，对本期构造事件与油气成藏与保存关系的研究，不仅对进一步查明盆地改造作用与保存条件具有重要意义，而且对确定盆地勘探目标和盆地油气远景评价具有十分重要的意义。

6.1.2 构造事件的沉积响应

构造层序是构造事件最直接的地质证据，记录了构造事件的起始时限、影响范围及盆地演化等关键信息。拉萨–羌塘碰撞造山作用是羌塘盆地晚中生代最重要的一次构造事件，在高原中部形成一个重要的区域性不整合。该不整合面之上的一套陆相粗碎屑沉积为该构造事件的沉积响应，即阿布山组。阿布山组广泛发育于南羌塘地体，主要分布在双湖地区、毕洛错地区、土门地区、安多地区等；北羌塘地体出露较少，在托纳木地区可见。本小节通过对羌塘盆地阿布山组的沉积时限、沉积特征、物源分析等进行研究，明确羌塘盆地晚白垩世沉积特征、盆地性质以及与区域性构造事件的响应关系。

1. 沉积时限

阿布山组为红色磨拉石建造，根据与它们角度不整合的下伏、上覆地层的时代推断应大致属白垩系，但是由于化石稀少或因少量获得的化石（主要为孢粉、双壳类）保存差、时限长，致使阿布山组的地层时代的一直存在不同的认识。近年来，随着对阿布山组研究的深入，发现毕洛错、安多 114 道班、土门、果根错等地区阿布山组中发育安山岩或粗安岩夹层（图 6.2），进一步通过对其进行锆石 U-Pb 定年分析，精确约束阿布山组沉积时代。

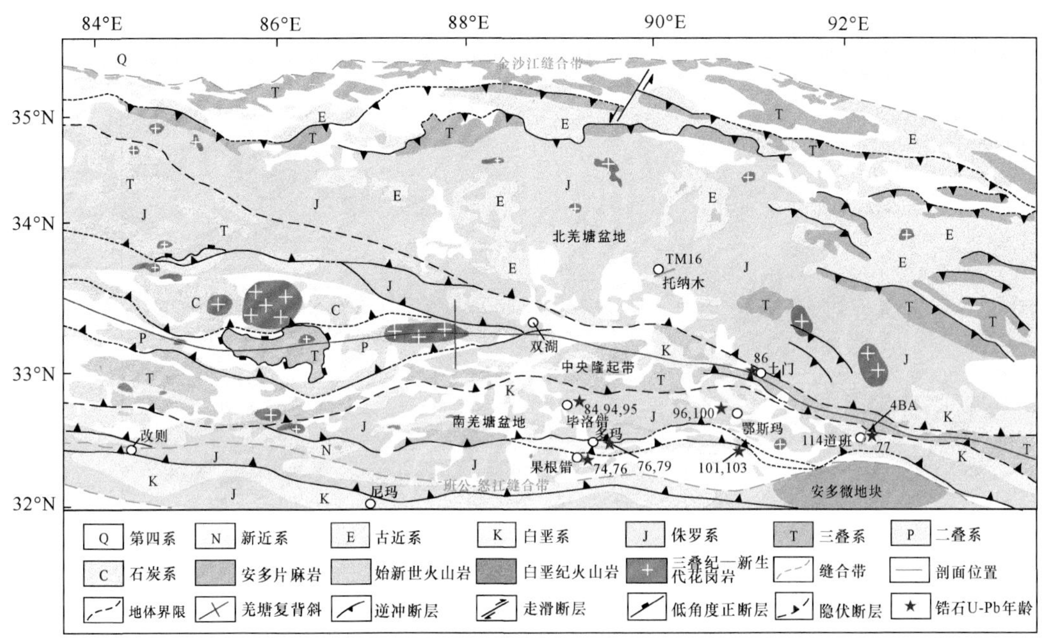

图 6.2　羌塘盆地区域地质简图（修编自毕文军等，2023）

114 道班地区阿布山组底部与安山岩和中侏罗统布曲组灰岩呈角度不整合接触（图 6.3a 和 b）。阿布山组以砾岩为主，发育薄层砂岩以及砂岩透镜体，整体上为正粒序，砾石成分为灰岩、砂岩（图 6.3c）。安山岩和中侏罗统布曲组灰岩为喷发不整合接触，而后又被阿布山组不整合覆盖（图 6.3a 和 b）。安山岩呈灰绿色（图 6.3d），斑晶主要包括斜长石和黑云母。斜长石半自形晶，宽板状，具聚片双晶，粒径一般介于 0.25~1.50 mm；黑云母半自形晶，片状，粒径一般介于 0.25~1.25 mm；基质半定向排列的斜长石中分布磁铁矿、黑云母和少量石英，构成交织结构（图 6.3e）。通过采集安山岩样品 4BAU1，选择 20 颗晶形较好、环带清晰的岩浆锆石进行锆石同位素测年（LA-ICP-MS）。锆石 U/Th 值（1.94~4.62）、环带清晰反映出该锆石均为岩浆锆石。20 颗锆石年龄谐和度均大于 90%，得到安山岩 U-Pb 年龄为 77.1±3.4 Ma（MSWD=1.3，N=20）（图 6.4）。

在果根错西部，阿布山组发育一套粗安岩火山岩夹层（图 6.3f）。火山岩上呈层状产出于阿布山组粗粒岩屑砂岩和含砾砂岩之间，包括上下两层，下部火山岩厚 63.7 m，上部厚 21.4 m。通过在果根错剖面上层粗安岩中采集的一件样品（L-6）进行锆石 U-Pb 年代学分析，结果显示除（图 6.4）粗安岩样品中个别点外，其余分析点均落在谐和线上或附近，20 个分析点的 $^{206}Pb/^{238}U$ 年龄范围为 68~73 Ma，在 U-Pb 谐和图上给出了 69.83±0.56 Ma（MSWD=0.3，N=20）的年龄，年龄值在误差范围内基本一致，表示

图 6.3　阿布山组火山岩

a 和 b. 114 道班地区阿布山组与安山岩体、布曲组角度不整合（远景和近景）；c. 114 道班地区阿布山组砾岩；d. 114 道班地区阿布山组中安山岩夹层；e. 114 道班地区安山岩镜下特征；f. 果根错西部索瓦组逆冲在阿布山组火山岩夹层之上；g. 尕尔根西北部阿布山组砾岩夹安山岩

剖面上部粗安岩的主体年龄为晚白垩世马斯特里赫特早期。此外，多玛–鄂雅错地区北部毕洛错西北和多玛乡附近阿布山组中火山岩夹层的锆石 U-Pb 年龄在 75.9~95.5 Ma（吴珍汉等，2014 ；He et al.，2018）。

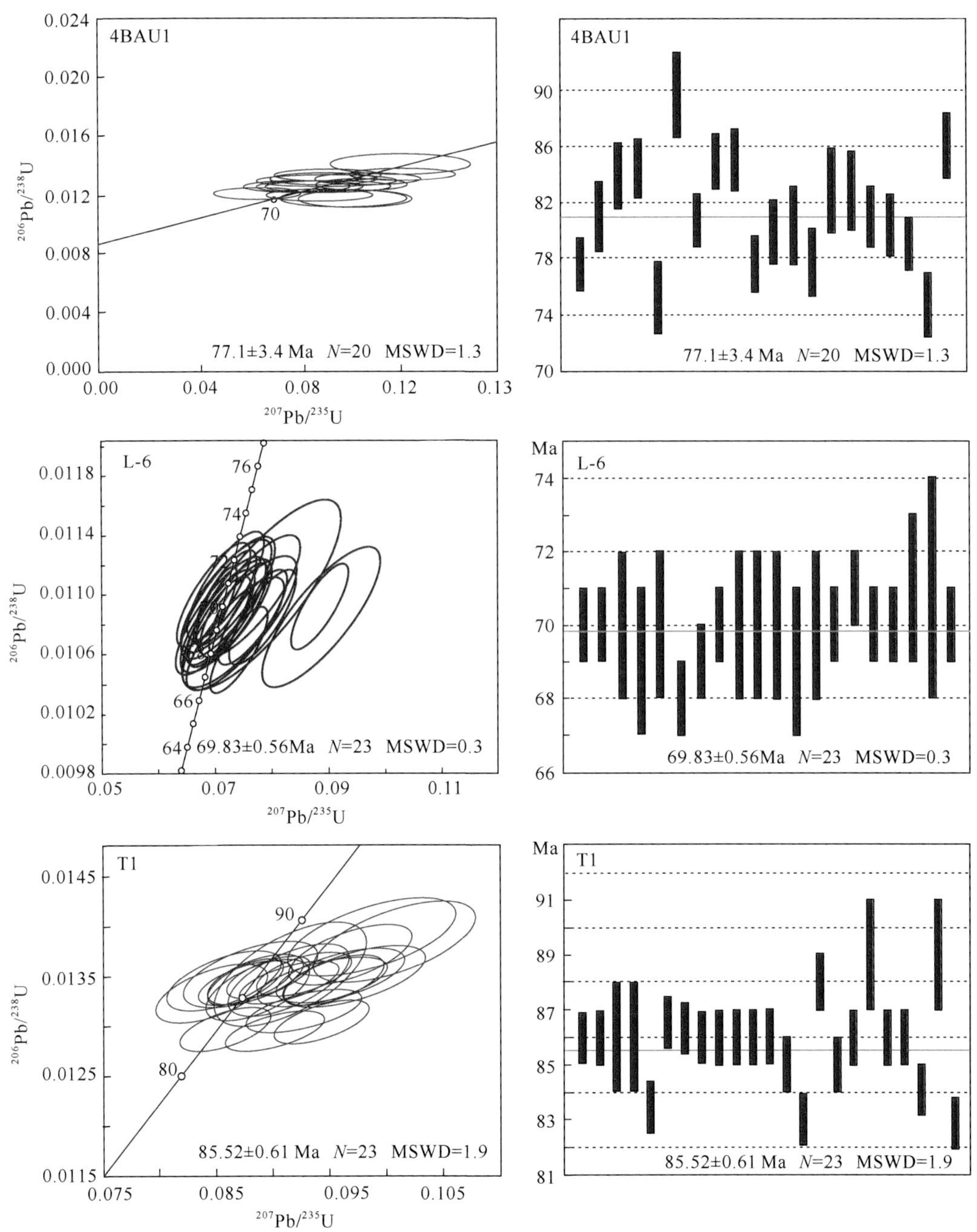

图 6.4　阿布山组火山岩锆石 U-Pb 年龄谐和图

在鄂斯玛的马登、破曲、尕尔根等地的阿布山组中发现了多处火山岩夹层（图 6.2）。火山岩厚度从数米到数十米不等，分别与阿布山组底部砂砾岩呈互层状（图 6.3g）。通过在尕尔根剖面上部鞍山岩中采集了一件样品（T1）进行年代学分析，结果显示（图 6.4）安山岩样品锆石颗粒的 $^{206}Pb/^{238}U$ 年龄范围为 82.9~89.0 Ma 在 U-Pb 谐和图上给出了 85.52±0.61 Ma（MSWD=1.9，*N*=23）的年龄，年龄值在误差范围内基本一致，表明安山岩的主体年龄为晚白垩世早期。此外，鄂斯玛地区中部破曲安山岩夹层锆石 U-Pb 年龄为 100.4±1.1 Ma（MSWD=1.09，*N*=21）和 96.1±2.4 Ma（MSWD=4.3，*N*=16），马登火山岩锆石 U-Pb 年龄为 102.6±1.6 Ma（MSWD=2.7，*N*=19）和 100.8±0.9 Ma（MSWD=0.93，*N*=20）。

在南羌塘盆地西部的俄久地区，野外地质调查结果显示早侏罗世海相地层向南逆冲在红色砂砾岩之上，通过对红色砂砾岩中火山岩夹层开展锆石 U-Pb 定年，限定其沉积年龄为 57.4±0.4 Ma（Zhao et al.，2020）。

北羌塘拗陷托纳木地区红层砂岩中三件样品的电子自旋共振（ESR）年龄值分别为 69 Ma、80.4 Ma 和 94.9 Ma。盆地沉降埋藏史研究表明托纳木地区在 100~70 Ma 处于沉降埋深阶段，阿布山组在此背景下沉积，并且沉降时间与 ESR 测年所限定的地层时代也较为一致。上述分析表明托纳木地区阿布山组形成于晚白垩世。

综合本书火山岩年龄、地层最大沉积年龄以及前人对阿布山组年代学研究结果，本书认为羌塘盆地阿布山组在早白垩世末期（约 111 Ma）开始发生沉积，且一直持续到古新世晚期（约 57.4 Ma）。

2. 沉积环境分析

1）沉积特征

A. 北羌塘拗陷

北羌塘拗陷阿布山组零星出露，本书选取托纳木地区的一条实测地层剖面（TM16），并对其沉积特征开展详细的研究。

剖面下段为砾岩段，厚度约 110 m，底部与晚侏罗世—早白垩世雪山组呈角度不整合接触（图 6.5）。岩性主要由紫红色砾岩、紫红色岩屑粗砂岩组成，以砾岩为主（图 6.5）。砾岩为中厚层，厚度为 0.8~3 m，砾石磨圆较好，分选中等，块状构造，颗粒支撑，杂基为砂质（图 6.6a），岩相为 Gcm、Gcmi（表 6.1），说明砾石经历相对较长、水动力较强的搬运过程。砂岩为岩屑砂岩，以紫红色含砾粗砂岩、中粗砂岩为主，砂岩颗粒分选磨圆较差，钙质胶结，砂岩层平行层理和板状交错层理发育（图 6.6b），厚度为 0.3~1 m，岩相为 Sh、Sp。垂向上由砾岩向上过渡为多个砂砾岩互层的沉积序列组成，粒度整体上向上变细，砂岩比例增加，砾岩层与砂岩层厚度比为 3 ∶ 1。上段为砂岩段，厚度约 540 m，由紫红色砾岩、砂岩组成，砾岩层与砂岩层厚度比为 2 ∶ 3，底部为中砾岩，向上变为细砾岩为主（图 6.5）。砾石成分主要为灰岩、砂岩、粉砂岩、脉石英、石英岩，偶含泥砾（图 6.6c），岩相为 Gcmi。砂岩主要为紫红色岩屑砂岩（图 6.6d），含部分灰绿色岩屑石英砂岩，在砂岩层的顶部发育薄层粉砂岩，厚度为 0.2~0.6 m，其中岩屑石英砂岩发育在该段的中部，岩屑砂岩在整段均有发育。砂岩层单层厚度较下段变厚，通常为 2~5 m 厚，砾岩层变薄。砂岩层发育槽状交错层理、板状交错层理、平行层理。垂向上由多个砂砾岩互层的沉积序列组成，粒度整体上先变细再变粗，岩相为 Sh、Sp。

综合岩性、粒度、沉积构造、砾砂比例和垂向序列等特征，本研究认为托纳木地区阿布山组主要发育冲积扇–辫状河沉积（图 6.5），其中砂岩层顶部的薄层粉砂岩可能为河漫滩沉积的产物。紫红色砾岩到紫红色岩屑砂岩再到灰绿色岩屑石英砂岩的岩

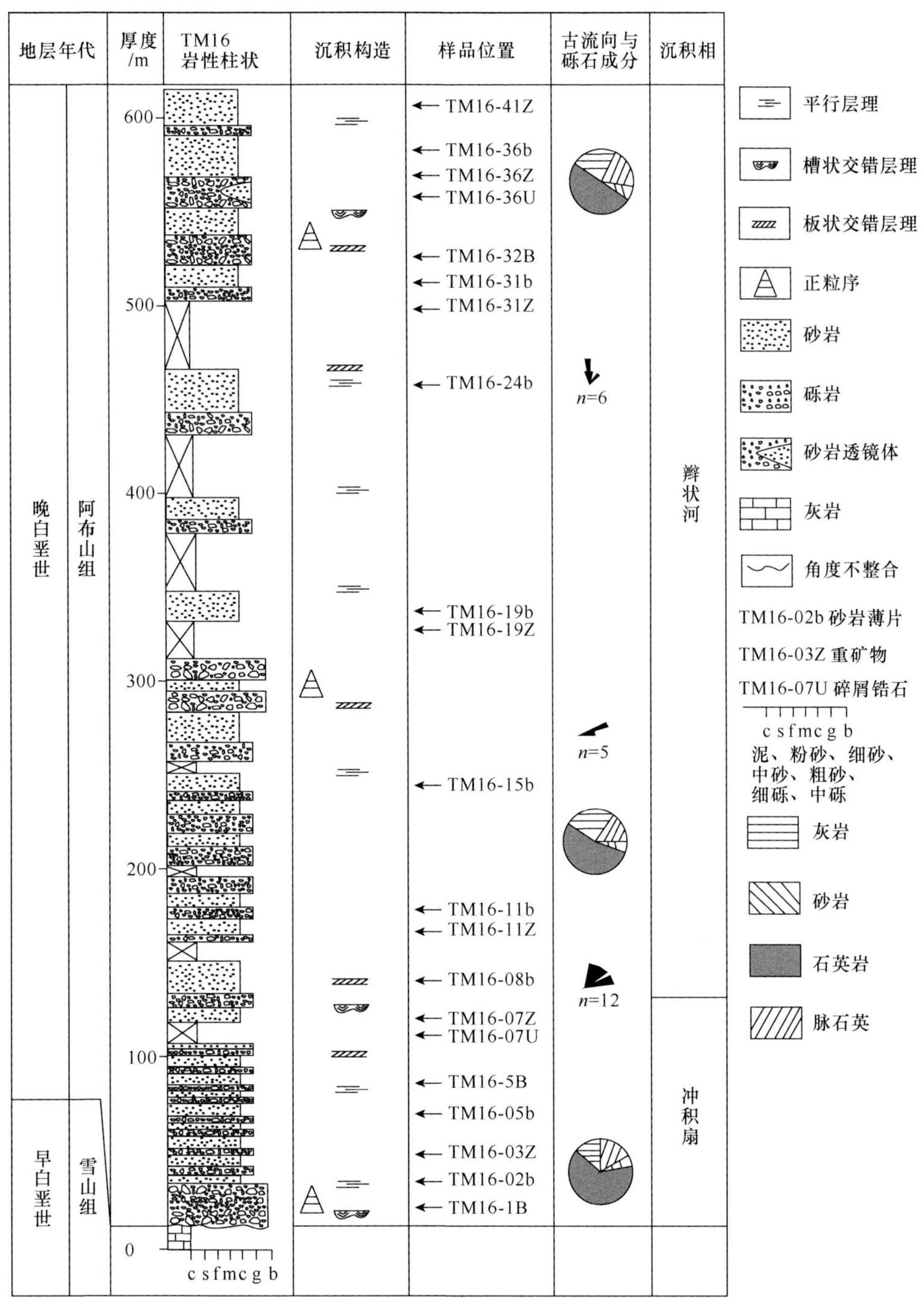

图 6.5　托纳木地区阿布山组 TM16 剖面综合柱状图

图 6.6　托纳木地区阿布山组 TM16 剖面砂岩照片

a. 底部砾岩；b. 板状交错层理；c. 泥砾；d. 剖面顶部紫红色岩屑砂岩

石组合类型以及粗 – 细 – 粗的粒度变化，表明研究区阿布山组由水动力变化较快、沉积物快速堆积的冲积扇环境向水动力条件较强且逐渐稳定的辫状河环境再到水动力条件强且稳定的辫状河环境过渡，同时也体现该时期构造活动由强烈到趋于稳定状态的变化过程。

B. 南羌塘拗陷

南羌塘拗陷阿布山组广泛分布，本研究选取安多 114 道班地区的一条实测地层剖面（4BA），对其岩性组合、砾岩成分以及沉积环境等开展了详细的研究。

该剖面总厚度约 300 m，角度不整合于晚白垩世安山岩之上。研究区阿布山组以砾岩沉积为主，含少量砂岩和含砾粗砂岩透镜体，整体上表现为下粗上细（图 6.7）。砾岩中砾石分选差，磨圆中等，砾石无叠瓦状排列（图 6.3c），表现为快速堆积的产物，此外，剖面底部和中上部砾岩中见正粒序发育（图 6.7）。砂岩分布于剖面中上部，砂岩透镜体横向上延伸 0.5~2 m，厚度在 0.2~0.7 m，成分主要为紫红色岩屑砂岩，且在砂岩透镜体中见水平层理发育（图 6.7）。

根据所测剖面的岩性、粒度、沉积构造、砾砂比例和垂向序列，本书认为安多 114 道班地区整个剖面仅发育砾岩段，为盆地边缘相沉积。根据岩相组合特征将该剖面解释为冲积扇环境。此外，对于山前砾岩的成因观点目前主要有两种：一种是认为

表 6.1　阿布山组岩相类型及解释

岩相代码	沉积特征	解释
Gmm	块状、基质支撑砾岩，分选差，次圆 – 棱角状磨圆，砾石无明显定向及粒序	高强度塑性碎屑流
Gmg	块状、基质支撑砾岩，分选差，次圆 – 棱角状磨圆，可见层理构造，正粒序或反粒序	非塑性碎屑流
Gcm	块状、颗粒支撑砾岩，分选差，次圆 – 棱角状磨圆，无粒序，可见基底侵蚀面	洪流或富颗粒碎屑流
Gcp	砾岩，颗粒支撑，中等 – 较好分选，次圆状磨圆，板状交错层理	河道牵引流中直脊砾石迁移，砾石心滩，吉尔伯特三角洲
Gct	砾岩，颗粒支撑，分选较好，次圆状磨圆，槽状交错层理	稳定河道沉积中的牵引流
Gchi	砾岩，颗粒支撑，偶见砂质基质支撑，中等 – 较好分选，次圆状磨圆，平行层理和不明显的粒序层理，可见叠瓦状砾石	纵向坝或砾石流中的浅牵引流
Gch	砾岩，颗粒支撑，分选好，平行层理，粒序不明显	纵向坝或砾石流中的浅牵引流
Gcmi	砾岩，颗粒支撑，中等分选，成层性差，基底侵蚀面，叠瓦状砾石，粒序明显	不稳定河道中的牵引流
St	细 – 粗粒砂岩，槽状交错层理，可含砾	弯曲或蛇形砂纹迁移，大型水道中的不定向流
Sp	细 – 粗粒砂岩，板状交错层理，可含砾	不定向河道流，横向坝迁移
Sm	块状细 – 粗粒砂岩，偶见生物扰动	生物扰动或非塑性流，沉积物重力流
Sr	细 – 粗粒砂岩，小型不对称波痕，可含砾	浅河道中的不定向流，小型波浪作用
Sh	细 – 粗粒砂岩，水平或平行层理，可含砾	表面条件下的不定向流
Srw	细 – 粗粒砂岩，小型对称波痕	浅湖或洪泛洼地震荡波痕
Fsm	块状粉砂岩，常见红色或杂色，可见生物扰动，碳酸盐结核	漫滩沼泽，废弃河道，古土壤
Fcl	水平层理红色、灰色或绿色泥质岩	洪泛洼地或深湖
Fsl	水平层理红色、灰色或绿色粉砂岩	洪泛洼地或深湖
Fcm	块状红色、灰色或绿色泥质岩	半深湖 - 深湖

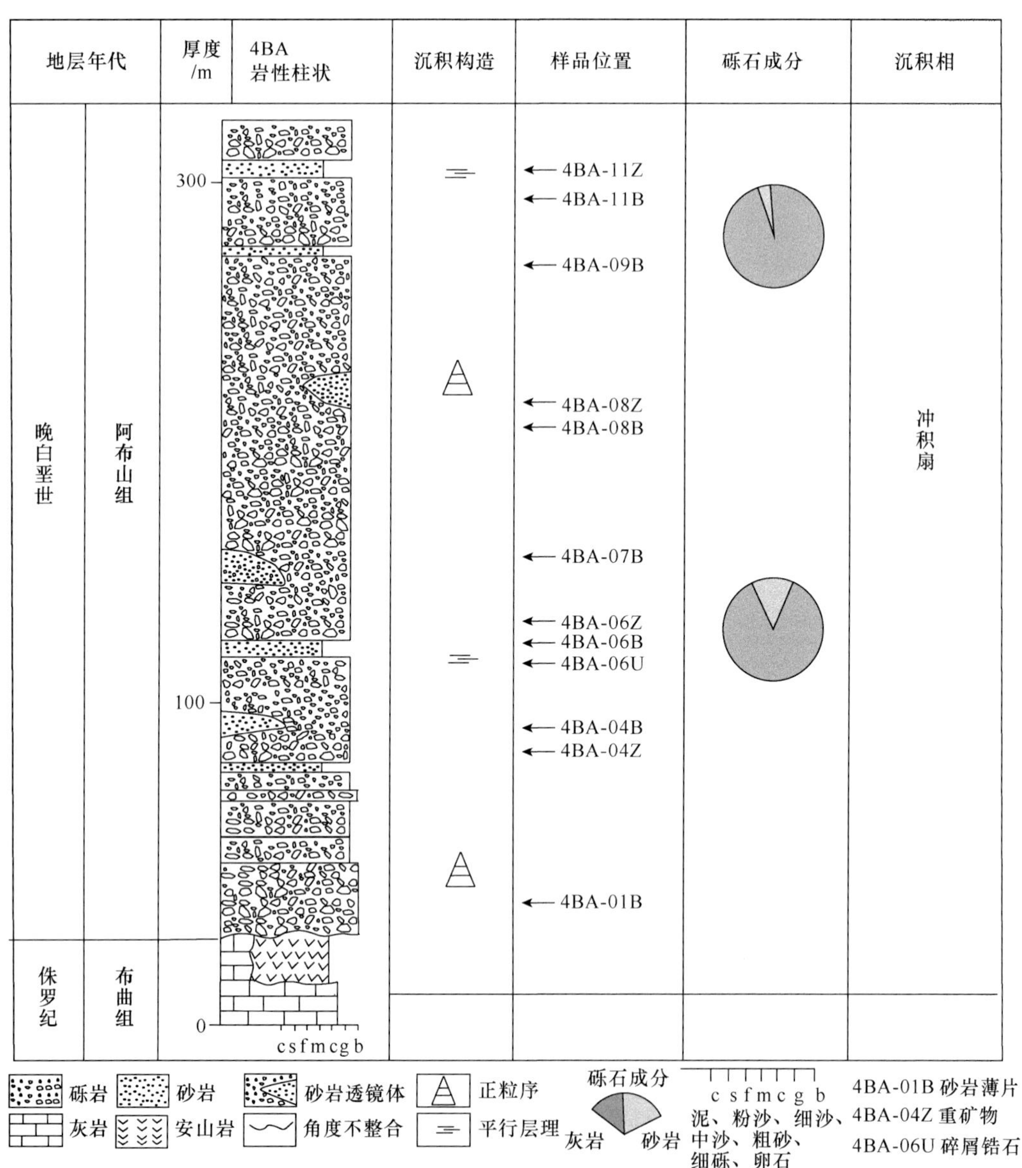

图 6.7　安多 114 道班地区阿布山组 4BA 剖面综合柱状图

造山带构造隆升导致风化剥蚀形成的（陈杰等，2007）；另一种是认为气候震荡导致剥蚀作用加强形成的（Zhang et al.，2001）。阿布山组砾岩整体上为单一的紫红色块状砾岩夹砂岩透镜体、含砾粗砂岩，整体为正粒序，所夹砂岩层无明显层理，未反映气候变化成因的特征。岩相学特征表明阿布山组形成于洪流沉积或者不稳定河道牵引流沉积。

2）区域地层对比

通过对羌塘盆地晚白垩世阿布山组沉积环境分析，将阿布山组划分为两段（下部砾岩段，上部砂岩段），并识别出七种岩相组合（砾岩岩相为 Gcmi、Gcm，砂岩岩相为 Sm、Sh、Sr、St，粉砂岩泥质粉砂岩岩相为 Fls）与三种沉积相（冲积扇、辫状河、湖泊相）。砾岩段在整个盆地广泛发育，包括北羌塘托纳木地区、双湖县城周边地区、毕洛错地区、多玛地区、额斯玛地区、土门地区、安多 114 道班地区。砂岩段主要发育在北羌塘托纳木地区阿布山组中上段，南羌塘双湖西地区阿布山组的中上段、额斯玛地区阿布山组的上段。

综上所述，羌塘盆地晚白垩世阿布山组在南、北羌塘拗陷均有分布，并且在南羌塘拗陷内分布范围较广，但野外露头较为零散。纵向上，阿布山组呈现中北部厚，南北两侧薄的特征；横向上，呈现西厚东薄的特征。双湖县城西侧与安多县城西北侧阿布山组经历了一个完整的冲积扇 – 辫状河 – 湖泊相的沉积演化过程；托纳木地区、额斯玛地区经历了冲积扇 – 辫状河沉积演化过程；马登地区经历了辫状河演化过程；毕洛错地区、多玛地区、土门地区、安多 114 道班地区、笙根东南地区仅发育了冲积扇环境。

3. 物源分析

1）北羌塘拗陷

本书以北羌塘拗陷托纳木地区阿布山组剖面（TM16 剖面）为研究对象，基于砾石成分、古水流、砂岩岩相学、重矿物分析等研究结果，明确北羌塘盆地阿布山组的物源特征。

从砾石成分来看，TM16 剖面砾石成分主要为脉石英、砂岩、石英岩、灰岩，其中脉石英 64%、石英岩 17%、砂岩 14%、灰岩 5%，整个剖面砾石成分无变化，含量略微变化（表 6.2）。此外，在剖面的中上部砾岩层还发育了分选、磨圆较差的泥砾，这是同期洪泛沉积的细粒物质固结不久后，受河道迁移影响，被水流破坏再沉积形成的。

表 6.2　羌塘盆地托纳木地区阿布山组砾岩层内砾石成分统计结果　（单位：个）

采样位置	编号	灰岩	砂岩	脉石英	石英岩
底部	TM16-1B	5	13	67	15
下部	TM16-2B	8	19	53	20
上部	TM16-3B	2	10	72	16

砂岩碎屑组分揭示，TM16 剖面砂岩碎屑成分以石英和岩屑为主，含少量长石岩屑，石英主要为单晶石英，部分单晶石英具波状消光，含少量多晶石英，其中多晶石英主要为脉石英、燧石、石英岩，岩屑以安山质、花岗岩岩屑为主，其次为沉积岩、变质岩岩屑。砂岩碎屑颗粒分选中等 – 较差，棱角状 – 次圆状，以钙质胶结为主。该剖面砂岩碎屑组分含量为 Qt ∶ F ∶ L=2138 ∶ 148 ∶ 1532，Qm ∶ F ∶ Lt=1679 ∶

148 ：1991。在 Qt-F-L 图解中，九件样品均落入再旋回造山带中，Qm-F-Lt 三角图解样品均落入再旋回造山带中，Qm-P-K 三角图解表明样品来自大陆块物源区，Qp-Lv-Ls 三角图解样品表明物源为混合造山带（图 6.8）。

重矿物组合方面，TM16 剖面七件样品均含锆石、金红石、电气石、磷灰石、石榴子石、锐钛矿、白钛石，四件样品含有辉石，一件样品含尖晶石，其中锆石、石榴子石含量最高，锆石以滚圆 – 次滚圆粒状为主，棱角 – 次棱角柱状次之，石榴子石为粒状（表 6.3）。TM16 剖面重矿物指数、MZi 指数［表示 100× 独居石 /（独居石 + 锆石）］为 0%，ZTR 指数平均为 36.6%，最小为 12.3%，最大为 68.5%。ATi 指数平均为 39.4%，最小为 4.6%，最大为 60.8%。GZi 指数平均为 57.3%，最小为 33.9%，最大为 89.8%。RZi 指数平均为 11.6%，最小为 9.9%，最大为 17.6%。此外，该剖面样品 TM16-11 含尖晶石，含量为 5.8%（表 6.3）。

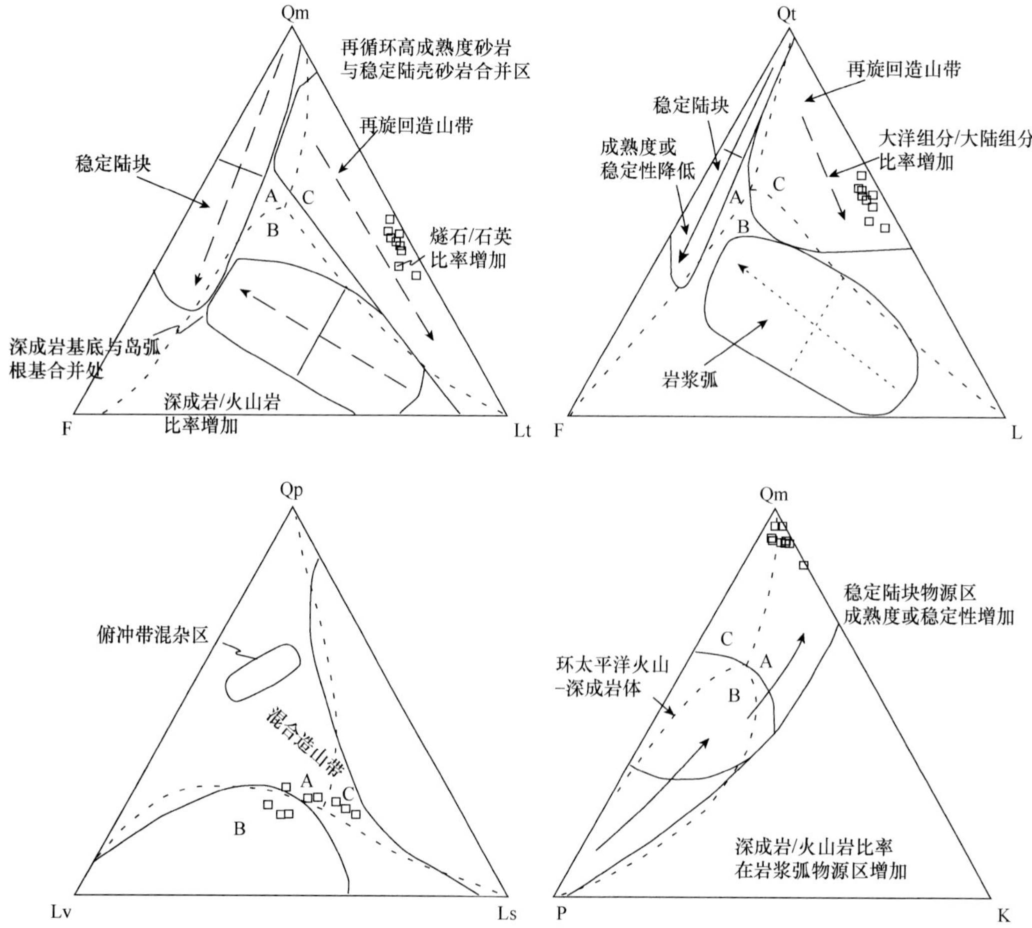

图 6.8　羌塘盆地托纳木地区阿布山组砂岩碎屑统计三角图解（底图据 Dickinson，1985）

A: 稳定陆块；B: 岩浆弧；C: 在旋回造山带

表 6.3　羌塘盆地托纳木地区阿布山组重矿物百分含量与重矿物指数

层位	锆石 /%	金红石 /%	电气石 /%	磷灰石 /%	石榴子石 /%	锐钛矿 /%	白钛石 /%	辉石 /%	铬尖晶石 /%	磁铁矿 /%	ZTR	RZi	GZi	ATi
TM16-03	50.5	6.4	3.5	5.4	29.8	0.4	3.3	0.6	0	0	62.6	11.3	37.1	60.7
TM16-07	41.3	4.7	6.5	4.5	39	0.2	3.6	0	0	0	54.6	10.2	48.5	41.1
TM16-11	25.3	3.5	2.3	3.6	49.2	1.4	6.6	1.9	5.8	0	33.4	12.1	65.9	60.8
TM16-19	23.8	2.7	4	1.9	53.8	1.7	1.8	2	0	1.6	31.6	10.1	69.3	32.6
TM16-31	51.5	5.6	4.8	0.2	26.4	1.9	7.3	0	0	2.3	68.5	9.9	33.9	4.6
TM16-36	8.9	1.9	1	1	78	0.2	1.7	0	0	2.4	12.3	17.6	89.8	51.2
TM16-41	34.3	3.9	6.4	2.1	44.9	1.3	2.9	4.3	0	0	45.9	10.2	56.7	24.7

注：ZTR 表示锆石 + 电气石 + 金红石；RZi 表示 100× 金红石 /（金红石 + 锆石）；GZi 表示 100× 石榴石 /（石榴石 + 锆石）；ATi 表示 100× 磷灰石 /（磷灰石 + 电气石）。

古水流结果显示，研究区阿布山组古流向变化区间为 75°~300°，并且以 0°~75° 为主（图 6.5），表明物源主要来自研究区的西南方向。碎屑岩组分统计结果显示，阿布山组砂岩以岩屑砂岩为主，含少量岩屑石英砂岩，石英颗粒以单晶石英为主，岩屑主要为火山岩、变质岩岩屑，其次为沉积岩岩屑，碎屑成分很可能来自下伏沉积地层以及中央隆起带变质岩（Zhang et al.，2006）。砂岩颗粒以次棱角状为主，其次为次圆状，分选较差，结构成熟度较低，以上均表明碎屑颗粒经历了中近距离的搬运，这与砂岩碎屑组分三角图解表明物源主要为再旋回造山带大陆物源一致。

从重矿物组合及各种相关指数的构成特征来看，北羌塘托纳木地区阿布山组物源存在多种成因的岩石类型，但含量有差别，以沉积岩、变质岩（角闪岩或麻粒岩）为主，含部分火山岩（基性 – 超基性岩）。MZi 指数为 0 表明该地区无酸性深成侵入岩的物源。ATi 指数的变化几乎不影响 RZi 指数的变化，RZi 指数在整个剖面较为稳定，说明该地区具稳定的酸性岩浆岩或者沉积岩源区的输入。通常碎屑岩中的铬尖晶石的存在表明含有基性 – 超基性火山岩源区的输入，母岩可能为中央隆起带内蛇绿岩（Zhang et al.，2016），但是考虑到北羌塘中生代砂岩中也存在大量铬尖晶石重矿物（Zhang et al.，2006），单一的重矿物也无法区别是单一来源还是两者都有；ATi-ZTR、ATi-RZi 重矿物指数图解表明研究区阿布山组与北羌塘晚三叠世具类似的变化趋势（图 6.9），RZi-ZTR、GZi-ZTR 以及 GZi-RZi 重矿物指数图解也表明阿布山组与北羌塘晚三叠世具相似的变化趋势（图 6.9），重矿物指数对比表明阿布山组物源更可能来自北羌塘内下伏沉积地层。

综上所述，本节认为研究区物源来自盆地内西南方向下伏沉积、晚三叠世那底冈日组火山岩以及盆地基底。

2）南羌塘拗陷

南羌塘盆地选取安多 114 道班地区阿布山组剖面（4BA），通过展开砾石成分、古水流、砂岩岩相学、重矿物分析以及碎屑锆石 U-Pb 年代学等方面研究，明确南羌塘盆地阿布山组的沉积物源特征。

从砾石成分来看，4BA 剖面的砾石成分以灰岩为主，还有少量粉砂岩、砂岩，且从剖面底部到顶部灰岩含量逐渐增多（图 6.7）。其中灰岩砾石主要紫红色、灰白色泥晶灰岩，含少量生屑灰岩；砂岩主要为岩屑砂岩（图 6.3c）。砾石的平均粒径（Mz）在 9.6~17.0 cm，标准偏差（σ）在 –1.5~8.2，偏度（SK1）在 –4.4~–1.8，峰度在 –0.17~–0.57；砾石平均直径（d）在 4.0~4.9 cm，扁度（F）在 1.8~2.0，球度（ψ）在 0.68~0.73，搬运距离（H）在 34.9~39.9 km（表 6.4），反映了砾石形态以非常宽峰状为主、分选性非常差 – 极差、偏斜度非常大，搬运距离较短，为近源堆积。

从砂岩碎屑成分来看，114 道班 4BA 剖面砂岩颗粒以岩屑和石英为主，含部分长石（图 6.10）。在 Qm-F-Lt 三角图解中，五件样品均分布在再旋回造山带区域，主要为过渡再旋回，其次石英再旋回。在 Qt-F-L 三角图解中，所有样品均落入再旋回造山带，且大洋与大陆比例相近。在 Qp-Lv-Ls 三角图解中，样品均落入岛弧造山带右上方，靠近混合造山带，说明有一定火山物质输入。在 Qm-P-K 三角图解中，样品均落入再旋

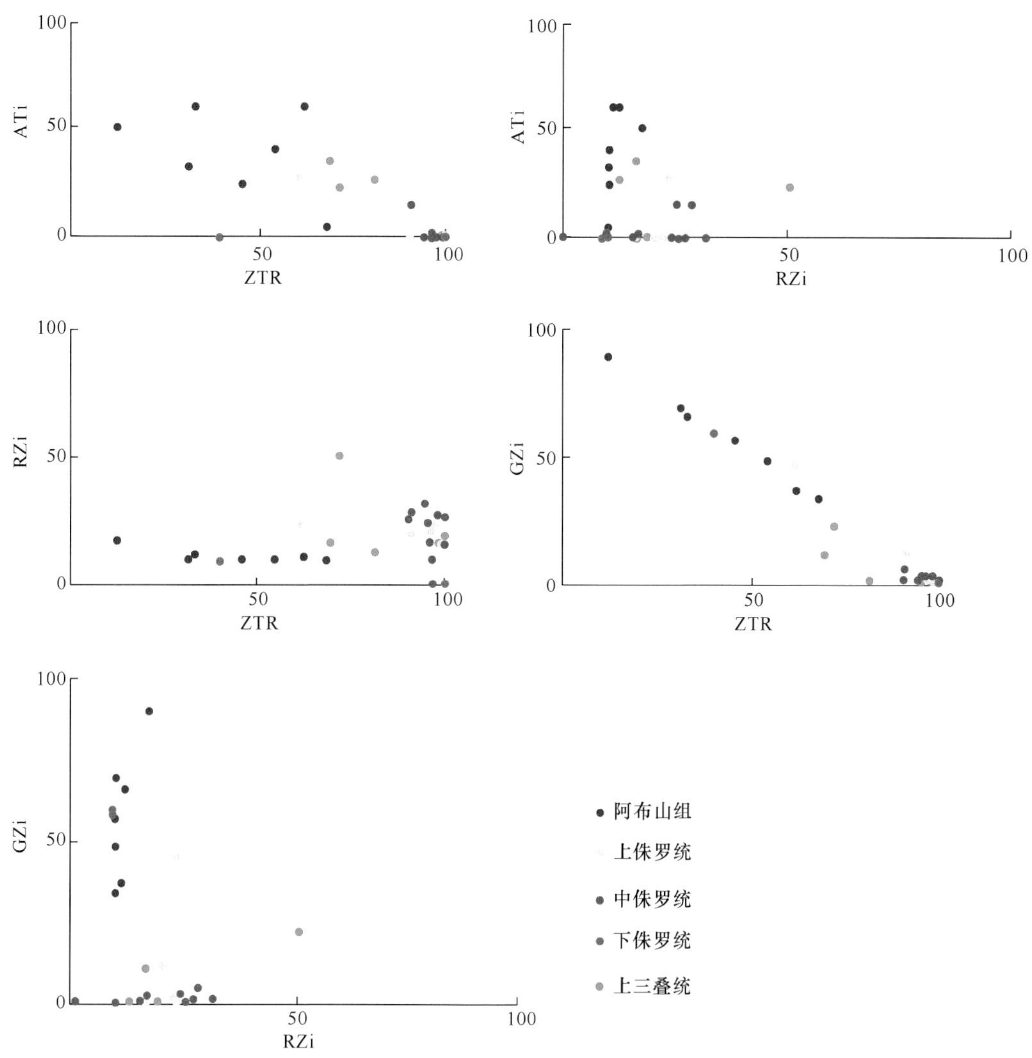

图 6.9　羌塘盆地托纳木地区阿布山组与潜在源区重矿物指数对比
（潜在源区数据来自 Zhang et al.，2006）

回造山带，表现为成熟度稳定性增加。尽管上述图解反映出的大地构造背景侧重不同，但是总体来看，所有三角图解均表明样品经历了再旋回造山过程。

表 6.4　114 道班地区阿布山组砾石统计参数特征

砾石统计点	Mz/cm	σ	SK1	峰度	d/cm	F	ψ	H/km
点 1	13.1	−1.5	−1.8	−0.38	4.6	1.8	0.73	34.9
点 2	9.6	3.3	−4.4	−0.17	4.9	2.0	0.68	39.9
点 3	17.0	8.2	−1.9	−0.57	4.0	1.8	0.72	39.9

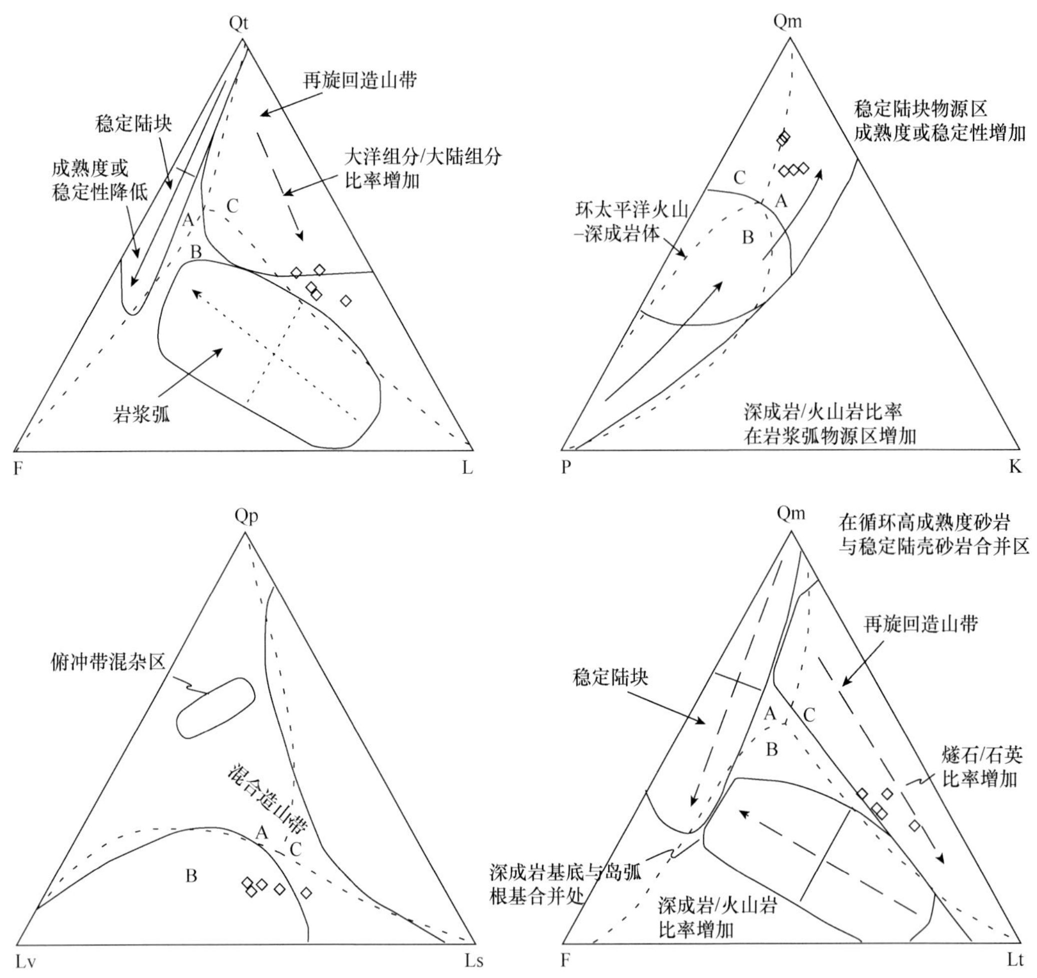

图 6.10　安多 114 道班地区阿布山组砂岩碎屑统计三角图解（Dickinson，1985）

Qm：单晶石英；Qp：多晶石英（包括燧石）；Lv：火山/变火山岩屑；Ls：沉积/变沉积岩屑；P：斜长石；K：碱性长石；Qt：石英总量（Qt=Qm+Qp）；F：长石（F=P+K）；L：不稳定岩屑（L=Lv+Ls）；Lt：岩屑总量（Lt=L+Qp）；A：稳定陆块；B：岩浆弧；C：在旋回造山带；◇：4BA 样点

经重矿物组合分析，4BA 剖面采集四件重矿物样品，重矿物组合为锆石 + 金红石 + 电气石 + 磷灰石 + 石榴子石 + 白钛石 + 锐钛矿，并出现重晶石、辉石、绿帘石、黄铁矿（表 6.5）。从重矿物指数来看，ATi 指数在 2.1%~31.1% 之间，平均为 13.3%，反应有火山源区的输入。GZi 指数在 15.0%~54.3% 之间，平均为 33.8%；RuZi 指数在 7.5%~21.4% 之间，平均为 13.1%；MZi 指数为 0，反应是角闪岩或麻粒岩源区的输入，而无酸性侵入岩输入。ZTR 指数在 39.5%~75.7% 之间，平均为 60.45%，相对稳定。ATi 与 RZi 指数、RZi 与 GZi 指数以及 ZTR 与 ATi 指数之间呈正相关关系，ZTR 与 GZi 呈反比关系，RZi 指数与 ZTR 间无明显关系（图 6.11）。

综合砾石成分、砂岩碎屑成分、重矿物特征来看，我们认为研究区阿布山组物源主要来自羌塘盆地南部的上三叠统—侏罗系。

表 6.5　羌塘盆地 114 道班地区阿布山组重矿物百分含量与重矿物指数

层位	锆石 /%	金红石 /%	电气石 /%	磷灰石 /%	石榴子石 /%	锐钛矿 /%	白钛石 /%	辉铜矿 /%	黄铁矿 /%	重晶石 /%	辉石 /%	绿帘石 /%	ZTR	RZi	GZi	ATi
4BA04	63.3	10.7	4.1	1.9	11.1	2.4	3.2	0.0	0.0	0.0	0.0	3.3	75.7	14.4	15.0	31.1
4BA06	25.5	6.9	8.3	0.2	30.3	0.5	27.4	0.0	0.0	0.7	0.0	0.0	62.6	21.4	54.3	2.1
4BA08	50.0	5.0	15.4	2.3	14.0	1.3	1.7	0.0	4.6	0.0	4.2	1.4	64.0	9.2	21.9	13.1
4BA11	41.1	3.3	8.4	0.6	32.3	0.0	0.4	0.0	0.2	13.6	0.0	0.0	39.5	7.5	44.0	6.9

注：ZTR 表示锆石 + 电气石 + 金红石；RZi 表示 100× 金红石 /（金红石 + 锆石）；GZi 表示 100× 石榴石 /（石榴石 + 锆石）；ATi 表示 100× 磷灰石 /（磷灰石 + 电气石）。

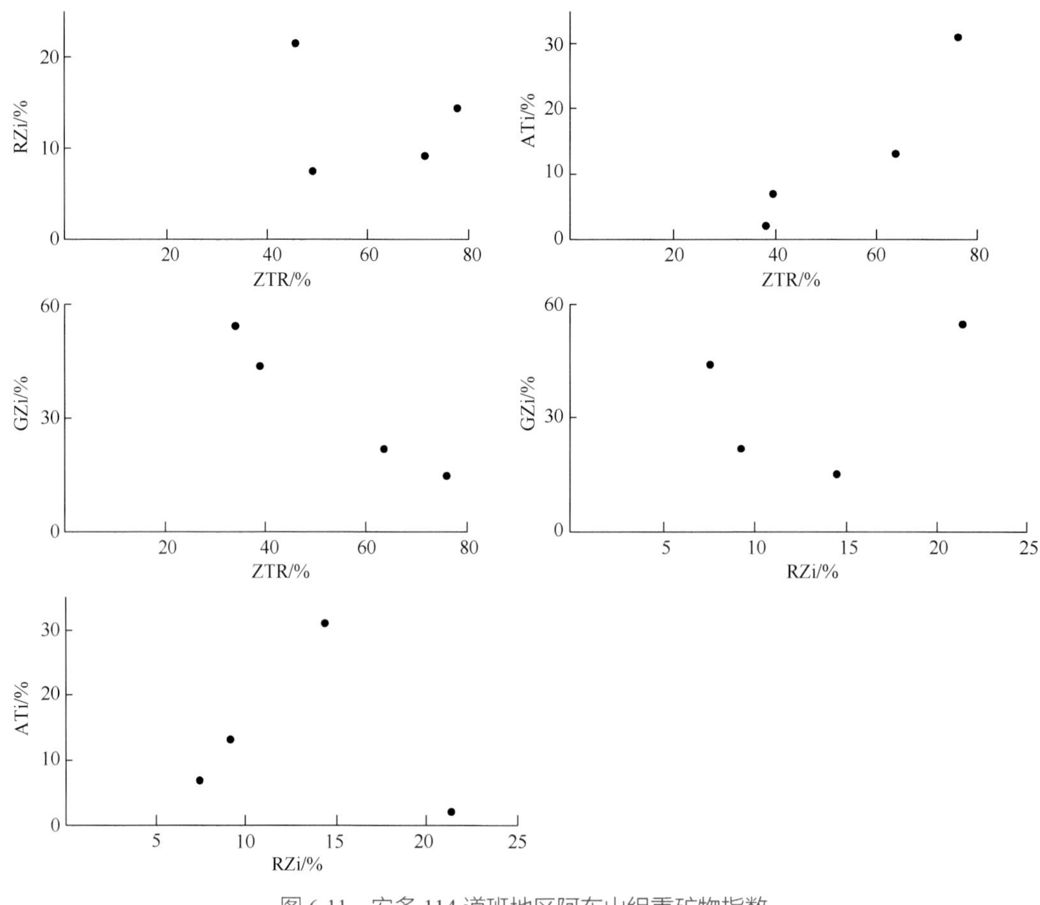

图 6.11　安多 114 道班地区阿布山组重矿物指数

4. 晚白垩世盆地沉积背景

晚白垩世的陆相红色沉积物广泛地分布在南羌塘盆地、班公湖 – 怒江缝合带和北拉萨地体。Ma 等（2023）通过建立南羌塘盆地和班公湖 – 怒江缝合带尼玛盆地的晚白垩世的陆相红色沉积物的地层柱，限定其沉积时代在 120~70 Ma。野外地质调查结果发现这些红色沉积物常被前白垩系逆冲岩席覆盖。例如，在南羌塘盆地可见多条大规模逆冲断层均表现为三叠系—侏罗系向南逆冲在晚白垩世红色沉积物之上；沿班公湖 – 怒江缝合带可见晚白垩世红色沉积物主要被东西向展布的改则 – 色林错逆冲断层（GSCT）和狮泉河 – 改则 – 安多逆冲断层（SGAT）所夹持。通过卷入变形的地层年龄和被切割的火山岩的年龄限定羌塘盆地逆冲带强烈活动发生在 80~50 Ma；班公湖 – 怒江缝合带北侧的狮泉河 – 改则 – 安多逆冲带和南侧的改则 – 色林错逆冲带起始活动时间分别是 116~107 Ma 和 99 Ma。平衡剖面恢复结果揭示该逆冲活动导致羌塘盆地发生强烈的构造缩短，缩短率在 34%~50%。在尼玛盆地，晚白垩世的红色碎屑岩还显示出同构造沉积的特点，这与碎屑锆石 U-Pb 年龄和古水流结果显示该盆地晚白垩世的沉积物源来自逆冲断层的上盘一致。低温热年代学研究表明羌塘盆地在 120~65 Ma 发生了强烈剥露，这与逆冲断层活动时间和晚白垩世阿布山组的沉积时间基本一致。沿班公湖－怒江缝合带发育的蛇绿岩与放射虫硅质岩年龄和海相地层向陆相地层转换的时间限定羌塘－拉萨地体碰撞发生在 125~100 Ma。尽管研究区阿布山组发育向上变细的正旋回，正旋回沉积序列通常是正断层控制下盆地的充填模式，反旋回往往代表了逆断层控盆的特点，然而已有研究表明受逆断层控制的沉积盆地在构造活动强烈时也可发育正旋回沉积序列。上述事实表明羌塘盆地晚白垩世阿布山组沉积主要受控于羌塘－拉萨碰撞后陆内造山背景下形成的一系列逆冲推覆构造（图 6.12）。

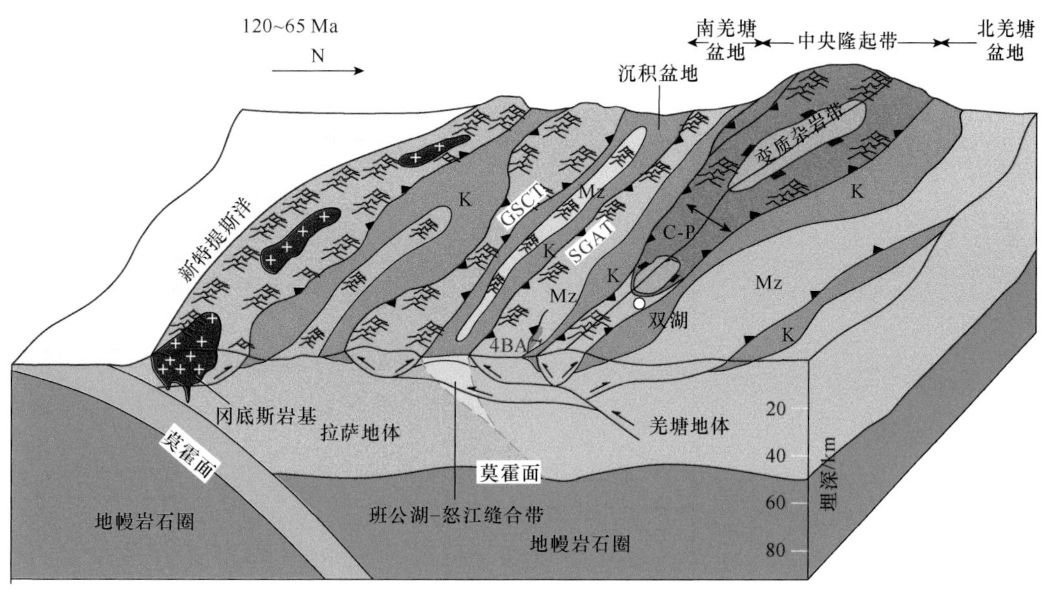

图 6.12　羌塘盆地晚白垩世古地理重建示意图

SGAT：狮泉河－改则－安多逆冲断层；GSCT：改则－色林错逆冲断层；4BA：剖面位置

6.1.3　白垩纪岩浆事件

班公湖－怒江特提斯洋的演化过程和随后的拉萨－羌塘地体碰撞被认为是晚中生代青藏高原最重要的构造事件（Allègre et al.，1984；Dewey et al.，1988；Yin and Harrison，2000；Schneider et al.，2003；Kapp et al.，2005，2007；Guynn et al.，2006；Li et al.，2015c；Zhu et al.，2016；Fan et al.，2017）。岩浆岩是探索地壳深部的“探针”和“窗口”，记录了构造演化的过程，在青藏高原地球动力学机制研究中具有重要意义（莫宣学，2011）。

为探讨青藏高原中部构造事件与岩浆作用，本小节聚焦羌塘地体中部白垩纪双湖县多玛乡去申拉组和阿布山组火山岩，以及毕洛错安山岩和处布日花岗岩（图 6.13），开展岩石（相）学、年代学、地球化学研究，分析岩石成因，探讨其构造意义。

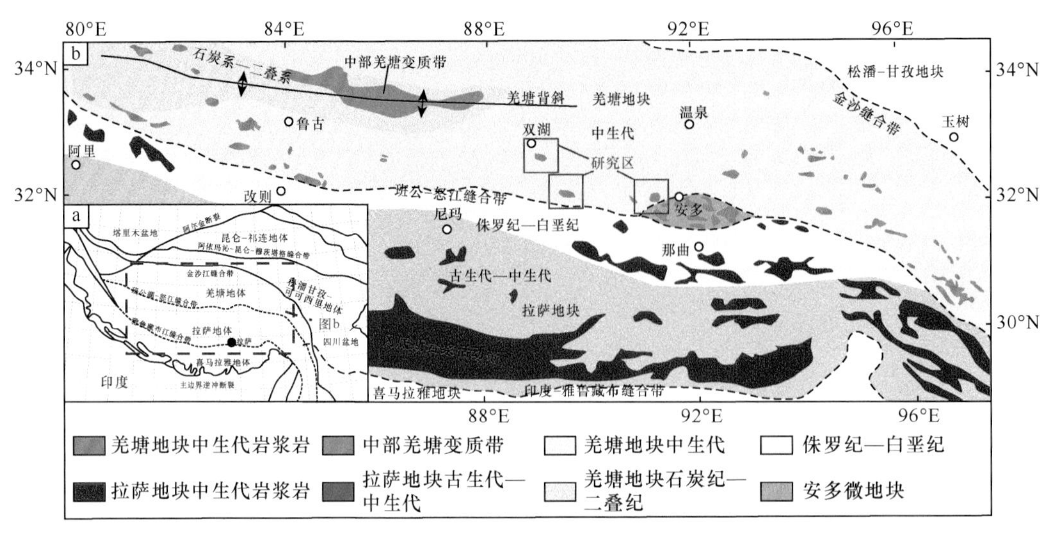

图 6.13　研究区及邻区区域地质略图

1. 野外和岩石学特征

1）多玛乡火山岩

样品采集于青藏高原中部双湖县色林错北 23 km 的木地姜雅山附近（89°19′30.32″E，32°12′41.26″N）。火山–沉积系列的北部被下白垩统去申拉组的沉积岩覆盖，南部被上白垩统阿布山组的砂岩和砾岩覆盖。火山岩层夹于沉积岩层中，由安山岩、英安岩和流纹岩组成。研究区及周边区域的地层主要有下中侏罗统木嘎岗日岩群、下白垩统去申拉组、上白垩统阿布山组和新近系康托组。其中下中侏罗统木嘎岗日岩群主要为一套深灰色、暗绿色、灰黑色泥质斑岩与变质砂岩、粉砂岩夹灰岩、硅质灰岩的地层。其中化石稀少，有少量双壳类、腕足类化石，其下未见底，上未见顶，其中常夹有灰岩岩块（中二叠统）、枕状玄武岩、放射虫硅质岩岩块。下白垩统去申拉组是一套中基性火山岩夹碎屑岩的沉积地层，即为安山岩、角闪安山岩、杏仁状角闪安山岩夹安山质砾岩、岩屑砂岩、石英砂岩的沉积地层。其下与木嘎岗日岩群、塔仁洋岛玄武岩呈角度不整合接触，上与上白垩统阿布山组呈角度不整合接触。上白垩统阿布山组为紫灰色–灰色砾岩、灰绿色细砂岩、含砾砂岩、砂岩、黏土岩夹泥灰岩及火山熔岩等。新近系康托组为紫红色夹杂色砂岩、砾岩、粉砂岩和泥岩组合，局部夹有中基性熔岩和碳酸盐岩。第四系主要是湖相沉积物、冲积相沉积物等（图 6.14）。

火山岩根据野外分布和地质年代可以分为两组。第一组去申拉组火山岩出露于北部，第二组阿布山组火山岩主要由流纹岩组成，两者呈角度不整合接触关系（图 6.15a 和 d）。第一组去申拉组火山岩主要是由安山岩、英安岩和流纹岩组成（图 6.15e 和 f）。安山岩为深灰色，具有斑状结构、块状构造，斑晶主要是斜长石和辉石，斜长石具有明显的环带，安山岩的基质呈现霏细结构，由细粒的斜长石、辉石、角闪石和蚀变的

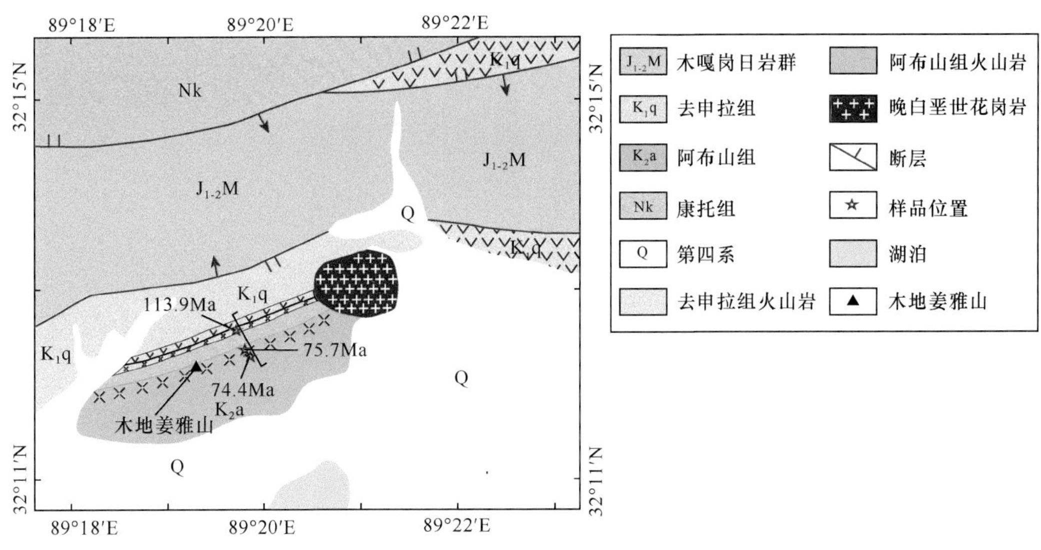

图 6.14　多玛乡火山岩区域地质简图

玻璃组成（图 6.15g）；流纹岩为暗红色，显示斑状结构和流纹构造。第二组阿布山组火山岩主要由大量浅粉红色的流纹岩组成，具有斑状结构和流纹构造，斑晶主要是斜长石（图 6.15h）

2）毕洛错安山岩

样品采自双湖县西南部 20 km 处的毕洛错西岸（图 6.16）。毕洛错区域出露的岩石地层单元主要是上三叠统扎那组，下侏罗统曲色组、中侏罗统莎巧木组、布曲组和夏里组、上侏罗统索瓦组，上白垩统阿布山组，新近系康托组和第四系沉积物。上三叠统扎那组岩性组合主要以灰色、灰褐色薄层状泥质粉砂岩、粉砂质夹少量灰岩为特征，沉积环境为浅海陆棚。下侏罗统曲色组岩性组合主要由黑色中、厚层块状微晶灰岩组成。中侏罗统莎巧木组岩性主要以石英砂岩、泥岩、粉砂岩韵律层为主。中侏罗统布曲组岩性主要为灰褐色巨厚层生物碎屑灰岩、灰色厚层结晶灰岩夹生物碎屑灰岩。中侏罗统夏里组岩性主要是灰色–灰黑色粉砂岩、粉砂质泥岩组成的韵律沉积。上侏罗统索瓦组岩性组合为一套灰色–灰褐色含生物碎屑灰岩、泥晶灰岩构成的碳酸盐岩。上白垩统阿布山组为紫红色砾岩、含砾砂岩夹泥灰岩及火山熔岩。新近系康托组岩性为紫红色砾岩夹砂岩、含砾砂岩。

火山岩以夹层的形式产出在阿布山组砾岩、含砾砂岩之中，厚度约为 150 m（图 6.17a 和 b）。上白垩统阿布山组南侧与中侏罗统布曲组断层接触，北侧角度不整合于新近系康托组之上。采集 15 个火山岩样品用于岩石学和地球化学分析；采集 2 个样品用来分离锆石颗粒，从而进行锆石 U-Pb 定年。火山岩主要由浅绿色和灰色的安山岩组成，斑状结构，块状构造。斑晶成分主要为斜长石，辉石和角闪石，粒径为 0.5~1.5 mm。斜长石斑晶具有聚片双晶和环带结构。安山岩基质具有交织结构，主要由细粒斜长石、辉石、角闪石和变质玻璃组成（图 6.17c 和 d）。

图 6.15 去申拉组和阿布山组火山岩野外照片

a. 火山岩野外接触关系；b. 阿布山组火山岩；c. 火山岩与砂岩和砾岩接触关系；d. 阿布山组砂岩；e. 去申拉组流纹岩；f. 去申拉组安山岩；g. 去申拉组安山岩镜下照片；h. 阿布山组流纹岩镜下照片

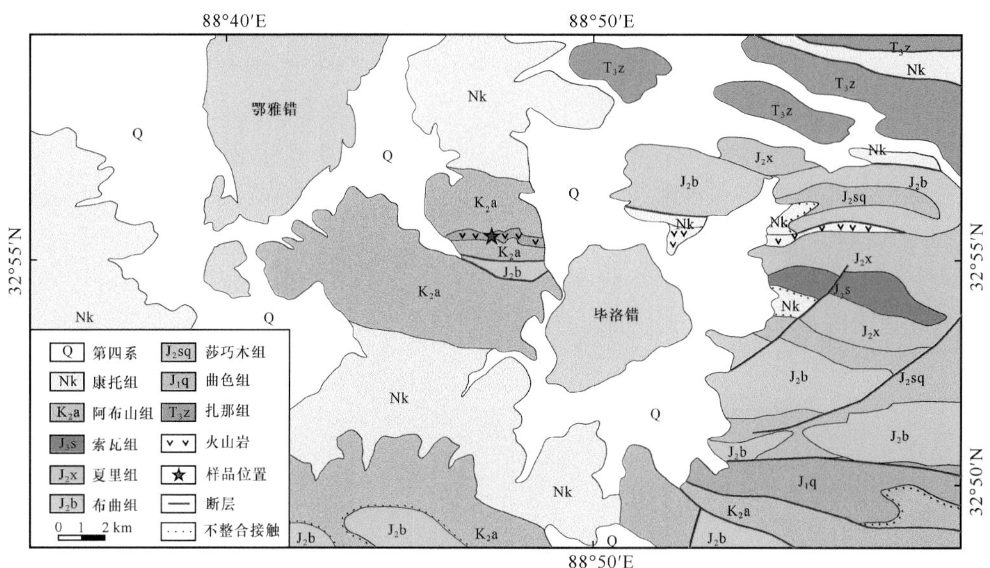

图 6.16　毕洛错区域地质简图

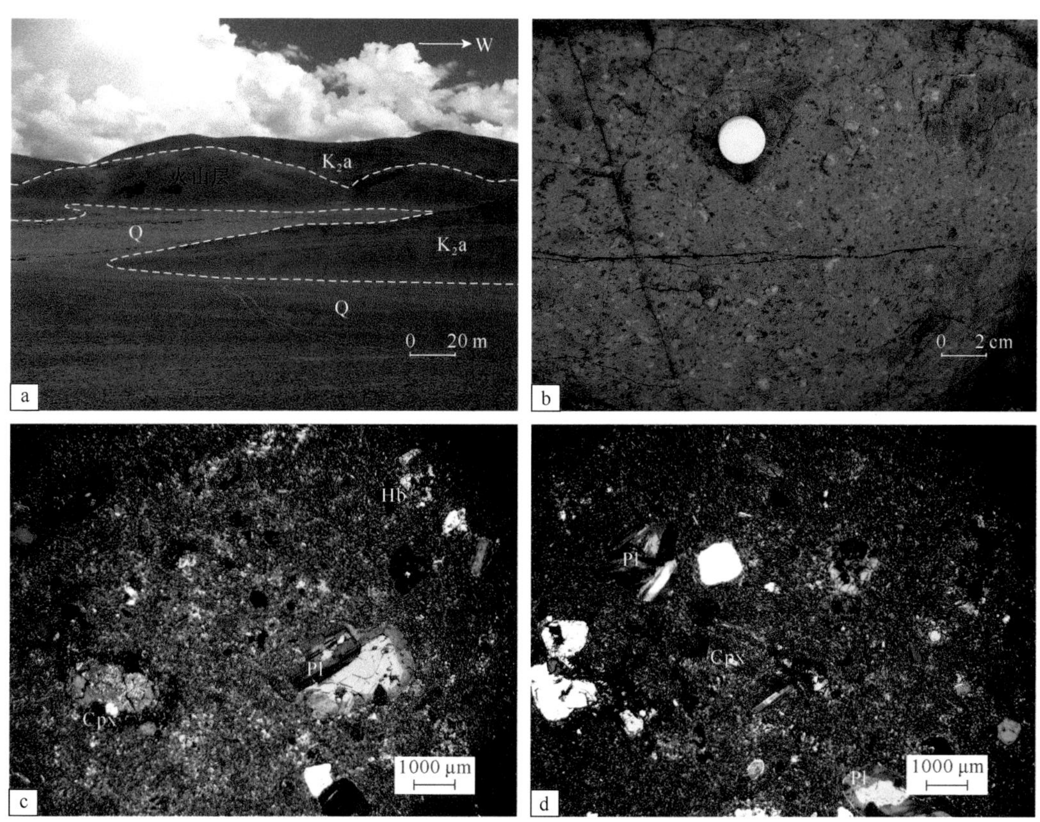

图 6.17　阿布山组野外照片及显微照片

a. 阿布山组火山岩野外分布关系；b. 安山岩野外照片；c 和 d. 安山岩显微照片。

Pl：斜长石；Cpx：单斜辉石；Hb：角闪石

3）处布日花岗岩

样品采集于安多县错那湖西北约7km处的处布日地区（91°22′49.06″E，32°07′21.13″N）。处布日地区位于南羌塘地体，毗邻班公湖－怒江缝合带。处布日深成岩面积约为20 km²，侵入到古近系牛堡组陆相沉积物中。处布日地区的岩石单元主要有早二叠统下拉组、中—晚侏罗统雁石坪群和木嘎岗日群、晚白垩统阿布山组、新近系牛堡组和第四系沉积物（图6.18）。下拉组主要由灰岩和生物碎屑灰岩组成。研究区的中晚侏罗世主要是海相沉积物。阿布山组主要由冲积扇相砾岩、河流相砂岩以及火山岩组成。牛堡组主要由紫红色河流相沉积物组成。第四系主要是砂砾组成的松散沉积物。

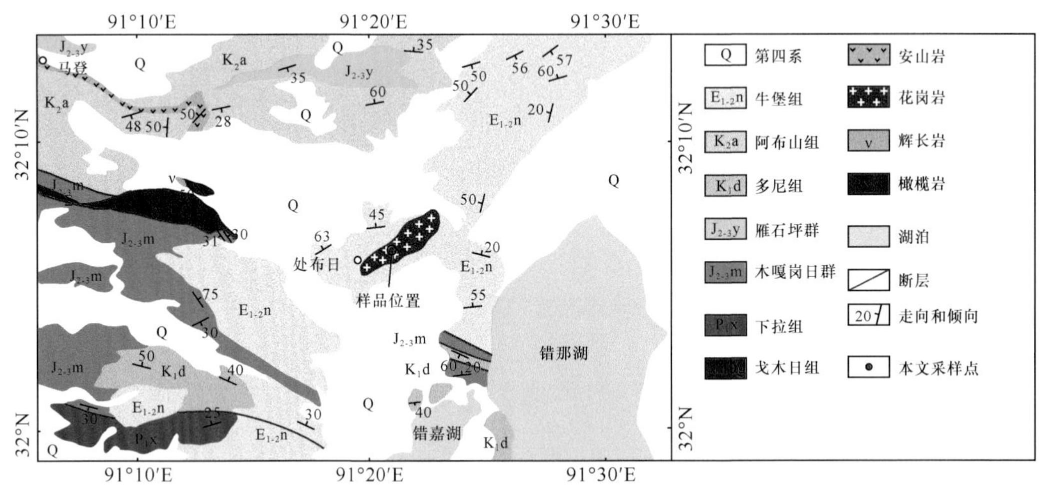

图6.18　处布日地区地质简图

处布日深成岩主要由黑云母二长花岗岩组成（图6.19a和b）。黑云母二长花岗岩为灰色，中粗粒结构、块状构造。其中斜长石斑晶含量为35%~40%，钾长石斑晶含量为25%~33%，石英含量为25%~30%，还含有5%~8%的片状黑云母，以及锆石、磁铁矿和榍石等副矿物（图6.19c和d）。

2. 年代学特征

1）多玛乡火山岩

样品DM1601-U1、DM1602-U1和DM1602-U2被选择进行锆石LA-ICP-MS测试分析。锆石U-Pb分析数据和计算结果见附表6-1。阴极发光照片显示所有样品中的锆石颗粒均为自形，并显示清晰的环带结构（图6.20a）。样品具有高的Th/U值（＞0.4）。这些特征表明它们是典型的岩浆锆石，因此它们代表了结晶年龄。

样品DM1601-U1安山岩的锆石长50~250 μm，宽30~80 μm，长宽比在4 ∶ 1到2 ∶ 1之间。来自DM1601-U1的10颗锆石显示$^{206}Pb/^{238}U$年龄为105~120 Ma，具有相对一致的年龄，得出$^{206}Pb/^{238}U$平均年龄为113.9±3.8 Ma（MSWD=3.1，N=10），代表了岩浆的形成年龄（图6.20b和c）。

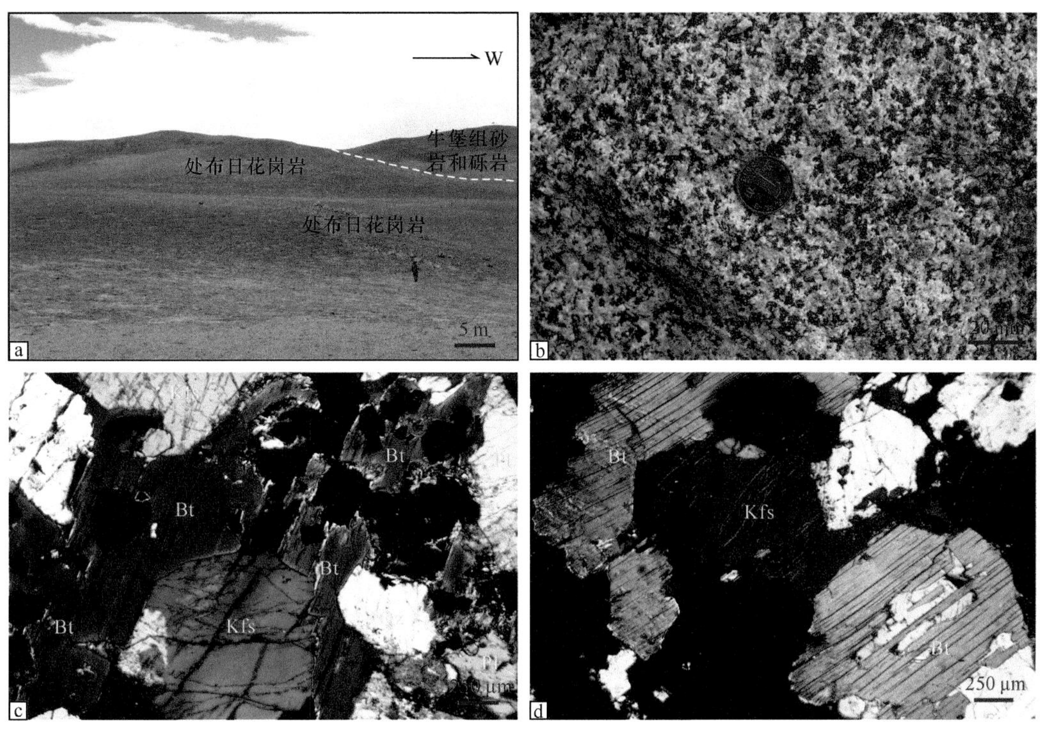

图 6.19　处布日深成岩野外照片及显微照片

a. 处布日深成岩的野外照片；b. 花岗岩的野外露头照片；c 和 d. 显微照片。Q_2：石英；Bt：黑云母；Kfs：钾长石

样品 DM1602-U2 流纹岩的锆石长 150~250 μm，宽 70~90 μm，长宽比在 3 ∶ 1 到 2 ∶ 1 之间。来自 DM1602-U1 的 19 颗锆石的 $^{206}Pb/^{238}U$ 年龄为 71±1~77±1 Ma，得出 $^{206}Pb/^{238}U$ 平均年龄为 74.4±0.9 Ma（MSWD=2.9，N=19）（图 6.20d 和 e）。锆石的平均年龄被解释为火山岩的结晶年龄，意味着它们形成在晚白垩世。

样品 DM1602-U2 流纹岩的锆石 CL 图像显示锆石长 90~250 μm，宽为 50~80 μm，长宽比为 4 ∶ 1 到 2 ∶ 1 之间。来自样品 DM1602-U2 流纹岩的 7 颗锆石的 $^{206}Pb/^{238}U$ 年龄为 74±2~77±1 Ma，得出 $^{206}Pb/^{238}U$ 平均年龄为 75.7±0.9 Ma（MSWD=0.8，N=7），

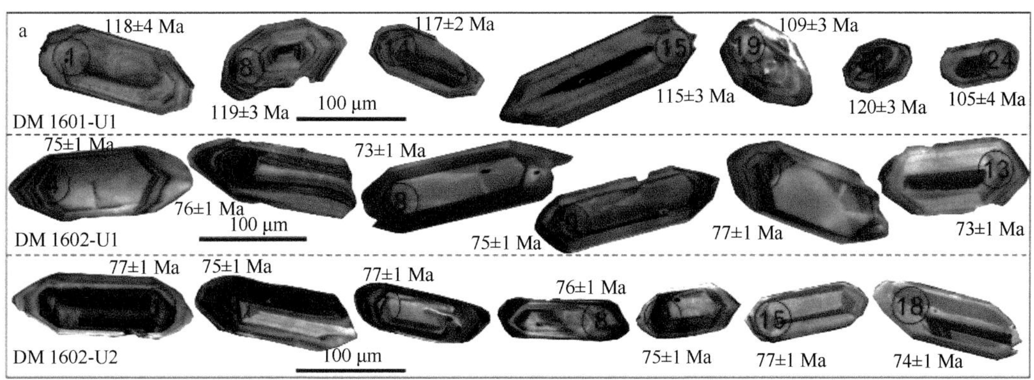

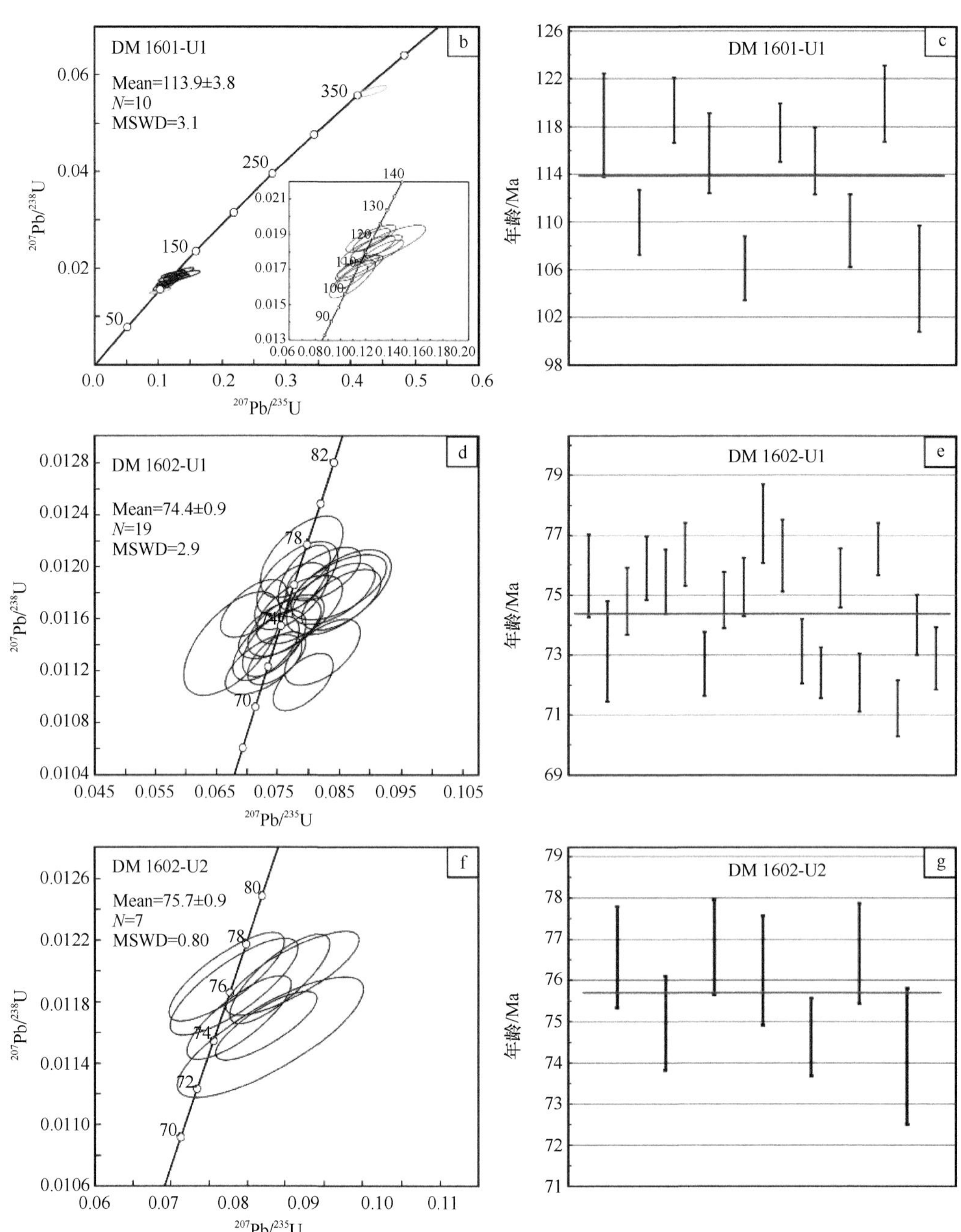

图 6.20　样品 DM1601-U1、DM1602-U1 和 DM1602-U2 阴极发光及锆石年龄

a. 锆石阴极发光图像；b、d、f. 锆石谐和年龄图；c、e、g. 锆石平均年龄图

被认为代表了结晶的年龄（图 6.20f 和 g）。

2）毕洛错安山岩

对两个样品进行了锆石 U-Pb 年代学分析，锆石 U-Pb 分析数据和计算结果见附表 6-2。阴极发光图像显示两个样品的锆石颗粒具有自形柱状，多为短柱状，长轴长

120~280 μm，长宽比为 2 ∶ 1 ~ 5 ∶ 1（图 6.21a 和 b）。锆石颗粒显示出的完整的柱状和清晰的振荡环带发育，表明了岩浆起源。样品锆石颗粒具有较高的 Th/U 值，进一步证实了岩浆分离结晶的起源。

通过分析来自于样品 D0312-U1 的 22 个锆石点，得出 $^{206}Pb/^{238}Pb$ 年龄变化为 91.9±1.0~99.7±1.5 Ma，$^{206}Pb/^{238}Pb$ 年龄加权平均值为 95.4±0.9 Ma（MSWD=2.7，*N*=22）（图 6.21c）。通过分析来自于样品 D0312-U2 的 22 个锆石点，得出 $^{206}Pb/^{238}Pb$ 年龄变化在 91.0±1.2~96.9±1.3 Ma，$^{206}Pb/^{238}Pb$ 年龄加权平均值为 94.3±0.8 Ma（MSWD= 2.1，

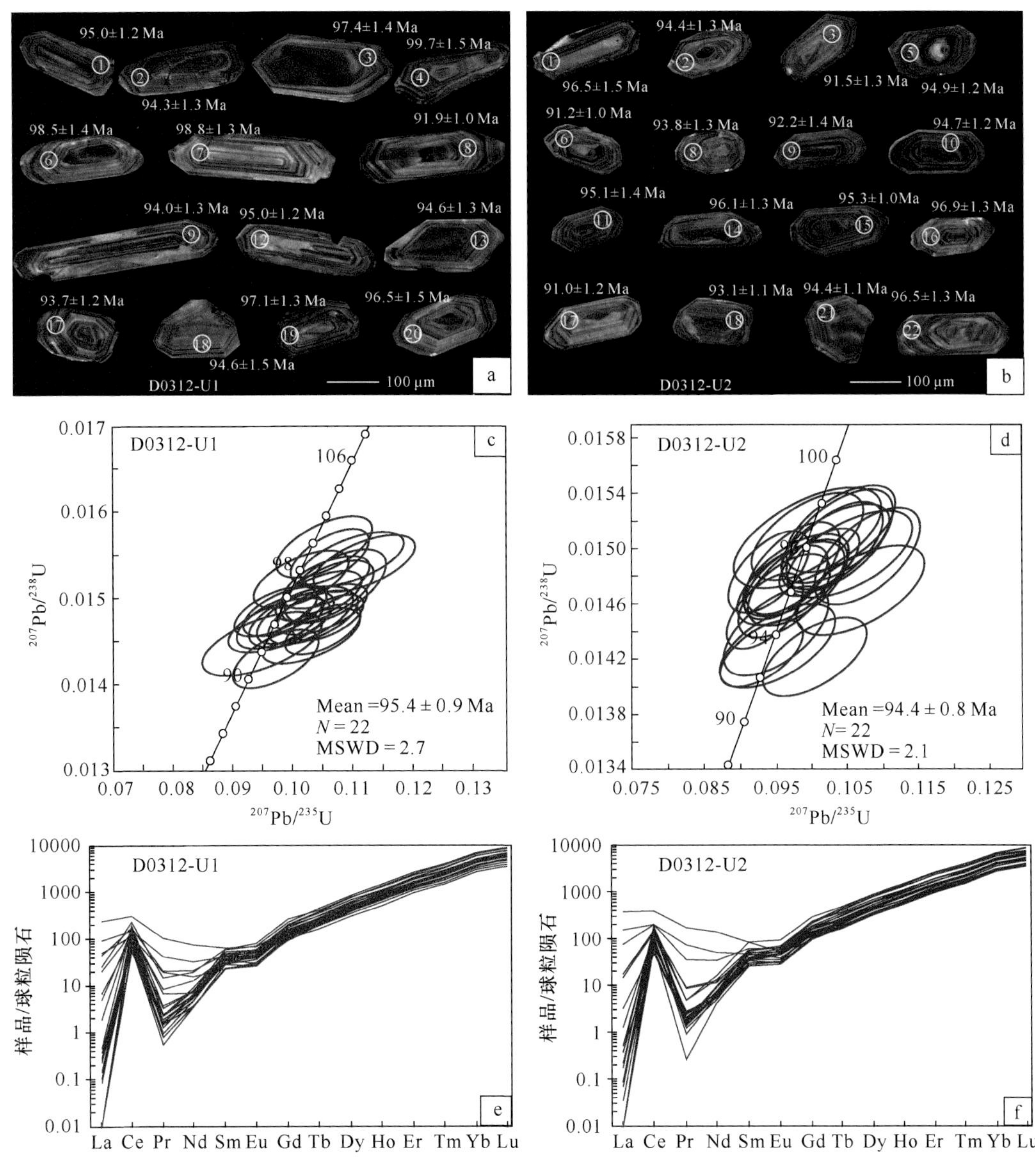

图 6.21　样品 D0312-U1 和 D0312-U2 阴极发光及锆石年龄

a 和 b. 锆石阴极发光图像；c 和 e. 锆石谐和年龄图；d 和 f. 稀土元素分配模式

N=22）（图 6.21d）。毕洛错火山岩的平均年龄被认为是火山岩的结晶年龄。样品 D0312-U1 和 D0312-U2 的锆石微量元素含量见附表 6-3。两个样品的锆石稀土元素配分图解显示具有 Ce 的正异常和 Eu 的负异常（图 6.21e 和 f），同时重稀土元素相对于轻稀土元素富集。上述特征与典型的岩浆结晶锆石具有相似性（Hoskin and Schaltegger，2003）。

3）处布日花岗岩

样品 D1709-3HU 和 D1709-4HU 用来 U-Pb 定年。锆石 U-Pb 分析数据和计算结果

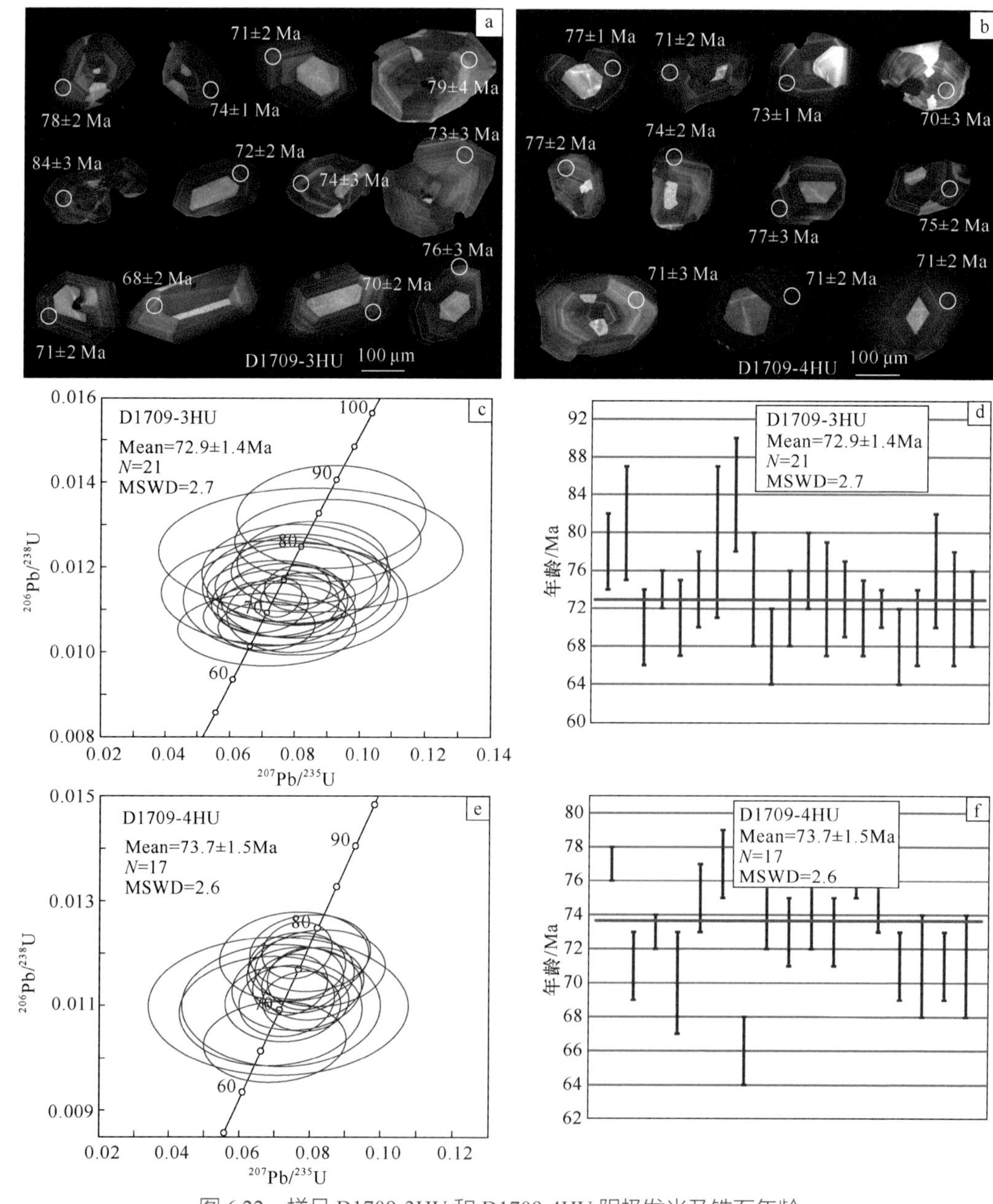

图 6.22 样品 D1709-3HU 和 D1709-4HU 阴极发光及锆石年龄

a 和 b. 锆石阴极发光图像；c 和 e. 锆石谐和年龄图；d 和 f. 锆石平均年龄图

见附表 6-4。锆石阴极发光图（图 6.22a 和 b）显示锆石具有自形形态。它们主要是短柱状，长轴为 100~250 μm，长宽比为 2 ∶ 1 ~ 3 ∶ 1。锆石晶体为棱柱状晶体，具有清晰的振荡环带，表明了岩浆起源。此外，样品的锆石具有高的 Th/U 值为 1.33~3.59，进一步说明锆石为岩浆结晶起源（Hoskin and Schaltegger，2003）。

样品 D1709-3HU 的 21 颗锆石分析得出的 $^{206}Pb/^{238}U$ 年龄范围为 68±2~84±3 Ma，平均年龄为 72.9±1.4 Ma（MSWD=2.7，*N*=21）（图 6.22c 和 d）。样品 D1709-4HU 的 17 颗锆石分析得出的 $^{206}Pb/^{238}U$ 年龄范围为 66±2~77±1 Ma，平均年龄为 73.7±1.5 Ma（MSWD=2.6，*N*=17）（图 6.22e 和 f）。处布日深成岩的平均年龄代表了岩浆活动的结晶年龄，表明它们在晚白垩世侵位。

3. 地球化学特征

1）多玛乡火山岩

去申拉组火山岩在主量元素地化分析中表现了广泛而连续的范围。SiO_2 含量为 56.45%~73.06%。样品具有低的 MgO（0.32%~1.4%）、TiO_2（0.37%~1.04%）含量，以及 $Mg^{\#}$ 值为 15~35（附表 6-5）。样品的烧失量为 0.8%~5.51%，指示样品经历了不同程度的蚀变过程。但是，高场强元素、稀土元素和过渡元素在区分蚀变岩石的种类时非常有效。把主量元素按照无水的标准进行标准化为 100%，根据 Zr/TiO_2-SiO_2 图解（图 6.23a），去申拉组火山岩分为粗面安山岩、英安岩和流纹岩。在 Co-Th 图解中（图 6.23b），样品为亚碱性和中钾钙碱性火山岩。去申拉组火山岩显示 LREE 富集（LREE=52×10^{-6}~93×10^{-6}，LREE/HREE=6.2~9.5），微弱或者没有 Eu 负异常（Eu/Eu*=0.79~0.90）（图 6.12a）。在原始地幔标准化微量元素模式图中，样品富集大离子亲石元素（LILEs，如 Sr、Rb 和 Ba），亏损高场强元素（HFSEs，如 Nb、Ta 和 Ti）（图 6.23b）。

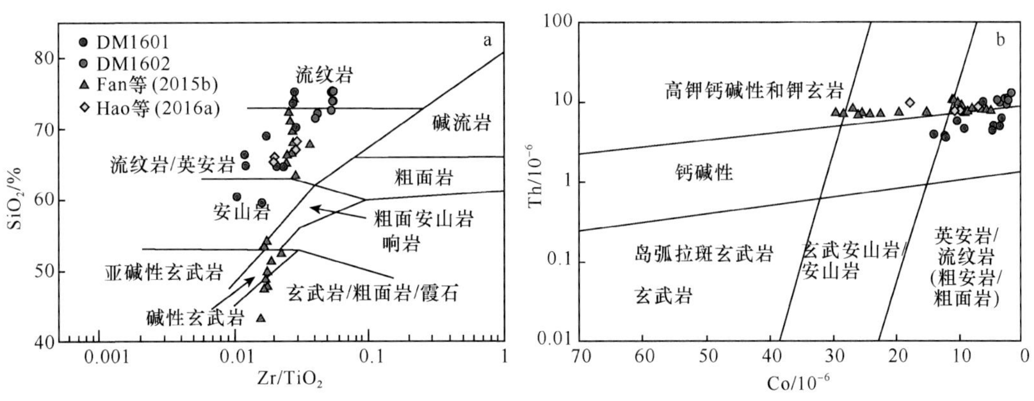

图 6.23　去申拉组火山岩地球化学图解

a. Zr/TiO_2-SiO_2 图解（Winchester and Floyd，1977）；b. Co-Th 图解（Hastie et al.，2007）

阿布山组火山岩具有高的 SiO_2（69.76%~72.47%）和 K_2O（3.23%~5.30%）含量，低的 Na_2O（0.61%~3.75%）、MgO（0.21%~0.36%）、TiO_2（0.41%~0.54%）和 CaO

（0.87%~2.64%）含量（附表 6-6）。样品的烧失量为 1.98%~4.16%，指示了样品经历了一定程度的蚀变过程。在 Zr/TiO_2-SiO_2 图解中（图 6.23a），样品主要属于英安岩和流纹岩。在 Co-Th 分类图解中（图 6.23b），阿布山组火山岩主要属于高钾钙碱性系列。阿布山组火山岩的球粒陨石标准化图解显示轻稀土元素（LREEs）相对于重稀土元素（HREEs）有明显的富集，LREE/HREE 值为 10.7~13.4。样品具有明显的 Eu 的负异常（Eu/Eu*=0.66~0.71）。在原始地幔标准化蛛网图中，样品具有明显的大离子亲石元素的富集和高场强元素的亏损，具有明显的 Ba、Sr、Eu 和 Ti 的负异常（图 6.24b）。

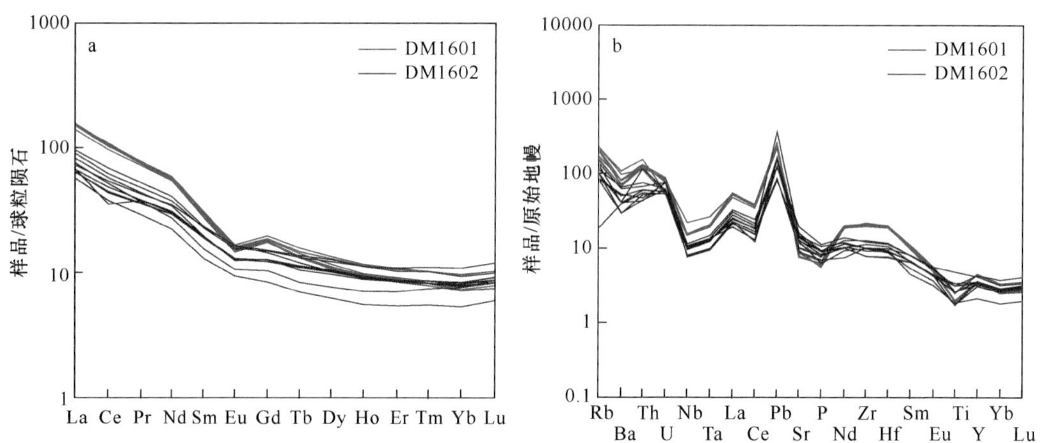

图 6.24 阿布山组火山岩地球化学图解

a. 球粒陨石标准化的稀土元素模式图；b. 原始地幔标准化的微量元素模式图

去申拉组火山岩 Sr 和 Nd 同位素初始比值使用岩浆结晶年龄 114 Ma 进行计算。样品具有较为统一的同位素比值，其中 $(^{87}Sr/^{86}Sr)_i$ 值为 0.70466~0.70537，$\varepsilon_{Nd}(t)$ 为 1.71~2.89，Nd 模式年龄范围为 0.66~0.77 Ga（图 6.25）。阿布山组火山岩初始 Sr 和 Nd 同位素结果使用岩浆结晶年龄 75 Ma 进行计算。六个样品显示相对均一的 $(^{87}Sr/^{86}Sr)_i$ 值（0.70453~0.70491）和 $^{143}Nd/^{144}Nd$ 值（0.51263~0.51266），$\varepsilon_{Nd}(t)$ 值为 1.63~2.35，Nd 模式年龄为 0.59~0.65 Ga。

2）毕洛错安山岩

SiO_2 含量为 50.26%~54.53%，Al_2O_3 具有较高的含量，为 14.18%~15.70%，K_2O 含量为 2.28%~3.18%，N_2O 含量为 2.86%~3.69%。样品具有较高 $Mg^\#$ 值（39~56）和 MgO 含量（2.30%~4.86%）（附表 6-7）。样品的烧失量为 2.37~7.75，表明了样品经历一定程度的蚀变。Zr/TiO_2-Nb/Y 岩性分类图解对于部分蚀变火山岩的岩性分类和成因讨论是非常有效的。样品在 Zr/TiO_2-Nb/Y 岩性分类图解均落入安山岩区域（图 6.26a）。样品具有高的 K_2O 和 Th 含量表明毕洛错火山岩是高钾钙碱性火山岩（Peccerillo and Taylor，1976）。在 SiO_2-$Mg^\#$ 图解中，除了一个低 $Mg^\#$ 样品（D0312-13H）外，其他 14 个样品落入镁安山岩区域（图 6.26b）。毕洛错镁安山岩相对于俯冲洋壳来源的埃达克质岩石、拆沉下地壳来源的埃达克质岩石和增厚下地壳来源的埃达克质岩石具有低硅，高 $Mg^\#$ 的特征。

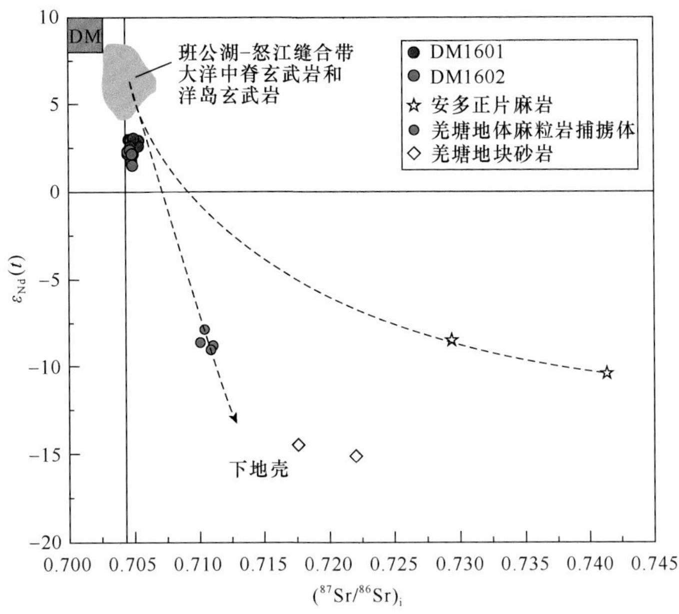

图 6.25　去申拉组火山岩样品 $(^{87}Sr/^{86}Sr)_i$-$\varepsilon_{Nd}(t)$ 图解

数据来源：班公湖－怒江特提斯 MORB 和 OIB（Wang et al.，2016）；安多正片麻岩（Harris et al.，1988）；羌塘地体麻粒岩捕虏体（Lai et al.，2011）；羌塘地体砂岩（Li et al.，2016）

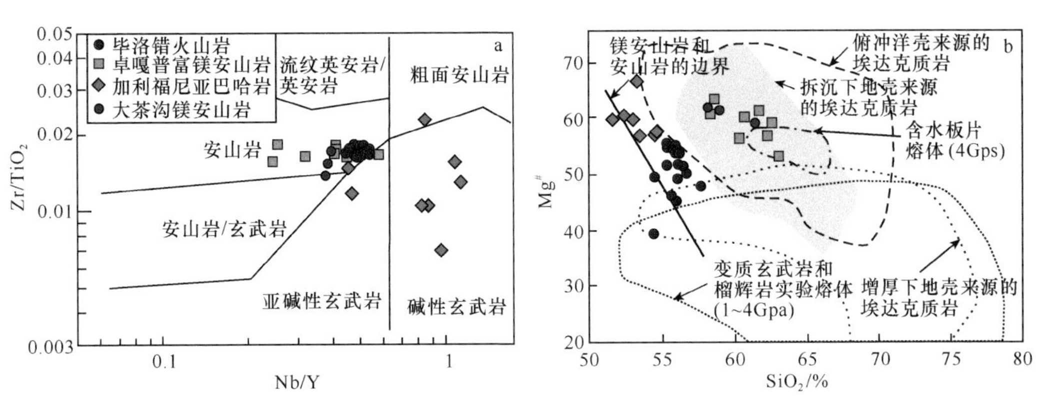

图 6.26　毕洛错安山岩地球化学图解

a. Nb/Y-Zr/Ti$_2$O 图解（Winchester and Floyd，1977）；b. SiO_2-$MgO^{\#}$ 图解（Wang et al.，2004）。数据来源：镁安山岩和安山岩的边界（McCarro and Smellie，1998）；含水板片熔体（Rapp et al.，1999）；变质玄武岩和榴辉岩实验熔体（1~4 GPa）（Rapp et al.，1999）；增厚下地壳来源的埃达克质岩（Johnson et al.，1997）；俯冲下地壳来源的埃达克质岩（Defant and Drummond，1990）；拆沉下地壳来源的埃达克质岩（Wang et al.，2004）

在稀土元素球粒陨石标准化配分图解中显示出轻稀土元素相对于重稀土元素的明显富集［$(La/Yb)_N$=21.04~25.24］，Eu 负异常不明显。这些地球化学特征明显不同于拆沉下地壳来源的埃达克质岩石和增厚下地壳来源的埃达克质岩石（图 6.27a）。在微量元素原始地幔标准化蛛网图中，毕洛错安山岩显示大离子亲石元素（如 Sr、Rb 和 Ba）的富集和高场强元素的亏损（如 Nb、Ta 和 Ti）（图 6.27b）。毕洛错火山岩具有高 Sr

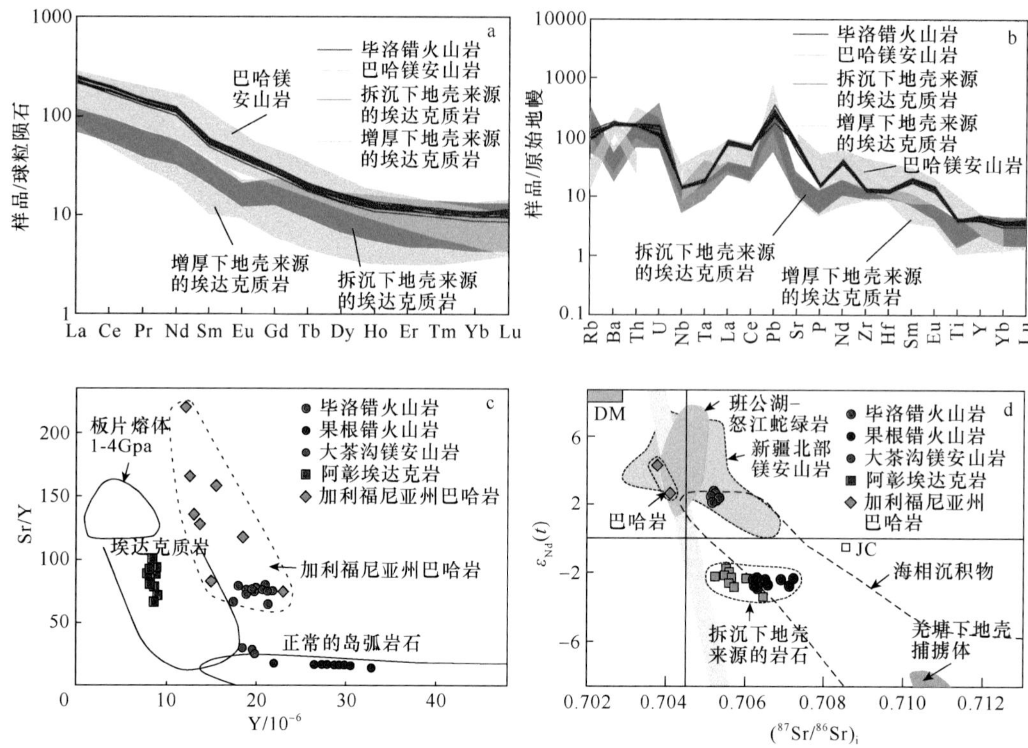

图 6.27 毕洛错安山岩地球化学图解

a. 稀土元素球粒陨石标准化图解；b. 微量元素原始地幔标准化图解；c. Sr/Y-Y 图解（Defant and Drummond，1993）；d. $(^{87}Sr/^{86}Sr)_i$-$\varepsilon_{Nd}(t)$ 图解。JC：年龄地壳；DM：亏损地幔

（1156×10^{-6}~1663×10^{-6}）、Cr（109.7×10^{-6}~125.9×10^{-6}）和 Ni（57.4×10^{-6}~71.58×10^{-6}）含量，低的 Y（17.6×10^{-6}~21.9×10^{-6}）和 Yb（1.50×10^{-6}~1.89×10^{-6}）含量的特征，见附表 6-7。相对于 Defant 和 Drummond（1990）定义的典型的埃达克岩，毕洛错火山岩的 Y 含量偏高（图 6.27c）。样品具有高的 Sr/Y 值，明显不同于正常的岛弧火山岩。地球化学特征显示毕洛错火山岩与墨西哥南巴哈加利福尼亚州的巴哈岩类似（图 6.27d）。

对来自于毕洛错火山岩中八件样品进行全岩 Sr–Nd 同位素分析研究，结果列于附表 6-7 中。初始 Sr 和 Nd 同位素比例用样品 D0312-U2（95.5 Ma）年龄进行校正。所有的样品显示了较为均一的 Sr–Nd 同位素组成。八件样品的 $(^{87}Sr/^{86}Sr)_i$ 值范围为 0.705138~0.705272，$\varepsilon_{Nd}(t)$ 值的范围为 2.16~2.68，Nd 模式年龄范围为 0.56~0.62 Ga。毕洛错火山岩相对于青藏高原中部晚白垩世拆沉下地壳来源的火山岩具有较高的 $\varepsilon_{Nd}(t)$ 值（图 6.27d）。

3）处布日花岗岩

处布日深成岩样品中的烧失量范围为 0.64%~1.15%，表明样品是无蚀变、新鲜的样品。样品具有高的 SiO_2（71.07%~73.12%）、K_2O（3.27%~5.25%）、Na_2O（4.87%~78%）、Al_2O_3（15.28%~15.98%）和全碱（K_2O+Na_2O=8.14%~1.03%），与低的 CaO（0.16%~0.35%）、MgO（0.21%~0.33%）和 $Mg^{\#}$=24~35，见附表 6-8。在 K_2O+Na_2O-

SiO_2 图解中，所有的样品落入碱性花岗岩区域（图 6.28a）。在 SiO_2-K_2O 图解中，所有的样品落入高钾钙碱性区域。处布日深成岩富集 Al_2O_3，其中 A/CNK（Al_2O_3/$CaO+N_2O+K_2O$）范围为 1.07~1.20，表明它们是弱过铝质到过铝质岩石（图 6.28b）。

球粒陨石标准化的稀土元素模式图显示处布日深成岩高的 $(La/Yb)_N$ 值（10.9~14.5），表明轻稀土元素相对于重稀土元素富集（图 6.29）。在原始地幔标准化的蛛网图中，样品具有明显的大离子亲石元素的富集和高场强元素的亏损（图 6.29）。处布日花岗岩具有低的 Sr（82×10^{-6}~128×10^{-6}）含量，以及 Sr/Y（5~8）和 La/Yb（15~20）比值；高的重稀土的含量（如 Yb=2.22×10^{-6}~3.71×10^{-6}）和明显的 Eu 负异常。处布日深成岩的稀土含量范围为 138.44×10^{-6}~294.39×10^{-6}，平均含量为 190.08×10^{-6}。典型的埃达克质岩定义为 SiO_2 含量大于 56%，Al_2O_3 含量大于等于 15%，MgO 含量通常小于 3%，

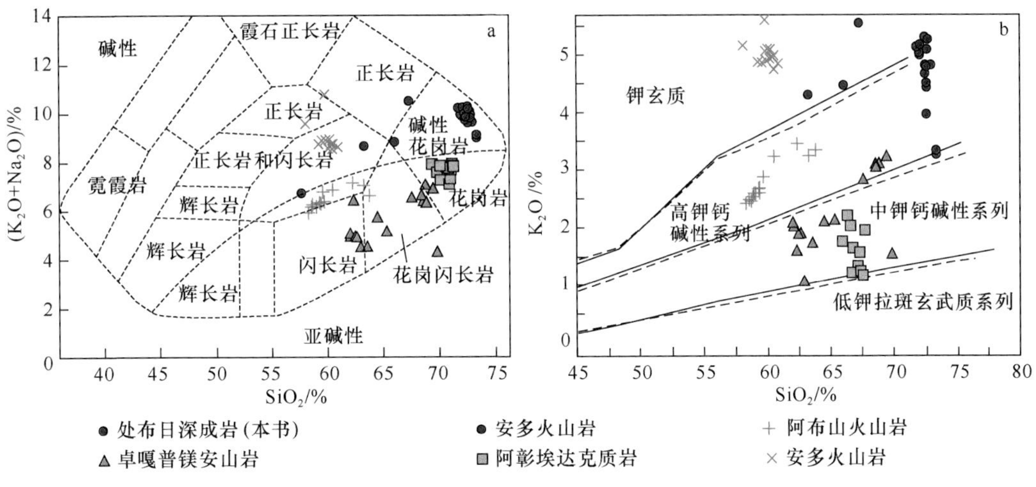

图 6.28　处布日花岗岩样品地球化学图解

a. K_2O+Na_2O-SiO_2 图解（Wilson，1989）；b. SiO_2-K_2O 图解（Peccerillo and Taylor，1976）

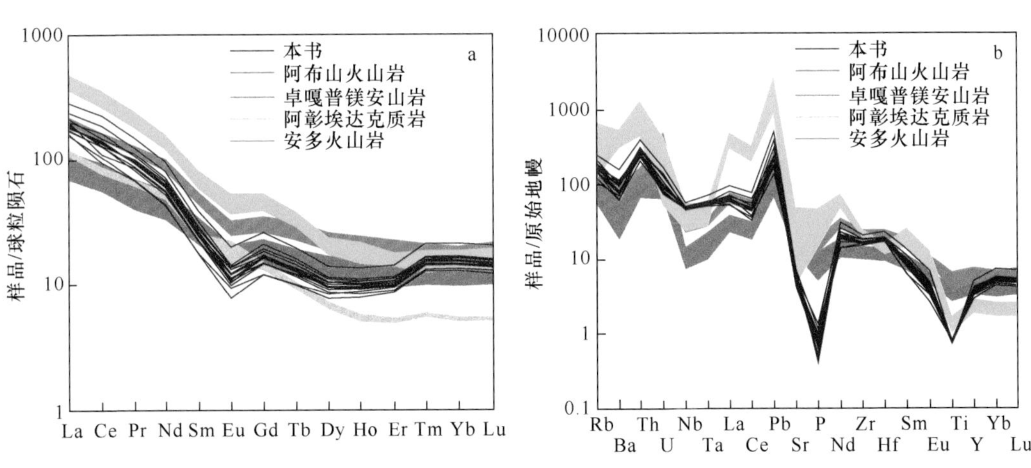

图 6.29　处布日花岗岩样品地球化学图解

a. 球粒陨石标准化的稀土元素模式图；b. 原始地幔标准化的微量元素模式图

以及低的 Y 和重稀土元素含量，高的 Sr 的含量（Defant and Drummond，1990）。处布日深成岩的地球化学特征明显不同于埃达克质岩石。

采集于处布日深成岩的九件样品被用来进行全岩 Sr-Nd-Pb 同位素分析，分析结果见附表 6-8~ 附表 6-10。样品初始的 Sr、Nd 和 Pb 同位素比值由岩浆结晶时代计算得出。所有的样品显示了相对均一的 Sr-Nd-Pb 同位素组成。处布日深成岩的九件样品的 $(^{87}Sr/^{86}Sr)_i$ 范围为 0.7064~0.7089，$\varepsilon_{Nd}(t)$ 的值为 –5.59~–1.94（图 6.30），Nd 模式年龄的范围为 0.76~0.97 Ga。处布日深成岩的 Pb 同位素较为均一，$(^{206}Pb/^{204}Pb)_t$=18.774~18.884，$(^{207}Pb/^{204}Pb)_t$=15.695~15.713，$(^{208}Pb/^{204}Pb)_t$=39.362~39.613。

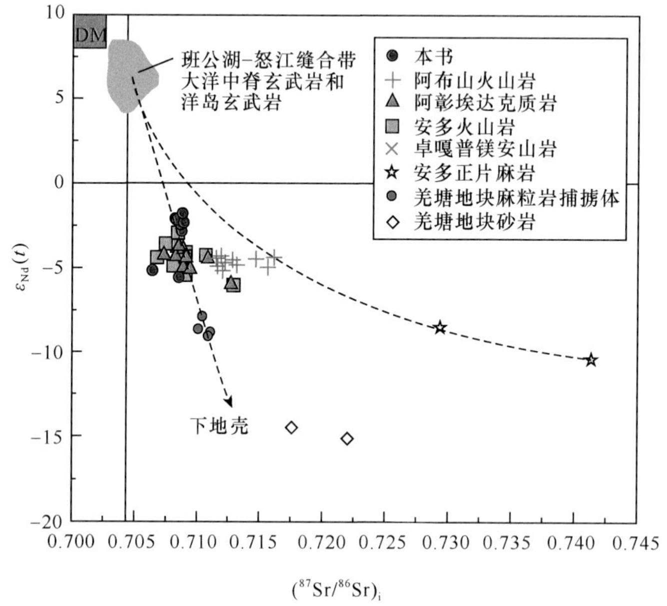

图 6.30　处布日火山岩样品 $(^{87}Sr/^{86}Sr)_i$-$\varepsilon_{Nd}(t)$ 图解

数据来源：班公湖 – 怒江特提斯 MORB 和 OIB（Wang et al.，2016）；安多正片麻岩（Harris et al.，1988）；羌塘地体麻粒岩捕虏体（Lai et al.，2011）；羌塘地体砂岩（Li et al.，2016）

4. 岩石成因

1）多玛乡火山岩

去申拉组火山岩主要由安山岩、英安岩和流纹岩组成，具有相同的 Sr-Nd 同位素组成。火山岩的球粒陨石标准化稀土元素图和原始地幔标准化微量元素图基本一致。这些地球化学性质的相似性和密切的空间关系强烈地暗示火山岩具有共同的岩浆源区。去申拉组火山岩较大的成分变化可以解释为分离结晶，伴随着地壳物质的混合和岩浆混合。安山岩相对于英安岩和流纹岩，具有高的 MgO、FeO 和 CaO 的含量（图 6.31），也具有高的 Ni、Sc 和 Cr 含量。矿物的分离结晶可以解释 Harker 图解中强烈的负相关关系。火山岩 Sr-Nd 同位素的组成，明显不同于古老下地壳（Lai et al.，2011），安多正片麻岩（Harris et al.，1988）、班公湖 – 怒江缝合带的大洋中脊玄武岩

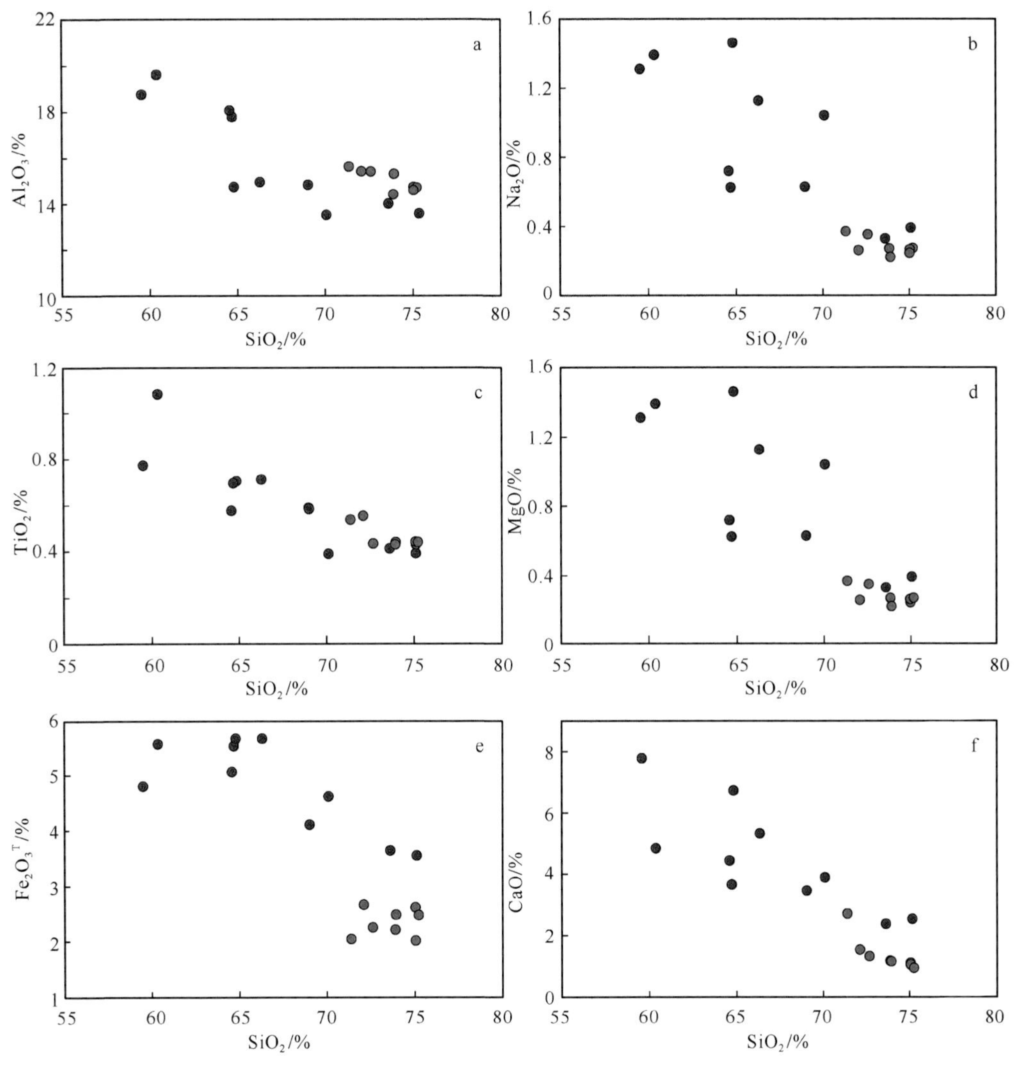

图 6.31　主量元素 Harker 图解

●红圈：去申拉组火山岩；●蓝圈：阿布山组火山岩

和洋岛玄武岩的同位素组成（Wang et al.，2016）。同位素组成与改则地区早白垩世安山岩（约 124 Ma）和多龙地区早白垩世花岗闪长斑岩（约 118 Ma）一致。它们被认为是来源于地幔楔橄榄岩的玄武质熔体分离结晶的产物。先前研究认为南羌塘地体早白垩世的岩浆岩的原始岩浆是羌塘地体南缘地幔楔橄榄岩的部分熔融。然而，这些岩浆岩的 Sr-Nd 同位素表明需要更多的富集物质的加入。亏损大洋中脊玄武岩地幔和羌塘地体下地壳的混合可以解释火山岩的特征，这意味着火山岩的原始岩浆来自于亏损地幔楔和地壳。结合大陆地壳的可能机制有：①俯冲界面上俯冲的大陆沉积物、大洋中脊玄武岩和地幔楔橄榄岩的熔体；②在深部地壳热区发生 MASH（熔融、同化、存储和均一）过程。火山岩低的 MgO 含量（0.32%~1.4%），$Mg^{\#}$（15~35）和相容元素

（Ni=2.52~13.07×10^{-6}，Cr=6.18~36.67×10^{-6}），表明原始岩浆在深部地壳热区经历了MASH过程。因此，火山岩很可能来自于地幔楔橄榄岩，在羌塘地体深部地壳热区被地壳物质混染。Nb、Ta、P和Ti的亏损指示了金红石、磷灰石和Fe-Ti氧化物的分离结晶。Eu微弱负异常表明少量的斜长石的分离结晶。

阿布山组火山岩的10000*Ga/Al值（1.77~2.13）和Zr+Ce+Nb+Y含量（307.63~335.52×10^{-6}）明显低于典型的A型岩浆岩，被认为是I⁻、S⁻，或者M型岩浆岩。在FeO*/MgO、Zr与Ce和Y-10000*Ga/Al图解和Ce-Zr+Nd+Ce+Y图解中（图6.32a~e），样品大部分落入高分异I型或者S型花岗岩中（Whalen et al.，1987）。通常，A型岩浆岩形成在高的温度条件下（刘昌实等，2003）。样品的锆石饱和温度为812~874℃，明显低于A型花岗岩形成温度，因此应该属于I型或者S型岩浆岩（Watson and Hasrrison，1983）。通常，磷在准铝质和中等过铝质岩浆（A/CNK＜1.1）中达到饱和，但是在过铝质熔体中有高的溶解度（Pichavant et al.，1992）。因此，P_2O_5含量在I型岩浆岩中随着SiO_2含量的增加而减少；相反在S型岩浆岩中，P_2O_5含量基本保持不变或者微弱地上升。阿布山组火山岩的P_2O_5含量随着SiO_2含量的增加明显降低，指示了它们属于I型花岗岩（图6.32f）。低的P_2O_5含量（0.12%~0.18%）进一步提供了I型岩浆岩的证据。阿布山组流纹岩有低的TiO_2、FeO^T、MnO、MgO、CaO和P_2O_5含量，这类似于高分异火山岩（Wu et al.，2003）。此外，样品的分异指数为84~92，指示了高分异花岗岩的亲缘性。综上所述，本研究认为阿布山组火山岩为高分异I型岩浆岩。

在岩浆上升过程中，地壳的混染将会影响原始原浆的地球化学特征。在SiO_2-$\varepsilon_{Nd}(t)$图解中，阿布山组火山岩的趋势指示地壳混染可以在岩石成因中排除（图6.33a）。此

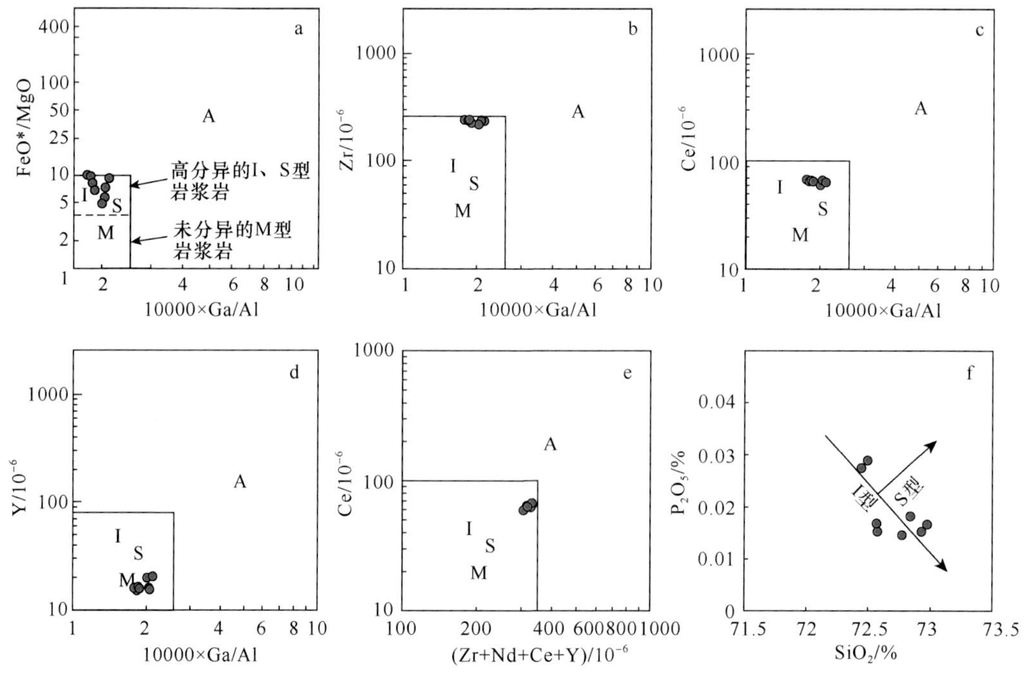

图6.32　高分异岩浆岩的地球化学分类图解（Li et al.，2007；Whalen et al.，1987）

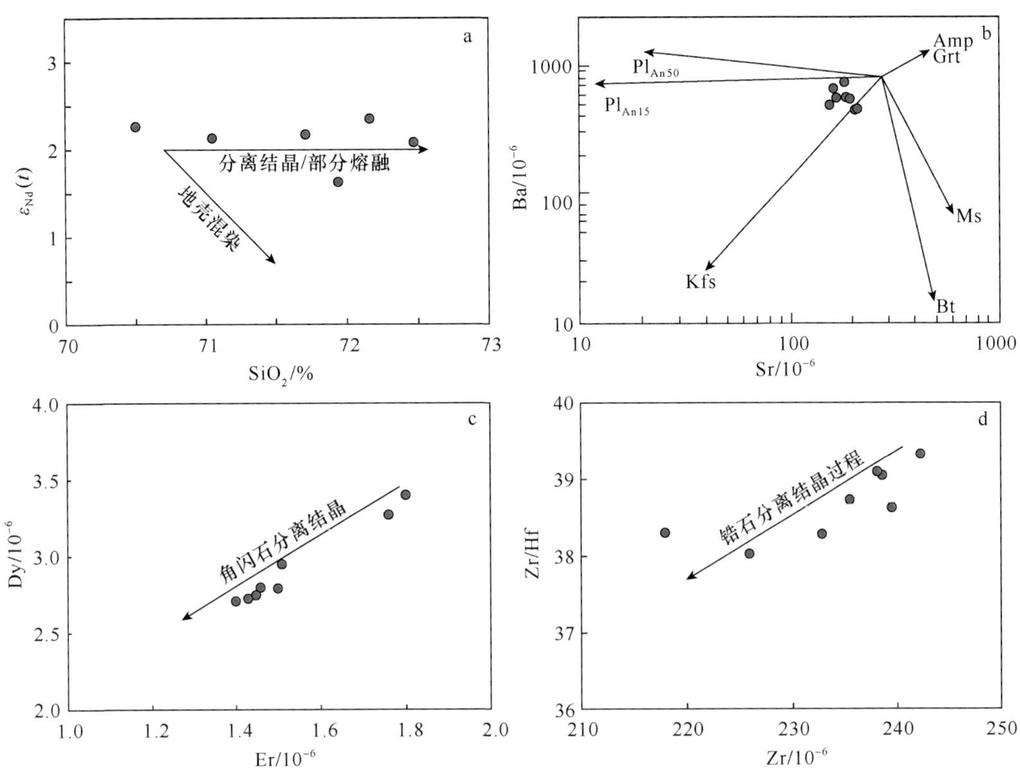

图 6.33　阿布山组火山岩地球化学图解

a. SiO_2-$\varepsilon_{Nd}(t)$ 图解；b. Sr-Ba 图解；c. Er-Dy 图解；d. Zr-Zr/Hf 图解。Bt：黑云母；Amp：闪石；Ms：白云母；Kfs：钾长石；Pl：斜长石

外，阿布山组火山岩是高分异岩浆岩，表明分离结晶过程在产生该地球化学特征的过程中起到了重要的作用。在微量元素原始地幔标准化图解中，样品明显的 Ba、Sr、Nb、P、Ti 和 Eu 的亏损进一步提供了分离结晶的证据。斜长石一般富集 Sr 和 Eu，蛛网图中 Sr、Ba 和 Eu 的亏损指示了斜长石的分离结晶。在 Sr-Ba 图解中（图 6.33b），样品的趋势与斜长石的分离结晶趋势一致（Rapp et al.，2003）。

Al_2O_3 随着 SiO_2 含量的增加而减少也支持斜长石的分离结晶（图 6.31a）。在 SiO_2 与 MgO、Fe_2O_3 和 TiO_2 图解中（图 6.31d~f），负相关关系指示了岩浆演化过程中的角闪石和钛氧化物的分离结晶过程。通常，Er 和 Dy 在流纹质岩浆中具有相似的 $D_{Er}^{角闪石/熔体}$ 和 $D_{Dy}^{角闪石/熔体}$（Drummond et al.，1996）。角闪石的分离结晶导致 Er 和 Dy 含量较少（图 6.33c）。P_2O_5 含量随着 SiO_2 含量的增加而减少，指示在岩浆演化过程中磷灰石的分离结晶（图 6.32f）。低的磷的含量（P_2O_5=0.12%~0.18%）也支持磷灰石的分离结晶。微量元素原始地幔标准化图解中 Nb、Ta 和 Ti 的负异常指示含钛矿物的分离结晶（如钛铁矿和金红石）。此外，Zr 和 Zr/Hf 的正相关关系说明锆石的分离结晶（图 6.33d）。通常，流纹岩的岩浆起源，包括地壳起源，不同程度的地壳和地幔的混合。去申拉组流纹岩的地化特征与高分异 I- 花岗岩，因此可能来源于不同的岩浆演化过程：①地幔来源的镁铁质岩浆的分离结晶（Chen and Arakawa，2005）；

②含水富钾的变安山质到玄武质原岩的部分熔融，随后熔体发生分离结晶（Champion and Chappell，1992；Chappell，1999；Chappell et al.，2012）；③地幔和下地壳混合岩浆的分离结晶（Karsli et al.，2010；Zhu et al.，2009）。在低压条件下，基性岩浆的分离结晶会产生高硅的岩浆，这一过程中幔源岩浆远远超过后者。然而，火山岩的源岩性质很难断定，对火山岩和变质火山岩熔融产生的熔体成分的研究排除了火山岩源岩的唯一的源区（Clemens，2003）。此外，在阿布山组火山岩周围没有出现同源的幔源火山岩（即玄武岩或安山岩），表明不可能来源于幔源岩浆的分离结晶。在Sr-Nd同位素图解中（图6.25），样品的$\varepsilon_{Nd}(t)$值明显高于安多片麻岩和羌塘地体麻粒岩捕虏体的$\varepsilon_{Nd}(t)$值（Harris et al.，1988；Lai et al.，2011）。同位素的特征表明阿布山组的火山岩的原始岩浆不能直接来源于下地壳或者地幔的熔体。同位素特征显示样品的原始岩浆应该为地壳熔体和地幔的混合熔体。随后，原始岩浆在上升的过程中经历了明显的分离结晶过程。

2）毕洛错安山岩

基于上述的讨论，毕洛错火山岩具有低硅、高$Mg^{\#}$值的特征，属于镁安山岩。镁安山岩通常分为四个类型：赞岐岩、埃达克质岩、巴哈岩和玻安岩（Kamei et al.，2004）。相对于玻安岩和赞岐岩的全球平均值，毕洛错火山岩的MgO含量低，TiO_2和FeO^T/MgO值高（Shirey and Hanson，1984）。样品硅的含量相对于典型的埃达克质镁安山岩低（Yogodzinski et al.，1995）。巴哈岩具有明显的地球化学鉴定标准，SiO_2含量超过57.6%，$Mg^{\#}$值的范围为49~77，FeO^T/MgO值低，Sr和Ba含量高。毕洛错火山岩的同位素特征与典型的巴哈岩特征不一致（图6.34）。因此我们认为毕洛错火山岩是一种特殊的镁安山岩。

关于镁安山岩的成因仍然具有较大的争议，现存几种主要模式解释其成因如下：①基性岩浆分离结晶；②含水地幔的部分熔融；③幔源岩浆和壳源岩浆的混合；④俯冲洋壳熔体或者流体，俯冲沉积物和上覆地幔楔橄榄岩的混合熔体。

岩浆上升过程中地壳混染会影响火山岩的地球化学特征。在SiO_2-$\varepsilon_{Nd}(t)$和La-$\varepsilon_{Nd}(t)$图解中，毕洛错火山岩的趋势平行于分离结晶或者部分熔融的趋势，表明地壳混染的作用在火山岩形成过程中可以被排除（图6.34a和b）。毕洛错镁安山岩Eu负异常不明显，表明原始岩浆不能是来自基性或者超基性熔体的斜长石的分离结晶过程。毕洛错镁安山岩的高Sr含量也明显地排除了大量钾长石或者斜长石的分离（Saunders et al.，1987）。Allègre和Minster（1978）提出高不相容元素与中等不相容元素的比例可以用来鉴别部分熔融的趋势。在Th-Th/La和Th-Y图解中，毕洛错安山岩的Th/La和Th/Y含量与Th含量呈现出正相关关系，指示原始岩浆来自于部分熔融而不是分离结晶（图6.34c和6.37d）。La/Yb-Yb图解显示毕洛错镁安山岩与部分熔融的趋势一致，表明在产生毕洛错镁安山岩过程源区的部分熔融趋势占主导（图6.34e）（Wang et al.，2006）。相容元素Ni和不相容元素Th的负相关关系可以用来指示岩浆产生过程中分离结晶的影响（Wang et al.，2006）。在图6.34f中，毕洛错镁安山岩的特征与分离结晶不同。毕洛错镁安山岩相对于同期基性岩浆，具有高的$\varepsilon_{Nd}(t)$值

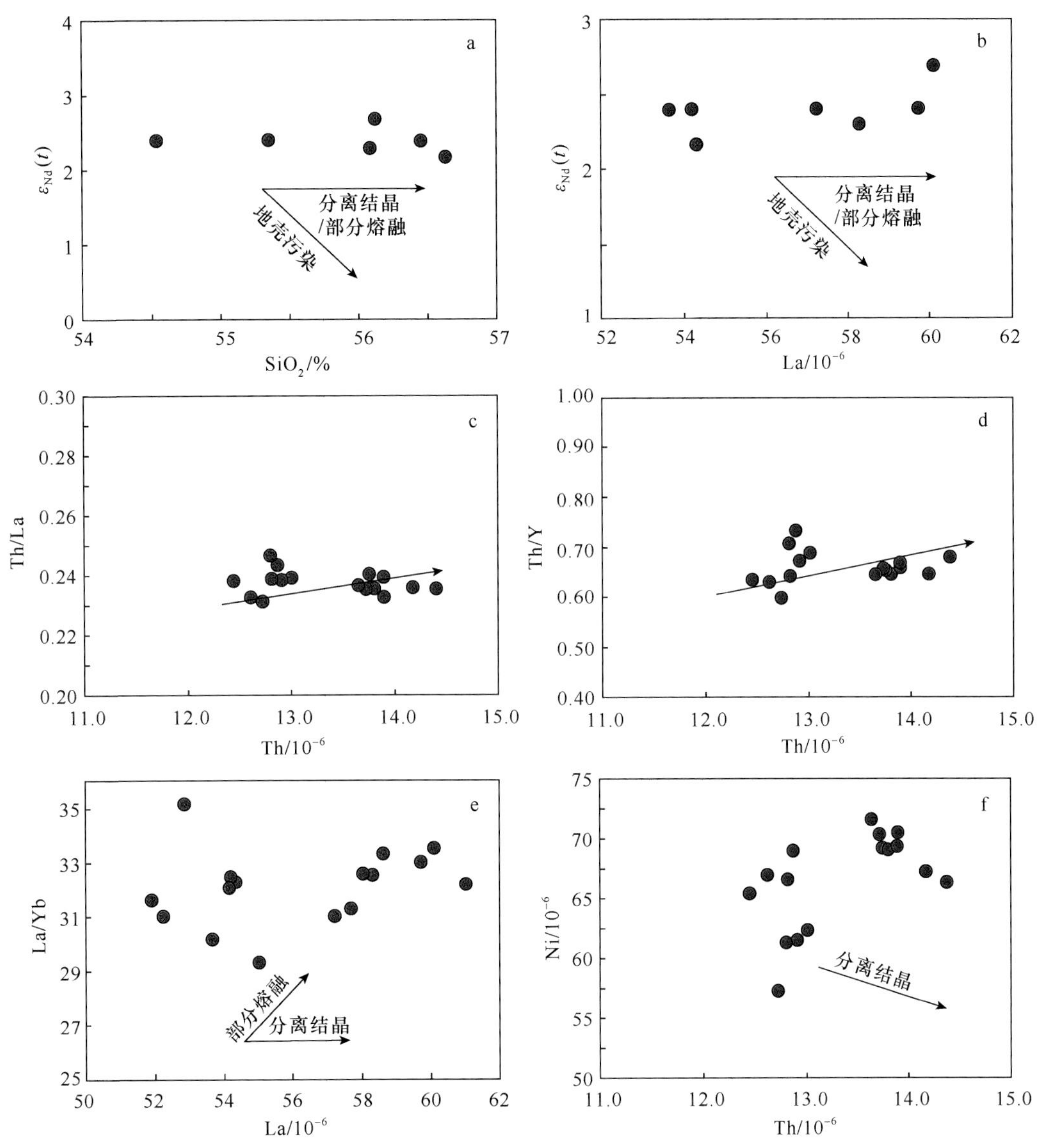

图 6.34　毕洛错火山岩地球化学图解

a 和 b. SiO_2 和 La-$\varepsilon_{Nd}(t)$ 图解；c 和 d. Th-Th/La 和 Th/Y 图解（Allègre and Minster，1978）；e 和 f. La/Yb-La 和 Ni-Th 图解（Wang et al.，2006）

（2.16~2.68）和低的 $(^{87}Sr/^{86}Sr)_i$ 值（0.705138~0.705271），指示它们不能通过同期的基性岩浆［$\varepsilon_{Nd}(t)$=–3.55~4.44；$(^{87}Sr/^{86}Sr)_i$=0.706050~0.706584］，而是通过 AFC 过程产生（Li et al.，2017c）。高 $Mg^{\#}$ 值的岩浆可能是在软流圈地幔上升过程中少量分裂结晶的原始熔体（Calmus et al.，2003）。样品高的 Cr 和 Ni 含量与高 $Mg^{\#}$ 值指示原始岩浆没有经历明显的橄榄岩或者辉石的分离。综上所述，野外地质调查和地球化学特征指示毕洛错镁安山岩不可能由基性岩浆的分离结晶产生。

前人研究表明低 Cr 和 Ni 含量的镁安山岩，一般产生于俯冲洋壳的部分熔融，而不与地幔楔橄榄岩发生反应（Ickert et al.，2009）。从另一方面来说，高 Cr 和 Ni 含量的镁安山岩一般代表了地幔楔橄榄岩的直接熔体或者包含有地幔楔橄榄岩物质的俯冲洋壳部分熔融的熔体（Benoit et al.，2002）。Castillo（2012）提出镁安山岩可以直接或者间接来源于地幔楔橄榄岩的部分熔融。毕洛错镁安山岩的同位素组成［$\varepsilon_{Nd}(t)$=2.16~2.68；$(^{87}Sr/^{86}Sr)_i$=0.705138~0.705271］明显不同于来自含水地幔橄榄岩源区的典型熔体的同位素组成［$\varepsilon_{Nd}(t)$=3.5~6.8；$(^{87}Sr/^{86}Sr)_i$=0.702753~ 0.704340］（Grove et al.，2002）。因此，不能用含水地幔楔橄榄岩的部分熔融模型来解释毕洛错镁安山岩的形成。研究区缺乏同期的镁铁质包体和基性火山岩，结合 SiO_2 含量小的变化范围，高 $Mg^{\#}$ 值和 Cr 含量，说明毕洛错镁安山岩也不可能是地幔和地壳来源的熔体混合的结果。

因此，毕洛错镁安山岩可能是地幔楔橄榄岩与俯冲板片熔体或者俯冲沉积物的熔体反应后部分熔融的产物。毕洛错镁安山岩的原始地幔标准化图解显示明显的 LILE 富集，指示了岩浆产生于俯冲相关的地质背景。Y 和 HREE 通常作为岩浆源区中石榴石残留的指标。毕洛错镁安山岩显示了非常明显的稀土元素的分馏，以低的 Y 和 HREE 含量为特征。这些微量元素的特征和高的 Na_2O/K_2O 值（1.12~1.43）指示俯冲洋壳物质是组成样品源区的一部分。然而，基于 1~4 GPa 的含水玄武岩的实验，样品不可能仅仅来源于板片熔体的部分熔融。实际上，样品与典型的埃达克质岩石不同，它们的硅含量低，具有较高的镁铁质含量（Rapp et al.，1999）。在 Sr/Y-Sr 的图解中，样品既没有落入埃达克质岩石（Defant and Drummond，1990），也没有落入正常岛弧型岩石区域，而是与加利福尼亚巴哈地区的巴哈岩具有类似的特征（Benoit et al.，2002）。在 Ni-Cr 图解中（图 6.35a），样品落入板片熔体和地幔楔橄榄岩混合线上，与来自俯冲板片熔体和地幔橄榄岩的大茶沟高镁安山岩类似（Tsuchiya et al.，2005；Wu et al.，2012）。综上所述，地球化学特征表明俯冲板片熔体是样品源区的组成部分。

除了高的 Sr/Y 值特征，样品显示的大多数不相容元素特征和同位素组成，指示岩浆源区很难仅仅用俯冲板片熔体的加入来解释。火山岩的 Th/Yb 值可以用来区分源区中是否有沉积物的加入。在 Th/Yb-Th/Sm 图解中（图 6.35b），样品高的 Th/Yb 含量指

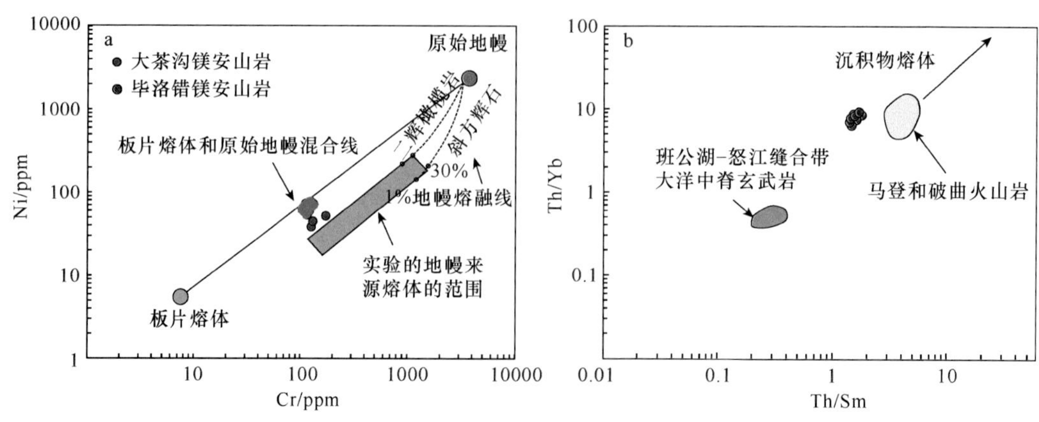

图 6.35 火山岩地球化学图解

a. Ni-Cr 图解（Tsuchiya et al.，2005）；b. Th/Yb-Th/Sm 图解（修改自 Li et al.，2015d）

示源区中沉积物的加入。这与马登和破曲的阿布山组火山岩具有类似的地球化学特征（Li et al.，2015d）。马登和破曲的火山岩被认为是来源于俯冲的班公湖 – 怒江特提斯洋壳和沉积物部分熔融的产物（Li et al.，2015d）。

Benoit 等（2002）报道的墨西哥镁安山岩 Th 含量为 3.8×10^{-6}~4.6×10^{-6}，$(^{87}Sr/^{86}Sr)_i$ 值为 0.703756~0.704082，被认为是板片熔体交代的地幔橄榄岩部分熔融的产物。然而，毕洛错镁安山岩相对于墨西哥镁安山岩含有较高的 Th 含量（12.44~14.37）与 $(^{87}Sr/^{86}Sr)_i$ 值（0.702753~0.704340）。毕洛错镁安山岩与（Zhao et al.，2008）报道的新疆北部镁安山岩具有相似的同位素特征。新疆北部的镁安山岩被认为来自于包含有地幔楔橄榄岩、俯冲洋壳和沉积物的复杂源区。

综上所述，毕洛错低硅、高 Sr/Y 值的镁安山岩可能是被板片熔体和俯冲板片上的沉积物熔体交代的地幔楔部分熔融的产物。

3）处布日花岗岩

岩石成因和地球动力机制与岩浆岩的成因类型有密切的关系。处布日花岗岩相对于典型的 A 型花岗岩，具有较低的 10000×Ga/Al 值（1.80~2.74）和 Zr+Ce+Nb+Y 值 283.87~447.67（Whalen et al.，1987）。这些化学特征表明它们属于 I 型、S 型或者 M 型岩浆岩。在 FeO*/MgO、Zr、Cr 和 Y-10000×Ga/Al 图解中（图 6.36a~d），处布日花岗岩除 D1709-2H 样品外，全部落入 I 型、S 型和 M 型岩浆岩区域。（Al_2O_3+CaO）/（FeO^T+Na_2O+K_2O）–100×（MgO+FeO^T+TiO_2）/SiO_2 判别图解在区分钙碱性、强过铝质和高分异花岗岩类型方面非常有效，样品全部落入高分异花岗岩区域。尽管 A 型花岗岩的成因机制现在仍然存在争议，但是大多数的研究人员认为 A 型花岗岩在高温条件下形成（刘昌实等，2003）。处布日深成岩的锆石饱和温度范围为 798~828℃，低于典型的 A 型花岗岩，与冈底斯南部白垩纪 I 型花岗岩的锆石饱和温度相似（王珍珍等，2017）。处布日花岗岩具有高的分异指数（DI=95~97），指示了高分异花岗岩的亲缘性。因此，我们可以清晰地判断处布日深成岩不是 A 型花岗岩，应该属于高分异 I 或者 S 型花岗岩。

样品的 Na_2O 含量为 4.87%~5.78%，类似于典型的 I 型花岗岩（Chappell and White，1974）。在偏铝质和中等过铝质岩浆中，磷灰石会到达饱和；在过铝质岩浆中，磷灰石具有较高的溶解性（Pichavant et al.，1992）。因此，在 I 型和 A 型岩浆中，P_2O_5 含量会随着 SiO_2 含量的增加而减小；在 S 型岩浆中，P_2O_5 含量会随着 SiO_2 含量的增加而保持不变或者轻微增加。在 SiO_2-P_2O_5 图解中（图 6.36f），P_2O_5 变化趋势与 I 型花岗岩相似。此外样品的 P_2O_5 含量为 0.01%~0.03%，低于 0.1%，与典型的 S 型花岗岩明显不同（Chappell，1999）。结合上述所有数据和结果，我们认为，处布日深成岩属于高分异 I 型花岗岩。

岩浆上升过程中地壳混染作用会影响原始岩浆的地球化学特征。在 SiO_2-$\varepsilon_{Nd}(t)$ 图解中（图 6.37a），处布日深成岩的变化趋势与分离结晶或部分熔融的趋势一致，进一步说明了在岩石形成过程中地壳混染作用可以被排除。在微量元素蛛网图中，处布日深成岩具有明显的 Ba、Sr、Nb、P、Ti 和 Eu 的亏损，说明了在岩浆演化过程中存在高

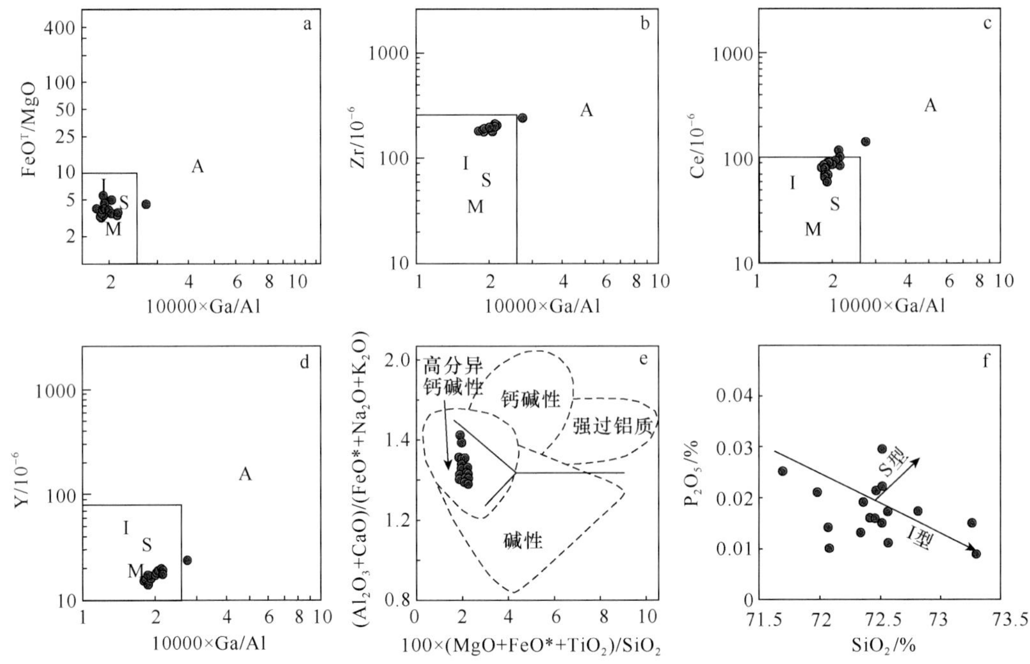

图 6.36　高分异岩浆岩不同的地球化学分类图解

程度的分离结晶过程。处布日深成岩相对高的分异指数进一步说明了分离结晶过程的存在（Thornton and Tuttle，1960）。Sr、Ba 和 Eu 的亏损说明存在斜长石和钾长石的分离结晶。斜长石的分离结晶过程导致残余岩浆中具有高的 Rb 含量和 Rb/Sr 值。处布日深成岩高的 Rb 含量（71×10^{-6}~164×10^{-6}）和 Rb/Sr 值指示存在斜长石的分离结晶。副矿物的分离结晶也控制微量元素的变化。在 La-(La/Yb)$_N$ 图解中（图 6.37b），稀土元素的变化趋势指示了磷灰石和榍石的分离结晶。低的 P_2O_5 含量（0.01%~0.03%）说明了存在磷灰石的分离结晶；低的 MgO 含量（0.21%~0.33%）指示了基性矿物的分离；低的 Cr 和 Ni 的含量说明了存在角闪石的分离结晶。Ti 负异常与含有 Ti 的矿物的分离结

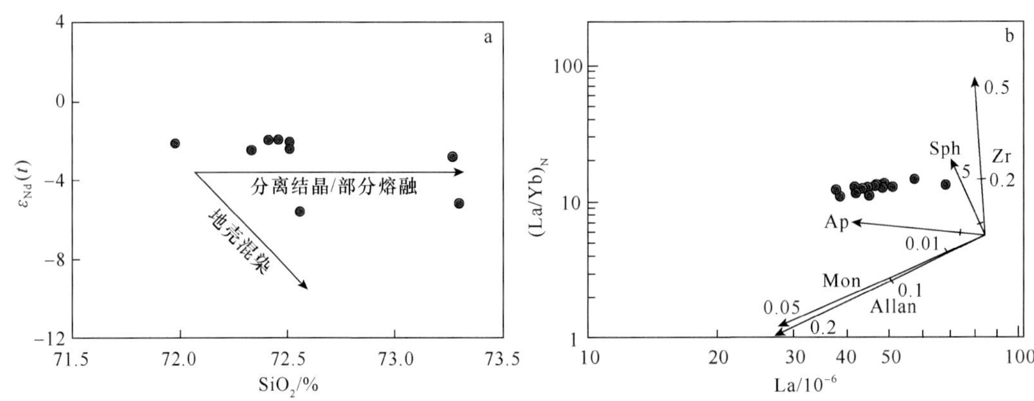

图 6.37　处布日火山岩地球化学图解

a. SiO$_2$-$\varepsilon_{Nd}(t)$ 图解；b. La-(La/Yb)$_N$ 图解

晶有关，Nb 和 Ta 的负异常与金红石的分离结晶有关。

综上，基于地球化学特征，我们认为分离结晶过程在处布日深成岩形成过程中起到了重要作用，控制了主量和微量元素的变化。岩浆演化过程中，发生了斜长石、钾长石、角闪石、磷灰石、榍石以及金红石等的分离结晶。

高分异 I 型花岗岩的岩石成因模式包括：①幔源镁铁质岩浆的分离结晶（Chen and Arakawa，2005）；②含水富钾的变安山岩到玄武质源岩的部分熔融（Topuz et al.，2010）；③壳源的长英质和幔源镁铁质岩浆的混合（Clemens et al.，2009）。

含水的中到高钾基性岩浆只能分离出 12%~25% 的花岗质岩浆，这意味着在同生的花岗岩周围存在大量的镁铁质岩石（Sisson et al.，2005）。由于样品的 SiO_2 含量非常高，以及周围区域缺乏相关的大量基性火山岩，我们认为处布日深成岩的原始岩浆不可能直接来源于幔源基性岩浆的分离结晶。

由于 Sm 和 Nd 具有相似的地球化学性质，岩浆的分异过程很难受到影响。因此 Nd 同位素广泛应用于区分高分异花岗岩的岩石成因。在 Sr-Nd 同位素图解中，样品的 $\varepsilon_{Nd}(t)$ 值明显高于安多片麻岩和羌塘地体麻粒岩捕虏体的 $\varepsilon_{Nd}(t)$ 值（Harris et al.，1988；Lai et al.，2011）。同位素的特征表明处布日深成岩的原始岩浆不能直接来源于下地壳或者地幔的熔体。原始的幔源物质和相对演化的地壳部分熔融的岩浆混合模式将会产生宽的同位素地球化学特征（Zhang et al.，2015）。处布日深成岩相对大范围的同位素组成与岩浆混合模式的同位素组成一致。Nd 的 T_{2DM} 年龄为 1.06~1.36Ga，明显比基底变质岩年轻，表明了幔源成分参与源区中。在 $\varepsilon_{Nd}(t)$-$(^{87}Sr/^{86}Sr)_i$ 图解中（图 6.30），处布日深成岩落入下地壳和幔源物质的混合线上，表明处布日深成岩的原始岩浆可能来源于幔源物质和下地壳的不同程度的混合。处布日深成岩具有小的 Pb 同位素变化和高的 Pb 同位素含量，表明相对均一的岩区物质。在 $^{207}Pb/^{204}Pb$-$^{206}Pb/^{204}Pb$ 和 $^{208}Pb/^{204}Pb$-$^{206}Pb/^{204}Pb$ 图解中（图 6.38），处布日深成岩落入班公湖–怒江蛇绿岩和羌塘地体下地壳的混合区域。

综上，我们认为处布日深成岩的原始岩浆来源于幔源和壳源物质的不同程度的混

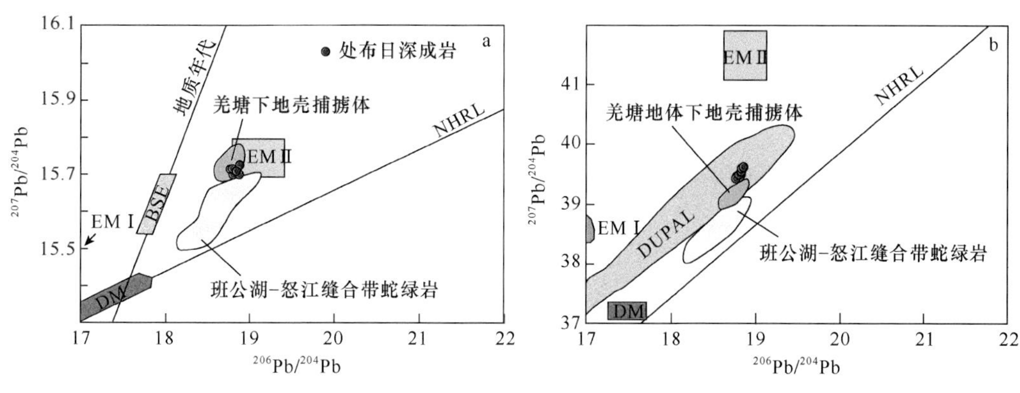

图 6.38 $^{207}Pb/^{204}Pb$-$^{206}Pb/^{204}Pb$ 图解和 $^{208}Pb/^{204}Pb$-$^{206}Pb/^{204}Pb$ 图解

底图改自 Zhao 等（2009），下地壳 Pb 同位素来自于 Lai 和 Qin（2008）

EMI：I 型富集地幔；EMII：II 型富集地幔

合，之后经历广泛的钾长石、斜长石、基性矿物和副矿物的分离结晶过程。

5. 构造意义

1）多玛乡火山岩

考虑到班公湖 – 怒江特提斯洋的闭合时间为 100 Ma（Zhang，2000；Zhang，2004；Fan et al.，2015a；Li et al.，Li et al.，2017c；Zhang et al.，2017；He et al.，2018；He et al.，2019），然而，班公湖 – 怒江特提斯洋的俯冲极性仍然存在争议。尽管一部分学者认为班公湖 – 怒江特提斯洋向南俯冲到中部和北部拉萨地体，但是大量的研究认为俯冲是双向的，即存在向北的俯冲（Zhu et al.，2011；Zhang et al.，2012；Zhu et al.，2016），晚三叠世到早侏罗世班公湖 – 怒江特提斯洋向北俯冲到羌塘地体之下。

研究认为在南羌塘地体存在超过 1000 km 长的晚中生代岩浆弧（170~100 Ma），产生于大陆弧环境而不是同碰撞或者后碰撞环境。南羌塘地体存在一个明显的约 20 Ma（145~125 Ma）的岩浆平静（Liu et al.，2014；Hao et al.，2016a，2016b）。因此任何的构造动力学模型应该与岩浆平静期匹配。因为难以解释岩浆间歇期，部分动力模型（如连续俯冲、洋脊俯冲和板片断离）存在一定的问题。在俯冲带，岩浆的平静期一般认为是平板俯冲导致的软流圈地幔楔的消失的结果。研究认为，班公湖 – 怒江特提斯洋的早白垩世早期的俯冲动力模型：在 170~145 Ma 发生正常角度的俯冲；在 145~125 Ma 发生平板俯冲（Hao et al.，2018）。

Hao 等（2016b）报道的比扎深成岩由辉长闪长岩和辉石闪长岩组成，在早白垩世（122Ma）侵位，具有类似弧的地球化学特征，很可能是早白垩世向北俯冲的班公湖 – 怒江特提斯洋的板片回转造成的软流圈上涌导致混杂岩的部分熔融产生；改则西北的麦尔则双峰式火山岩侵位年龄为 122 Ma 和 120 Ma，被认为同样是板片回转导致的富集地幔岩石圈被俯冲相关的流体和熔体混染产生（Fan et al.，2015b）。改则地区热那错 112 Ma 的侵入岩来源于新底侵的基性地壳的部分熔融，班公湖 – 怒江特提斯洋的板片回转导致的软流圈上涌为地壳的部分熔融提供热量（Hao et al.，2016a）；改则地区 110~104 Ma 埃达克质流纹岩的原始岩浆由地幔楔橄榄岩和洋壳来源的熔体相互作用产生，被认为是向北俯冲的班公湖 – 怒江特提斯洋壳的板块回转引起的（Hao et al.，2019）。Zhang 等（2017）报道的改则地区 112~107 Ma 的火山岩提供了进一步的证据。综上所述，最近的研究认为向北俯冲的班公湖 – 怒江特提斯洋在 125~104 Ma 发生板片回转，导致了软流圈对流，产生了新的岩浆活动。因此，去申拉组火山岩可能是板片回转导致软流圈的上涌产生的。

大量的研究和演化模式证实在洋壳俯冲与陆 – 陆碰撞后，板片断离和随后板片逐步裂开是构造 – 岩浆演化的重要阶段（Davies and Von Blanckenburg，1995；Dilek and Altunkaynak，2009；Van Hunen and Allen，2011）。随着班公湖 – 怒江特提斯洋壳的持续板片回转（125~104 Ma），洋壳以较高的角度俯冲到羌塘地体之下。由于流变学随着深度变化，持续俯冲的洋壳可能自上而下逐步出现脆性断离，最终导致完全的脆性断离。通过对 100 Ma 安多莫库花岗岩（Li et al.，2017b）、97~87 Ma 改则加查双峰式火山岩（Liu et al.，2018）、92 Ma 尕尔穷花岗闪长岩和 91~89 Ma 巴拉杂花岗岩的研究，大部分学者认为班公湖 – 怒江特提斯洋的板片断离发生在 100~87 Ma。随后，热的软流圈地幔通过板片窗上升，为上覆的地幔楔橄榄岩、俯冲沉积物、下地壳提供热量，产生了一系列的岩浆活动。

随着班公湖 – 怒江特提斯洋的板片断离，拉萨地体继续向羌塘地体逆冲（Magni et al.，2017）。拉萨和羌塘地体碰撞区域发生岩石圈的明显缩短和增厚（Murphy et al.，1997；Xiong and Liu，1997；Haines et al.，2003；Kapp et al.，2003a，2007）。同时，逐渐增厚的岩石圈变得致密，由于重力不稳定导致地幔分层（Houseman and Molnar，1997）。随后，增厚的岩石圈落入软流圈地幔，导致了软流圈地幔的上涌（Lustrino，2005；Dilek and Altunkaynak，2007；Dilek and Altunkaynak，2009）。前人对青藏高原中部羌塘地体的安多、改则、果根错和多玛的晚白垩世（80~73 Ma）岩浆活动研究认为，青藏高原中部经历了地壳增厚和岩石圈的拆沉（Zhao et al.，2008；白志达等，2016；Chen et al.，2017）。因此，南羌塘地体的阿布山组火山岩被认为是拉萨 – 羌塘碰撞区域的岩石圈的拆沉引起的。岩石圈拆沉引起软流圈地幔的上涌，上涌的软流圈地幔提供了足够的热量来熔融拉萨 – 羌塘的古老地壳。地幔和地壳来源的熔体经历强烈的分离结晶过程最终产生了阿布山组火山岩（图 6.39a~d）。

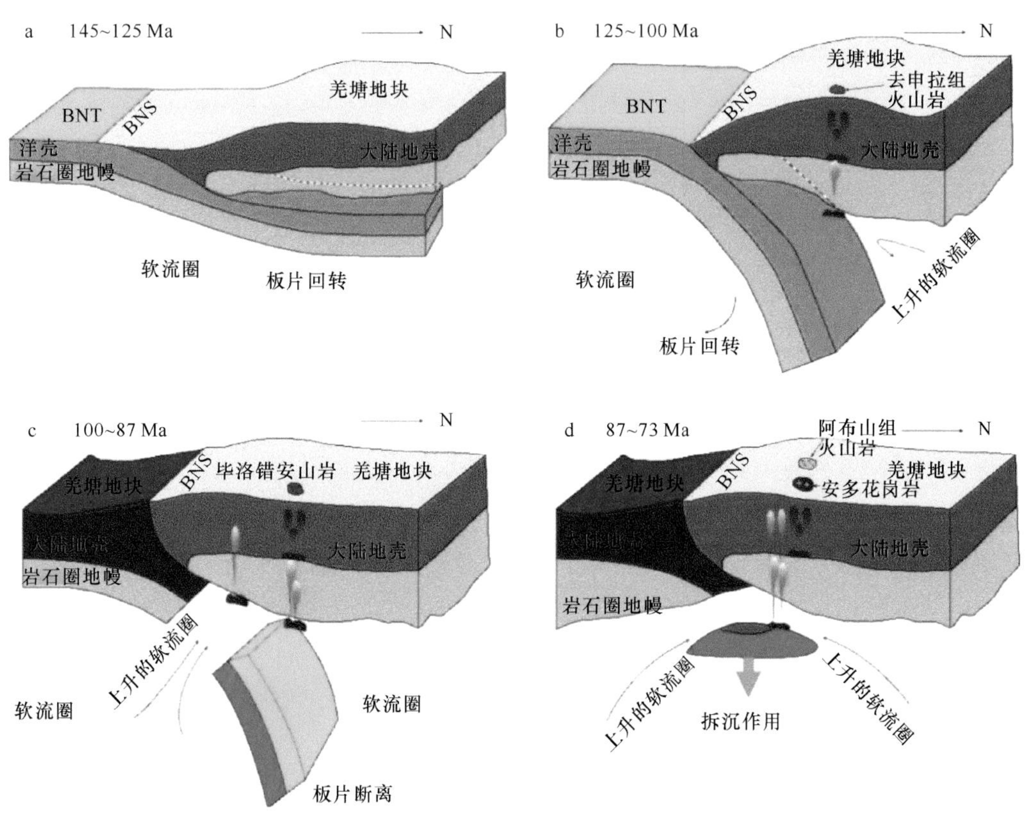

图 6.39　南羌塘地体白垩纪构造 – 岩浆作用简图

BNS：班公湖 – 怒江缝合带；BNT：班公湖 – 怒江特提斯

2）毕洛错安山岩

毕洛错镁安山岩位于班公湖 – 怒江缝合带北侧，南羌塘地体之上（图 6.16）。根据前人研究成果，晚中生代研究区的构造演化主要受到班公湖 – 怒江特提斯洋的向北俯冲影响（Zhang et al.，2012；Fan et al.，2015a；Li et al.，2017b）。如前所述，通过对班公湖 – 怒江缝合带和周边区域的白垩纪火山岩研究得出班公湖 – 怒江特提斯洋壳发生双向俯冲（Girardeau et al.，1984；Zhu et al.，2016）。基于班公湖 – 怒江缝合带的洋岛、复理石沉积、蛇绿岩、古地磁和火山岩等研究，大多数学者认为班公湖 – 怒江特提斯洋闭合发生在早白垩世末期（Bao et al.，2007；Otofuji et al.，2007；Zhang et al.，2014a；Fan et al.，2014，2015a；Xu et al.，2015）。大量的中生代中酸性岩浆岩出露在青藏高原中部。改则区域的早白垩世岩浆岩（Zhang et al.，2017）和麦尔则地区的双峰式火山岩（Fan et al.，2015b）具有明显的弧背景，被认为是俯冲洋壳的板片回转引起的。白垩纪岩浆活动的地质年代学和地球化学数据指示，向南俯冲的班公湖 – 怒江特提斯洋壳在 110 Ma 发生了板片断离（Sui et al.，2013）；而向北俯冲的班公湖 – 怒江特提斯洋壳在 100 Ma 发生了板片断离（Li et al.，2017c）。莫库花岗岩被认为是向北俯冲的班公湖 – 怒江特提斯洋壳断离引起的软流圈地幔上涌，导致羌塘下地壳重熔的混合产物（Li et al.，2017c）。因此，南羌塘地体早白垩世晚期的岩浆活动（约 100 Ma）的机制是向北俯冲的班公湖 – 怒江特提斯洋壳发生断离。伴随着班公湖 – 怒江特提斯洋的板片断离，拉萨 – 羌塘碰撞区域发生明显的地壳增厚（Li et al.，2013；Wang et al.，2014b）。青藏高原中部的地壳在 100~65 Ma 经历了强烈的构造堆积、逆冲和南北向的缩短（Kapp et al.，2005；Murphy et al.，1997）。Li 等（2013）认为南羌塘地体果根错地区的阿布山组岩浆活动（79.9~75.9 Ma）的岩石成因与岩石圈的拆沉作用有关。地质年代学指示毕洛错镁安山岩侵位在 95 Ma，早于南羌塘地体岩石圈拆沉作用发生的地质背景。

前人的研究揭示镁安山岩可以在不同的地质背景下产生，主要有：①活动洋脊俯冲导致板片窗的打开（Benoit et al.，2002；Calmus et al.，2003）；②板片断离导致的软流圈上涌。毕洛错镁安山岩的产生需要高的地温梯度和热流，意味着需要软流圈上涌的通道，可能由板片断离或者洋脊俯冲导致。班公湖 – 怒江缝合带新发现的榴辉岩侵位在 206 Ma，具有正常洋中脊玄武岩的特征（Zhang et al.，2015）。最近关于洋底高原残余物的研究表明，在 193~173 Ma 和 128~104 Ma 存在着两个主要的洋底高原爆发事件（Zhang et al.，2014a）。西藏西部多龙斑岩型 Cu-Au 矿床中侵入的镁铁质岩墙（127~126 Ma）反映了存在洋脊的俯冲和板片窗的形成（Xu et al.，2015）。Li 等（2016b）报道的青藏高原中部康琼地区的 150 Ma 的埃达克质岩石被认为是洋脊俯冲导致的交代地幔部分熔融产生。毕洛错镁安山岩的地球化学特征与多龙斑岩型 Cu-Au 矿床中侵入的镁铁质岩墙和康琼埃达克质岩石有明显的不同，而且它侵位于 95 Ma，晚于洋底高原事件和活动洋脊俯冲时间。因此，我们认为活动洋脊俯冲导致的软流圈上涌和洋底高原等地球动力学模型不能用来解释毕洛错镁安山岩的产生。

根据地球化学特征和地质年代学特征，毕洛错镁安山岩很可能与向北俯冲的班公湖－怒江特提斯洋的板片断离有关。我们认为通过板片窗上涌的软流圈地幔为先前被板片熔体和沉积物交代的地幔楔橄榄岩提供了热量。板片断离导致了板片窗的形成。北拉萨地体的火山岩的研究认为 110 Ma 的岩浆活动与向南俯冲的班公湖－怒江洋的板片断离有关（Zhu et al.，2011）。俯冲板片的断离时间与洋壳的年龄，初始板片的收敛速率和俯冲板片的角度有关（Duretz et al.，2011）。因此，向北俯冲的班公湖－怒江特提斯洋壳的板片断离比向南俯冲的板片断离晚约 10 Ma。综上所述，我们认为向北俯冲的班公湖－怒江特提斯洋的板片断离是产生毕洛错镁安山岩最可能的机制。

结合区域构造演化，毕洛错镁安山岩和同期的岩浆岩产生的构造模式可以总结如下。在早白垩世，大量的与俯冲相关的岩浆活动发生在南羌塘地体，被认为是向北俯冲的班公湖－怒江特提斯洋导致的（Li et al.，2013，2014，2017c；Fan et al.，2015b；Geng et al.，2016；Zhang et al.，2017）。其中，早白垩世（128~106 Ma）岩浆活动被认为是向北俯冲的板片回转的结果（Fan et al.，2015b；Zhang et al.，2017）。持续的板片回转导致向北俯冲的班公湖－怒江特提斯洋壳以高角度向北俯冲，板片持续下沉导致板片脆性破裂，最终导致完全分离，板片断离最终可能发生在 100~95 Ma。板片断离导致软流圈地幔通过板片窗上涌，为交代地幔楔橄榄岩提供了热量，产生了毕洛错镁安山岩（图 6.39c）。

3）处布日花岗岩

高钾钙碱性 I 型花岗岩可以在不同的构造背景下形成：①与地幔柱活动相关的非造山背景下（Dobretsov and Vernikovsky，2001）；②安第斯型的大陆弧背景，如俯冲洋壳（Zhu et al.，2009）、俯冲板片回转（Wang et al.，2017b）；③后碰撞环境（Clemens et al.，2009）。

班公湖－怒江特提斯洋的闭合时间仍然存在争议。先前的研究认为闭合发生在晚侏罗到早白垩世（Yin and Harrison，2000；Kapp et al.，2005），然而，最近关于白垩纪洋岛（Fan et al.，2014；Liu et al.，2014；Zhang et al.，2014a）、复理石沉积（Fan et al.，2015a）、蛇绿岩（Bao et al.，2007；Xu et al.，2015）、放射虫硅质岩（Zhang et al.，2012）和火山岩的研究（朱弟成等，2006；Zhu et al.，2011；Fan et al.，2017b；Liu et al.，2018）指示班公湖－怒江缝合带在早白垩世仍然存在。

改则地区早白垩世岩浆活动（128~106 Ma）被认为是班公湖－怒江特提斯洋的板片回转引起的（Hao et al.，2016a，2016b；Zhang et al.，2017）。此外，改则北的麦尔则群双峰式火山岩形成于弧后盆地的初始阶段，这也是由班公湖－怒江特提斯洋的板片回转引起的（Fan et al.，2015b）。从 124 Ma 开始，班公湖－怒江特提斯洋发生板片回转，软流圈地幔发生对流。

南羌塘地体与班公湖－怒江特提斯洋板片断离有关的火山岩被报道关于板片断离的具体时间还有争议。Wei 等（2017）基于改则美日切错组双峰式火山岩的研究提出板片断离发生在早白垩世（113~108 Ma）。然而，根据班公湖－怒江特提斯洋的闭合时间，以及改则（Liu et al.，2018）、狮泉河（Li et al.，2017a）、莫库（Li et al.，2017b）和多玛地区（He et al.，2019）晚白垩世的火山岩研究结果，班公湖－怒江特提斯洋的板片断离时间在晚白垩世（100~87 Ma）。

随着班公湖 – 怒江特提斯洋的板片断离，拉萨地体继续向羌塘地体俯冲（Magni et al.，2017）。拉萨和羌塘地体碰撞区域发生岩石圈的明显缩短和增厚（Murphy et al.，1997；Xiong and Liu，1997；Haines et al.，2003；Kapp et al.，2003a，2007）。同时，逐渐增厚的岩石圈变得致密，由于重力不稳定导致地幔分层（Houseman and Molnar，1997）。随后，增厚的岩石圈掉入软流圈地幔，导致了软流圈地幔的上涌（Lustrino，2005；Dilek and Altunkaynak，2007，2009）。前人对青藏高原中部羌塘地体的安多、改则、果根错和多玛的晚白垩世（83~75 Ma）岩浆活动研究认为，青藏高原中部经历了地壳增厚和岩石圈的拆沉（Zhao et al.，2008；白志达等，2009；Chen et al.，2017）。因此，南羌塘地体的处布日深成岩产生的最好的解释是拉萨 – 羌塘碰撞区域的岩石圈的拆沉引起的。岩石圈拆沉引起软流圈地幔的上涌，上涌的软流圈地幔提供了足够的热来熔融拉萨 – 羌塘的古老地壳。地幔和地壳来源的熔体经历强烈的分离结晶过程最终产生了处布日深成岩。

在详细的野外地质调查基础上，通过对南羌塘地区多玛乡火山岩、毕洛错安山岩和处布日花岗岩开展岩石学、锆石 U-Pb 年代学、地球化学和同位素研究，并结合区域研究资料，深入剖析羌塘地体多期次岩浆作用的岩浆成因与深部动力学机制，获得的主要结论和认识如下。

（1）受到班公湖 – 怒江特提斯洋的俯冲闭合的影响，南羌塘地体展布的大规模的岩浆活动具有时间跨度大、多期次活动的特征，从早白垩世持续到新生代。根据岩浆岩的时代展布特征，可以将南羌塘地体的白垩纪的岩浆作用划分为四个期次：145~125 Ma、125~100 Ma、100~87 Ma、87~73 Ma。

（2）平板俯冲阶段（145~125 Ma）：班公湖 – 怒江特提斯洋以一个较低的角度向北俯冲，导致软流圈地幔楔的消失。因此，南羌塘地体明显存在一个岩浆平静期。

（3）板片回转阶段（125~100 Ma）：以青藏高原中部双湖县多玛乡早白垩世去申拉组火山岩为代表，具有弧火山岩的地球化学特征，锆石 U-Pb 年龄为 114 Ma。结合前人研究成果，南羌塘地体存在自西向东超过 1000 km 的早白垩世岩浆弧，表明向北俯冲的班公湖 – 怒江特提斯洋在 125~100 Ma 发生板片回转，导致了岩浆活动大规模的爆发。

（4）板片断离阶段（100~87 Ma）：以青藏高原中部双湖县晚白垩世早期的毕洛错火山岩为代表，成岩年龄约为 95 Ma，地球化学特征显示为高的镁和 Sr/Y 值，源区包括俯冲板片熔体、沉积物和地幔楔橄榄岩。最近对于班公湖 – 怒江缝合带的蛇绿岩和放射虫硅质岩、海相地层、岩浆活动和古地磁的研究指示班公湖 – 怒江特提斯洋的闭合时间约为 100 Ma。结合其他同期的岩浆活动证据，表明持续回转的班公湖 – 怒江特提斯洋壳以较大的角度俯冲到羌塘地体较深的区域，矿物相的改变和重力不均衡最终导致了俯冲洋壳在 100 Ma 发生了脆性的破裂，最终导致完全断离（100~87 Ma）。

（5）拆沉阶段（87~73 Ma）：以青藏高原中部安多县晚白垩世晚期的处布日深成

岩和多玛乡阿布山组火山岩为代表，其中处布日深成岩的成岩年龄为 74~73 Ma，双湖县多玛乡阿布山组火山岩的结晶年龄为 75~73 Ma。它们具有相同的地球化学特征，为高分异 I 型岩浆岩，来源于幔源岩浆和壳源岩浆的混合熔体，经历了强烈的分离结晶过程。拉萨 – 羌塘地体碰撞后，大陆地壳上部发生明显的构造堆积和逆冲导致了整个岩石圈的增厚。这个过程导致上地壳缩短和青藏高原中部区域抬升。同时，由于压力的增加，矿物相发生了改变。由于密度增加和重力不稳定，下地壳和岩石圈地幔在 80~73 Ma 拆沉进入软流圈地幔。拆沉引起了软流圈地幔的上涌和随后的下地壳的重熔，产生了安多处布日深成岩和阿布山组火山岩。

6.1.4　构造事件与油气成藏与保存

1. 构造事件与盆地构造圈闭形成的关系

羌塘盆地内发育大量以侏罗系和白垩系为主构成的大型背斜构造，这些大型背斜的形成、定型、定位时代是否与盆地成烃时间一致是盆地油气勘探和评价的关键问题。羌塘盆地中上侏罗统组成的自生自储式生储盖组合为盆地主要勘探目的层位，而盆地褶皱构造也主要发育于该构造层中，同时盆地又经历了多期变形叠加，那么明确这些背斜的形成、定型时间与主力烃源层生烃时间的关系，是盆地油气聚集成藏和评价盆地油气资源潜力的关键。只有形成于成烃前和与成烃同期的构造圈闭才能成为油气聚集成藏的有利空间。

研究表明，早—晚白垩世之间的构造事件是盆地内一次主要变形期，如 Kapp 等（2005）提出白垩纪时期的逆冲活动造成羌塘盆地改则地区地壳缩短量＞ 75 km，拉萨和羌塘地体地壳缩短量＞ 470 km，缩短率＞ 50%；van Hinsbergen 等（2011）指出羌塘盆地在白垩纪时期地壳缩短量 ~400 km；通过野外地质调查和平衡地质剖面结果，Zhao 等（2020）得出南羌塘盆地俄久地区地壳缩短量＞ 66 km，缩短率＞ 34%；此外，基于北羌塘地体南缘晚白垩世阿布山组的古纬度，Meng 等（2017）认为北羌塘盆地在白垩纪以来地壳缩短量 ~265 km。尽管不同的学者对于羌塘地体白垩纪时期逆冲断层活动的规模认识有所差异，但是大多数学者都一致认为羌塘地体在白垩纪时期经历了大规模的逆冲活动和地壳缩短。羌塘盆地白垩纪的构造事件奠定了侏罗系构造层的基本构造格局，盆地大型背斜构造也是在这一时期基本定型、定位。另外，从盆地油气生成史研究来看，白垩纪构造事件形成的大型圈闭构造与主力烃源岩第一次生油期基本同期，构造圈闭为盆地早期成藏提供了有利运移和聚集空间，尽管盆地新生代为盆地油气大量生成期，而白垩纪构造事件形成的圈闭构造和断裂构造为油气运聚和运移提供了通道，对油气成藏具有重要意义。

2. 构造事件对油气保存的影响和控制作用

羌塘盆地中生代晚期构造事件对盆地油气生成过程具有显著的影响。羌塘盆地油气生成和运移史以及与中生代晚期构造事件的关系表明，白垩纪构造事件对油气聚集和成藏具有重要控制作用。侏罗纪末—早白垩世早期，盆地主要烃源岩处于最大古埋藏深度或最大古地温时期，油气初次生成，之后由于白垩纪构造事件导致盆地抬升剥蚀和生油停滞，也使得第一次形成的油藏、圈闭遭受改造和破坏；白垩纪晚期，盆地开始发育以阿布山组为代表的河流–山间盆地沉积，在晚白垩世末阿布山组沉积地区可能达到最大古埋藏深度，存在低成熟油生成和运移过程；古近纪早期（60~40 Ma），由于印度–欧亚大陆碰撞造山和高原隆升，盆地再次处于抬升剥蚀，生烃停滞，直至中新世—上新世二次油气生成期，此时盆地处于中新世“古大湖期”（吴珍汉等，2006），古近系—新近系沉积广泛发育，中新世早期沉积至上新世开始大量抬升剥蚀之前，这一时期是侏罗系烃源岩大量生成轻质油的成熟晚期阶段（王成善等，2004；秦建中，2006；伍新和等，2008），也是盆地主要油气生成运移期，二次生烃期间排出的石油占总排油量的75%。因此，总体来看，白垩纪构造事件导致第一次生油停滞，并对早期油藏具有破坏作用。但另一方面，从整个盆地演化来看，由于白垩纪构造事件导致的盆地主力烃源岩生烃停滞，为盆地新生代晚期生油保存了“实力”，盆地主力烃源岩在新生代进入主要生油期，而二次生油时间晚，改造时间短，是盆地油气保存有利的一面。

综上可以取得如下认识：发生在早白垩世—晚白垩世之间的中生代构造事件，是西藏中部地区一次重要的区域性构造运动，该构造事件使羌塘盆地目标层系产生强烈变形，奠定了盆地构造层基本构造格局和构造样式，圈闭构造形成与盆地第一次油气生成运移基本同期，对羌塘盆地而言为早期成藏期；但由于受构造事件抬升剥蚀的影响，导致盆地主要烃源岩第一次生油停滞，并对早期油藏产生破坏作用。羌塘盆地主要烃源岩生烃期为中新世—上新世，白垩纪构造事件产生的古构造和不整合面为二次油气生成提供了有利圈团空间，同时二次生油规模大、后期改造时间短、生储盖组合现今埋藏深度一般较浅，又以轻质油气藏为主，对油气勘探十分有利，应作为盆地的主要评价和勘探目标。

6.2 印度–欧亚碰撞与新生代盆地改造作用

6.2.1 新生代逆冲推覆构造

印度–欧亚板块自新生代持续汇聚以来，南羌塘盆地和北羌塘盆地北缘经历了强烈的南北向构造挤压，形成了大规模的逆冲推覆构造（吴珍汉等，2011，2014，2016；Li et al.，2012）。这些逆冲推覆构造不仅导致地壳短缩增厚和地表隆升，而且还对油气资源保存条件产生重要影响（吴珍汉等，2011，2014，2016）。本次研究通过近年来在南羌塘盆地多玛–鄂雅错地区、达卓玛–扎曲地区和北羌塘地体北缘唐古拉山开展的构造填图工作，揭露羌塘地体新生代以来的逆冲推覆构造特征。

1. 羌塘盆地逆冲推覆构造的基本特征

1）多玛－鄂雅错地区

多玛－鄂雅错地区位于南羌塘盆地中部，面积约 1000 km^2，平均海拔约 5200 m（图 6.40）。区内上三叠统—渐新统不同程度发育，其中上三叠统由浅海三角洲相碎屑岩和碳酸盐岩组成，命名为日干配错组（T_3r），主要分布在研究区北部；侏罗系—下白

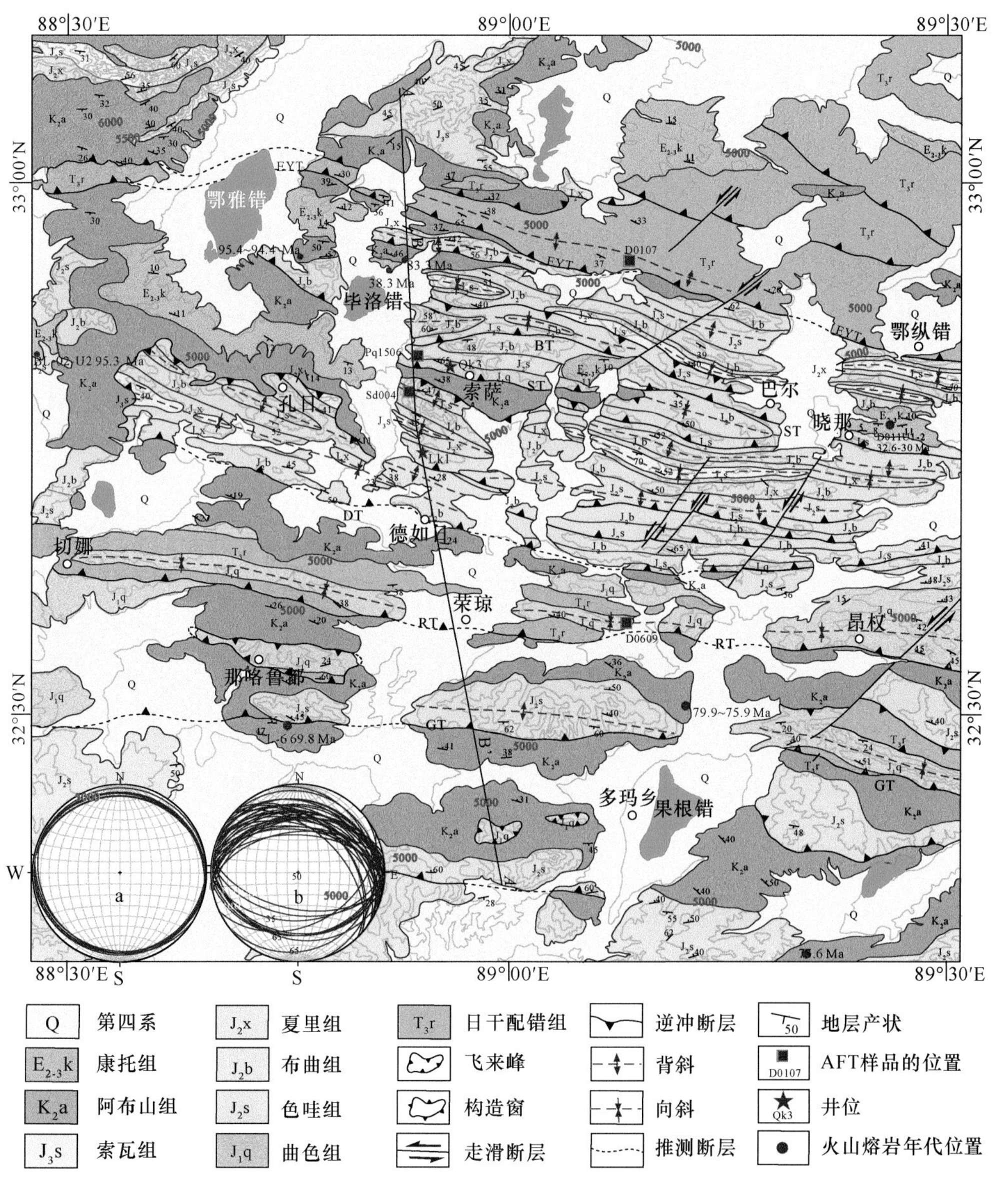

图 6.40　多玛－鄂雅错地区地质简图

火山岩年龄数据来自赖绍聪（2006）、Li 等（2013）、Wu 等（2016）、He 等（2018）；EYT：鄂雅错逆冲断层；BT：毕洛错逆冲断层；ST：索萨逆冲断层；DT：德如日逆冲断层；RT：荣琼逆冲断层；GT：果根错逆冲断层；*A-A′*：地质构造剖面线；左下角 a 和 b 分别为康托组和阿布山组地层产状赤平投影图（下半球投影）

罜统主要为浅海陆棚相－三角洲相，包括曲色组（J_1q）、色哇组（J_2s）、布曲组（J_2b）、夏里组（J_2x）和索瓦组（J_3—K_1s），广泛分布在多玛－鄂雅错地区；上白垩统主要为陆相红色粗碎屑岩沉积，被命名为阿布山组（K_2a），呈近东西向带状分布，且在研究区南缘和北缘分别与下伏地层呈角度不整合和断层接触；始新统－渐新统康托组（$E_{2-3}k$）零星分布在研究区，与下伏地层呈角度不整合接触。对多玛－鄂雅错地区野外地质填图发现，该地区主要发育五条向南逆冲的断层，由北向南依次为鄂雅错逆冲断层（EYT）、毕洛错逆冲断层（BT）、索萨逆冲断层（ST）、荣琼逆冲断层（RT）和果根错逆冲断层（GT）。

鄂雅错逆冲断层（EYT）位于研究区最北部，为南羌塘盆地与中央隆起带的边界断层。该逆冲断层西起鄂雅错，向东至达卓玛地区（图 6.40）。断层面走向近北北西—南东向，倾向近北北东向，断层面倾角 30°~55°。逆冲断层上盘推覆体为上三叠统，逆冲断层下盘出露中侏罗统布曲组（J_2b）灰岩、夏里组（J_2x）砂岩和上白垩统阿布山组（K_2a）砾岩。在逆冲推覆构造西段，鄂雅错－毕洛错北东一带，逆冲断层走向为北西西－南东东向，断层面倾向为北东东向，倾角为 40°~50°，断层上盘主要出露晚三叠世日干配错组（T_3r），其岩性主要为灰白色薄层中粒石英砂岩，地层产状为 11° ∠ 30°。断层下盘出露地层为上白垩统阿布山组，其岩性主要为深灰色中厚层细砾岩，偶夹深灰色含砾岩屑粗砂岩，地层产状为 334° ∠ 59°（图 6.41a）。逆冲断层上盘次级断层发育，将上盘推覆体切割成一系列岩块；此外，上盘褶皱构造，也被断层切割破坏。逆冲断层下盘，主要为中—上侏罗统色哇组、布曲组、夏里组、索瓦组等，地层中发育大量褶皱构造，这些构造近东西向展布，褶皱规模较大，由多个向斜和背斜构成一个规模较大的席状褶皱群，向斜核部地层主要为夏里组、索瓦组，背斜核部多为布曲组、色哇组。褶皱轴迹以近东西向为主，褶皱两翼近于对称，倾角多为 45°~65°，转折端圆滑，褶皱长短轴之比＞ 20，属直立水平线性褶皱。该逆冲推覆构造形成后，受到后期一系列北东－南西向走滑断层的切割破坏，错断整个逆冲推覆体。这些走滑断层，多为左行走滑断层。断层带充填大量方解石脉，厚的能达到 5~8 cm。断层面上可见大量擦痕。

毕洛错逆冲断层（BT）位于毕洛错南部，延伸超过 60km（图 6.40）。逆冲断层卷入的地层包括中侏罗统色哇组、布曲组和上白垩统阿布山组。逆冲断层上盘侏罗系逆冲岩席，西段表现向南逆冲于阿布山组砾岩之上（图 6.41b），中－东段表现为向南逆冲在中侏罗统灰岩之上。断层面走向为北西西—东西向，断层面倾角为 30°~48°。在毕洛错东部，断层下盘的布曲组灰岩和白云岩发生褶皱形成东西向向斜，其中向斜南翼倾角相对较陡，北翼由于受向南逆冲的影响出露不完整。在毕洛错逆冲断层北部，发育一条南倾的背冲断层，该逆冲断层主要表现为色哇组和布曲组逆冲在夏里组和索瓦组之上（图 6.40）。

索萨逆冲断层（ST）位于研究区中北部，呈近东西向展布，延伸超过 60 km（图 6.40）。逆冲断层西段被康托组和第四系覆盖，中段表现为下侏罗统曲色组向南逆冲在阿布山组之上（图 6.41c），东段表现为色哇组逆冲在布曲组之上。逆冲断层上盘的钻孔 QK-3 柱状图显示阿布山组砾岩之上，发育 116m 厚的早侏罗世黑色页岩和海相页岩，且在两组之间发育 4 m 厚的断层角砾岩（王平康等，2015），表明早侏罗世地层和阿布山组之间为断层接触。在逆冲断层南部 1km 处，侏罗系向北低角度逆冲在阿布山组砾岩之上（图 6.40）。此外，索萨南部的钻孔 LK-1 柱状图同样显示中侏罗统灰岩之下发育 530 m 厚的阿布山组红色砾岩，且在灰岩和砾岩之间发育约 90 m 厚的断层角砾岩。上述事实索萨逆冲断层形成了大规模的侏罗系飞来峰，其中德迦逆冲断层为飞来峰的前缘，进一步估算出索萨逆冲断层最小推覆距离为 15 km。

荣琼逆冲断层（RT）位于研究区中部，西起切娜，东至昂权，断层面走向为北西西 – 南东东向，倾向近北北东向，断层面倾角为 40°~50°（图 6.40）。断层上盘推覆体，主要为晚三叠世—早侏罗世地层（图 6.41d），地层中发育大型平行褶皱群。紧挨着断层处，发育一向斜构造，为断层相关褶皱，该向斜南翼缓，北翼陡，轴面北倾，核部为下侏罗统曲色组，两翼为上三叠统日干配错组。断层下盘主要为阿布山组砾岩，西侧出露部分曲色组泥页岩发育曲色组。在逆冲断层前缘，可见上三叠统—下侏罗统灰岩飞来峰，原地地层为阿布山组紫红色砂砾岩（图 6.41e）。根据飞来峰与逆冲岩席前缘之间的距离，估算出该逆冲带的推覆距离约 6 km。

果根错逆冲断层（GT）位于研究区最南部果根错北侧（图 6.40）。该逆冲断层面走向近东西向，倾向北，断层面倾角变化不大，为 35°~40°。逆冲断层上盘为南羌塘地体分区地层，逆冲断层以南为班公湖 – 怒江缝合带分区地层，所以认为该断层可能为南羌塘盆地南界断层。果根错逆冲断层主要表现为侏罗系向南逆冲于阿布山组火山岩、砾岩之上（图 6.41f~g），逆冲断层下盘阿布山组变形较强，在垂直于地层走向不到三千米的范围内发育多个向斜背斜构造，地层倾角为 20°~55°。此外，在逆冲断层前缘的局部地区见中侏罗统灰岩飞来峰（图 6.41h），进一步飞来峰与该前缘逆冲带的位置，估算果根错逆冲推覆带向南推覆约 9 km。

2）达卓玛 – 扎曲地区

达卓玛 – 扎曲地区位于中央隆起带东段和南羌塘拗陷东部（图 6.42）。区内广泛出露中生界，其中三叠系出露于研究区北部及东部；侏罗系出露于研究区中部，出露面积最为广泛，且与三叠系多为断层接触关系，表现为三叠系逆冲推覆于中侏罗统之上。上白垩统阿布山组（K_2a）零星出露，多与三叠系—侏罗系不整合接触，但也发现两者具有断层接触关系，主要表现为侏罗系逆冲推覆于上白垩统阿布山组（K_2a）之上。此外，始新统牛堡组出露在研究区最南部，与下伏地层呈角度不整合接触，大量第四系于区内中部覆盖于中生代之上。对达卓玛 – 扎曲地区野外地质填图，共识别出五条向南推覆的逆冲断层，由北向南依次命名为尕尔根逆冲断层（GEGT）、姜格逆冲断层（JGT）、达卓玛逆冲断层（DZMT）、雀若日逆冲断层（QRRT）和扎曲逆冲断层（ZQT）。

尕尔根逆冲断层（GEGT）位于研究区的最北部，呈北西 – 南东向展布，延伸超过 40 km（图 6.42）。该逆冲断层断层面倾向北东，倾角在 10°~30° 之间。逆冲断层主要表现为中侏罗统布曲组灰岩逆冲到上三叠统之上。此外，逆冲断层上盘阿布山组发生中等变形，倾角在 45°~60° 之间，下盘三叠系变形强烈，形成平行断层走向的褶皱群。

图 6.41　多玛－鄂雅错地区逆冲推覆构造照片

a. 鄂雅错上三叠统日干配错组砂岩向南逆冲在阿布山组之上；b. 鄂雅错南侧布曲组灰岩向南逆冲在阿布山组红色砂砾岩之上；c. 索萨附近早侏罗世黑色页岩和泥灰岩向南逆冲在阿布山组之上；d. 荣琼逆冲断层表现为晚三叠世地层逆冲在晚白垩世红色地层之上；e. 那咯鲁都阿布山组上覆曲色组灰岩飞来峰；f、g. 果根错北部色哇组灰岩和曲色组砂岩向南逆冲在阿布山组之上；h. 果根错西侧晚白垩世红色地层上覆曲色组灰岩飞来峰姜格逆冲断层（JGT）位于研究区北部，为南羌塘盆地与中央隆起带的边界断层（图 6.42）。该逆冲断层呈弧形展布，断层面倾向北北西—北东向，向西可能与多玛－鄂雅错地区鄂雅错逆冲断层相连，向东延伸出研究区。该逆冲断层西段表现为上三叠统夺盖拉组向南逆冲中侏罗统色哇组、布曲组之上，断层上盘上三叠统发育一组平行于断层延伸方向的褶皱系，褶皱两翼的倾角在 35°~50° 之间；断层下盘发育一个向斜构造，向斜核部为布曲组灰岩，北翼为色哇组灰岩和粉砂岩，向斜两翼倾角在 40°~65° 之间，且北翼产状略高于南缘，指示逆冲断层是由北向南推覆的。相对于逆冲断层西段，东段断层面倾向北东，倾角在 15°~35° 之间。东段主要表现为上三叠统夺盖拉组向南逆冲在阿布山组红色砂砾岩之上。其中逆冲断层上盘的夺盖拉组发育近平行的褶皱和次级的背冲断层，逆冲断层下盘阿布山组受逆冲作用影响，变形强烈，倾角在 40°~60°。

达卓玛逆冲断层（DZMT）位于姜格逆冲断层南约 5 km 处（图 6.42）。该逆冲断层向西尖灭于中侏罗统布曲组，向东被第四系覆盖。逆冲断层断层面倾向北北西，倾角在 30°~45° 之间。断层主体表现为布曲组向南逆冲在阿布山组之上（图 6.43a），其中断层上盘的布曲组灰岩变形较强，倾角在 40°~65° 之间，断层下盘的阿布山组红色砂砾岩变形相对较弱，倾角在 25°~30° 之间。

雀若日逆冲断层（QRRT）位于研究区中部，多被第四系覆盖。从地表出露的逆冲断层来看，该断层向西与多玛－鄂雅错地区荣琼逆冲断层相连，向东延伸至研究区外，延伸长度大于 300 km（图 6.42）。断层面倾向北北东—北东，倾角在 25°~35° 之间。该逆冲断层主要表现为侏罗系逆冲在阿布山组红色砂砾岩之上，其中断层上盘的侏罗系发育近平行褶皱群，靠近断层的岩层倾角较陡，倾角在 55°~80° 之间，远离断层的地层倾角较缓，倾角在 35°~50° 之间。

扎曲逆冲断层（ZQT）位于研究区最南部，整体呈北北西向展布，向西与 Kapp 等（2005）命名的南羌塘逆冲断层相连，延伸长度超过 550 km（图 6.42）。逆冲断层主体表现为侏罗系灰岩由北向南逆冲在阿布山组砾岩之上（图 6.43b 和 c）。断层西段北部发育两条平行于扎曲逆冲断层的次级逆冲断层表现为中侏罗统布曲组灰岩向南逆冲在索瓦组之上，而东段北部表现为近平行褶皱群。

此外，破曲东北 10 km 处见上白垩统阿布山组之上发育布曲组灰岩飞来峰（图 6.43d）。野外地质填图结果显示，达卓玛－扎曲地区发育大规模由北向南推覆的逆冲断层和小型次级的背冲断层（图 6.42）。根据逆冲断层的构造特征，本书认为该飞来峰可能是北侧的尕尔根逆冲断层向南逆冲推覆而来，这与吴珍汉等（2016）提出多玛－鄂雅错地区发育的大规模飞来峰可能来自于北羌塘盆地向南的逆冲推覆过程有关。

3）唐古拉山

唐古拉山位于北羌塘盆地东北部，北部与沱沱河盆地相连，平均海拔＞ 5800 m（图 6.44）。区内主体由三叠纪—侏罗纪海相地层组成，其中三叠纪地层分布在唐古拉山北部，主要为滨海至浅海环境下的碎屑岩、碳酸盐岩建造，总厚达 5000 m，被命名为结扎群；侏罗纪地层分布在唐古拉山中部和南部，与下伏上三叠统结扎群呈角度不整合接触。侏罗纪地层主要为海相－海陆交互相的碎屑岩－碳酸盐岩组合，沉积厚度达 6000 m 以上，被称为“雁石坪群”（1 ∶ 25 万温泉兵站幅）；进一步根据岩性组合，该地层自下而上进一步可以分为中侏罗统雀莫错组、布曲组、夏里组和上侏罗统索瓦组、雪山组。野外地质填图显示唐古拉山从南至北构造变形特征存在差异，根据其变形特点与构造组合样式，唐古拉山构造带可以分为各拉丹东 – 鄂碎玛构造带（根带）、

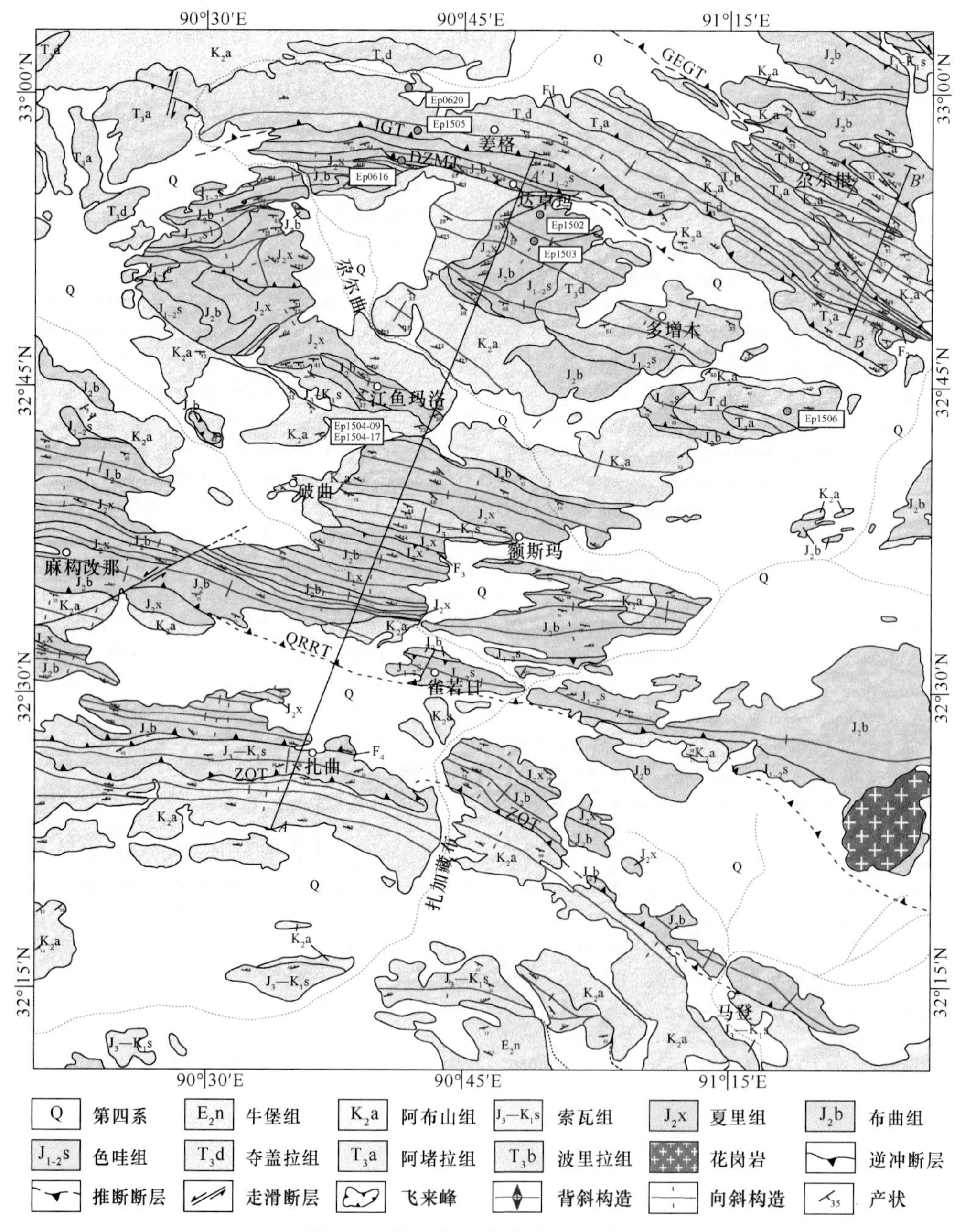

图 6.42　达卓玛 – 扎曲地区地质简图

GEGT：尕尔根逆冲断层；JGT：姜格逆冲断层；DZMT：达卓玛逆冲断层；QRRT：雀若日逆冲断层；ZQT：扎曲逆冲断层；*A*-*A*′：地质构造剖面线

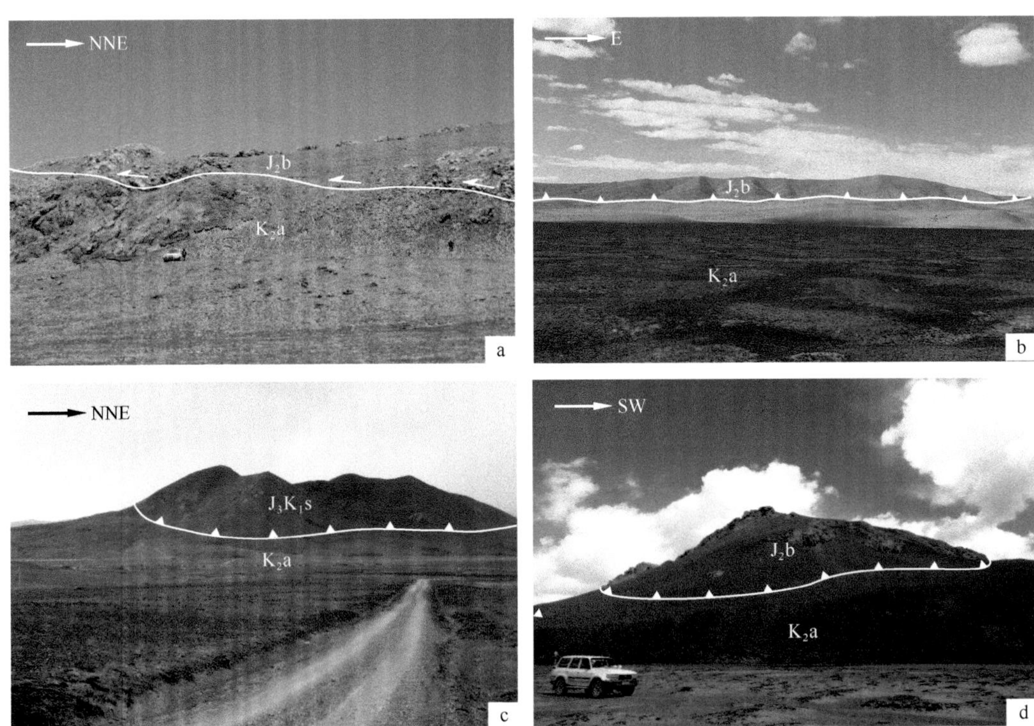

图 6.43　达卓玛－扎曲地区逆冲推覆构造照片

a. 达卓玛中侏罗世灰岩向南逆冲在阿布山组红色砾岩之上；b. 麻构改那南侧布曲组向南逆冲在阿布山组之上；c. 扎曲晚侏罗世—早白垩世索瓦组灰岩向南逆冲在阿布山组红色砾岩之上；d. 破曲西北侧阿布山组上覆布曲组灰岩飞来峰

雀莫错－改纳构造带（中带）和巴庆－乌兰乌拉湖构造带（锋带）三部分（Li et al., 2012；李亚林等，2006）。

A. 各拉丹东－鄂碎玛构造带（GEB）

该带为唐古拉山逆冲带的根带，南起巴依日，北至雀宰查岗，构造带走向北西－南东，南北宽 30 km（图 6.44、图 6.45）。该带出露地层为中—上侏罗统雁石坪群，由老到新包括中侏罗统雀莫错组、布曲组、夏里组和上侏罗统索瓦组和雪山组。该带南部表现为大规模的褶皱变形，北部表现为叠瓦状冲断构造。

南部褶皱变形以直立水平褶皱为主，且该带大型开阔的向斜构造和小型紧闭的背斜构造共同组成大型的复式向斜，如巴依日复向斜和多勒朿拉复向斜。

巴依日复向斜位于巴依日北约 3 km 处，走向北西－南东，沿走向延伸数十千米。复向斜向北西倾伏、南东端扬起，北西部宽缓，南东部相对紧闭的构造形态。向斜核部出露上侏罗统索瓦组泥灰岩；两翼出露中侏罗统夏里组砂岩。两翼产状分别为 5°~20° ∠ 15°~35°、180°~190° ∠ 25°~30°；两翼夹角为 120°~130°；轴面近于直立，倾角 85°~90°；为直立倾伏褶皱（图 6.46a）。

多勒朿拉复向斜，呈北西－南东向展布，南北宽约 10 km。向斜核部由上侏罗统雪山组砂岩组成；两翼由上侏罗统索瓦组泥灰岩和中侏罗统夏里组粉砂岩夹细砂岩组成。南、北两翼产状分别为 10°~15° ∠ 35°~40°、185°~195° ∠ 25°~30°；两翼夹角为 110°~

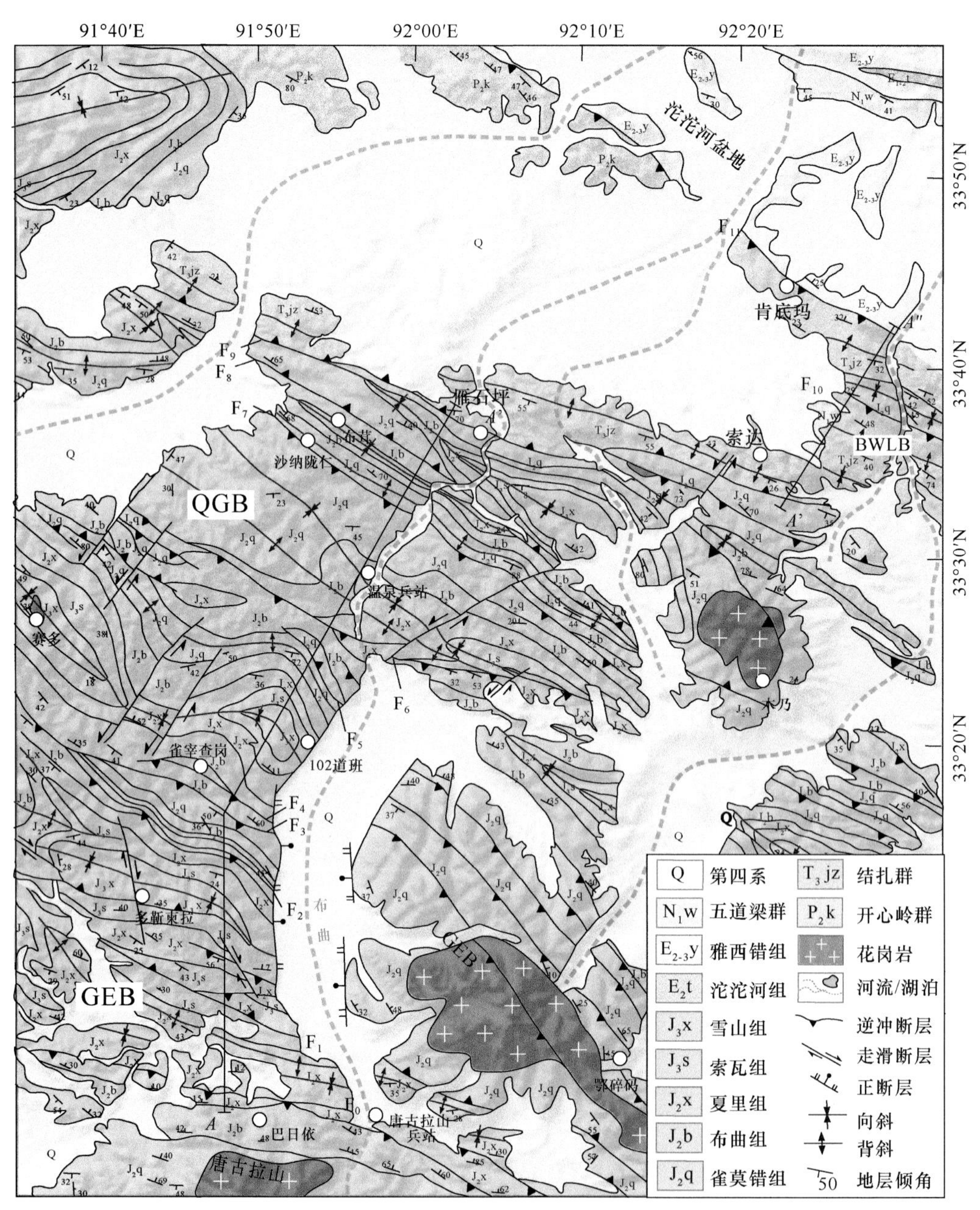

图 6.44　唐古拉山地质简图

GEB：各拉丹东 – 鄂碎玛构造带；QGB：雀莫错 – 改纳构造带；
BWLB：达乌兰乌拉湖 – 巴庆构造带；*A-A′*：地质构造剖面线

120°；轴面近于直立，倾角 80°~90°；为直立水平褶皱（图 6.46b）。

北部逆冲断层包括姜梗日逆冲断层（F_1）和雀宰查岗逆冲断层系（F_2~F_4）。

姜梗日逆冲断层（F_1）位于区内姜梗日 – 日阿回区主一带，呈北西 – 南东向展布，延伸大于 40 km。断层面倾向北东，倾角 55°~65°。断层上盘（北东盘）发育向斜构造，

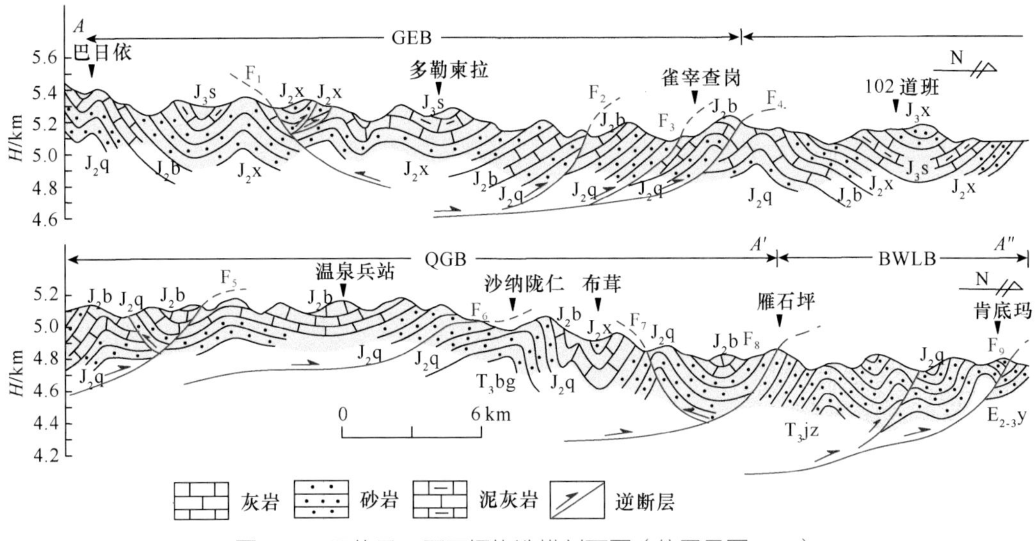

图 6.45　巴依日 – 雁石坪构造横剖面图（位置见图 6.44）

出露地层中侏罗统夏里组粉砂岩夹细 – 中粒岩屑砂岩。上盘向斜轴面近于直立，枢组近于水平，南、北两翼产状分别为 15° ∠ 48°、186° ∠ 33°，根据褶皱的位态或其在空间的产状分类，属于直立倾伏褶皱。断层下盘（南西盘）发育向斜构造，出露地层为上侏罗统索瓦组泥灰岩。下盘向斜轴面倾向南西，倾角 80°~90°；枢组近于水平；两翼产状差异不大，南翼产状为 8° ∠ 45°，北翼产状为 193° ∠ 32°，两翼夹角为 88°；为一直立水平褶皱。断层带宽 100~200 m，断层带内岩石破裂严重，沿断层面断层角砾岩、方解石脉、劈理发育。根据上下盘的地层的切割关系以及断层角砾岩指示的运动学方向，推断为由北东向南西的逆冲断层（图 6.47a）。同时，在姜梗日北约 3 km 处，发育断面倾向南西的反向逆冲断层，与主断层构成冲起构造。该反冲断层断层面倾向南西，倾角 45°~55°。反冲断层下盘（北东盘）的向斜构造出露上侏罗统索瓦组泥灰岩，南、北两翼产状分别为 3° ∠ 65°、190° ∠ 42°（图 6.47a）。

雀宰查岗逆冲断层系（F_2~F_4）分布于雀宰查岗 – 赛多浦岗日一带，断层延伸超过 50 km，断层带宽约 5 km。该断层伴生多条次级断层，如断层 F_2 和 F_3；这些次级断层将雀宰查岗逆冲断层分成多个构造岩片。构造岩片是由中侏罗统雀莫错组、布曲组和夏里组组成，不同岩片向北东推覆叠置，构成叠瓦状构造。构造岩片间岩石破碎严重，

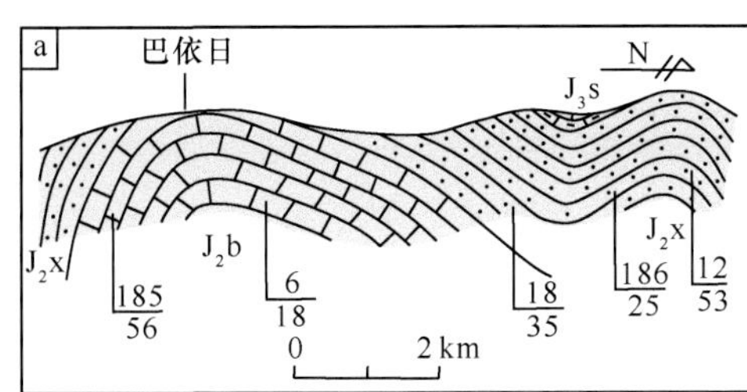

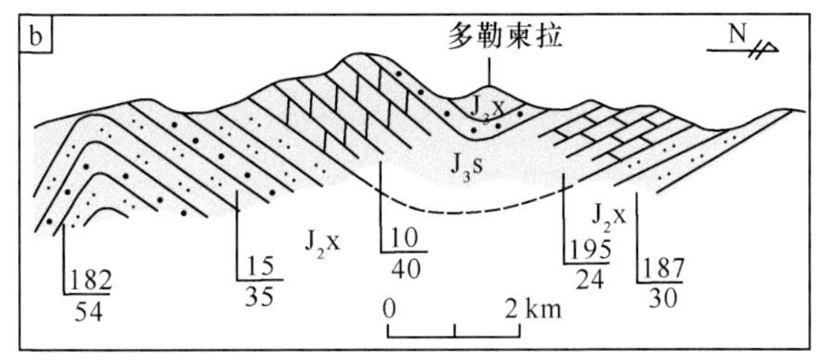

图 6.46　各拉丹东 – 鄂碎玛构造带复向斜构造剖面

a. 巴日依复向斜构造剖面；b. 多勒柬拉复向斜构造剖面

岩石面理和线理发育，沿断层面见构造透镜体以及方解石脉。构造岩片内以褶皱变形为主，褶皱南、北两翼产状分别为 195°~205° ∠ 35°~45°、15° ∠ 72°，显示出明显的不对称性，表现断层面南倾的斜歪褶皱。基于不对称背斜的构造样式和线理、面理产状，综合推断其为由南西向北东运动的逆冲断层（图 6.47b）。

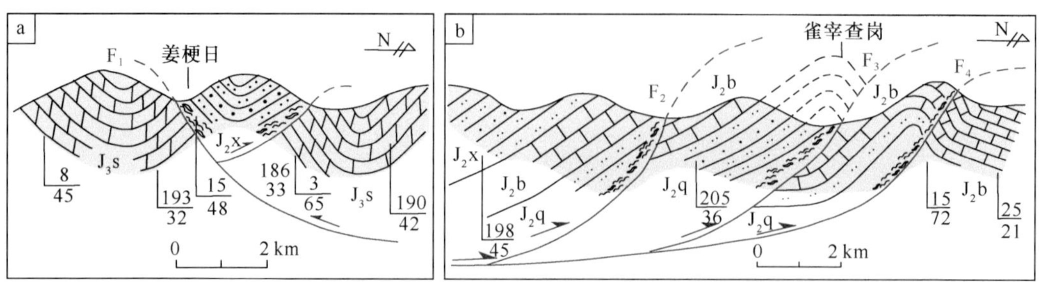

图 6.47　各拉丹东 – 鄂碎玛构造带逆冲断层构造剖面

a. 姜梗日逆冲断层构造剖面；b. 雀宰查岗逆冲断层构造剖面

B. 雀莫错 – 改纳构造带（QGB）

该带为唐古拉山山脉逆冲带的中带，南部以雀宰查岗逆冲断层为界，北至雁石坪，构造带呈北西 – 南东展布，宽 40~50 km（图 6.44、图 6.45）。变形地层由中侏罗统雀莫错组、布曲组、夏里组和上侏罗统索瓦组和雪山组组成。该带大型褶皱构造和逆冲断层发育，褶皱构造以大型复式向斜为特点，总体表现为隔挡式构造样式；靠近断层带的位置，褶皱发育紧密，且地层倾角较大，构成了褶皱 – 冲断构造。

该带的大型复式向斜主要包括 102 道班复向斜、温泉兵站复向斜、布茸复向斜和雁石坪复向斜（图 6.45）。

102 道班复向斜位于哈布索日 –102 道班一线，总体走向为北西 – 南东，延伸数十千米，北西端延伸出研究区。向斜延伸由北西—西—北西转变，使轴线呈“S”形。背斜核部为上侏罗统雪山组岩屑石英砂岩夹粉砂岩；背斜两翼岩层由内到外依次为上侏罗统索瓦组泥灰岩、中侏罗统夏里组粉砂岩夹细粒岩屑砂岩和布曲组生物碎屑灰岩。向斜南、北两翼产状分别 5°~20° ∠ 40°~50°、180°~190° ∠ 60°~70°，翼间夹角为 60°~70°，褶皱枢纽均近于水平，轴面倾向北东，倾角 75°~80°，为斜歪水平褶皱（图 6.48a）。

温泉兵站复向斜位于温泉兵站北西，总体沿北西 – 南东向展布，延伸约 20 km。向斜核部为中侏罗统夏里组粉砂岩；两翼岩层为中侏罗统布曲组灰岩。背斜南、北两翼产状平缓，南西翼产状为 757° ∠ 28°，北东翼产状为 192° ∠ 30°，构成宽缓的开阔褶皱。向斜轴面近于直立，倾角在 80°~90°，且枢纽向北东扬起，根据褶皱的位态或其在空间的产状分类，属于直立倾伏褶皱（图 6.48b）。

布茸向复斜位于测区雁石坪乡以南约 5 km，宽约呈北西 – 南东向展布，延伸约 30 km。向斜核部出露中侏罗统夏里组粉砂岩、粉砂质泥岩夹细 – 中粒砂岩；两翼岩层为中侏罗统布曲组灰岩。向斜两翼岩层近对称，南翼产状为 20° ∠ 73°，北翼产状为 190° ∠ 73°。向斜转折部位较宽阔、圆滑，轴面近直立，且向斜向北西扬起，南东倾伏，根据褶皱的位态或其在空间的产状分类，属于直立倾伏褶皱（图 6.48c）。

雁石坪复向斜位于研究区中部的雁石坪一带，沿北西延伸约 30 km，且被平行向斜走向的两条北西方向的逆断层夹持。向斜由核部向外岩层依次为上侏罗统索瓦组泥灰岩、中侏罗统夏里组泥质粉砂岩夹细 – 中粒岩屑石英砂岩、中侏罗统布曲组灰岩、中侏罗统雀莫错组粉砂岩。向斜南、北两翼岩层产状差异不大，南翼岩层产状由内向外依次为 20° ∠ 55°、33° ∠ 73° 和 38° ∠ 50°，北翼岩层产状由内向外依次为 215° ∠ 49°、189° ∠ 65°、198° ∠ 73° 和 205° ∠ 70°，翼间角为 60°~75°。向斜轴面近于直立，枢纽向北西扬起，根据褶皱的位态或其在空间的产状分类，属于直立倾伏褶皱（图 6.48d）。

该带主要发育温泉兵站逆冲断层（F_5）、沙纳陇仁逆冲断层（F_6）、布茸逆冲断层（F_7）和雁石坪逆冲断层（F_8）（图 6.45）。

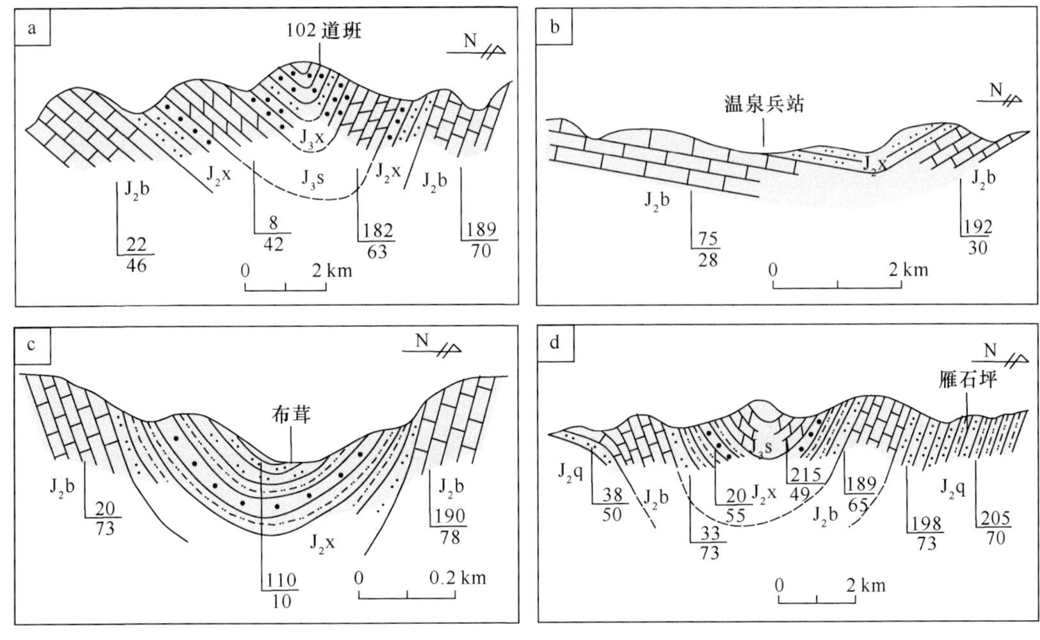

图 6.48　雀莫错 – 改纳构造带向斜构造剖面

a. 102 道班向斜构造剖面；b. 温泉兵站向斜构造剖面；c. 布茸向斜构造剖面；d. 雁石坪向斜构造剖面

温泉兵站逆冲断层（F_5）位于波阿纳扎日 – 温泉兵站 – 郭瓦扎根一带，总体呈北西 – 南东向展布，延伸超过 100 km，卫星影像显示明显的线状构造。1 ∶ 25 万区调报告显示，该断裂北东盘和南西盘航磁特征差异较大，断层的北东侧等值线稀疏，南西侧等高线紧密，表明该断裂为区域性的大断裂。野外地质调查发现，断层上、下盘地层均为中侏罗统夏里组，其中上盘（南西盘）岩层产状为 170° ∠ 75°，下盘（北东盘）岩层产状为 20° ∠ 18°。该断层伴随多条次级断层，破碎带宽约 120 m，劈理化、透镜体发育；断层面总体倾向南西，倾角为 50°~70°。根据线理和透镜体斜列方向，指示断层运动由南西向北东方向逆冲（图 6.49）。

沙纳陇仁逆冲断层（F_6）位于沙纳陇仁复背斜南约 1 km 处，总体走向呈北西 –

图 6.49 温泉兵站逆冲断层构造剖面

南东向，延伸超过 50 km。断层面倾向南西，倾角 40°~65°。断层上、下盘岩层均为中侏罗统雀莫错组粉砂岩夹石膏层，断层破碎带发育在石膏层中。断层上、下盘产状基本一致，上盘（南西盘）岩层产状 186° ∠ 15°，断层下盘（北东盘）岩层产状 195° ∠ 12°。断层破碎带宽约 20 m，石膏变形强烈，“X”型共轭剪节理、劈理发育。综合判断，该断层为倾向南东的逆断层（图 6.50）。

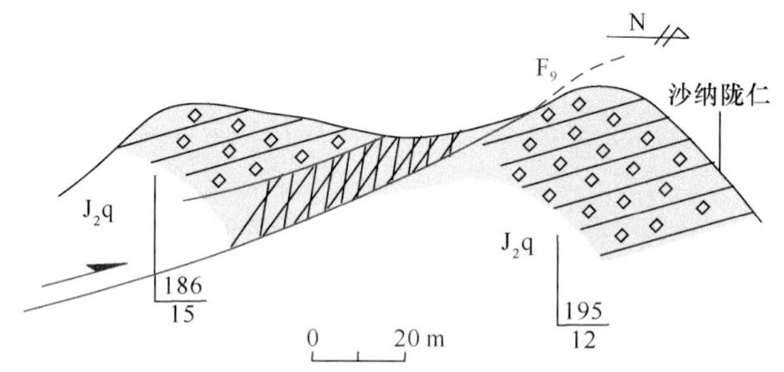

图 6.50 沙纳陇仁逆冲断层构造剖面

布茸逆冲断层（F_7）位于布茸向斜北约 1 km 处，总体走向北西 – 南东，延伸大于 50 km。断层下盘（南西盘）岩层为中侏罗统布曲组泥晶 – 微晶灰岩、生物碎屑灰岩，产状为 10° ∠ 70°；断层上盘（北东盘）岩层为中侏罗统雀莫错组泥质粉砂岩夹粉砂岩、细砂岩，产状为 20° ∠ 30°。断层破碎带宽约 100 m，岩石破碎严重，劈理化、岩石透镜体发育，透镜体最大超过 5 m，局部见沿断层面发育的方解石脉。断层面倾向北东，倾角 60°~70°。根据断层两盘的切割关系以及面理的排列方向，推测其为北东向南西运动的逆冲断层（图 6.51）。

雁石坪逆冲断层（F_8）位于研究区中部吉日 – 雁石坪 – 盖玛一带，平行于唐古拉山山脉的走向，延伸超过 120 km。断层下盘（南西盘）岩层为中侏罗统雀莫错组泥质粉砂岩夹细 – 中粒岩屑石英砂岩，产状为 208° ∠ 66°；断层上盘（北东盘）为上三叠统结扎群细粒石英砂岩夹煤线，产状为 192° ∠ 70°。断层破碎带宽约 20 m，沿断裂带新生代花岗岩体呈串珠状发育，局部地段见断层泉。破碎带内岩石破碎严重，砂岩呈次圆状 – 透镜状斜列式排列，沿断层面方向劈理化、方解石脉发育。断层面走向 295°，倾向南西，倾角 55°~75°。根据上、下盘地层的相对位置关系及透镜状砂岩的排列方式，判断为其由南西向北东运动的逆冲断层（图 6.52）。

图 6.51　布茸逆冲断层构造剖面

a. 断层宏观照片；b 和 c. 断层破碎带发育的面理构造，指示断层面倾向北东

图 6.52　雁石坪逆冲断层构造剖面

C. 乌兰乌拉湖 – 巴庆构造带（BWLB）

该带为唐古拉山山脉逆冲带的锋带，南以雁石坪逆冲断层（F_8）为界，北以沱沱河盆地为界，构造带呈北西 – 南东走向，构造带宽 15~25 km（图 6.44）。总体来看，该带对沱沱河新生代盆地起明显的控制作用；带内逆冲断层发育，总体表现为构造岩片向北东推覆，构成了逆冲叠瓦构造。该构造带由五条断层组成，包括四条南西倾的逆冲断层和一条北东倾的反冲断层（F_{11}）（图 6.53）。该带卷入变形的地层包括上三叠统结扎群和中侏罗统雀莫错组、布曲组。这些逆冲断层主体呈北西 – 南东展布，倾角在 35°~55°。断裂带间以褶皱变形为特点，其中远离断层的褶皱以直立褶皱为主，两翼倾

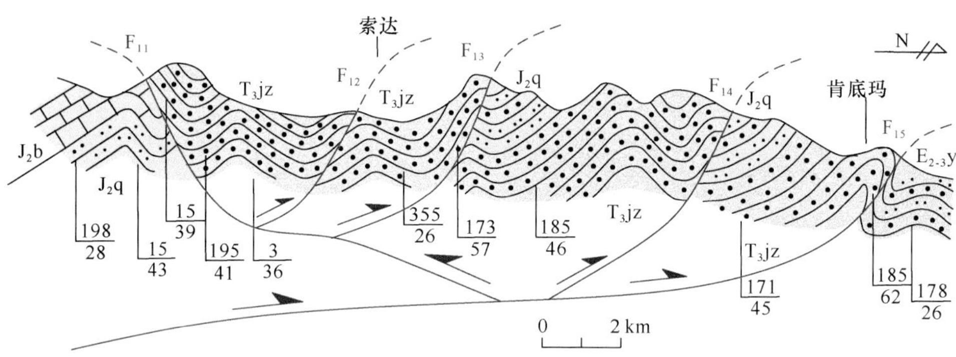

图 6.53　乌兰乌拉湖–巴庆构造带构造剖面

角较缓，一般在 30°~55°；而靠近断层的褶皱以斜歪–倒转褶皱为主，两翼倾角变化较大，从 25°~30° 渐变到 55°~60°，直至倒转。这些不对称的褶皱指示出这些断层（除 F_{11} 之外）是由向南西向北东的逆冲。

肯底玛逆冲断层位于锋带最北缘，总体呈北西–南东向展布，沿北西和南东延伸均超出图区范围，延伸大于 150 km（图 6.44）。1 ∶ 25 万资料显示，肯底玛逆冲断层两侧航磁、大地电磁以及重力值表现出明显差异，为两个不同的构造单元。野外地质填图表明，该断层在肯底玛以西被第四系覆盖，表现为上三叠统结扎群和中侏罗统雀莫错组向北东方向逆冲在始新统雅西错组之上（图 6.54）。断层面倾向南西，倾角 25°~35°。断层上盘（南西盘）上三叠统结扎群中岩石劈理化严重，局部可见断层角砾岩、碎裂岩，地层产状为 195° ∠ 35°。断层下盘（北东盘）岩层变形微弱，且产状较缓，183° ∠ 10°。断层带内岩层变形严重，可见大量牵引褶皱；在断层破碎带发育平行主断裂伴生次级断裂，表现为强烈挤压和逆冲的特点。

2. 推覆构造形成的时代

1）南羌塘盆地推覆构造形成的时代

如上所述，南羌塘盆地多玛–鄂雅错地区和达卓玛–扎曲地区发育大规模向南推

图 6.54　肯底玛逆冲断层构造剖面

覆的逆冲断层。这些逆冲断层主要表现为前白垩纪向南逆冲在晚白垩世红色砂砾岩之上，且逆冲断层前缘见前白垩纪碳酸盐岩和碎屑岩飞来峰，表明大规模逆冲活动发生在阿布山组沉积之后。此外，这些逆冲断层和晚白垩世阿布山组砂砾岩被近水平的康托组（牛堡组）覆盖，表明逆冲活动发生在康托组（牛堡组）沉积之前。因此，南羌塘逆冲推覆构造的形成时代，可以通过阿布山组和康托组（牛堡组）之间角度不整合的形成时间来限定。

正如前文所述，阿布山组的沉积时限为早白垩世末期（约 111 Ma）至古新世晚期（约 57.4 Ma）。基于阿布山组的沉积年龄，可以限定此次构造事件开始时间不早于古新世晚期。

康托组近水平分布于南羌塘盆地，为河流相 – 湖相紫红色砾岩夹砂岩、含砾砂岩、粉砂岩及少量泥岩夹基性喷出岩和凝灰质砂岩（图 6.55）。在多玛 – 鄂雅错地区北部的晓那附近发现近水平的康托组下部发育数米厚的安山岩（图 6.55a）。通过对安山岩进行锆石 U-Pb 定年，结果显示 D0111-U1 和 D0111-U2 两件样品的锆石 U-Pb 谐和年龄分别为 32.6±0.95 Ma（MSWD=2.9，*N*=13）和 30.0±0.67 Ma（MSWD=3.1，*N*=9）（图 6.56），表明安山岩的主体年龄为渐新世鲁培尔期。此外，赖绍聪等（2006）对位于毕洛错北部康托组中新生代安粗岩 – 粗面岩研究发现，火山岩近东西向展布，野外可见火山岩不整合覆盖于阿布山组砂砾岩之上，火山岩的岩石呈灰黑色，斑状结构，块状构造，十分新鲜，无任何蚀变和交代现象，K-Ar 同位素年龄为 38.3±3.3 Ma，表明其时代为始新世—渐新世。上述地质事实表明康托组的沉积时代为渐新世早期。

图 6.55　康托组火山岩夹层宏观照片

a. 晓那康托组紫红色沉积物夹粗面安山岩；b. 毕洛错西部康托组角度不整合和覆盖在中侏罗统索瓦组之上；c. 康托组砾岩，砾石成分主要为安山岩和砂岩

综合阿布山组和康托组的沉积时代，可以限定南羌塘盆地大规模逆冲活动和强烈的地壳缩短主要发生在 57~35 Ma。

2）北羌塘盆地

在北羌塘盆地北缘唐古拉山，沿逆冲推覆带侵入花岗岩岩脉（株），且北侧的锋带控制着沱沱河盆地沱沱河组和雅西错组的沉积（李亚林等，2006；Li et al.，2012）。因此，唐古拉山推覆构造形成的时代，可以通过沿逆冲断裂带侵入花岗岩岩脉（株）的时代、沱沱河组和雅西错组的沉积时间予以限定。

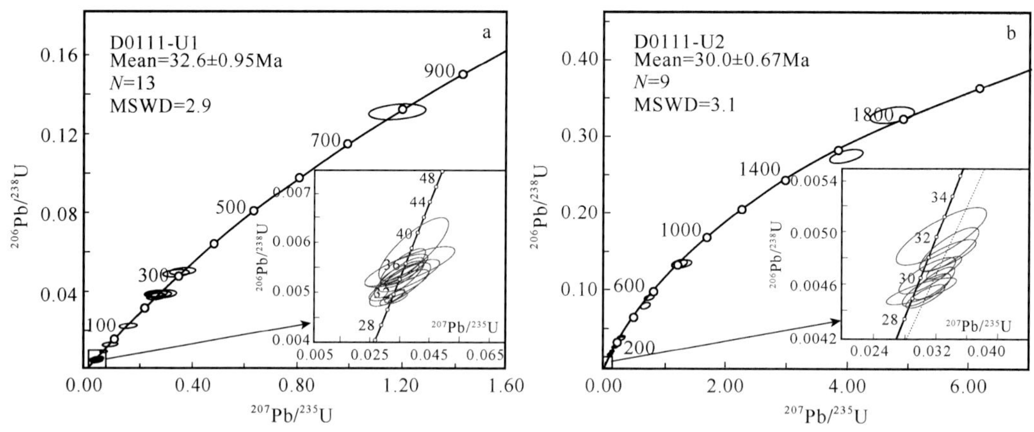

图 6.56　康托组火山岩单颗粒锆石年龄 U-Pb 谐和图

研究区发育的许多岩浆侵入体都是沿逆冲断裂构造侵入的，如赛多岩体、木乃岩体以及沿雁石坪逆冲断层侵入的一些岩株（图 6.44），地球化学研究证实他们具有相同的岩性和地球化学特征（Lu et al.，2019；Li et al.，2021）。野外调查发现，这些侵入体呈条带状或长圆形产出，其长轴与逆冲断层走向一致，岩体内发育的流面与断层面产状具有一致性，同时侵入体又被断层错断，表明这些侵入体与断层活动具有同时性，又被断层后期活动改造。因此这些岩浆侵入体的时代可以代表断层活动的时代。通过对木乃岩体和赛多岩体进行单颗粒锆石 U-Pb 年代学测定，限定两个岩体的等时年龄分别为 67.1±2.7 Ma 和 40.6±3.1 Ma（图 6.57）。其他学者对唐古拉山花岗岩体进行锆石 U-Pb 年代学定年，获得木乃岩体年龄为 67.0~68.0 Ma（Lu et al.，2019）、龙亚拉岩体年龄为 68.1±0.51 Ma（Lu et al.，2019）、赛多岩体年龄为 62.7±0.6 Ma（Li et al.，2021）、各拉丹东侵入体年龄为 40±3 Ma（白云山等，2006）。上述结果表明唐古拉山

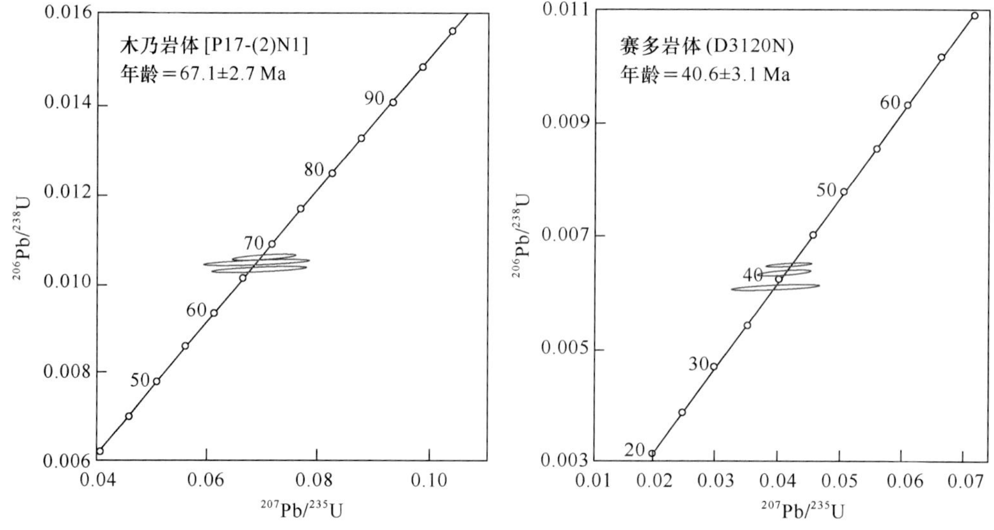

图 6.57　木乃与赛多花岗岩体单颗粒锆石年龄 U-Pb 谐和图

新生代以来发生了多期岩浆侵入事件，且最老的 68.1±0.51 Ma 代表了推覆构造活动的起始时限。

沱沱河盆地磁性地层学研究表明，沱沱河组时限为 37~33 Ma，雅西错组时限为 33~23.6 Ma（Li et al.，2023），并与上覆产状水平的五道梁组区域上表现为不整合接触（Wang et al.，2002）。构造研究表明渐新世雅西错组发生了褶皱和冲断强烈变形，而在沱沱河盆地以及北部的风火山地区中新世五道梁组产状近水平（Wang et al.，2002；Liu and Wang，2001），因此，我们认为雅西错组上限（23.6 Ma）代表了逆冲推覆构造的结束时间。侵入体时代、磁性地层时代以及地层接触关系综合分析表明，唐古拉山新生代逆冲推覆构造运动的活动时限为古新世初—渐新世末（68.1~23.6 Ma）。

从上述分析结果来看，羌塘盆地在新生代以来发育了大规模逆冲推覆构造，并形成了区域性角度不整合。通过研究角度不整合的形成时间，限定大规模逆冲推覆和地壳缩短主要发生在始新世时期。此外，该冲断构造的强烈变形时间与印度板块在始新世和渐新世末向北运动速率减小的时间也存在一致性（Kapp and Decelles，2019），表明羌塘盆地逆冲推覆构造形成演化受控于印度 – 欧亚板块碰撞造山和碰撞后印度板块持续向北俯冲动力学机制。

6.2.2　新生代伸展构造

青藏高原新生代近南北走向的伸展地堑构造是高原现今最为显著的构造现象（图 6.58），记录了关于高原形成演化的大量信息，自 20 世纪 70 年代以来，学者从不同角度对地堑构造做了大量研究，并取得许多重要认识（Molnar and Tapponnier，1978；李吉均等，1979；Klootwijk et al.，1985；Mercier et al.，1987；Coleman and Hodges，1995；Seeber and Pecher，1998；Blisniuk et al.，2001；Carmala et al.，2000；李亚林等，2001，2006；张进江和丁林，2003；潘裕生等，2003）。

青藏高原新生代地堑构造总体具有以下特点：①地貌上表现为走向近南北的负地形带，延伸长度几十到数百千米，切割了东西走向山系。②地堑构造对高原现代湖泊和水系展布具有显著控制作用，高原现今许多大型湖泊都分布在裂陷盆地内，另外，本次研究发现长江源地区沱沱河、布曲等主要水系的形成演化都明显受到近南北走向地堑构造带的制约。③地堑构造带是青藏高原现代地震和热泉集中分布的地带，地堑构造带内热泉、温泉密度是非活动带的数倍以上，反映出裂陷作用与地壳内部热动力过程有着密切关系。④地堑构造发育多具不对称性，表现为半地堑构造；地堑构造内裂陷盆地主体发育上新世—第四系湖相、河流相巨厚沉积。地堑正断层系表现为高角度特点，地貌上表现断坎、断崖，发育断层三角面，以脆性变形为特点，断层角砾岩、断层泥发育。⑤构造应力体制表现出东西向的伸展作用。

羌塘地体的双湖地堑、依布茶卡地堑、冈玛错地堑、温泉地堑等，对盆地具有明显的改造作用。本节在对羌塘盆地地堑构造的分布、构造变形特点分析基础上，结合实际调查对伸展地堑构造与油气的关系作以分析。

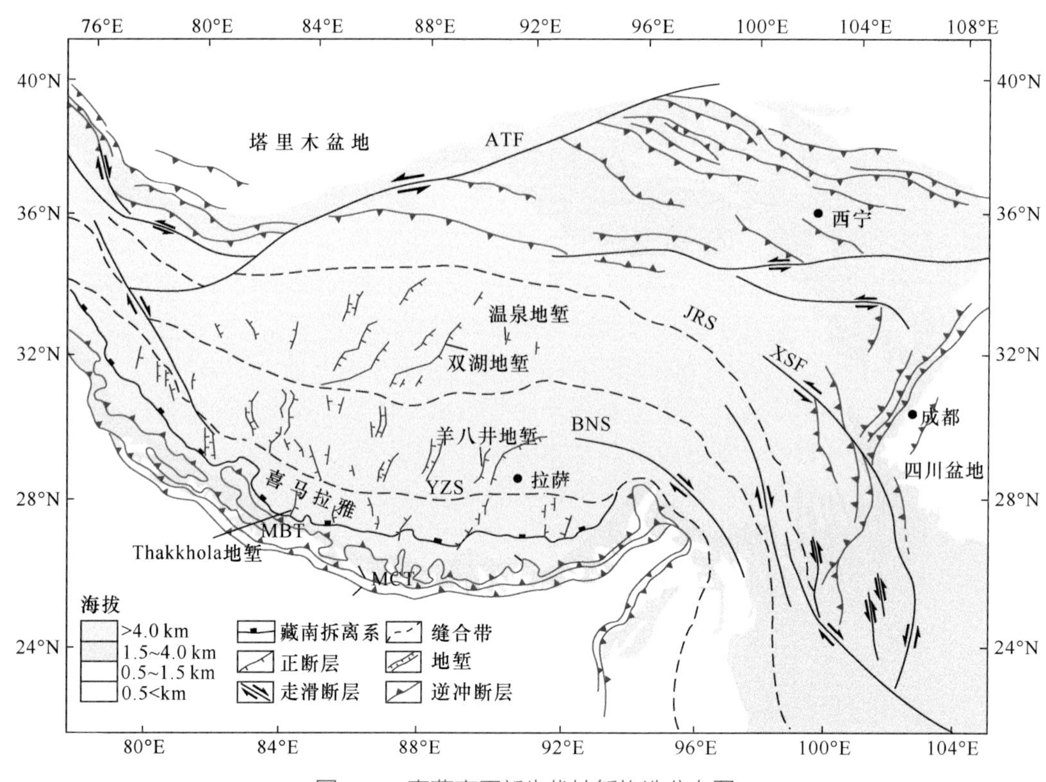

图 6.58　青藏高原新生代地堑构造分布图

MBT：主边界断裂；MCT：主中央断裂；ATF：阿尔金断裂；XSF：鲜水河断裂；YZS：雅鲁藏布江缝合带；BNS：班公湖－怒江缝合带；JRS：金沙江缝合带

1. 羌塘盆地典型地堑构造特征

1）中部双湖地堑

双湖地堑位于羌塘盆地中部双湖地区东部，表现为长约 50 km，宽 10 km，北东—北东北向展布的地堑式断陷构造，断陷构造由两侧断隆带、正断层系和中部断陷盆地构成。断隆带海拔一般大于 5000 m，主要由前三叠系（AnT）、西雅尔岗组（T_3x）、阿布山组—双湖组（K_2a—N_1s）组成；断陷盆地海拔 4500~4800 m，主要为上新世 —第四系沉积，同时发育与断陷构造走向一致的北东—北北东向湖泊（如才多茶卡），双湖地堑正断层系主要在断陷盆地西侧发育，而东部发育较差，总体构成不对称地堑构造（图 6.59）。

双湖断陷盆地内沉积由上新统和第四系两部分组成。上新统是本次研究中在本区新厘定的地层单元，其下部与上部分别与双湖组（N_1s）及上覆第四系（Qp）角度不整合接触，区域对比表明其沉积组合不含膏盐层以区别于上新统唢呐湖组（N_2s），但其岩石组合和时代完全可与双湖北西振泉湖一带振泉湖组（N_2z）对比，其中产丰富的上新世乔木花粉、介形虫化石，地层接触关系和地层对比表明其时代应属上新统，故将其暂定名为振泉湖组。区内振泉湖组分布于盆地北东和北西部，在北西部呈宽 3~4 km

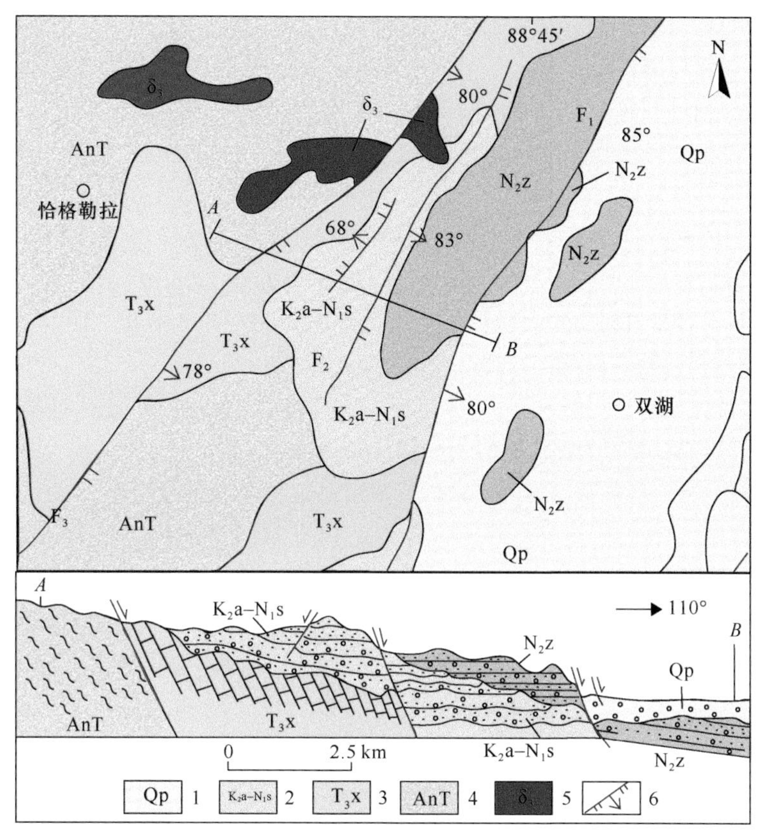

图 6.59　双湖地区地质简图

1：更新统；2：阿布山组—双湖组；3：肖查卡组；4：前三叠系；5：花岗闪长岩；6：正断层；*A-B*：剖面位置；F_1~F_3：正断层位置

带状展布于巴布 – 岗纳断层和布石 – 包布断层之间，主要由固结 – 半固结的砾岩、含砾砂岩及砂岩组成，层理清晰。在双湖 – 恰格勒拉剖面出露厚度为 15~20 m，与双湖组断层接触。

第四系是组成断陷盆地的主体，包括更新统（Qp）和全新统（Qh），更新统构成山前台地或垄岗状低丘，堆积物由沙砾石组成。略显层理，剖面上可见微角度不整合于上新世振泉湖组之上。全新统分布于断陷盆地中部，地貌上呈比较平缓的台地，为河流冲积、洪积、风积等组成的沙砾松散堆积，据地堑南部比洛错地区钻井资料，断陷盆地第四系沉积大于 180 m。断层带由主断层和一系列次级平行排列正断层组成，断层走向为北东向 30°~40°，断面产状 105°~120°、64°~78°，断层沿双湖组与振泉湖组边界发育，控制了上新世振泉湖组沉积，并造成阿布山组 – 双湖组明显错断，同时在主断层西侧发育倾向相反的正断层与主断层构成小型地垒构造。

正断层在断陷盆地西侧特别发育，表现为一系列近于平行的高角度正断层，地貌上表现为陡坎、陡崖，并造成地层明显错断。详细的路线地质剖面研究以及遥感影像分析发现，双湖地堑正断层系主要由三条主要正断层以及伴生的许多次级正断层构成，三条主干正断层由西向东分别为晒日作断层（F_3）、巴布－岗纳断层（F_2）和布石－包布断层（F_1）（图 6.59）。

晒日作断层：主要发育于前三叠系变质岩及三叠系灰岩中，断层带宽 20~50 m，走向 30°~45°，断面倾向南东，倾角 60°~83°，断层造成两侧地层及燕山期花岗闪长岩明显错断。

巴布－岗纳断层：断层带由主断层和一系列次级平行排列正断层组成，断层走向北东向 30°~40°，断面产状 105°~120°、64°~78°，断层沿双湖组与振泉湖组边界发育，控制了上新世振泉湖组沉积，并造成阿布山组－双湖组明显错断，同时在主断层西侧发育倾向相反的正断层与主断层构成小型地垒构造。

布石－包布断层：断层在中部近南北向，北部和南部走向北东，且走滑分量较大，断面倾角 72°~85°。地貌上断层表现为高差 100~360 m 的陡坎，北部构成上新世二级阶地与第四系沉积的边界断层，并由于掀斜作用造成上新世振泉湖组沉积与上覆第四系微角度不整合。另外，研究发现在布石－包布以东第四系沉积中发育一些北东—北北东向隆起，这些隆起主要由上新世振泉湖组组成，与两侧第四系正断层接触，但倾向相反，具有共轭特点，代表了为断陷盆地中的断隆带。

2）北部地区地堑构造

羌塘盆地北部格拉丹东－温泉地区发育温泉地堑、沱沱河地堑、常错和当拉错纳玛地堑等多条规模较大的近南北向地堑构造，从目前研究来看，研究区地堑构造也是目前青藏高原发现的南北向伸展地堑构造分布的最北部地区。

常错地堑位于温泉地堑东侧的常错、错仁玛地区，东西分别为当拉错纳玛地堑与温泉地堑，其又被龙亚拉和波希日玛断隆带所分割，地堑平面上在南部错仁玛段走向为北西，在北部常错－祁若一线总体近南北（图 6.60）。地堑西侧龙亚拉断隆带由龙亚拉花岗岩体及侏罗系组成，海拔一般为 5300~5600 m，东侧断隆带主要由雁石坪群组成，海拔一般为 5100~5300 m。断陷盆地长度约为 40 km，宽 6~9 km，断陷盆地面总体较为平坦，平均高程为 4800 m，断陷盆地内主要发育更新统—全新统冰碛－冰水相沉积和河流相沉积。

断陷盆地两侧正断层发育，主要表现为地貌上在断隆带与盆地第四系沉积分界处发育一系列规模不等的断层三角面和沿盆地边部发育的线状泉水点，并可见断层角砾岩。另外，这些断层上盘一般为第四系，下盘为侏罗系，说明断层对盆地沉积分布具有明显控制作用。同时在盆地内第四系沉积中也可见到一系列断面东倾或西倾的正断层，地貌上一般表现为长数十米至数百米、高差数米的断坎、断崖。根据对该区 1 ∶ 10 万地质填图中获得的大量断层数据分析表明，在常错－祁若段断陷盆地两侧发育多条规模不大的高角度正断层，在盆地东侧断面西，西侧东倾，倾角一般为 65°~75°；在盆地南部错仁玛段两侧正断层走向北西，同时还发育受小型正断层控制的断隆构造（图 6.60）。但总体来看，常错地堑两侧正断层规模较小，与温泉地堑相比可以见到一纵贯地堑、并构成断隆带基岩与盆地第四系沉积明显分界的大型断裂构造。

当拉错纳玛地堑位于常错地堑东侧的波阿翁－当拉错纳玛一带，地堑长度为 25~

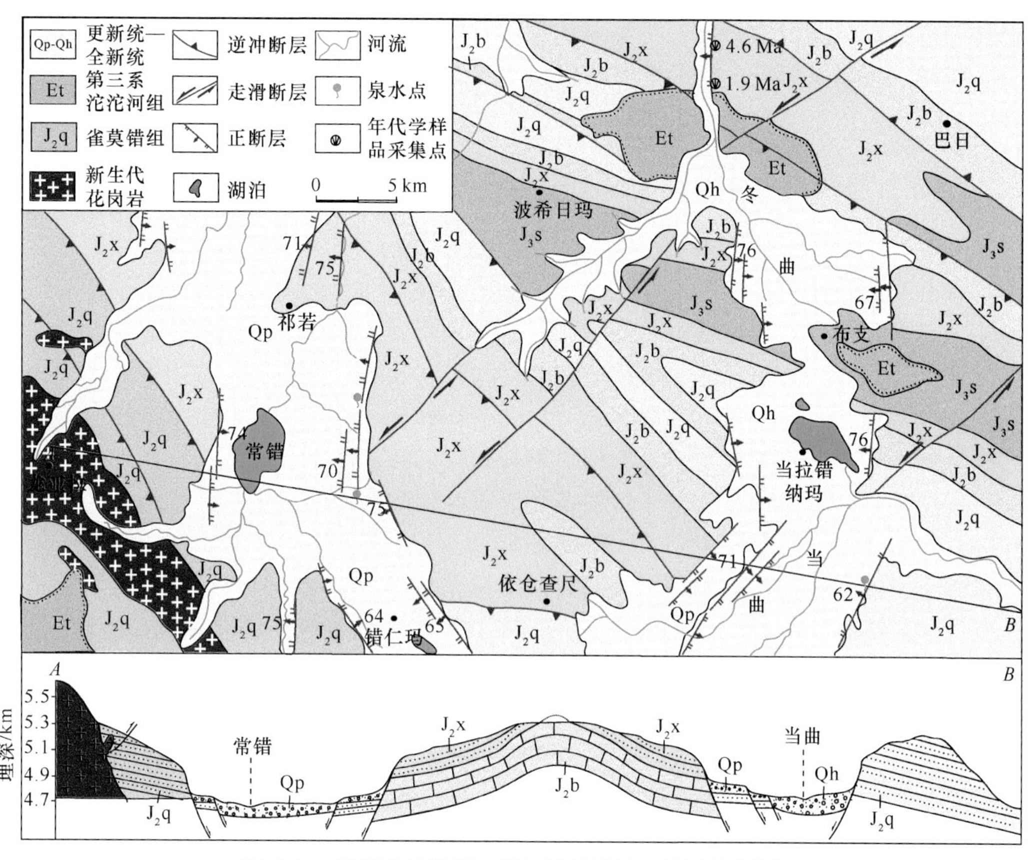

图 6.60　羌塘盆地常错 – 当拉错纳玛地堑构造地质图

30 km，平均宽度为 6~8 km，地堑平面地貌形态具有明显分段性，南部当曲 – 当拉错纳玛段地堑为北东—北北东向，北部当拉错纳玛湖以北近南北向展布，平面上总体呈宽度不等的“折线状”。同时地貌上断陷盆地面起伏较大，在布支以南海拔 4800~4900 m，与两侧断隆带高差一般在 300~400 m，盆地最低部位在当拉错纳玛湖南侧，当拉错纳玛湖外流水系和当曲在此交汇后向东流出盆地。在布支以北盆地面高度在 4850~4900 m，并以 1°~2° 的微弱坡度略向北倾，冬曲河支流向北流出盆地，布支地段成为盆地内当曲与冬曲水系的分界。

地堑东西两侧正断层发育，在盆地边部地貌上大量垂直于地堑走向的沟谷由于断层作用形成悬谷，同时山脊常被断开形成断崖，断层垂直落差一般数米至数十米，并可见到盆地边缘河流冲积扇并一条或数条断层错断现象（图 6.60），同时在盆地内第四系沉积中也发育大量仅南北走向的断坎、断崖，但规模较小，断层上下盘垂直断距一般小于 3 m。野外研究发现这些断层均表现为高角度正断层，倾角一般大于 65°，断层带内主要发育断层角砾岩。但不同观察点处断面上发育擦痕反映出的运动学特点存在一定差异，如当拉错纳玛湖东西两侧尽管断面倾向不同，但擦痕倾角较大，与断面走向近于垂直，显示断层两盘以垂向运动为主。南段当曲西部断层面产状 128°~151° ∠ 69°~73°，21 组擦痕优势方位为 30°~45° ∠ 32°~54°，表明断层具有显著走滑运动分量，与该段正断层与断隆带内早期左行走滑断层在走向上存在一致性（图 6.60），表明正断层对早期走滑断层具有明显继承性，这也表明受早期走滑断层制约地堑平面上呈不规则形态。

2. 地堑构造的时代问题

地堑构造对高原地貌和第四系沉积的控制作用，以及羊八井、温泉、双湖地区正断层切割第四纪河流和湖泊沉积，表明地堑构造属于现今仍在运动着的活动构造。但对于东西向伸展作用和地堑出现的时代一直存在不同认识，而地堑起始时代对于探讨其形成与高原演化，以及对盆地改造作用持续时间具有重要意义，特别是将地堑构造出现作为高原隆升达最大高度的标志（Molnar and Tapponnier，1978；Coleman et al.，1995；Searle，1996），使得对地堑构造形成时代的认识显得尤为重要。从地堑形成演化过程来看，我们认为对伸展作用和地堑形成时代的认识应结合地堑构造中伸展性断层时代和裂陷盆地沉积物时代综合分析。

近些年来，不同研究者利用不同方法对地堑构造正断层时代进行了研究，获得了一批年代学数据（表 6.6），但从表 6.6 可以看出断层年龄值差异较大，归纳起来主要存在 13~14 Ma、8~10 Ma 和 1.5~5 Ma 三个不同的年龄区间，对上述资料综合对比分析发现，造成断层时代差异的主要原因有两点：一是在地堑演化过程中，不同正断层形成序次本身存在差异性，造成年代学结果表现出一定差异性；二是测试对象的选择与测试方法的不同，目前获得的断层年代学数据主要是对断层带内脉体、蚀变矿物通过电子自旋核磁共振、热年代学和同位素年代学方法获得，而热年代学、电子自旋核磁共振方法由于受外部地质条件、测试过程中测年信号、调制振幅、谱分裂因子等参数影响较大，所获得的年代学数据可信度相对较低，相比而言同位素年代学法结果更为可信。基于上述认识，在对已有同位素年代学结果对比分析基础上，我们认为高原东西向伸展变形至少从 14~13Ma 就已开始。

表 6.6　羌塘盆地新生代地堑构造正断层时代

地堑	地堑时代 /Ma	测试方法与对象	资料来源
双湖地堑	13.5	Rb-Sr，断层带内热液云母	Blisniuk et al.，2001
双湖地堑	4.92、1.36	ESR，断层带方解石脉	吴珍汉等，2002
沱沱河地堑	2.6~2.8	ESR，断层带方解石脉	1 ∶ 25 万温泉兵站幅
冬曲地堑	4.6、1.9	ESR，断层带方解石脉	1 ∶ 25 万温泉兵站幅
温泉地堑	9.3、6.6、6.3、3.7	ESR，断层带方解石脉	1 ∶ 25 万温泉兵站幅

地堑构造是伸展体制下在正断层基础上发展演化形成，且其形成演化贯穿于地堑构造演化的全过程，而地堑构造中受裂陷盆地控制的最早沉积地层时代，更能准确反映出地堑构造形成时代。从目前高原地堑构造裂陷盆地沉积研究来看，羌塘地体温泉裂陷盆地总体以发育巨厚（＞ 1000 m）的第四系冰水沉积为特点，但钻探和磁性地层研究证实，盆地南部第四系沉积之下发育受正断层控制的曲果组（4.32~2.2 Ma）湖相

沉积，并在其下发育唐泉沟组砾石层沉积（钱方等，1982），表明盆地形成时代早于 4.32 Ma；喜马拉雅地体 Thakkhola 裂陷盆地内发育的 Tetang 组沉积时间为 11~9.6 Ma，以及 Thakkhola 组开始沉积时代为 8 Ma（Fort et al，1982；Garzione et al，1999）；吉隆裂陷盆地河湖相沉积磁性地层时代为 7.0~1.7Ma（Wang et al.，1996）。不同裂陷盆地沉积对比反映出地堑构造在 11~7Ma 开始接受沉积。

综合地堑构造正断层和裂陷盆地沉积地层时代，我们认为羌塘盆地新生代东西向伸展作用开始于 14~13 Ma，在 11~7 Ma 由于伸展作用进一步增强，正断层演化为地堑构造，并且在裂陷盆地开始接受沉积。

6.2.3　新生代岩浆作用

区域内岩浆岩分布范围广，类型丰富，形成时代跨越了早古生代、晚古生代、中生代和新生代。羌塘新生代岩浆作用呈东西向带状分布，且在时间上有自南向北逐渐变新的趋势（赖绍聪等，2007）；羌塘早期火山活动以高钾钙碱性火山岩和钠质碱性玄武岩为主，古近纪晚期—中新世以碱性钾质和超钾质岩浆作用为主体，随后岩浆作用迁移至可可西里和西昆仑区域（张蕊，2018）。

本小节将重点阐述南羌塘盆地北部晓那新生代火山岩的岩石（相）学、年代学、地球化学、岩石成因和构造意义。

1. 野外和岩石学特征

样品采集于双湖县东南 71 km 昂达尔错附近的晓嘎晓那地区（图 6.61）（32°46′46.49″N，88°25′13.97″E，4949 m）。水平产出的晓那火山岩面积超过 30 km^2，厚度超过 300 m，与始新统康托组的红色碎屑岩互层，不整合覆盖于侏罗系海相地层上。层状火山岩由下部浅绿色粗面英安岩和上部灰色粗面英安岩组成。粗面英安岩具有斑状结构和块状构造，斑晶主要包括斜长石（5%~8%）和正长石（10%~12%），基质主要由微晶斜长石（55%~60%）、正长石（15%~20%）、角闪石（5%）和黑云母（3%~5%）组成。

2. 年代学特征

在晓那粗面英安岩中采集两个样品开展了锆石 U-Pb 年代学研究，样品 D0111- U1 和 D0111-U2 分别来自于火山岩的上部和下部。测试分析结果见附表 9。锆石阴极发光图像显示锆石多呈长柱状，少量呈短柱状，长宽比介于 1.5 ∶ 1 ~ 4 ∶ 1 之间，粒径多在 40~150 μm。锆石呈无色到灰黑色，发育清晰的岩浆振荡环带，指示岩浆结晶成因锆石的特点（Hoskin and Schaltegger，2003）。此外，锆石具有较高的 Th/U 值（附表 9），进一步说明锆石为岩浆锆石（Hoskin and Schaltegger，2003）。

样品 D0111-U1 的 25 颗锆石分析得出的 ^{206}Pb/^{238}U 年龄范围为 14±0~793±9 Ma，13 个聚集锆石的加权平均年龄为 32.6±0.95 Ma（MSWD=2.9，N=13）。样品 D0111-U2 的 27 颗锆石分析得出的 ^{206}Pb/^{238}U 年龄范围为 19±1~1828±20 Ma，9 个聚集锆石的加权平均年龄为 30.0±0.67 Ma（MSWD=3.1，N=9）（图 6.62）。因此，晓那火山岩代表

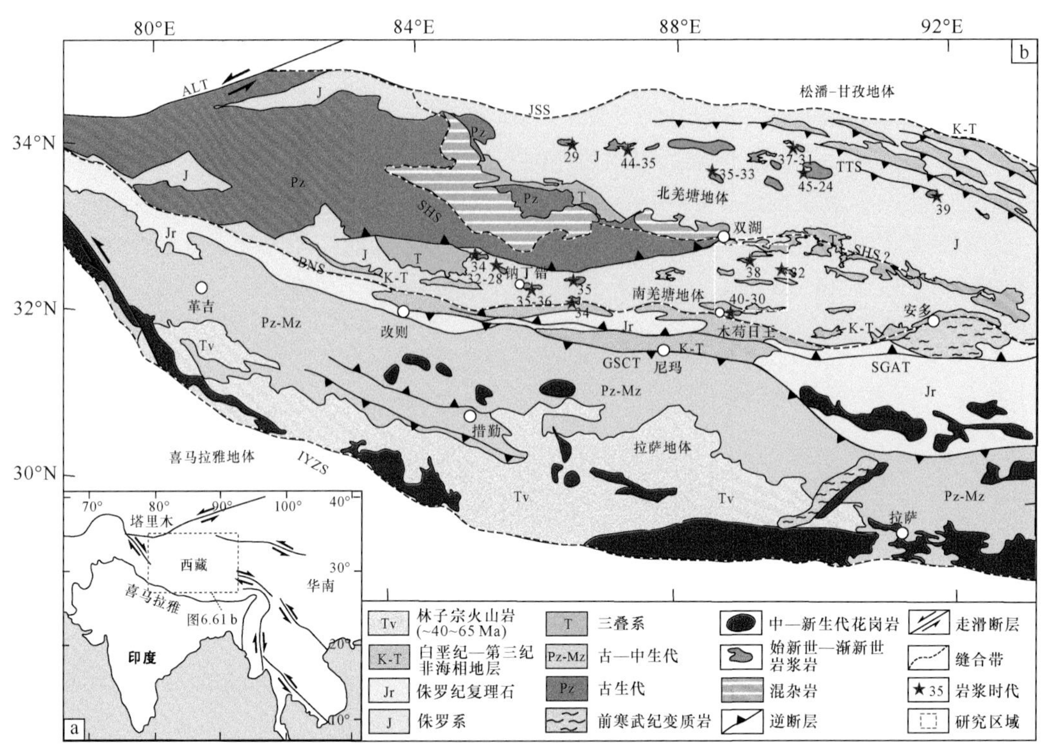

图 6.61　研究区及邻区区域地质略图

a. 青藏高原及邻区地质构造简图；b. 羌塘地体及邻区新生代火山岩分布图

了南羌塘地体早渐新世的岩浆活动。

3. 地球化学特征

晓那火山岩具有均一的 SiO_2（60.38%~62.63%）、Al_2O_3（16.34%~17.51%）、MgO（0.50%~0.76%）、K_2O（3.57%~3.79%）和 Na_2O（4.97%~5.23%）含量，数据来自附表

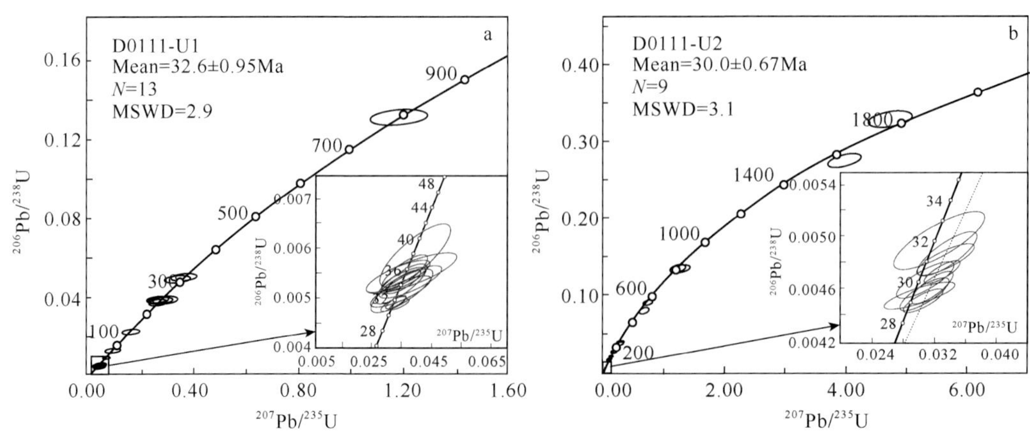

图 6.62　晓那火山岩锆石谐和年龄图

10。在全碱－硅图解和 K_2O-SiO_2 图解中，晓那火山岩落入粗面英安岩和高钾钙碱性岩石区域（图 6.63a、b）。其次，具有富钠（Na_2O/K_2O=1.35~1.43）和偏铝质特征（A/CNK=0.90~0.94）（图 6.63c）。

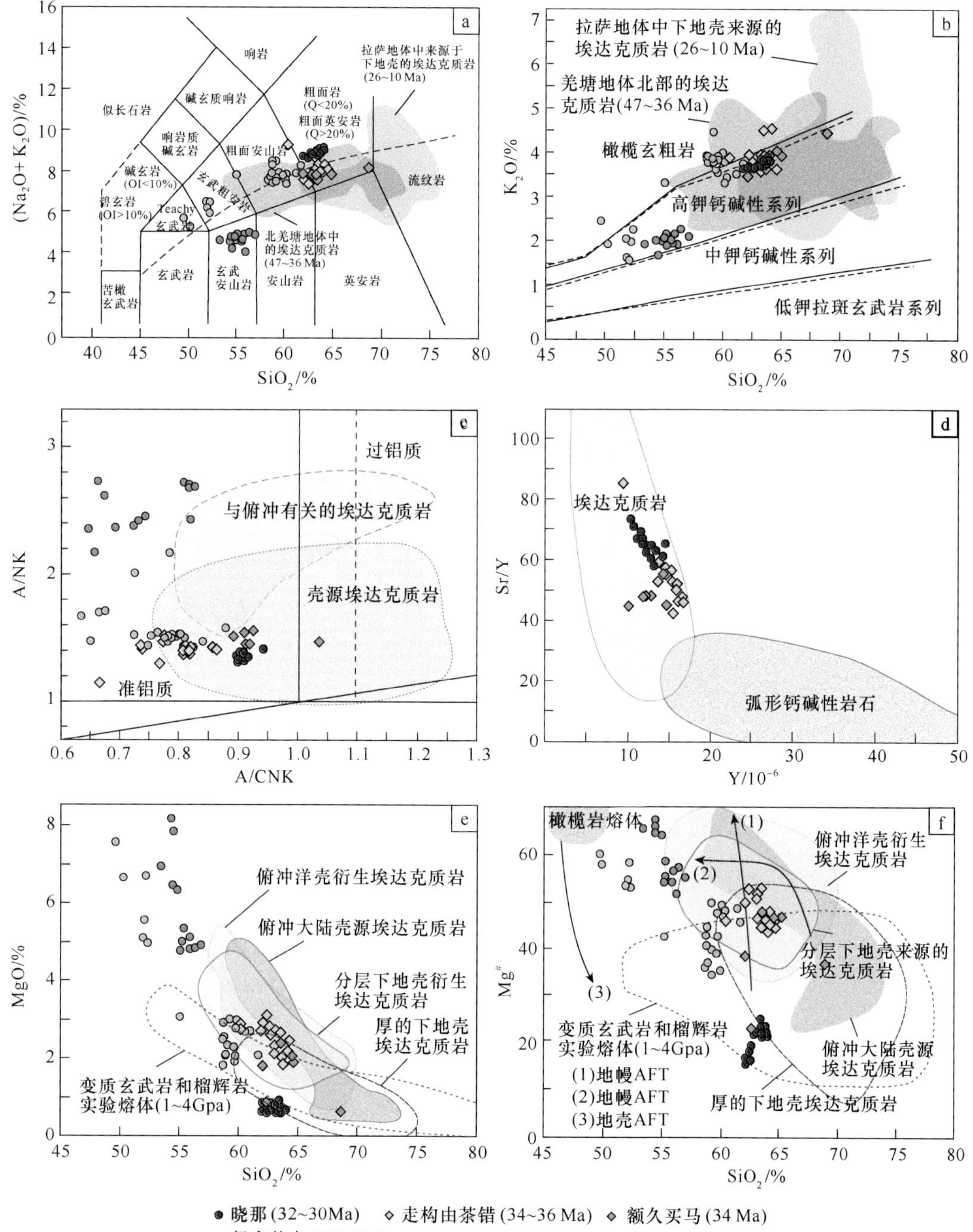

图 6.63　晓那火山岩地球化学图解

a. 硅碱图；b. SiO_2-K_2O；c. A/NK-A/CNK；d. Sr/Y-Y（Defant and Drummond，1990）；e. MgO-SiO_2；f. $Mg^{\#}$-SiO_2

岩石富集 Sr（759×10^{-6}~957×10^{-6}），亏损 Y（10×10^{-6}~15×10^{-6}）和 Yb（0.63×10^{-6}~0.93×10^{-6}），高 Sr/Y（58~74）和 La/Yb（71~92），与典型的埃达克质岩特征类似（Defant and Drummond，1990）。MgO 含量和 $Mg^{\#}$ 值相对较低，类似于来自变玄武岩和榴灰岩实验熔体的埃达克质岩（1~4 GPa）（图 6.63d~f）。富集轻稀土元素和大离子亲石元素，亏损高场强元素，明显的 Nb、Ta 和 Ti 负异常，这与南羌塘地体同期的埃达克质岩特征一致（图 6.64a、b）。样品具有均一的 Sr-Nd 同位素的组成，其中 $(^{87}Sr/^{86}Sr)_i$ 从 0.70462 到 0.70473，$\varepsilon_{Nd}(t)$ 从 1.11 到 1.61，$(^{143}Nd/^{144}Nd)_i$ 从 0.512649~0.512674（图 6.64c）。

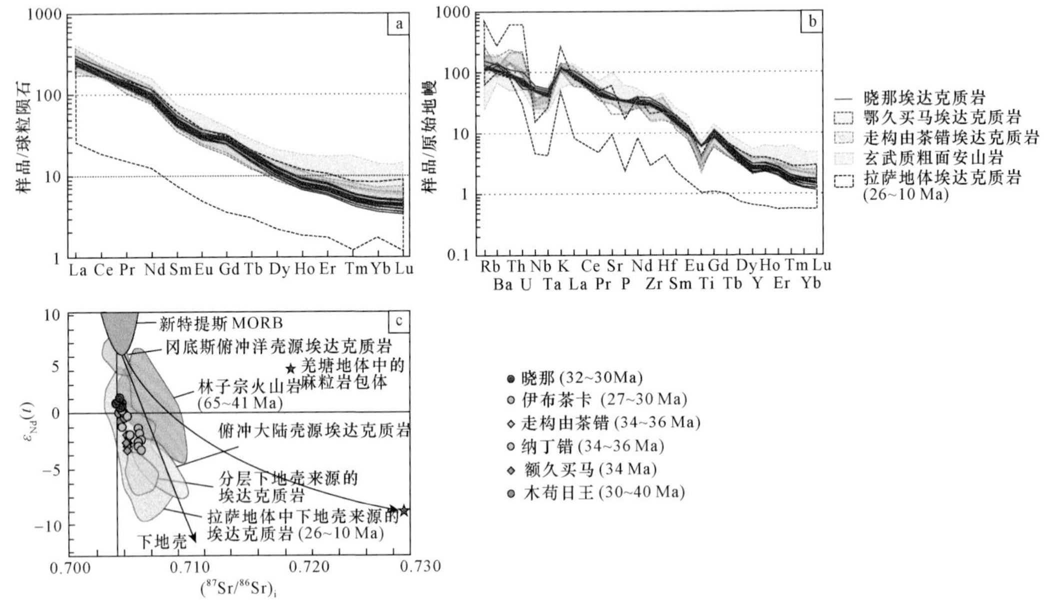

图 6.64 晓那火山岩地球化学图解

a. 球粒陨石标准化的稀土元素模式图；b. 原始地幔标准化的微量元素模式图；c. $(^{87}Sr/^{86}Sr)_i$-$\varepsilon_{Nd}(t)$

4. 岩石成因

如上所述，晓那火山岩展现了典型埃达克质岩的地球化学亲缘性。埃达克质岩的岩浆源区有如下模型：①俯冲大洋板片的部分熔融（Defant and Drummond，1990；Rapp et al.，1999）；②拆沉下地壳的部分熔融（Kay and Kay，1993；Xu et al.，2002）；③玄武质岩浆的同化和分离结晶；④英安质和玄武质岩浆的混合（Streck et al.，2007）；⑤俯冲大陆地壳的熔融（Wang et al.，2008d；Lai and Qin，2013）；⑥增厚镁铁质下地壳的部分熔融（Chung et al.，2003；Guo et al.，2007；Hou et al.，2012）。根据区域地质资料和地球化学数据，我们认为晓那埃达克质岩不太可能由前五个模型产生，最可能由增厚镁铁质下地壳部分熔融产生，具体解释如下。

锆石 U-Pb 年代学结果显示晓那埃达克质岩形成于渐新世早期（32~30 Ma），与南羌塘 40~30 Ma 的岩浆活动同期（图 6.61）（Ding et al.，2007；Lai et al.，2007b）。由于羌塘地体自晚白垩世以来一直处于陆内环境中（Kapp et al.，2003a，2005；Li et al.，2013；He et al.，2019；Kapp and DeCelles，2019），南羌塘地体的晓那和同时代埃达克质岩不可能由俯冲大洋洋壳部分熔融产生。

在大陆碰撞造山带区域，致密的含石榴子石的镁铁质下地壳拆沉进入软流圈地幔，并与地幔橄榄岩相互作用可能产生高 Sr/Y 值和 La/Yb 值的熔体（Rushmer，1991；Kay and Kay，1993）。由于上升软流圈岩浆和地幔橄榄岩的相互作用，拆沉下地壳部分熔融产生的埃达克质岩通常表现出相对较高的 MgO（> 1.5%）、$Mg^{\#}$（> 50）、Cr 和 Ni 含量（Xu et al.，2002）。然而，晓那火山岩的 MgO（0.5%~0.76%）、$Mg^{\#}$（15~25）、Cr（18.76×10^{-6}~61.55×10^{-6}）和 Ni（9.68×10^{-6}~27.58×10^{-6}）含量非常低，这与拆沉下地壳产生的埃达克质岩的特征显著不同（图 6.63e、f）。

晓那火山岩也不可能由高压或低压分离结晶产生。来源于高压分离结晶的埃达克质岩系列通常显示出明显的地球化学演化趋势（Macpherson et al.，2006）。在该类埃达克质岩系列中 Al_2O_3 和 La 含量随着 SiO_2 含量增加而减少，而 Sr/Y、$(La/Yb)_N$ 和 Dy/Yb 值随着 SiO_2 的增加而增加。然而，晓那火山岩在 Al_2O_3、La、Dy/Yb、$(La/Yb)_N$、Sr/Y 和 SiO_2 图解中没有显示明显的演化趋势（图 6.65a~e）。此外，晓那火山岩也没有表现出由含角闪石组合的低压分离结晶产生的成分变化趋势（图 6.65f~h）。SiO_2 和 $Mg^{\#}$ 的关系图表明与地壳同化和分离结晶过程产生的埃达克质岩特征不一致（图 6.63e 和 f）。在南羌塘地体中，40~30 Ma 的玄武岩和埃达克质岩具有相似的微量元素配分模式图和全岩 Sr-Nd 同位素组成表明它们可能存在密切的成因关系（图 6.64）。然而，在 Al_2O_3、K_2O、MgO 和 SiO_2 等图解中，玄武岩和埃达克质岩具有不同的演化趋势（图 6.63）。此外，在 Th/Nd、Rb 和 Th 图解以及 La/Yb 和 La 图解中，玄武岩和埃达克质岩表现出相对明显的趋势，指示它们由部分熔融产生而不是分离结晶（图 6.65f~h）。

英安质和玄武质岩浆混合产生的埃达克质岩通常表现出相对高的 MgO 含量（> 4.5%）和 $Mg^{\#}$ 值（> 66）（Streck et al.，2007）。不同的是，晓那火山岩的 MgO 和 $Mg^{\#}$ 值较低。此外，岩浆混合通常在主微量元素二元图中产生平直的排列，但晓那火山岩的 Al_2O_3、La 和 SiO_2 图解中没有显示该趋势（图 6.65a、b）。岩浆混合通常需要地幔来源的玄武质和地壳来源的长英质单元（Streck et al.，2007）。在南羌塘地体，地幔来源的玄武质端元的最有可能由同期的（40~30 Ma）玄武岩代表。然而，晓那火山岩与同期的玄武质岩石在 $\varepsilon_{Nd}(t)$、$(^{87}Sr/^{86}Sr)_i$ 和 SiO_2 图解以及 $\varepsilon_{Nd}(t)$ 和 $^{147}Sm/^{144}Nd$ 图解中的变化趋势不一致（图 6.65j~i），这排除了岩浆混合模式。此外，南羌塘地体中缺少同时代的长英质岩浆岩，这也意味着很难由长英质和玄武质岩浆混合产生。

北羌塘地体始新世的埃达克质岩是由南向俯冲的松潘－甘孜地体部分熔融形成的（Wang et al.，2008d）。根据该模式，过铝质（低 MgO）埃达克质岩是由俯冲的含沉积物的大陆地壳部分熔融产生，而偏铝质（高 MgO）埃达克质岩是由俯冲的含沉积物的大陆地壳来源的熔体和地幔之间的相互作用产生（Wang et al.，2008d）。然

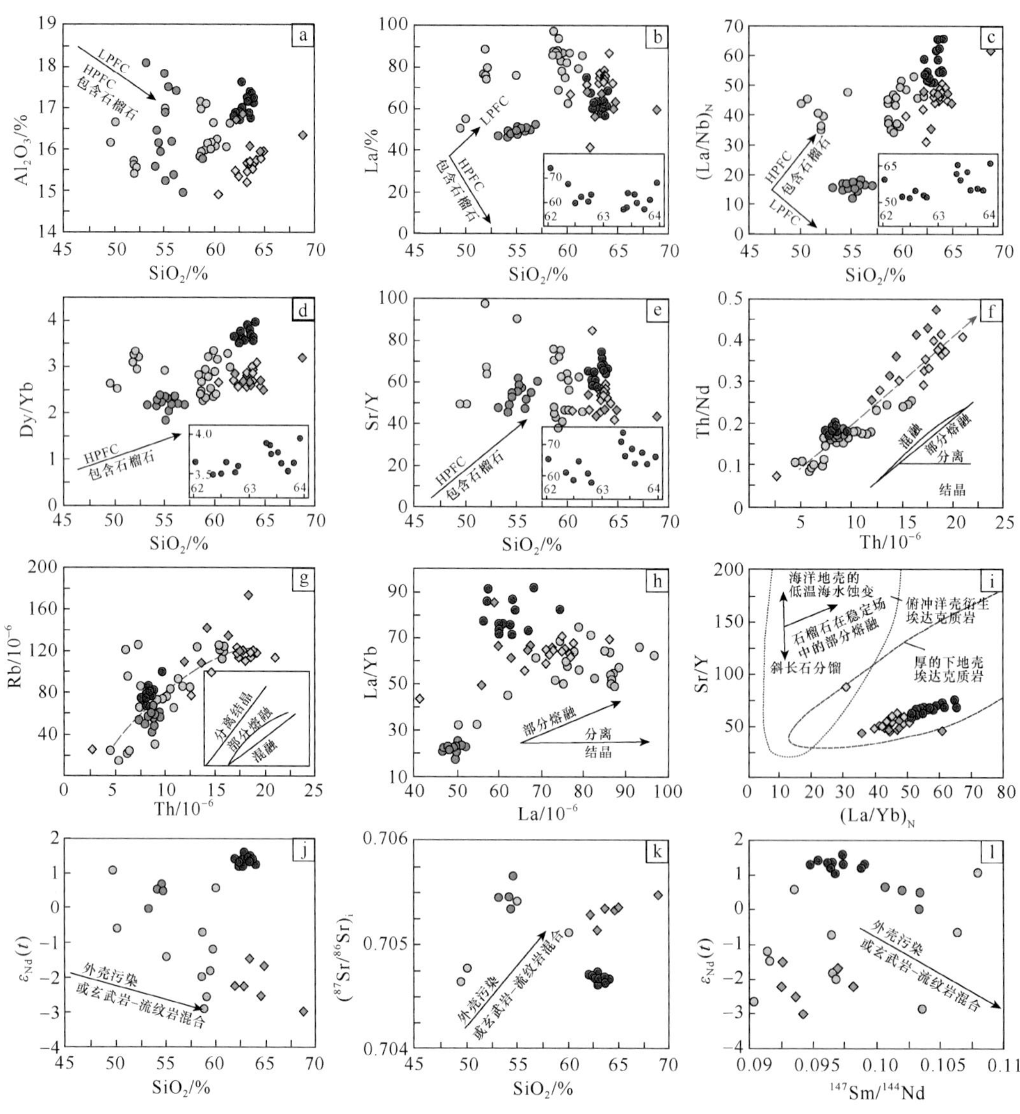

图 6.65 晓那火山岩和南羌塘同期火山岩的主微量和同位素图解

a. SiO_2-Al_2O_3；b. SiO_2-La；c. SiO_2-$(La/Yb)_N$；d. SiO_2-Dy/Yb；e. SiO_2-Sr/Y；f. Th-Th/Nd; g. Th-Rb；h. La-La/Yb；i.（La/Yb）N-Sr/Y；j. SiO_2-ε_{Nd}（t）；k. SiO_2-$(^{87}Sr/^{86}Sr)_i$；l. $^{147}Sm/^{144}Nd$-ε_{Nd}（t）。LPFC：低压分离结晶；HPFC：高压分离结晶

而，晓那火山岩的 MgO（0.5%~0.76%）明显低于俯冲大陆地壳来源的埃达克质岩（MgO=1.4%~6.3%）。同时，Sr-Nd 同位素特征也明显不同于俯冲大陆地壳来源的埃达克质岩（图 6.64c）。此外，北羌塘地体的始新世埃达克质岩与逆冲和地壳缩短同时发生，这意味着俯冲与岩浆活动同期（Wang et al.，2008d；Li et al.，2012；Ou et al.，2017）。但是，南羌塘地体的埃达克质岩滞后于地壳的缩短。因此，晓那火山岩不可能由俯冲大陆地壳熔融产生。

增厚镁铁质下地壳部分熔融产生的埃达克质岩通常具有低 MgO、$Mg^{\#}$ 值和低 Cr、

Ni 的含量（Chung et al.，2003；Guo et al.，2007；Hou et al.，2012），晓那火山岩的地化特征与之类似。高的 Na_2O 和低的 K_2O 含量指示晓那火山岩富钠，与变玄武岩和角闪岩的部分熔融产生的熔体特征一致。相对高的 $(La/Yb)_N$（51~66）和 Sr/Y（58~74）值与来源于下地壳的岩浆特征一致（Martin et al.，2005）。此外，稀土和微量元素模式图与拉萨地体的典型下地壳来源的埃达克质岩类似。初始 $^{87}Sr/^{86}Sr$（0.70475~0.70485）、$^{143}Nd/^{144}Nd$（0.512674~0.512700）和 $\varepsilon_{Nd}(t)$（1.11~1.61）值与来源于玄武质下地壳部分熔融的岩浆（Petford and Atherton，1996）和下地壳来源的埃达克质岩类似（Chung et al.，2003；Hou et al.，2012）。

如上所述，除晓那火山岩外，南羌塘地体也报道了同期（40~30 Ma）埃达克质岩、基性和中性岩浆岩（Ding et al.，2007；Lai et al.，2007a；Liu et al.，2009）。这些埃达克质岩（36~30 Ma）主要是粗面英安岩和粗面安山岩，呈钾玄质和高钾钙碱性，与晓那火山岩的地球化学特征（主微量和 Sr-Nd 同位素）类似。因此，与晓那火山岩具有相同的岩石成因，是由增厚下地壳部分熔融产生。

南羌塘地体同期玄武质岩石（40~30 Ma）主要包括玄武岩、粗面玄武岩、安山质玄武岩和玄武质粗面安山岩，主要分布于木苟日王和钠丁错区域（Ding et al.，2007；Lai et al.，2007a；Liu et al.，2009）。玄武质岩石的主微量地球化学和 Sr-Nd 同位素组成与埃达克质岩类似：①具有较高的 K_2O，属于高钾钙碱性系列；②富集轻稀土元素，亏损重稀土元素以及明显的高场强元素（Nb、Ta 和 Ti）负异常；③全岩 $^{87}Sr/^{86}Sr$（0.704682~0.705667）、$\varepsilon_{Nd}(t)$（−1.4~1.1）、$^{143}Nd/^{144}Nd$（0.512565~0.512696）与同期埃达克岩明显一致（Ding et al.，2007；Lai et al.，2007a）。玄武质岩石表现出高 MgO 和 $Mg^{\#}$，负 Eu 异常，低 Sr/Y、$^{87}Sr/^{86}Sr$ 和高 $^{143}Nd/^{144}Nd$ 指示原始岩浆可能起源软流圈地幔（Ding et al.，2007；Lai et al.，2007a；Liu et al.，2009）。从玄武岩到中性岩，随着 $^{143}Nd/^{144}Nd$ 值降低，$^{87}Sr/^{86}Sr$ 值持续增加。此外，玄武岩的 Sr-Nd-Pb 同位素组成显示出从全硅酸盐地球（BSE）、普通地幔（PREMA）到富集地幔Ⅱ储库（EMII）的演化趋势，而中性埃达克质岩显示从富集地幔Ⅱ储库（EMII）、全硅酸盐地球（BSE）和普通地幔（PREMA）储库的演化趋势，这意味着玄武岩和中性埃达克质岩可能具有相同的来源。在 Th/Nd、Rb 和 Th 的图解中（图 6.65），玄武岩和中性埃达克质岩显示出明显的部分熔融趋势，表明中性岩石不能由基性岩浆分离结晶或者酸性和基性岩浆混合形成。

上述结果表明，南羌塘的玄武岩和埃达克质岩在成因上是相关的，代表了始新世晚期—渐新世早期的构造热事件。结合岩石成因和地质演化，向北俯冲的拉萨地体发生板片断离（或回转）导致软流圈上涌，引起上地幔的熔融并产生原始岩浆。同时，在增厚下地壳底部的岩浆，引起镁铁质下地壳的部分熔融产生埃达克质岩岩浆。这一模型指示玄武岩和中性埃达克质岩代表了拉萨板块在 40~30 Ma 断离时的岩浆响应。

5. 构造意义

岩浆岩的时空分布和岩石成因对地壳增厚和地表隆升提供重要的约束。研究区晓那埃达克质岩和玄武质岩石（Lai et al.，2007a）表明新生代岩浆活动集中在 40~30 Ma。

结合前人研究，可以在南羌塘地体识别出一个东西向的火成岩省（40~30 Ma）（图 6.61）。该火山岩省分布于南部的班公湖 – 怒江缝合带和北部的双湖缝合带之间，包括走构油茶错、木苟日王和纳丁错（Ding et al.，2007；Lai et al.，2007a，2007b；Liu et al.，2009）。这些火山岩与羌塘地体北缘东西走向的钾质火山岩（45~26 Ma）同时代，其中大部分表现出埃达克质岩的地球化学特征（Lai and Qin，2013；Ou et al.，2017）。然而，岩石产生和地壳增厚机制仍然模糊不清。

前人提出三种假说来解释始新世—渐新世早期西藏中部的地壳增厚和岩浆活动：①年轻的镁铁质下地壳底侵；②岩石圈地幔拆沉；③大陆岩石圈俯冲。第一种模型强调玄武质岩浆的底侵作用和新生镁铁质下地壳的形成，用于揭示拉萨地体南部 60~40 Ma 的岩浆活动、地壳增厚和地形抬升（Jiang et al.，2014；Ma et al.，2013；Mo et al.，2007）。然而，年轻镁铁质下地壳的缺失和同位素特征的显著不同，表明羌塘地体中部始新世—渐新世的岩浆作用不太可能由年轻镁铁质上地壳的部分熔融产生（Jiang et al.，2014）。

拆沉和地幔对流减薄模型表明在新生代地壳缩短过程中，古老和富集的青藏高原大陆地幔岩石圈均匀增厚。拆沉下地壳和软流圈地幔的上升导致广泛的岩浆活动和地表抬升（Chung et al.，1998；Chung et al.，2003）。尽管该模型可能适用于晚始新世至早渐新世的岩浆活动，但是它与火山岩呈带状分布的观察结果不一致，这种汇聚主要由大陆俯冲带内的逆冲作用控制（Li et al.，2015c）。此外，如上所述，岩石成因表明埃达克质岩不太可能由拆沉作用产生。

大陆俯冲模型是沿着主要俯冲系统的大陆俯冲过程中岩石圈地幔或大陆地壳的流体熔融。该模型表明存在一条独特的岩浆岩带平行于同时代逆冲系统，用于解释北羌塘新生代火山岩的产生（Ding et al.，2007；Ou et al.，2017；Wang et al.，2008d）。该模型似乎为南羌塘地体中的岩浆作用提供了合理解释，如火山岩的带状分布与逆冲系统平行。该模型也与地球物理事实一致，即拉萨地体沿着班公湖 – 怒江缝合带俯冲到南羌塘地体。然而，如上所述，南羌塘地体的岩浆活动发生在地壳缩短之后，岩石成因表明这些岩石不太可能由俯冲的大陆地壳产生。考虑到变形和岩石成因，我们认为在印度 – 亚欧碰撞期间，拉萨地体向北俯冲使南羌塘地体地壳缩短和增厚。由俯冲的拉萨板块断离（或回转）引发的软流圈上涌导致增厚下地壳熔融，并产生埃达克质岩。这一解释也与南羌塘下地壳在渐新世之前变形并加热到非常高的温度结果一致（Ding et al.，2007）。

根据南羌塘地体的变形、岩浆作用和区域演化，可以将原青藏高原的发展总结如下。大约在早白垩世，随着班公湖 – 怒江洋的闭合和拉萨 – 羌塘地体碰撞，西藏中部经历了强烈的地壳缩短、增厚和地壳隆升（Murphy et al.，1997；Kapp et al.，2003，2005；Volkmer et al.，2007；Li et al.，2015c）。随后，增厚下地壳的拆沉引起晚白垩世岩浆活动和大陆沉积物的发育（图 6.66a）（Li et al.，2013，2015c；Wang et al.，2014b；He et al.，2019；He et al.，2022），羌塘地体和拉萨地体北部进入一个缩短的静止期和准平坦期（Hetzel et al.，2011）。

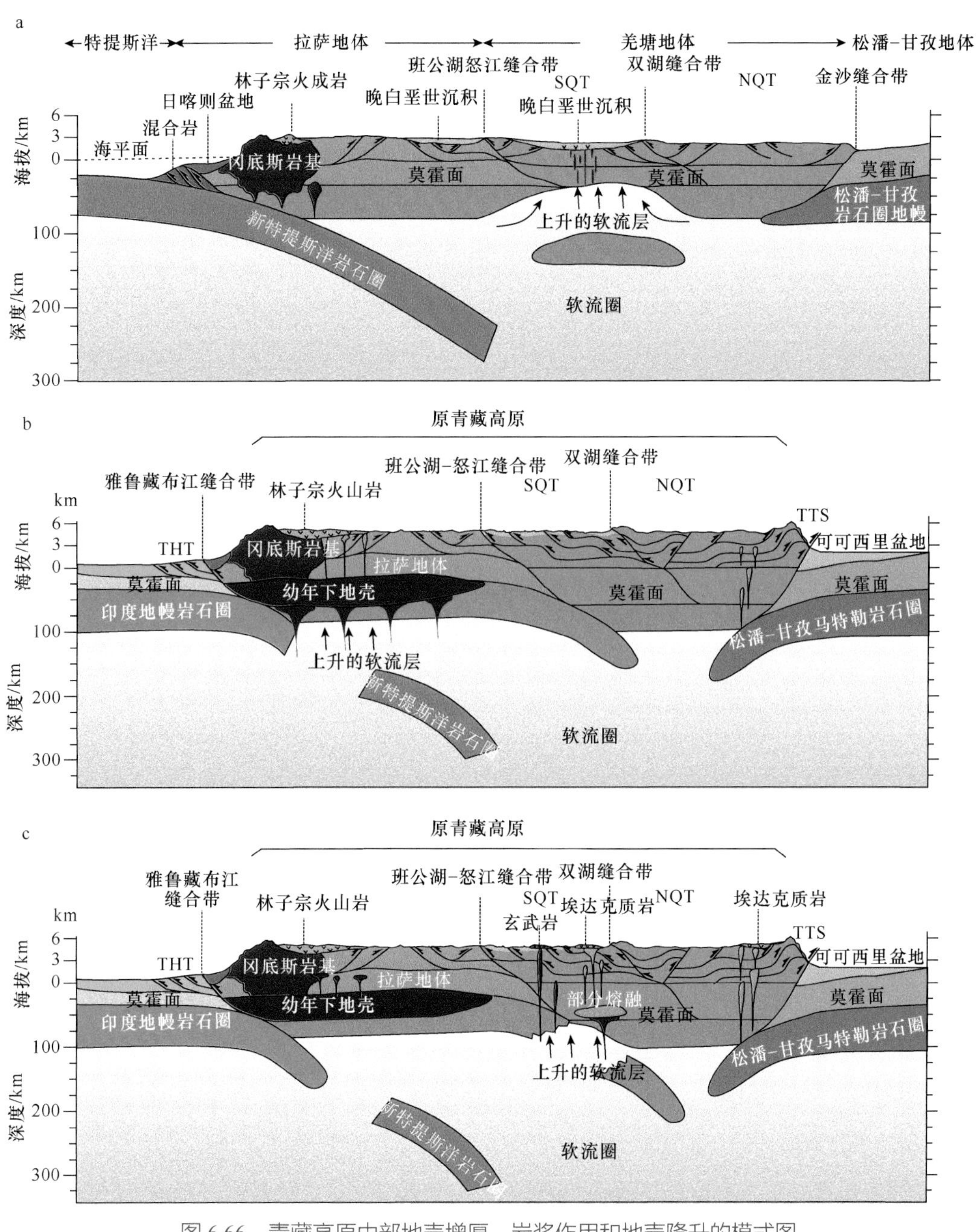

图 6.66　青藏高原中部地壳增厚、岩浆作用和地壳隆升的模式图

SQT：南羌塘地体；NQT：北羌塘地体；THT：特提斯喜马拉雅逆冲带；TTS：唐古拉山逆冲带

a. 100~55Ma；b. 55~40Ma；c. 40~30Ma

随着新特提斯洋的闭合以及约 55 Ma 的印度 – 亚洲大陆碰撞，巨大的挤压应力驱动了沿着重新激活的缝合带的陆内俯冲。拉萨地体和松潘 – 甘孜地体分别沿着班公湖 – 怒江缝合带和金沙缝合带逆冲到羌塘地体下部（Tapponnier et al.，2001；Ding et al.，2003，2007；Kapp and Decelles，2019）。在陆内俯冲的控制下，羌塘地体经历了大

规模褶皱－逆冲系统引起的强烈挤压和地壳缩短（Spurlin et al.，2005；Wang et al.，2008a，2014a；Li et al.，2012），引起了羌塘地体在55~40 Ma的地壳增厚和地表隆升（图6.66b）。与羌塘地体不同，拉萨地体在始新世（55~40 Ma）经历了轻微的地壳缩短和明显的岩浆活动，这意味着增厚的地壳和地表隆升主要由新特提斯洋的板片断离产生（Ma et al.，2013；Jiang et al.，2014）。从40~30 Ma开始，由俯冲的拉萨板块断离引起的增厚下地壳的熔融和俯冲的松潘－甘孜大陆地壳的部分熔融引起了羌塘地体的大量岩浆活动（图6.66c）（Wang et al.，2008d；Ou et al.，2017）。

6.2.4　新生代盆地改造与油气保存

新生代早期由于印度－欧亚板块持续汇聚造山，羌塘地体地壳发生强烈的南北向挤压短缩，使得中生代盆地发生变形，进一步影响油气保存和成藏条件。此外，在此背景下，羌塘盆地形成了新的沉积盆地，这些盆地在性质上明显不同于中生代盆地，主要表现为陆相盆地，而且这些盆地具有压陷盆地的性质，沉积厚度较大，本身为含油气盆地，同时由于新生代沉积盆地的发育，早期海相盆地进一步被埋藏，进入二次生油阶段和新的成藏期。在新生代晚期，青藏高原内部构造体制发生了转换，羌塘盆地形成了一系列南北走向的伸展地堑构造，这些地堑构造作为开启性断层、封闭程度较差，无疑对盆地早期油气藏和保存条件具有负面效应。下面将分别论述新生代地壳短缩作用和伸展作用对盆地的控制与改造作用。

1. 新生代地壳短缩作用对盆地的控制与改造作用

总体来看新生代地壳短缩作用对盆地的改造和油气保存具有改造作用，又同时具有建设作用。

1）地壳短缩变形对盆地的叠加改造作用

新生代挤压短缩变形对早期海相盆地改造作用主要表现为早期盆地进一步产生变形，使得盆地变形复杂化，从整个青藏地区来看，该区长期处于南北向挤压动力学背景，新生代南北向挤压作用使得盆地中生代构造事件产生的变形进一步增强，但是新生代短缩对盆地产生的叠加程度、分布规律还不清楚。平衡地质剖面作为定量研究地质构造的方法之一，其基本原理就是依据构造变形几何学原则，将地质构造恢复到变形前的位置和状态（Dahlstrom，1969；陈伟等，1993）。因此，本研究将以南羌塘盆地多玛－鄂雅错地区和北羌塘盆地唐古拉山为重点，基于野外地质－构造填图结果，以平衡剖面为主要研究手段，结合深部地震和区域地层数据，探讨新生代盆地变形短缩规律及对盆地改造作用的方式。

A. 多玛－鄂雅错地区地壳短缩量

为了明确多玛－鄂雅错地区地壳短缩量，本次研究选择平行于逆冲方向，且跨越整个变形区的多玛－鄂雅错剖面（*A–A′*）（图6.40）。该平衡剖面的绘制主要基于野外地质－构造填图结果和地表构造特征，并通过野外地层剖面测制、收集已发表的文献、钻孔数据获得地层厚度数据，综合已发表的地震反射剖面结果，构建几何学模型。由于南羌塘盆地经历了多次构造运动的叠加改造，其逆冲断层的扩展过程并不是简单的前展式或后展式，而是非顺序扩展（Kapp et al.，2005；Zhao et al.，2020），因此，本研究选择 McClay（1992）提出的“非顺序逆冲模型”恢复该地区的褶皱 – 逆冲变形过程。野外地质填图结果显示多玛 – 鄂雅错地区没有出露结晶基底，且地震数据揭露基底位于地下约 9 km 处，并未卷入变形（吴珍汉等，2016），表明研究区内总体为薄皮构造。此外，为了约束该地区阿布山组沉积前后的地壳缩短量，本次研究分别选择阿布山组和布曲组底面作为标志层，并按照从基底断层到上覆断层、低构造层位到高构造层位、从前陆区域到后陆区域依次复原。在剖面的绘制过程中，由于未考虑小尺度的变形、出露地表的断层上盘被强烈剥蚀等原因，本次研究将计算出该地区的最小短缩量。变形剖面和复原剖面如图 6.67 所示。变形剖面显示该地区近地表（＜ 2 km）的逆冲断层主要表现为侏罗系向南逆冲推覆在晚白垩世阿布山组之上，且在逆冲断层前缘形成不同规模的飞来峰构造；在 2 km 之下，逆冲断层主要表现为不同构造岩片发生叠置，其中南部的构造岩片发生由南向北推覆叠置，而北部的构造岩片发生由北向南推覆叠置，此外，不同构造叠瓦片被宽缓的阿布山组覆盖。

复原剖面显示 EYT、GT 等逆冲断层在阿布山组沉积之前已经开始活动，引起南羌塘地体发生大规模地壳缩短与构造剥露，进一步导致阿布山组与逆冲断层上盘不同层位的地层呈角度不整合接触。

计算结果显示，现今多玛 – 鄂雅错剖面长度 82 km，晚白垩世阿布山组沉积之前的剖面长度为 143.2 km，原始剖面长度为 212.0 km（图 6.67）。通过对比变形剖面的原始长度，计算出在晚白垩世阿布山组沉积之前和之后地壳缩短基本一致，分别缩短了 68.8 km（32.5%）和 61.2km（28.9%）。

别的学者通过在南羌塘盆地其他地区开展构造变形和平衡剖面研究提出，俄久地区在 135~55 Ma 期间和 55 Ma 之后分别发生了 34% 和 7% 的地壳缩短（Zhao et al.，2020），改则地区在白垩纪以来发生了超过 46 km（大于 47%）的地壳缩短（Kapp et al.，2005），双湖 – 色林错地区在新生代以来缩短量为约 90 km（约 47%）（吴珍汉等，2011）。

B. 唐古拉山地壳短缩量

唐古拉山变形剖面的复原工作主要是基于野外地表构造特征。变形剖面中的地层厚度数据来源于 1 ∶ 25 万区域地质调查报告，地层接触关系和产状数据来源于野外地质调查。该剖面卷入最老的变形地层是石炭系—二叠系，我们推测该逆冲属于薄皮构造，且主拆离面是石炭系和基底的接触界面。中侏罗统布曲组和夏里组沿构造路线出露最为广泛，且布曲组灰岩和夏里组砂岩两者的界限明显，因此，本研究选用两者的界限为标志层。在对古近系进行恢复时，在沱沱河组顶部发育一套以灰岩为主的厚度较大的砾岩层，在盆地内具有可对比性，因此，选择沱沱河组与雅西错组界线为标志层。根据我们对唐古拉山逆冲推覆构造变形研究结果和上述原则，本次研究选择两条横穿研究区的鄂碎玛 – 尕日和格拉丹东 – 赛日地质剖面（图 6.68），对唐古拉山逆冲推

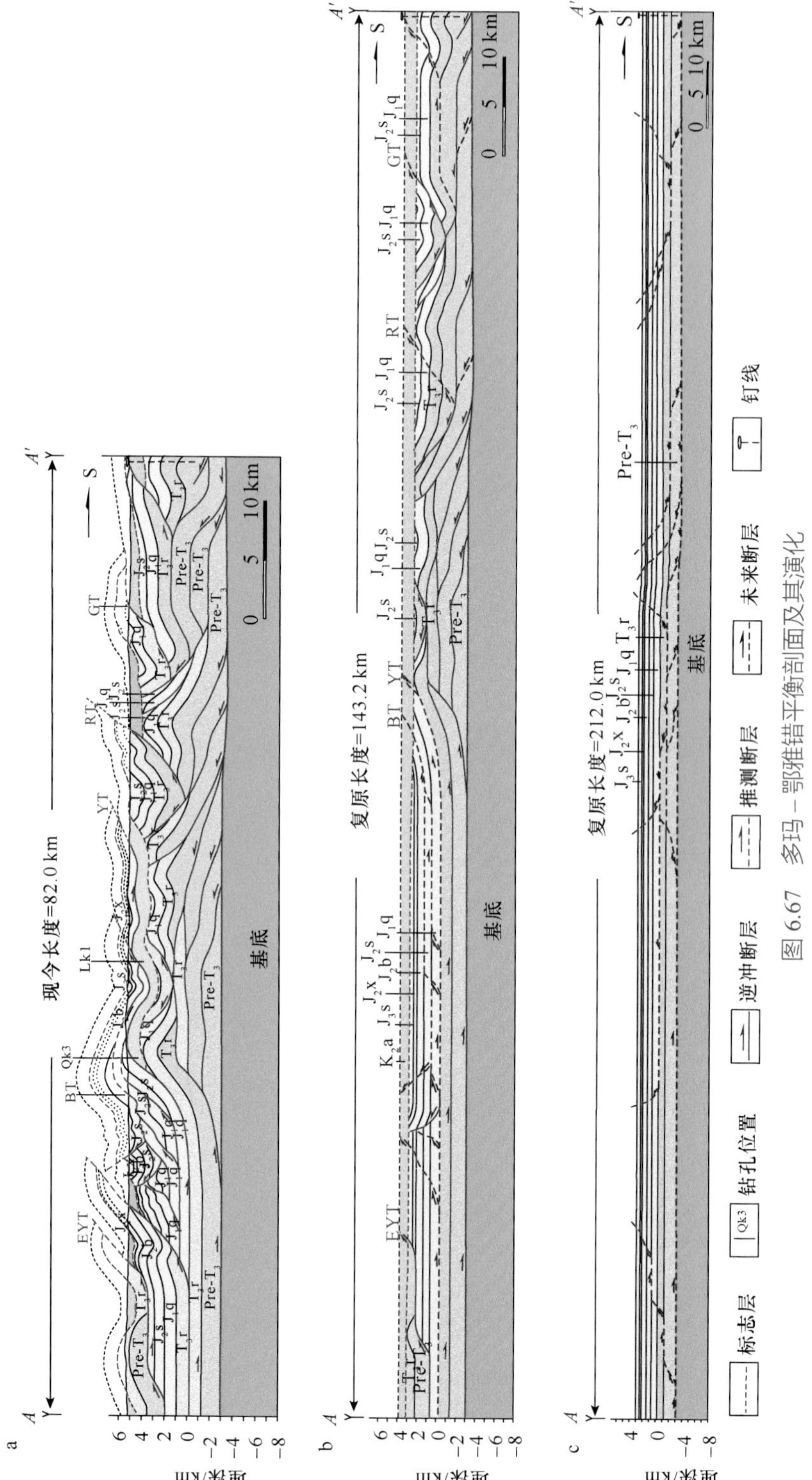

图 6.67　多玛－鄂雅错平衡剖面及其演化

a. 57~35Ma；b. 100~57Ma；c. > 100Ma

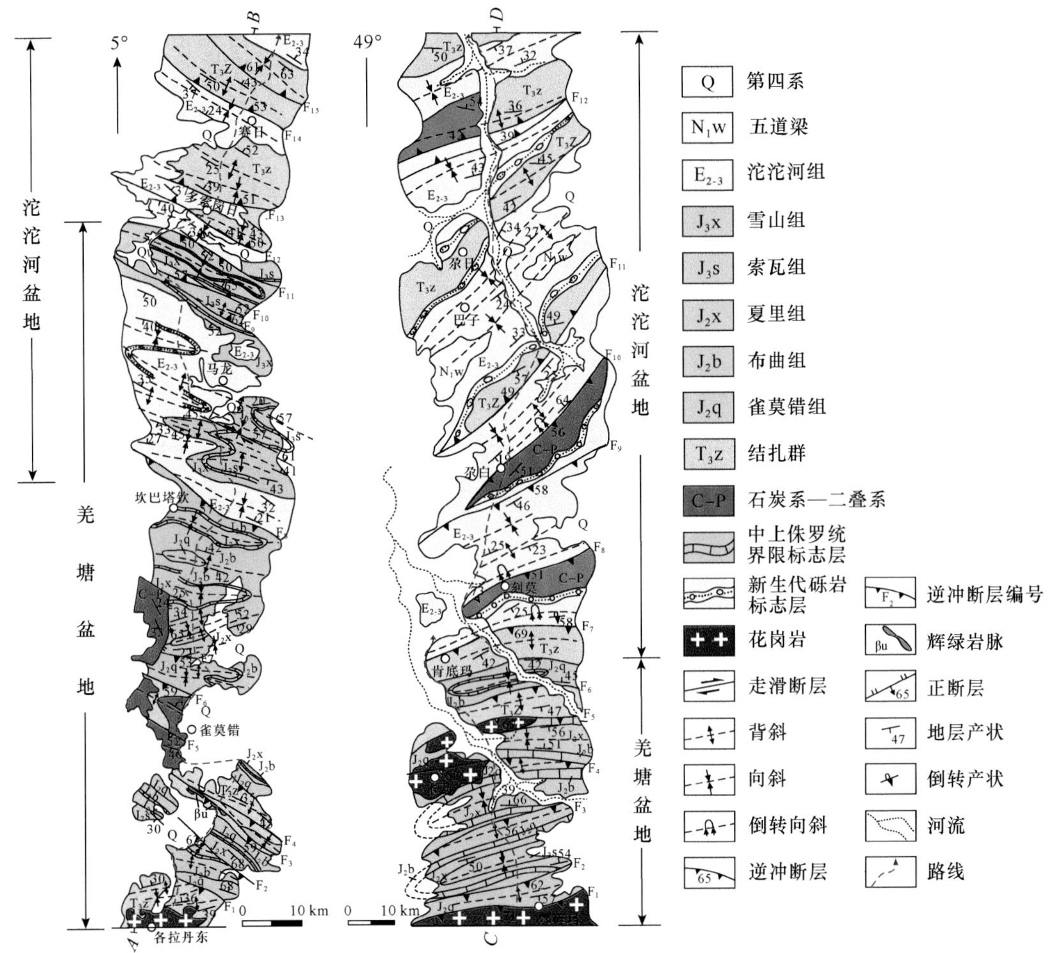

图 6.68　鄂碎玛 – 尕日（*AB*）和格拉丹东 – 赛日（*CD*）路线地质图

覆构造带和沱沱河盆地进行平衡剖面研究。

a. 鄂碎玛 – 尕日剖面

该剖面在南段和北段分别穿过唐古拉山逆冲推覆构造带和沱沱河盆地，图 6.69 和图 6.70 分别为该路线地质图和详细构造解析后建立的平衡剖面图。

该剖面上唐古拉山逆冲推覆构造三个构造单元组成清晰。根带（GEB）位于 F_2 断裂以南，岩浆活动较为发育，出露地层为雁石坪群下部雀莫错组，表现为高角度叠瓦构造，逆冲断裂发育，断层走向北西 310°~330°，倾角 62°~71°（图 6.68a、b 和图 6.69）。中带（QGB）位于 F_2、F_5 逆冲断裂之间，以褶皱 – 逆冲变形样式为特点，其中向斜构造一般规模较大、形态开阔，背斜形态紧闭，褶皱组合总体具有隔挡式构造特点。前锋带（BWLB）位于 F_5、F_7 断层之间，主要由三叠系和侏罗系组成，以直立 – 斜歪褶皱为主，受断层改造，形态不完整，总体具有叠瓦状构造组合样式，该带北部沿 F_7 断层三叠系逆冲于侏罗系和古近系之上，构成沱沱河盆地的南界（图 6.68a、b 和图 6.69）。

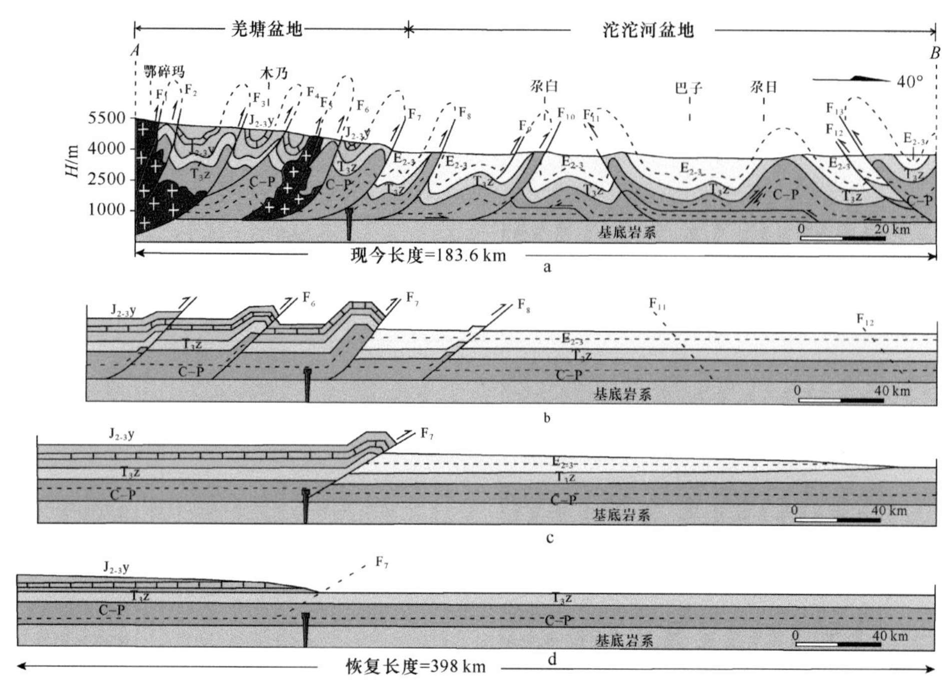

图 6.69　鄂碎玛–尕日平衡剖面及其演化

a. 鄂碎玛 - 尕日构造横剖面；b、c. 唐古拉山推覆构造和沱沱河盆地始新世—渐新世演化过程；d. 完全复原后的剖面，侏罗系呈水平状态，未变形

沱沱河盆地在该剖面上具有对冲构造格局，盆地南部逆冲断层（F_8、F_9、F_{10}）倾向南西，断层面倾角 51°~58°，断层上盘主要由二叠系和石炭系组成；盆地北部逆冲断层（F_{11}、F_{12}、F_{13}）倾向北东，断层面倾角 39°~49°，推覆体由三叠系和古近系组成。盆地内褶皱形态相对开阔，两翼倾角一般 20°~40°，背斜与向斜同等发育，在背斜核部常出露三叠系（图 6.68a、b 和图 6.69）。

b. 格拉丹东 – 赛日剖面

剖面位于唐古拉山逆冲推覆构造系西段，剖面近南北走向，图 6.68c、d 和图 6.70 分别为该剖面路线地质图和建立的平衡剖面。在该剖面上，逆冲推覆构造系根带（GEB）位于 F_1 断裂以南，褶皱构造发育，逆冲断层被覆盖或岩浆改造。中部褶皱逆冲带（QGB）位于 F_1、F_8 逆冲断裂之间，逆冲断层发育（F_2~F_7），断面倾向南西。褶皱构造主要由雀莫错复式背斜、坎巴塔钦复式向斜及其一系列次级褶皱组成，规模较大的褶皱形态开阔，次级褶皱形态紧闭。前锋带（BWLB）主要位于 F_8 断层一线，主要由侏罗系雁石坪群组成，表现在雁石坪群逆冲于古近系之上（图 6.68c、d 和图 6.70）。

在剖面上沱沱河盆地南部以 F_8 断裂与逆冲推覆构造为界，北部受后期逆冲断层改造强烈，路线上可以识别出七条北倾的逆冲断层（F_9~F_{15}），断层面倾角 50°~60°，断层上盘常由侏罗系、三叠系组成。

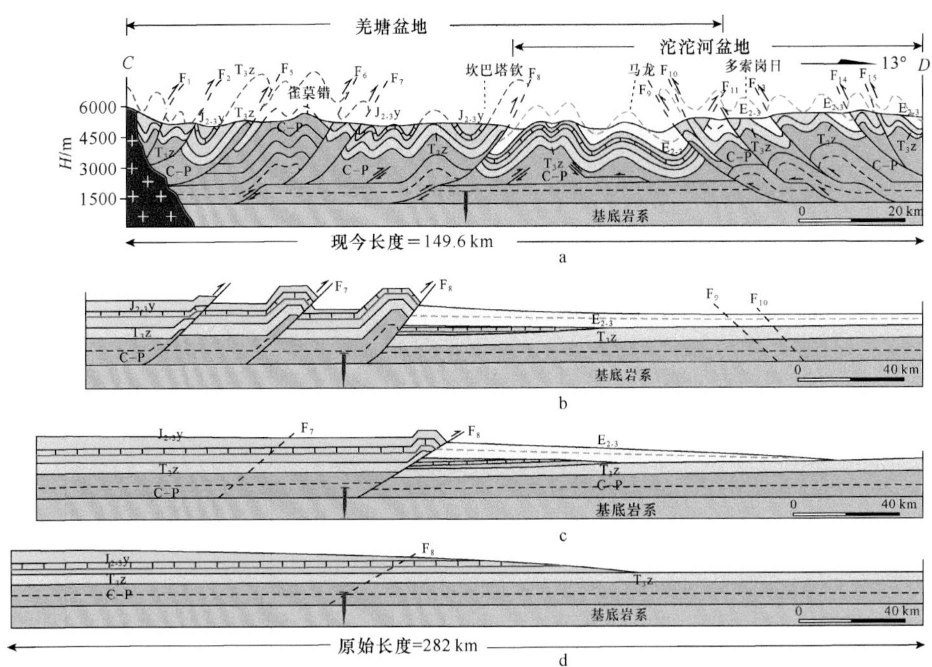

图 6.70　格拉丹东－赛日平衡剖面及其构造演化

a. 格拉丹东－赛日地区构造横剖面；b、c. 唐古拉山推覆构造和沱沱河盆地始新世—渐新世演化过程；d. 完全复原后的剖面，侏罗系呈水平状态，未变形

c. 地壳短缩量

计算结果表明（表 6.7），唐古拉山推覆构造带在 *A-B* 和 *C-D* 剖面侏罗系现今长度分别为 55.6 km、72.2 km，原始长度分别为 156.0 km、147.0 km，短缩距离分别为 100.4 km、74.8 km，短缩率为 64.4% 和 50.9%；沱沱河盆地古近系现今长度分别为 128.0 km 和 76.4 km，原始长度分别为 242.4 km、131.0 km，短缩距离为 114.4 km、54.6 km，短缩率为 47.2%、41.7%；整个唐古拉山－沱沱河地区上地壳短缩距离为 214.4 km、132.4 km，短缩率为 53.9% 和 47.0%。上述恢复结果显示，沿唐古拉山逆冲推覆带上地壳短缩率为 50.9%~47.0%，沱沱河前陆盆地古近系为 41.7%~47.2%，并且沿逆冲推覆带侏罗系变形强度强于前陆盆地古近系，同时沿 *A-B* 剖面地壳短缩量明显高于 *C-D* 剖面，这与区域上整个推覆构造带和古近纪盆地向东变形增强的地质事实一致，也说明利用平衡剖面恢复地壳缩短变形的方法和结论是合理的。对比两条剖面侏罗系和古近系短缩变形结果，可以看出在新生代之前侏罗系短缩率仅发生微弱变形（短缩率为 9.2%~17.2%），表明研究区强烈的短缩作用主要在古近纪。另外，唐古拉山逆冲构造带发育时限为 67.1~23.8Ma（李亚林等，2006），沱沱河盆地沱沱河组－雅西错组时限为 52~23.8Ma（伊海生等，2004），并与上覆产状水平的五道梁组表现为不整合接触（Wang et al.，2002），表明羌塘盆地古新世—渐新世为强烈的短缩变形期。

表 6.7　平衡剖面恢复结果

剖面		现今宽度 /km	恢复宽度 /km	短缩量 /km	短缩率 /%
A-B 剖面	侏罗系短缩量	55.6	156.0	100.4	64.4
	古近系短缩量	128.0	242.4	114.4	47.2
	平均短缩量	183.6	398.0	214.4	53.9
C-D 剖面	侏罗系短缩量	72.2	147.0	74.8	50.9
	古近系短缩量	76.4	131.0	54.6	41.7
	平均短缩量	149.6	282.0	132.4	47.0

另外，根据 1 ∶ 25 万乌兰乌拉湖幅地质调查和平衡剖面乌兰乌拉山、等马河 – 葫芦湖、雪莲湖等地区平衡剖面研究，结果表明，盼来沟 – 康特金逆冲叠置琏南北向缩短率为 38.9%，缩短了 4.7 km；等马河 – 葫芦湖新生代断陷带中古近系渐新统雅西措组南北向缩短率为 14%，缩短了 10km；雪莲湖 – 坎巴塔钦褶断带侏罗系地层南北向缩短率为 19.2%，缩短了 37 km，乌兰乌拉湖地区平均缩短率 26%。

对比羌塘盆地新生代地层短缩变形量可以发现，不同研究者得到的结果差异较大，在靠近推覆构造地区新生代变形强烈，如沱沱河地区、可可西里地区；而在盆地内部短缩量较小；另外，不同研究者所研究的范围也存在差异，所获得的短缩量反映了不同区域的短缩量。

总体来看，羌塘盆地新生代挤压短缩变形对盆地的构造改造作用存在显著的差异性，盆地新生代构造改造和油气保存条件在盆地内部相对较弱，属于改造较弱地区，应视为勘探保存有利区；而在盆地边部，特别是靠近大型推覆构造带地区改造强烈，对油气成藏和保存不利。

2）地壳短缩变形对新生代盆地的控制作用

新生代挤压短缩除了对中生代海相盆地改造外，还在挤压收缩动力学背景下形成了新的盆地，这些盆地不仅对评价中生代海相盆地封盖条件具有重要意义，而且可能成为二次生油的储集空间，对探讨高原油气成藏和保存条件具有重要影响，下面以可可西里地区沱沱河盆地为例说明新生代短缩变形对盆地的控制作用。

如前所述，沱沱河盆地位于唐古拉山新生代大型逆冲推覆构造前锋带北侧，空间上可能属于大的可可西里盆地一部分，盆地长约 230 km、宽 30~80 km，呈北西西向展布，呈带状分布于唐古拉山推覆构造锋带前缘。通过对乌兰乌拉湖、肯底玛、开心岭地区盆地古近系—新近系沉积剖面研究发现，盆地基底主要由雁石坪群、三叠系巴贡组构成，局部为结扎群和开心岭群，在盆地南部基底岩系与古近系—新近系沉积间大都表现为断层接触，在开心岭及其以北地区以角度不整合接触为主，表明盆地具有“南断北超”的特点。

沱沱河盆地充填序列自下而向上包括始新统沱沱河组、渐新统雅西错组和中新统五道梁组，为一套厚达 3000 余米的陆相碎屑岩 – 碳酸盐岩建造。沱沱河组厚度 ＞ 1200 m，岩性主要为杂色复成分砾岩、含砾砂岩及薄 – 中层状岩屑砂岩，砾岩中砾石以中–粗砾为主，次棱角–次滚圆状，分选差，成分复杂，主要有紫红色–灰色砂岩、细砂岩、灰色生物碎屑灰岩、灰黑色灰岩、生物碎屑灰岩和花岗岩等。在通天河剖面上，主要由两个次级旋回组成向上变粗的旋回，其下部冲积扇相、辫状河–曲流河相交替出现，向上渐变为以冲积扇相为主，包括扇根亚相、扇中亚相，古流向主体向北。雅西错组厚度＞ 1400 m，岩性主要为紫红色、砖红色粗–细粒岩屑石英砂岩、粉砂岩、泥岩、薄层泥晶灰岩，局部夹少量细砾岩和薄层泥灰岩、内碎屑灰岩和层纹石灰岩，并在中上部发育多层中–薄层状石膏层，雅西错组主要为湖泊相沉积局部夹厚度不大的河流相沉积，包括滨湖亚相、浅湖亚相和湖相三角洲亚相，古流向早期主体指向北，中晚期以北东为主，在晚期转变为向南。

五道梁组厚度较小（＜ 200 m），地层近于水平（倾角＜ 15°），与雅西错组角度不整合接触，岩性主要为灰色–灰白色薄–中厚层状泥灰岩、泥岩及灰黑色薄–中厚层状泥晶灰岩，为一套湖相碳酸盐岩沉积，局部发育少量滨湖相砂岩沉积。

沱沱河盆地始新世—渐新世沉积充填厚度等值线图（图 6.71）反映出，在始新世时沉积范围局限在盆地南部的一带，主要以粗碎屑岩相分布在逆冲构造带前渊，最大沉积厚度为＞ 1200 m，在雅西错沉积期间，盆地沉积中心同样位于盆地南部，但沉积范围显著增大，达沱沱河沿以北。沉积厚度南厚北薄的特征反映出，盆地南深北浅，盆地结构总体为向南倾斜的不对称楔形盆地，同时盆地内单向流水波痕、槽状交错层理、楔形交错层理以及叠瓦状排列砾石等古流向标志反映出向北或北北东方向的物源区方向。从盆地充填结构样式、古水流、盆地“南断北超”、沉积中心限于盆地南部以及与推覆构造时空配置关系表明，沱沱河盆地沉积充填结构受南侧逆冲推覆构造制约，并成为盆地物源和盆地沉积体系分布的主控因素，沱沱河盆地属于唐古拉山推覆构造前缘的前陆盆地。

在可可西里–沱沱河盆地内发育有一定规模并经历了烃源岩和生排烃过程；在盆地西部的乌兰乌拉湖凹陷新发现有雅西措组油浸灰岩，盆地东南部沱沱河凹陷发育较好的灰质烃源岩，油气资源量为 14.44 亿 t，表明盆地具有较好油气潜力。

2. 新生代伸展作用对盆地的控制与改造作用

羌塘盆地新生代晚期伸展变形产生的地堑构造是高原晚期最为显著的地貌特征，正断层作为开启性断层、封闭程度较差，无疑对盆地早期油气藏和保存条件具有负面效应，主要体现在以下两个方面：一方面，由于伸展作用产生的差异隆升，目的层系在断隆带强烈抬升，根据对羌塘盆地双湖地堑、温泉地堑以及常错–当拉错纳玛地堑统计，断隆带与断陷盆地之间高差达 300~1050 m，无疑导致断层下盘断隆带剥蚀，保存条件变差，甚至失去油气意义；另一方面，断陷盆地内新生代沉积作用厚度大，为油气有利保存地区，如温泉地堑内仅第四系沉积大于 300 m，对油气封盖作用有建设性意义。

为了探讨正断层对油气保存的影响，进一步对双湖地堑正断层带内方解石脉采集了流体包裹体分析，但在其中均未发现有机质包裹体。根据我们收集到的油气化探资

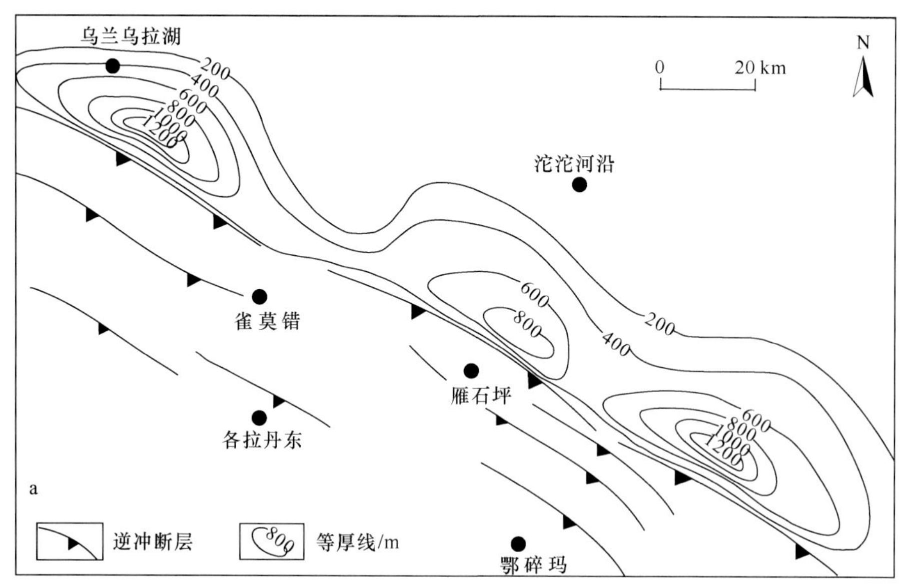

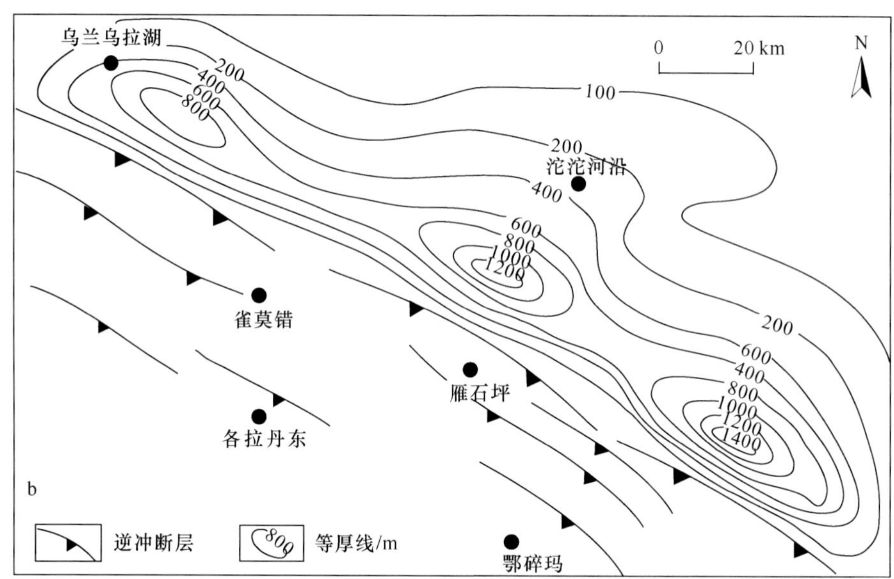

图 6.71 沱沱河组 – 雅西错组厚度等值线图

a. 沱沱河组；b. 雅西错组

料，在羌塘盆地吐错西侧油气化探资料显示，沿南北向正断层存在明显的化探异常明显，在荧光 F360、F320、乙丁烷、重烃异常图上具有明显显示，异常组分主要是相态汞和荧光指标，异常呈现宽条状，出现三级异常，其地球化学异常特征与逆冲断层有很大的差别，异常强度远远高于逆断层，表明沿断裂带油气发生渗漏，对油气藏具有显著的破坏作用。

第7章

羌塘盆地隆升剥露过程与油气生成和保存

羌塘盆地是一个大型的复合盆地，自中生代以来受中－新特提斯洋俯冲－闭合和印度－欧亚板块持续汇聚的影响（Kapp et al.，2005，2007；Zhang et al.，2014b；Kapp and DeCelles，2019），在导致盆地白垩纪海侵结束的同时，伴有区域性的构造变形和隆升作用，而隆升过程将对盆地埋深、热演化历史以及盆地油气生成过程产生重要的影响，同时构造运动和隆升作用将对盆地前期形成的油气藏会产生部分改造、破坏，促使油气的再分配和重新分布。

低温热年代学技术作为一种常见的放射性同位素测年手段，由于其封闭温度较低（ZFT：200~300℃；ZHe：130~200℃；AFT：60~120℃；AHe：40~80℃），能够记录上地壳几千米岩石的冷却过程，常常被用于山体剥露、古地形重建等研究中（Min，2005；Reiners and Ehlers，2005）。因此，为了定量约束羌塘盆地的剥露历史，本次研究收集了该盆地目前已发表的低温热年代数据（图 7.1），并对不同构造单元的典型地区开展了详细的低温热年代研究，发现其剥露过程并不是简单的整体剥露，而是从南到北、从西向东存在时空上的差异的剥露。

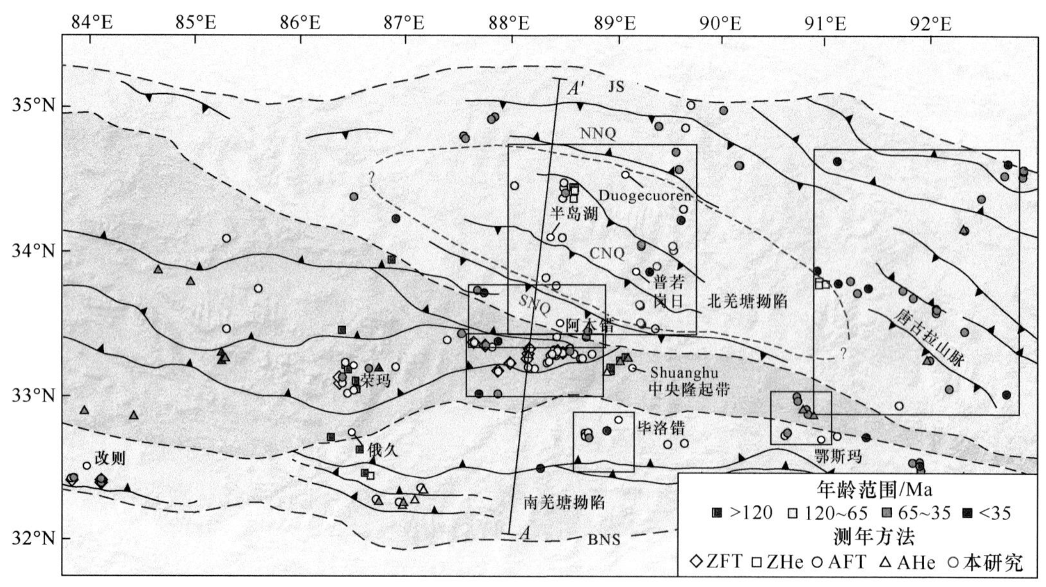

图 7.1　羌塘拗陷低温热年代数据分布图

SNQ：北羌塘拗陷南缘；CNQ：北羌塘拗陷中部；NNQ：北羌塘拗陷北缘

7.1　北羌塘拗陷

根据航磁和重力资料显示北羌塘拗陷内部主要表现为复式褶皱，南、北边界断裂相对发育（黄继钧等，2004；黄继钧和李亚林，2007），这与高精度的地震剖面显示北羌塘拗陷内部基底相对较浅，地层相对连续，褶皱变形发育一致（Lu et al.，2013）。本次研究通过对北羌塘拗陷的阿木错、普若岗日和唐古拉山等地区开展详细的锆石裂变径迹（ZFT）和磷灰石裂变径迹（AFT）研究，并结合区域上已发表的 ZFT、锆石（U-Th）

/He（ZHe）、AFT 和磷灰石（U-Th）/He（AHe）数据，发现该盆地自晚白垩世以来经历了强烈的剥露，且从南到北存在剥露差异。

7.1.1 北羌塘拗陷南缘

北羌塘拗陷主要由侏罗系海相地层、上白垩统—古近系陆相地层和第四系组成（图 7.2）。野外地质调查结果显示该地区发育多条逆冲断层，断层整体呈北西 – 南东向展布，主要表现为侏罗纪灰岩向北逆冲在晚白垩世—古近纪红色砾岩之上，且在逆冲断层前缘的局部地区见大规模的侏罗系飞来峰和红色砾岩构造窗（吴珍汉等，2014，2019）。本次研究选取了六件（Song et al.，2013；Ren et al.，2015；Zhang et al.，2019）来自拗陷南缘阿木错地区 AFT 样品（图 7.2），其中四件样品来自侏罗系砂岩，两件来自于三叠系砂岩。

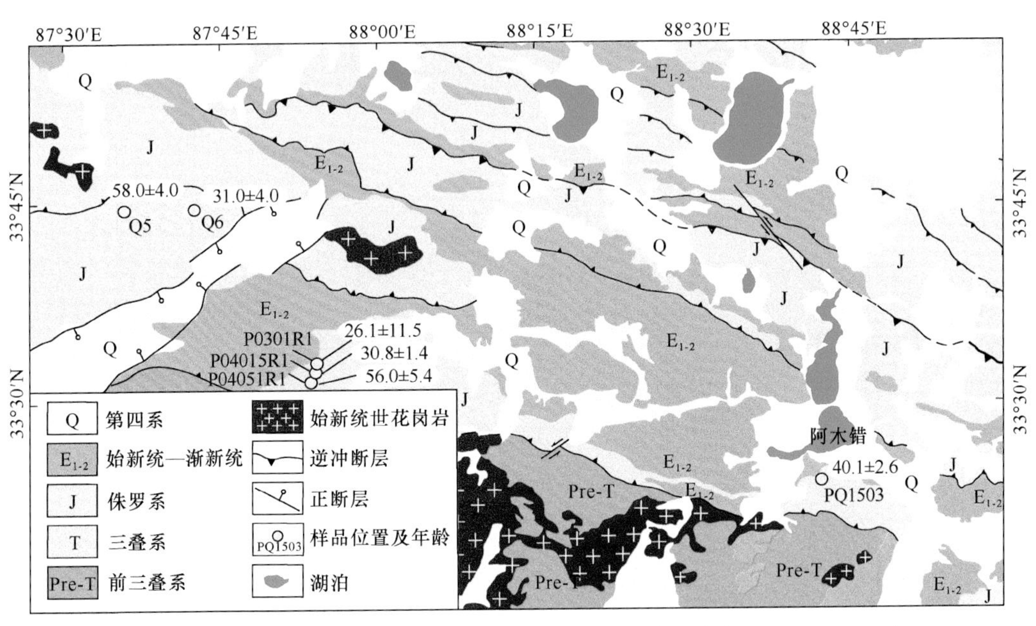

图 7.2 阿木错地区地质简图及热年代样品分布图（修改自 Bi et al.，2022）

这些样品的 AFT 年龄范围在 26.1~58.0 Ma（表 7.1），小于它们相应的沉积地层年龄，表明这些样品经历了充分退火。其中 Q5、Q6、P04015R1 和 P04051R1 样品的 *P*（χ2）检验值大于 5%，表明单颗粒 AFT 年龄离散程度低，样品具有单一的年龄组分。PQ1503 和 P04015R1 样品的 *P*（χ2）检验值小于 5%，单颗粒 AFT 年龄离散程度较高，样品具有混合的年龄组分，这与碎屑岩中不同源区的磷灰石颗粒的化学成分差异较大导致同一样品中磷灰石颗粒表现出来的退火特性不同有关（Galbraith and Laslett，1993）。样品的平均围限径迹长度范围在 9.1~13.7 μm，其中相对较长的平均围限径迹（> 13.0 μm）反映样品在达到最大埋藏深度之后快速通过 AFT 的部分退火带，而相对较短的平均径迹（< 13.0 μm）表明样品冷却过程中在 AFT 的部分退火带停滞的时间

较长或经历了更加复杂的退火过程（Gleadow et al.，1986）。

表 7.1 阿木错地区 AFT 数据分析结果

样品号	N_c	$\rho_s/10^5\text{cm}^{-2}$	$\rho_i/10^5\text{cm}^{-2}$	$\rho_d/10^5\text{cm}^{-2}$	年龄 $\pm1\sigma$/Ma	P（χ2）/%	MTL/μm	数据来源
Q5	14	3.0	10.3	10.3	58.0±4.0	67.1	13.4	Song et al.，2013
Q6	4	4.3	27.0	10.1	31.0±4.0	38.6	13.7	
PQ1503	20	4.5	15.9	11.3	40.1±2.6	0	12.6	Zhang et al.，2019
P0301R1		0.4	2.9		26.1±11.5			Ren et al.，2015
P04015R1		3.8	14.2		30.8±1.4	＞30	11.1	
P04051R1		4.5	13.8		56.0±5.4	＜2	9.1	

注：N_c 为测得的封闭径迹数量；ρ_s、ρ_i 和 ρ_d 分别为自发径迹密度、诱发径迹密度和标玻径迹密度；年龄使用 TrackKey 软件计算得出，当 P（χ2）＞5%，采用冷却年龄；当 P（χ2）≤5%，采用平均年龄（Galbraith and Green，1990）；P（χ2）为卡方检验的值（Galbraith，1981；Green，1981）；MTL 为平均围限径迹长度。

阿木错地区 Q5 样品的热历史模拟结果（图 7.3）显示，该样品在 ~90 Ma 之前开始冷却，随后在 ~65 Ma 冷却速率加快，冷却速率为 ~10℃ /Ma；直到 ~60 Ma 冷却速率再次减慢，随后冷却至现今地表温度。PQ1503 样品的热历史模拟曲线（图 7.3）显示，该样品在 ~140 Ma 达到最大埋藏温度，随后在 ~130 Ma 开始缓慢冷却；在 ~80 Ma 之后，样品再次发生相对快速冷却，冷却速率 ~1.8℃ /Ma，直到冷却至现今地表温度。

上述样品的热模拟结果均显示它们自晚白垩世以来发生了快速冷却，此外，PQ1503 样品还显示早白垩世的快速冷却，但是由于该阶段的冷却曲线被记录在 AFT 部分保留带（60~120℃）之下，超出了该方法的测年范围，因此，该冷却过程可靠性较低，需要进一步工作进行约束。假设羌塘地体古地温梯度为 26.5℃ /km（王剑等，2009），可以估算出晚白垩世以来该地区的剥露速率大于 0.07 mm/a，剥露量大于 4.5 km。沉积相和物源分析结果显示羌塘盆地晚白垩世阿布山组为一套陆相山间盆地的红色沉积（金纬，2007；Ma et al.，2017，2023）。ESR 定年分析结果表明北羌塘拗陷南缘阿布山组的沉积时间在 95~69 Ma，这与该地区快速剥露的起始时间一致。在阿木错地区，晚白垩世—古近纪红色砾岩之上发育大规模的侏罗系飞来峰构造（Wu et al.，2012；吴珍汉等，2014，2016），表明该地区的逆冲活动至少持续到古近纪之后，这与热历史模拟显示出该地区自晚白垩世以来发生快速剥露，且一直持续到新生代以来一致。

7.1.2 北羌塘拗陷中部

北羌塘拗陷中部主要出露地层包括侏罗系海相地层和上白垩统—渐新统陆相红色碎屑岩，其中上白垩统—渐新统陆相红色碎屑岩呈角度不整合分布于侏罗系海相地层之上（图 7.4）。区内发育始新世—渐新世和上新世两套火山岩，野外地质调查结果显示这些火山岩变形微弱，不整合覆盖在侏罗系之上。此外，区内普若岗日地区大型花

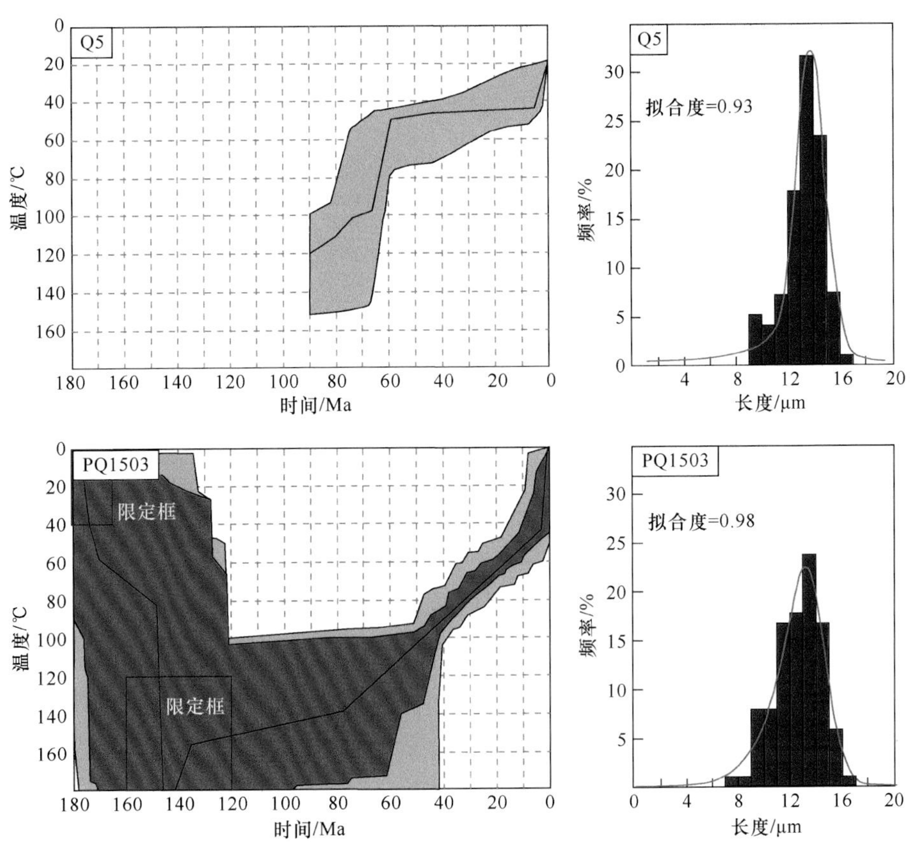

图 7.3　阿木错地区碎屑岩热历史模拟曲线（据 Song et al.，2013；Zhang et al.，2019）

不同颜色表示不同置信区间内的可能演化路径范围，深色代表“好路径”浅色代表“可接受路径”

岗岩体侵入侏罗系，U-Pb 定年结果显示该花岗岩岩体的侵入年龄为 39.5±3.0 Ma（据 1 ∶ 25 万区域地质调查报告）。本次研究选取了 20 件（Zhang et al.，2021a；Bi et al.，2022）来自拗陷中部普若岗日地区样品（图 7.4），其中 18 件样品来自侏罗系砂岩地层，2 件来自于始新统—渐新统砂岩地层，还有 3 件来自始新世花岗岩。所有样品均进行了 AFT 分析测试，其中 3 件样品还进行了 ZFT 分析测试。

最南部的 P05-4Ft 样品的 ZFT 年龄为 234.1±31.9 Ma，其他三件样品的 ZFT 年龄分别是 251.6±22.4、201.2±32.8 和 174.1±15.2 Ma（表 7.2、表 7.3）。总体来讲，四件样品的 ZFT 年龄值在 174.1~251.6 Ma 范围内，老于它们相应的地层年龄（144~46 Ma）。此外，这些样品单颗粒 ZFT 年龄较为分散，且未通过 χ2 检验［P（χ2）＜ 5%］。上述事实表明这些样品均未发生充分退火，具有多个年龄峰值，记录了物源区的剥露历史。基于这些未退火的 ZFT 年龄和 ZFT 部分退火带的底界温度（~200℃）（Tagami and Shimada，1996），结合羌塘地体古地温梯度 26.5℃ /km（王剑等，2009），可以估算出晚侏罗世以来该地区剥露量小于 7.2 km。

普若岗日地区样品的 AFT 年龄为 28.3~151.7 Ma（表 7.2），侏罗系样品的 AFT 年龄为 64.2~129.0 Ma。大多数侏罗系样品的 AFT 年龄值在 64.2~105.9 Ma，小于其地层

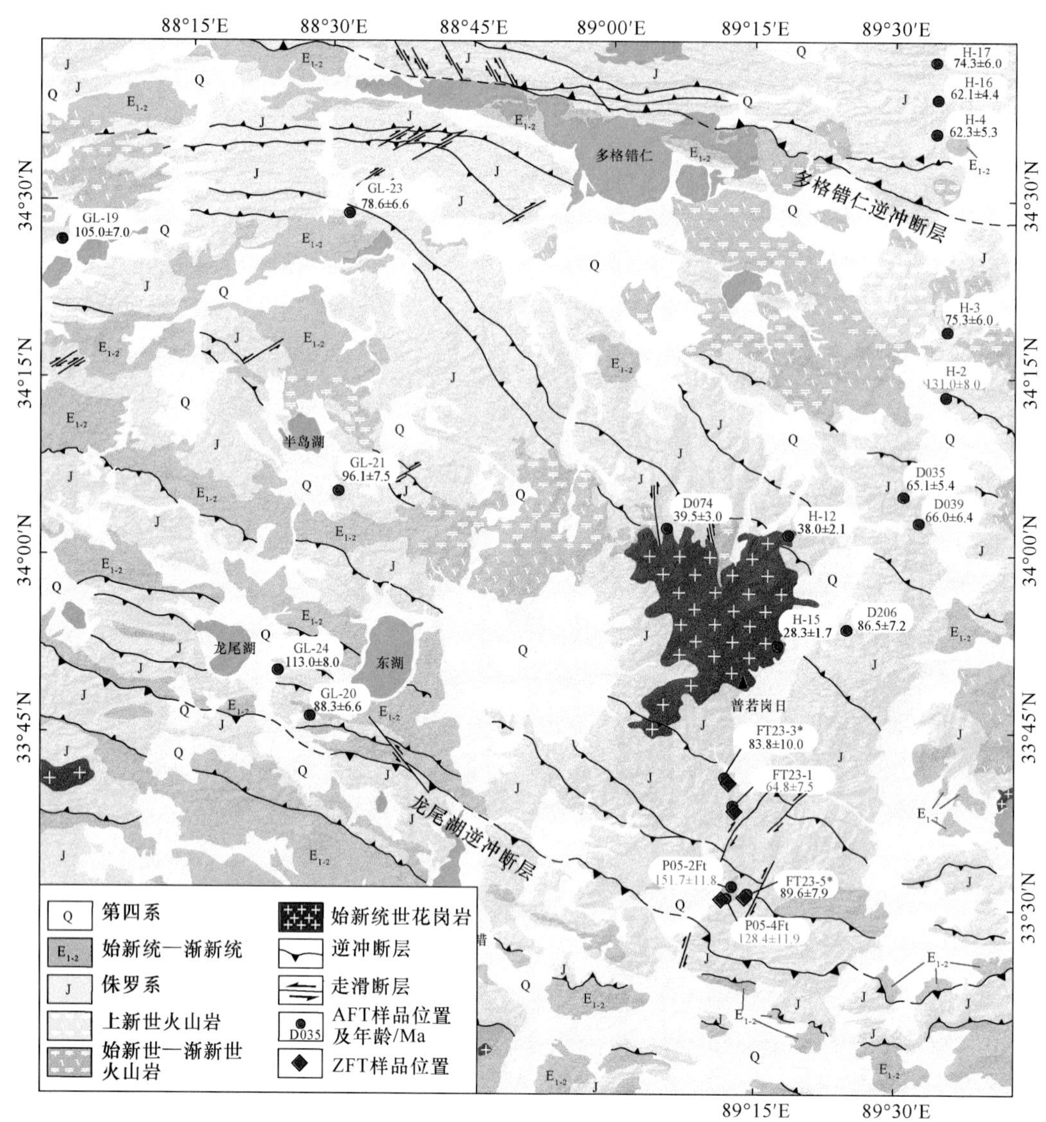

图 7.4 普若岗日地区地质简图及热年代样品分布图（据 Bi et al.，2022）

的沉积年龄，且通过 $\chi2$ 检验［P（$\chi2$）＞5%］，表明这些样品在埋藏之后经历了充分退火，单颗粒 AFT 年龄离散程度低，具有单一的年龄组分；进一步通过对比这些样品的 AFT 年龄，发现 AFT 年龄呈现出由南向北变年轻的趋势；此外，这些样品具有相对较长的围限径迹，平均长度在 12.2~14.4 μm（表 7.2、表 7.3），表明这些样品经历了相对快速的冷却过程。少数侏罗系样品（GL-23、H-2、FT23-1）未通过 $\chi2$ 检验［P（$\chi2$）＜5%］，表明这些样品单颗粒 AFT 年龄离散程度较高，具有多个年龄峰值，可能与碎屑岩中不同源区的磷灰石颗粒的化学成分差异较大有关（Galbraith and Laslett，1993）。始新统—渐新统砂岩样品包括 P05-2Ft 和 P05-4Ft，它们的 AFT 年龄值分别是 151.7±11.8 Ma 和 128.4±11.9 Ma，大于其相应地层的沉积年龄，可能是这些样品的最大埋藏温度低于 AFT 充分退火温度，导致其仅发生部分退火，记录了复杂的热历史过程。始新世花岗岩样品包括 H-12、H-15 和 D074，这些样品的 AFT 年龄值分别是 38.0±2.1、28.3±1.7 和 39.5±3.0 Ma；其中 H-15 样品的 AFT 年龄未通过 χ2 检验［P（χ2）＜5%］，表明样品单颗粒 AFT 年龄离散程度较高，具有多个年龄峰值；H-12 和 D074 样品的 AFT 年龄通过了 χ2 检验［P（χ2）＞5%］，接近于花岗岩的结晶年龄（39.5±3.0 Ma），表明这两个样品的 AFT 年龄可能记录了花岗岩的侵入过程，而并非花岗岩后期的剥露过程。考虑到侏罗系大多数 AFT 样品经历了充分退火，结合 AFT 的充分退火温度（~120℃）（Gleadow et al.，2002）和羌塘地体古地温梯度 26.5℃ /km（王剑等，2009），可以估算出该地区在晚白垩世以来至少发生了 4.2 km 的剥露。

表 7.2 普若岗日地区 AFT 数据分析结果

样品号	N_c	$\rho_s/10^5cm^{-2}$	$\rho_i/10^5cm^{-2}$	$\rho_d/10^5cm^{-2}$	年龄 ±1σ/Ma	P（χ2）/%	MTL/μm	数据来源
GL-23	31	4.4	10.6	11.1	78.6±6.6	1	12.3	
GL-21	32	5.7	11.0	11.0	96.1±7.5	54	13.1	
GL-20	34	7.8	16.3	10.9	88.3±6.6	53	12.6	
GL-19	32	11.0	16.5	10.8	105.0±7.0	27	12.8	
GL-24	32	7.6	12.4	11.2	113.0±8.0	38	12.9	
H-12	20	11.1	57.4	11.6	38.0±2.1	16	14.1	Zhang et al., 2021a
H-15	20	7.7	55.2	11.9	28.3±1.7	0	13.0	
H-2	30	8.6	12.0	10.8	131.0±8.0	0	13.8	
H-3	31	7.3	17.8	10.9	75.3±6.0	99	12.9	
H-4	18	5.1	15.0	11.0	62.3±5.3	40	13.6	
H-16	31	4.8	16.7	12.0	62.1±4.4	5	13.5	
H-17	32	5.7	14.5	12.1	74.3±6.0	35	13.3	
D039	22	5.7	21.6	14.8	66.0±6.4	96.6	12.6	
D035	25	7.0	27.8	15.2	65.1±5.4	34.1	12.2	
D074	23	7.3	48.1	15.4	39.5±3.0	7.1	12.7	
D206	31	4.8	14.1	15.0	86.5±7.2	26.7	13.8	
FT23-1	20	11.3	38.1	11.8	64.8±7.5	1.2	14.0	Bi et al., 2022
FT23-3	11	12.2	29.7	11.8	83.8±10.0	85.2	13.9	
FT23-5	20	7.5	17.0	11.8	89.6±7.9	38.4	14.4	
P05-2Ft	19	8.4	11.2	11.8	151.7±11.8	6.1	13.2	
P05-4Ft	20	6.1	9.7	11.8	128.4±11.9	94.5	13.8	

注：N_c 为测得的封闭径迹数量；ρ_s、ρ_i 和 ρ_d 分别为自发径迹密度、诱发径迹密度和标玻径迹密度；年龄使用 TrackKey 软件计算得出，当 P（χ2）＞5%，采用冷却年龄；当 P（χ2）≤5%，采用平均年龄（Galbraith and Green，1990）；P（χ2）为卡方检验的值（Galbraith，1981；Green，1981）；MTL 为平均围限径迹长度。

表 7.3　嘎措地区 AFT 数据分析结果

样品号	N_c	$\rho_s/10^5cm^{-2}$	$\rho_i/10^5cm^{-2}$	$\rho_d/10^5cm^{-2}$	年龄 ±1σ/Ma	P（χ2）/%	MTL/μm	数据来源
SD029FT	30	4.3	5.4	7.6	117±8	99.6	12.9	王立成和魏玉帅，2013
SD023FT2	28	3.2	7.4	7.7	63±4	98	13.7	
SD037FT2	28	5.8	6.8	7.8	130±9	99.4	12.5	
SD003FT1	28	4.2	7.7	7.9	83±6	99.3	12.6	
SD023FT1	32	4.0	7.0	8.1	88±5	67	13.2	
SD037FT3	20	6.5	6.3	8.1	160±11	96.9	12.7	
D0609	30	9.4	12.9	12.4	113.6±5.4	100	12.7	Zhang et al.，2019
D0815	9	10.0	27.4	12.3	65.4±6.3	54		
Pq1506	32	9.1	12.5	12.4	120.9±5.5	100	12.0	

注：N_c 为测得的封闭径迹数量；ρ_s、ρ_i 和 ρ_d 分别为自发径迹密度、诱发径迹密度和标玻径迹密度；年龄使用 TrackKey 软件计算得出，当 P（χ2）＞ 5%，采用冷却年龄；当 P（χ2）≤ 5%，采用平均年龄（Galbraith and Green，1990）；P（χ2）为卡方检验的值（Galbraith，1981；Green，1981）；MTL 为平均围限径迹长度。

热历史模拟结果揭露普若岗日地区经历了由南向北扩展的冷却过程（图 7.5）。在普若岗日南部，两件侏罗系样品 D206 和 FT23-5 在 ~90 Ma 埋藏温度达到 120.0~130℃，随后以 2.6~3.7℃ /Ma 的速率开始冷却，直到 ~65 Ma，冷却速率减慢至 0.6℃ /Ma 以下，直到冷却到现今地表温度。在普若岗日北部，样品 D039 和 D035 在 ~80 Ma 被埋藏至 120.0~140.0℃，随后在晚白垩世（82~69 Ma）以 4.8~7.5℃ /Ma 的速率发生快速冷却；在 ~70 Ma，冷却速率开始减慢至 0.5℃ /Ma 以下；直到 5~13 Ma，冷却速率开始再次加快至 3.5~6.0℃ /Ma，直到接近地表温度。假设羌塘地体古地温梯度 26.5℃ /km（王剑等，2009），可以估算出该地区在晚白垩世以来剥露速率由低于 0.03 mm/a 增加到 0.1~0.3 mm/a。

普若岗日南部的 QZ-3 钻孔的埋藏史曲线显示该地区在 150~100 Ma 期间发生快速沉降，随后自 100 Ma 出现构造反转，盆地开始快速抬升和剥露（Fei et al.，2016），这与 AFT 热历史模拟揭示的剥露过程相一致。此外，砾石成分、砂岩碎屑组分、重矿物组合和碎屑锆石 U-Pb 定年等物源分析结果显示盆地内部为晚白垩世阿布山组提供主要物源（杜林涛等，2021），这也进一步证实该地区在晚白垩世期间以来发生了快速剥露。

7.1.3　北羌塘坳陷北缘

北羌塘坳陷北缘发育唐古拉山巨型造山带。该造山带主要出露晚古生代—中生代地层（图 7.6）。其中晚古生代地层主要分布于唐古拉山北缘，出露面积较小；中生代地层在区内出露广泛。此外，该造山带发育一系列由南向北逆冲断层，断层走向与唐古拉山脉延伸方向一致，呈北西 – 南东向展布，延伸长度大于 320 km，宽度为 60~80 km。根据变形特点与构造组合样式，唐古拉山逆冲推覆带可以分为各拉丹东 – 鄂碎玛构造带（根带）、雀莫错 – 改纳构造带（中带）和巴庆 – 乌兰乌拉湖构造带（锋带）三部分

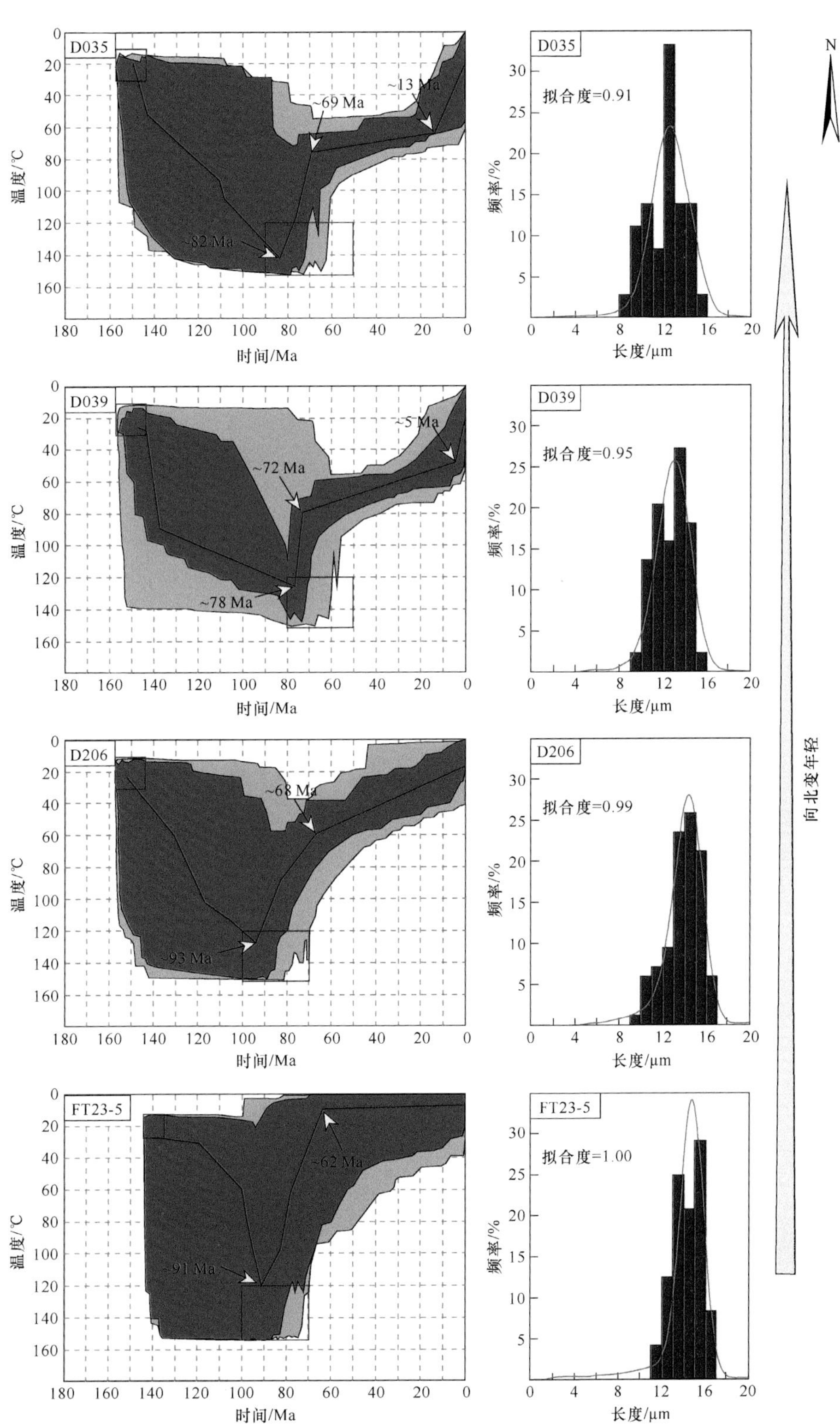

图 7.5　普若岗日地区碎屑岩热历史模拟曲线（据 Bi et al.，2022 修改）

（李亚林等，2006；Li et al.，2012）。其中，构造样式上表现为根带的高角度叠瓦逆冲构造、中带的褶皱–逆冲构造和锋带的低角度叠瓦逆冲构造（李亚林等，2006；Li et al.，2012）。基于唐古拉山北部沱沱河盆地新生代的沉积时间，将该造山带断层活动时间限定在 55~23 Ma（Li et al.，2012），同时利用平衡剖面技术，估算唐古拉山东段的上地壳缩短量为 75~100 km（缩短率为 51%~64%）（Li et al.，2011）和西段羊湖地区的上地壳缩短量为 103 km（缩短率 51%）（李亚林等，2013）。为了定量约束唐古拉山的剥露过程，本次研究选取了 10 件（Wang et al.，2008a；Rohrmann et al.，2012；Song et al.，2013）低温热年代学样品（图 7.6），其中 7 件来自于唐古拉山脉，包括 4 件样品（Q10~Q13）来自上三叠统结扎群，2 件样品（Q14 和 YSP-Ft-1）来自中侏罗统雁石坪群，1 件样品（PU1）来自晚白垩世花岗岩，其余 3 件样品（WLFt-y0、WLFt-y2 和 WLFt-y3）来自沱沱河盆地始新统砂岩。所有样品均进行了 AFT 分析测试，其中 5 件样品（Q10~Q14）还进行了 ZFT 分析测试，样品 PU1 进行了 AHe 分析测试。

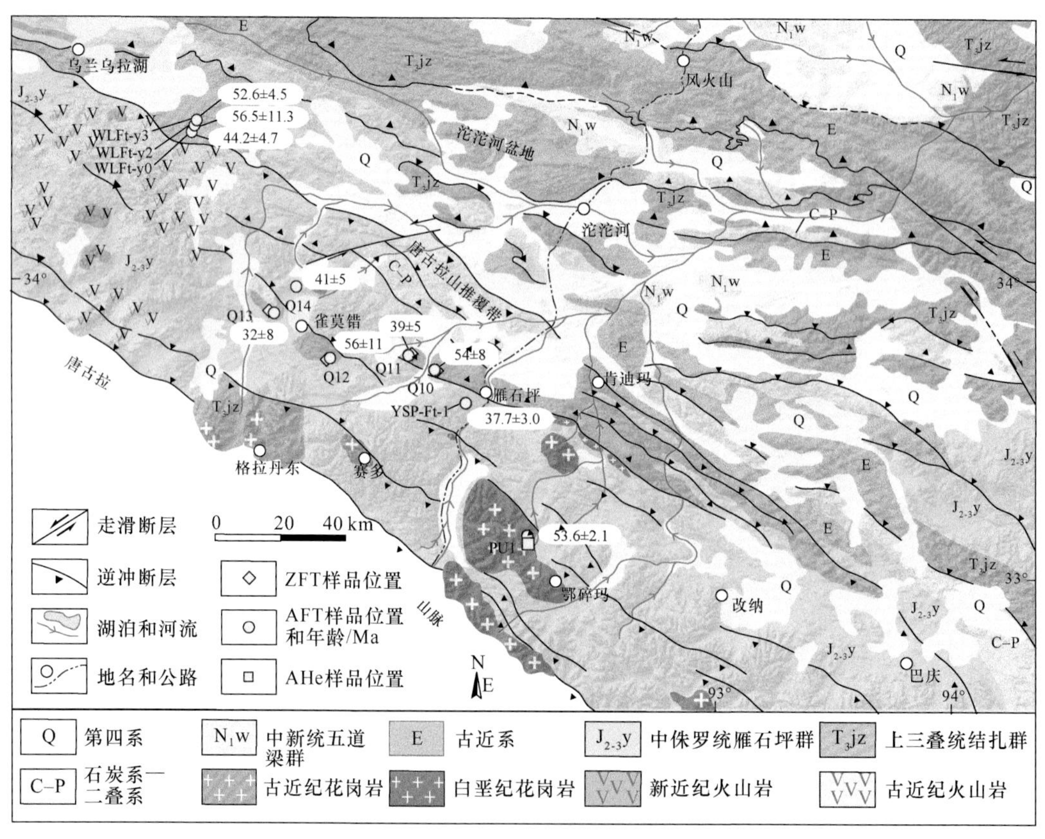

图 7.6 唐古拉山地区地质简图及热年代样品分布图（修改自 Li et al.，2012）

唐古拉山地区 5 件样品的 ZFT 年龄值在 54~128 Ma（表 7.4），且几乎所有的单颗粒 ZFT 年龄小于其相应的地层年龄，表明这些样品经历了充分退火作用。然而，这些样品均未通过 χ2 检验［P（χ2）＜ 5%］，可能是碎屑岩中不同源区的锆石颗粒的化学成分（如氟、氯元素）不同，使得同一样品中锆石颗粒表现出来的退火特性差异较大（Galbraith and Laslett，1993），进而导致样品单颗粒 ZFT 年龄较为分散，具有多个年龄峰值。基于充分退火的 ZFT 年龄和 ZFT 部分退火带的底界温度（~200℃）（Tagami and Shimada，1996），结合羌塘地体古地温梯度 26.5℃ /km（王剑等，2009），可以估算出晚白垩世以来该地区剥露量大于 7.2 km。

表 7.4 唐古拉山地区 ZFT 数据分析结果

样品号	N_c	$\rho_s/10^5cm^{-2}$	$\rho_i/10^5cm^{-2}$	$\rho_d/10^5cm^{-2}$	年龄 ±1σ/Ma	P（χ2）/%	数据来源
Q10	16	238.9	75.8	7.8	104±7	1.3	Song et al., 2013
Q11	18	216.4	73.8	8.1	102±7	0.0	
Q12	21	215.6	105.1	8.0	68±7	0.0	
Q13	22	180.6	99.9	7.7	54±8	0.0	
Q14	15	202.7	53.2	7.9	128±12	0.0	

注：N_c 为测得的封闭径迹数量；ρ_s、ρ_i 和 ρ_d 分别为自发径迹密度、诱发径迹密度和标玻径迹密度；年龄使用 TrackKey 软件计算得出，当 P（χ2）> 5%，采用冷却年龄；当 P（χ2）≤ 5%，采用平均年龄（Galbraith and Green，1990）；P（χ2）为卡方检验的值（Galbraith，1981；Green，1981）。

在唐古拉山脉，4 件结扎群砂岩样品（Q10~Q13）的 AFT 年龄值在 32~54 Ma，均小于其相应的地层年龄（表 7.5）。样品 Q10 和 Q11 通过了 χ2 检验[P（χ2）> 5%]（Galbraith and Green，1990），表明其经历了完全退火，并且具有单一的年龄组分；而样品 Q12 和 Q13 未通过 χ2 检验［P（χ2）> 5%］（Galbraith and Green，1990），可能与所测颗粒数太少或同一样品磷灰石颗粒的化学成分差异较大，从而表现出来的退火特征不一致有关。这些样品的平均径迹长度在 11.8~14.2 μm（表 7.5），表明样品经历了不一样的退火过程，其中平均径迹相对长的样品在冷却过程快速通过 AFT 的部分退火带，而平均径迹相对较短的样品可能是在冷却过程中缓慢通过 AFT 的部分退火带或经历了更复杂的退火过程。2 件雁石坪群砂岩样品 Q14 和 YSP-Ft-1 的 AFT 年龄值分别为 41±5 Ma 和 37.7±3.0 Ma（表 7.5），小于它们相应的地层年龄（164~161 Ma），且通过了 χ2 检验［P（χ2）> 5%］（Galbraith and Green，1990），表明这些样品经历了完全退火，并且具有单一的年龄组分。它们的平均裂变径迹长度分别为 12.8 μm 和 13.5 μm（表 7.5），表明样品快速通过了 AFT 的部分退火带。样品 PU1 的 AFT 年龄值为 53.6±2.1 Ma，小于岩体的结晶年龄（69.2 Ma），且通过了 χ2 检验［P（χ2）> 5%］（Galbraith and Green，1990），表明该样品具有单一的年龄组分。此外，样品 PU1 的平均裂变径迹长度为 12.6 μm（表 7.5），且具有单一的长度峰值，表明样品在冷却过程中快速通过 AFT 的部分退火区间。沱沱河盆地 3 件始新统砂岩样品（WLFt-y0、WLFt-y2 和 WLFt-y3）的 AFT 年龄值分别为 44.2±4.7 Ma、56.5±11.3 Ma 和 52.6±4.5 Ma（表 7.5），均大于它们的沉积地层年龄（43~31 Ma），反映了物源区的冷却历史。通过对比其西南部唐古拉山脉的 AFT 数据，发现它们的年龄值基本一致；结合古水流及碎屑锆石的证据，可以得出始新世地层的物源主要来源西南面的唐古拉山脉。结合 AFT 的充分退火温度

(~120℃)(Gleadow et al.,2002)和羌塘地体的古地温梯度(26.5℃ /km)(王剑等,2009),可以估算出该地区在始新世以来唐古拉山地区至少发生了 4.2 km 的剥露。

表 7.5　唐古拉山地区 AFT 数据分析结果

样品号	N_c	$\rho_s/10^5cm^{-2}$	$\rho_i/10^5cm^{-2}$	$\rho_d/10^5cm^{-2}$	年龄 ±1σ/Ma	P(χ2)/%	MTL/μm	数据来源
Q10	12	1.1	4.9	13.0	54±8	83	12.2	Song et al.,2013
Q11	14	2.3	13.9	11.9	39±5	33.8	14.2	
Q12	6	1.4	7.0	12.8	56±11	4.8	13.1	
Q13	7	6.7	42.5	12.7	32±8	0	11.8	
Q14	14	3.2	19.9	12.5	41±5	26.5	12.8	
YSP-Ft-1	20	6.4	35.0	11.8	37.7±3.0	77.8	13.5	Wang et al.,2008a
WLFt-y0	20	5.6	26.1	12.0	44.2±4.7	11.5	13.8	
WLFt-y2	9	6.0	22.2	12.0	56.5±11.3	97	12.6	
WLFt-y3	20	5.6	22.2	12.0	52.6±4.5	61.7	15.4	
PU1	20	9.7	31.8	88.5	53.6±2.1	88.5	12.6	Rohrmann et al.,2012

注:N_c 为测得的封闭径迹数量;ρ_s、ρ_i 和 ρ_d 分别为自发径迹密度、诱发径迹密度和标玻径迹密度;年龄使用 TrackKey 软件计算得出,当 P(χ2)> 5%,采用冷却年龄;当 P(χ2)≤ 5%,采用平均年龄(Galbraith and Green,1990);P(χ2)为卡方检验的值(Galbraith,1981;Green,1981);MTL 为平均围限径迹长度。

唐古拉山脉花岗岩样品 PU1 的 3 个颗粒 AHe 年龄值分别是 44.0±0.7 Ma、43.8±0.9 Ma 和 41.6±0.7 Ma,加权平均年龄为 43.1±0.8 Ma(表 7.6),小于岩体的结晶年龄(69.2 Ma)。基于该样品的 AFT 和 AHe 年龄值,进一步结合两种方法的封闭温度,可以估算出该样品在 54~43 Ma 期间经历了快速冷却,降温幅度大于 45℃,冷却速率大于 4.0℃ /Ma。

表 7.6　唐古拉山地区 AHe 数据分析结果

样品号	U/10^{-6}	Th/10^{-6}	^{4}He/(nmol/g)	eU/10^{-6}	R_s/μm	质量 /ug	年龄 ±1σ/Ma	数据来源
PU1-G1	43.5	106.4	12.1	68.5	49.8	3.6	44.0±0.7	Rohrmann et al.,2012
PU1-G2	60.5	99.1	11.7	83.8	31.3	0.7	43.8±0.9	
PU1-G3	44.7	105.5	11.0	69.5	43.8	2.6	41.6±0.7	
加权平均年龄							43.1±0.8	

注:eU 为有效铀含量,[eU] = [U] +0.235× [Th](Flowers et al.,2009);R_s 为等效球体半径;异常年龄(与其他颗粒年龄相比过大),计算加权平均年龄时舍弃。

热历史模拟结果显示(图 7.7),样品 Q13 在约 60 Ma 开始发生快速冷却,冷却速率在 1.5℃ /Ma 左右;随后在 35 Ma,样品的冷却速率减慢至 0.3℃ /Ma 以下;在 15 Ma 以来,样品再一次发生快速冷却,冷却速率在 3.3℃ /Ma 左右。样品 PU1 同样经历了 65~50 Ma 和 15~0 Ma 两个阶段的快速冷却。第一阶段的快速冷却从约 160℃冷却

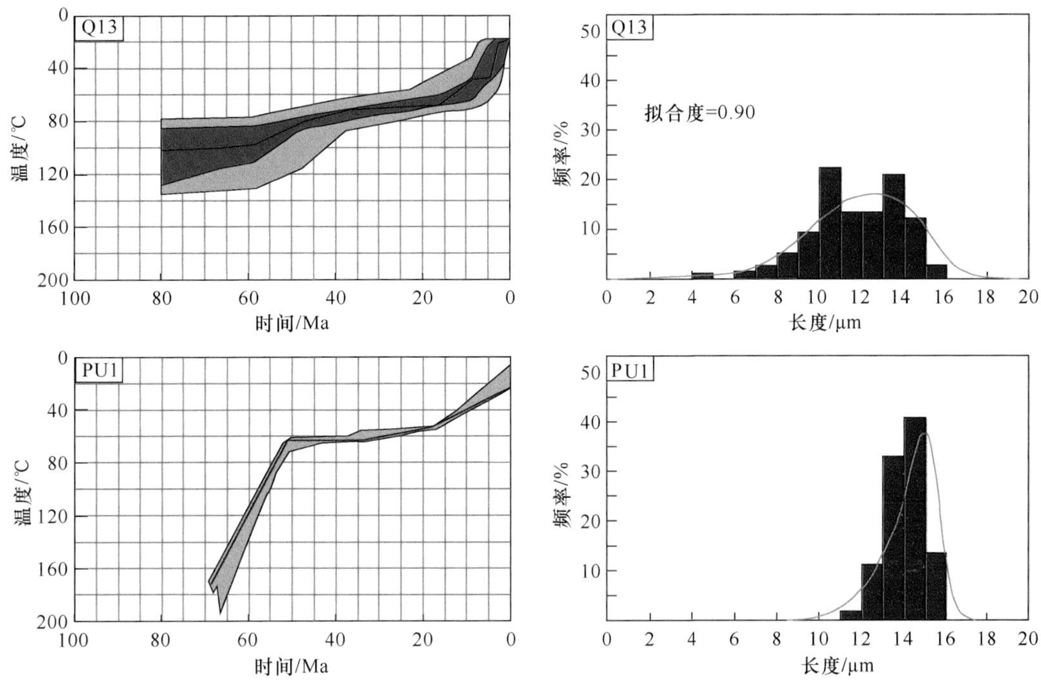

图 7.7　唐古拉山地区热历史模拟曲线（Rohrmann et al.，2012；Song et al.，2013）

至 60℃，降温幅度达 100℃，冷却速率在 6.7℃ /Ma 左右；中新世以来的快速冷却使样品从约 55℃冷却至近地表温度，冷却速率在 2.3℃ /Ma 左右。

综上所述，唐古拉山经历了古新世—始新世和中新世以来两期快速剥露。

7.2　中央隆起带

7.2.1　中央隆起带东段

中央隆起东段广泛发育中生界，包括上三叠统波里拉组（T_3bc）、阿堵拉组（T_3a）和夺盖拉组（T_3d），侏罗系色哇组（$J_{1\text{-}2}s$）、布曲组（J_2b）、夏里组（J_2x）、索瓦组（J_3s）和上白垩统阿布山组（K_2a），其中阿布山组与下伏三叠系和侏罗系呈角度不整合接触（图 7.8）。野外地质调查结果显示该地区发育大规模逆冲推覆构造，主要表现为三叠系和侏罗系向南逆冲在阿布山组之上，且在破曲地区见阿布山组之上发育侏罗系灰岩飞来峰（Bi et al.，2021）。本次研究选取了 8 件（Zhang et al.，2019；Bi et al.，2022）来自中央隆起西段鄂斯玛地区样品（图 7.8），其中 3 件样品来自三叠系砂岩，3 件来自侏罗系砂岩，2 件来自于上白垩统砂砾岩。所有样品均进行了 AFT 分析测试，其中 2 件样品还进行了 AHe 分析测试。

鄂斯玛地区 8 件砂岩样品的 AFT 年龄值在 94.0~43.8 Ma（表 7.7），小于它们相应的地层年龄。样品 Ep1505、Ep1506、Ep1503、Ep1504-09 和 Ed0620 通过了 $\chi2$ 检

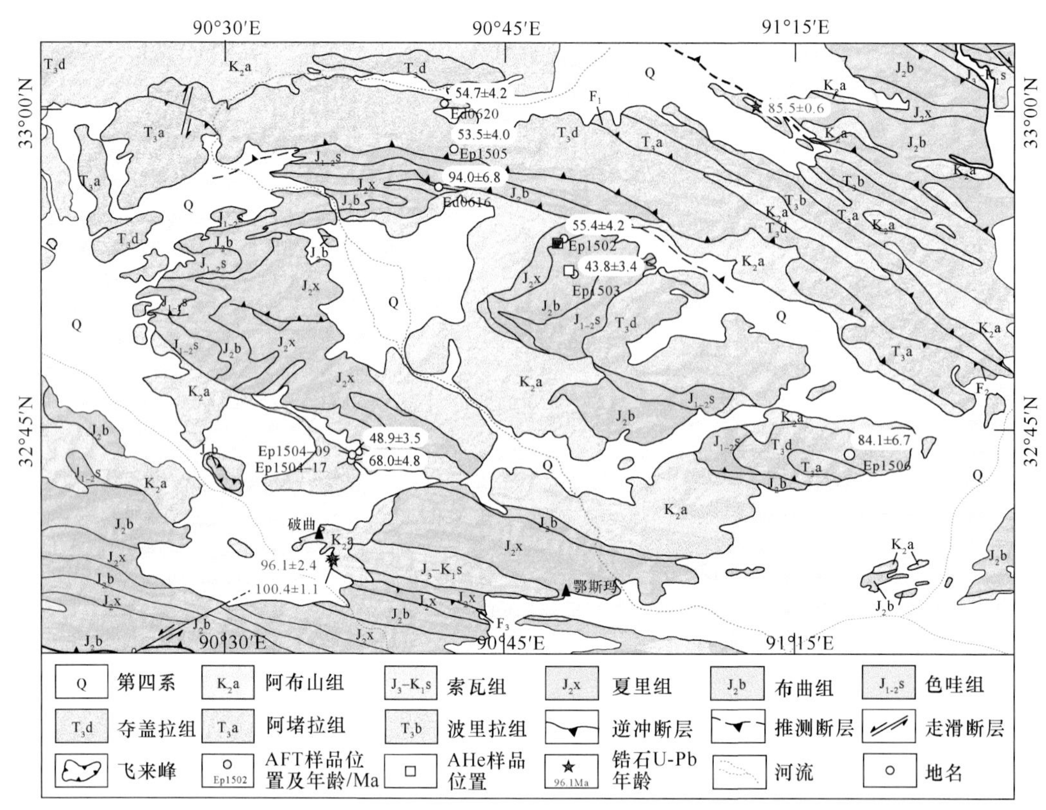

图 7.8 鄂斯玛地区地质简图及热年代样品分布图（修改自 Bi et al.，2021）

验［P（χ2）＞ 5%］（Galbraith and Green，1990），表明这些样品经历了完全退火，且具有单一的年龄组分。Ep1502 和 Ed0616 同一砂岩样品中不同磷灰石颗粒的 F、Cl 等元素含量有所差异，使得单颗粒磷灰石的退火特性存在差异，进而引起同一样品的单颗粒 AFT 年龄较为分散（Green et al.，1986），未能通过 χ2 检验（Galbraith and Green，1990）。但是 Trackkey 软件获得单颗粒 AFT 年龄直方图显示样品 Ep1502 和 Ed0616 均具有单一的年龄峰值（Dunkl，2002），表明它们同样经历了充分退火和相对简单的冷却过程。样品 Ep1504-17 中部分单颗粒 AFT 年龄接近甚至老于其沉积地层年龄，且未能通过 χ2 检验（Galbraith and Green，1990），表明该样品未能发生充分退火，具有多个峰值年龄。综合上述样品的 AFT 年龄，发现除样品 Ep1504-17 以外，其他样品的 AFT 数据可以被分为了 55.4~43.8 Ma 和 94.0~84.1 Ma 两个年龄组。对于裂变径迹的长度数据，样品 Ed0616、Ed0620、Ep1502 和 Ep1503 具有相对较短的平均围限径迹长度，径迹长度在 9.3~11.7 μm，表明其在部分退火带滞留了较长时间；而样品 Ep1504-09、Ep1505 和 Ep1506 具有相对较长的平均围限径迹长度，径迹长度在 12.9~14.5 μm，表明其发生相对快速的退火过程。考虑到采自三叠系、侏罗系和白垩系的多数 AFT 样品均经历了充分退火，结合 AFT 年龄、AFT 充分退火温度（~120℃）（Gleadow et al.，2002）和羌塘地体古地温梯度（26.5℃ /km）（王剑等，2009），可以估算出该地区在始新世以来至少发生了 4.2 km 的剥露。

表 7.7　鄂斯玛地区 AFT 数据分析结果

样品号	N_c	$\rho_s/10^5cm^{-2}$	$\rho_i/10^5cm^{-2}$	$\rho_d/10^5cm^{-2}$	年龄 ±1σ/Ma	P（χ2）/%	MTL/μm
Ed0616	27	6.6	13.2	12.0	94.0±6.8	0	11.7
Ed0620	32	5.5	17.6	12.0	54.7±4.2	24	11.7
Ep1502	28	5.5	17.8	12.2	55.4±4.2	0	10.8
Ep1503	30	5.9	23.7	12.1	43.8±3.4	14	9.3
Ep1504-09	40	5.3	19.1	12.1	48.9±3.5	23	13.4
Ep1504-17	18	5.9	17.5	12.0	68.0±4.8	3	14.5
Ep1505	32	7.2	24.0	12.2	53.5±4.0	40	12.9
Ep1506	30	9.3	19.6	12.2	84.1±6.7	93	13.5

注：N_c 为测得的封闭径迹数量；ρ_s、ρ_i 和 ρ_d 分别为自发径迹密度、诱发径迹密度和标玻径迹密度；年龄使用 TrackKey 软件计算得出，当 P（χ2）> 5%，采用冷却年龄；当 P（χ2）≤ 5%，采用平均年龄（Galbraith and Green，1990）；P（χ2）为卡方检验的值（Galbraith，1981；Green，1981）；MTL 为平均围限径迹长度。

该地区两件样品中大多数磷灰石颗粒的（U-Th）/He 年龄值在 44.0~36.3 Ma（表 7.8），只有 Ep1502-G3 颗粒的 AHe 年龄为 95.8±5.0 Ma，这可能是磷灰石颗粒中存在包裹体，导致其产生异常高的 eU 含量，进而引起 AHe 年龄值偏大（Flowers et al.，2009；Shuster et al.，2006）。剔除异常的磷灰石颗粒，可以获得样品 Ep1502 和 Ep1503 的加权平均 AHe 年龄值分别为 38.1±2.0 和 41.0±2.2 Ma。

表 7.8　鄂斯玛地区 AHe 数据分析结果

样品号	$U/10^{-6}$	$Th/10^{-6}$	$^4He/(nmol/g)$	$eU/10^{-6}$	长度 /μm	宽度 /μm	R_s/μm	质量 /μg	年龄 ±1σ/Ma
Ep1502-G1	3.9	82.7	0.3	23.3	186.0	114.0	58.5	5.0	36.3±1.9
Ep1502-G2	10.8	108.7	0.5	36.4	118.0	72.0	37.0	1.3	40.0±2.1
Ep1502-G3*	27.2	412.0	3.9	124.0	118.0	72.0	37.0	1.3	95.8±5.0
加权平均年龄									38.1±2.0
Ep1503-G1	5.9	44.0	0.3	16.2	167.0	103.0	53.2	3.8	42.2±2.3
Ep1503-G2	5.1	25.6	0.2	11.1	168.0	99.0	51.6	3.5	44.0±2.4
Ep1503-G3	22.1	34.5	0.4	30.2	161.0	92.0	47.9	2.8	36.9±2.0
加权平均年龄									41.0±2.2

注：eU 为有效铀含量，[eU]=[U]+0.235×[Th]（Flowers et al.，2009）；R_s 为等效球体半径；* 为异常年龄（与其他颗粒年龄相比过大），计算加权平均年龄时舍弃（数据来源 Bi et al.，2021）。

热历史模拟结果显示（图 7.9），采自鄂斯玛地区北部三叠系的样品 Ep1505 和 Ed0620 在 ~120 Ma 埋藏至最大埋藏温度，随后经历了 120~110 Ma、57~38 Ma 和 12~0 Ma 三期快速冷却。侏罗系样品 Ed0616、Ep1503、Ep1502 的模拟结果显示它们在早白垩世之前经历了长时间的埋藏和加热过程；在 120~110 Ma 发生快速冷却，冷却速率大于 8.0℃ /Ma；在 110~55 Ma，冷却速率减慢至 0.2℃ /Ma 以下；在 ~55 Ma，样品再一次加速冷却，冷却速率大于 2.0℃ /Ma；在 ~38 Ma 以后，冷却速率再次减慢至

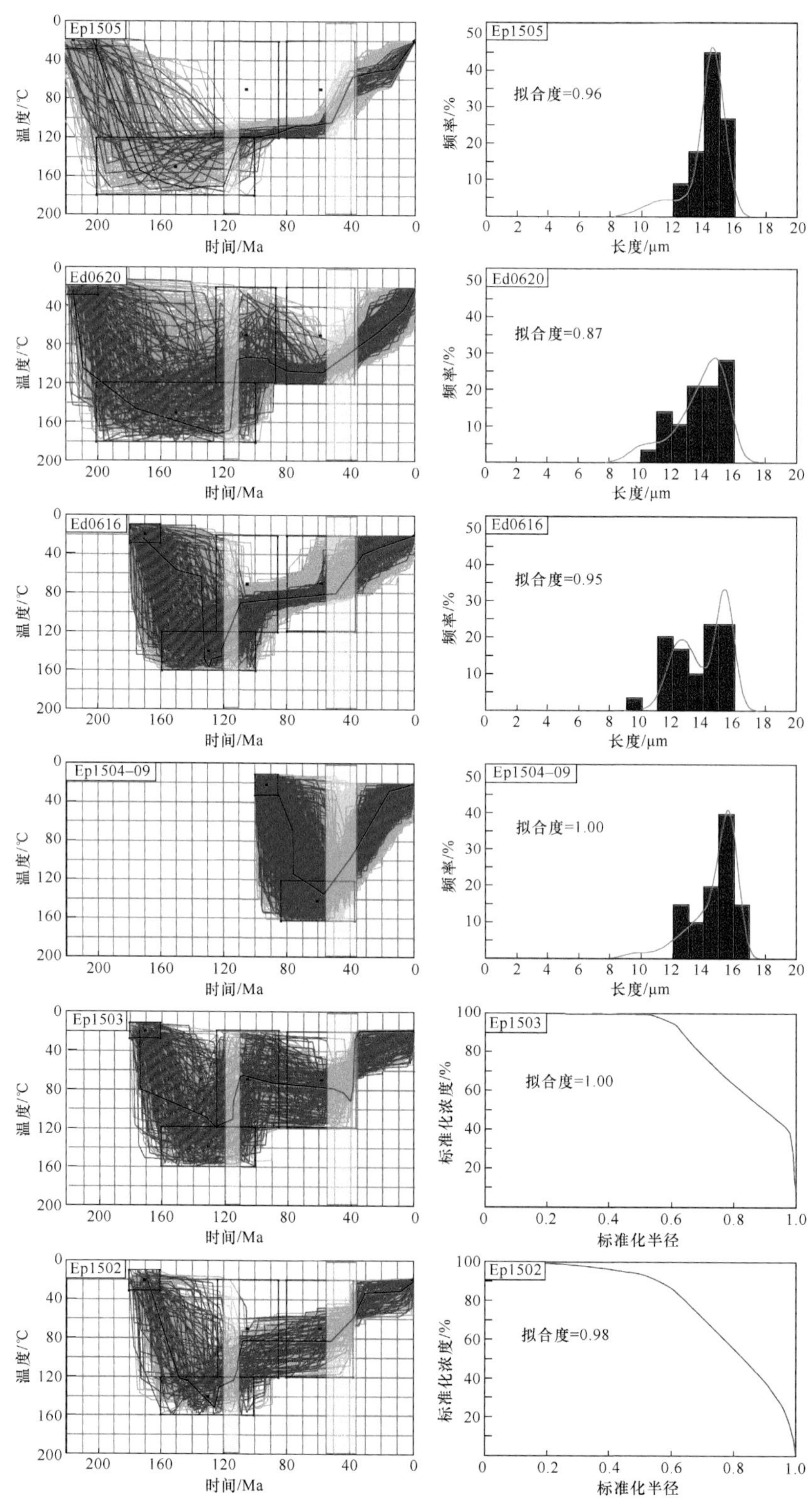

图 7.9　鄂斯玛地区碎屑岩热历史模拟曲线

0.77℃ /Ma 之下，直到冷却至地表温度。假设羌塘地体古地温梯度 26.5℃ /km（王剑等，2009），可以估算出该地区在晚白垩世和始新世两次快速剥露事件的剥露速率分别为 0.3~0.6 mm/a 和大于 0.08 mm/a。

如上所述，阿布山组为陆相红色磨拉石沉积，其物源主要来自于周源造山带的剥露（Ma et al.，2017，2023）。通过对鄂斯玛地区阿布山组中火山岩夹层开展锆石 U-Pb 年代学研究，限定该地区的阿布山组的沉积时代开始于 100~85 Ma（Li et al.，2013；Bi et al.，2021），这与热历史模拟限定该地区早期快速剥露的起始时间一致。此外，鄂斯玛地区多条逆冲断层均表现为三叠系—侏罗系海相地层逆冲在晚白垩世阿布山组之上，且在逆冲带前缘见侏罗系灰岩飞来峰（Bi et al.，2021），表明该地区在晚白垩世之后仍有强烈的地壳缩短和地表隆升，这与热历史模拟结果显示该地区在始新世期间再一次发生快速剥露一致。

7.2.2　中央隆起带西段

中央隆起带西段主要发育前侏罗系，包括奥陶系—泥盆系浅变质岩和冰海杂砾岩、石炭系—二叠系复理石、古生界蛇绿岩－岩浆岩－高压变质岩等共同组成的构造混杂岩，以及三叠系碳酸盐岩＋碎屑岩夹火山岩建造（图 7.10）。在中央隆起带南、北缘，前侏罗系逆冲在侏罗系海相地层和白垩系—古近系陆相红色碎屑岩之上，且在逆冲带前缘形成不同规模的飞来峰和构造窗（图 7.10）。此外，锆石 U-Pb 年代学限定了区域内出露的大规模的花岗岩体侵入时代为 222.0~214.0 Ma（李静超等，2015）。本次研究选取了 4 件（Qian et al.，2021）来自中央隆起带西段嘎措地区三叠纪花岗岩样品（图 7.10），这些样品均进行了 ZHe 和 AHe 分析测试。

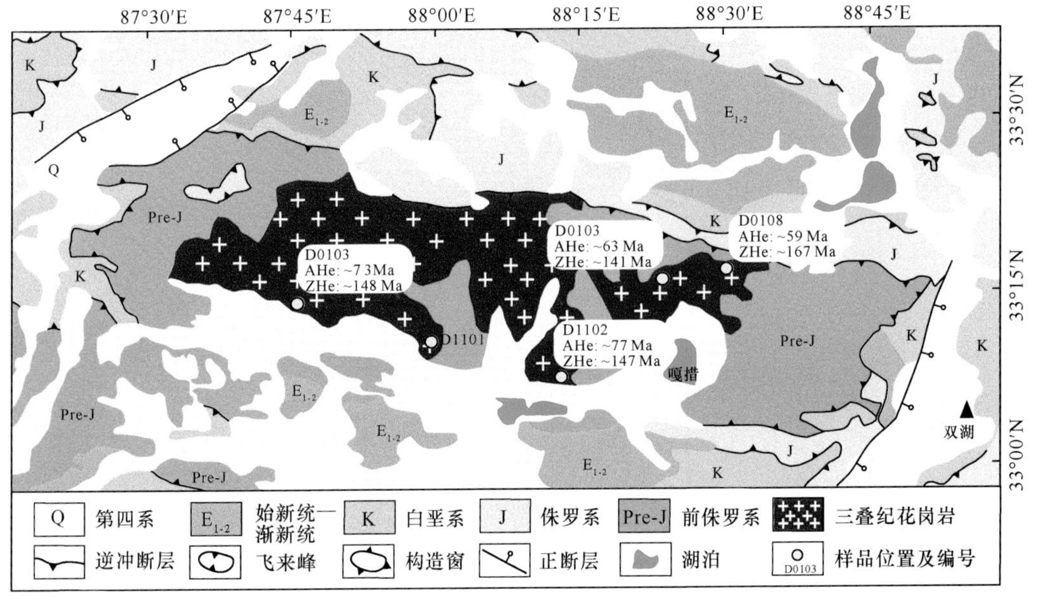

图 7.10　嘎措地区地质简图及热年代样品分布图（据赵珍等，2019a 修改）

花岗岩样品中D1102和Q1选择了5个锆石颗粒进行（U-Th）/He分析测试，其中样品D1102中除了G3颗粒具有相对年轻的ZHe年龄，年龄值为115.8±3.8 Ma，其他单颗粒的ZHe年龄值均在148.2±4.6~164.3±5.2 Ma之间（表7.9）；样品Q1所有锆石颗粒具有一致的（U-Th）/He年龄，年龄值在133.2±3.5~156.6±4.0 Ma之间（表7.9）。样品D0103和D0108选择了4个锆石颗粒进行了（U-Th）/He分析测试，其中D0103中G4颗粒具有相对年轻的ZHe年龄，年龄值为119.8±3.2 Ma，其他单颗粒的ZHe年龄值均在145.6±4.0~151.2±4.3 Ma之间（表7.9）；样品D0108中有两个异常大的ZHe年龄，分别是170.2±4.9和191.0±5.2 Ma，剩余两个颗粒的ZHe年龄值分别是157.9±4.4和147.7±4.0 Ma。样品中一些异常大或小的ZHe年龄可能与锆石颗粒中存在包裹体、颗粒不完整、He在不同颗粒之间表现出的扩散性质不同有关（Reiners and Nicolescu，2006）。通过剔除样品中异常的ZHe年龄值，获得样品D1102、Q1、D0103、D0108的加权平均年龄分别是154.9±4.8 Ma、147.8±8.7 Ma、148.5±4.2 Ma和152.8±4.2 Ma。基于这些完全退火的ZHe年龄和ZHe部分退火带的底界温度（~200℃）（Reiners et al.，2004），结合羌塘地体古地温梯度26.5℃/km（王剑等，2009），可以估算出晚侏罗世以来该地区剥露量大于7.2 km。

表7.9　嘎措地区ZHe数据分析结果

样品号	$U/10^{-6}$	$Th/10^{-6}$	$^{4}He/(nmol/g)$	$eU/10^{-6}$	$R_s/\mu m$	质量/μg	年龄±1σ/Ma
D1102-G1	326.4	146.8	22.9	360.9	50.4	4.6	151.4±4.6
D1102-G2	366.8	138.6	27.9	399.4	50.9	4.9	155.8±4.8
D1102-G3*	562.4	146.3	56.3	596.8	63.0	8.4	115.8±3.8
D1102-G4	565.3	245.9	50.5	623.1	54.1	5.9	148.2±4.6
D1102-G5	412.6	185.3	42.8	456.2	56.6	6.0	164.3±5.2
加权平均年龄							154.9±4.8
Q1-G1	271.6	129.0	5.9	301.9	38.2	1.6	149.3±4.0
Q1-G2	219.6	171.3	5.3	259.8	39.5	1.9	133.2±3.5
Q1-G3	340.1	172.9	6.0	380.7	35.5	1.3	150.3±3.9
Q1-G4	284.5	136.2	5.0	316.5	35.5	1.3	156.6±4.0
Q1-G5	275.2	153.2	6.0	311.2	36.3	1.6	149.5±3.9
加权平均年龄							147.8±8.7
D0103-G1	590.9	75.9	13.5	608.7	38.4	1.8	151.2±4.3
D0103-G2	529.3	241.2	13.5	585.9	40.7	1.9	145.6±4.0
D0103-G3	739.2	287.1	25.3	806.6	42.1	2.5	148.8±4.2
D0103-G4*	850.4	363.5	12.7	935.9	36.7	1.4	119.8±3.2
加权平均年龄							148.5±4.2
D0108-G1	291.1	10.4	12.4	293.5	45.1	2.6	157.9±4.4
D0108-G2	289.0	10.3	7.8	291.5	40.0	2.0	147.7±4.0
D0108-G3*	262.5	9.4	14.9	264.7	46.6	3.3	170.2±4.9
D0108-G4*	452.6	16.1	19.2	456.4	41.5	2.3	191.0±5.2
加权平均年龄							152.8±4.2

注：eU为有效铀含量，[eU]=[U]+0.235×[Th]（Flowers et al.，2009）；R_s为等效球体半径；*为异常年龄（与其他颗粒年龄相比过大），计算加权平均年龄时舍弃。

嘎措地区每件花岗岩样品均选择 4 颗磷灰石颗粒进行（U-Th）/He 测试。从表 7.10 可以看出，同一样品的不同磷灰石颗粒的（U-Th）/He 年龄值存在一定差异，这可能是 He 在自然界中发生扩散、磷灰石颗粒中存在包裹体导致 He 在矿物内分布不均匀、矿物颗粒周围其他富含 U、Th 的矿物向磷灰石中注入了 He 以及 α 粒子损伤矫正引起的不确定性导致的（Reiners and Nicolescu，2006）。通过剔除样品中异常大的单颗粒 AHe 年龄（如 D1102-G1 和 D1102-G13），获得样品 D1102、Q1、D0103、D0108 的加权平均年龄分别是 62.7±3.3 Ma、73.6±5.0 Ma、63.8±4.5 Ma 和 59.4±4.2 Ma（表 7.10）。基于 AHe 年龄和 AHe 部分退火带的底界温度（~75℃）（Flowers et al.，2009），结合羌塘地体古地温梯度 26.5℃ /km（王剑等，2009），可以估算出晚白垩世以来该地区剥露量大于 2.8 km。

表 7.10　嘎措地区 AHe 数据分析结果

样品号	U/10^{-6}	Th/10^{-6}	^{4}He/(nmol/g)	eU/10^{-6}	长度 /μm	宽度 /μm	R_s/μm	质量 /μg	年龄 ±1σ/Ma
D1102-G1*	36.6	95.2	2.3	59.0	248.0	104.0	57.2	4.9	94.2±4.9
D1102-G2	31.5	75.2	1.3	49.2	262.0	124.0	66.7	7.2	62.3±3.3
D1102-G3*	23.3	61.4	1.4	37.7	210.0	96.0	52.0	3.5	91.8±4.9
D1102-G4	18.7	56.8	0.8	32.1	228.0	115.0	61.1	4.5	63.1±3.3
加权平均年龄									62.7±3.3
Q1-G1	49.6	42.5	1.6	59.6	139.0	68.0	36.5	1.3	79.5±4.2
Q1-G2	37.7	45.9	1.2	48.5	146.0	75.0	40.3	1.8	69.0±3.7
Q1-G3	19.1	25.8	0.7	25.1	209.0	75.0	42.6	2.5	75.9±4.1
Q1-G4	75.0	64.9	2.3	90.2	188.0	72.0	40.1	2.0	69.9±3.7
加权平均年龄									73.6±5.0
D0103-G1	11.5	38.2	0.5	20.5	273.0	101.0	57.0	5.9	60.7±3.2
D0103-G2	26.4	64.5	1.2	41.5	235.0	99.0	54.9	4.9	68.9±3.7
D0103-G3	16.2	43.8	0.7	26.5	209.0	100.0	53.7	3.7	61.7±3.3
D0103-G4	27.3	47.0	1.1	38.4	215.0	131.0	66.9	6.4	70.2±3.7
加权平均年龄									63.8±4.5
D0108-G1	20.7	78.7	0.7	39.2	139.0	66.0	35.6	1.3	53.7±2.8
D0108-G2	13.0	57.4	0.6	26.5	128.0	75.0	39.3	1.5	62.7±3.3
D0108-G3	23.5	94.3	0.9	45.7	126.0	65.0	34.5	0.8	62.6±3.3
D0108-G4	17.2	65.9	0.7	32.6	129.0	78.0	40.1	1.6	58.8±3.1
加权平均年龄									59.4±4.2

注：eU 为有效铀含量，[eU]=[U]+0.235×[Th]（Flowers et al.，2009）；R_s 为等效球体半径；* 为异常年龄（与其他颗粒年龄相比过大），计算加权平均年龄时舍弃。

热历史模拟结果显示嘎措地区四件花岗岩样品经历了相似的冷却过程（图 7.11）。在中—晚侏罗世（180~150 Ma），这些样品开始快速冷却，随后样品冷却速率减慢。在

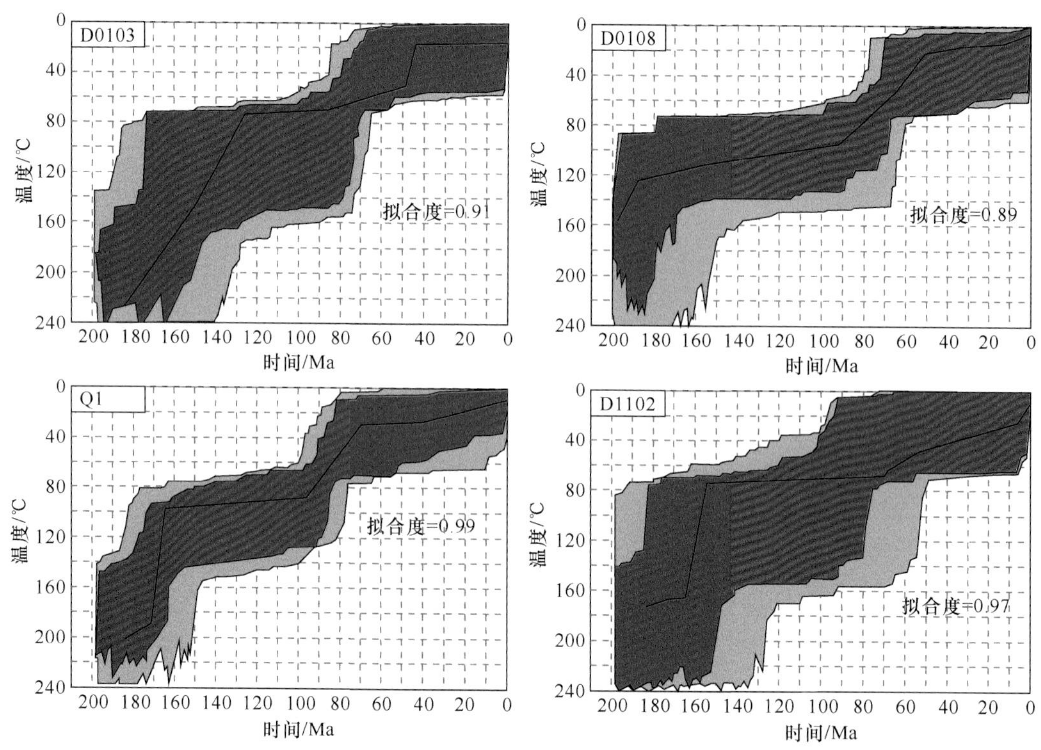

图 7.11　嘎措地区花岗岩热历史模拟曲线（据 Qian et al.，2021 修改）

晚白垩世—古新世（90~55 Ma）期间，样品 D0108 和 Q1 再一次发生快速冷却，随后缓慢冷却至近地表温度；而样品 D0103 和 D1102 显示出相对滞后的快速冷却过程，其缓慢至快速冷却的转换时间发生在 90~60 Ma 之间。假设羌塘地体古地温梯度为 26.5℃ /km（王剑等，2009），可以估算出该地区在中—晚侏罗世和晚白垩世—古新世两期快速剥露事件的剥露速率分别是 0.1~0.4 mm/a 和 0.05~0.1 mm/a。

上述低温热年代学数据揭示嘎措地区主要经历了中—晚侏罗世和晚白垩世—古新世两期快速剥露，这与 Zhao 等（2017）基于热年代数据年龄和不同测年方法的封闭温度，提出中央隆起带西段在侏罗纪已经开始缓慢剥露，随后在白垩纪发生强烈剥露相一致。地层年龄学证据显示改则地区北部在晚侏罗世—早白垩世时期存在地层缺失，表明中央隆起带西段在晚侏罗世—早白垩世处于构造隆升 / 剥露阶段（Zhang et al.，2017）。南、北羌塘拗陷在侏罗纪发生了快速的沉降（Zhang et al.，2019）；古水流和碎屑锆石数据显示中央隆升带为主要的物源区（Wang et al.，2018；Zhang et al.，2019），进一步说明中央隆升带西段在侏罗纪处于剥露阶段。中央隆升带西段南、北两侧在晚白垩世—古新世发育大范围的红色陆相沉积物，以含砾砂岩和砾岩为主，且砾石分选和磨圆差，指示近源堆积特征（Kapp et al.，2005；Ma et al.，2017，2023）。通过对两侧红色砾岩开展详细的地层年代学研究，限定其地层沉积时代在 111~83 Ma（Ma et al.，2017，2023；He et al.，2018；Meng et al.，2018）；物源分析结果显示这些砾岩沉积主要来自于中央隆升带的剥露（Ma et al.，2017，2023）。

7.3 南羌塘拗陷

南羌塘地体广泛发育中生界，其中上三叠统—下白垩统以滨浅海和三角洲相的碳酸盐岩和碎屑岩为主，上白垩统阿布山组为一套以紫红色砂砾岩与泥岩为主的陆相磨拉石沉积，与下伏上三叠统—下白垩统呈角度不整合接触（Wu et al.，2016；Zhang et al.，2019）（图 7.12）。始新统零星分布，且变形微弱，呈角度不整合覆盖于上白垩统红色陆相沉积物之上（吴珍汉等，2018）（图 7.12）。横穿南羌塘拗陷的地震剖面，显示南羌塘地体基底相对较深，盖层产状相对平缓，但断层明显（Lu et al.，2013）；结合野外地质观测和详细构造填图，进一步揭示该地区断层以大规模逆冲推覆和构造叠瓦为主，主要表现为三叠系和侏罗系向南逆冲在阿布山组之上，且在逆冲带前缘形成不同规模的飞来峰和构造窗（吴珍汉等，2014，2016）。本次研究选取了 9 件（王立成和魏玉帅，2013；Zhang et al.，2019）来自南羌塘拗陷毕洛错地区侏罗系砂岩样品（图 7.12），且所有样品均进行了 AFT 分析测试。

毕洛错地区 9 件样品的 AFT 年龄范围在 160~63 Ma（表 7.11）。样品 SD037FT3 的 AFT 年龄值为 160±11 Ma，接近其沉积地层的年龄（164~160 Ma），可能记录了物

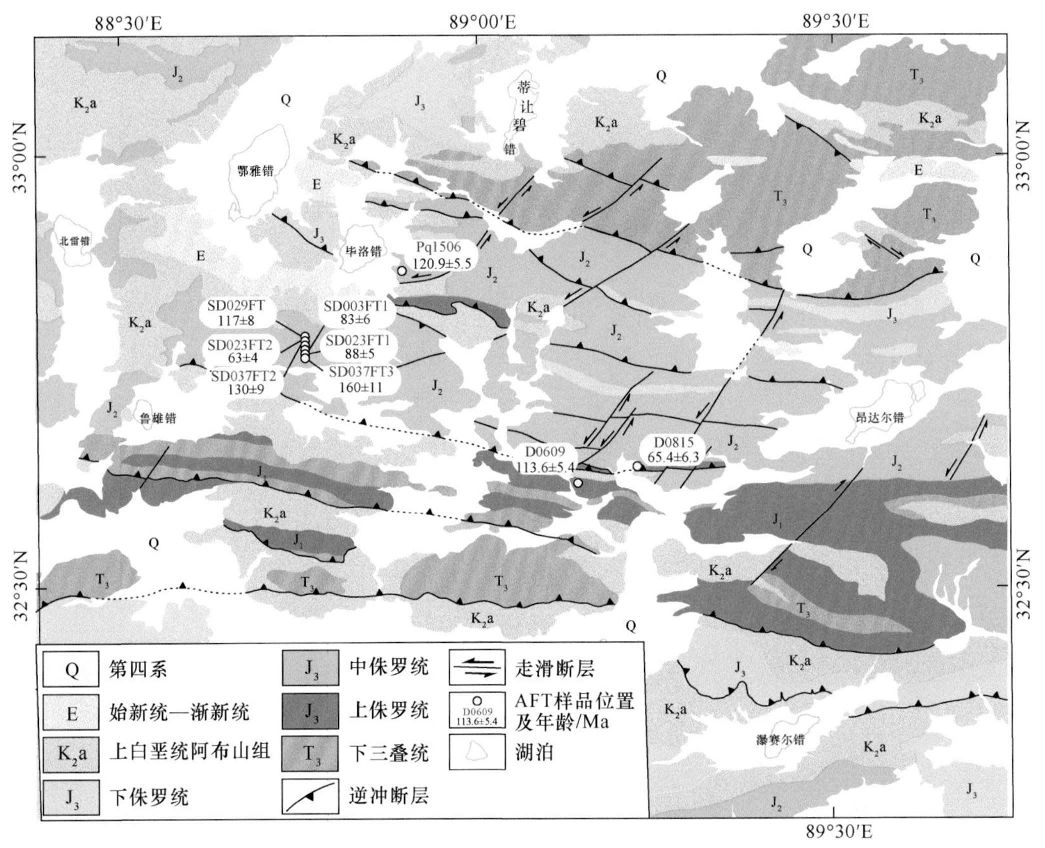

图 7.12 毕洛错地区地质简图及热年代样品分布图（修改自 Wu et al.，2012）

源区的冷却信息。其他样品的 AFT 年龄值分别为 117±8 Ma、63±4 Ma、130±9 Ma、83±6 Ma、88±5 Ma、160±11 Ma、113.6±5.4 Ma、65.4±6.3 Ma 和 120.9±5.5 Ma，均小于其沉积地层的年龄（164~160 Ma），反映了样品沉积之后的冷却过程；此外，这些样品的 P（χ2）检验值都大于 5%，表明样品具有单一的年龄组分，且经历了简单的退火过程。样品的平均径迹长度在 12.0~13.7 μm，且呈较窄的单峰分布，表明样品经历了持续单调的冷却过程。基于样品的 AFT 年龄和充分退火温度（~120℃）（Gleadow et al.，2002）和羌塘地体古地温梯度 26.5℃ /km（王剑等，2009），可以估算出该地区在晚白垩世以来至少发生了 4.2 km 的剥露。

表 7.11　嘎措地区 AFT 数据分析结果

样品号	N_c	$\rho_s/10^5cm^{-2}$	$\rho_i/10^5cm^{-2}$	$\rho_d/10^5cm^{-2}$	年龄 ±1σ/Ma	P（χ2）/%	MTL/μm	数据来源
SD029FT	30	4.3	5.4	7.6	117±8	99.6	12.9	王立成和魏玉帅，2013
SD023FT2	28	3.2	7.4	7.7	63±4	98	13.7	
SD037FT2	28	5.8	6.8	7.8	130±9	99.4	12.5	
SD003FT1	28	4.2	7.7	7.9	83±6	99.3	12.6	
SD023FT1	32	4.0	7.0	8.1	88±5	67	13.2	
SD037FT3	20	6.5	6.3	8.1	160±11	96.9	12.7	
D0609	30	9.4	12.9	12.4	113.6±5.4	100	12.7	Zhang et al.，2019
D0815	9	10.0	27.4	12.3	65.4±6.3	54		
Pq1506	32	9.1	12.5	12.4	120.9±5.5	100	12.0	

注：N_c 为测得的封闭径迹数量；ρ_s、ρ_i 和 ρ_d 分别为自发径迹密度、诱发径迹密度和标玻径迹密度；年龄使用 TrackKey 软件计算得出，当 P（χ2）＞ 5%，采用冷却年龄；当 P（χ2）≤ 5%，采用平均年龄（Galbraith and Green，1990）；P（χ2）为卡方检验的值（Galbraith，1981；Green，1981）；MTL 为平均围限径迹长度。

模拟结果显示（图 7.13），样品 SD023FT2 在 ~155 Ma 开始缓慢的冷却，随后在 80~60 Ma 期间发生第一次快速冷却，在 20 Ma 的时间内降温幅度 70℃，紧接着再次进入缓慢冷却阶段；直到 ~40 Ma，样品再一次快速冷却，降温幅度约 40℃，冷却速率在 2℃ /Ma；在 ~20 Ma，温度降到近地表温度。样品 SD023FT1 经历了即在 155~130 Ma、105~80 Ma 以及 50~35Ma 三个快速冷却阶段（图 7.13）。第一次快速冷却使样品从 ~160℃冷却至 130℃，冷却速率在 1.2℃ /Ma 左右；晚白垩世时期的快速冷却造成样品降温幅度 70℃，冷却速率在 2.8℃ /Ma 左右；始新世的快速冷却使样品从 ~65℃冷却至近地表温度，冷却速率在 2.7℃ /Ma 左右。样品 Pq1506 在 ~160 Ma 开始快速冷却，温度从 ~150℃至 ~80℃，冷却速率在 ~1.75℃ /Ma；在 ~80 Ma 之后，样品进入缓慢冷却阶段，冷却速率减慢至 0.13℃ /Ma；直到 ~40 Ma，样品再一次发生快速冷却，直至降到近地表温度。样品 D0609 的热模拟曲线包括三段：在 155~80 Ma 期间，样品从 ~140℃至 ~80℃，冷却速率在 0.8℃ /Ma 左右；在 80~10 Ma 期间，样品降温幅度约 20℃，冷却速率在 0.3℃ /Ma 左右；在 ~10 Ma 之后，样品再一次快速冷却，冷却幅度达 50℃，冷却速率在 5℃ /Ma 左右（图 7.13）。

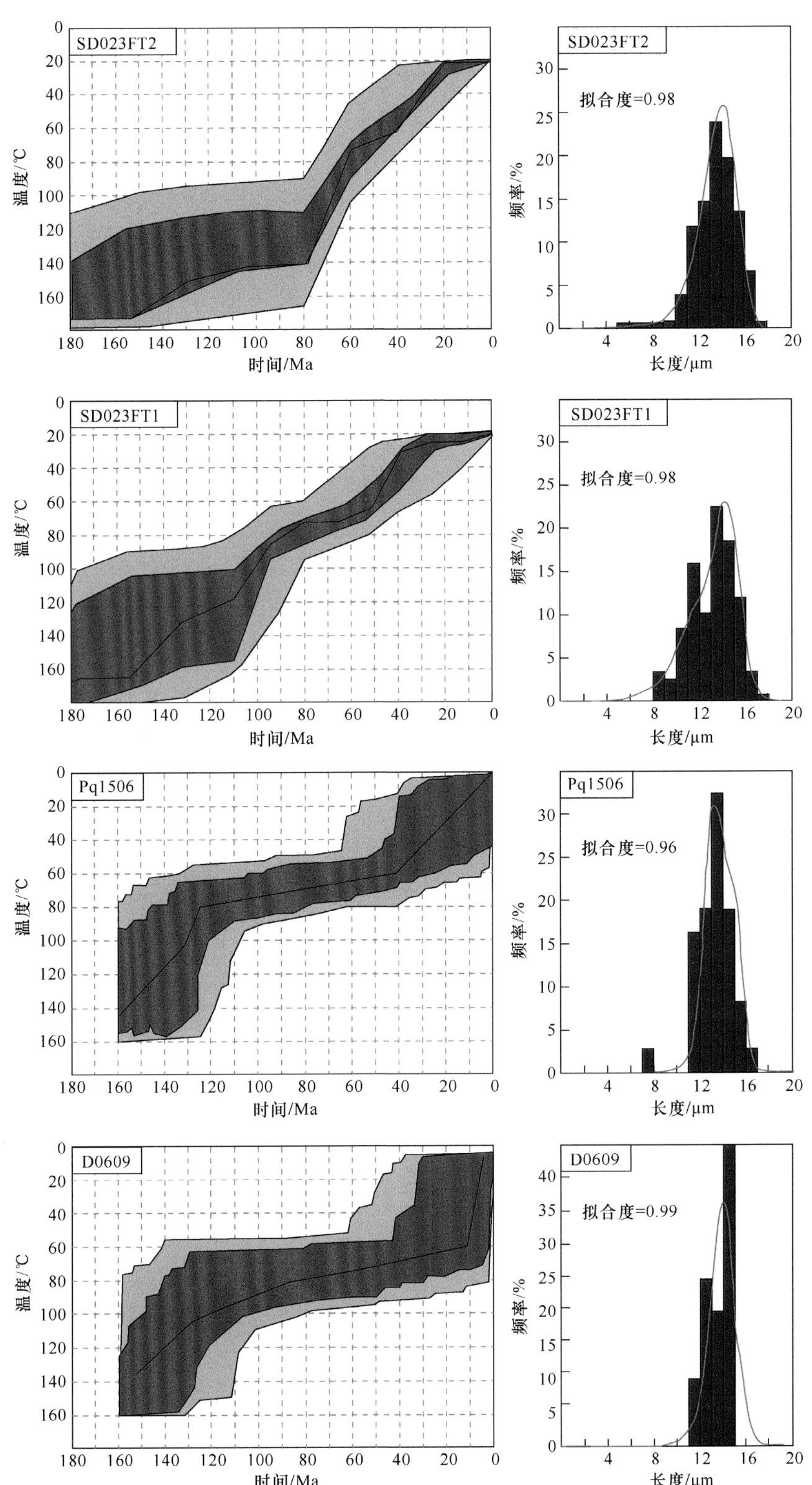

图 7.13　毕洛错地区花岗岩热历史模拟曲线（据王立成和魏玉帅，2013；Zhang et al.，2019）

上述热模拟结果显示样品在 ~160 Ma 开始冷却，并在晚侏罗世第一次发生快速冷却，然而该阶段的冷却曲线被记录在 ~120℃之下，此时 AFT 发生了充分退火，超出了该方法的测年范围，导致该冷却过程可靠性较低（图 7.13）。此外，沉积学研究表明南羌塘地体在早白垩世之前处于滨浅海环境，并未发生大规模剥露（陈文彬等，2012）。除此之外，四条热模拟曲线还揭示了晚白垩世、始新世—渐新世和中新世以来三期快速冷却（图 7.13）。晚白垩世快速冷却与南羌塘拗陷阿布山组的沉积时间基本一致，沉积特征表明阿布山组形成于山间盆地，其沉积物源主要来自于南羌塘拗陷内部（Ma et al.，2017）。在始新世晚期，南羌塘拗陷沉积了一套以河流相为主的紫红色砂砾岩。这套砂砾岩变形微弱，呈角度不整合覆盖在上白垩统阿布山组之上，表明在其沉积之前发生强烈剥露，这与 SD023FT1 热模拟结果一致。样品 Pq1506 和 SD023FT2 热模拟结果显示始新世晚期—渐新世早期的冷却过程可能与局部逆冲断层活动有关。中新世以来的冷却过程仅被样品 D0609 记录，这可能与羌塘地体广泛发育的北东 – 南西向的走滑断层活动有关（Tapponnier et al.，2001）。

上述样品的热模拟结果均显示它们在晚白垩世以来发生了快速冷却（图 7.13），此外，PQ1503 样品还显示早白垩世的快速冷却，但是由于该阶段的冷却曲线被记录在 AFT 部分保留带（60~120℃）之下，超出了该方法的测年范围，因此，该冷却过程可靠性较低，需要进一步工作进行约束。假设羌塘地体古地温梯度为 26.5℃ /km（王剑等，2009），可以估算出晚白垩世以来该地区的剥露速率大于 0.07 mm/a，剥露量大于 4.5 km。沉积相和物源分析结果显示羌塘盆地晚白垩世阿布山组为一套陆相山间盆地的红色沉积（金玮，2007；Ma et al.，2017，2023）。ESR 定年分析结果表明北羌塘拗陷南缘阿布山组的沉积时间在 95~69 Ma，这与该地区快速剥露的起始时间一致。在阿木错地区，晚白垩世—古近纪红色砾岩之上发育大规模的侏罗系飞来峰构造（Wu et al.，2012；吴珍汉等，2014，2016），表明该地区的逆冲活动至少持续到古近纪之后，这与热历史模拟显示出该地区自晚白垩世以来发生快速剥露，且一直持续到新生代以来一致。

7.4 隆升剥露过程与油气生成及保存

7.4.1 隆升剥露过程

本次研究收集了羌塘盆地已发表的低温热年代数据，包括 ZFT 数据 23 个，ZHe 数据 18 个，AFT 数据 72 个，AHe 数据 62 个（图 7.14）。整体来看，ZFT 年龄值在 135~65 Ma，具有 ~90 Ma、~113 Ma 和 ~131 Ma 三个峰值年龄（于俊秋等，2018；Zhao et al.，2020；Tong et al.，2022）（图 7.14a）；ZHe 年龄值在 135~55 Ma，具有 75 Ma、~108 Ma 和 148 Ma 三个峰值年龄（Zhao et al.，2017，2020；Qian et al.，2021；Li et al.，2022；Xue et al.，2022）（图 7.14a）；在南羌塘拗陷和北羌塘拗陷北缘，AFT 年龄在 125~25 Ma，具有 40 Ma、53 Ma 和 65 Ma 三个主要的峰值年龄（Wang et al.，2008a；Rohrmann et al.，2012；Song et al.，2013；Ren et al.，2015；于俊秋等，2018；Zhang et al.，2019；Zhao et al.，2020；Bi et al.，2021，2022；Qian et al.，2021；Yang et al.，2021；Li et al.，2022；Xue et al.，2022）（图 7.14a）；在羌塘拗陷其他地区，AFT 年龄值在 130~5 Ma，具有 ~65 Ma 和 90 Ma 两个主要的峰值年龄以及 45~30 Ma 和 ~115 Ma 两个次要的峰值年龄（Song et al.，2013；Ren et al.，2015；宋春彦等，2018a；Zhang et al.，2019；郑波等，2020；Zhang et al.，2021a；Bi et al.，2022；Zhao et al.，2022）（图 7.14a）。AHe 年龄值主要集中在 55~35 Ma（Rohrmann et al.，2012；Bi et al.，2021；Zhao et al.，2021，2022；Qian et al.，2021；Li et al.，2022；Xue et al.，2022；Tong et al.，2022）（图 7.14a）。低温热年代学数据的南北向剖面显示，早白垩世之前（＞ 120 Ma）的低温热年代数据仅分布在中央隆起带西段，早白垩世之后（＜ 120 Ma）的低温热年代数据广泛地分布在整个羌塘盆地（Wang et al.，2008a；Rohrmann et al.，2012；王立成和魏玉帅，2013；Song et al.，2013；Ren et al.，2015；于俊秋等，2018；宋春彦等，2018a；杨欢欢等，2019；赵珍等，2019a；Zhang et al.，2019；Zhao et al.，2020；Bi et al.，2021，2022；Qian et al.，2021；Yang et al.，2021；Zhang et al.，2021a；Li et al.，2022；Xue et al.，2022；Tong et al.，2022）（图 7.14b）。

根据不同封闭系统的温度敏感区间，本书修订了已发表的热历史曲线（图 7.15）。以 AFT 系统为例，当温度低于 120℃，AFT 将会发生充分退火（Gleadow et al.，2002），因此，在 ~120℃之下的热模拟路径可靠性非常低，不应该被采纳。已修订的热模拟结果显示羌塘地体的大规模的冷却过程开始于 ~120 Ma（图 7.15）。此外，结合冷却路径的拐点位置，可以将羌塘地体的冷却过程分为 120~65 Ma、55~35 Ma 和＜ 30 Ma；进一步，综合羌塘拗陷已发表的热年代年龄数据、矿物对法反演模拟和热历史模拟曲线，本次研究提出该盆地经历了四阶段的冷却过程。

1. 早白垩世之前（＞ 120 Ma）

低温热年代数据显示，在早白垩世之前（＞ 120 Ma）中央隆起带西段已经开始缓慢剥露。这一期剥露过程不仅被南、北羌塘拗陷同时期的海相地层记录（Zhang et al.，2019），而且也与中央隆起带西段荣马逆冲断层下盘同构造盆地的初始沉积时间一致（Zhao et al.，2017）。

关于这一冷却过程的动力学机制，Zhao 等（2017）认为该冷却过程与拉萨 – 羌塘地体的碰撞有关，然而沉积学、同碰撞花岗岩证据显示班公湖 – 怒江洋在早白垩世之前仍处于打开状态，拉萨 – 羌塘地体直到早白垩世之后才发生碰撞（Guynn et al.，2006；Zhu et al.，2016；Fan et al.，2017）。随后，Li 等（2018）通过对中央隆升带西段晚侏罗世的埃达克质岩石的地球化学特征进行研究，提出埃达克质岩石形成与班公湖 – 怒江洋板片向北的平板俯冲有关。与此同时，平板俯冲也被认为是陆内造山带形成，以及进一步的地壳缩短和地表隆升的机制（Gutscher et al.，2000；Zhang et al.，2012）。因此，本研究认为班公湖 – 怒江洋板片向北的平板俯冲可能是中羌塘地体西段

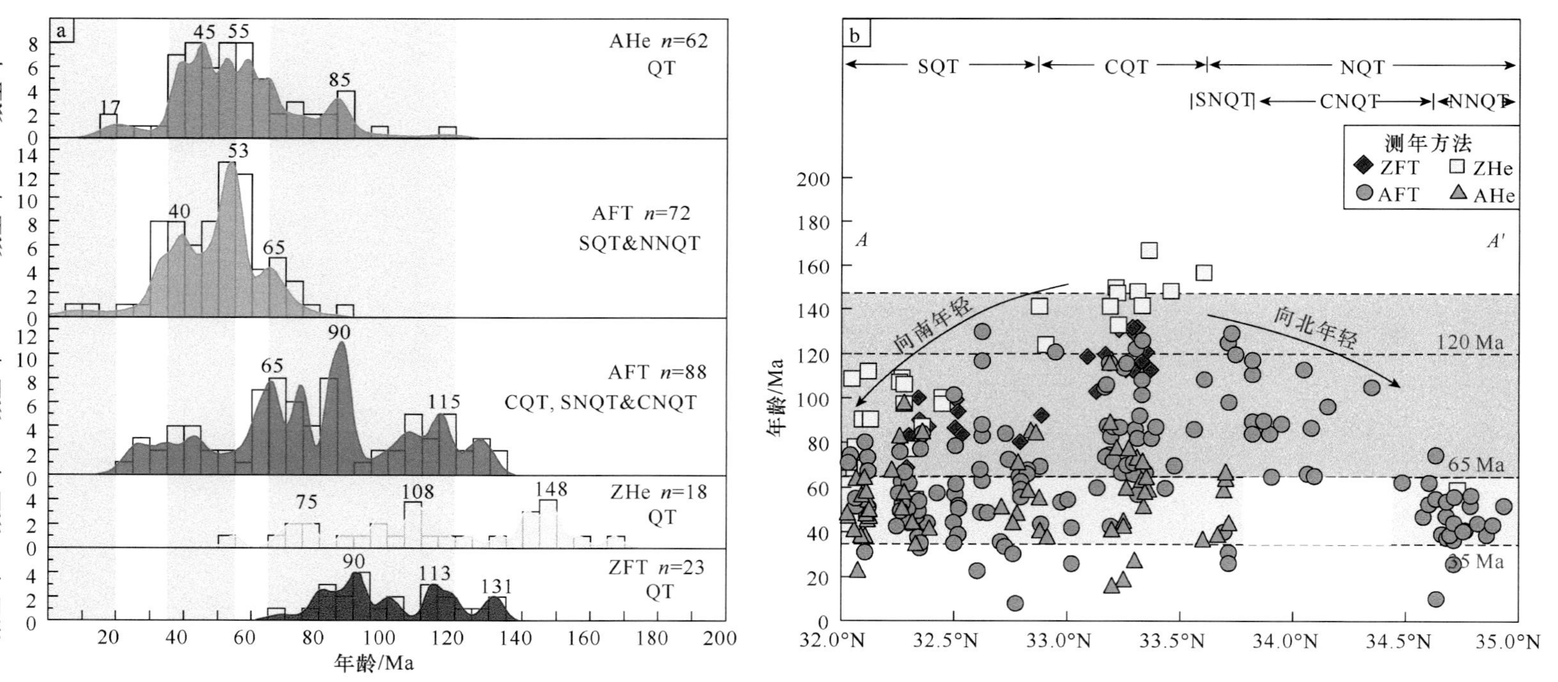

图 7.14 羌塘盆地中生代低温热年代数据图

a. 羌塘盆地热年代数据年龄统计直方图；b. 羌塘盆地低温热年代学数据南北向剖面图（据毕文军等，2023）。SQT：南羌塘地体；CQT：中羌塘地体；NQT：北羌塘地体；SNQT：北羌塘地体南缘；CQT：北羌塘地体中部；NNQT：北羌塘地体北缘

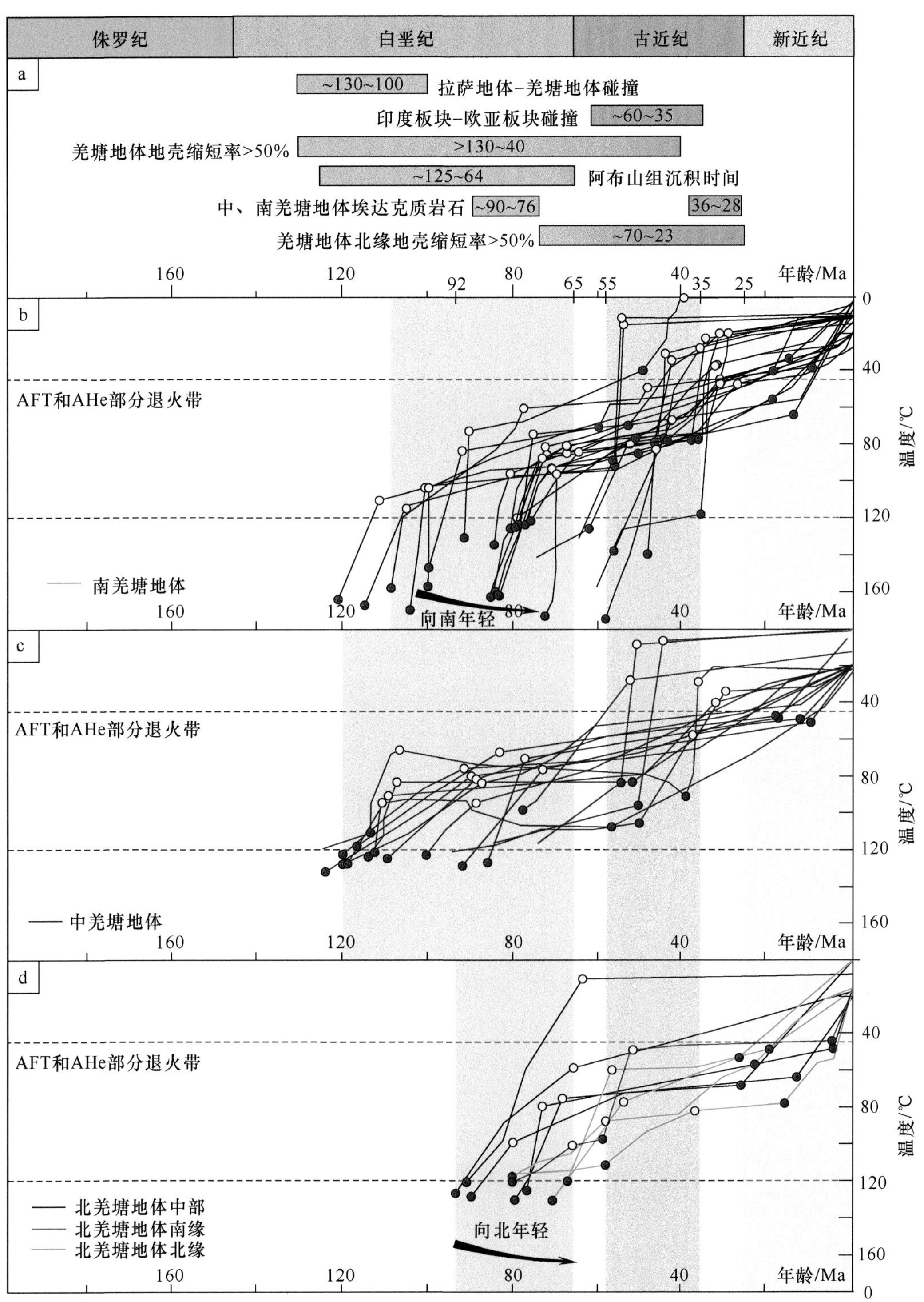

图 7.15　羌塘地体白垩纪以来的地质事件和冷却历史图（据毕文军等，2023）

红色圆点表示快速冷却的开始；黄色圆点表示快速冷却的结果

在早白垩世之前剥露的重要机制。

2. 早白垩世—古新世（120~65 Ma）

羌塘盆地早白垩世（120~65 Ma）的快速冷却过程被除羌塘拗陷北缘（唐古拉山地区）以外的其他地区广泛记录，且展现出由中央隆起带向外扩展的特征；此外，还显示出由东向西的扩展过程。

在南羌塘拗陷，不同类型的低温热年代数据均表现为向南变年轻的趋势，其中 ZFT 和 ZHe 数据分别集中在 85~77 Ma 和 110~70 Ma（于俊秋等，2018；Tong et al.，2022），AFT 年龄值集中在 120~35 Ma（Rohrmann et al.，2012；王立成和魏玉帅，2013；Ren et al.，2015；于俊秋等，2018；Zhao et al.，2020；Yang et al.，2021；Zhang et al.，2021a；Li et al.，2022；Xue et al.，2022；Tong et al.，2022），AHe 年龄值集中在 100~35 Ma（Zhao et al.，2020；Tong et al.，2022），个别 AFT 和 AHe 年龄值小于 35 Ma（Yang et al.，2021；Xue et al.，2022；Tong et al.，2022）（图 7.14b）。热模拟结果显示大多数样品在 110~70 Ma 发生相对快速的冷却并显示出向南扩展的冷却过程。此外，结合已经退火的 ZFT 数据（于俊秋等，2018）、ZFT 充分退火的最低温度 ~280℃（Tagami and Shimada，1996）以及古地温梯度 26.5℃ /km（王剑等，2009），可以估算出南羌塘地体部分地区白垩纪以来的剥露量大于 10.2 km。

在中央隆起带，ZFT 和 ZHe 年龄值介于 150~110 Ma，AFT 年龄值集中在 120~65 Ma，AHe 年龄值介于 80~16 Ma（Song et al.，2013；Zhao et al.，2017，2022；宋春彦等，2018a；赵珍等，2019a；Bi et al.，2021）（图 7.14b）；结合热模拟结果，可以发现中央隆起带东段和西段分别在约 120 Ma 和 110 Ma 开始发生大规模的快速冷却，随后分别在 ~110 Ma 和 ~70 Ma 冷却速率开始缓慢（Song et al.，2013；赵珍等，2019a；Bi et al.，2021；Zhao et al.，2020，2022；Qian et al.，2021）（图 7.15）。此外，结合广泛分布的白垩纪 ZFT 数据（赵珍等，2019b）、ZFT 充分退火的最低温度（~280℃）（Tagami and Shimada，1996）以及古地温梯度（26.5℃ /km）（王剑等，2009），我们估算出白垩纪以来中央隆起带的剥露量大于 10.2 km。

在北羌塘地体南部和中部，AFT 年龄值介于 120~62 Ma，且显示出向北变年轻的趋势（Song et al.，2013；Ren et al.，2015；Zhang et al.，2019）（图 7.14b）。与此同时，热模拟结果揭露这些地区的样品在 90~65 Ma 温度至少降低了 40~50℃，冷却速率在 0.9~2.1℃ /ma（Song et al.，2013；Zhang et al.，2019）（图 7.15）。假设羌塘地体古地温梯度为 26.5℃ /km（王剑等，2009），可以估算出这一阶段该地体的剥露速率在 0.03~0.8 mm/a 之间，剥露量大于 1.5 km。在北羌塘地体北缘的唐古拉山地区，所有中生代的 ZFT 数据和 AFT 数据均未能通过卡方检验［P（χ2）＜ 5%］，表明这些样品经历了更加复杂的热历史（Song et al.，2013；Wang et al.，2008a），未能很好反映中生代的冷却过程。

此外，羌塘盆地大规模的逆冲活动发生在早白垩世—古新世（125~65 Ma），且显示出由中央隆起带向南、北扩展的过程。这一阶段的逆冲活动导致羌塘盆地发生强烈的地壳缩短和地表隆升（Kapp et al.，2005；van Hinsbergen et al.，2011；Li et al.，2012）。例如，Kapp 等（2005）提出白垩纪的逆冲活动造成中央隆起带地壳缩短量大于 75 km，拉萨和羌塘地体地壳缩短量大于 470 km，缩短率大于 50%；van Hinsbergen 等（2011）指出羌塘盆地在白垩纪地壳缩短量约 400 km；通过野外地质调查和平衡地质剖面结果，Zhao 等（2020）得出南羌塘盆地俄久地区地壳缩短量大于 66 km，缩短率大于 34%；此外，基于北羌塘盆地南缘晚白垩世阿布山组的古纬度，Meng 等（2017）认为北羌塘盆地在白垩纪以来地壳缩短量大于 265 km。尽管不同的学者对于羌塘盆地白垩纪逆冲断层活动的规模认识有所差异，但是大多数学者都一致认为羌塘盆地在白垩纪经历了大规模的逆冲活动和地壳缩短。此外，基于火山岩的 La/Yb 和 Sr/Y 的比率，可以得出羌塘盆地的地壳厚度从约 30 km 增加到 50 km（Chen et al.，2017），海拔为 2.3±0.9 km（Hu et al.，2020）。青藏高原中部白垩系红色陆相磨拉石建造被认为是拉萨和羌塘地体碰撞和地表隆升的结果（Kapp et al.，2005；Wang et al.，2017a）。通过限定高原中部海相地层向陆相转变时间，可以有效限定拉萨地体和羌塘地体碰撞发生在 125~87 Ma（Decelles et al.，2007；Sun et al.，2015；Wang et al.，2017a；Liu et al.，2018；Bi et al.，2021）（图 7.16）。碰撞型火山岩和古地磁结果同样显示拉萨地体和羌塘地体碰撞发生在白垩纪（Guynn et al.，2006；Bian et al.，2017；Guo et al.，2019），这与羌塘地体大规模的逆冲活动初始时间一致。进一步，同碰撞花岗岩分布特征显示出由东向西转变年龄的趋势（Fan et al.，2017；Guo et al. 2019），表明拉萨－羌塘地体经历了由东向西逐渐碰撞的过程。沉积学证据显示南羌塘－拉萨地体在白垩纪期间发生了向南和向西的海退（Zhang et al.，2011；Li et al.，2015c；Sun et al.，

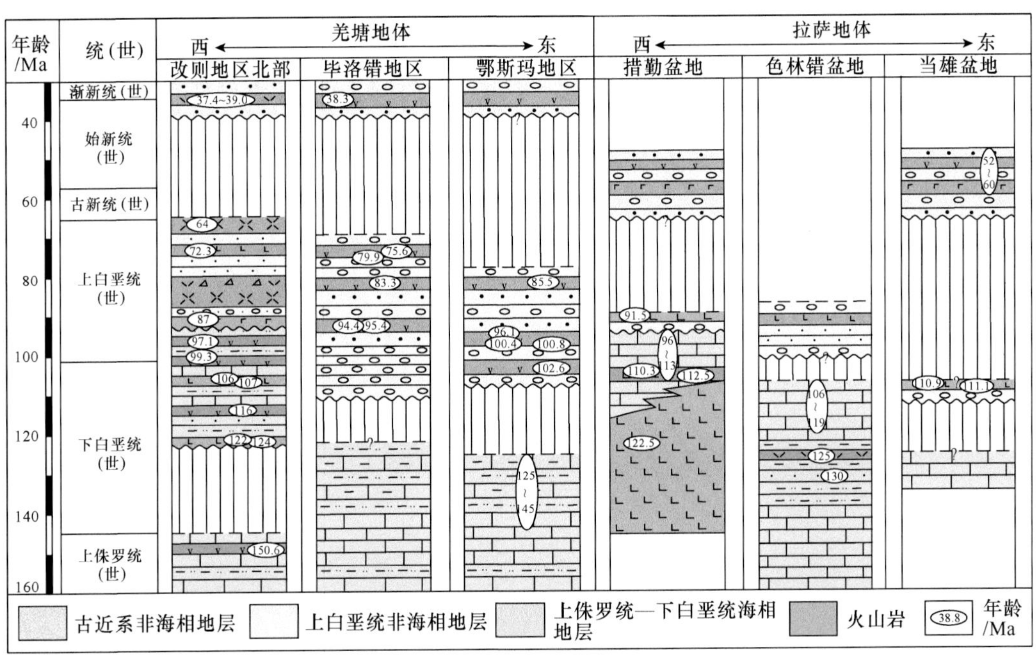

图 7.16　拉萨和羌塘地体上侏罗统—渐新统柱状图（据 Bi et al.，2021 修改）

2015，2017；Wang et al.，2017a；Ma et al.，2017；He et al.，2018；Liu et al.，2018；Meng et al.，2018）（图 7.16），其中向南的海退可能与中羌塘地体的构造负载导致逆冲活动由中部向南扩展有关（Zhang et al.，2019），向西的海退与拉萨 – 羌塘地体由东向西逐渐碰撞有关（Wang et al.，2017a）。低温热年代学数据同样揭露了羌塘盆地在白垩纪经历由中部向南、北和由东向西扩展的冷却过程（图 7.14b）。上述地质事实表明拉萨 – 羌塘地体的碰撞以及中羌塘地体的构造负载导致逆冲断层和地表剥露从羌塘地体中部向南、北扩展，而拉萨 – 羌塘地体的穿时碰撞导致中央隆升带发生由东向西的剥露过程（图 7.17a）。在古新世早期，羌塘地体的剥露速率整体减慢，此时，初始高原建立（Li et al.，2015c）（图 7.17b）。

3. 始新世（55~35 Ma）

始新世的AFT和AHe数据主要分布于南羌塘地体、北羌塘地体北缘和中羌塘地体南缘（图 7.14b）。结合热模拟结果，限定这些地区第二阶段的快速冷却发生在约 55±5Ma 到 35 Ma，冷却速率＞ 2.0℃（图 7.15）。假设羌塘地体古地温梯度为 26.5℃ /km，可以估算出这一阶段该地体的剥露速率＞ 0.08 mm/a，剥露量大于 2.5 km。在北羌塘地体南部和中羌塘地体北部，缺乏始新世的热年代学数据（图 7.14b），这可能是由于始新世期间该地区的剥露量较小，对应的温度变化低于 AFT 和 AHe 的部分退火温度（Gleadow et al.，2002；Flowers et al.，2009），因此，未能记录始新世的冷却事件。此外，通过对比北羌塘地体新生代熔岩和现代高原地貌，有学者提出该地区自 45~40 Ma 以来发生了较弱的构造变形和剥露过程（Law and Allen，2020）。对于北羌塘地体南缘少量的始新世的热年代数据（Ren et al.，2015；Zhang et al.，2019），可能与北羌塘地体南边界断裂活动有关。

在始新世，羌塘地体的逆冲活动已经向北扩展到北羌塘地体北缘（李亚林等，2006，2013；Li et al.，2012），与此同时，南羌塘地体和中羌塘地体边缘也发生了强烈的逆冲活动（吴珍汉等，2011，2014；Wu et al.，2012；赵珍等，2019b）。在北羌塘地体北缘，大型逆冲推覆构造导致羊湖地区地壳缩短了 ~26 km，缩短率为 51%（李亚林等，2013）；唐古拉山地区地壳缩短了 ~89 km，缩短率为 60%（Li et al.，2012）。在南羌塘地体，晚白垩世—古新世红色砂砾岩之上发育不同规模的侏罗系飞来峰构造（吴珍汉等，2011，2014），表明大规模的逆冲推覆活动主要发生在古新世之后。此外，根据侏罗系飞来峰与逆冲断层前缘的距离，可以估算出这些逆冲断层导致南羌塘地体南北向缩短量为 ~90 km，缩短率为 ~47%（吴珍汉等，2011）。低温热年代数据显示这些地区在始新世同样发生了相对快速剥露（图 7.15），成了唐古拉山北部可可西里盆地以及班公湖 – 怒江缝合带新生代沉积盆地（尼玛和伦坡拉盆地）主要的物质来源（Decelles et al.，2007；Staisch et al.，2014；Li et al.，2018；Han et al.，2019；Xue et al.，2022）。大多数学者认为羌塘地体这一阶段地壳缩短和地表隆升过程与新生代以来印度 – 欧亚板块碰撞有关（Kapp et al.，2005，2007；Zhao et al.，2020，2021，2022）。然而，这无法解释离碰撞带距离更远的北羌塘地体北缘变形强烈，而距离较近的北羌塘地体中部变形较弱。地球物理数据显示羌塘地体下面有松潘－甘孜板块的残余（Replumaz et al.，2013；Guillot and Replumaz，2013）。此外，羌塘地体南、北部分布的两条近东西向的始新世超钾质岩带，被认为是拉萨地体和松潘－甘孜地体分别向南、北俯冲有关（Ding et al.，2007）。综合上述证据，我们认为印度－亚洲板块连续汇聚引起拉萨地体和松潘－甘孜地体分别向南、北俯冲，导致南羌塘地体和北羌塘地体北缘强烈变形和剥露，而北羌塘地体中部微弱变形和剥露（图 7.17c）。

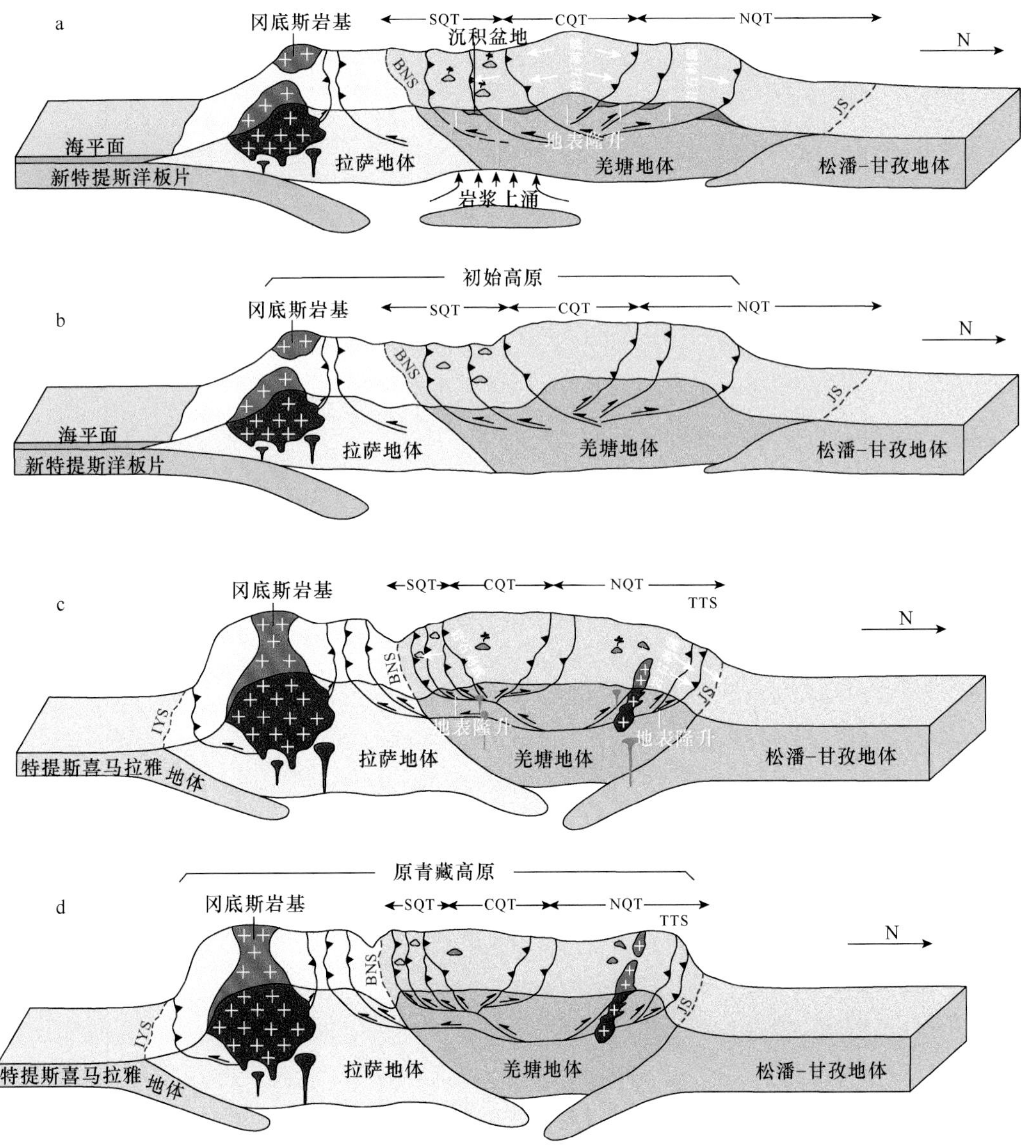

图 7.17　羌塘地体白垩纪以来的地质演化图（据毕文军等，2023）

a. 约 120~65Ma；b. 约 65~55Ma；c. 约 55~35Ma；d. 约 35Ma。IYS：雅鲁藏布江缝合带；BNS：班公湖－怒江缝合带；JS：金沙江缝合带；SQT：南羌塘地体；CQT：中羌塘地体；NQT：北羌塘地体；TTS：唐古拉山逆冲推覆系统

4. 渐新世以来（< 30Ma）

渐新世以来的 AFT 和 AHe 数据零散地分布在羌塘地体（图 7.14b）。热模拟结果也记录了羌塘地体渐新世以来的剥露过程（图 7.15）。结合热模拟结果以及古地温梯度 26.5℃ /km（王剑等，2009），可以估算出这一阶段该地体的剥露量< 1.5 km。

近水平的始新世火山岩表明羌塘地体构造变形和地壳缩短在 ~35 Ma 基本结束（Ding et al.，2007；Zeng et al.，2021）（图 7.17d），表明渐新世以来的快速冷却与地壳缩短和地表隆升无关。此外，自始新世—渐新世以来，高原中部的地表隆升保护了大陆内部免受雨水侵蚀（Jepson et al.，2021），表明气候对羌塘地体渐新世以来的剥露影响较小。在渐新世之后，羌塘地体的南北向正断层开始活动（Blisniuk et al.，2001；Tapponnier et al.，2001；Kapp et al.，2003a），与这一阶段的快速冷却时间一致。综上所述，我们认为羌塘地体渐新世之后逆冲活动基本结束，取而代之的是南北向正断层开始活动，导致部分地区发生相对快速剥露。

7.4.2 油气生成与保存

盆地后期与构造事件密切相关的区域性升降运动对油气藏保存与破坏的影响不尽相同，而隆升作用无疑导致盆地的风化剥蚀，隆升作用对于盆地目的层和早期油气藏的保存意义尤为突出，是油气保存最为关键的因素。如上所述，青藏高原海相盆地在后期经历了多种不同时期的隆升剥蚀，这些隆升剥蚀作用直接影响了盆地油气藏的保存评价。构造运动越强烈的地区，地表出露地层时代越老，目的层遭受剥蚀越强烈，越不利于油气成藏与保存，而出露地层越新，且地表被更新地层覆盖地区具有相对越好的成藏和保存条件。羌塘盆地在中、新生代经历了强烈隆升，部分勘探目的层暴露地表，因此，盆地主要目的层大量出露地区应为强改造区，而目的层埋藏较好，且地表新生界广泛发育的地区应为油气保存相对有利地区。本次研究内容将从现今地表海相地层发育与保存状况出发，对盆地不同地区和时代地层出露情况，分析盆地后期隆升史和强度，查明盆地隆升剥露及其对盆地的改造作用以及盆地目的层保存规律。

根据前面对盆地构造变形、油气生成和高原隆升等研究，将盆地后期构造演化和油气成藏与保存关系概括如下（图 7.18）。

晚侏罗世—早白垩世，由于盆地接受侏罗系巨厚沉积，盆地埋深达到最大，盆地进入第一次油气生成期，盆地上三叠统肖查卡组、中侏罗统布曲组、夏里组、烃源岩进入生烃门限，生成未成熟 – 低成熟油，而索瓦组（J_3s）烃源岩刚进入生烃门限，主体处于未成熟阶段；同时盆地岩性储层（如白云岩）、同构造圈闭为盆地提供了良好的空间，早期油气藏开始形成（如隆鄂尼 – 昂达尔错古油藏）。早白垩世末，由于羌塘 – 拉萨地体碰撞造山作用，造成盆地强烈变形，盆地大型圈闭构造在此构造事件中基本定型，大型圈闭与油气生成基本同期，并奠定了盆地基本构造格

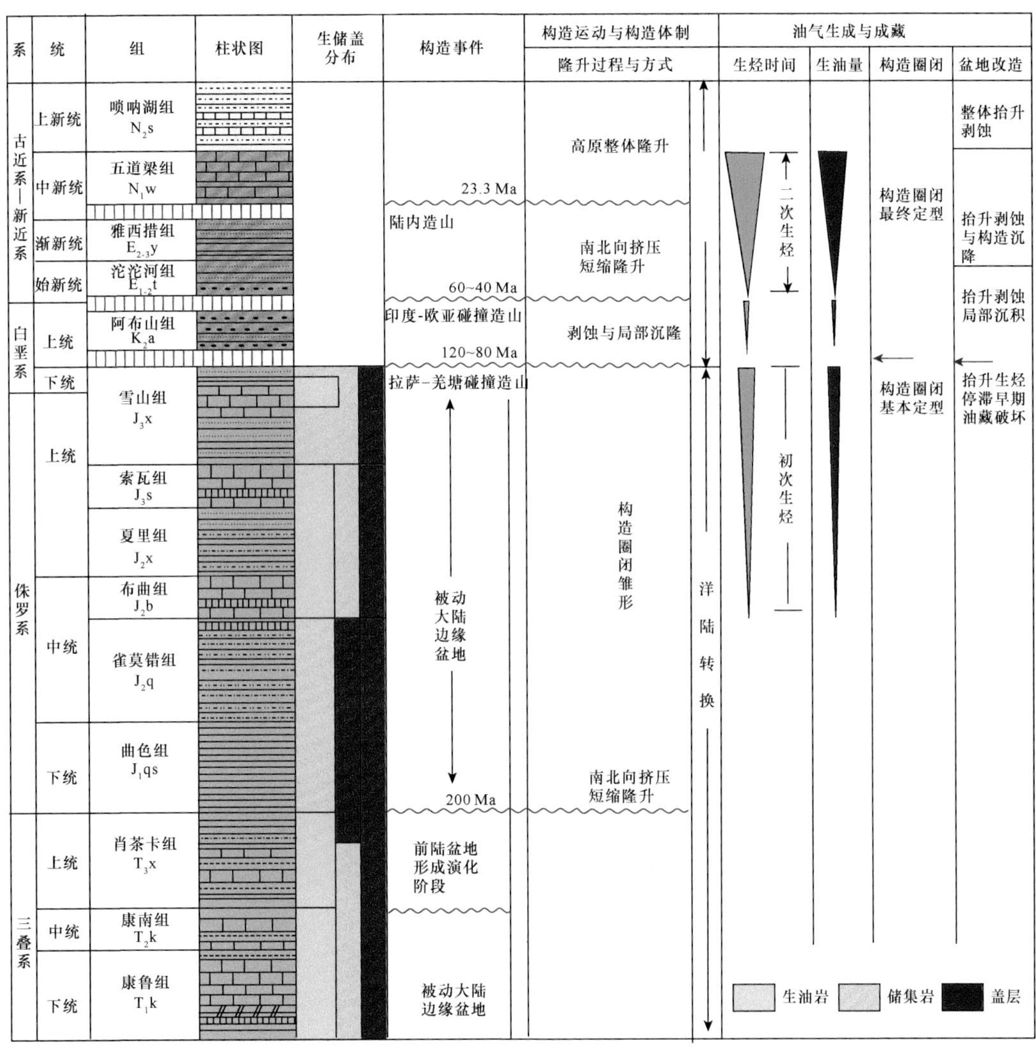

图 7.18　羌塘盆地构造演化与油气成藏与保存关系图

局；同时，构造事件引起的隆升作用导致盆地产生抬升剥蚀，致使第一次生油过程停滞，使得早期形成的油藏抬升剥蚀，对油气藏产生破坏作用。例如，裂变径迹热年代学研究表明，隆鄂尼–昂达尔错古油藏就是在此期间发生抬升剥蚀，暴露地表。因此，本次构造事件对盆地油气成藏与改造主要表现在两个方面，一方面，奠定了盆地基本构造格局，大型构造圈闭形成，并对油气早期成藏具有一定的控制作用，同时后期盆地抬升剥蚀，导致盆地早期油藏发生破坏改造；另一方面，由于本次构造运动导致生烃停滞，为盆地晚期大规模生烃保存了“实力”，同时形成的大规模圈闭为二次生油和成藏提供了有利圈闭构造，是控制盆地油气成藏与分布的主要构造事件。

晚白垩世，K_1/K_2 之间的构造运动导致盆地隆升，盆地总体处于抬升剥蚀状态，同时在盆地发育了陆相山间盆地沉积，以阿布山组为代表，该组在盆地内，特别是在南羌塘盆地发育较为广泛。阿布山组的发育造成盆地部分地区海相烃源岩进入生烃门限，开始生油，但由于阿布山组分布局限，该次生油过程仅可能在南羌塘部分地区出现，而盆地大部分地区主体处于抬升剥蚀改造阶段。

新生代早期，由于印度–欧亚板块碰撞造山作用，羌塘盆地又一次遭受变形和隆升改造，构造变形研究表明，本次变形主要导致南羌塘盆地和北羌塘盆地北部唐古拉山地区发生强烈变形，平衡剖面进一步限定南羌塘盆地和唐古拉山地区在新生代以来分别发生大于25%和50%的短缩（Kapp et al.，2005；Li et al.，2012）。从盆地剥露过程来看，低温热年代学研究同样表明，这一期冷却事件主要发生在南羌塘盆地和北羌塘盆地北缘，导致这些地区发生大于2.5 km的剥露，而北羌塘盆地内部剥露量很小。

渐新世末—中新世早期，盆地经历了最后一期强烈变形短缩，在盆地内导致中新世与下伏地层呈角度不整合接触，此后在盆地大部分地区发育以五道梁群为代表的古大湖沉积，导致盆地进一步埋深，进入二次生油期，实验模拟结果显示该次生油为盆地主要生油期，与中生代第一次生油相比，生油量大，也是盆地主要成藏期。从五道梁群以水平岩层为主分析，在中新世之后盆地总体以隆升为主，差异隆升仅受伸展地堑和正断层引起。尽管伸展地堑和正断层为现今盆地最为显著的构造现象，并且沿正断层油气化探异常的存在，说明正断层为开启性断层，但由于其规模有限、发育事件短暂，对二次生成的油气藏影响有限，同时沿断陷盆地发育厚度较大的沉积，对盆地油气保存具有一定的积极意义。总体来看，羌塘盆地尽管经历了多期构造变形和构造事件的改造，但大规模油气生成晚，并且以整体隆升为主，对油气保存较为有利。

7.5　隆鄂尼–额斯玛古油藏对盆地油气生成与保存

7.5.1　隆鄂尼–额斯玛古油藏特征

2000年国家重点基础研究发展计划（973计划）在双湖地区以南毕洛错、隆鄂尼、昂达尔错一线发现了空间上呈北西西–南东东带状展布延伸长度大于100 km的古油藏带，露头上岩石的颜色呈暗褐色、褐灰色，为中侏罗统布曲组白云岩，沉积环境以生物礁组合为主，预示盆地经历了大规模油气生成与成藏过程，根据其空间分布规律，将其命名为毕洛错–昂达尔错古油藏带（王成善等，2004）。古油藏分布在中侏罗统布曲组白云岩及含介壳灰质白云岩里，呈狭长湿状的油苗群出现，油苗岩石呈砂糖状，具有强烈的轻质原油味。向东延伸至额斯玛、达卓玛一线（许明等，2016），分布在一个东西长~300 km，南北宽15~30 km的范围内（图7.19）。隆鄂尼–额斯玛古油藏是羌塘盆地唯一已知的受后期构造改造而出露地表的破坏性油藏，记录了早期油藏受后期改造的信息，对探讨盆地油气形成、构造改造、隆升剥蚀具有重要意义。

目前在毕洛错–昂达尔错地区发现的白云岩古油藏主要包括隆鄂尼、亚宁日举、

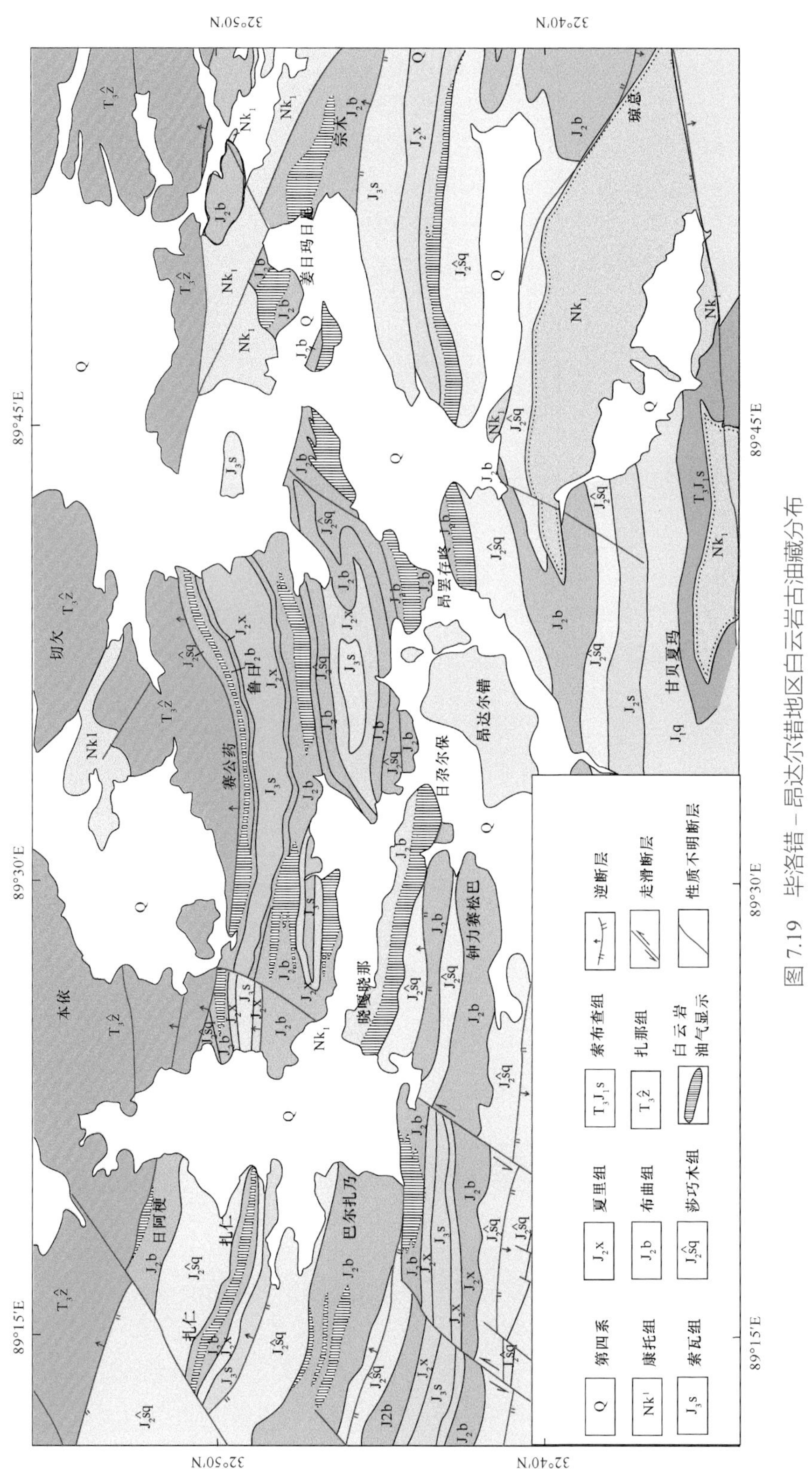

图 7.19　毕洛错－昂达尔错地区白云岩古油藏分布

格鲁关那、昂达尔错等。隆鄂尼含油白云岩于孔日热跃 – 压宁日加跃 – 隆鄂尼罗达日加那一线，东西长 6 km，出露宽度为 800~1000 m，含油白云岩厚度大于 40 m，单层厚度最大为 13.7m。压宁日举含油白云岩出露宽度约 95 m，呈透镜状产出，东西延伸 1 km，含油层位见于白云岩化的藻丘礁灰岩中。格鲁关那含油白云岩延伸 6~7 km，但含油层宽度变化较大，呈透镜状，沿走向断续出现。格鲁关那剖面白云岩呈多层出现，单层厚度最大为 ~2 m，累计厚度为 24 m（图 7.20a），格鲁关那与北侧压宁日举的含油层对称分布，两者中间为一向斜，核部出露夏里组灰绿色、紫红色砂岩、泥岩及索瓦组灰黑色薄层状灰岩。昂达尔错白云岩层主要出露于昂达尔错北侧日尕尔保山一带，向东延至昂达尔错抵达昂罢存咚，向西经巴格底加日至晓嘎晓那，东西向延伸约 25 km，层位稳定，白云岩垂向上厚度变化一般为 10~50 m。

在东部达卓玛地区，古油藏白云岩出露于南羌塘盆地北部和中央隆起带南侧，目前已发现尼玛隆、达卓玛、多增木、拓木日阿玛等油气显示点。其中尼玛隆白云岩含油白云岩厚度大于 30 m，东西向延伸至曲巴地东，长度大于 10 km，白云岩风化面呈灰黑色、深灰色，新鲜面呈深黑色，块状构造，中 – 粗晶结构，砂糖状，自形程度较好，风化严重，较疏松，新鲜岩石断面具有强烈油味（图 7.21）。白云岩白云石含量为 90%~95%，方解石含量＜ 5%，白云石晶体之间呈现直线状或曲线状镶嵌接触，晶体内光性均一，晶体内部无分带，中 – 细晶结构，次生白云岩中可见交代结构，晶粒较粗的白云石菱形体交代方解石颗粒，可见晶形较好具环带或核心污浊的白云石菱面体，粒径一般为 0.20~0.50 mm。部分方解石存在于白云石颗粒间，以灰泥形式存在，另一部分为交代残余体。经茜素红染色的方解石呈紫红色，而白云石则未被染色或略显淡粉色，以此作为估测两者含量的依据，白云岩为中细晶白云岩（图 7.21）。白云岩孔隙度在 5.0%~17.0%，平均值为 9.0%，而渗透率的范围在 2.84×10^{-3}~236×10^{-3} μm^2，平均值为 45.32×10^{-3} μm^2，属于 Ⅰ 、Ⅱ类型，为低孔低渗至中孔低渗储层。同时，孔隙度与渗透率具有明显的正相关关系，表明储层的渗透性主要受到孔隙的约束，孔隙的发育直接控制着储层物性的优劣，为典型的孔隙型储层。通过镜下薄片观察，孔隙属于重结晶作用形成的晶间孔，部分被重结晶方解石所充填。

7.5.2　古油藏油源分析与油气注入

1. 古油藏油源对比分析

对于南羌塘古油藏白云岩油气来源存在不同的认识，包括中侏罗统夏里组泥页岩（南征兵等，2008；季长军等，2013）、早侏罗世毕洛错油页岩（王成善等，2004；伍新和等，2005；季长军，2015；夏国清等，2016）以及毕洛错油页岩和夏里组泥岩（王忠伟等，2017）、曲色组泥页岩和布曲组灰岩（杜秋定等，2010）等，唐友军等（2022）根据芳烃化合物标志物和单体烃碳同位素特征（图 7.22），将毕洛错古油藏划分为两类，其中 I 类古油藏油源主要为扎那组烃源岩，II 类古油藏主要来源于曲色组烃源岩，表明南羌塘盆地古油藏来源的复杂性。

图 7.20　格鲁关那白云岩古油藏特征

a. 白云岩宏观特征；b. 白云岩露头；c. 砂糖状白云岩

图 7.21　尼玛隆布曲组白云岩宏观（a、b）和显微（c、d）特征

Cal：方解石；Dol：白云石

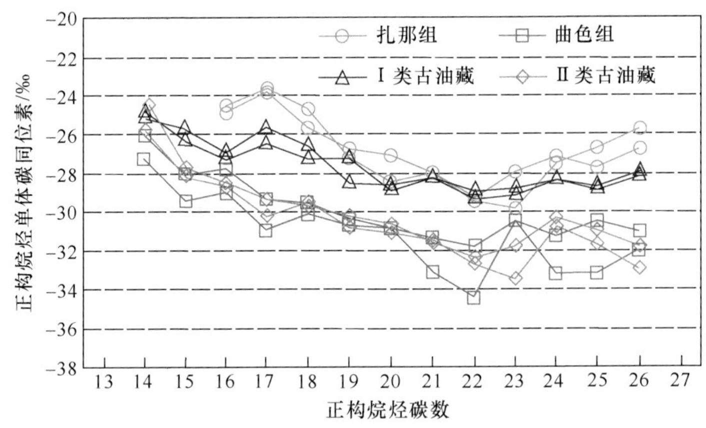

图 7.22 白云岩古油藏及烃源岩正构烷烃单体碳同位素分布（据唐友军等，2022）

我们对古油藏带共选取了 237 个原油样品和 130 个油气包裹体样品，运用薄层色谱分离技术分析原油的组成、成分含量，分析结果表明，古油藏白云岩原油 $\delta^{13}C$ 为 –2.40% ~ –2.65%，原油单体烃同位素均分布在 –2.646% ~ –3.212% 原油和曲色组毕洛错页岩重排甾烷含量相当，相对较高，但明显没有夏里组的页岩和灰岩这样大的优势；规则甾烷中 C_{27} 和 C_{29} 含量相对较高，孕甾烷含量低；C_{29}20S/（20S+20R）和 $\beta\beta C_{29}/\sum C_{29}$ 值较高；升霍烷含量高，三环萜烷、γ 蜡烷和莫烷含量较低。因此，昂达尔错古油藏的油源应为曲色组油页岩。古油藏隆鄂尼原油和毕洛错组油页岩 $\delta^{13}C$ 均分布在 –2.31% ~ –2.73%，单体烃碳同位素为 –2.7% ~ –2.95%，单体烃碳同位素随碳数分布曲线几乎完全重合；原油和毕洛错页岩的重排甾烷含量均很高，规则甾烷中 C_{27} 和 C_{29} 含量相对较高，孕甾烷含量低；C_{29}20S/（20S+20R）和 $\beta\beta C_{29}/\sum C_{29}$ 值较高；升霍烷含量高，三环萜烷和伽马蜡烷、莫烷含量较低，隆鄂尼西原油与毕洛错油页岩具有很好的可比性（王成善等，2004）。

综上所述，通过含油白云岩生物标志化合物和单体烷烃碳同位素的特征分析和对比研究，反映出布曲组含油层很大程度上是来自于下侏罗统曲色组泥岩。

2. 古油藏油气注入期次

王成善等（2004）根据毕洛错剖面的埋藏史、热史利用 Easy%Ro 软件，计算了毕洛错油页岩有机质演化过程，计算结果表明，在 150 Ma 时，镜质组反射率达到 0.5%，进入生烃门限；早白垩世抬升时镜质组反射率为 0.65%；在 20 Ma 时，因再次沉降开始二次生烃，现今镜质组反射率不足 1.4%。根据有机相烃动力学参数和热史，用 KINETICS2000 软件模拟了比隆错剖面烃源岩的油、气生成过程，以石油转化率 10%~90% 为“生油窗”，发现毕洛错地区具有明显的两次生油过程，第一次油发在 150~140Ma；第二次生油从 20 Ma 至今，两次的石油转化率大体相当。因而，古油藏可能形成于 150~140Ma 是初次生油的产物。

王成善等（2004）依据毕洛错剖面埋藏史、热史，计算有机质演化过程，提出第一次生油时间发生在 ~150Ma。夏国清等（2016）对南羌塘拗陷中侏罗统布曲组古油藏带开展流体包裹体分析，划分出 4 类不同成熟度的原油包裹体，与之伴生的盐水包裹体平均均一温度为：① 96.8 ~ 99 ℃；② 111.3 ~ 123.2℃；③ 134.9 ~ 145.8℃；④ 177.8℃，在此基础上进一步估算出油藏带的主要油气充注时期为 152Ma、146Ma 和 141Ma。以上研究结果的一致性表明，晚侏罗世—早白垩世时期为南羌塘拗陷布曲组古油藏带的主成藏期，对应于盆地的第一次排烃高峰期。

7.5.3 古油藏暴露机制

1. 剥蚀厚度和埋藏史恢复

南羌塘盆地毕洛错地区目前仅有的几口钻井均为深度不超过 1000 m 的浅钻井，本研究用毕洛错南的羌 D1 井资料恢复其剥蚀厚度。羌 D1 井位于西藏自治区双湖县毕洛错地区以南，完钻井深 711.83 m，0.00~183.10 m 井段为第四系覆盖层，厚度为 183.10 m；183.10~711.83 m 井段为中侏罗统夏里组（J_2x），厚度为 528.73 m。Barker 和 Pawlewicz（2005）建立了平均 R_o 及其对应的最大温度 T_{max} 的回归方程 $\ln R_o=0.0078T_{max}-1.2$ 以及 $\ln R_o=0.0096T_{max}-1.4$，用来估算最大温度，并建立最大古地温与深度的关系。表 7.12 列出了根据回归方程分别计算出的最大古地温，尽管深度和最大古地温的线性关系不明显，但总体上还是表现出来随深度增加，地温逐渐升高的趋势。因此，通过线性回归建立的 T_{max}-H 的方程为 $T_{max}=0.0305H+166.9$，据此得到的古地温梯度为 3.05℃ /100 m；假设古地表温度为 20℃，据此计算得到的该井的总剥蚀厚度约为 5020 m。羌 D1 井 5000 m 左右的剥蚀厚度不仅包含了侏罗系构造层，还包括了上白垩统、古近系以及新近系构造层的整体剥蚀，表明该区经历了复杂的盆地抬升－剥蚀－沉降－抬升－剥蚀的过程。

表 7.12　羌 D1 井 R_o 与最大古地温

深度 /m	R_o/%	$\ln R_o$	（$\ln R_o$+1.2）/0.0078	（$\ln R_o$+1.4）/0.0096
212	1.37	0.31481074	194.2065051	178.6261187
228	1.45	0.371563556	201.4825072	184.5378705
269	1.34	0.292669614	191.3678992	176.3197515
299	1.46	0.378436436	202.3636456	185.2537954
330	1.36	0.3074847	193.2672692	177.8629896
345	1.23	0.207014169	180.386432	167.3973093
364	1.19	0.173953307	176.1478599	163.9534695
376	1.15	0.139761942	171.7643516	160.391869
454	1.33	0.285178942	190.4075567	175.5394731
460	1.47	0.385262401	203.2387693	185.9648334
470	1.44	0.364643114	200.595271	183.816991
493	1.52	0.418710335	207.526966	189.4489932
545	1.43	0.357674444	199.7018518	183.0910879

续表

深度/m	R_o/%	$\ln R_o$	($\ln R_o$+1.2)/0.0078	($\ln R_o$+1.4)/0.0096
555	1.52	0.418710335	207.526966	189.4489932
598	1.52	0.418710335	207.526966	189.4489932
612	1.41	0.343589704	197.8961159	181.6239275
641	1.3	0.262364264	187.482598	173.1629442
649	1.4	0.336472237	196.9836201	180.8825246
676	1.52	0.418710335	207.526966	189.4489932
687	1.58	0.457424847	212.490365	193.4817549
695	1.54	0.431782416	209.2028739	190.8106684
709	1.53	0.425267735	208.3676584	190.1320558
710	1.6	0.470003629	214.1030294	194.7920447

2. 埋藏史恢复

对毕洛错地区的模拟主要依据前人工作及实测剖面结果。从模拟结果来看，南羌塘埋藏史演化上存在一定差异，这种差异主要表现在晚三叠世，南羌塘受班公湖－怒江洋打开的影响而处于被动大陆边缘海沉积，从南到北形成了一套深海相－浅海相－海陆过渡相沉积体。此时，东西部埋藏差异不大。这一时期的埋藏史模拟结果并没有出现短暂的抬升剥蚀（王剑等，2009）。

早侏罗世，西部毕洛错地区维持了晚三叠世沉积格局，埋藏深度一直增加，而达卓玛一带埋藏史曲线呈现上升状态。这种差异出现的原因有两种，一种解释为东部地区虽然维持了沉积格局但缺乏钻井资料校正，而且在野外地质调查中未见该时期地层，这一结论与对南羌塘地层格架论述相一致；另一种解释为达卓玛地区经历了抬升剥蚀，因而没有沉积记录。

进入中侏罗世，南羌塘东西部埋藏史大致相似，都经历了下降－抬升－下降－抬升－再下降－再抬升的过程，差别在于埋深速率和幅度不同。从图 4.15 看出，毕洛错地区总体埋深大于达卓玛地区，并且其埋深速率发生了由快变慢再变快的变化。这种变化在前人的模拟结果中并未出现在南羌塘拗陷中，而是出现在北羌塘拗陷中（王剑等，2009）。

西部毕洛错地区第一次抬升发生于早白垩世（图 4.15），这与整个羌塘盆地普遍缺少下白垩统这一事实相吻合，也与前人埋藏史模拟结果（王剑等，2009）相一致；相对应东部地区此次抬升发生时代略早，出现于晚侏罗世（图 4.16）。导致这一次抬升的原因可能与班公湖－怒江洋的闭合有关。随着班公湖－怒江洋盆关闭，南羌塘迅速抬升，隆升为陆地，总体上来看，南羌塘中生代海相盆地的演化历史结束。晚白垩世盆地沉降可能与向北俯冲的洋壳向南回转有关，形成了广泛分布于南羌塘的阿布山组粗碎屑岩沉积。这一变化在许多羌塘盆地埋藏史模拟结果中均有记录（王立成，2011）。此后，整个南羌塘以抬升为主，但西部地区在新生代又发生一次短暂的沉降。东部达卓玛地区并没有这次沉降的记录，这与王剑等（2009）模拟结果有很大不同，很可能与地层划分有关。近年来通过火山岩夹层定年（Li et al.，2015d），之前普遍认为的新生代康托组已被重新标识为晚白垩世阿布山组。

3. 热演化史恢复

镜质组反射率法在恢复沉积盆地热演化历史方面，特别是对于羌塘盆地勘探新区而言尤为重要。利用镜质组反射率法进行盆地热史的研究通常采用 Esay%Ro 法。用 Esay%Ro 模型正演古地温史的步骤：①重建地层埋藏史；②给定地温史（如地热梯度史或热流史），结合埋藏史算出各地层的古地温场；③利用 Esay%Ro 模型计算各生油层的 R_o 史（理论 R_o 史）；④用实测地层的现今 R_o 和理论 R_o 对比；如果拟合结果较好，则认为给定的地温史就是地层实际经历的地温史，如果拟合结果较不好，则重复步骤②③直到拟合较好为止。

根据羌塘盆地的沉积埋藏演化历史，按上述步骤，将古地温梯度演化作为重要的约束条件，采用 BasinMod-1D 盆地模拟软件，对羌 D1 井进行了模拟，通过 BasinMod 计算的理论 R_o 值与实测的 R_o 拟合较好（图 7.23），表明模拟结果可信。

羌 D1 井（图 7.24）夏里组在早白垩世末期 125Ma 左右达到最大古地温 160℃，之后在 K_1/K_2 事件中抬升，之后阿布山组古地温在 65Ma 左右达到最大（120℃），便又

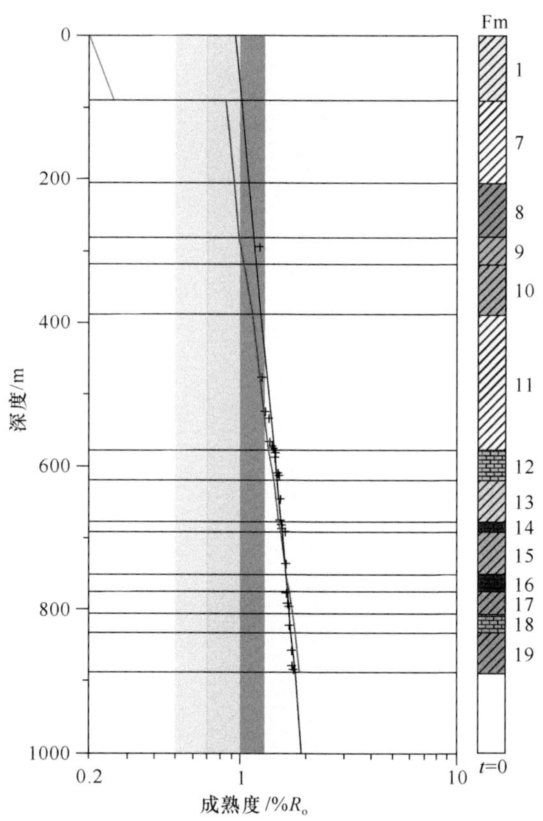

图 7.23　羌 D1 井拟合 R_o 与实测 R_o 关系

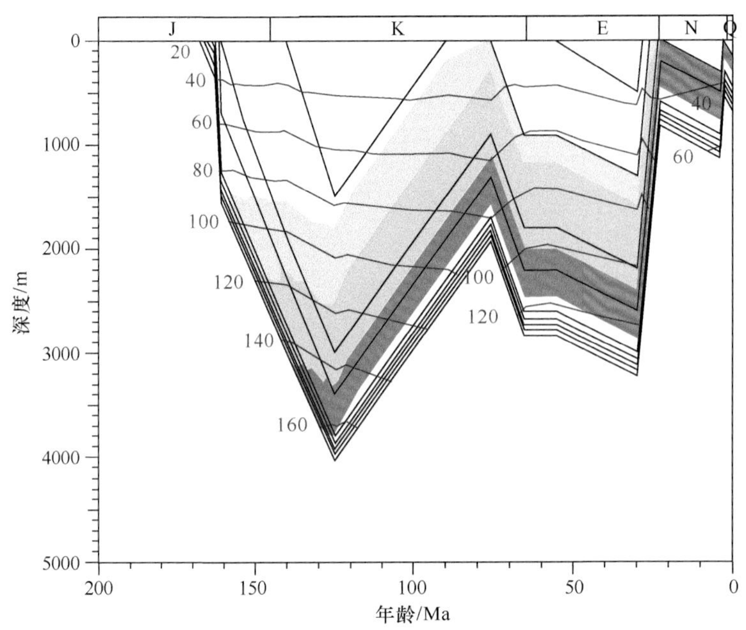

图 7.24 羌 D1 井埋藏 – 热历史模拟（单位：℃）
J：侏罗纪；K：白垩纪；E：古近纪；N：新近纪；Q：第四纪

开始第二次抬升过程，温度在不到 10Ma 时间内迅速降到地表温度，显示了一期快速冷却事件。上述镜质组反射率的模拟是针对钻井数据，通过 Basin Mod 计算的理论 R_o 值与实测的 R_o 拟合较好。毕洛错地区地表剖面未获得较好的 R_o 与深度对应关系，现阶段热史模拟仅呈现一个粗略结果，并不是准确的热演化史分析。对地表剖面的模拟结果（图 7.24）显示，在白垩纪构造抬升事件之前，各地层在晚侏罗世约 150Ma 左右达到最大古地温，三叠系最大古地温超过 280℃，布曲组最大古地温为 160℃，夏里组最大古地温为 120℃。在构造抬升事件之后，阿布山组在 65 Ma 左右达到最大古地温（70℃），之后开始第二次抬升过程，在 30 Ma 时间内温度快速降低，显示了一期较快速的冷却事件。新生代又经历了 10 Ma 时间内的快速埋藏，最大古地温达到 70℃；之后 20 Ma 时间内，又经历抬升 – 埋藏 – 抬升的反复过程，表明了新生代末期的快速构造演化历史。

与羌 D1 井的模拟结果相比，地表剖面模拟结果埋藏深度浅 1 km 左右，最大古地温因此相对较小，而构造事件发生的时间基本相同。本次模拟较羌 D1 井模拟结果，在构造事件的划分上更细致，尤其是新生代以来的埋藏 – 抬升历史，这对该地区的构造演化和油气保存条件提供了新的约束。

4. 构造事件与古油藏剥露

前述构造变形分析研究表明，毕洛错 – 隆鄂尼地区中生代以来主要经历了两期强烈的构造作用，第一期构造作用主要发生在 K_1/K_2 之间（~100 Ma），为拉萨 – 羌塘碰撞作用，导致侏罗系目的层发生第一次强烈变形，并产生阿布山组与下伏海相沉积之间的不整合；第二期构造运动发生在 40~50 Ma，为印度欧亚碰撞的结果，导致南羌塘盆地发生大规模的逆冲推覆，以及强烈地壳缩短，因此盆地古油藏剥露机制可能经历了两次抬升。两期均对古油藏隆升产生了影响，从埋藏史曲线可以看到自晚侏罗世末期—晚白垩世早期处于强烈抬升阶段，同时在 60~35 Ma 也处于抬升期，其埋藏史曲线明显反映了两期构造运动。我们对隆鄂尼地区夏里组砂岩样品进行了裂变径迹分析和热史反演模拟，模拟结果表明，自 200 Ma 以来的持续冷却过程，存在着三次较快速的抬升冷却过程，即 155~110 Ma、105~80 Ma 及 50~35 Ma。第一次抬升使得样品进入退火带开始退火，冷却速率大概在 1℃ /Ma 左右，温度降低到约 120℃左右；白垩纪中期的抬升冷却速率大概在 1.5℃ /Ma 左右，降温幅度约 40℃；始新世的抬升降温幅度大约 45℃，冷却速率大概在 3℃ /Ma，在约 35 Ma 左右温度降至近地表温度，并持续到现今（王立成和魏玉帅，2013）。热年代学分析结果与盆地构造运动、沉积埋藏史和构造变形具有很好的对应性，110~80 Ma 及 50~40 Ma 的冷却年龄和抬升冷却过程与盆地两期主要构造事件一致，表明古油藏暴露机制可能存在两个过程，拉萨 – 羌塘碰撞导致的盆地抬升和主要烃源层初次生烃停滞，而第二次构造事件导致盆地发生大规模逆冲推覆，古油藏白云岩以构造推覆体再次抬升出露地表，奠定现今构造面貌。

第8章

羌塘盆地油气保存规律与远景评估

8.1 构造改造强度分区

在盆地油气保存条件综合评价中，强调不同因素在油气保存中的复合效应，其中构造运动是影响保存条件、油气破坏与散失的根本原因。保存条件的研究首先应从各期次的构造运动对保存条件所产生的影响开始，宏观保存体系是指受宏观构造地质背景控制的区域盖层和断裂系统所组成的立体封闭体系，体系内由构造运动引起的断裂作用、岩浆活动和隆升剥蚀以及盖层发育状况等条件是油气藏得以富集和保存的最直接因素。

一个地区构造变动强度大小，一般包括构造变动幅度、规模和频度，三者之间有着密切的关系。构造变动幅度越大，其在平面范围的延伸规模就越大，这个地区的构造线密度也就越大，而构造线密度的大小，可用单位面积上的构造线累计长度表示。

为了对一个地区构造变动的强度进行定量评价，通常采用断裂变动强度指数（FAI）、褶皱变动强度指数（FOI）、构造变动强度指数（SDI）表示。

断裂变动强度指数：是指断层线累计长度与断层构造所在地区面积之比，反映断裂变动强度。断裂变动强度大小及时间，是影响油气藏保存条件好坏的主要因素。FAI 值越大，越不利油气藏保存；反之，对油气藏保存越有利。

褶皱变动强度指数：是指褶皱轴线累计长度与褶皱所在地区的面积之比。反映一个地区褶皱变形强度。褶皱变动的强度大小及时间，与油气二次（再次）运移及油气藏形成关系密切。FOI 值越大，构造变动越强，反之则弱。

构造变动强度指数：是指断层线与褶皱轴线累计长度与构造所在地区面积之比。

根据本项目野外实地调查资料及 1 ∶ 25 万区测资料，编绘了北羌塘盆地构造形迹展布及构造单元划分图，在此基础上，将盆地内第四系揭去，将第四系掩盖的褶皱和断层恢复。并按 1cm×1cm 划分网格，求出每个网格中褶皱轴线和断层线长度之和（m），再求出每 km^2 范围内构造改造（变动）强度指数（$n\times10\ m/km^2$），绘出等值线图（图 8.1）。并综合参考盆地内岩石有限应变分析结果，以 $15\times10\ m/km^2$ 和 $25\times10\ m/km^2$ 为界，划分盆地构造改造（变动）强度分区：＜ $15\times10\ m/km^2$ 为弱改造（变动）区；15×10~$25\times10\ m/km^2$ 为中等构造改造（变动）区；＞ $25\times10\ m/km^2$ 为强构造改造（变动）区（图 8.1）。

据图 8.1 分析，北羌塘盆地构造改造总体而言比较强，但不同构造单元，以及同一个构造单元内部不同部位构造改造强度存在差异。总的显示，盆地边缘构造改造强度大于盆地内部，其构造改造强度由盆地边缘向内部递减。

强改造区：北羌塘盆地北缘逆冲推覆带（Ⅰ）及盆地外围（羌中隆起，沱沱河－杂多逆冲推覆带、班公湖－怒江缝合带）构造改造强度强，为强改造区。

中强改造区：盆地北部复背斜带（Ⅱ）和南部复背斜带（Ⅳ）南部，中部复向斜带东段北西向构造亚带（$Ⅲ_3$）及南羌塘盆地为中强改造区。

弱改造区：北羌塘盆地中部复向斜带（Ⅲ）绝大部分（$Ⅲ_1$、$Ⅲ_2$）（乌兰乌

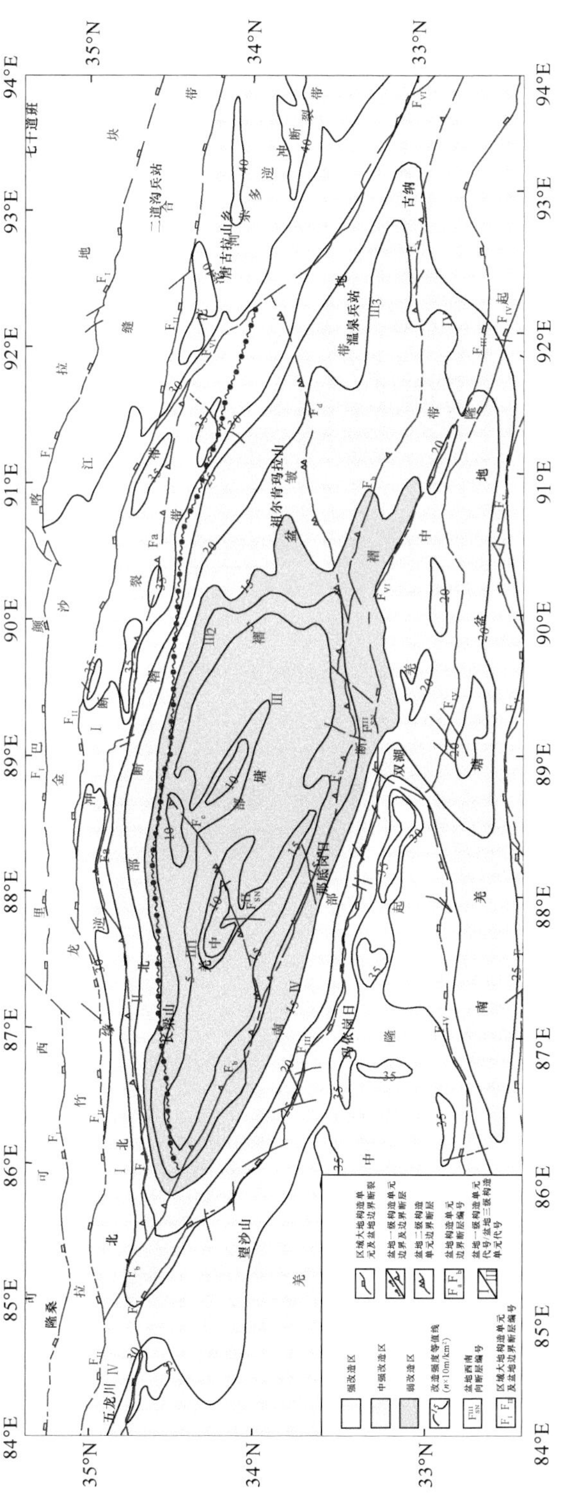

图 8.1　羌塘盆地构造改造强度与分区

拉山–赤布张错以西）和南部复背斜带（Ⅳ）北缘构造改造相对较弱，为弱改造区。在中部复向斜带（Ⅲ）弱改造区中，总体显示由边缘向内部，由强变弱，但在内部局地出现微偏高的特征，如白滩湖地区、万安湖–东温泉一带、黄水湖地区构造改造强度相对周围偏高（10 ＜ SDI ＜ 15）。此外琵琶湖–龙尾湖、琵琶湖–半岛湖一带构造强度也略微偏高（＞ 5×10 m/km^2）。

8.2 隆升剥蚀强度与油气保存

盆地后期与构造事件密切相关的区域性抬升运动对油气藏保存与破坏的影响不尽相同，而隆升作用无疑会导致盆地的风化剥蚀，对于盆地目的层和早期油气藏的保存意义尤为突出，是油气保存最为关键的因素。青藏高原海相盆地在后期经历了多种不同性质的隆升剥蚀，但是目前对盆地抬升过程的历史、强度和方式还不清楚，即是晚期抬升还是早期抬升？是整体抬升还是差异抬升？以及对抬升和剥蚀的速率、厚度和差异性还缺乏深入了解，这些直接影响了对盆地保存条件的认识。构造运动越强烈的地区，地表出露地层时代越老，目的层遭受剥蚀越强烈，越不利于油气成藏与保存；而出露地层越新，且地表被更新地层覆盖的地区具有越好的成藏和保存条件。由于羌塘盆地在中、新生代经历了强烈隆升，部分勘探目的层暴露地表，因此，盆地主要目的层大量出露地区应为强改造区，而目的层埋藏较好且地表新生界广泛发育的地区应为油气保存相对有利地区。本次研究内容将从现今地表海相地层发育与保存状况出发，针对盆地不同地区和时代的地层出露情况，分析盆地后期隆升史和强度，查明盆地隆升剥露及其对盆地的改造作用以及盆地目的层的保存规律。

由于盆地目前已有的热年代学资料有限，对不同地区差异隆升剥蚀作用难以准确约束，本次研究为了探讨盆地内部构造隆升与盆地油气保存的关系，通过对盆地不同地区大量实测地层剖面的统计分析，选择典型代表性剖面，在确定盆地不同时代沉积厚度基础上，结合盆地内现今海拔、地表地层出露情况，以及地球物理资料对盆地埋深情况的约束、对盆地隆升剥蚀强度进行了划分。

根据前面构造热年代学分析，羌塘盆地在中生代晚期普遍发生隆升作用，无论在南羌塘还是北羌塘都发生了普遍的抬升与剥蚀，区域性强烈的抬升剥蚀发生在120~80 Ma，与拉萨–羌塘碰撞造山有关；而新生代隆升过程存在显著的差异，剥蚀强度在空间变化较大，在区域上，在盆地北东部大致沿唐古拉山一线以北，新生代以来发生强烈隆升作用，属于新生代隆起区，强烈隆升时间主要在50~40 Ma。另外，在南羌塘盆地，由于新生代逆冲推覆作用，导致构造抬升，其新生代也发生强烈的抬升剥蚀，导致古油藏暴露。

根据盆地地层出露情况又可以进一步分为强烈隆升区、中等隆升区和较弱隆升区。

（1）强烈隆升区位于中央隆起一带和盆地北部的沱沱河杂多地区，剥蚀厚度为5000~10000 m，出现中生代缺失，古生界和基底变质岩系大面积出露；

（2）中等隆升区位于格拉丹东–唐古拉山一线地区以及盆地北缘逆冲推覆带地区，

该区主要出露三叠系和中下侏罗统，剥蚀厚度为 3000~5000 m；

（3）较弱隆升区位于北羌塘中部复向斜带，如半岛湖、龙尾湖、东湖、吐错地区，该区主要出露中上侏罗统，剥蚀厚度一般为 1000~1500 m，剥蚀强度与构造强度具有较好的对应关系，表明北羌塘中部为盆地目的层保存最好的地区（图 8.2）。

8.3　岩浆活动与保存条件

岩浆活动是区域构造事件的重要物质记录，对含油气盆地而言，岩浆活动对保存条件的影响主要决定于岩浆活动的时期与产状。岩浆活动对盆地的油气藏具有双重效应：一方面，在特定的地质条件下岩浆活动可以促使含油气盆地内烃源岩的成熟而产生油气；另一方面，对于已经形成的油气藏，岩浆的活动意味着油气藏的破坏，包括岩浆底辟可能穿过区域封盖层，导致油气保存单元的彻底破坏；也可能呈岩床式侵位于区域封盖层之下，引起油气保存单元内的局部变化，造成油气保存结构发生变化。本次研究针对盆地内岩浆活动期次多、类型复杂的特点，从岩浆活动的时代和空间分布规律入手，分析不同盆地内岩浆活动规律，综合分析盆地岩浆作用对盆地油气保存的影响。羌塘盆地及邻区岩浆活动较为频繁，加里东、海西、印支、燕山和喜马拉雅期岩浆活动均有表现，既有侵入岩，又有火山岩；侵入岩以印支期、燕山期为主，火山岩有海西期、印支期、燕山期与喜马拉雅期，尤其以燕山期－喜马拉雅期最为强烈；各种岩浆岩在空间和时间分布上又有一定的规律性，基性、超基性岩主要分布在可可西里－金沙江缝合带、中央隆起和班公湖－怒江缝合带；中酸性侵入岩也主要分布于上述三带中以及盆地东南部的唐古拉山和安多－聂荣地区，在其他地区只是小规模零星分布，活动也相对微弱（赵政璋等，2001a）。

1. 火山岩

仅考虑从中生代以来的岩浆活动，羌塘盆地的火山作用总体可分为三叠纪、侏罗纪、白垩纪和古近纪—新近纪四个不同时代，各期次的火山活动又有不同的特点（图 8.3）。

1）三叠纪火山岩

该时期火山岩在中央隆起带，南羌塘拗陷和北羌塘拗陷均有分布，表现为中性安山岩和基性玄武岩。目前，在中央隆起中部获得了玄武岩 Ar-Ar 年龄为 206 Ma，东部获得了玄武岩 Ar-Ar 年龄为 223 Ma；在南羌塘拗陷帕度错北获得安山岩 K-Ar 年龄为 206 Ma，在北羌塘拗陷雅西错以西获得了玄武岩 Rb-Sr 年龄为 225 Ma，在以东的杂多逆冲带以北获得的破曲安山岩 Rb-Sr 年龄为 231 Ma，K-Ar 年龄 204 Ma。在盆地北部边界，雪环湖以西的安山岩 Ar-Ar 年龄为 202 Ma，玉盘湖北东安山岩 K-Ar 年龄为 237.6 Ma。在肖茶卡南，此套火山岩厚逾 122 m，总体上表现为两个大型喷溢（夹爆发）喷发韵律，岩石类型以灰绿色中厚层块状、气孔－杏仁状玄武岩为主，夹玄武质火山角砾岩和玄武质安山岩。

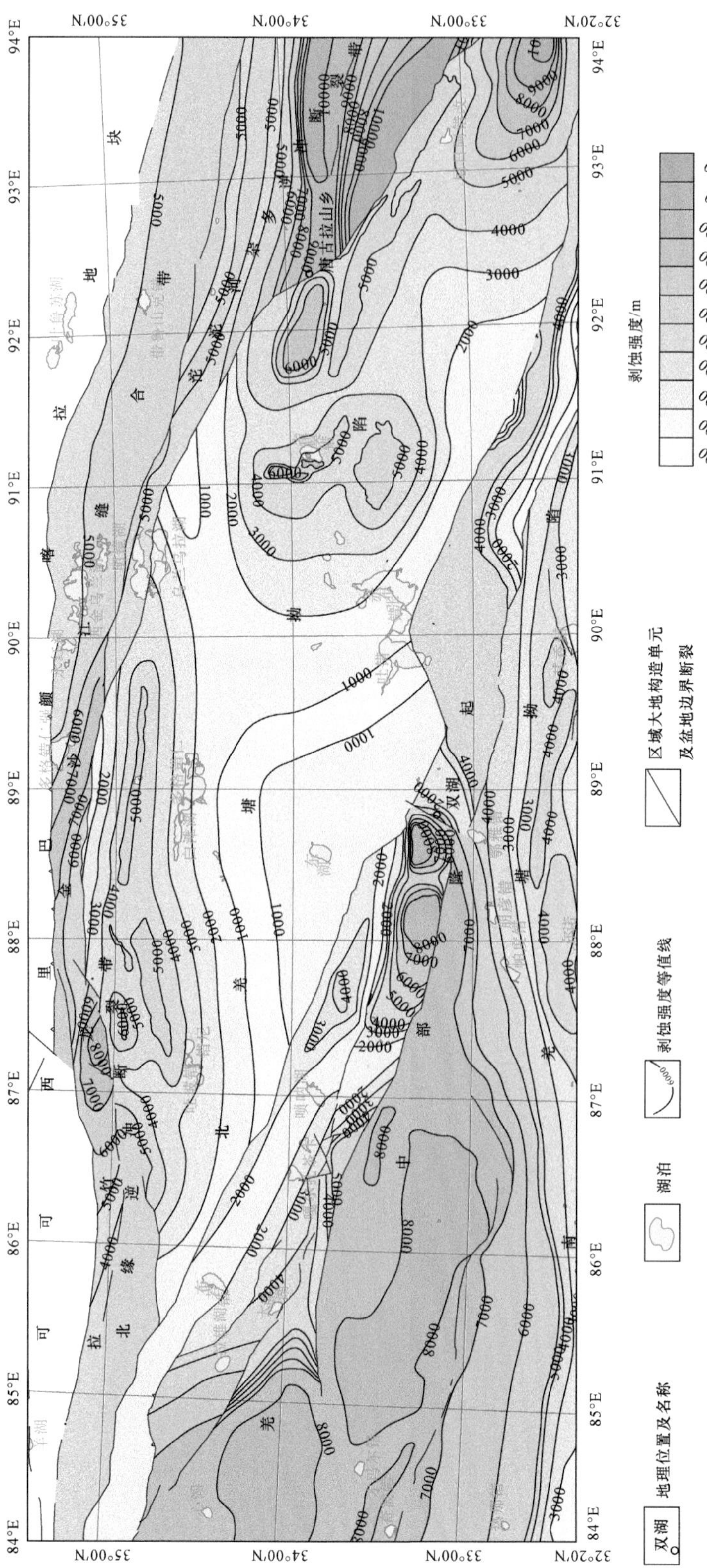

图 8.2　北羌塘盆地剥蚀强度分区图

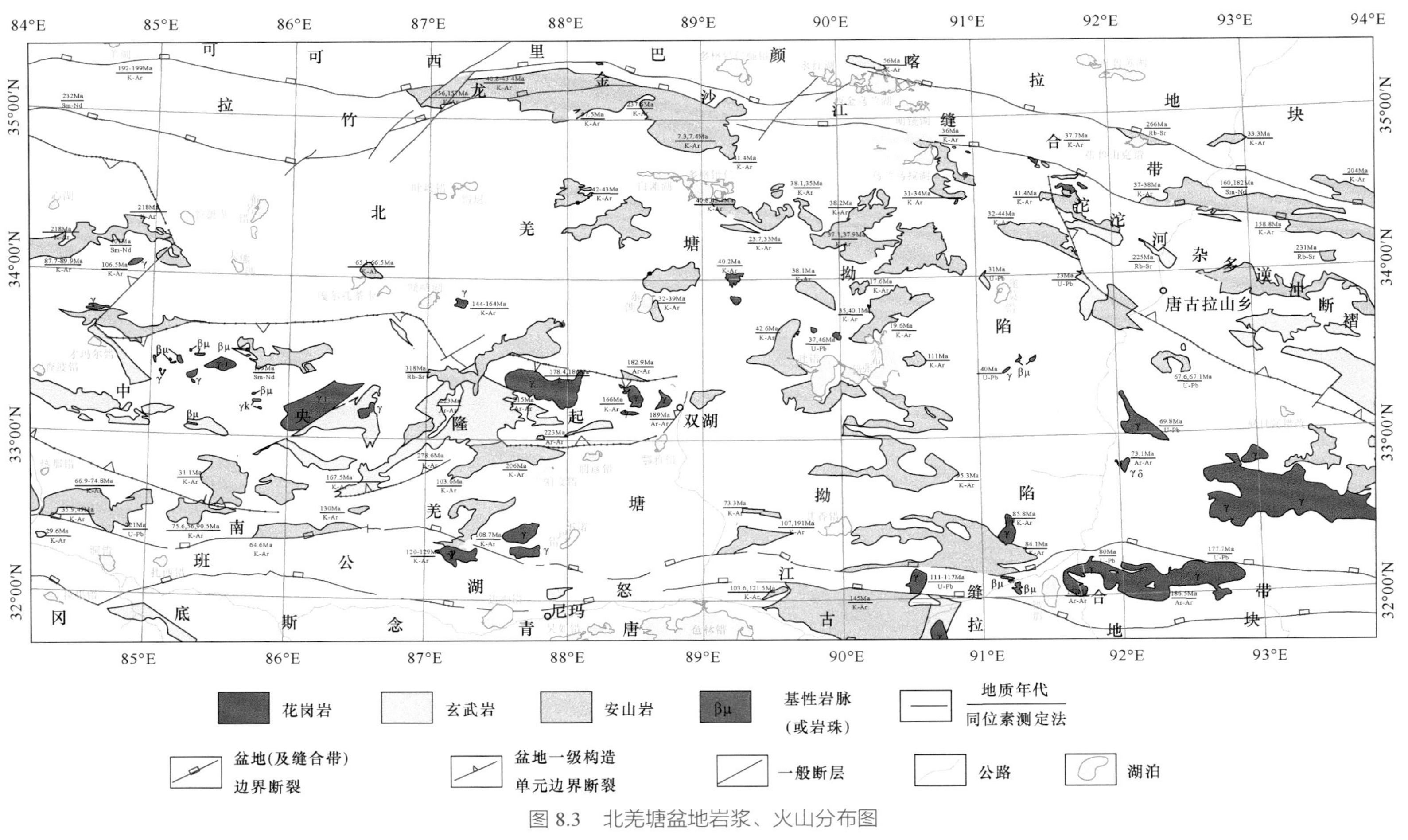

图 8.3　北羌塘盆地岩浆、火山分布图

2）侏罗纪火山岩

该时期火山岩据前人描述在北羌塘拗陷、中央隆起带以及南羌塘拗陷均有分布，目前获得的同位素年龄值有限，主要集中在早侏罗世。这时期的火山岩以中酸性火山熔岩、火山碎屑岩为主，少量为基性火山熔岩，多以夹层状产于那底岗日组陆源碎屑岩中，熔岩主要有玄武岩、粗面安山岩和流纹岩等类型。在南羌塘拗陷洋纳朋错获得的安山岩 K-Ar 年龄为 191 Ma，在北羌塘拗陷琵琶湖南的安山岩 Ar-Ar 年龄为 194 Ma。在盆地北部边界可可西里–金沙江缝合带中报道了安山岩K-Ar年龄为156 Ma、157 Ma、160 Ma、182 Ma 和 158.8 Ma。目前在中央隆起带还无侏罗纪火山活动的同位素年龄报道。

3）白垩纪火山岩

目前羌塘盆地白垩纪的火山作用较少有同位素年龄报道，仅有的报道主要集中在晚白垩世。晚白垩世火山岩总体为一套陆相中性–中酸性高钾钙碱性火山岩，厚度可达 726 m，岩石组合以溢流相英安岩–流纹岩和粗面岩为主，少量喷发相角砾熔岩、角砾凝灰熔岩、熔结凝灰岩等。目前在南羌塘拗陷最西部获得了安山岩 K-Ar 年龄为 124 Ma、133 Ma 和 74.2 Ma，在纳丁错南获得了安山岩 K-Ar 的年龄为 75.6 Ma、56 Ma 以及 90.5 Ma，虾别错南发现了早白垩世的安山岩 K-Ar 年龄为 130 Ma，靠近中央隆起带孜狮错东的早白垩世 K-Ar 年龄为 103.6 Ma，昂达尔错安山岩 U-Pb 年龄为 95~75 Ma，兹格塘错北部安山岩带中 U-Pb 年龄为 103~95 Ma，在北羌塘拗陷唐古拉山东部的安山岩锆石 U-Pb 年龄为 67 Ma，以及在嘎尔孔茶卡北部的安山岩 K-Ar 年龄为白垩纪最晚期的 65.1~66.5 Ma。

4）古近纪—新近纪火山岩

羌塘盆地古近纪—新近纪火山岩主要出露于北羌塘拗陷，目前获得了较多的同位素年龄。多集中于中晚始新世（44~35.8 Ma），主要出露在半岛湖、东湖以东，以安山岩为主，半岛湖东为玄武岩；渐新世晚期—中新世早期（26~17 Ma）的火山岩多集中于赤布张错（粗安岩、流纹岩）、北羌塘拗陷西部（响岩、碱性粗面岩、白榴碱煌岩、云辉正煌岩）；中新世中晚期（10~4 Ma）火山岩多见于北羌塘拗陷西部，乌兰乌拉湖南出露粗安岩；另在可可西里勒斜武旦湖见火山玻璃，K-Ar 年龄为 2.11±0.3 Ma。

羌塘盆地北部地区的火山岩主要出露于古近纪—新近纪石坪顶组，主要为呈陆相中心喷发式的溢流火山岩，岩石类型以熔岩为主，偶见火山碎屑岩。在喷发中心附近可见火山通道相的次火山岩，主要包含的岩石类型有辉石粗安岩、角闪粗面岩、角闪英安岩、黑云母英安岩，均为陆相火山熔岩，此外还有次火山岩相的黑云母英安质碎斑熔岩和黑云母粗面质碎斑熔岩及辉石黑云母花斑岩（王方正等，1997）。

2. 侵入岩

羌塘盆地的侵入岩以印支期和燕山期为主，喜马拉雅期以来的岩浆活动主要表现为火山作用，而岩浆侵入作用相比冈底斯地区和藏南措美等其他地区来说，显得十分微弱，并且印支期和燕山期的岩浆侵入活动也相对显得微弱。江爱达日那地区侵入岩比较发育，燕山期侵入岩主要分布在那底冈日组中，超基性岩仅出露于角木日主峰西侧及玛尔果茶卡东山两处，基性侵入岩出露不多，主要呈一些小岩墙和岩脉零星分布于角木茶卡一带及双湖构造混杂带蛇绿混杂岩片中，中酸性侵入岩较为发育，主要集中分布于江爱藏布山－嘎措一带，早侏罗世酸性侵入岩以深侵位的花岗闪长岩类和二长花岗岩类为主体，两者在空间分布上密切伴生，也可见两者之间相互穿插的现象，表明两者应属大致同时上侵、定位的岩浆冷凝而成。测区中—晚侏罗世中酸性花岗岩分布比较零星，在双湖构造混杂带中呈岩脉和岩株状产出，较大的岩体主要分布在扫保扫萨东、天鹤湖、崎嵘山、长蛇山、那底岗日及玛尔果茶卡一带，主要有二长花岗岩、二长花岗斑岩、花岗闪长斑岩、石英二长闪长岩、石英闪长玢岩和石英斑岩等。在虾别错及木嘎岗日一带的燕山晚期－喜马拉雅晚期的酸性侵入岩，主要由早白垩世浅灰色细粒黑云母花岗闪长岩、灰白色细粒黑云母二长花岗岩、灰白色细粒似斑状黑云母二长花岗岩、灰白色中细粒似斑状黑云母二长花岗岩和灰白色中粒似斑状黑云母二长花岗岩组成，获得了三个黑云母 K-Ar 年龄分别为 129 Ma、121 Ma、108 Ma，以及一个全岩 K-Ar 年龄为 114.57 Ma（图 8.3）。

构造运动强烈的地区，岩浆活动也强烈，对油气藏破坏作用也就越大。因此，盆地内火山岩和侵入岩大量分布的地区为岩浆活动强改造区，局部仅有少量岩浆岩和火山岩发育的地区为中等改造区，而岩浆活动不发育的地区为弱改造区。如羌塘盆地中央隆起区、北羌塘拗陷北部边缘和东部祖尔肯乌拉山一带中，新生代侵入岩和火山岩十分发育，为岩浆活动强改造区。而北羌塘拗陷龙尾湖、东湖、笙根地区，侵入岩和火山岩不发育，属于弱改造区。

8.4　有利构造保存区优选方法

羌塘盆地属于勘探程度较低的地区，与勘探程度较高的盆地相比资料少，北羌塘盆地地区又是调查和研究程度较低的地区，油气远景区划及靶区优选尚缺乏系统资料，因此对油气有利保存区优选和评价工作难度较大。在本次研究中我们主要根据盆地改造强度、岩浆活动、抬升剥蚀强度与目的层保存特点，结合盆地油气地质条件，对盆地油气有利构造保存区做出预测。即对已经掌握的地质和油气地质资料进行综合评价，其基本思路，就是把控制油气保存的不同的单一地质因素（如油气地质条件、构造改造强度、岩浆作用、剥蚀强度与目的层保存特点等）作为“基础地质信息”，形成“基础地质系统”，再把几个相关的基础地质信息资料经过多次叠合，从而对油气有利保存区（带）做出综合评价。在具体评价过程中注重了如下因素：①地表出露的地层层序、生储盖组合的垂向配置；②断裂构造发育程度、变形强度与改造强度；③岩浆活动强烈程度；④可能的圈闭类型、规模形态、保存程度；⑤隆升剥蚀程度，即主要目的层系的出露与保存状态。具体评价和预测标准如下（表 8.1）。

表 8.1　盆地有利保存区划分原则

优选因素	有利保存区	较有利保存区	较差区
生储盖条件	烃源岩厚度大，生烃强度高；储集层分布稳定，盖层类型好、膏盐发育；生储盖组合配置合理	烃源岩厚度大，储集层类型好，盖层条件优越；生储盖组合在垂向上配置较为合理	烃源岩厚度小，地表出露岩系时代较老，储集层、盖层发育差
构造保存条件	处于盆地内弱的构造改造区，后期构造变形较弱，断裂发育程度较低，褶皱发育，形态较好，规模大	处于盆地内弱－中等构造改造区，后期构造变形相对较弱，断裂发育程度中等，褶皱发育，形态相对较好，规模较大	处于盆地中等构造改造区，后期构造变形相对较强，断裂发育，褶皱形态紧闭，规模较小
盆地抬升剥蚀条件	中新生代地层发育相对较为完整，地表出露地层相对较新一般应为上侏罗统地层，同时被新生代沉积覆盖，目的层未出露，剥蚀程度低	中生代地层发育相对较为完整，地表出露一般应为上侏罗统地层，目的层未出露，剥蚀程度低	中生代地层发育不完整，地表出露地层相对较老，一般应为中下侏罗统地层，目的层未出露，剥蚀程度较高
岩浆活动	地表岩岩浆岩和火山岩不发育，岩浆活动弱	地表岩仅有少量岩浆岩和火山岩分布，岩浆期次少，规模小	地表岩岩浆岩和火山岩分布较为广泛，岩浆期次多，规模大

1. 有利保存区评价优选因素

1）生、储、盖条件

一般具备较好的生、储、盖条件，生储盖组合配置合理，与生油凹陷的配置关系合理，为生油凹陷中的凸起区或生油凹陷与隆起区的斜坡带，烃源岩厚度大，烃源岩类型好，热演化适中，生烃强度高；储集层厚度大，岩石类型好、分布稳定，储集层空隙度一般＞3%；同时盖层封盖性好，厚度＞500m，生储盖时空配置合理的地区为有利区。

2）构造保存条件

处于盆地内弱的构造改造区，后期构造变形相对较弱，断裂发育程度较低，褶皱发育，形态较好，规模较大，同时有利区一般具备油气成藏的局部构造条件，构造圈闭形成、定型的时限与烃类生成运移的有效时间配置合理，即圈闭形成与生油高峰期同期或早于生油高峰，圈闭的类型多，面积大，变形强度较小，开启性断层少，且规模小。

3）盆地抬升剥蚀条件

区内中新生代地层发育相对较为完整，地表出露地层相对较新一般应为上侏罗统，同时被新生代沉积覆盖，主要盖层和储层未出露地表，剥蚀程度低，整体具有相对有利的保存条件。

4）岩浆活动

有利保存区一般为岩浆活动较弱，无或仅有少量岩浆岩和火山岩发育。

2. 有利保存区定量评价

根据盆地有利保存区优选评价的原则和要求，对羌塘盆地的保存条件进行了初步的定量评价。首先，选择对油气保存具有重要制约作用的生储盖条件、构造改造强度、地层剥蚀强度和岩浆改造强度为评价指标，对每个指标按满分 5 分制进行打分；其次，综合考虑不同评价指标对保存条件的影响，设置不同权重（表 8.2）；最后，综合所有评价因素得出有利保存区的评分结果（表 8.3）。

表 8.2　羌塘盆地有利保存区主控因素权重表

主控因素	分配权重
生储盖条件	0.4
构造改造强度	0.3
地层剥蚀强度	0.2
岩浆改造强度	0.1

表 8.3　羌塘盆地有利保存区定量评价表

保存条件评价	评价指数
有利保存区	2~1.6
较有利保存区	1.5~1.2
较差区	1.1~0.8

8.5　有利构造保存区及其特征

依据上述原则和评价标准，将北羌塘盆地划分为有利区、较有利区、较差区三种类型，其中有利区有三个，分别为白滩湖 – 东月湖 – 波涛湖有利区（Ⅰ）、白云湖 – 映天湖 – 半岛湖有利区（Ⅱ）和双泉湖 – 向阳湖 – 东湖有利区（Ⅲ）（图 8.4）。

1. 白滩湖 – 东月湖 – 波涛湖有利区（Ⅰ）

1）深部地球物理特征

白滩湖 – 东月湖 – 波涛湖有利区处于白滩湖凹陷与桌子山凸起过渡的斜坡地带，白滩湖凹陷区基底埋深 3~5 km，沉积盖层厚度一般大于 3 km，深部无明显岩浆岩侵入体和大的断裂构造，是油气聚集和运移有利指向区，深部构造有利。

2）基础地质

白滩湖 – 东月湖 – 波涛湖有利区地表出露地层为上侏罗统索瓦组（白龙冰河组）以及古近系—新近系康托组、鱼鳞山组和唢呐湖组，目的层系保存相对较好。构造位置属于中部复向斜带，区内构造线方向为北西、北西西向，该区存在较大规模的背斜圈闭，且背斜形态较好，主要背斜包括：白滩湖西背斜（H45）、白滩湖西南背斜（H46）、白滩湖东背斜（H48）、太平湖背斜（H66）等，这些背斜两翼倾角为 20°~40°，枢纽近水平，两翼夹角 100°~140°，主体为直立开阔水平形态，背斜核部主要出露上侏罗统。

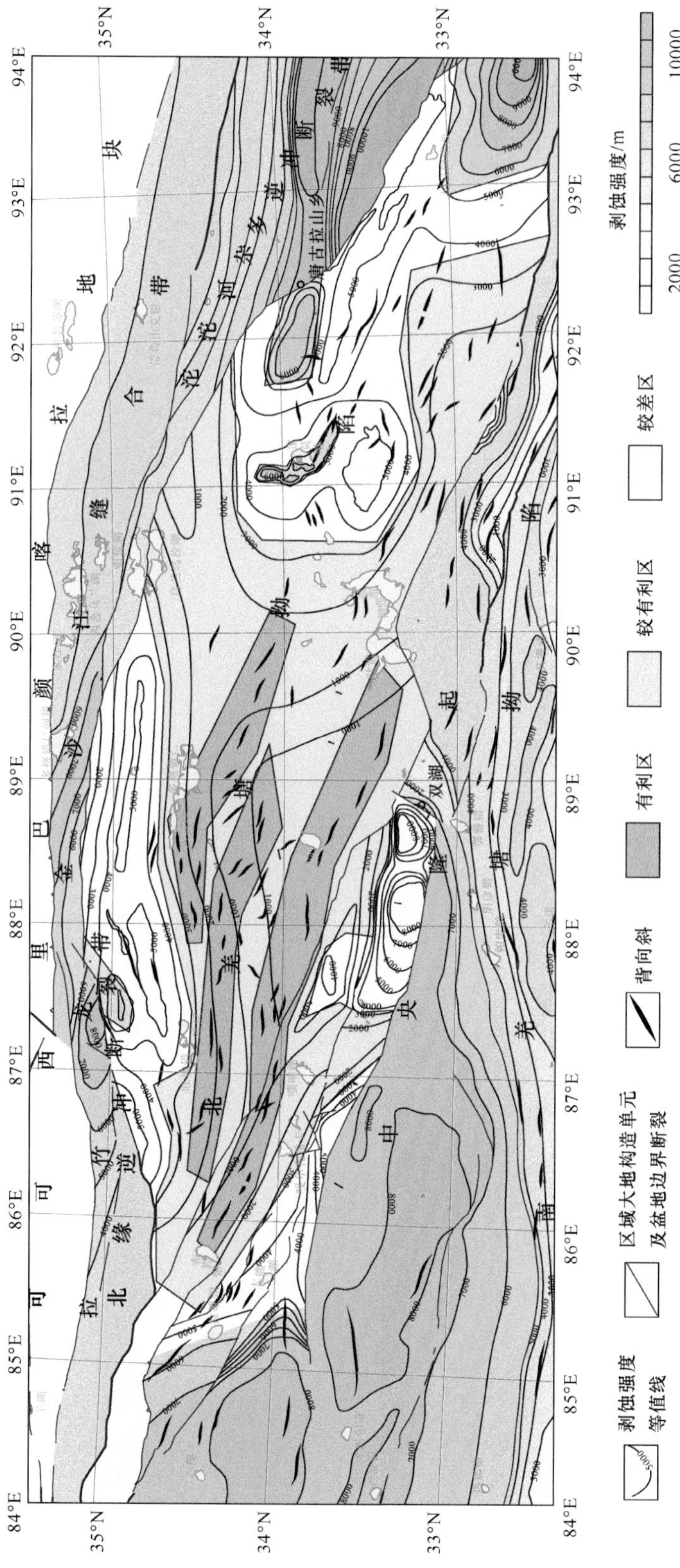

图 8.4 羌塘盆地有利保存单元和远景区预测图

3）油气地质

区块内主力生储盖组合为中侏罗统布曲组、夏里组和部分上侏罗统索瓦组组合，此外未出露的上三叠统为潜在组合，目的层位较多，多深埋于地下。该区生油岩主要包括布曲组、索瓦组碳酸盐岩、雀莫错组和夏里组泥岩等，烃源岩累计厚度为 700~1000 m，其中布曲组烃源层厚度为 100~200 m，夏里组烃源岩厚度为 100 m，索瓦组烃源岩（含白龙冰河组）厚度为 500~700 m，主要烃源岩有机质含量为 0.2%~0.5%，有机质类型以 II_2 为主，具有较好的生油性，有机质热演化程度适中 R_o=1.0%~1.2%，总体上烃源岩厚度较大，生烃潜力较大。区内储集层主要包括布曲组、夏里组、索瓦组和雪山组，储集层累计厚度＞ 1400 m，其中布曲组鲕粒灰岩、砂屑灰岩、生屑灰岩储集层厚度为 200~300 m，夏里组碎屑岩储层厚度为 300~400 m，索瓦组碳酸盐岩储层厚度为 100~300 m，雪山组碎屑岩储层大于 700 m。该区盖层包括布曲组碳酸盐岩、夏里组细碎屑岩和索瓦组碳酸盐岩，其中布曲组碳酸盐岩盖层厚度为 200~400 m，夏里组组盖层厚度为 200~300 m，索瓦组盖层厚度平均为 200 m，盖层累计厚度为 600~900 m，盖层类型以有利盖层（Ⅰ）和较有利盖层（Ⅱ）为主，局部可见厚度不等的膏岩盐，总体具有较好的封盖条件。

4）圈闭与保存条件

该区内大型断裂不发育，特别是新生代南北向破坏性正断层在该区不发育，岩浆活动主要分布于本区南部的普若岗日一带，区内未见岩浆侵入体。

同时本区也是剥蚀程度较弱的地区（＜ 1000 m），地表出露地层主要为上侏罗统和新生界，目的层保存条件较好，是盆地最具勘探潜力的地区。

另外，从地表油气显示分析，位于该区西部浩波湖一带油气显示丰富，主要集中于上侏罗统索瓦组中，油气产状主要为裂隙 – 裂缝式、晶洞式及缝合线式；油气性质以干沥青为主，局部可见软沥青或稠油、油页岩，众多的油气显示不仅表明区内曾有大规模的生、运、聚过程，而且表明油气保存条件较差，后期破坏强烈，而本区内目前尚未见有油气显示，说明本区具有更为优越的保存条件。

2. 白云湖 – 映天湖 – 半岛湖有利区（Ⅱ）

1）深部地球物理特征

在深部结构上总体处于托纳木藏布凹陷区与普若岗日凸起的过渡带，在北侧属于白滩湖深凹陷与托纳木藏布凹陷区所夹的凹中隆，两侧凹陷区基底埋深为 5~7 km，沉积盖层厚度为 3~5 km，深部无明显岩浆岩侵入体和大的断裂构造，因此该区块是油气聚集的有利部位。

2）基础地质

构造位置属于中部复向斜带，地表出露地层为古近系—新近系鱼鳞山组、康托组以及中上侏罗统夏里组、索瓦组，由于区内大量被新生界覆盖，目的层褶皱情况不明，但从邻区褶皱展布来看，该区存在较大规模的背斜圈闭，且背斜形态较好，主要包括：半岛湖西南背斜（H88）、白滩湖东南背斜（H90）、猫鹰嘴背斜（H85）、五节梁背斜

（H89）等，两翼倾角为 25°~40°，主体为直立水平形态。

3）油气地质

区块内主力生储盖组合为中侏罗统布曲组生储盖组合，一般深埋于地下，上三叠统潜在生储盖组合保存较好，从布曲组烃源层的厚度等值线、有机碳等值线等图分析，该区布曲组灰岩烃源层平均厚度为 200 m，有机质含量为 0.2%~0.9%，平均为 0.4%~0.5%，有机质类型为 II_1- II_2，具有较好的生油性，有机质热演化程度适中 R_o=1.2%~1.4%。储集层主要为布曲组台内相鲕粒灰岩、砂屑灰岩、生屑灰岩和生物礁灰岩，厚度一般为 200~400 m，孔隙度为 2%~4%，此外该区夏里组碎屑岩储层厚度为 200~400 m，储层累计厚度为 400~800 m，特别是该区布曲组中台地相生物礁、滩大量发育。根据目前羌塘盆地评价结果可知，礁滩相灰岩为盆地内品质最为优越的储集层，因此该区最大特点是储层发育最好。该区盖层包括布曲组碳酸盐岩、夏里组细碎屑岩以及部分索瓦组碳酸盐岩，其中布曲组碳酸盐岩盖层厚度为 200~300 m，盖层累计厚度为 400 m，盖层类型以有利盖层（Ⅰ）和较有利盖层（Ⅱ）为主，特别是在该区北侧和南侧还发育厚度不等的优质膏岩盐，从周围露头石膏推测，该区可能存在多层优质石膏盖层，总体具有较好的封盖条件。

4）圈闭与保存条件

根据整个盆地分析，褶皱构造形成时间为燕山晚期，而布曲组灰岩的生烃高峰期为上侏罗统索瓦期与雪山期，与圈闭形成期配置良好。同时该区内断裂构造不甚发育，未见岩浆活动和地下深部泉水分布，地层的剥蚀程度相对较弱，目的层之上被新生界覆盖，保存条件较好，是盆地具有较好油气资源勘探潜力的地区之一。

3. 双泉湖 – 向阳湖 – 东湖有利区（Ⅲ）

该区位于北羌塘拗陷区中南部，呈长 370 km、宽 20 km 的带状北西西向展布，该区地表出露地层主要为中侏罗统布曲组—上侏罗统索瓦组，双泉湖 – 吐错大量出露新生界，勘探目的层为上三叠统肖茶卡组、中侏罗统布曲组。

1）生储盖条件

该区主要有效烃源层为上三叠统肖茶卡组碳酸盐岩（厚度＞ 900 m）、中侏罗统布曲组碳酸盐岩和泥岩（＞ 700 m）以及上侏罗统索瓦组碳酸盐岩（＞ 400 m）；有利储集层为上三叠统肖茶卡组灰岩（＞ 800 m）、中侏罗统布曲组颗粒灰岩（600~800 m）、上侏罗统索瓦组碳酸盐岩（1300~1800 m）以及下白垩统雪山组碎屑岩（＞ 1600 m），有利盖层为上三叠统肖茶卡组泥岩（411.58~640.16 m）、下侏罗统雀莫错组泥岩（＞ 411.60 m）、中侏罗统夏里组泥岩、膏盐岩（500~700 m）以及上侏罗统索瓦组泥岩（600~800 m），从生储盖组合分析，主要为自生自储式组合，其中勘探目的层主要为肖茶卡组、布曲组以及索瓦组。

2）保存条件

从地层保存方面分析，该区出露地层以中—上侏罗统为主，其上又部分被新生界覆盖，就整个羌塘盆地而言，该区出露地层层位相对较新，相对有利于油气保存。

3）构造条件

总体上该区具有油气保存有利的构造条件，从其在盆地中的构造位置来看，处于北羌塘拗陷区中的中部复向斜带，该区构造圈闭最为显著的特点是背斜构造发育，发育了一系列轴向东西、北西西向的背斜，而且面积较大，存在较大规模的背斜圈闭，主要背斜包括：龙尾湖背斜（H162）、龙尾湖西背斜（H163）、乱石流背斜（H110）、升云山背斜（H109）、长梁山背斜（H172）等。

总的来看，该区生储盖层发育较好，构造相对稳定，存在大型构造圈闭，并存在油气显示，是北羌塘盆地中较为有利的远景区之一，但成藏条件略差于白云湖－映天湖－半岛湖有利区。

参考文献

白云山, 李莉, 牛志军, 等. 2006. 羌塘中部各拉丹冬二长花岗岩体同位素地质年代学和地球化学研究. 地球学报, (3): 217-225.

白志达, 徐德斌, 陈梦军, 等. 2009. 西藏安多地区粗面岩的特征及其锆石SHRIMP U-Pb定年. 地质通报, 28(9): 1229-1235.

毕文军, 张佳伟, 李亚林, 等. 2023. 西藏中部羌塘地体白垩纪以来隆升剥露过程. 地学前缘, 30(2): 18-34.

边千韬, 郑祥身, 李红生, 等. 1997. 青海可可西里地区蛇绿岩的时代及形成环境. 地质论评, 43(4): 347-355.

陈杰, Heermance R V, Burbank D W, 等. 2007. 中国西南天山西域砾岩的磁性地层年代与地质意义. 第四纪研究, 27(4): 576-587.

陈伟, 卢华复, 施泽进, 等. 1993. 平衡剖面的正演计算及其应用. 地质科学, (2): 117-126.

陈文彬, 贺永忠, 占王忠, 等. 2012. 藏北南羌塘安多县鄂斯玛地区早白垩世孢粉化石Dicheiropollis的发现及其地质意义. 地质通报, 31(10): 1602-1607.

陈文西, 王剑. 2009. 藏北羌塘坳陷晚三叠世地层特征与对比. 中国地质, 36(4): 809-818.

邓万明. 1984. 藏北东巧-怒江超基性岩的岩石成因. 喜马拉雅地质(Ⅱ). 北京: 地质出版社.

杜林涛, 李亚林, 刘洋. 2021. 西藏羌塘地体中生代中-晚期不整合事件及其构造意义. 地质科技通报, (4): 61-71.

杜秋定, 伊海生, 林金辉, 等. 2010. 羌塘盆地双湖地区含油白云岩有机地球化学特征. 油气地质与采收率, 17(1): 22-24, 36, 112

方德庆, 云金表, 李椿. 2002. 北羌塘盆地中部雪山组时代讨论. 地层学杂志, (1): 68-72.

付修根, 王剑, 汪正江, 等. 2007. 藏北羌塘盆地上三叠统那底岗日组与下伏地层沉积间断的确立及意义. 地质论评, 53(3): 9.

付修根, 王剑, 汪正江, 等. 2008. 藏北羌塘盆地菊花山地区火山岩SHRIMP锆石U-Pb年龄及地球化学特征. 地质论评, 54(2): 232-242.

付修根, 王剑, 吴滔, 等. 2009. 藏北羌塘盆地大规模古风化壳的发现及其意义. 地质通报, 28(6): 696-700.

付修根, 王剑, 陈文彬, 等. 2010. 羌塘盆地那底岗日组火山岩地层时代及构造背景. 成都理工大学学报: 自然科学版, 37(6): 605-615.

付修根, 王剑, 宋春彦, 等. 2020. 羌塘盆地第一口油气科学钻探井油气地质成果及勘探意义. 沉积与特提斯地质, 40(1): 15-25.

胡圣标, 何丽娟, 朱传庆, 等. 2008. 海相盆地热史恢复方法体系. 石油与天然气地质, 29(5): 607-613.

黄汲清, 陈炳蔚. 1987. 中国及邻区特提斯海的演化. 北京: 地质出版社.

黄继钧, 李亚林. 2007. 羌塘盆地岩石有限应变及地壳缩短分析. 地质学报, 81(5): 599-605.

黄继钧, 伊海生, 林金辉. 2004. 羌塘盆地构造特征及油气远景初步分析. 地质科学, 39(1): 1-10.

计文化, 陈守建, 赵振明, 等. 2009. 西藏冈底斯构造带申扎一带寒武系火山岩的发现及其地质意义. 地质通报, 28(9): 1350-1354.

季长军. 2015. 南羌塘坳陷油藏带生物标志化合物特征及油源对比研究. 成都: 成都理工大学.

季长军, 伊海生, 陈志勇, 等. 2013. 西藏羌塘盆地羌D2井原油类型及其勘探意义. 石油学报, 34(6): 1070-1076.

贾承造. 2005. 中国中西部前陆冲断带构造特征与天然气富集规律. 石油勘探与开发, 32(4): 9-15.

蒋忠惕. 1983. 羌塘地区侏罗纪地层的若干问题. 青藏高原地质文集, (6): 87-112.

蒋忠惕. 1994. 青藏高原地区的特提斯性质、演化及区域构造发育特征. 中国地质科学院562综合大队集刊, (1): 115-127.

金玮. 2007. 青藏高原腹地晚白垩-古近纪高原隆升的沉积响应与油气后期保存. 成都: 成都理工大学.

赖绍聪, 秦江锋, 李永飞, 等. 2006. 藏北羌塘比隆错一带新生代火山岩的成因:壳幔过渡带局部熔融的地球化学证据. 地质通报, (Z1): 64-69.

赖绍聪, 秦江锋, 李永飞, 等. 2007. 青藏高原木苟日王新生代火山岩地球化学及Sr-Nd-Pb同位素组成——底侵基性岩浆地幔源区性质的探讨. 中国科学(D辑:地球科学), (3): 308-318.

李才. 1987. 龙木错-双湖-澜沧江板块缝合带与石炭二叠纪冈瓦纳北界. 长春地质学院学报, (2): 155-166.

李才. 2003. 羌塘基底质疑. 地质论评, 49(1): 3-9.

李才, 程立人, 胡克. 1995. 西藏龙木错-双湖古特提斯缝合带研究. 北京:地质出版社

李才, 程立人, 于介江, 等. 2006. 中华人民共和国区域地质调查报告玛依岗日幅(1:250000). 吉林: 吉林大学.

李才, 翟庆国, 董永胜, 等. 2007. 青藏高原羌塘中部果干加年山上三叠统望湖岭组的建立及意义. 地质通报, 26(8): 1003-1008.

李才, 吴彦旺, 王明, 等. 2010. 青藏高原泛非—早古生代造山事件研究重大进展——冈底斯地区寒武系和泛非造山不整合的发现. 地质通报, 29(12): 1733-1736.

李吉均, 文世宣, 张青松, 等. 1979. 青藏高原隆起的时代、幅度和形式的探讨. 中国科学A辑, (6): 608-616.

李静超, 赵中宝, 郑艺龙, 等. 2015. 古特提斯洋俯冲碰撞在南羌塘的岩浆岩证据: 西藏荣玛乡冈塘错花岗岩. 岩石学报, 31(7): 2078-2088.

李伟. 1996. 恢复地层剥蚀厚度方法综述. 中国海上油气(地质), 10(3): 33-37.

李学仁, 万友利, 王剑. 2020. 羌塘中部白措花岗岩岩石地球化学特征,锆石U-Pb年龄和Hf同位素组成及其构造意义. 地质论评, 66(5): 14.

李亚林, 王成善, 伊海生, 等. 2001. 西藏北部双湖地堑构造与新生代伸展作用. 中国科学(D辑), (S1):228-233.

李亚林, 王成善, 伊海生, 等. 2006. 西藏北部新生代大型逆冲推覆构造与唐古拉山的隆起. 地质学报, 80(8): 14.

李亚林, 王成善, 黄继钧. 2008a. 羌塘盆地褶皱变形特征、定型时间及其与油气的关系. 石油与天然气地质, 29(3): 283-289.

李亚林, 王成善, 李永铁. 2008b. 西藏羌塘盆地侏罗系膏盐岩与油气成藏. 石油学报, 29(2):173-178.

李亚林, 王成善, 孙忠军, 等. 2011. 羌塘盆地托纳木地区石油地质特征与资源潜力. 北京: 地质出版社.

李亚林, 朱利东, 戴紧根, 等. 2013. 可可西里西段羊湖盆地沉积、构造特征及其动力学意义. 岩石学报, 29(3): 1017-1026.

李勇, 李亚林, 段志明, 等. 2005. 中华人民共和国区域地质调查报告温泉兵站幅(1:250000). 成都: 成都理工大学.

李勇, 王成善, 伊海生, 等. 2001. 青藏高原中侏罗世—早白垩世羌塘复合型前陆盆地充填模式. 沉积学报, 19(1): 20-27.

李勇, 王成善, 伊海生. 2002. 中生代羌塘前陆盆地充填序列及演化过程. 地层学杂志, 26(1): 7.

李勇, 王成善, 伊海生. 2003. 西藏金沙江缝合带西段晚三叠世碰撞作用与沉积响应. 沉积学报, 21(2): 191-197.

梁定益, 聂泽同, 郭铁鹰, 等. 1983. 西藏阿里喀喇昆仑南部的冈瓦纳—特提斯相石炭二叠系. 地球科学, (1): 9-27.

刘昌实, 陈小明, 陈培荣, 等. 2003. A型岩套的分类、判别标志和成因. 高校地质学报, (4): 573-591.

刘池洋, 杨兴科. 2000. 改造盆地研究和油气评价的思路. 石油与天然气地质, 21(1): 11-15.

刘家铎, 周文, 李勇, 等. 2007. 青藏地区油气资源潜力分析与评价. 北京: 地质出版社.

刘世坤, 姚宗富. 1988. 西藏改则地区的石炭系. 地层学杂志, (2): 142-146.

刘训, 傅德荣, 姚培毅, 等. 1992. 青藏高原不同地体的地层生物区系及沉积构造演化史. 北京: 地质出版社.

孟令顺, 高锐, 周富祥, 等. 1990. 重力异常与青藏高原地壳构造. 长春地质学院学报, 20(3): 8.

莫宣学. 2011. 岩浆作用与青藏高原演化. 高校地质学报, 17(3): 351-367.

莫宣学, 路凤香, 沈上越, 等. 1993. 三江特提斯火山作用与成矿. 北京: 地质出版社.

南征兵, 李永铁, 郭祖军. 2008. 羌塘盆地油气显示及油源对比. 石油实验地质, 30(5): 503-507.

潘桂棠. 1997. 东特提斯地质构造形成演化. 北京: 地质出版社.

潘裕生, 钟嘉猷, 周勇. 2003. 青藏高原南北向地堑系的实验研究. 地质科学, (2): 172-178, 213.

钱方, 马醒华, 吴锡浩, 等. 1982. 羌塘组和曲果组磁性地层的研究. 青藏高原地质文集, (1): 121-130.

秦建中. 2006. 青藏高原羌塘盆地油气资源潜力分析. 石油实验地质, (6): 566-573.

青藏油气区石油地质志编写组编. 1990. 中国石油地质志, 卷14青藏油气区: 483.

邱楠生, 何丽娟, 常健, 等. 2020. 沉积盆地热历史重建研究进展与挑战. 石油实验地质, 42(5): 790-802.

任战利. 1999. 沉积盆地热演化史研究的方法和思路. 陕西省地球物理学会年会: 陕西地球物理文集(三).

任战利, 刘丽, 崔军平, 等. 2008. 盆地构造热演化史在油气成藏期次研究中的应用. 石油与天然气地质, 29(4): 502-506.

石广仁. 2000 . 油气盆地数值模拟方法. 北京: 石油工业出版社.

石广仁, 张庆春. 2004. 盆地模拟的参数敏感性与风险分析. 石油勘探与开发, 31(4): 61-63.

宋春彦. 2012. 羌塘中生代沉积盆地演化及油气地质意义. 北京: 中国地质科学院.

宋春彦, 王剑, 付修根, 等. 2018a. 羌塘盆地白垩纪以来快速隆升剥蚀的热年代学证据. 东北石油大学学报, 42(6): 12.

宋春彦, 王剑, 付修根, 等. 2018b. 羌塘盆地东部上三叠统巴贡组烃源岩特征及意义. 东北石油大学学报, 42(5): 104-114+11-12.

谭富文, 王剑, 李永, 等. 2004. 羌塘盆地侏罗纪末-早白垩世沉积特征与地层问题. 中国地质, 31(4): 400-405.

唐友军, 张欣越, 季长军. 2022. 南羌塘盆地侏罗系砂糖状白云岩古油藏油源研究——来自芳烃化合物和单体烃碳同位素的证据. 长江大学学报(自然科学版), 19(2): 1-11.

汪啸风, Metca., I, 简平, 等. 1999. 金沙江缝合带构造地层划分及时代厘定. 中国科学: 地球科学, 29(4): 289-297.

王成善, 李祥辉. 2003. 沉积盆地分析原理与方法. 北京: 高等教育出版社.

王成善, 伊海生. 2001. 羌塘盆地地质演化与油气远景评价. 北京: 地质出版社.

王成善, 伊海生, 刘池洋, 等. 2004. 西藏羌塘盆地古油藏发现及其意义. 石油与天然气地质, (2): 139-143.

王方正, 赖旭龙. 1997. 西藏羌塘地区第三系火山岩及与羌塘盆地含油性. 地球科学: 中国地质大学学报, 22(3): 311-316.

王冠民, 钟建华. 2002. 班公湖—怒江构造带西段三叠纪—侏罗纪构造–沉积演化. 地质论评, (3): 297-303.

王国芝, 王成善. 2001. 西藏羌塘基底变质岩系的解体和时代厘定. 中国科学(D辑: 地球科学), (S1): 77-82.

王鸿祯. 1982. 中国地壳构造发展的主要阶段. 地球科学, (3): 163-186.

王剑. 2007. 藏北北羌塘盆地晚三叠世古风化壳地质地球化学特征及其意义. 沉积学报, 25(4): 487-494.

王剑, 付修根. 2018. 论羌塘盆地沉积演化. 中国地质, 45(2): 237-259.

王剑, 谭富文, 李亚林, 等. 2004. 青藏高原重点沉积盆地油气资源潜力分析. 北京: 地质出版社.

王剑, 汪正江, 陈文西, 等. 2007. 藏北北羌塘盆地那底岗日组时代归属的新证据. 地质通报, 26(4): 404-409.

王剑, 付修根, 陈文西, 等. 2008. 北羌塘沃若山地区火山岩年代学及区域地球化学对比——对晚三叠世火山-沉积事件的启示. 中国科学(D辑: 地球科学), 38(1): 33-43.

王剑, 丁俊, 王成善, 等. 2009. 青藏高原油气资源战略选区调查与评价. 北京: 地质出版社.

王剑, 付修根, 谭富文, 等. 2010. 羌塘中生代(T_3-K_1)盆地演化新模式. 沉积学报, 28(5): 884-893.

王剑, 付修根, 沈利军, 等. 2020. 论羌塘盆地油气勘探前景. 地质论评, 66(5): 1091-1113.

王剑, 王忠伟, 付修根, 等. 2022. 青藏高原羌塘盆地首口油气科探井(QK-1)新发现. 科学通报, 67(3): 321-328.

王立成, 魏玉帅. 2013. 西藏羌塘盆地白垩纪中期构造事件的磷灰石裂变径迹证据. 岩石学报, (3): 1039-1047.

王立成. 2011. 羌塘盆地中生代末期构造事件及其与油气保存条件的关系. 北京: 中国地质大学(北京).

王平康, 祝有海, 张旭辉, 等. 2015. 羌塘盆地冻土结构特征及其对天然气水合物成藏的影响. 沉积与特提斯地质, 35(1): 57-67.

王希斌, 鲍佩声, 邓万明, 等. 1987. 西藏蛇绿岩. 北京: 地质出版社.

王永胜, 张树岐, 谢元和, 等. 2012. 中华人民共和国区域地质调查报告昂达尔错幅(1:250000). 武汉: 中国地质大学出版社.

王珍珍, 刘栋, 赵志丹, 等. 2017. 冈底斯带南部桑日高分异I型花岗岩的岩石成因及其动力学意义. 岩石学报, 33(8): 2479-2493.

王忠伟, 王剑, 付修根, 等. 2017. 藏北羌塘盆地井下布曲组含油白云岩地球化学特征及其意义. 地质通报, 36(4): 591-600.

吴瑞忠, 胡承祖, 王成善, 等. 1986. 藏北羌塘地区地层系统. 青藏高原地质文集, (1): 1-32.

吴彦旺. 2013. 龙木错-双湖-澜沧江洋历史记录——寒武纪—二叠纪的蛇绿岩. 长春: 吉林大学.
吴珍汉, 江万, 吴中海, 等. 2002. 青藏高原腹地典型盆-山构造形成时代. 地球学报, (04): 289-294.
吴珍汉, 吴中海, 胡道功, 等. 2006. 青藏高原腹地中新世早期古大湖的特征及其构造意义. 地质通报, (7): 782-791.
吴珍汉, 叶培盛, 胡道功, 等. 2011. 青藏高原羌塘盆地南部古近纪逆冲推覆构造系统. 地质通报, 30(7): 1009-1016.
吴珍汉, 高锐, 卢占武, 等. 2014. 羌塘盆地结构构造与油气勘探方向. 地质学报, 88(6): 1130-1144.
吴珍汉, 刘志伟, 赵珍, 等. 2016. 羌塘盆地隆鄂尼—昂达尔错古油藏逆冲推覆构造隆升. 地质学报, 90(4): 615-627.
吴珍汉, 赵珍, 吴中海, 等. 2018. 西藏双湖古近纪唢呐湖组碎屑锆石U-Pb年龄与古海拔高度. 地质学报, 92(7): 1352-1368.
吴珍汉, 季长军, 赵珍, 等. 2019. 羌塘盆地半岛湖—东湖地区主力烃源岩及油气资源潜力. 地质学报, 93(7): 1738-1753.
吴珍汉, 季长军, 赵珍, 等. 2020. 羌塘盆地中部侏罗系埋藏史和生烃史. 地质学报, 94(10): 2823-2833.
伍新和, 王成善, 伊海生, 等. 2005. 西藏羌塘盆地烃源岩古油藏带及其油气勘探远景. 石油学报, 26(1): 13-17.
伍新和, 张丽, 王成善, 等. 2008. 西藏羌塘盆地中生界海相烃源岩特征. 石油与天然气地质, 29(3): 348-354.
西藏自治区地质矿产局. 1993. 西藏自治区区域地质志. 北京: 地质出版社.
夏国清, 季长军, 杨伟, 等. 2016. 南羌塘坳陷中侏罗统布曲组油藏带流体包裹体特征与油气充注历史. 石油学报, 37(10): 1247-1255.
徐亚军, 杜远生, 杨江海. 2007. 沉积物物源分析研究进展. 地质科技情报, 26(3): 26-31.
许怀先, 秦建中. 2004. 羌塘盆地中生界海相烃源层热演化史. 石油勘探与开发, (2): 59-63.
许明, 钱信禹, 李亚林, 等. 2016. 西藏羌塘盆地达卓玛地区含油白云岩的发现及其意义. 地质通报, 35(2): 379-382.
杨欢欢, 宋扬, Dilles John H, 等. 2019. 西藏多龙矿集区热构造演化历史——来自磷灰石(U-Th)/He的证据. 岩石学报, 35(3): 867-877.
叶加仁, 陆明德. 1995. 盆地地史模拟述评. 地质科技情报, 14(2): 45-51.
伊海生, 林金辉 ,时志强, 等. 2004. 藏北乌兰乌拉湖地区第三纪陆相红层古地磁研究的初步结果及地质意义. 地球学报, (6): 633-638.
伊海生, 陈志勇, 季长军, 等. 2014. 羌塘盆地南部地区布曲组砂糖状白云岩埋藏成因的新证据. 岩石学报, 30(03): 737-746.
尹集祥. 1997. 青藏高原及邻区及冈瓦纳相地层地质学. 北京: 地质出版社.
于俊秋, 吴珍汉, 赵珍, 等. 2018. 藏北改则康托盆地逆冲推覆构造磷灰石裂变径迹年代学制约. 地质通报, 37(6): 987-995.
袁玉松, 郑和荣, 涂伟. 2008. 沉积盆地剥蚀量恢复方法. 石油实验地质, 30(6): 636-642.
翟庆国, 李才. 2007. 藏北羌塘菊花山那底岗日组火山岩锆石SHRIMP定年及其意义. 地质学报, 81(6):

795-800.

张进江, 丁林. 2003. 青藏高原东西向伸展及其地质意义. 地质科学, (2): 179-189.

张抗. 1983. 华北断块区中生代大型沉积盆地的发育特征. 石油与天然气地质, (2): 202-208.

张蕊. 2018. 藏北羌塘新生代碱性钾质—超钾质火山岩成因研究. 长春: 吉林大学.

张泽明, 董昕, 耿官升, 等. 2010. 青藏高原拉萨地体北部的前寒武纪变质作用及构造意义. 地质学报, 84(4): 449-456.

赵英利, 刘永江, 李伟民, 等. 2010. 佳木斯地体南缘牡丹江地区高压变质作用: 黑龙江杂岩的岩石学和地质年代学. 地质通报, 29(Z1): 243-253.

赵珍, 陆露, 吴珍汉. 2019a. 羌塘盆地中央隆起带的抬升演化: 构造–热年代学约束. 地学前缘, 26(2): 249-263.

赵珍, 吴珍汉, 于俊秋, 等. 2019b. 西藏中部尼玛-荣玛地区逆冲推覆构造特征. 地质学报, 93(8): 1849-1866.

赵政璋, 李永铁. 2000. 青藏高原羌塘盆地石油地质条件. 第三十一届国际地质大会.

赵政璋, 李永铁, 叶和飞, 等. 2001a. 青藏高原羌塘盆地石油地质. 北京: 科学出版社.

赵政璋, 李永铁, 叶和飞, 等. 2001b. 青藏高原大地构造特征及盆地演化. 北京: 科学出版社.

赵政璋, 李永铁, 叶和飞, 等. 2001c. 青藏高原海相烃源层的油气生成. 北京: 科学出版社.

赵政璋, 李永铁, 叶和飞, 等. 2001d. 青藏高原中生界沉积相及油气储盖层特征. 北京: 科学出版社.

郑波, 陈文彬, 王增振, 等. 2020. 羌塘地体白垩纪剥蚀–冷却事件. 地质论评, 66(5): 1143-1154.

郑有业, 何建社, 李维军, 等. 2003. 中华人民共和国区域地质调查报告兹格塘错幅(1:250000). 西藏: 西藏自治区地质调查院.

周道卿, 曹宝宝, 赵睿, 等. 2021. 羌塘盆地高精度航空重磁调查对盆地基底性质与构造格局的启示. 地质学报, 95(11): 3178-3191.

朱弟成, 潘桂棠, 莫宣学, 等. 2006. 青藏高原中部中生代OIB型玄武岩的识别: 年代学, 地球化学及其构造环境. 地质学报, 80(9): 1312-1328.

朱日祥, 张水昌, 万博, 等. 2023. 新特提斯域演化对波斯湾超级含油气盆地形成的影响. 石油勘探与开发, 50(1): 1-11.

朱同兴, 潘忠习, 庄忠海,等. 2002. 西藏北部双湖地区海相侏罗纪磁性地层研究.地质学报, (3): 308-316.

朱同兴, 李宗亮, 张惠华, 等. 2005a. 中华人民共和国区域地质调查报告江爱达日那幅(1:250000). 成都: 成都地质矿产所.

朱同兴, 冯心涛, 林仕良, 等. 2005b. 中华人民共和国区域地质调查报告黑虎岭幅(1:250000). 成都:成都地质矿产研究所.

朱同兴, 庄忠海, 周铭魁, 等. 2006. 喜马拉雅山北坡奥陶纪—古近纪构造古地磁新数据. 地质通报, 25(1): 7.

Allègre C J, Minster J F. 1978. Quantitative models of trace element behavior in magmatic processes. Earth and Planetary Science Letters, 38(1): 1-25.

Allègre C J, Courtillot V, Tapponnier P, et al. 1984. Structure and Evolution of the Himalaya-Tibet Orogenic Belt. Nature, (5946): 17-22.

Allen P A, Allen J R. 2005. Basin analysis, Principles and Applications. second ed. Oxford, UK: Blackwell Publishing.

Andrews S D, Kely S R A, Braham W, et al. 2014. Climatic and eustatic controls on the development of a Late Triassic source rock in the Jameson Land Basin, East Greenland. Journal of the Geological Society, (5): 609-619.

Armstrong P A. 2005. Thermochronometers in sedimentary basins. Low-Temperature Thermochronology: Techniques, Interpretations, and Applications, 58: 499-525.

Artyushkov E V, Hofmann A W. 1998. Neotectonic crustal uplift on the continents and its possible mechanisms. The case of Southern Africa. Surveys in Geophysics, (5): 369-415.

Babaahmadi A, Sliwa R, Esterle J, et al. 2018. The evolution of a Late Cretaceous-Cenozoic intraplate basin (Duaringa Basin), eastern Australia: evidence for the negative inversion of a pre-existing fold-thrust belt. International Journal of Earth Sciences, (5): 1895-1910.

Bailey T R, Rosenthal Y, McArthur J M, et al. 2003. Paleoceanographic changes of the Late Pliensbachian-Early Toarcian interval: a possible link to the genesis of an Oceanic Anoxic Event. Earth and Planetary Science Letters, (3-4): 307-320.

Bao P S, Xiao X C, Su L, et al. 2007. Petrological, geochemical and chronological constraints for the tectonic setting of the Dongco ophiolite in Tibet. Science in China Series D-Earth Sciences, (5): 660-671.

Barker C E, Pawlewicz M J. 2005. The correlation of vitrinite reflectance with maximum temperature in humic organic matter. Paleogeothermics: evaluation of geothermal conditions in the geological past,5: 79-93.

Basilone L. 2017. Seismogenic rotational slumps and translational glides in pelcagic deep-water carbonates. Upper Tithonian-Berriasian of Southern Tethyan margin (W Sicily, Italy). Sedimentary geology, 356: 1-14.

Basilone L, Sulli A. 2018. Basin analysis in the Southern Tethyan margin: Facies sequences, stratal pattern and subsidence history highlight extension-to-inversion processes in the Cretaceous Panormide carbonate platform (NW Sicily). Sedimentary Geology, (363): 235-251.

Benoit M, Aguillón-Robles A, Calmus T, et al. 2002. Geochemical diversity of Late Miocene volcanism in southern Baja California, Mexico:implication of mantle and crustal sources during the opening of an asthenospheric window. Journal of Geology, (6): 627-648.

Bernet M, Zattin M, Garver J I, et al. 2001. Steady-stale exhumation of the European Alps. Geology, (1): 35-38.

Bertram G T, Milton N J. 1988. Reconstructing basin evolution from sedimentary thickness; the importance of palaeobathymetric control, with reference to the North Sea. Basin Research, 1(4): 247-257.

Bi W J, Han Z P, Li Y L, et al. 2021. Deformation and cooling history of the Central Qiangtang terrane, Tibetan Plateau and its tectonic implications. International Geology Review, 63(15): 1821-1837.

Bi W J, Li Y L, Kamp P J J, et al. 2022. Cretaceous-Cenozoic cooling history of the Qiangtang terrane and implications for Central Tibet formation. Geological Society of America Bulletin, 135(4-5): 1587-1601.

Bian W W, Yang T S, Ma Y M, et al. 2017. New Early Cretaceous palaeomagnetic and geochronological results from the far western Lhasa terrane: Contributions to the Lhasa-Qiangtang collision. Scientific Reports, 7(1): 16216.

Blisniuk P M, Hacker B R, Glodny J, et al. 2001. Normal faulting in central Tibet since at least 13.5 Myr ago. Nature, 412(6847): 628-632.

Bond G C, Kominz M A. 1984. Construction of tectonic subsidence curves for the early Paleozoic miogeocline, southern Canadian Rocky Mountains: implications for subsidence mechanisms, age of breakup, and crustal thinning. Geological Society of America Bulletin, 95(2): 155-173.

Bonini M, Sani F, Antonielli B. 2012. Basin inversion and contractional reactivation of inherited normal faults: A review based on previous and new experimental models. Tectonophysics, (522): 55-88.

Brodie J, White N. 1994. Sedimentary Basin Inversion Caused by Igneous Underplating - Northwest European Continental-Shelf. Geology, (2): 147-150.

Brunet M F, Korotaev M V, Ershov A V, et al. 2003. The South Caspian Basin: a review of its evolution from subsidence modelling. Sedimentary Geology, (1-4): 119-148.

Calmus T, Aguillón-Robles A, Maury R C, et al. 2003. Spatial and temporal evolution of basalts and magnesian andesites ("bajaite") from Baja California, Mexico: the role of slab melts. Lithos, (1-2): 77-105.

Carlson W D, Donelick R A, Ketcham R A. 1999. Variability of apatite fission-track annealing kinetics: I. Experimental Results. 84(9): 1213-1223.

Carmala N, Garzione, David L, et al. 2000. High times on the Tibetan Plateau: Paleoelevation of the Thakkhola graben, Nepal. Geology, 28 (4): 339-342.

Castillo P R. 2012. Adakite petrogenesis. Lithos, (134): 304-316.

Champion D C, Chappell B W. 1992. Petrogenesis of Felsic I-Type Granites—an example from Northern Queensland. Transactions of the Royal Society of Edinburgh-Earth Sciences, (83): 115-126.

Chang E Z. 2000. Geology and tectonics of the Songpan-Ganzi fold belt, southwestern China. International Geology Review, (9): 813-831.

Chappell B W. 1999. Aluminium saturation in I- and S-type granites and the characterization of fractionated haplogranites. Lithos, (3): 535-551.

Chappell B W, White A. J R. 1974. Two contrasting granite types. Pacific Geology, (8): 173-174.

Chappell B W, Bryant C J, Wyborn D. 2012. Peraluminous I-type granites. Lithos, (153): 142-153.

Chen B, Arakawa Y. 2005. Elemental and Nd-Sr isotopic geochemistry of granitoids from the West Junggar foldbelt (NW China), with implications for Phanerozoic continental growth. Geochimica Et Cosmochimica Acta, (22): 5387-5388.

Chen L, Xu G W, Da X J, et al. 2014. Biomarkers of Middle to Late Jurassic marine sediments from a canonical section: new records from the Yanshiping area, northern Tibet. Marine and Petroleum Geology,

51: 256-267.

Chen S J, Li R S, Ji W H, et al. 2011. Lithostratigraphy character and tectonic-evolvement of Permian-Trias in the Bayankala tectonic belt. Earth Science, 36(3): 393-408.

Chen S S, Shi R D, Yi G D, et al. 2016. Middle Triassic volcanic rocks in the Northern Qiangtang (Central Tibet): geochronology, petrogenesis, and tectonic implications. Tectonophysics, (666): 90-102.

Chen S S, Fan W M, Shi R D, et al. 2017. Removal of deep lithosphere in ancient continental collisional orogens: a case study from central Tibet, China. Geochemistry Geophysics Geosystems, 18(3): 1225-1243.

Cheng L L, Wang J, Wan Y L, et al. 2017. Astrochronology of the Middle Jurassic Buqu Formation (Tibet, China) and its implications for the Bathonian time scale. Palaeogeography, Palaeoclimatology, Palaeoecology, 487(Supplement C): 51-58.

Christie-Blick N, Biddle K T. 1985. Deformation and basin formation along strike-slip faults. Special Publications, (37): 1-34.

Chung S L, Lo C H, Lee T Y, et al. 1998. Diachronous uplift of the Tibetan plateau starting 40 Myr ago. Nature, (6695): 769-773.

Chung S L, Liu D Y, Ji J Q, et al. 2003. Adakites from continental collision zones: Melting of thickened lower crust beneath southern Tibet. Geology, (11): 1021-1024.

Clemens J D. 2003. S-type granitic magmas - petrogenetic issues, models and evidence. Earth-Science Reviews, (1-2): 1-18.

Clemens J D, Darbyshire D P F, Flinders J. 2009. Sources of post-orogenic calcalkaline magmas: The Arrochar and Garabal Hill-Glen Fyne complexes, Scotland. Lithos, (3-4): 524-542.

Cohen A S, Coe A L, Kemp D B. 2007. The late Palaeocene-Early Eocene and Toarcian (Early Jurassic) carbon isotope excursions: a comparison of their time scales, associated environmental changes, causes and consequences. Journal of the Geological Society, (164): 1093-1108.

Coleman M, Hodges K. 1995. Evidence for Tibetan plateau uplift before 14 Myr ago from a new minimum age for east-west extension. Nature ,374:49-52 .

D'Agostino N, Chamotrooke N, Funiciello R, et al. 1998. The role of pre-existing thrust faults and topography on the styles of extension in the Gran Sasso range (central Italy). Tectonophysics, (3-4): 229-254.

Dahlstrom C. 1969. Balanced cross sections. Canadian Journal of Earth Sciences, (4): 743-757.

Dal Corso J, Mietto P, Newton R J, et al. 2012. Discovery of a major negative δ^{13}C spike in the Carnian (Late Triassic) linked to the eruption of Wrangellia flood basalts. Geology, (1): 79-82.

Dal Corso J, Gianolla P, Newton R J, et al. 2015. Carbon isotope records reveal synchronicity between carbon cycle perturbation and the "Carnian Pluvial Event" in the Tethys realm (Late Triassic). Global and Planetary Change, (127): 79-90.

Dan W, Wang Q, White W M, et al. 2018. Rapid formation of eclogites during a nearly closed ocean: Revisiting the Pianshishan eclogite in Qiangtang, central Tibetan Plateau. Chemical Geology, 477: 112-

122.

Davies J H, Von Blanckenburg F. 1995. Slab Breakoff—a Model of Lithosphere Detachment and Its Test in the Magmatism and Deformation of Collisional Orogens. Earth and Planetary Science Letters, (1-4): 85-102.

DeCelles P G, Giles K A. 1996. Foreland basin systems. Basin Research, 8(2): 105-123.

DeCelles P G, Kapp P, Ding L, et al. 2007. Late Cretaceous to middle Tertiary basin evolution in the central Tibetan Plateau: Changing environments in response to tectonic partitioning, aridification, and regional elevation gain. Geological Society of America Bulletin, 119(5-6): 654-680.

Defant M J, Drummond M S. 1990. Derivation of Some Modern Arc Magmas by Melting of Young Subducted Lithosphere. Nature, (6294): 662-665.

Defant M J, Drummond M S. 1993. Mount St. Helens: Potential example of the partial melting of the subducted lithosphere in a volcanic arc. Geology. 21(6): 547-550.

Dewey J F, Shackleton R M, Chang C F, et al. 1988. The Tectonic Evolution of the Tibetan Plateau. Philosophical Transactions of the Royal Society a-Mathematical Physical and Engineering Sciences, (1594): 379-413.

Dickinson W R. 1985. Interpreting provenance relations from detrital modes of sandstones. Provenance of arenites. Dordrecht: Springer Netherlands, 1985: 333-361.

Dilek Y, Altunkaynak S. 2007. Cenozoic crustal evolution and mantle dynamics of post-collisional magmatism in western Anatolia. International Geology Review, (5): 431-453.

Dilek Y, Altunkaynak S. 2009. Geochemical and temporal evolution of Cenozoic magmatism in western Turkey:mantle response to collision, slab break-off, and lithospheric tearing in an orogenic belt. Geological Society, London, Special Publications, (311): 213-233.

Ding L, Kapp P, Zhong D L, et al. 2003. Cenozoic volcanism in Tibet: Evidence for a transition from oceanic to continental subduction. Journal of Petrology, (10): 1833-1865.

Ding L, Kapp P, Yue Y H, et al. 2007. Postcollisional calc-alkaline lavas and xenoliths from the southern Qiangtang terrane, central Tibet. Earth and Planetary Science Letters, 254(1-2): 28-38.

Ding L, Xu Q, Yue Y H, et al. 2014. The Andean-type Gangdese Mountains: Paleoelevation record from the Paleocene-Eocene Linzhou Basin. Earth and Planetary Science Letters,392: 250-264.

Dobretsov N L, Vernikovsky V A. 2001. Mantle plumes and their geologic manifestations. International Geology Review, (9): 771-787.

Doglioni C, Carminati E, Bonatti E. 2003. Rift asymmetry and continental uplift. Tectonics, (3): 1024.

Donelick R A, Ketcham R A, Carlson W D. 1999. Variability of apatite fission-track annealing kinetics: II. Crystallographic Orientation Effects, 84(9): 1224-1234.

Donelick R A, O'Sullivan P B, Ketcham R A. 2005. Apatite fission-track analysis. Reviews in Mineralogy and Geochemistry, 58(1): 49-94.

Dong X, Zhang Z M, Liu F, et al. 2011. Zircon U-Pb geochronology of the Nyainqentanglha Group from the Lhasa terrane: New constraints on the Triassic orogeny of the south Tibet. Journal of Asian Earth Sciences, (4): 732-739.

Drummond M S, Defant M J, Kepezhinskas P K. 1996. Petrogenesis of slab-derived trondhjemite-tonalite-dacite/adakite magmas. Transactions of the Royal Society of Edinburgh:Earth Sciences, (87): 205-215.

Dunkl I. 2002. Trackkey: a Windows program for calculation and graphical presentation of fission track data. Computers & Geosciences, 28(1): 3-12.

Duretz T, Gerya T V, May D A. 2011. Numerical modelling of spontaneous slab breakoff and subsequent topographic response. Tectonophysics, (1-2): 244-256.

Ehlers T A, Chaudhri T, Kumar S, et al. 2005. Computational tools for low-temperature thermochronometer interpretation. Low-Temperature Thermochronology: Techniques, Interpretations, and Applications, 58: 589-622.

Einsele G. 1992. Sedimentary Basins: Evolution, Facies, and Sediment Budget. Berlin: Springer-Verlag.

Faccenna C, Nalpas T, Brun J, et al. 1995. The Influence of Preexisting Thrust Faults on Normal-Fault Geometry in Nature and in Experiments. Journal of Structural Geology, (8): 1139-1149.

Fan J J, Li C, Xu J X, et al. 2014. Petrology, geochemistry, and geological significance of the Nadong ocean island, Banggongco-Nujiang suture, Tibetan plateau. International Geology Review, 56(8): 915-928.

Fan J J, Li C, Liu Y M, et al. 2015a. Age and nature of the late Early Cretaceous Zhaga Formation, northern Tibet: constraints on when the Bangong-Nujiang Neo-Tethys Ocean closed. International Geology Review, (3): 342-353.

Fan J J, Li C, Xie C M, et al. 2015b. Petrology and U-Pb zircon geochronology of bimodal volcanic rocks from the Maierze Group, northern Tibet: constraints on the timing of closure of the Banggong-Nujiang Ocean. Lithos, (227): 148-160.

Fan J J, Li C, Xie C M, et al. 2017. Remnants of late Permian-Middle Triassic ocean islands in northern Tibet: Implications for the late-stage evolution of the Paleo-Tethys Ocean. Gondwana Research, (44): 7-21.

Fang X M, Song C H, Yan M D, et al. 2016. Mesozoic litho- and magneto-stratigraphic evidence from the central Tibetan Plateau for megamonsoon evolution and potential evaporites. Gondwana Research, 37: 110-129.

Fildani A, Hessler A M. 2005. Stratigraphic record across a retroarc basin inversion: Rocas Verdes-Magallanes Basin, Patagonian Andes, Chile. Geological Society of America Bulletin, (11-12): 1596-1614.

Flowers R M, Ketcham R A, Shuster D L, et al. 2009. Apatite (U-Th)/He thermochronometry using a radiation damage accumulation and annealing model. Geochimica et Cosmochimica Acta, 73(8): 2347-2365.

Fort M, Freytet P, Colchen M. 1982. Structural and sedimentological evolution of the Thakkhola Mustang graben (Nepal Himalayas). Zeitschrift für Geomorphologie, Supplementband, (42): 75-98.

Fu X G, Wang J, Tan F W, et al. 2009a. Sedimentological investigations of the Shengli River-Changshe Mountain oil shale (China): relationships with oil shale formation. Oil Shale, (3): 373-381.

Fu X G, Wang J, Zeng Y H, et al. 2009b. Geochemical and palynological investigation of the Shengli River marine oil shale (China): implications for paleoenvironment and paleoclimate. International Journal of Coal Geology, (3): 217-224.

Fu X G, Wang J, Tan F W, et al. 2010. The Late Triassic rift-related volcanic rocks from eastern Qiangtang, northern Tibet (China): Age and tectonic implications. Gondwana Research, 17(1): 135-144.

Fu X G, Tan F W, Feng X L, et al. 2014. Early Jurassic anoxic conditions and organic accumulation in the eastern Tethys. International Geology Review, (12): 1450-1465.

Fu X G, Wang J, Feng X L, et al. 2016a. Early Jurassic carbon-isotope excursion in the Qiangtang Basin (Tibet), the eastern Tethys: implications for the Toarcian Oceanic anoxic event. Chemical Geology, (422): 62-72.

Fu X G, Wang J, Tan F W, et al. 2016b. New insights about petroleum geology and exploration of Qiangtang Basin, northern Tibet, China: A model for low-degree exploration. Marine and Petroleum Geology, (77): 323-340.

Fu X G, Wang J, Zeng S Q, et al. 2017. Continental weathering and palaeoclimatic changes through the onset of the Early Toarcian oceanic anoxic event in the Qiangtang Basin, eastern Tethys. Palaeogeography, Palaeoclimatology, Palaeoecology, (487): 241-250.

Fu X G, Wang J, Wen H G, et al. 2020a. A possible link between the Carnian Pluvial Event, global carbon-cycle perturbation, and volcanism: New data from the Qinghai-Tibet Plateau. Global and Planetary Change, (194): 103300.

Fu X G, Wang J, Wen H G, et al. 2020b. Carbon-isotope record and paleoceanographic changes prior to the OAE 1a in the Eastern Tethys: Implication for the accumulation of organic-rich sediments. Marine and Petroleum Geology, (113): 104049.

Galbraith R F. 1981. On statistical models for fission track counts. Journal of the International Association for Mathematical Geology, 13(6): 471-478.

Galbraith R F, Green P F. 1990. Estimating the Component Ages in a Finite Mixture. Nuclear Tracks and Radiation Measurements, 17(3): 197-206.

Galbraith R F, Laslett G M. 1993. Statistical-Models for Mixed Fission-Track Ages. Nuclear Tracks and Radiation Measurements, 21(4): 459-470.

Gao R, Chen C, Lu Z W, et al. 2013. New constraints on crustal structure and Moho topography in Central Tibet revealed by SinoProbe deep seismic reflection profiling. Tectonophysics, (606): 160-170.

Garzione C, DeCelles P, Hodkinson D, et al. 1999. Late Miocene-Pliocene EW extensional basin development in the southern Tibetan Plateau, Thakkhola graben, Nepal. Terra Nostra, (2): 51-53.

Gehrels G, Kapp P, DeCelles P, et al. 2011. Detrital zircon geochronology of pre-Tertiary strata in the Tibetan-Himalayan orogen. Tectonics , 30(5):TC50161-TC501627.

Geng Q R, Zhang Z, Peng Z M, et al. 2016. Jurassic-Cretaceous granitoids and related tectono-metallogenesis in the Zapug-Duobuza arc, western Tibet. Ore Geology Reviews, (77): 163-175.

Girardeau J, Marcoux J, Allegre C J, et al. 1984. Tectonic Environment and Geodynamic Significance of the

Neo-Cimmerian Donqiao Ophiolite, Bangong-Nujiang Suture Zone, Tibet. Nature, (5946): 27-31.

Gleadow A J W, Duddy I R, Lovering J F. 1983. Fission Track Analysis: A New Tool for the Evaluation of Thermal Histories and Hydrocarbon Potential. The APPEA Journal, 23(1): 93-102.

Gleadow A J W, Duddy I R, Green P F, et al. 1986. Confined Fission-Track Lengths in Apatite—a Diagnostic-Tool for Thermal History Analysis. Contributions to Mineralogy and Petrology, 94(4): 405-415.

Gleadow A J W, Belton D X, Kohn B P, et al. 2002. Fission track dating of phosphate minerals and the thermochronology of apatite. Phosphates: Geochemical, Geobiological, and Materials Importance, 48: 579-630.

Godet A, Bodin S, Föllmi K B, et al. 2006. Evolution of the marine stable carbon-isotope record during the early Cretaceous: a focus on the late Hauterivian and Barremian in the Tethyan realm. Earth and Planetary Science Letters, (3-4): 254-271.

Goodge J W. 1997. Latest Neoproterozoic basin inversion of the Beardmore Group, central Transantarctic Mountains, Antarctica. Tectonics, (4): 682-701.

Gradstein F M, Ogg J G, Smith A G, et al. 2004. A new geologic time scale, with special reference to Precambrian and Neogene. Episodes, 27(2): 83-100.

Green C. 1981. Application of theorem proving to problem solving. Readings in Artificial Intelligence,1981: 202-222.

Green P F, Duddy I R, Gleadow A J W, et al. 1986. Thermal Annealing of Fission Tracks in Apatite .1. A Qualitative Description. Chemical Geology, 59(4): 237-253.

Grove T L, Parman S W, Bowring S A, et al. 2002. The role of an H_2O-rich fluid component in the generation of primitive basaltic andesites and andesites from the Mt. Shasta region, N California. Contributions to Mineralogy and Petrology, (4): 375-396.

Guillot S, Replumaz A. 2013. Importance of continental subductions for the growth of the Tibetan plateau. Bulletin De La Societe Geologique De France, 184(3): 199-223.

Guo F, Nakamura E, Fan W, et al. 2007. Generation of Palaeocene adakitic andesites by magma mixing; Yanji Area, NE China. Journal of Petrology, 48(4): 661-692.

Guo R H, Li S Z, Yu S Y, et al. 2019. Collisional processes between the Qiangtang Block and the Lhasa Block: Insights from structural analysis of the Bangong-Nujiang Suture Zone, central Tibet. Geological Journal, 54(2): 946-960.

Gurnis M, Mitrovica J X, Ritsema J, et al. 2000. Constraining mantle density structure using geological evidence of surface uplift rates: the case of the African Superplume. Geochemistry, Geophysics, Geosystems, 1(7): 1020.

Gutscher M A, Spakman W, Bijwaard H, et al. 2000. Geodynamics of flat subduction: seismicity and tomographic constraints from the Andean margin. Tectonics, 19(5): 814-833.

Guynn J H, Kapp P, Pullen A, et al. 2006. Tibetan basement rocks near Amdo reveal “missing” Mesozoic tectonism along the Bangong suture, central Tibet. Geology, (6): 505-508.

Haines S S, Klemperer S L, Brown L, et al. 2003. INDEPTH III seismic data: from surface observations to deep crustal processes in Tibet. Tectonics, 22(1):1(1-18).

Han Z P, Sinclair H D, Li Y L, et al. 2019. Internal drainage has sustained low-relief Tibetan landscapes since the Early Miocene. Geophysical Research Letters, 46(15): 8741-8752.

Hao L L, Wang Q, Wyman D A, et al. 2016a. Andesitic crustal growth via melange partial melting: evidence from Early Cretaceous arc dioritic/andesitic rocks in southern Qiangtang, central Tibet. Geochemistry Geophysics Geosystems, (5): 1641-1659.

Hao L L, Wang Q, Wyman D A, et al. 2016b. Underplating of basaltic magmas and crustal growth in a continental arc: evidence from Late Mesozoic intermediate-felsic intrusive rocks in southern Qiangtang, central Tibet. Lithos, (245): 223-242.

Hao L L, Wang Q, Zhang C F, et al. 2019. Oceanic plateau subduction during closure of the Bangong-Nujiang Tethyan Ocean: insights from central Tibetan volcanic rocks. Geological Society of America Bulletin, (5-6): 864-880.

Haq B U, Hardenbol J, Vail P R. 1987. Chronology of Fluctuating Sea Levels since the Triassic. Science, 235(4793): 1156-1167.

Harding T. 1985. Seismic characteristics and identification of negative flower structures, positive flower structures, and positive structural inversion. AAPG Bulletin-American Association of Petroleum Geologists, (4): 582-600.

Harris N B W, Xu R H, Lewis C L, et al. 1988. Isotope Geochemistry of the 1985 Tibet Geotraverse, Lhasa to Golmud. Philosophical Transactions of the Royal Society of London, Series A: Mathematical Physical and Engineering Sciences, (1594): 263-285.

Hastie A R, Kerr A C, Pearce J A, et al. 2007. Classification of altered volcanic island arc rocks using immobile trace elements: development of the Th-Co discrimination diagram. Journal of Petrology, (12): 2341-2357.

He H Y, Li Y L, Wang C S, et al. 2018. Late Cretaceous (ca. 95 Ma) magnesian andesites in the Biluoco area, southern Qiangtang subterrane, central Tibet: petrogenetic and tectonic implications. Lithos, 302: 389-404.

He H Y, Li Y L, Wang C S, et al. 2019. Petrogenesis and tectonic implications of Late Cretaceous highly fractionated I-type granites from the Qiangtang block, central Tibet. Journal of Asian Earth Sciences, 176: 337-352.

He H Y, Li Y L, Ning Z J, et al. 2022. Transition from oceanic subduction to continental collision in central Tibet: evidence from the Cretaceous magmatism in Qiangtang block. International Geology Review, (4): 545-563.

He J L, Wang J, Tan F W, et al. 2014. A comparative study between present and palaeo-heat flow in the Qiangtang Basin, northern Tibet, China. Marine and Petroleum Geology, 57: 345-358.

He R Z, Gao R, Hou H S, et al. 2009. Deep structure of the central uplift belt in the Qiangtang terrane, Tibet

Plateau from broadband seismic observations. Progress in Geophysics, (3): 900-908.

Henriksen E, Bjørnseth H M, Hals T K, et al. 2011. Uplift and erosion of the greater Barents Sea: impact on prospectivity and petroleum systems. Geological Society, London, Memoirs, 35(1): 271-281.

Hermoso M, Le Callonnec L, Minoletti F, et al. 2009. Expression of the Early Toarcian negative carbon-isotope excursion in separated carbonate microfractions (Jurassic, Paris Basin). Earth and Planetary Science Letters, (1-2): 194-203.

Hesselbo S P, Pienkowski G. 2011. Stepwise atmospheric carbon-isotope excursion during the Toarcian Oceanic Anoxic Event (Early Jurassic, Polish Basin). Earth and Planetary Science Letters, (1-2): 365-372.

Hesselbo S P, Gröcke D R, Jenkyns H C, et al. 2000. Massive dissociation of gas hydrate during a Jurassic oceanic anoxic event. Nature, (6794): 392-395.

Hesselbo S P, Jenkyns H C, Duarte L V, et al. 2007. Carbon-isotope record of the Early Jurassic (Toarcian) Oceanic Anoxic Event from fossil wood and marine carbonate (Lusitanian Basin, Portugal). Earth and Planetary Science Letters, (3-4): 455-470.

Hetzel R, Dunkl I, Haider V, et al. 2011. Peneplain formation in southern Tibet predates the India-Asia collision and plateau uplift. Geology, (10): 983-986.

Holford S P, Turner J P, Green P F, et al. 2009. Signature of cryptic sedimentary basin inversion revealed by shale compaction data in the Irish Sea, western British Isles. Tectonics, 28(4):TC4011-1-TC4011-22.

Homewood P, Allen P A, Williams G D. 1986. Dynamics of the Molasse Basin of western Switzerland. Foreland basins,8: 199-217.

Hornung T, Krystyn L, Brandner R. 2007. A Tethys-wide mid-Carnian (Upper Triassic) carbonate productivity crisis: evidence for the Alpine Reingraben Event from Spiti (Indian Himalaya)?. Journal of Asian Earth Sciences, (2): 285-302.

Horton B K. 2018. Sedimentary record of Andean mountain building. Earth-Science Reviews, 178: 279-309.

Hoskin P W O, Schaltegger U. 2003. The composition of zircon and igneous and metamorphic petrogenesis. Zircon, 53(1): 27-62.

Hou Z Q, Zheng Y C, Zeng L S, et al. 2012. Eocene-Oligocene granitoids in southern Tibet: constraints on crustal anatexis and tectonic evolution of the Himalayan orogen. Earth and Planetary Science Letters, 349(0): 38-52.

Houseman G A, Molnar P. 1997. Gravitational (Rayleigh-Taylor) instability of a layer with non-linear viscosity and convective thinning of continental lithosphere. Geophysical Journal International, (1): 125-150.

Hu F Y, Wu F Y, Chapman J B, et al. 2020. Quantitatively tracking the Elevation of the Tibetan Plateau since the Cretaceous: insights from Whole-Rock Sr/Y and La/Yb Ratios. Geophysical Research Letters, 47(15): e2020GL089202.

Hu P Y, Li C, Yang H T, et al. 2010. Characteristic, zircon dating and tectonic significance of Late Triassic granite in the Guoganjianianshan area, central Qiangtang, Qinghai-Tibet Plateau, China. Geological Bulletin of China, (12): 1825-1832.

Hu X M, Ma A L, Xue W W, et al. 2022. Exploring a lost ocean in the Tibetan Plateau: birth, growth, and demise of the Bangong-Nujiang Ocean. Earth-Science Reviews, 229: 104031.

Huang Q T, Liu W L, Xia B, et al. 2017. Petrogenesis of the Majiari ophiolite (western Tibet, China): implications for intra-oceanic subduction in the Bangong-Nujiang Tethys. Journal of Asian Earth Sciences, 146: 337-351.

Huck S, Heimhofer U, Immenhauser A, et al. 2013. Carbon-isotope stratigraphy of Early Cretaceous (Urgonian) shoal-water deposits: diachronous changes in carbonate-platform production in the north-western Tethys. Sedimentary Geology, 290: 157-174.

Ickert R B, Thorkelson D J, Marshall D D, et al. 2009. Eocene adakitic volcanism in southern British Columbia: Remelting of arc basalt above a slab window. Tectonophysics, (1-4): 164-185.

Jenkyns H C. 1988. The early Toarcian (Jurassic) anoxic event-stratigraphic, sedimentary, and geochemical evidence. American Journal of Science, (2): 101-151.

Jepson G, Carrapa B, Gillespie J, et al. 2021. Climate as the Great Equalizer of Continental-Scale Erosion. Geophysical Research Letters, 48(20): e2021GL095008.

Jiang Z Q, Wang Q, Wyman D A, et al. 2014. Transition from oceanic to continental lithosphere subduction in southern Tibet: evidence from the Late Cretaceous-Early Oligocene (similar to 91-30 Ma) intrusive rocks in the Chanang-Zedong area, southern Gangdese. Lithos, (196): 213-231.

Johnson K, Barnes C G, Miller C A. 1997. Petrology, geochemistry, and genesis of high-Al tonalite and trondhjemites of the Cornucopia stock, Blue Mountains, Northeastern Oregon. Journal of Petrology, 38(11): 1585-1611.

Kamei A, Owada M, Nagao T, et al. 2004. High-Mg diorites derived from sanukitic HMA magmas, Kyushu Island, southwest Japan arc: evidence from clinopyroxene and whole rock compositions. Lithos, (3-4): 359-371.

Kapp P, DeCelles P G. 2019. Mesozoic-Cenozoic Geological Evolution of the Himalayan-Tibetan Orogen and Working Tectonic Hypotheses. American Journal of Science, 319(3): 159-254.

Kapp P, Yin A, Manning C E, et al. 2000. Blueschist-bearing metamorphic core complexes in the Qiangtang block reveal deep crustal structure of northern Tibet. Geology, (1): 19-22.

Kapp P, Murphy M A, Yin A, et al. 2003a. Mesozoic and Cenozoic tectonic evolution of the Shiquanhe area of western Tibet. Tectonics, 22(4): 3(1-23).

Kapp P, Yin A, Manning C E, et al. 2003b. Tectonic evolution of the early Mesozoic blueschist-bearing Qiangtang metamorphic belt, central Tibet. Tectonics, 22(4): 17(1-22).

Kapp P, Yin A, Harrison T M, et al. 2005. Cretaceous-Tertiary shortening, basin development, and volcanism in central Tibet. Geological Society of America Bulletin, 117(7-8): 865-878.

Kapp P, DeCelles P G, Gehrels G E, et al. 2007. Geological records of the Lhasa-Qiangtang and Indo-Asian collisions in the Nima area of central Tibet. Geological Society of America Bulletin, (7-8): 917-932.

Karsli O, Dokuz A, Uysal I, et al. 2010. Generation of the Early Cenozoic adakitic volcanism by partial melting of mafic lower crust, Eastern Turkey: Implications for crustal thickening to delamination. Lithos, (1-2): 109-120.

Kay R W, Kay S M. 1993. Delamination and delamination magmatism. Tectonophysics, (1-3): 177-189.

Kemp D B, Izumi K. 2014. Multiproxy geochemical analysis of a Panthalassic margin record of the early Toarcian oceanic anoxic event (Toyora area, Japan). Palaeogeography, Palaeoclimatology, Palaeoecology, 414: 332-341.

Kemp D B, Baranyi V, Izumi K, et al. 2019. Organic matter variations and links to climate across the early Toarcian oceanic anoxic event (T-OAE) in Toyora area, southwest Japan. Palaeogeography, Palaeoclimatology, Palaeoecology, 530: 90-102.

Kemp D B, Selby D, Izumi K. 2020. Direct coupling between carbon release and weathering during the Toarcian oceanic anoxic event. Geology, (10): 976-980.

Kemp D B, Suan G, Fantasia A, et al. 2022. Global organic carbon burial during the Toarcian oceanic anoxic event: Patterns and controls. Earth-Science Reviews, 231: 104086.

Ketcham R A. 2005. Forward and inverse modeling of low-temperature thermochronometry data. Low-Temperature Thermochronology: Techniques, Interpretations, and Applications, 58: 275-314.

Ketcham R A, Donelick R A, Carlson W D. 1999. Variability of apatite fission-track annealing kinetics: III. Extrapolation to geological time scales. American Mineralogist, 84(9): 1235-1255.

Kimura T. 1998. Relationships between inorganic elements and minerals in coals from the Ashibetsu district, Ishikari coal field, Japan. Fuel Processing Technology, (1-2): 1-19.

Klemme H D. 1994. Petroleum Sysytems of the World involving Upper Jurassic Source Rocks // Morgoon L B, Dow W G.The Petroleum System—from Source to Trap. AAPG Memoir, 60: 51-72.

Klootwijk C T, Conaghan P J, Powell C M. 1985. The Himalayan Arc - Large-Scale Continental Subduction, Oroclinal Bending and Back-Arc Spreading. Earth and Planetary Science Letters, (2-3): 167-183.

Kneller B C. 1991. A foreland basin on the southern margin of Iapetus. Journal of the Geological Society, 148(2): 207-210.

Knott S D, Beach A, Welbon A I, et al. 1995. Basin inversion in the Gulf of Suez: implications for exploration and development in failed rifts. Geological Society, London, Special Publications, 88(1): 59-81.

Lai S C, Qin J F. 2008. Petrology and geochemistry of the granulite xenoliths from Cenozoic Qiangtang volcanic field: implication for the nature of the lower crust in the northern Tibetan plateau and the genesis of Cenozoic volcanic rocks. Acta Petrologica Sinica, (2): 325-336.

Lai S C, Qin J F. 2013. Adakitic rocks derived from the partial melting of subducted continental crust: evidence from the Eocene volcanic rocks in the northern Qiangtang block. Gondwana Research, (2): 812-824.

Lai S C, Qin J F, Li Y F, et al. 2007a. Geochemistry and Sr-Nd-Pb isotopic characteristics of the Mugouriwang

Cenozoic volcanic rocks from Tibetan Plateau: Constraints on mantle source of the underplated basic magma. Science in China Series D-Earth Sciences, (7): 984-994.

Lai S C, Qin J F, Li Y F, et al. 2007b. Cenozoic volcanic rocks in the Belog Co area, Qiangtang, northern Tibet, China: Petrochemical evidence for partial melting of the mantle-crust transition zone. Acta Geochimica, (3): 305-311.

Lai S C, Qin J F, Grapes R. 2011. Petrochemistry of granulite xenoliths from the Cenozoic Qiangtang volcanic field, northern Tibetan Plateau: implications for lower crust composition and genesis of the volcanism. International Geology Review, (8): 926-945.

Laslett G M, Green P F, Duddy I R, et al. 1987. Thermal annealing of fission tracks in apatite 2. A quantitative analysis. Chemical Geology: Isotope Geoscience section, 65(1): 1-13.

Law R, Allen M B. 2020. Diachronous Tibetan Plateau landscape evolution derived from lava field geomorphology. Geology, 48(3): 263-267.

Leeder M R, Smith A B, Yin J. 1988. Sedimentology, palaeoecology and palaeoenvironmental evolution of the 1985 lhasa to golmud geotraverse. Philosophical Transactions of the Royal Society B Biological Sciences, 327(1594): 107-143.

Li C, Cheng L, Hu K, et al. 1995. Study on the paleo-Tethys suture zone of Lungmu Co-Shuanghu, Tibet. China:Geological Soc Publ House.

Li C, Zhai Q G, Dong Y S, et al. 2006. Discovery of eclogite and its geological significance in Qiangtang area, central Tibet. Chinese Science Bulletin, (9): 1095-1100.

Li C, Zhao Z B, Lu H J, et al. 2022. Late Mesozoic-Cenozoic multistage exhumation of the central Bangong-Nujiang Suture, Central Tibet. Tectonophysics, (827): 229268.

Li G M, Li J X, Zhao J X, et al. 2015a. Petrogenesis and tectonic setting of Triassic granitoids in the Qiangtang terrane, central Tibet: evidence from U-Pb ages, petrochemistry and Sr-Nd-Hf isotopes. Journal of Asian Earth Sciences, 105: 443-455.

Li G M, Qin K Z, Li J X, et al. 2017a. Cretaceous magmatism and metallogeny in the Bangong-Nujiang metallogenic belt, central Tibet: evidence from petrogeochemistry, zircon U-Pb ages, and Hf-O isotopic compositions. Gondwana Research, 41(1): 110-127.

Li J C, Zhao Z B, Zheng Y L, et al. 2015b. The magmatite evidences in southern Qiangtang for paleo-Tethys ocean subducting collision: Gangtang-co granites in Rongma, Tibet. Acta Petrologica Sinica, 31(7): 2078-2088.

Li J X, Qin K Z, Li G M, et al. 2013a. Petrogenesis of ore-bearing porphyries from the Duolong porphyry Cu-Au deposit, central Tibet: evidence from U-Pb geochronology, petrochemistry and Sr-Nd-Hf-O isotope characteristics. Lithos, 160: 216-227.

Li J X, Qin K Z, Li G M, et al. 2016. Petrogenesis of Cretaceous igneous rocks from the Duolong porphyry Cu-Au deposit, central Tibet: evidence from zircon U-Pb geochronology, petrochemistry and Sr-Nd-Pb-Hf isotope characteristics. Geological Journal, (2): 285-307.

Li L, Garzione C N, Pullen A, et al. 2018. Late Cretaceous-Cenozoic basin evolution and topographic growth of the Hoh Xil Basin, central Tibetan Plateau. Geological Society of America Bulletin, 130(3-4): 499-521.

Li L Y, Chang H, Farnsworth A, et al. 2023. Revised chronology of the middle− upper Cenozoic succession in the Tuotuohe Basin, central-northern Tibetan Plateau, and its paleoelevation implications. Geological Society of America Bulletin, 36(5-6): 2359-2372.

Li P W, Rui G, Cui J W, et al. 2004. Paleomagnetic analysis of eastern Tibet: implications for the collisional and amalgamation history of the Three Rivers Region, SW China. Journal of Asian Earth Sciences, (3): 291-310.

Li S, Ding L, Guilmette C, et al. 2017b. The subduction-accretion history of the Bangong-Nujiang Ocean: Constraints from provenance and geochronology of the Mesozoic strata near Gaize, central Tibet. Tectonophysics, 702: 42-60.

Li S M, Zhu D C, Wang Q, et al. 2014. Northward subduction of Bangong-Nujiang Tethys: insight from Late Jurassic intrusive rocks from Bangong Tso in western Tibet. Lithos, 205: 284-297.

Li X, Sun G S, Liu G Y, et al. 2021. Crustal thickening and uplift of the Qiangtang Terrane, Tibetan Plateau during the Late Cretaceous to early Palaeocene: geochronology and geochemistry of the Saiduopugangri granite. Canadian Journal of Earth Sciences, (5): 458-470.

Li X H, Li Z X, Li W X, et al. 2007. U-Pb zircon, geochemical and Sr-Nd-Hf isotopic constraints on age and origin of Jurassic I- and A-type granites from central Guangdong, SE China: a major igneous event in response to foundering of a subducted flat-slab? .Lithos, (1-2): 186-204.

Li Y L, Wang C S, Ma C, et al. 2011. Balanced cross-section and crustal shortening analysis in the Tanggula-Tuotuohe Area, Northern Tibet. Journal of Earth Science, 22(1): 1-10.

Li Y L, Wang C S, Zhao X X, et al. 2012. Cenozoic thrust system, basin evolution, and uplift of the Tanggula Range in the Tuotuohe region, central Tibet. Gondwana Research, 22(2): 482-492.

Li Y L, He J, Wang C S, et al. 2013b. Late Cretaceous K-rich magmatism in central Tibet: Evidence for early elevation of the Tibetan plateau?. Lithos, 160(1): 1-13.

Li Y L, Wang C S, Dai J G, et al. 2015c. Propagation of the deformation and growth of the Tibetan-Himalayan orogen: a review. Earth-Science Reviews, 143: 36-61.

Li Y L, He J, Wang C S, et al. 2015d. Cretaceous volcanic rocks in south Qiangtang Terrane: Products of northward subduction of the Bangong-Nujiang Ocean? .Journal of Asian Earth Sciences, 104: 69-83.

Li Y L, He H Y, Wang C S, et al. 2017c. Early Cretaceous (ca.100 Ma) magmatism in the southern Qiangtang subterrane, central Tibet: product of slab break-off ?.International Journal of Earth Sciences, (4): 1289-1310.

Liang X, Wang G H, Yang B, et al. 2017. Stepwise exhumation of the Triassic Lanling high-pressure metamorphic belt in Central Qiangtang, Tibet: insights from a coupled study of metamorphism, deformation and geochronology. Tectonics, 36(4): 652-670.

Liang X, Sun X H, Wang G H, et al. 2020. Sedimentary Evolution and Provenance of the late Permian-middle Triassic Raggyorcaka Deposits in North Qiangtang (Tibet, Western China): Evidence for a Forearc Basin of the Longmu Co-Shuanghu Tethys Ocean. Tectonics, (1): e2019TC005589.

Lin J, Dai J G, Zhuang G S, et al. 2020. Late Eocene-Oligocene high relief paleotopography in the north central Tibetan Plateau: Insights from detrital zircon U-Pb geochronology and leaf wax hydrogen isotope studies. Tectonics, 39(2): e2019TC005815.

Lithgow-Bertelloni C, Silver P G. 1998. Dynamic topography, plate driving forces and the African superswell. Nature, (6699): 269-272.

Liu D L, Huang Q S, Fan S Q, et al. 2014. Subduction of the Bangong-Nujiang Ocean: constraints from granites in the Bangong Co area, Tibet. Geological Journal, 49(2): 188-206.

Liu D L, Shi R D, Ding L, et al. 2017. Zircon U-Pb age and Hf isotopic compositions of Mesozoic granitoids in southern Qiangtang, Tibet: Implications for the subduction of the Bangong-Nujiang Tethyan Ocean. Gondwana Research, 41(1): 157-172.

Liu D L, Shi R D, Ding L, et al. 2018. Late Cretaceous transition from subduction to collision along the Bangong-Nujiang Tethys: new volcanic constraints from central Tibet. Lithos, 296: 452-470.

Liu H, Wang B D, Ma L, et al. 2016. Late Triassic syn-exhumation magmatism in central Qiangtang, Tibet: Evidence from the Sangehu adakitic rocks. Journal of Asian Earth Sciences, 132 : 9-24.

Liu J F, Chi X G, Zhao X Y, et al. 2009. Chronology, geochemistry and tectonic significances of the Cenozoic Zougouyouchacuo and Nadingcuo volcanic rocks in northern Tibetan Plateau. Acta Petrologica Sinica, (12): 3259-3274.

Liu Z F, Wang C S. 2001. Facies analysis and depositional systems of Cenozoic sediments in the Hoh Xil basin, nothern Tibet. Sedimentary Geology, 140(3-4): 251-270.

Lopatin N. 1971. Time and temperature as factors in coalification. Izvestiya Akademii Nauk SSSR, Seriya Geologicheskaya, 3: 95-106.

Lowell J D. 1995. Mechanics of basin inversion from worldwide examples. Geological Society, London, Special Publications, (88): 39-57.

Lu L, Zhang K J, Yan L L, et al. 2017. Was Late Triassic Tanggula granitoid (central Tibet, western China) a product of melting of underthrust Songpan-Ganzi flysch sediments? Tectonics, 36(5): 902-928.

Lu L, Zhang K J, Jin X, et al. 2019. Crustal Thickening of the Central Tibetan Plateau prior to India-Asia Collision: evidence from Petrology, Geochronology, Geochemistry and Sr-Nd-Hf Isotopes of a K-rich Charnockite-Granite Suite in Eastern Qiangtang. Journal of Petrology, (4): 827-853.

Lu Z W, Gao R, Li Y T, et al. 2013. The upper crustal structure of the Qiangtang Basin revealed by seismic reflection data. Tectonophysics, 606: 171-177.

Lustrino M. 2005. How the delamination and detachment of lower crust can influence basaltic magmatism. Earth-Science Reviews, (1-2): 21-38.

Ma A L, Hu X M, Garzanti E, et al. 2017. Sedimentary and tectonic evolution of the southern Qiangtang basin: implications for the Lhasa-Qiangtang collision timing. Journal of Geophysical Research-Solid Earth, 122(7): 4790-4813.

Ma A L, Hu X M, Garzanti E, et al. 2023. Mid-Cretaceous Exhumation of the Central Qiangtang Mountain Range Metamorphic Rocks as Evidenced by the Abushan Continental Redbeds. Tectonics, 42(3): e2022TC007520.

Ma L, Wang Q, Wyman D A, et al. 2013. Late Cretaceous crustal growth in the Gangdese area, southern Tibet: Petrological and Sr-Nd-Hf-O isotopic evidence from Zhengga diorite-gabbro. Chemical Geology, 349 : 54-70.

Ma L, Li Z X, Li Y, et al. 2016. Zircon U-Pb Age,Geochemical Characteristics and Geological Significance of Shanzixingshan Basalt in Shuanghu,Northern Tibet. Geoscience, (4): 748-759.

Macpherson C G, Dreher S T, Thirlwall M F. 2006. Adakites without slab melting: High pressure differentiation of island arc magma, Mindanao, the Philippines. Earth and Planetary Science Letters, (3-4): 581-593.

Magni V, Allen M B, van Hunen J, et al. 2017. Continental underplating after slab break-off. Earth and Planetary Science Letters, 474 : 59-67.

Martin H, Smithies R H, Rapp R, et al. 2005. An overview of adakite, tonalite-trondhjemite-granodiorite (TTG), and sanukitoid: relationships and some implications for crustal evolution. Lithos, (1-2): 1-24.

Martinez F, Pena M, Parra M, et al. 2021. Contraction and exhumation of the western Central Andes induced by basin inversion: new evidence from “Pampean” subduction segment. Basin Research, (5): 2706-2724.

McCarron J J, Smellie J L. 1998. Tectonic implications of fore-arc magmatism and generation of high-magnesian andesites: Alexander Island, Antarctica. Journal of the Geological Society, 155(2): 269-280.

McClay K. 1992. Glossary of thrust tectonics terms. Thrust Tectonics,1992: 419-433.

McElwain J C, Wade-Murphy J, Hesselbo S P. 2005. Changes in carbon dioxide during an oceanic anoxic event linked to intrusion into Gondwana coals. Nature, (7041): 479-482.

Meng J, Coe R S, Wang C S, et al. 2017. Reduced convergence within the Tibetan Plateau by 26 Ma? Geophysical Research Letters, 44(13): 6624-6632.

Meng J, Zhao X X, Wang C S, et al. 2018. Palaeomagnetism and detrital zircon U-Pb geochronology of Cretaceous redbeds from central Tibet and tectonic implications. Geological Journal, 53(5): 2315-2333.

Mercier J L, Armijo R, Tapponnier P, et al. 1987. Change from Late Tertiary Compression to Quaternary Extension in Southern Tibet during the India-Asia Collision. Tectonics, (3): 275-304.

Meschede M. 1986. A method of discriminating between different types of mid-ocean ridge basalts and continental tholeiites with the Nb 1bZr 1bY diagram. Chemical Geology, (3): 207-218.

Metcalfe I. 1996. Gondwanaland dispersion, Asian accretion and evolution of eastern Tethys. Australian Journal of Earth Sciences, (6): 605-623.

Metcalfe I. 2013. Gondwana dispersion and Asian accretion: Tectonic and palaeogeographic evolution of eastern Tethys. Journal of Asian Earth Sciences, 66 : 1-33.

Miall A. 1995. Collision-related foreland basins//Tectonics of Sedimentary Basins. Oxford: Blackwell Science .

Miller K G, Kominz M A, Browning J V, et al. 2005. The phanerozoic record of global sea-level change. Science, 310(5752): 1293-1298.

Min K. 2005. Low-temperature thermochronometry of meteorites. Low-Temperature Thermochronology: Techniques, Interpretations, and Applications, 58: 567-588.

Mo X X, Hou Z Q, Niu Y L, et al. 2007. Mantle contributions to crustal thickening during continental collision: Evidence from Cenozoic igneous rocks in southern Tibet. Lithos, (1-2): 225-242.

Molnar P, Tapponnier P. 1978. Active tectonics of Tibet. Journal of Geophysical Research: Solid Earth, (B11): 5361-5375.

Mueller S, Krystyn L, Kürschner W M. 2016. Climate variability during the Carnian Pluvial Phase—a quantitative palynological study of the Carnian sedimentary succession at Lunz am See, Northern Calcareous Alps, Austria. Palaeogeography, Palaeoclimatology, Palaeoecology, 441(1): 198-211.

Müller T, Jurikova H, Gutjahr M, et al. 2020. Ocean acidification during the early Toarcian extinction event: evidence from boron isotopes in brachiopods. Geology, (12): 1184-1188.

Müller T, Price G D, Bajnai D, et al. 2017. New multiproxy record of the Jenkyns Event (also known as the Toarcian Oceanic Anoxic Event) from the Mecsek Mountains (Hungary): differences, duration and drivers. Sedimentology, (1): 66-86.

Murphy M A, Yin A, Harrison T M, et al. 1997. Did the Indo-Asian collision alone create the Tibetan plateau? . Geology, 25(8): 719-722.

Nadeau P H. 2011. Earth's energy "Golden Zone": a synthesis from mineralogical research. Clay Minerals, 46(1): 1-24.

Naylor M, Sinclair H D. 2008. Pro- vs. retro-foreland basins. Basin Research, 20(3): 285-303.

Nie S, Yin A, Rowley D B, et al. 1994. Exhumation of the Dabie Shan ultra-high-pressure rocks and accumulation of the Songpan-Ganzi flysch sequence, central China. Geology, (11): 999-1002.

Nie Y, Fu X G, Liu X C, et al. 2023. Organic matter accumulation mechanism under global/regional warming: insight from the Late Barremian calcareous shales in the Qiangtang Basin (Tibet). Journal of Asian Earth Sciences, 241: 105456.

Ogg J G, Ogg G, Gradstein F M. 2008. The Concise Geologic Time Scale. London: Cambridge University Press.

Otofuji Y I, Mu C L, Tanaka K, et al. 2007. Spatial gap between Lhasa and Qiangtang blocks inferred from Middle Jurassic to Cretaceous paleomagnetic data. Earth and Planetary Science Letters, (3-4): 581-593.

Ou Q, Wang Q, Wyman D A, et al. 2017. Eocene adakitic porphyries in the central-northern Qiangtang Block, central Tibet: partial melting of thickened lower crust and implications for initial surface uplifting of the plateau. Journal of Geophysical Research: Solid Earth, 122(2): 1025-1053.

Pan G T, Wang L Q, Li R S, et al. 2012. Tectonic evolution of the Qinghai-Tibet Plateau. Journal of Asian Earth Sciences, 53 : 3-14.

Parrish J T, Curtis R L. 1982. Atmospheric circulation upwelling and organic-rich rocks in the Mesozoic and Cenozoic eras. Palaeogeography, Palaeoclimatology, Palaeoecology, 40: 31-66.

Pearce J, Deng W. 1988. The Ophiolites of the Tibetan Geotraverses, Lhasa to Golmud (1985) and Lhasa to Kathmandu (1986). Philosophical Transactions of The Royal Society A:Mathematical Physical and Engineering Sciences, (1594): 215-238.

Pearce J A, Houjun M. 1988. Volcanic rocks of the 1985 Tibet geotraverse: Lhasa to Golmud. Philosophical Transactions of the Royal Society of London A: Mathematical, Physical and Engineering Sciences, 327(1594): 169-201.

Pearce J A, Norry M J. 1979. Petrogenetic implications of Ti, Zr, Y, and Nb variations in volcanic rocks. Contributions to Mineralogy and Petrology, (1): 33-47.

Peccerillo A, Taylor S. 1976. Geochemistry of Eocene calc-alkaline volcanic rocks from the Kastamonu area, northern Turkey. Contributions to Mineralogy and Petrology, 58(1): 63-81.

Petford N, Atherton M. 1996. Na-rich partial melts from newly underplated basaltic crust: the Cordillera Blanca Batholith, Peru. Journal of Petrology, (6): 1491-1521.

Pichavant M, Montel J M, Richard L R. 1992. Apatite Solubility in Peraluminous Liquids - Experimental-Data and an Extension of the Harrison-Watson Model. Geochimica Et Cosmochimica Acta, (10): 3855-3861.

Pullen A, Kapp P, Gehrels G E, et al. 2008. Triassic continental subduction in central Tibet and Mediterranean-style closure of the Paleo-Tethys Ocean. Geology, (5): 351-354.

Pullen A, Kapp P, Gehrels G E, et al. 2011. Metamorphic rocks in central Tibet: Lateral variations and implications for crustal structure. Geological Society of America Bulletin, (3-4): 585-600.

Qian X Y, Li Y L, Dai J G, et al. 2021. Apatite and zircon (U-Th)/He thermochronological evidence for Mesozoic exhumation of the Central Tibetan Mountain Range. Geological Journal, 56(1): 599-611.

Rapp R P, Shimizu N, Norman M D, et al. 1999. Reaction between slab-derived melts and peridotite in the mantle wedge: experimental constraints at 3.8 GPa. Chemical Geology, (4): 335-356.

Rapp R P, Shimizu N, Norman M D. 2003. Growth of early continental crust by partial melting of eclogite. Nature, (6958): 605-609.

Reiners P W. 2007. Thermochronologic approaches to paleotopography. Paleoaltimetry: Geochemical and Thermodynamic Approaches, 66: 243-267.

Reiners P W, Brandon M T. 2006. Using thermochronology to understand orogenic erosion. Annual Review of Earth and Planetary Sciences, 34: 419-466.

Reiners P W, Nicolescu S. 2006. Measurement of parent nuclides for (U-Th)/He chronometry by solution sector ICP-MS. ARHDL Report, 1: 1-33.

Reiners P W, Spell T L, Nicolescu S, et al. 2004. Zircon (U-Th)/He thermochronometry: He diffusion and comparisons with $^{40}Ar/^{39}Ar$ dating. Geochimica et Cosmochimica Acta, 68(8): 1857-1887.

Reiners P W, Ehlers T A, Zeitler P K. 2005. Past, present, and future of thermochronology. Low-Temperature

Thermochronology: Techniques, Interpretations, and Applications, 58: 1-18.

Remírez M N, Algeo T J. 2020. Carbon-cycle changes during the Toarcian (Early Jurassic) and implications for regional versus global drivers of the Toarcian oceanic anoxic event. Earth-Science Reviews: 209: 103283.

Ren Z L, Cui J P, Liu C Y, et al. 2015. Apatite Fission Track Evidence of Uplift Cooling in the Qiangtang Basin and Constraints on the Tibetan Plateau Uplift. Acta Geologica Sinica-English Edition, 89(2): 467-484.

Replumaz A, Guillot S, Villaseñor A, et al. 2013. Amount of Asian lithospheric mantle subducted during the India/Asia collision. Gondwana Research, 24(3-4): 936-945.

Replumaz A, Funiciello F, Reitano R, et al. 2016. Asian collisional subduction: a key process driving formation of the Tibetan Plateau. Geology, 44(11): 943-946.

Roberts D G. 1989. Basin inversion in and around the British Isles. Geological Society, London, Special Publications, 44(1): 131-150.

Roghi G, Gianolla P, Minarelli L, et al. 2010. Palynological correlation of Carnian humid pulses throughout western Tethys. Palaeogeography Palaeoclimatology Palaeoecology, (1-4): 89-106.

Rohrmann A, Kapp P, Carrapa B, et al. 2012. Thermochronologic evidence for plateau formation in central Tibet by 45 Ma. Geology, 40(2): 187-190.

Rowley D B, Currie B S. 2006. Palaeo-altimetry of the late Eocene to Miocene Lunpola basin, central Tibet. Nature, 439(7077): 677-681.

Rushmer T. 1991. Partial melting of two amphibolites : contrasting experimental results under fluid-absent conditions. Contributions to Mineralogy and Petrology, (1): 41-59.

Sabatino N, Neri R, Bellanca A, et al. 2009. Carbon-isotope records of the Early Jurassic (Toarcian) oceanic anoxic event from the Valdorbia (Umbria-Marche Apennines) and Monte Mangart (Julian Alps) sections: Palaeoceanographic and stratigraphic implications. Sedimentology, (5): 1307-1328.

Sandiford M. 1999. Mechanics of basin inversion. Tectonophysics, (1-3): 109-120.

Saunders A D, Rogers G, Marriner G F, et al. 1987. Geochemistry of Cenozoic Volcanic-Rocks, Baja-California, Mexico-Implications for the Petrogenesis of Postsubduction Magmas. Journal of Volcanology and Geothermal Research, (1-3): 223-245.

Schneider D A, Issler D R. 2019. Application of Low-Temperature Thermochronology to Hydrocarbon Exploration. Berlin:Springer Textbooks in Earth Sciences, Geography and Environment.

Schneider W, Mattern F, Wang P J et al. 2003. Tectonic and sedimentary basin evolution of the eastern Bangong-Nujiang zone (Tibet): a Reading cycle. International Journal of Earth Sciences, (2): 228-254.

Schwab M, Schlunegger F, Schneider H, et al. 2009. Contrasting sediment flux in Val Lumnezia (Graubünden, Eastern Swiss Alps), and implications for landscape development. Swiss Journal of Geosciences, 102: 211-222.

Sciunnach D, Garzanti E. 2012. Subsidence history of the Tethys Himalaya. Earth-Science Reviews, (1-2):

179-198.

Sclater J G, Christie P. 1980. Continental stretching: an explanation of the post-mid-cretaceous subsidence of the central North Sea basin. Journal of Geophysical Research: Solid Earth (1978-2012), 85(B7): 3711-3739.

Searle M P. 1996. Geological evidence against large-scale pre-Holocene offsets along the Karakoram Fault: implications for the limited extrusion of the Tibetan plateau. Tectonics, (1): 171-186.

Seeber L, Pecher A. 1998. Strain partitioning along the Himalayan arc and the Nanga Parbat antiform. Geology, (9): 791-794.

Şengör A M C. 1984. The cimmeride orogenic system and the tectonics of Eurasia. Special Paper of the Geological Society of America,195: 1-74.

Şengör A M C. 1987. Tectonics of the Tethysides - Orogenic Collage Development in a Collisional Setting. Annual Review of Earth and Planetary Science Letters, 15(1): 213-244.

Şengör A M C, Altiner D, Cin A, et al. 1988. Origin and assembly of the Tethyside orogenic collage at the expense of Gondwana Land. Geological Society Special Publication, (37): 119-181.

Shirey S B, Hanson G N. 1984. Mantle-derived Archaean monozodiorites and trachyandesites. Nature, (5974): 222-224.

Shuster D L, Flowers R M, Farley K A. 2006. The influence of natural radiation damage on helium diffusion kinetics in apatite. Earth and Planetary Science Letters, 249(3-4): 148-161.

Sinclair H D, Naylor M. 2012. Foreland basin subsidence driven by topographic growth versus plate subduction. Geological Society of America Bulletin, 124(3-4): 368-379.

Sisson T W, Ratajeski K, Hankins W B, et al. 2005. Voluminous granitic magmas from common basaltic sources. Contributions to Mineralogy and Petrology, (6): 635-661.

Slater S M, Twitchett R J, Danise S, et al. 2019. Substantial vegetation response to Early Jurassic global warming with impacts on oceanic anoxia. Nature Geoscience, (6): 462-467.

Song C Y, Wang J, Fu X G, et al. 2013. Mesozoic and Cenozoic Cooling History of the Qiangtang Block, Northern Tibet, China: New Constraints from Apatite and Zircon Fission Track Data. Terrestrial Atmospheric and Oceanic Sciences, 24(6): 985-998.

Song P P, Ding L, Li Z Y, et al. 2015. Late Triassic paleolatitude of the Qiangtang block: implications for the closure of the Paleo-Tethys Ocean. Earth and Planetary Science Letters, 424 : 69-83.

Spurlin M S, Yin A, Horton B K, et al. 2005. Structural evolution of the Yushu-Nangqian region and its relationship to syncollisional igneous activity east-central Tibet. Geological Society of America Bulletin, (9-10): 1293-1317.

Staisch L M, Niemi N A, Hong C, et al. 2014. A Cretaceous-Eocene depositional age for the Fenghuoshan Group, Hoh Xil Basin: Implications for the tectonic evolution of the northern Tibet Plateau. Tectonics, 33(3): 281-301.

Staisch L M, Niemi N A, Clark M K, et al. 2016. Eocene to late Oligocene history of crustal shortening within the Hoh Xil Basin and implications for the uplift history of the northern Tibetan Plateau. Tectonics, 35(4): 862-895.

Steckler M S, Watts A B. 1978. Subsidence of the Atlantic-type continental margin off New York. Earth and Planetary Science Letters, 41(1): 1-13.

Stephenson R, Schiffer C, Peace A, et al. 2020. Late Cretaceous-Cenozoic basin inversion and palaeostress fields in the North Atlantic-western Alpine-Tethys realm: implications for intraplate tectonics. Earth-Science Reviews, (210): 103252.

Streck M J, Leeman W P, Chesley J. 2007. High-magnesian andesite from Mount Shasta: a product of magma mixing and contamination, not a primitive mantle melt. Geology, (4): 351-354.

Suan G, Nikitenko B L, Rogov M A, et al. 2011. Polar record of Early Jurassic massive carbon injection. Earth and Planetary Science Letters, (1-2): 102-113.

Sui Q, Wang Q, Zhu D, et al. 2013. Compositional diversity of ca. 110Ma magmatism in the northern Lhasa Terrane, Tibet: implications for the magmatic origin and crustal growth in a continent-continent collision zone. Lithos, 168 : 144-159.

Sun G Y, Hu X M, Sinclair H D, et al. 2015. Late Cretaceous evolution of the Coqen Basin (Lhasa terrane) and implications for early topographic growth on the Tibetan Plateau. Geological Society of America Bulletin, 127(7-8): 1001-1020.

Sun G Y, Hu X M, Sinclair H D. 2017. Early cretaceous palaeogeographic evolution of the Coqen basin in the Lhasa Terrane, southern Tibetan plateau. Palaeogeography, Palaeoclimatology, Palaeoecology, 485: 101-118.

Sun S S, McDonough W F. 1989. Chemical and isotopic systematics of oceanic basalts: implications for mantle composition and processes. Geological Society, London, Special Publications, (1): 313-345.

Sun Y D, Wignall P B, Joachimski M M, et al. 2016. Climate warming, euxinia and carbon isotope perturbations during the Carnian (Triassic) Crisis in South China. Earth and Planetary Science Letters, 44(1): 88-100.

Suo Y H, Li S Z, Cao X Z, et al. 2020. Mesozoic-Cenozoic basin inversion and geodynamics in East China: A review. Earth-Science Reviews, (210): 103357.

Tagami T, Shimada C. 1996. Natural long-term annealing of the zircon fission track system around a granitic pluton. Journal of Geophysical Research-Solid Earth, 101(B4): 8245-8255.

Tapponnier P, Xu Z Q, Roger F, et al. 2001. Geology—Oblique stepwise rise and growth of the Tibet plateau. Science, 294(5547): 1671-1677.

Thiessen R, Burke K, Kidd W S F. 1979. African hotspots and their relation to the underlying mantle. Geology, (5): 263-266.

Thornton C P, Tuttle O F. 1960. Chemistry of igneous rocks—Part 1, Differentiation index. American Journal of Science, (9): 664-684.

Tian Y, Kohn B P, Hu S, et al. 2014. Postorogenic rigid behavior of the eastern Songpan-Ganze terrane:

insights from low-temperature thermochronology and implications for intracontinental deformation in central Asia. Geochemistry, Geophysics, Geosystems, 15(2): 453-474.

Tissot B, Durand B, Espitalié J, et al. 1974. Influence of Nature and Diagenesis of Organic Matter in Formation of Petroleum1. AAPG Bulletin, 58(3): 499-506.

Tissot B P, Welte D H, Tissot B P, et al.1978. Coal and its Relation to Oil and Gas. Petroleum Formation and Occurrence: A New Approach to Oil and Gas Exploration, 1978: 202-224.

Tong K, Li Z W, Zhu L D, et al. 2022. Thermochronology constraints on the Cretaceous-Cenozoic thermo-tectonic evolution in the Gaize region, central-western Tibetan Plateau: implications for the westward extension of the proto-Tibetan Plateau. Journal of Asian Earth Sciences, (240):105419.

Topuz G, Altherr R, Siebel W, et al. 2010. Carboniferous high-potassium I-type granitoid magmatism in the Eastern Pontides: the Gumushane pluton (NE Turkey). Lithos, (1-2): 92-110.

Tribovillard N, Algeo T J, Lyons T, et al. 2006. Trace metals as paleoredox and paleoproductivity proxies: An update. Chemical Geology, (1-2): 12-32.

Tsuchiya N, Suzuki S, Kimura J, et al. 2005. Evidence for slab melt/mantle reaction: petrogenesis of early Cretaceous and Eocene high-Mg andesites from the Kitakami Mountains, Japan. Lithos, (1-2): 179-206.

Turner J P, Williams G A. 2004. Sedimentary basin inversion and intra-plate shortening. Earth-Science Reviews, (3-4): 277-304.

van de Zedde D M A, Wortel M J R. 2001. Shallow slab detachment as a transient source of heat at midlithospheric depths. Tectonics, (6): 868-882.

van Hinsbergen D J J, Steinberger B, Doubrovine P V, et al. 2011. Acceleration and deceleration of India-Asia convergence since the Cretaceous: roles of mantle plumes and continental collision. Journal of Geophysical Research-Solid Earth, 116(B6):B06101-1-B06101-20.

van Hunen J, Allen M B. 2011. Continental collision and slab break-off: a comparison of 3-D numerical models with observations. Earth and Planetary Science Letters, 302(1-2): 27-37.

Vergés J, Marzo M, Santaeulària T, et al. 1998. Quantified vertical motions and tectonic evolution of the SE Pyrenean foreland basin. Geological Society, London, Special Publications, (1): 107-134.

Vincent S J, Braham W, Lavrishchev V A, et al. 2016. The formation and inversion of the western Greater Caucasus Basin and the uplift of the western Greater Caucasus: implications for the wider Black Sea region. Tectonics, (12): 2948-2962.

Volkmer J E, Kapp P, Guynn J H, et al. 2007. Cretaceous-Tertiary structural evolution of the north central Lhasa terrane, Tibet. Tectonics, 26(6):1-18.

Wan B, Wu F Y, Chen L X, et al. 2019. Cyclical one-way continental rupture-drift in the Tethyan evolution: subduction-driven plate tectonics. Science-China Earth Sceiences, (12): 2005-2016.

Wang B D, Wang L Q, Chung S L, et al. 2016. Evolution of the Bangong-Nujiang Tethyan ocean: insights from the geochronology and geochemistry of mafic rocks within ophiolites. Lithos, (245): 18-33.

Wang C S, Liu Z F, Hébert R. 2000a. The Yarlung-Zangbo paleo-ophiolite, southern Tibet: implications for the dynamic evolution of the Yarlung-Zangbo Suture Zone. Journal of Asian Earth Sciences, 18(6): 651-661.

Wang C S, Liu Z F, Yi H S, et al. 2002. Tertiary crustal shortening and peneplanation in the Hoh Xil region: implications for the tectonic history of the northern Tibetan Plateau. Journal of Asian Earth Sciences, 20(3): 211-223.

Wang C S, Zhao X X, Liu Z F, et al. 2008a. Constraints on the early uplift history of the Tibetan Plateau. Proceedings of the National Academy of Sciences of the United States of America, 105(13): 4987-4992.

Wang C S, Dai J G, Zhao X X, et al. 2014a. Outward-growth of the Tibetan Plateau during the Cenozoic: a review. Tectonophysics, 621: 1-43.

Wang F B, Li S F, Shen X H, et al. 1996. Formation, evolution and environmental changes of the Gyirong Basin and uplift of the Himalaya. Science in China, 39(4): 401-409.

Wang G, Zhong J. 2002. Tectonic-sedimentary Evolution of the West SEgment of the Bangong Co-Nujiang Structural Belt in the Triassic and Jurassic. Geological Review, (3): 297-303.

Wang J, Fu X G, Chen W B, et al. 2008b. Geochronology and geochemistry of the volcanic rocks in the Woruoshan area, northern Qiangtang. Science in China (Series D), 38: 33-43.

Wang J, Fu X G, Wei H Y, et al. 2022. Late Triassic basin inversion of the Qiangtang Basin in northern Tibet: implications for the closure of the Paleo-Tethys and expansion of the Neo-Tethys. Journal of Asian Earth Sciences, 227: 105119.

Wang J G, Hu X M, Garzanti E, et al. 2017a. Early cretaceous topographic growth of the Lhasaplano, Tibetan plateau: constraints from the Damxung conglomerate. Journal of Geophysical Research-Solid Earth, 122(7): 5748-5765.

Wang Q, Xu J F, Zhao Z H, et al. 2004. Cretaceous high-potassium intrusive rocks in the Yueshan-Hongzhen area of east China: adakites in an extensional tectonic regime within a continent. Geochemical Journal, 38(5): 417-434.

Wang Q, Xu J F, Jian P, et al. 2006. Petrogenesis of Adakitic porphyries in an extensional tectonic setting, Dexing, South China: implications for the genesis of porphyry copper mineralization. Journal of Petrology, 47(1): 119-144.

Wang Q, Wyman D A, Xu J, et al. 2008c. Triassic Nb-enriched basalts, magnesian andesites, and adakites of the Qiangtang terrane (Central Tibet): evidence for metasomatism by slab-derived melts in the mantle wedge. Contributions to Mineralogy and Petrology, (4): 473-490.

Wang Q, Wyman D A, Xu J F, et al. 2008d. Eocene melting of subducting continental crust and early uplifting of central Tibet: evidence from central-western Qiangtang high-K calc-alkaline andesites, dacites and rhyolites. Earth and Planetary Science Letters, (1-2): 158-171.

Wang Q, Wyman D A, Li Z X, et al. 2010. Eocene north-south trending dikes in central Tibet: new constraints on the timing of east-west extension with implications for early plateau uplift?.Earth and Planetary Science Letters, 298(1-2): 205-216.

Wang Q, Zhu D C, Zhao Z D, et al. 2014b. Origin of the ca. 90Ma magnesia-rich volcanic rocks in SE Nyima, central Tibet: Products of lithospheric delamination beneath the Lhasa-Qiangtang collision zone. Lithos, 198-199: 24-37.

Wang X F, Metcalfe I, Jian P, et al. 2000b. The Jinshajiang-Ailaoshan Suture Zone, China: tectonostratigraphy, age and evolution. Journal of Asian Earth Sciences, (6): 675-690.

Wang Y N, Xue S C, Deng J, et al. 2020. Triassic arc mafic magmatism in North Qiangtang: Implications for tectonic reconstruction and mineral exploration. Gondwana Research, (82): 337-353.

Wang Z W, Wang J, Fu X G, et al. 2017c. Organic material accumulation of Carnian mudstones in the North Qiangtang Depression, eastern Tethys: controlled by the paleoclimate, paleoenvironment, and provenance. Marine and Petroleum Geology, 88: 440-457.

Wang Z W, Wang J, Fu X G, et al. 2018. Provenance and tectonic setting of the Quemoco sandstones in the North Qiangtang Basin, North Tibet: evidence from geochemistry and detrital zircon geochronology. Geological Journal, 53(4): 1465-1481.

Wang Z W, Wang J, Fu X G, et al. 2019. Sedimentary successions and onset of the Mesozoic Qiangtang rift basin (northern Tibet), Southwest China: insights on the Paleo- and Meso-Tethys evolution. Marine and Petroleum Geology, 102 : 657-679.

Wang Z Z, Liu D, Zhao Z D, et al. 2017b. The Sangri highly fractionated I-type granites in southern Gangdese: Petrogenesis and dynamic implication. Acta Petrologica Sinica, (8): 2479-2493.

Waples. 1980. Time and temperature in petroleum formation: Application of Lopatin's Method to petroleum exploration. Aapg Bulletin, 64(6): 228-235.

Watson E B, Harrison T M. 1983. Zircon Saturation Revisited—Temperature and Composition Effects in a Variety of Crustal Magma Types. Earth and Planetary Science Letters, 64(2): 295-304.

Watts A B, Ryan W B F. 1976. Flexure of the lithosphere and continental margin basins. Tectonophysics, 36(1): 25-44.

Watts A B, Karner G D, Steckler M S. 1982. Lithospheric flexure and the evolution of sedimentary basins. Philosophical Transactions of the Royal Society of London A: Mathematical, Physical and Engineering Sciences, 305(1489): 249-281.

Wei S G, Tang J X, Song Y, et al. 2017. Early Cretaceous bimodal volcanism in the Duolong Cu mining district, western Tibet: record of slab breakoff that triggered ca. 108-113 Ma magmatism in the western Qiangtang terrane. Journal of Asian Earth Sciences. 138: 588-607.

Whalen J B, Currie K L, Chappell B W. 1987. A-Type Granites - Geochemical Characteristics, Discrimination and Petrogenesis. Contributions to Mineralogy and Petrology, (4): 407-419.

Wignall P B, Newton R J, Little C T S. 2005. The timing of paleoenvironmental change and cause-and-effect relationships during the early Jurassic mass extinction in Europe. American Journal of Science, (10): 1014-1032.

Williams G, Powell C, Cooper M. 1989. Geometry and kinematics of inversion tectonics. Geological Society,

London, Special Publications, (1): 3-15.

Wilson M. 1989. Igneous Petrogenesis. Dordrecht: Springer Netherlands.

Winchester J A, Floyd P A. 1977. Geochemical discrimination of different magma series and their differentiation products using immobile elements. Chemical Geology, (C): 325-343.

Wissler L, Funk H, Weissert H. 2003. Response of Early Cretaceous carbonate platforms to changes in atmospheric carbon dioxide levels. Palaeogeography Palaeoclimatology Palaeoecology, (1-4): 187-205.

Wissler L, Weissert H, Buonocunto F P, et al. 2004. Calibration of the Early Cretaceous time scale: a combined chemostratigraphic and cyclostratigraphic approach to the Barremian-Aptian interval, Campania Apennines and southern Alps (Italy). Special Publications, 81: 123-133.

Wu F Y, Jahn B M, Wilde S A, et al. 2003. Highly fractionated I-type granites in NE China (I): geochronology and petrogenesis. Lithos, (3-4): 241-273.

Wu H, Li C, Chen J W, et al. 2016. Late Triassic tectonic framework and evolution of Central Qiangtang, Tibet, SW China. Lithosphere, (2): 141-149.

Wu H, Xu W, Li C, et al. 2019. Partial melting of subducted Southern Qiangtang crust in northern Tibet: evidence from the geochemistry and geochronology of the Riwanchaka granodiorite porphyry in Central Qiangtang. International Geology Review, (6): 738-753.

Wu Z H, Ye P S, Barosh P J, et al. 2012. Early Cenozoic Mega Thrusting in the Qiangtang Block of the Northern Tibetan Plateau. Acta Geologica Sinica-English Edition, 86(4): 799-809.

Xiong S B, Liu H B. 1997. Crustal structure in western Tibetan Plateau. Chinese Science Bulletin, (8): 665-669.

Xu J F, Shinjo R, Defant M J, et al. 2002. Origin of Mesozoic adakitic intrusive rocks in the Ningzhen area of east China: Partial melting of delaminated lower continental crust?. Geology, (12): 1111-1114.

Xu W, Li C, Xu M J, et al. 2015. Petrology, geochemistry, and geochronology of boninitic dikes from the Kangqiong ophiolite: implications for the Early Cretaceous evolution of Bangong-Nujiang Neo-Tethys Ocean in Tibet. International Geology Review, (16): 2028-2043.

Xu W, Liu F L, Dong Y S. 2020. Cambrian to Triassic geodynamic evolution of central Qiangtang, Tibet. Earth-Science Reviews, (201): 103083.

Xue W W, Najman Y, Hu X M, et al. 2022. Late Cretaceous to Late Eocene Exhumation in the Nima Area, Central Tibet: Implications for Development of Low Relief Topography of the Tibetan Plateau. Tectonics, 41(3): e2021TC006989.

Yan M D, Zhang D W, Fang X M, et al. 2016. Paleomagnetic data bearing on the Mesozoic deformation of the Qiangtang Block:implications for the evolution of the Paleo-and Meso-Tethys. Gondwana Research, 39: 292-316.

Yang H H, Tang J X, Song Y, et al. 2021. Thermal study of the Duolong ore district in Tibet: implications for the uplift history of the Qiangtang terrane. International Geology Review, 63(6): 735-747.

Yang J H, Jiang S Y, Ling H F, et al. 2004. Paleoceangraphic significance of redox-sensitive metals of black shales in the basal Lower Cambrian Niutitang Formation in Guizhou Province, South China. Progress in Natural Science-Materials International, (2): 152-157.

Yang T N, Zhang H R, Liu Y X, et al. 2011. Permo-Triassic arc magmatism in central Tibet: evidence from zircon U-Pb geochronology, Hf isotopes, rare earth elements, and bulk geochemistry. Chemical Geology, (3-4): 270-282.

Yang T N, Ding Y, Zhang H R, et al. 2014. Two-phase subduction and subsequent collision defines the Paleotethyan tectonics of the southeastern Tibetan Plateau: evidence from zircon U-Pb dating, geochemistry, and structural geology of the Sanjiang orogenic belt, southwest China. Geological Society of America Bulletin, (11-12): 1654-1682.

Yin A, Harrison T M. 2000. Geologic evolution of the Himalayan-Tibetan orogen. Annual Review of Earth and Planetary Sciences, 28: 211-280.

Yin A, Nie S. 1996. A Phanerozoic palinspastic reconstruction of China and its neighboring regions. World and Regional Geology, 1(8): 442-485.

Yogodzinski G M, Kay R W, Volynets O N, et al. 1995. Magnesian Andesite in the Western Aleutian Komandorsky Region - Implications for Slab Melting and Processes in the Mantle Wedge. Geological Society of America Bulletin, (5): 505-519.

Yu F, Fu X G, Xu G, et al. 2019. Geochemical, palynological and organic matter characteristics of the Upper Triassic Bagong Formation from the North Qiangtang Basin, Tibetan Plateau. Palaeogeography, Palaeoclimatology, Palaeoecology, (515): 23-33.

Yu F S, Zhang R F, Yu J F, et al. 2022. Meso-Cenozoic negative inversion model for the Linhe depression of Hetao Basin, China. Geological Magazine, 159(4): 535-560.

Zeng Y C, Ducea M N, Xu J F, et al. 2021. Negligible surface uplift following foundering of thickened central Tibetan lower crust. Geology, 49(1): 45-50.

Zhai Q G, Jahn B M, Zhang R Y, et al. 2011a. Triassic Subduction of the Paleo-Tethys in northern Tibet, China: evidence from the geochemical and isotopic characteristics of eclogites and blueschists of the Qiangtang Block. Journal of Asian Earth Sciences, (6): 1356-1370.

Zhai Q G, Zhang R Y, Jahn B M, et al. 2011b. Triassic eclogites from central Qiangtang, northern Tibet, China: petrology, geochronology and metamorphic P-T path. Lithos, (1-2): 173-189.

Zhai Q G, Jahn B M, Su L, et al. 2013. Triassic arc magmatism in the Qiangtang area, northern Tibet: zircon U-Pb ages, geochemical and Sr-Nd-Hf isotopic characteristics, and tectonic implications. Journal of Asian Earth Sciences, 63: 162-178.

Zhai Q G, Jahn B M, Wang J, et al. 2016. Oldest Paleo-Tethyan ophiolitic melange in the Tibetan Plateau. Geological Society of America Bulletin, (3-4): 355-373.

Zhang D H, Wei J H, Fu L B, et al. 2015. Formation of the Jurassic Changboshan-Xieniqishan highly fractionated I-type granites, northeastern China: implication for the partial melting of juvenile crust induced by asthenospheric mantle upwelling. Geological Journal, (2): 122-138.

Zhang J W, Sinclair H D, Li Y L, et al. 2019. Subsidence and exhumation of the Mesozoic Qiangtang Basin: Implications for the growth of the Tibetan plateau. Basin Research, 31(4): 754-781.

Zhang J W, Li Y L, Zhang H P, et al. 2021a. Provenance of Middle Jurassic sequences in the Northern Qiangtang: Implications for Mesozoic Exhumation of the Central Tibetan Mountain Range. International Geology Review, 63(16): 1969-1989.

Zhang K, Liu R, Liu Z J, et al. 2021b. Geochemical characteristics and geological significance of humid climate events in the Middle-Late Triassic (Ladinian-Carnian) of the Ordos Basin, central China. Marine and Petroleum Geology: 131: 105179.

Zhang K J, Tang X C. 2009. Eclogites in the interior of the Tibetan Plateau and their geodynamic implications. Chinese Science Bulletin, 54(15): 2556-2567.

Zhang K J, Tang X C, Wang Y, et al. 2011. Geochronology, geochemistry, and Nd isotopes of early Mesozoic bimodal volcanism in northern Tibet, western China: constraints on the exhumation of the central Qiangtang metamorphic belt. Lithos, 121(1): 167-175.

Zhang K J, Xia B, Zhang Y X, et al. 2014a. Central Tibetan Meso-Tethyan oceanic plateau. Lithos, 210: 278-288.

Zhang K J, Zhang Y X, Li B, et al. 2006. The blueschist-bearing Qiangtang metamorphic belt (northern Tibet, China) as an in situ suture zone: evidence from geochemical comparison with the Jinsa suture. Geology, (6): 493-496.

Zhang K J, Zhang Y X, Tang X C, et al. 2012. Late Mesozoic tectonic evolution and growth of the Tibetan plateau prior to the Indo-Asian collision. Earth-Science Reviews, (3-4): 236-249.

Zhang K J. 2000. Cretaceous palaeogeography of Tibet and adjacent areas (China): tectonic implications. Cretaceous Research, (1): 23-33.

Zhang K J. 2004. Secular geochemical variations of the Lower Cretaceous siliciclastic rocks from central Tibet (China) indicate a tectonic transition from continental collision to back-arc rifting. Earth and Planetary Science Letters, (1-2): 73-89.

Zhang P Z, Molnar P, Downs W R. 2001. Increased sedimentation rates and grain sizes 2-4 Myr ago due to the influence of climate change on erosion rates. Nature, 410(6831): 891-897.

Zhang X Z, Dong Y S, Li C, et al. 2014b. Tectonic setting and petrogenesis mechanism of Late Triassic magmatism in Central Qiangtang, Tibetan Plateau: take the Xiangtaohu pluton in the Hongjishan region as an example. Acta Petrologica Sinica, (2): 547-564.

Zhang X Z, Dong Y S, Wang Q, et al. 2016 Carboniferous and Permian evolutionary records for the Paleo-Tethys Ocean constrained by newly discovered Xiangtaohu ophiolites from central Qiangtang, central Tibet. Tectonics, 35(7): 1670-1686.

Zhang Y X, Li Z W, Yang W G, et al. 2017. Late Jurassic-Early Cretaceous episodic development of the Bangong Meso-Tethyan subduction: Evidence from elemental and Sr-Nd isotopic geochemistry of arc magmatic rocks, Gaize region, central Tibet, China. Journal of Asian Earth Sciences, 135: 212-242.

Zhao T P, Zhou M F, Zhao J H, et al. 2008. Geochronology and geochemistry of the. 80 Ma Rutog granitic pluton, northwestern Tibet: implications for the tectonic evolution of the Lhasa Terrane. Geological Magazine, (6): 845-857.

Zhao Z B, Paul D Bons, Wang G H, et al. 2014. Origin and pre-Cenozoic evolution of the south Qiangtang basement, Central Tibet. Tectonophysics, 623: 52-66.

Zhao Z B, Bons P D, Stübner K, et al. 2017. Early Cretaceous exhumation of the Qiangtang Terrane during collision with the Lhasa Terrane, Central Tibet. Terra Nova, 29(6): 382-391.

Zhao Z B, Bons P D, Li C, et al. 2020. The Cretaceous crustal shortening and thickening of the South Qiangtang Terrane and implications for proto-Tibetan Plateau formation. Gondwana Research, 78: 141-155.

Zhao Z B, Li C, Ma X X. 2021. How does the elevation changing response to crustal thickening process in the central Tibetan Plateau since 120 Ma?. China Geology, 4(1): 32-43.

Zhao Z B, Lu H J, Wang S G, et al. 2022. The Cenozoic Multiple-Stage Uplift of the Qiangtang Terrane, Tibetan Plateau. Frontiers in Earth Science, (10): 818079.

Zhao Z D, Mo X X, Dilek Y, et al. 2009. Geochemical and Sr-Nd-Pb-O isotopic compositions of the post-collisional ultrapotassic magmatism in SW Tibet: petrogenesis and implications for India intra-continental subduction beneath southern Tibet. Lithos, (1-2): 190-212.

Zhu D C, Mo X X, Niu Y L, et al. 2009. Geochemical investigation of Early Cretaceous igneous rocks along an east-west traverse throughout the central Lhasa Terrane, Tibet. Chemical Geology, (3-4): 298-312.

Zhu D C, Zhao Z D, Niu Y L, et al. 2011. The Lhasa Terrane: record of a microcontinent and its histories of drift and growth. Earth and Planetary Science Letters, (1-2): 241-255.

Zhu D C, Zhao Z D, Niu Y L, et al. 2013. The origin and pre-Cenozoic evolution of the Tibetan Plateau. Gondwana Research, 23(4): 1429-1454.

Zhu D C, Li S M, Cawood P A, et al. 2016. Assembly of the Lhasa and Qiangtang terranes in central Tibet by divergent double subduction. Lithos, 245: 7-17.

Zhu T, Pan Z, Zhuang Z, et al. 2002. Magnetostratigraphic Study of the Marine Jurassic in the Shuanghu Area, Northern Tibet. Acta Geologica Sinica, (3): 308-316.

Ziegler P A. 1987. Compressional intra-plate deformations in the Alpine foreland—an introduction. Tectonophysics, (1-4): 1-5.

附　　录

附表 6-1 羌塘盆地多玛乡火山岩锆石 U-Pb 年龄数据

样品号	Th /10^{-6}	U /10^{-6}	Th/U 值	同位素比值						年龄 /Ma					
				$^{207}Pb/^{206}Pb$	±1σ	$^{207}Pb/^{235}U$	±1σ	$^{206}Pb/^{238}U$	±1σ	$^{207}Pb/^{206}Pb$	±1σ	$^{207}Pb/^{235}U$	±1σ	$^{206}Pb/^{238}U$	±1σ
样品 DM1601-U1															
DM1601-U1-01	37.9	72.1	0.53	0.0562	0.0085	0.1369	0.0193	0.0185	0.0007	457	343	130	17	118	4
DM1601-U1-04	114	159	0.72	0.0528	0.0058	0.1136	0.0109	0.0172	0.0004	320	256	109	10	110	3
DM1601-U1-08	75.0	182	0.41	0.0503	0.0044	0.1241	0.0096	0.0187	0.0004	209	189	119	9	119	3
DM1601-U1-10	32.7	94.2	0.35	0.0545	0.0074	0.1213	0.0139	0.0181	0.0005	391	311	116	13	116	3
DM1601-U1-13	168	174	0.96	0.0496	0.0046	0.1091	0.0082	0.0166	0.0004	176	213	105	8	106	3
DM1601-U1-14	115	213	0.54	0.0543	0.0047	0.1326	0.0099	0.0184	0.0004	383	194	126	9	117	2
DM1601-U1-15	88.7	158	0.56	0.0546	0.0044	0.1328	0.0107	0.0180	0.0004	398	181	127	10	115	3
DM1601-U1-19	113	133	0.85	0.0518	0.0062	0.1144	0.0123	0.0171	0.0005	276	252	110	11	109	3
DM1601-U1-21	48.6	103	0.47	0.0493	0.0057	0.1236	0.0129	0.0188	0.0005	167	243	118	12	120	3
DM1601-U1-24	142	169	0.84	0.0487	0.0060	0.1091	0.0119	0.0165	0.0007	200	267	105	11	105	4
样品 DM1602-U1															
DM1602-U1-02	228	381	0.60	0.0532	0.0039	0.0849	0.0056	0.0118	0.0002	345	167	82.8	5	76	1
DM1602-U1-03	164	231	0.71	0.0454	0.0040	0.0676	0.0052	0.0114	0.0003			66.4	5	73	2
DM1602-U1-04	361	540	0.67	0.0490	0.0030	0.0785	0.0046	0.0117	0.0002	150	–58	76.7	4	75	1
DM1602-U1-05	254	361	0.70	0.0531	0.0035	0.0849	0.0051	0.0118	0.0002	332	150	82.8	5	76	1
DM1602-U1-06	261	470	0.56	0.0483	0.0026	0.0772	0.0039	0.0118	0.0002	117	122	75.5	4	75	1
DM1602-U1-07	581	1131	0.51	0.0483	0.0016	0.0793	0.0027	0.0119	0.0002	122	80	77.5	3	76	1
DM1602-U1-08	425	571	0.74	0.0535	0.0028	0.0823	0.0040	0.0113	0.0002	354	125	80.3	4	73	1
DM1602-U1-09	371	448	0.83	0.0441	0.0023	0.0711	0.0036	0.0117	0.0001			69.7	3	75	1
DM1602-U1-10	383	555	0.69	0.0526	0.0026	0.0854	0.0042	0.0117	0.0002	322	113	83.2	4	75	1
DM1602-U1-11	191	365	0.52	0.0482	0.0028	0.0789	0.0044	0.0121	0.0002	109	133	77.1	4	77	1
DM1602-U1-12	201	349	0.58	0.0485	0.0028	0.0782	0.0043	0.0119	0.0002	124	130	76.4	4	76	1
DM1602-U1-13	401	510	0.79	0.0481	0.0025	0.0744	0.0034	0.0114	0.0002	106	115	72.9	3	73	1
DM1602-U1-14	840	607	1.38	0.0484	0.0021	0.0748	0.0031	0.0113	0.0001	117	102	73.3	3	72	1

续表

样品号	Th /10^{-6}	U /10^{-6}	Th/U 值	同位素比值						年龄 /Ma					
				$^{207}Pb/^{206}Pb$	±1σ	$^{207}Pb/^{235}U$	±1σ	$^{206}Pb/^{238}U$	±1σ	$^{207}Pb/^{206}Pb$	±1σ	$^{207}Pb/^{235}U$	±1σ	$^{206}Pb/^{238}U$	±1σ
样品 DM1602-U1															
DM1602-U1-15	252	464	0.54	0.0516	0.0027	0.0841	0.0044	0.0118	0.0002	333	119	82.0	4	76	1
DM1602-U1-17	262	379	0.69	0.0470	0.0029	0.0727	0.0042	0.0112	0.0002	50.1	141	71.3	4	72	1
DM1602-U1-18	521	652	0.80	0.0504	0.0026	0.0825	0.0039	0.0119	0.0001	213	112	80.5	4	77	1
DM1602-U1-23	446	699	0.64	0.0521	0.0023	0.0791	0.0032	0.0111	0.0001	300	100	77.3	3	71	1
DM1602-U1-24	315	459	0.69	0.0482	0.0027	0.0763	0.0041	0.0115	0.0002	109	130	74.7	4	74	1
DM1602-U1-25	355	541	0.66	0.0470	0.0024	0.0731	0.0036	0.0114	0.0002	55.7	109	71.6	3	73	1
样品 DM1602-U2															
DM1602-U2-01	313	495	0.63	0.0513	0.0026	0.0842	0.0043	0.0119	0.0002	254	84	82.1	4	77	1
DM1602-U2-02	290	436	0.66	0.0495	0.0029	0.0790	0.0045	0.0117	0.0002	169	134	77.2	4	75	1
DM1602-U2-07	164	288	0.57	0.0520	0.0034	0.0858	0.0057	0.0120	0.0002	283	150	83.6	5	77	1
DM1602-U2-08	223	344	0.65	0.0481	0.0034	0.0783	0.0055	0.0119	0.0002	102	159	76.5	5	76	1
DM1602-U2-09	348	696	0.50	0.0517	0.0030	0.0825	0.0044	0.0116	0.0001	272	99	80.4	4	75	1
DM1602-U2-15	219	340	0.65	0.0474	0.0033	0.0773	0.0050	0.0120	0.0002	77.9	156	75.6	5	77	1
DM1602-U2-18	168	186	0.90	0.0531	0.0053	0.0830	0.0080	0.0116	0.0003	332	230	81.0	7	74	2

附表 6-2　羌塘盆地毕洛错火山岩锆石 U-Pb 年龄数据

样品号	Th /10^{-6}	U /10^{-6}	Th/U 值	同位素比值						年龄 / Ma					
				$^{207}Pb/^{206}Pb$	±1σ	$^{207}Pb/^{235}U$	±1σ	$^{206}Pb/^{238}U$	±1σ	$^{207}Pb/^{206}Pb$	±1σ	$^{207}Pb/^{235}U$	±1σ	$^{206}Pb/^{238}U$	±1σ
样品 D0312-U1															
D0312-U1-01	1578	1596	0.99	0.0478	0.0023	0.0973	0.0045	0.0148	0.0002	100	111.1	94.2	4.2	95.0	1.2
D0312-U1-02	800	1275	0.63	0.0491	0.0026	0.0980	0.0047	0.0147	0.0002	154	119.4	94.9	4.4	94.3	1.3
D0312-U1-03	540	981	0.55	0.0492	0.0026	0.1015	0.0052	0.0152	0.0002	167	121.3	98.2	4.8	97.4	1.4
D0312-U1-04	549	1145	0.48	0.0493	0.0024	0.1053	0.0052	0.0156	0.0002	161	108.3	102	4.8	99.7	1.5
D0312-U1-05	706	1346	0.52	0.0497	0.0019	0.1063	0.0043	0.0155	0.0002	189	123.1	103	3.9	99.0	1.4
D0312-U1-06	768	1143	0.67	0.0535	0.0028	0.1120	0.0056	0.0154	0.0002	350	115.7	108	5.1	98.5	1.4
D0312-U1-07	727	1068	0.68	0.0522	0.0029	0.1100	0.0057	0.0154	0.0002	295	127.8	106	5.2	98.8	1.3
D0312-U1-08	1831	2076	0.88	0.0494	0.0020	0.0977	0.0039	0.0144	0.0002	165	89.8	94.7	3.6	91.9	1.0
D0312-U1-09	789	1279	0.62	0.0489	0.0030	0.0978	0.0056	0.0147	0.0002	143	137.0	94.8	5.2	94.0	1.3
D0312-U1-10	912	1233	0.74	0.0520	0.0029	0.1031	0.0053	0.0146	0.0002	283	127.8	99.6	4.9	93.2	1.3
D0312-U1-11	623	1089	0.57	0.0508	0.0024	0.1044	0.0047	0.0150	0.0002	232	113.9	101	4.3	96.1	1.2
D0312-U1-12	1007	1399	0.72	0.0486	0.0023	0.0988	0.0045	0.0148	0.0002	128	111.1	95.6	4.2	95.0	1.2
D0312-U1-13	734	1376	0.53	0.0516	0.0026	0.1035	0.0049	0.0148	0.0002	333	119.4	100.0	4.5	94.6	1.3
D0312-U1-14	633	1038	0.61	0.0524	0.0029	0.1072	0.0055	0.0151	0.0003	302	130.5	103	5.1	96.9	1.8
D0312-U1-15	478	933	0.51	0.0479	0.0033	0.0950	0.0065	0.0145	0.0002	100	150.0	92.1	6.1	92.6	1.5
D0312-U1-16	1438	1973	0.73	0.0520	0.0020	0.1060	0.0039	0.0148	0.0002	287	85.2	102	3.5	94.5	1.1
D0312-U1-17	971	1384	0.70	0.0525	0.0023	0.1051	0.0041	0.0146	0.0002	306	130.5	101	3.8	93.7	1.2
D0312-U1-18	562	910	0.62	0.0501	0.0030	0.1014	0.0057	0.0148	0.0002	198	137.0	98.1	5.3	94.6	1.5
D0312-U1-19	987	1635	0.60	0.0503	0.0022	0.1057	0.0047	0.0152	0.0002	209	100.0	102	4.3	97.1	1.3
D0312-U1-20	598	961	0.62	0.0507	0.0024	0.1058	0.0051	0.0151	0.0002	228	111.1	102	4.7	96.5	1.5
D0312-U1-21	998	1354	0.74	0.0497	0.0021	0.1005	0.0042	0.0148	0.0002	189	101.8	97.3	3.9	94.5	1.3
D0312-U1-22	743	1327	0.56	0.0510	0.0024	0.1050	0.0049	0.0149	0.0002	243	107.4	101	4.5	95.1	1.2

续表

样品号	Th /10^{-6}	U /10^{-6}	Th/U 值	同位素比值						年龄 / Ma					
				$^{207}Pb/^{206}Pb$	±1σ	$^{207}Pb/^{235}U$	±1σ	$^{206}Pb/^{238}U$	±1σ	$^{207}Pb/^{206}Pb$	±1σ	$^{207}Pb/^{235}U$	±1σ	$^{206}Pb/^{238}U$	±1σ
样品 D0312-U2															
D0312-U2-01	575	1094	0.53	0.0474	0.0033	0.0995	0.0069	0.0151	0.0002	78	150.0	96	6.4	96.5	1.5
D0312-U2-02	927	1170	0.79	0.0481	0.0026	0.0971	0.0050	0.0147	0.0002	106	122.2	94	4.6	94.4	1.3
D0312-U2-03	690	981	0.70	0.0487	0.0029	0.0953	0.0054	0.0143	0.0002	132	201.8	92	5.0	91.5	1.3
D0312-U2-04	807	1454	0.56	0.0486	0.0023	0.0981	0.0046	0.0148	0.0002	128	112.9	95	4.3	94.4	1.3
D0312-U2-05	888	1404	0.63	0.0465	0.0020	0.0940	0.0038	0.0148	0.0002	33	90.7	91	3.5	94.9	1.2
D0312-U2-06	1773	2071	0.86	0.0476	0.0021	0.0930	0.0038	0.0142	0.0002	80	109.3	90	3.6	91.2	1.0
D0312-U2-07	939	1109	0.85	0.0535	0.0031	0.1070	0.0060	0.0147	0.0002	350	133.3	103	5.5	94.0	1.4
D0312-U2-08	977	1330	0.73	0.0477	0.0022	0.0962	0.0043	0.0147	0.0002	87	103.7	93	4.0	93.8	1.3
D0312-U2-09	971	1339	0.73	0.0484	0.0026	0.0951	0.0049	0.0144	0.0002	120	122.2	92	4.5	92.2	1.4
D0312-U2-10	1344	1587	0.85	0.0475	0.0023	0.0978	0.0049	0.0148	0.0002	76	111.1	95	4.6	94.7	1.2
D0312-U2-11	1035	1280	0.81	0.0480	0.0023	0.0974	0.0044	0.0149	0.0002	98	111.1	94	4.1	95.1	1.4
D0312-U2-12	986	1372	0.72	0.0532	0.0027	0.1080	0.0049	0.0149	0.0002	345	117.6	104	4.5	95.6	1.5
D0312-U2-13	1221	1504	0.81	0.0497	0.0025	0.1037	0.0052	0.0151	0.0002	189	121.3	100	4.8	96.3	1.6
D0312-U2-14	712	1283	0.55	0.0505	0.0023	0.1033	0.0045	0.0150	0.0002	217	107.4	100	4.2	96.1	1.3
D0312-U2-15	1643	2256	0.73	0.0490	0.0018	0.1011	0.0037	0.0149	0.0002	150	85.2	98	3.5	95.3	1.0
D0312-U2-16	991	1153	0.86	0.0506	0.0027	0.1042	0.0051	0.0151	0.0002	233	122.2	101	4.7	96.9	1.3
D0312-U2-17	1302	1665	0.78	0.0519	0.0026	0.1004	0.0048	0.0142	0.0002	280	112.0	97	4.5	91.0	1.2
D0312-U2-18	1541	2181	0.71	0.0468	0.0018	0.0935	0.0036	0.0145	0.0002	39	88.9	91	3.3	93.1	1.1
D0312-U2-19	869	1211	0.72	0.0520	0.0030	0.1055	0.0059	0.0150	0.0002	287	131.5	102	5.4	95.7	1.3
D0312-U2-20	847	1402	0.60	0.0505	0.0027	0.1034	0.0051	0.0150	0.0002	217	125.9	100	4.7	96.2	1.2
D0312-U2-21	1527	1940	0.79	0.0478	0.0020	0.0964	0.0039	0.0148	0.0002	87	96.3	93	3.6	94.4	1.1
D0312-U2-22	803	1221	0.66	0.0484	0.0027	0.0995	0.0052	0.0151	0.0002	120	135.2	96	4.8	96.5	1.3

附表 6-3　羌塘盆地毕洛错火山岩稀土元素数据

（单位：10^{-6}）

样品号	La	Ce	Pr	Nd	Sm	Eu	Gd	Tb	Dy	Ho	Er	Tm	Yb	Lu
D0312-U1-01	5.75	145.19	1.37	9.3	9.26	4.55	52.48	14.85	191.28	69.28	361.14	80.77	978.48	188.87
D0312-U1-02	0	99.44	0.22	2.79	6.53	3.1	34.86	11.18	148.66	58.48	319.57	77.6	955.02	190.35
D0312-U1-03	0.05	44.92	0.08	1.79	3.55	1.72	21.8	7.03	95.39	38.04	198.38	49.14	605.03	122.34
D0312-U1-04	0	37.34	0.15	1.63	4.53	1.52	24.22	7.83	104.38	42.3	228.94	55.36	666.17	138.59
D0312-U1-05	10.21	109.3	2.06	10.15	7.33	3.47	38.01	11.31	141.54	52.55	269.12	61.13	740.24	142.76
D0312-U1-06	0.02	51.57	0.14	2.24	5.75	2.39	27.72	9.18	124.48	48.16	261.16	63.3	760.79	157.58
D0312-U1-07	1.09	100.17	0.65	3.31	6.57	3.07	30.91	9.71	124.86	48.91	263.62	63.95	783.71	154.02
D0312-U1-08	55.24	194.63	10	35.84	10.01	3.95	31.69	9.08	118.6	46.27	243.18	58.83	714.49	145.49
D0312-U1-09	0.4	129.77	0.22	4.35	8.37	3.38	39.77	12.94	167.27	61.24	307.47	70.68	809.14	154
D0312-U1-10	0.08	64.28	0.16	2.57	4.82	2.4	23.14	8.04	99.79	38.33	210.8	50.18	617.43	125.9
D0312-U1-11	0	107.63	0.22	3.69	7.18	2.85	28.31	9.85	119.51	45.84	242.24	57.99	683.43	135.92
D0312-U1-12	1.53	70.46	0.32	3.54	5.4	2.69	26.7	8.54	113.65	44.36	245.29	60.14	727.67	148.78
D0312-U1-13	0.02	89.55	0.15	3.17	5.83	2.88	26.21	8.87	111.07	42.04	216.3	50.48	601.48	118.29
D0312-U1-14	0.03	84	0.18	2.61	7.65	3.12	40.15	13.98	189.43	72.72	385.01	90.99	1062.51	207.48
D0312-U1-15	4.61	89.7	0.77	6.12	5.95	2.6	30	10.41	138.5	53.99	288.82	68.49	823.43	166.99
D0312-U1-16	0	44.69	0.21	2.91	4.6	2.09	26.07	8.24	106.01	39.66	210.83	49.64	591.48	119.32
D0312-U1-17	0.03	43.73	0.05	1.71	3.51	1.82	18.88	6.98	94.88	36.69	199.39	48.13	591.39	119.89
D0312-U1-18	0.1	138.3	0.35	3.66	9.22	4	45.3	15.72	208.48	79.51	412.31	97.11	1118.83	212.48
D0312-U1-19	0.06	54.05	0.14	1.75	3.75	1.66	21.28	7.04	87.24	33.45	175.66	39.63	486.86	96.42
D0312-U1-20	0	77.19	0.12	2.77	5.34	2.25	27.44	9.1	114.04	44.87	243.02	57.36	686.03	138.94
D0312-U1-21	0.06	53.59	0.09	2.32	5.34	1.82	23.11	7.48	99.29	37.1	190.08	44.93	531.18	106.05
D0312-U1-22	11.56	71.87	1.93	7.58	3.63	1.56	20.1	5.93	73.94	28.06	149.9	35.7	438.82	86.66
D0312-U2-01	0.09	33.97	0.15	3.1	6.13	2.86	31.9	10.38	123.15	48.96	246.7	59.6	718.34	141.89

续表

样品号	La	Ce	Pr	Nd	Sm	Eu	Gd	Tb	Dy	Ho	Er	Tm	Yb	Lu
D0312-U2-02	0.05	79.91	0.09	2.91	5.14	2.55	24.04	7.33	93.51	35.66	185.12	42.95	518.92	101.58
D0312-U2-03	0.01	64.95	0.13	2.84	5.54	2.11	25.97	7.87	109.38	38.77	209.41	49.65	606.99	120.48
D0312-U2-04	0	54.59	0.17	2.65	4.65	1.86	27.57	8.77	113.73	47.03	246.82	58.65	707.8	142.43
D0312-U2-05	0	45.55	0.02	2.11	3.94	1.63	19.39	6.6	85.02	33.59	172.34	39.74	469.45	91.11
D0312-U2-06	18.41	129.89	3.51	16.42	9.61	3.69	39.46	13.07	162.04	61.37	316.38	74.2	896.71	172.77
D0312-U2-07	3.62	91.85	0.45	6.37	8.92	4.18	47.16	14.18	174.36	64.01	323.82	75.39	887.79	174.25
D0312-U2-08	0.02	75.93	0.14	2.89	5.36	1.77	22.4	7.42	89.67	34.66	181.76	43.24	526.43	104.49
D0312-U2-09	0	87.58	0.11	2.39	5.71	2.75	25.79	9.31	115.34	43.82	227.52	53.42	655.27	128.39
D0312-U2-10	0.09	125.17	0.45	7.93	13.37	5.47	59.63	18.52	226.95	86.92	439.97	102.97	1195.04	229.7
D0312-U2-11	0.02	96.46	0.22	3.24	6.11	3.2	34.2	9.7	124.16	48.2	249.37	57.13	681.14	133.97
D0312-U2-12	92.08	248.04	17.17	66.8	13.49	3.08	33.39	9.49	123.17	48.55	244.61	59.01	710.06	140.2
D0312-U2-13	0.04	131.86	0.18	3.51	7.1	3.05	33.91	11.9	151.95	58.18	321.93	76.3	914.3	176.41
D0312-U2-14	0.76	46.09	0.26	2.65	4.33	1.86	20.85	6.87	85.9	33.33	179.33	41.94	494.3	97.18
D0312-U2-15	0.12	98.22	0.16	3.56	8.59	3.76	47.85	15.62	207.86	81.26	418.87	96.43	1138.9	221.94
D0312-U2-16	4.22	98.75	0.87	5.98	6.09	2.64	27.9	8.47	105.87	38.85	199.31	46.52	541.85	105.18
D0312-U2-17	4.21	106.79	0.83	5.57	7.95	2.98	33.82	10.31	139.53	55.58	281.31	70.99	844.63	169.29
D0312-U2-18	0	115.04	0.2	3.52	7.17	3.15	48.22	17.17	217.92	82.13	419.28	96.44	1082.91	200.85
D0312-U2-19	0.29	93.58	0.25	3.38	5.27	2.81	29.52	8.74	113.63	44.63	234.68	56.33	677.93	133.99
D0312-U2-20	0.02	40.83	0.15	4.53	7.58	3.51	37.48	11.52	154.31	55.95	294.85	67.5	800.57	159.59
D0312-U2-21	0.02	131.61	0.18	4.56	8.8	3.68	44.56	15.76	200.37	75.56	386.17	88.63	1020.4	194.12
D0312-U2-22	37.85	125.39	7.36	24.17	7.29	2.23	21.76	6.28	80	31.2	161.42	38.99	483.27	94.1

附表 6-4　羌塘盆地处布日火山岩锆石 U-Pb 年龄数据

样品号	Th /10^{-6}	U /10^{-6}	Th/U 值	同位素比值						年龄 / Ma					
				$^{207}Pb/^{206}Pb$	±1σ	$^{207}Pb/^{235}U$	±1σ	$^{206}Pb/^{238}U$	±1σ	$^{207}Pb/^{206}Pb$	±1σ	$^{207}Pb/^{235}U$	±1σ	$^{206}Pb/^{238}U$	±1σ
样品 D1709-3HU															
D1709-3HU-01	597	271	2.21	0.05117	0.00585	0.08544	0.00948	0.01211	0.00039	258	248	83	9	78	2
D1709-3HU-02	210	132	1.59	0.05173	0.00686	0.09006	0.01169	0.01262	0.0004	293	273	88	11	81	3
D1709-3HU-03	1049	377	2.78	0.05238	0.00565	0.07875	0.00816	0.0109	0.00037	247	302	77	8	70	2
D1709-3HU-04	1188	402	2.96	0.05092	0.00272	0.08072	0.00422	0.01149	0.00022	125	237	79	4	74	1
D1709-3HU-05	278	165	1.69	0.04818	0.00535	0.07405	0.00803	0.01114	0.00032	240	108	73	8	71	2
D1709-3HU-06	372	185	2.01	0.05036	0.00659	0.08029	0.01025	0.01156	0.00038	279	212	78	10	74	2
D1709-3HU-07	196	96	2.03	0.04941	0.01145	0.08435	0.01918	0.01238	0.0006	409	167	82	18	79	4
D1709-3HU-08	468	211	2.22	0.05009	0.00681	0.09104	0.01198	0.01318	0.0005	284	199	88	11	84	3
D1709-3HU-09	517	265	1.95	0.05047	0.00765	0.08037	0.01175	0.01155	0.0005	306	217	78	11	74	3
D1709-3HU-10	580	237	2.45	0.04871	0.00428	0.07123	0.00616	0.0106	0.00024	199	134	70	6	68	2
D1709-3HU-11	696	309	2.25	0.0495	0.00534	0.0765	0.00798	0.01121	0.00036	242	172	75	8	72	2
D1709-3HU-12	671	264	2.54	0.04826	0.00485	0.07905	0.00774	0.01188	0.00033	224	112	77	7	76	2
D1709-3HU-13	328	165	1.98	0.04782	0.00978	0.0751	0.01505	0.01139	0.00051	361	90	74	14	73	3
D1709-3HU-14	313	162	1.93	0.04711	0.00559	0.07425	0.00867	0.01143	0.0003	240	55	73	8	73	2
D1709-3HU-15	338	215	1.58	0.04593	0.00387	0.07008	0.0058	0.01107	0.00025	186	–6	69	6	71	2
D1709-3HU-16	3017	940	3.21	0.0488	0.00177	0.07574	0.00272	0.01126	0.00018	85	138	74	3	72	1
D1709-3HU-17	243	136	1.78	0.04902	0.00789	0.07119	0.01127	0.01053	0.00035	304	149	70	11	68	2
D1709-3HU-18	265	164	1.62	0.04925	0.00613	0.0737	0.00903	0.01086	0.0003	264	160	72	9	70	2
D1709-3HU-19	343	159	2.15	0.04922	0.00754	0.08037	0.01195	0.01184	0.00048	306	158	78	11	76	3
D1709-3HU-20	269	148	1.82	0.05174	0.00947	0.08011	0.01421	0.01123	0.00054	359	274	78	13	72	3
D1709-3HU-21	461	217	2.13	0.05319	0.00433	0.08255	0.00659	0.01126	0.00025	187	337	81	6	72	2

续表

样品号	Th /10^{-6}	U /10^{-6}	Th/U 值	同位素比值						年龄 / Ma					
				$^{207}Pb/^{206}Pb$	±1σ	$^{207}Pb/^{235}U$	±1σ	$^{206}Pb/^{238}U$	±1σ	$^{207}Pb/^{206}Pb$	±1σ	$^{207}Pb/^{235}U$	±1σ	$^{206}Pb/^{238}U$	±1σ
样品 D1709-4HU															
D1709-4HU-01	1450	423	3.43	0.04589	0.00247	0.07629	0.00405	0.01206	0.00022	117	–8	75	4	77	1
D1709-4HU-02	1132	396	2.86	0.05155	0.00333	0.07877	0.00496	0.01108	0.00024	149	266	77	5	71	2
D1709-4HU-03	1024	343	2.99	0.04739	0.00284	0.07445	0.00437	0.01139	0.00023	133	69	73	4	73	1
D1709-4HU-04	398	166	2.39	0.04575	0.00729	0.06879	0.01068	0.0109	0.00043	281	–15	68	10	70	3
D1709-4HU-05	391	235	1.66	0.0512	0.00482	0.08276	0.00761	0.01172	0.0003	215	250	81	7	75	2
D1709-4HU-06	329	147	2.24	0.04577	0.00544	0.07535	0.00876	0.01194	0.00035	234	–14	74	8	77	2
D1709-4HU-07	398	177	2.25	0.04919	0.006	0.06996	0.00835	0.01031	0.00031	258	157	69	8	66	2
D1709-4HU-08	650	331	1.96	0.04957	0.00284	0.07869	0.0044	0.01151	0.00024	131	175	77	4	74	2
D1709-4HU-09	639	271	2.36	0.05119	0.00394	0.0807	0.00603	0.01143	0.00028	176	249	79	6	73	2
D1709-4HU-10	941	352	2.68	0.04845	0.00402	0.07742	0.00623	0.01159	0.0003	187	121	76	6	74	2
D1709-4HU-11	562	234	2.40	0.04878	0.00502	0.07613	0.00762	0.01132	0.00033	230	137	74	7	73	2
D1709-4HU-12	657	279	2.36	0.04823	0.00432	0.07985	0.00699	0.01201	0.0003	202	111	78	7	77	2
D1709-4HU-13	512	250	2.05	0.04713	0.00365	0.07627	0.00578	0.01174	0.00027	173	56	75	5	75	2
D1709-4HU-14	549	357	1.54	0.04792	0.00379	0.07336	0.00563	0.0111	0.00028	177	95	72	5	71	2
D1709-4HU-15	170	101	1.67	0.04656	0.01026	0.07063	0.01522	0.011	0.00054	368	27	69	14	71	3
D1709-4HU-16	354	240	1.48	0.04745	0.00458	0.07217	0.00678	0.01103	0.0003	215	72	71	6	71	2
D1709-4HU-17	228	172	1.33	0.0474	0.00784	0.0719	0.01154	0.011	0.00048	303	69	71	11	71	3

附表 6-5 羌塘盆地多玛乡去申拉组火山岩主微量元素及 Sr-Nd 同位素数据

样品号	DM1601-H1	DM1601-H2	DM1601-H3	DM1601-H4	DM1601-H5	DM1601-H6	DM1601-H7	DM1601-H8	DM1601-H9	DM1601-H10	DM1601-H11
岩性	中酸性火山岩										
主量元素 /%											
SiO_2	73.06	71.76	66.73	62.2	62.42	56.45	63.68	58.22	63.82	65.98	66.03
TiO_2	0.38	0.40	0.37	0.68	0.67	0.74	0.68	1.04	0.57	0.56	0.56
Al_2O_3	12.89	13.65	12.86	14.14	17.17	17.78	14.36	18.91	17.84	14.18	14.2
$Fe_2O_3^T$	3.46	3.56	4.4	5.44	5.34	4.55	5.44	5.37	5	3.93	3.93
MnO	0.016	0.021	0.207	0.088	0.011	0.104	0.13	0.041	0.021	0.055	0.054
MgO	0.38	0.32	0.99	1.4	0.6	1.24	1.08	1.34	0.71	0.6	0.6
CaO	2.46	2.31	3.69	6.44	3.52	7.39	5.11	4.67	4.4	3.3	3.3
Na_2O	2.72	3.22	3.32	3.89	4.19	4.45	3.68	4.7	4.29	4.8	4.77
K_2O	1.76	2.09	2.44	1.48	2.35	1.92	1.71	1.9	1.93	2.03	2.03
P_2O_5	0.134	0.151	0.193	0.191	0.196	0.198	0.172	0.23	0.242	0.168	0.169
LOI	3.35	1.58	4.56	5.17	3.57	5.51	3.75	3.93	0.8	3.56	3.56
汇总	100.62	99.07	99.76	101.12	100.03	100.33	99.79	100.36	99.63	99.17	99.21
K_2O+Na_2O	4.48	5.31	5.76	5.37	6.54	6.37	5.39	6.6	6.22	6.83	6.8
$Mg^\#$	18	15	31	34	18	35	28	33	22	23	23
微量元素 /10^{-6}											
Sc	6.90	5.39	6.37	18.79	12.85	14.04	19.07	20.27	10.35		10.48
V	53.96	52.45	42.71	118.34	123.93	177.99	122.76	220.43	98.08		87.65
Cr	11.65	8.91	6.21	36.67	10.38	27.27	34.08	9.62	9.24		6.32
Co	3.09	3.45	4.33	14.10	10.40	9.22	12.36	12.17	6.17		4.62
Ni	2.90	4.69	5.33	13.07	6.49	9.51	12.22	5.06	3.47		2.52
Ga	12.87	13.33	12.59	13.15	17.49	15.78	13.56	18.35	16.98		10.78
Rb	71.98	53.60	64.62	54.64	89.32	11.48	65.38	62.72	82.11		52.06
Sr	236.10	184.70	272.59	289.16	325.07	253.13	257.19	304.60	389.74		202.95
Y	14.08	9.68	16.46	15.69	19.86	16.27	15.70	18.89	14.72		16.36

续表

样品号	DM1601-H1	DM1601-H2	DM1601-H3	DM1601-H4	DM1601-H5	DM1601-H6	DM1601-H7	DM1601-H8	DM1601-H9	DM1601-H10	DM1601-H11
岩性	中酸性火山岩										
微量元素 /10^{-6}											
Zr	111.11	114.10	112.14	86.65	145.56	126.14	86.03	113.83	135.50		103.12
Nb	6.97	6.91	6.70	5.38	7.53	7.37	5.55	7.54	8.09		5.56
Ba	455.99	343.88	281.86	368.51	440.15	273.55	201.39	282.19	276.80		205.21
La	17.53	13.34	19.30	14.86	21.01	15.71	15.07	16.93	22.44		15.73
Ce	31.41	23.07	34.86	27.05	37.73	21.37	26.52	32.67	42.38		29.34
Pr	3.50	2.76	4.13	3.40	4.53	3.58	3.37	4.01	4.94		3.61
Nd	12.64	10.24	15.68	13.57	17.29	13.91	13.55	16.19	18.78		14.20
Sm	2.36	1.98	2.97	2.90	3.46	2.94	2.88	3.55	3.56		3.00
Eu	0.61	0.54	0.73	0.75	0.90	0.75	0.73	0.95	0.95		0.72
Gd	2.12	1.72	2.61	2.58	3.05	2.59	2.51	3.10	2.94		2.62
Tb	0.31	0.26	0.39	0.41	0.49	0.42	0.41	0.51	0.44		0.42
Dy	1.96	1.58	2.46	2.59	3.09	2.64	2.56	3.22	2.60		2.66
Ho	0.40	0.31	0.50	0.51	0.63	0.52	0.51	0.63	0.51		0.53
Er	1.17	0.90	1.40	1.40	1.81	1.44	1.42	1.70	1.43		1.45
Tm	0.19	0.14	0.22	0.21	0.28	0.22	0.21	0.26	0.22		0.22
Yb	1.29	0.90	1.43	1.33	1.84	1.41	1.37	1.58	1.43		1.34
Lu	0.22	0.15	0.23	0.21	0.30	0.22	0.22	0.25	0.23		0.21
Hf	2.72	2.89	2.84	2.29	3.62	3.23	2.36	3.05	3.50		2.77
Ta	0.52	0.56	0.50	0.38	0.55	0.54	0.40	0.52	0.61		0.41
Pb	13.03	11.88	9.51	6.04	12.01	9.26	6.22	29.29	9.17		6.59
Th	6.37	5.18	5.12	3.98	5.76	4.70	3.77	3.62	10.10		4.44
U	1.30	1.19	1.22	1.57	1.62	1.14	1.29	1.61	1.29		1.14
LREE	68	52	78	63	85	58	62	74	93		67
HREE	8	6	9	9	11	9	9	11	10		9
LREE/HREE	8.88	8.71	8.41	6.77	7.39	6.16	6.74	6.60	9.49		7.05
Eu/Eu*	0.83	0.89	0.80	0.84	0.85	0.83	0.83	0.88	0.90		0.79

续表

样品号	DM1601-H1	DM1601-H2	DM1601-H3	DM1601-H4	DM1601-H5	DM1601-H6	DM1601-H7	DM1601-H8	DM1601-H9	DM1601-H10	DM1601-H11
岩性	中酸性火山岩										
Sr-Nd 同位素组成											
$^{87}Rb/^{86}Sr$	0.88		0.69	0.55		0.13	0.74	0.60			0.74
$(^{87}Sr/^{86}Sr)_m$	0.70623		0.70597	0.70600		0.70551	0.70614	0.70563			0.70657
2SE	5		6	6		6	5	5			5
$(^{87}Sr/^{86}Sr)_i$	0.70480		0.70486	0.70511		0.70530	0.70495	0.70466			0.70537
$^{147}Sm/^{144}Nd$	0.11		0.11	0.13		0.13	0.13	0.13			0.13
$(^{143}Nd/^{144}Nd)_m$	0.51266		0.51272	0.51273		0.51272	0.51272	0.51274			0.51273
2SE	5		2	3		4	7	4			4
$\varepsilon_{Nd}(t)$	1.71		2.79	2.85		2.66	2.54	2.89			2.88
$(^{143}Nd/^{144}Nd)_i$	0.51258		0.51263	0.51264		0.51263	0.51262	0.51264			0.51264
T_{DM}/Ga	0.74		0.66	0.75		0.76	0.77	0.77			0.74
T_{DM2}/Ga	0.78		0.69	0.66		0.68	0.69	0.66			0.66

注：LOI 为烧失量；$Mg^{\#}$ 为镁指数；A/CNK 为 $Al_2O_3/(CaO+Na_2O+K_2O)$ 摩尔比；A/NK 为 $Al_2O_3/(Na_2O+K_2O)$ 摩尔比；Eu 异常计算公式为 $Eu/Eu^*=2*Eu_N/(Sm_N+Gd_N)$，N 为球粒陨石标准化后的数值；m 为同位素比值测量值；t 为校正后的初始同位素比值；$\varepsilon_{Nd}(t)$ 为初始值；CHUR 为球粒陨石均一储库；T_{DM} 为地壳物质从亏损地幔分离的时间；T_{DM2} 为二阶段钕亏损地幔模型年龄。

附表 6-6　羌塘盆地多玛乡阿布山组火山岩主微量元素及 Sr-Nd 同位素数据

样品号	DM1602-H1	DM1602-H2	DM1602-H3	DM1602-H4	DM1602-H5	DM1602-H6	DM1602-H7	DM1602-H8
岩性	流纹岩							
主量元素 /%								
SiO_2	70.5	71.94	71.05	72.47	72.16	71.71	69.76	69.89
TiO_2	0.423	0.413	0.426	0.424	0.412	0.425	0.527	0.539
Al_2O_3	14.59	14.02	15.06	14.17	14.02	14.09	15.26	14.94
$Fe_2O_3^T$	2.37	2.16	2.21	2.39	1.95	2.51	2.01	2.59
MnO	0.006	0.009	0.013	0.009	0.006	0.007	0.032	0.038
MgO	0.21	0.26	0.34	0.26	0.25	0.23	0.36	0.25
CaO	1.07	1.14	1.28	0.87	0.98	1.06	2.64	1.48
Na_2O	0.74	3.41	3.59	0.7	1.07	0.61	3.75	3.57
K_2O	5.3	3.87	3.74	4.92	5.18	4.77	3.23	3.46
P_2O_5	0.129	0.119	0.143	0.129	0.124	0.136	0.175	0.161
LOI	3.97	2.39	1.98	2.96	3.11	4.16	2.78	2.16
汇总	99.32	99.75	99.82	99.29	99.26	99.72	100.52	99.1
A/CNK	1.64	1.18	1.23	1.76	1.53	1.74	1.06	1.21
A/NK	2.10	1.43	1.51	2.19	1.90	2.28	1.58	1.55
K_2O+Na_2O	6.04	7.28	7.33	5.62	6.25	5.38	6.98	7.03
DI	85	91	90	85	87	84	92	89
$Mg^{\#}$	15	19	23	18	20	15	26	16
T_{Zr}	867	837	836	874	857	872	812	836

续表

样品号	DM1602-H1	DM1602-H2	DM1602-H3	DM1602-H4	DM1602-H5	DM1602-H6	DM1602-H7	DM1602-H8
岩性	流纹岩							
微量元素 /10^{-6}								
Sc	2.25	4.25	5.37	2.30	2.29	2.60	6.91	5.93
V	37.79	32.50	40.58	31.78	32.50	37.94	55.60	49.65
Cr	5.71	4.25	5.25	5.15	5.11	5.25	4.13	3.20
Co	2.16	1.95	3.57	1.93	1.29	2.04	3.00	2.37
Ni	4.37	2.92	3.97	3.49	2.85	4.34	2.79	2.59
Ga	13.69	15.33	16.39	13.91	14.03	13.62	16.25	16.83
Rb	147.94	107.96	106.95	134.61	143.72	127.82	94.78	99.49
Sr	162.02	193.19	186.03	167.33	183.13	155.37	209.66	206.63
Y	16.02	15.53	16.08	16.57	15.52	15.28	19.89	20.47
Zr	239.49	238.59	232.78	242.25	225.90	238.11	217.95	235.49
Nb	10.78	10.97	15.49	10.67	10.49	10.35	10.49	10.94
Ba	666.96	553.74	566.91	561.16	745.14	495.51	462.17	455.27
La	36.34	36.59	37.02	37.16	37.55	36.23	33.47	36.20
Ce	67.43	63.41	66.53	66.03	64.05	64.37	59.29	62.86
Pr	7.14	7.30	7.46	7.26	7.31	7.13	6.90	7.43
Nd	25.21	25.75	26.56	25.54	25.77	25.20	25.19	27.10
Sm	4.27	4.38	4.59	4.28	4.31	4.24	4.46	4.77
Eu	0.89	0.88	0.93	0.86	0.92	0.84	0.93	0.96
Gd	3.66	3.63	3.79	3.66	3.69	3.61	3.83	4.07
Tb	0.50	0.49	0.53	0.49	0.49	0.49	0.55	0.58
Dy	2.79	2.75	2.95	2.79	2.71	2.72	3.27	3.40
Ho	0.53	0.52	0.55	0.54	0.51	0.52	0.64	0.66
Er	1.46	1.45	1.51	1.50	1.40	1.43	1.76	1.80
Tm	0.21	0.21	0.22	0.21	0.20	0.20	0.26	0.26
Yb	1.25	1.32	1.37	1.29	1.23	1.22	1.63	1.64

续表

样品号	DM1602-H1	DM1602-H2	DM1602-H3	DM1602-H4	DM1602-H5	DM1602-H6	DM1602-H7	DM1602-H8
岩性	流纹岩							
微量元素 /10^{-6}								
Lu	0.20	0.21	0.22	0.21	0.19	0.19	0.26	0.26
Hf	6.20	6.11	6.08	6.16	5.94	6.09	5.69	6.08
Ta	0.82	0.84	1.07	0.83	0.83	0.81	0.77	0.81
Pb	19.33	18.37	19.37	18.27	19.17	19.11	16.79	17.83
Th	9.54	11.35	10.76	10.38	13.12	10.43	10.03	11.24
U	1.07	1.58	1.69	1.25	1.17	1.14	1.78	1.83
LREE	141	138	143	141	140	138	130	139
HREE	10.6	10.58	11.14	10.69	10.42	10.38	12.2	13
LREE/HREE	13.33	13.07	12.84	13.20	13.43	13.30	10.68	11
Eu/Eu*	0.69	0.67	0.68	0.66	0.71	0.66	0.69	0.67
Zr+Nb+Ce+Y	333.72	328.49	330.87	335.52	315.96	328.12	307.63	330
10000*Ga/Al_2O_3	1.77	2.06	2.06	1.85	1.89	1.83	2.01	2
Sr-Nd 同位素组成								
$^{87}Rb/^{86}Sr$	2.64	1.62	1.66	2.33	2.27	2.38		
$(^{87}Sr/^{86}Sr)_m$	0.70732	0.70662	0.70666	0.70719	0.70712	0.70713		
2SE	5	5	4	5	5	5		
$(^{87}Sr/^{86}Sr)_i$	0.70453	0.70491	0.70490	0.70472	0.70472	0.70461		
$^{147}Sm/^{144}Nd$	0.10	0.10	0.10	0.10	0.10	0.10		
$(^{143}Nd/^{144}Nd)_m$	0.51271	0.51268	0.51270	0.51270	0.51271	0.51270		
2SE	2	6	6	3	3	3		
$\varepsilon_{Nd}(t)$	2.26	1.63	2.13	2.08	2.35	2.17		
$(^{143}Nd/^{144}Nd)_i$	0.51266	0.51263	0.51265	0.51265	0.51266	0.51265		
T_{DM}/Ga	0.61	0.65	0.63	0.61	0.59	0.61		
T_{DM2}/Ga	0.70	0.76	0.71	0.72	0.70	0.71		

注：LOI 为烧失量；$Mg^{\#}$ 为镁指数；A/CNK 为 $Al_2O_3/(CaO+Na_2O+K_2O)$ 摩尔比；A/NK 为 $Al_2O_3/(Na_2O+K_2O)$ 摩尔比；Eu 异常计算公式为 $Eu/Eu^*=2^*Eu_N/(Sm_N+Gd_N)$，N 为球粒陨石标准化后的数值；m 为同位素比值测量值；t 为校正后的初始同位素比值；$\varepsilon_{Nd}(t)$ 为初始值；CHUR 为球粒陨石均一储库；T_{DM} 为地壳物质从亏损地幔分离的时间；T_{DM2} 为二阶段钕亏损地幔模型年龄。

附表 6-7 羌塘盆地毕洛错火山岩主微量元素及 Sr-Nd 同位素数据

样品号	D0312-H1	D0312-H2	D0312-H3	D0312-H4	D0312-H5	D0312-H6	D0312-H7	D0312-H8	D0312-H9	D0312-H10	D0312-H11	D0312-H12	D0312-H13	D0312-H14	D0312-H15	D0312-H15*
岩性	安山岩															
主量元素 /%																
SiO_2	53.86	53.47	54.43	54.53	54.52	54.14	53.18	53.02	53.47	54.52	50.78	53.05	50.26	51.73	52.09	
TiO_2	0.87	0.92	0.87	0.87	0.88	0.87	0.89	0.89	0.81	0.82	0.81	0.83	0.81	0.81	0.82	
Al_2O_3	15.28	15.70	15.09	15.18	15.11	15.17	15.25	15.21	14.25	14.23	14.18	14.57	14.19	14.39	14.31	
$Fe_2O_3^T$	7.38	7.80	7.45	7.59	7.62	7.55	7.78	7.67	7.15	7.27	7.00	7.78	7.04	7.55	6.96	
MnO	0.09	0.06	0.09	0.08	0.08	0.07	0.06	0.06	0.11	0.10	0.13	0.10	0.14	0.12	0.12	
MgO	4.03	3.28	4.02	4.72	4.54	4.50	4.82	4.86	3.70	3.39	3.49	3.83	2.30	3.28	3.78	
CaO	8.63	8.53	8.75	8.83	8.78	8.69	8.33	8.32	8.66	7.99	11.13	7.89	10.87	8.02	10.41	
Na_2O	3.02	2.94	2.92	2.87	2.86	2.92	2.96	2.93	3.34	3.33	3.00	3.54	3.69	3.56	2.94	
K_2O	2.50	2.52	2.48	2.46	2.49	2.50	2.50	2.49	2.60	2.68	2.28	2.80	2.57	3.18	2.37	
P_2O_5	0.32	0.34	0.32	0.32	0.33	0.33	0.33	0.33	0.31	0.31	0.31	0.31	0.31	0.31	0.31	
LOI	3.64	3.84	2.92	2.65	2.37	3.17	3.65	3.56	5.46	4.92	6.62	5.42	7.75	6.55	6.12	
汇总	99.62	99.41	99.34	100.11	99.58	99.90	99.75	99.33	99.88	99.53	99.73	100.12	99.93	99.50	100.23	
Na_2O/K_2O	1.21	1.17	1.18	1.16	1.15	1.17	1.19	1.17	1.28	1.24	1.32	1.27	1.43	1.12	1.24	
K_2O+Na_2O	5.75	5.71	5.59	5.47	5.51	5.60	5.68	5.66	6.29	6.35	5.68	6.69	6.79	7.25	5.64	
$Mg^{\#}$	51.95	45.41	51.63	55.19	54.15	54.11	55.10	55.65	50.63	48.00	49.70	49.36	39.33	46.25	51.81	
微量元素 /10^{-6}																
Sc	21.00	21.94	21.01	21.11	21.21	20.94	21.17	21.07	20.09	19.88	20.28	20.41	19.90	19.50	20.31	19.90
V	181.21	195.8	179.0	178.5	183.2	181.0	187.7	184.8	142.9	153.6	167.3	141.0	157.0	149.0	164.7	163.0
Cr	115.79	123.2	119.0	125.9	119.6	119.4	121.0	116.6	112.6	109.7	111.9	110.8	112.8	116.2	116.8	114.3
Co	31.53	24.0	31.2	31.3	30.3	29.8	31.2	30.3	25.9	23.5	28.4	26.1	23.0	25.9	28.7	27.8
Ni	67.24	66.37	69.23	71.58	70.33	69.41	70.42	69.08	62.36	61.35	66.94	61.57	57.40	68.99	66.57	65.45
Ga	20.05	19.83	19.19	19.19	19.05	18.91	19.22	19.13	17.81	17.80	17.51	18.30	16.87	17.92	18.20	17.67
Rb	59.92	56.14	57.98	56.73	58.97	57.37	58.46	55.78	69.01	67.69	59.97	74.89	68.32	79.68	62.06	60.91

续表

样品号	D0312-H1	D0312-H2	D0312-H3	D0312-H4	D0312-H5	D0312-H6	D0312-H7	D0312-H8	D0312-H9	D0312-H10	D0312-H11	D0312-H12	D0312-H13	D0312-H14	D0312-H15	D0312-H15*
岩性	安山岩															
微量元素 /10^{-6}																
Sr	1626.74	1663.25	1609.85	1593.37	1593.97	1578.92	1588.57	1593.94	1427.18	1415.29	1488.98	1370.51	1362.21	1156.40	1522.32	1478.48
Y	21.90	21.11	20.99	21.12	20.84	20.74	21.04	21.32	18.90	18.08	19.99	19.14	21.29	17.57	19.93	19.59
Zr	153.71	150.04	145.60	147.30	149.20	147.14	148.90	146.33	140.12	134.96	139.00	138.49	133.78	136.07	137.18	135.48
Nb	10.55	10.69	10.26	10.30	10.40	10.32	10.49	10.19	9.78	9.79	9.61	9.80	9.60	9.49	9.70	9.55
Ba	1176.60	1174.1	1195	1236	1151	1260	1184	1155	1211	1133	1062	1156	1114	1276	1098	1078
La	60.08	61.0	57.2	57.7	58.3	58.0	59.7	58.6	54.3	51.9	54.2	54.1	55.0	52.9	53.7	52.2
Ce	122.33	123.3	118.1	119.9	119.1	119.7	124.8	121.0	111.2	109.1	112.6	113.3	110.7	103.7	112.0	110.5
Pr	14.39	14.6	13.99	14.10	14.03	14.00	14.47	14.21	13.02	12.83	13.19	13.40	13.37	12.26	13.15	12.87
Nd	58.20	57	55.1	55.9	55.5	55.6	55.8	55.1	50.9	50.8	52.0	52.7	53.8	47.9	51.9	51.4
Sm	9.11	9.2	8.86	8.99	8.82	8.96	9.12	9.11	8.44	8.08	8.49	8.47	8.71	7.56	8.44	8.05
Eu	2.50	3	2.44	2.44	2.46	2.37	2.45	2.47	2.24	2.18	2.29	2.30	2.37	2.02	2.26	2.24
Gd	6.34	6.3	6.03	6.33	5.87	6.04	6.08	6.14	5.75	5.54	5.81	5.69	5.83	5.17	5.79	5.75
Tb	0.79	1	0.74	0.78	0.76	0.74	0.76	0.78	0.70	0.68	0.72	0.69	0.76	0.65	0.71	0.71
Dy	4.25	4.18	4.09	4.19	4.06	4.13	4.12	4.15	3.73	3.54	3.90	3.76	4.13	3.42	3.79	3.80
Ho	0.77	0.74	0.73	0.75	0.71	0.74	0.74	0.75	0.67	0.66	0.69	0.67	0.74	0.62	0.70	0.68
Er	2.12	2.08	2.02	2.09	2.03	2.02	2.06	2.02	1.93	1.84	1.95	1.87	2.04	1.74	1.98	1.92
Tm	0.29	0.29	0.29	0.31	0.28	0.29	0.29	0.29	0.26	0.27	0.28	0.26	0.28	0.25	0.28	0.26
Yb	1.79	1.89	1.85	1.84	1.79	1.78	1.81	1.76	1.68	1.64	1.67	1.69	1.88	1.50	1.78	1.68
Lu	0.28	0.29	0.26	0.30	0.27	0.26	0.29	0.27	0.25	0.24	0.26	0.25	0.27	0.22	0.24	0.25
Hf	4.03	3.91	3.82	3.83	3.95	3.82	3.86	3.83	3.70	3.52	3.71	3.64	3.52	3.61	3.64	3.57
Ta	0.81	0.78	0.78	0.79	0.77	0.77	0.78	0.76	0.74	0.74	0.72	0.73	0.71	0.71	0.73	0.73
Pb	12.42	25.63	12.35	18.57	17.33	18.96	20.76	20.98	18.59	17.62	16.55	16.63	17.84	20.59	15.86	15.44

续表

样品号	D0312-H1	D0312-H2	D0312-H3	D0312-H4	D0312-H5	D0312-H6	D0312-H7	D0312-H8	D0312-H9	D0312-H10	D0312-H11	D0312-H12	D0312-H13	D0312-H14	D0312-H15	D0312-H15*
岩性	安山岩															
微量元素 /10^{-6}																
Th	14.17	14.37	13.75	13.65	13.72	13.89	13.90	13.80	13.01	12.80	12.61	12.91	12.72	12.87	12.81	12.44
U	3.30	3.15	3.15	3.09	2.81	3.32	3.36	3.20	2.27	2.42	2.80	2.10	2.22	2.45	2.78	2.66
∑ REE	283.25	284.44	271.69	275.59	274.06	274.65	282.50	276.66	255.11	249.37	258.08	259.14	259.83	239.88	256.70	252.43
Sr/Y	74.29	78.79	76.68	75.44	76.50	76.12	75.49	74.76	75.53	78.28	74.50	71.60	63.97	65.83	76.39	75.46
$(La/Yb)_N$	24.07	23.12	22.24	22.46	23.36	23.38	23.69	23.93	23.20	22.70	23.31	23.02	21.04	25.24	21.66	22.27
Eu/Eu*	1.01	1.01	1.02	0.99	1.04	0.98	1.01	1.01	0.98	0.99	1.00	1.01	1.01	0.99	0.99	1.00
Sr-Nd 同位素组成																
$^{87}Rb/^{86}Sr$	0.1067		0.1043		0.1071		0.1066		0.1400		0.1166				0.1180	
$(^{87}Sr/^{86}Sr)_m$	0.70532		0.70532		0.70529		0.70533		0.70543		0.70536				0.70534	
2SE	13		13		6		5		5		5				6	
$(^{87}Sr/^{86}Sr)_i$	0.705176		0.705179		0.705175		0.705149		0.705138		0.705271				0.705203	
$^{147}Sm/^{144}Nd$	0.094610		0.097246		0.095988		0.098719		0.100254		0.098746				0.098426	
$(^{143}Nd/^{144}Nd)_m$	0.512712		0.512699		0.512693		0.512700		0.512689		0.512700				0.512700	
2SE	12		13		9		8		9		9				11	
$\varepsilon_{Nd}(t)$	2.68		2.40		2.29		2.40		2.16		2.40				2.40	
$(^{143}Nd/^{144}Nd)_i$	0.51265		0.51264		0.51263		0.51264		0.51263		0.51264				0.51264	
T_{DM}/Ga	0.56		0.59		0.59		0.60		0.62		0.60				0.60	
T_{DM2}/Ga	2.68		2.40		2.29		2.40		2.16		2.40				2.40	

注：LOI 为烧失量；$Mg^{\#}$ 为镁指数；A/CNK 为 $Al_2O_3/(CaO+Na_2O+K_2O)$ 摩尔比；A/NK 为 $Al_2O_3/(Na_2O+K_2O)$ 摩尔比；Eu 异常计算公式为 $Eu/Eu^*=2*Eu_N/(Sm_N+Gd_N)$，N 为球粒陨石标准化后的数值；m 为同位素比值测量值；t 为校正后的初始同位素比值；$\varepsilon_{Nd}(t)$ 为初始值；CHUR 为球粒陨石均一储库；T_{DM} 为地壳物质从亏损地幔分离的时间；T_{DM2} 为二阶段钕亏损地幔模型年龄。

附表 6-8　羌塘盆地处布日火山岩主微量元素及 Sr-Nd-Pb 同位素数据

样品号	D1709-1H	D1709-2H	D1709-3H	D1709-4H	D1709-5H	D1709-6H	D1709-7H	D1709-8H	D1709-9H
主量元素 /%									
SiO_2	71.43	71.4	71.54	71.07	71.97	71.12	73.08	72.43	71.27
TiO_2	0.171	0.164	0.17	0.165	0.155	0.168	0.17	0.163	0.17
Al_2O_3	15.54	15.93	15.36	15.38	15.91	15.38	15.79	15.98	15.28
$Fe_2O_3^T$	1.07	1.27	1.01	1.3	1.13	1.23	1.11	1.25	1.18
MnO	0.02	0.03	0.02	0.02	0.02	0.03	0.02	0.02	0.02
MgO	0.27	0.25	0.26	0.25	0.25	0.32	0.27	0.22	0.27
CaO	0.24	0.32	0.23	0.26	0.21	0.35	0.19	0.21	0.23
Na_2O	5.29	5.08	4.87	5.26	5.1	4.99	5.78	5.65	4.93
K_2O	4.43	5.11	5.19	4.91	4.63	5.08	3.3	3.96	5.17
P_2O_5	0.03	0.03	0.02	0.01	0.02	0.01	0.01	0.02	0.01
LOI	0.85	0.7	0.87	0.64	0.85	0.7	0.87	0.72	0.7
汇总	99.36	100.29	99.53	99.26	100.24	99.38	100.58	100.61	99.23
A/CNK	1.12	1.10	1.09	1.07	1.15	1.07	1.18	1.14	1.08
A/NK	1.15	1.15	1.13	1.10	1.19	1.12	1.21	1.18	1.11
K_2O+Na_2O	9.72	10.19	10.06	10.17	9.73	10.07	9.08	9.61	10.10
$Mg^{\#}$	34	28	34	28	31	34	33	26	31
Na_2O/K_2O	1.19	0.99	0.94	1.07	1.10	0.98	1.75	1.43	0.95
T_{Zr}	814	828	801	805	801	812	813	806	807
DI	96	96	96	96	95	96	95	95	96
微量元素 /10^{-6}									
Sc	1.8	2.5	1.7	1.5	1.5	2.1	1.9	1.9	1.8
V	2	3	2	2	2	2	3	2	2
Cr	0.1	0.7	0.1	1.6	0.1	1.6	1.2	2.5	1.7
Co	0.0	0.0	0.0	0.0	0.0	0.0	0.0	0.0	0.0
Ni	0.5	0.4	0.4	0.7	0.5	0.8	1.0	1.5	1.0

续表

样品号	D1709-1H	D1709-2H	D1709-3H	D1709-4H	D1709-5H	D1709-6H	D1709-7H	D1709-8H	D1709-9H
微量元素 /10^{-6}									
Ga	17.7	23.3	15.7	15.9	15.3	17.7	18.0	17.3	16.4
Rb	103	164	113	114	100	140	82	95	121
Sr	101	128	87	82	85	96	125	106	98
Y	19.8	23.8	16.7	15.9	15.2	17.6	19.2	18.6	17.1
Zr	208	242	181	190	181	205	206	192	193
Nb	34.5	40.8	32.9	33.3	33.3	36.0	36.8	36.4	35.6
Ba	754	1126	691	556	576	718	437	541	680
La	57.5	68.2	44.4	43.1	41.6	48.2	44.9	45.1	44.0
Ce	117.0	141.1	88.4	88.8	79.5	101.7	84.3	84.2	86.1
Pr	12.26	14.71	9.34	9.11	8.64	10.51	9.51	9.52	9.34
Nd	37.9	45.4	28.7	28.1	26.5	32.1	29.2	29.0	28.6
Sm	4.98	5.99	3.80	3.76	3.50	4.29	3.88	3.85	3.82
Eu	0.84	1.18	0.71	0.65	0.62	0.81	0.61	0.65	0.71
Gd	4.48	5.51	3.44	3.42	3.15	3.91	3.53	3.58	3.51
Tb	0.62	0.75	0.49	0.48	0.44	0.55	0.51	0.52	0.50
Dy	2.97	3.62	2.48	2.41	2.22	2.71	2.68	2.65	2.57
Ho	0.64	0.79	0.55	0.53	0.49	0.58	0.61	0.59	0.57
Er	1.95	2.41	1.67	1.63	1.51	1.80	1.88	1.81	1.73
Tm	0.43	0.56	0.38	0.37	0.35	0.41	0.44	0.41	0.40
Yb	2.85	3.71	2.54	2.49	2.33	2.80	2.92	2.71	2.69
Lu	0.41	0.53	0.36	0.36	0.34	0.40	0.41	0.39	0.38
Hf	6.16	7.48	5.48	5.63	5.53	6.26	6.15	5.92	5.91
Ta	2.40	3.00	2.24	2.19	2.24	2.50	2.51	2.47	2.44
Pb	17.64	39.75	17.49	16.28	13.77	28.52	12.79	13.51	18.32
Th	27.70	35.95	23.43	24.63	22.48	28.41	24.12	24.63	25.67

续表

样品号	D1709-1H	D1709-2H	D1709-3H	D1709-4H	D1709-5H	D1709-6H	D1709-7H	D1709-8H	D1709-9H
微量元素 /10^{-6}									
U	1.99	3.53	2.07	2.94	1.74	2.70	1.86	2.09	2.82
∑REE	244.85	294.39	187.33	185.24	171.16	210.70	185.36	184.97	184.92
$(La/Yb)_N$	14.46	13.20	12.53	12.45	12.79	12.33	11.04	11.93	11.72
Eu/Eu*	0.55	0.63	0.60	0.55	0.57	0.60	0.50	0.54	0.60
Sr-Nd-Pb 同位素组成									
$^{87}Rb/^{86}Sr$	2.97		3.77		3.42		1.90		3.61
$(^{87}Sr/^{86}Sr)_m$	0.7120		0.7123		0.7124		0.7084		0.7124
2SE	14		5		6		6		7
$(^{87}Sr/^{86}Sr)_i$	0.7089		0.7083		0.7088		0.7064		0.7086
$^{147}Sm/^{144}Nd$	0.0794		0.0799		0.0800		0.0805		0.0807
$(^{143}Nd/^{144}Nd)_m$	0.512457		0.512476		0.512481		0.512317		0.512455
2SE	22		16		13		13		18
$\varepsilon_{Nd}(t)$	−2.42		−2.06		−1.96		−5.17		−2.47
$(^{143}Nd/^{144}Nd)_i$	0.512419		0.512437		0.512442		0.512278		0.512416
T_{DM}/Ga	0.79		0.77		0.76		0.95		0.80
T_{2DM}/Ga	1.10		1.07		1.07		1.33		1.11
$^{206}Pb/^{204}Pb$	18.852		18.833		18.885		18.896		18.850
2SE	7		6		6		7		6
$^{207}Pb/^{204}Pb$	15.707		15.705		15.708		15.713		15.705
2SE	6		6		5		7		6
$^{208}Pb/^{204}Pb$	39.619		39.517		39.643		39.663		39.459
2SE	16		17		16		16		15
$(^{206}Pb/^{204}Pb)_t$	18.843		18.823		18.875		18.884		18.837
$(^{207}Pb/^{204}Pb)_t$	15.706		15.705		15.708		15.713		15.705
$(^{208}Pb/^{204}Pb)_t$	39.578		39.482		39.600		39.613		39.422

续表

样品号	D1709-10H	D1709-11H	D1709-12H	D1709-13H	D1709-14H	D1709-15H	D1709-16H	D1709-17H
主量元素 /%								
SiO_2	72.18	71.42	71.43	71.32	71.43	73.12	71.58	71.50
TiO_2	0.16	0.166	0.17	0.167	0.169	0.164	0.167	0.169
Al_2O_3	15.97	15.85	15.31	15.39	15.35	15.96	15.35	15.29
$Fe_2O_3^T$	1.01	1.2	1.09	1.32	1.25	1.06	1.02	1.21
MnO	0.02	0.02	0.02	0.02	0.02	0.02	0.03	0.02
MgO	0.27	0.33	0.25	0.21	0.29	0.27	0.26	0.26
CaO	0.22	0.27	0.18	0.16	0.17	0.19	0.28	0.18
Na_2O	5.02	4.97	4.91	5.12	5.38	5.73	4.97	4.89
K_2O	4.78	4.99	4.73	4.7	4.37	3.27	5.25	5.02
P_2O_5	0.02	0.02	0.02	0.02	0.02	0.02	0.02	0.01
LOI	0.77	0.74	0.92	0.82	0.83	1.15	0.85	0.85
汇总	100.40	99.97	99.03	99.25	99.28	100.95	99.78	99.39
A/CNK	1.15	1.13	1.13	1.12	1.11	1.20	1.07	1.11
A/NK	1.19	1.17	1.16	1.14	1.13	1.23	1.11	1.13
K_2O+Na_2O	9.80	9.96	9.64	9.82	9.75	9.00	10.22	9.91
$Mg^\#$	35	35	31	24	32	34	34	30
Na_2O/K_2O	1.05	1.00	1.04	1.09	1.23	1.75	0.95	0.97
T_{Zr}	803	805	801	798	803	806	800	800
DI	96	95	96	96	96	95	97	96
微量元素 /10^{-6}								
Sc	1.7	1.7	1.7	1.5	1.4	1.8	1.9	1.4
V	3	3	2	2	2	4	2	2
Cr	0.0	0.8	0.0	0.0	0.1	0.2	5.2	0.0
Co	0.0	0.0	0.0	0.0	0.0	0.0	0.0	0.0
Ni	0.5	0.7	0.5	0.2	0.5	0.7	2.4	0.3

续表

样品号	D1709-10H	D1709-11H	D1709-12H	D1709-13H	D1709-14H	D1709-15H	D1709-16H	D1709-17H
微量元素 /10^{-6}								
Ga	15.8	15.9	15.5	15.8	15.4	15.8	16.9	15.7
Rb	105	114	105	108	98	71	125	115
Sr	90	91	82	95	110	104	90	91
Y	16.4	16.9	16.9	15.7	13.9	17.1	18.9	15.8
Zr	186	190	181	175	186	191	179	179
Nb	33.6	34.1	34.6	34.0	33.6	34.3	33.8	33.4
Ba	681	829	706	599	448	502	780	686
La	43.9	46.1	46.6	38.7	37.8	41.9	50.9	48.6
Ce	86.0	83.1	80.2	59.1	65.4	80.1	92.6	68.5
Pr	9.31	9.72	9.93	6.66	6.78	8.09	10.99	8.41
Nd	28.6	30.0	31.1	20.2	20.6	25.0	33.9	26.2
Sm	3.80	3.96	4.16	2.73	2.77	3.43	4.52	3.46
Eu	0.71	0.78	0.73	0.56	0.46	0.58	0.82	0.67
Gd	3.47	3.59	3.67	2.54	2.56	3.13	4.08	3.16
Tb	0.49	0.50	0.51	0.38	0.38	0.46	0.58	0.46
Dy	2.44	2.51	2.52	2.16	2.00	2.49	2.89	2.35
Ho	0.54	0.55	0.55	0.51	0.46	0.57	0.62	0.53
Er	1.66	1.68	1.69	1.59	1.46	1.73	1.88	1.65
Tm	0.38	0.39	0.38	0.38	0.34	0.40	0.42	0.39
Yb	2.52	2.55	2.54	2.55	2.22	2.65	2.85	2.56
Lu	0.36	0.37	0.36	0.36	0.32	0.37	0.41	0.37
Hf	5.67	5.90	5.57	5.48	5.66	5.82	5.77	5.67
Ta	2.36	2.31	2.42	2.36	2.18	2.37	2.42	2.34
Pb	16.81	17.85	16.27	14.48	11.06	12.80	23.90	16.82
Th	23.54	24.03	22.74	20.98	19.13	22.29	26.67	21.00
U	1.69	2.03	1.67	2.13	1.74	1.60	2.30	1.81

续表

样品号	D1709-10H	D1709-11H	D1709-12H	D1709-13H	D1709-14H	D1709-15H	D1709-16H	D1709-17H
微量元素 /10^{-6}								
∑REE	184.13	185.84	184.94	138.44	143.56	170.91	207.43	167.26
$(La/Yb)_N$	12.48	13.00	13.20	10.87	12.17	11.35	12.79	13.64
Eu/Eu*	0.59	0.63	0.57	0.64	0.53	0.54	0.59	0.62
Sr-Nd 同位素组成								
$^{87}Rb/^{86}Sr$		3.63		3.29		1.99		3.62
$(^{87}Sr/^{86}Sr)_m$		0.7121		0.7122		0.7108		0.7124
2SE		6		8		10		8
$(^{87}Sr/^{86}Sr)_i$		0.7083		0.7087		0.7087		0.7086
$^{147}Sm/^{144}Nd$		0.0796		0.0816		0.0829		0.0800
$(^{143}Nd/^{144}Nd)_m$		0.512472		0.512483		0.512438		0.512295
2SE		8		49		18		6
$\varepsilon_{Nd}(t)$		−2.13		−1.94		−2.83		−5.59
$(^{143}Nd/^{144}Nd)_i$		0.512433		0.512443		0.512398		0.512256
T_{DM}/Ga		0.77		0.77		0.83		0.97
T_{DM2}/Ga		1.08		1.06		1.13		1.36
$^{206}Pb/^{204}Pb$		18.784		18.856		18.857		18.794
2SE		14		32		16		4
$^{207}Pb/^{204}Pb$		15.695		15.698		15.711		15.705
2SE		13		28		13		5
$^{208}Pb/^{204}Pb$		39.397		39.458		39.597		39.444
2SE		33		73		35		14
$(^{206}Pb/^{204}Pb)_t$		18.774		18.844		18.847		18.793
$(^{207}Pb/^{204}Pb)_t$		15.695		15.698		15.710		15.704
$(^{208}Pb/^{204}Pb)_t$		39.362		39.420		39.551		39.411

注：LOI 为烧失量；$Mg^{\#}$ 为镁指数；A/CNK 为 $Al_2O_3/(CaO+Na_2O+K_2O)$ 摩尔比；A/NK 为 $Al_2O_3/(Na_2O+K_2O)$ 摩尔比；Eu 异常计算公式为 $Eu/Eu^*=2*Eu_N/(Sm_N+Gd_N)$，N 为球粒陨石标准化后的数值；m 为同位素比值测量值；t 为校正后的初始同位素比值；$\varepsilon_{Nd}(t)$ 为初始值；CHUR 为球粒陨石均一储库；T_{DM} 为地壳物质从亏损地幔分离的时间；T_{DM2} 为二阶段钕亏损地幔模型年龄。

附表 6-9 羌塘盆地晓那火山岩锆石 U-Pb 年龄数据

样品号	Th /10^{-6}	U /10^{-6}	Th/U 值	同位素比值						年龄 /Ma					
				$^{207}Pb/^{206}Pb$	±1σ	$^{207}Pb/^{235}U$	±1σ	$^{207}Pb/^{238}U$	±1σ	$^{207}Pb/^{206}Pb$	±1σ	$^{207}Pb/^{235}U$	±1σ	$^{206}Pb/^{238}U$	±1σ
样品 D0111-U1															
D0111-U1-01	117	275	0.42	0.05149	0.00317	0.36144	0.02112	0.05016	0.00075	261	138	313	16	315	5
D0111-U1-02	1460	2362	0.62	0.04687	0.00289	0.02876	0.00156	0.00447	0.00006	43	141	29	2	29	0
D0111-U1-03	300	240	1.25	0.06476	0.00242	1.18080	0.04333	0.13093	0.00151	766	78	792	20	793	9
D0111-U1-04	117	200	0.59	0.04842	0.00345	0.25933	0.01770	0.03874	0.00061	120	159	234	14	245	4
D0111-U1-05	6121	1670	3.66	0.04855	0.00438	0.01436	0.00108	0.00220	0.00005	128	196	15	1	14	0
D0111-U1-07	89.5	218	0.41	0.05172	0.00647	0.08732	0.01035	0.01302	0.00032	272	328	85	10	83	2
D0111-U1-08	260	403	0.65	0.04927	0.00714	0.03476	0.00485	0.00540	0.00016	161	317	35	5	35	1
D0111-U1-10	111	148	0.75	0.05068	0.00358	0.33542	0.02075	0.04906	0.00079	233	168	294	16	309	5
D0111-U1-11	768	246	3.13	0.05145	0.00976	0.03516	0.00499	0.00554	0.00024	261	394	35	5	36	2
D0111-U1-12	114	72.8	1.57	0.05612	0.01616	0.03869	0.00775	0.00589	0.00042	457	537	39	8	38	3
D0111-U1-13	194	315	0.62	0.05168	0.00285	0.26189	0.01377	0.03724	0.00060	272	128	236	11	236	4
D0111-U1-16	277	271	1.02	0.05070	0.00439	0.15503	0.01289	0.02220	0.00041	228	202	146	11	142	3
D0111-U1-17	644	217	2.96	0.04892	0.00862	0.03384	0.00663	0.00516	0.00021	143	380	34	7	33	1
D0111-U1-18	160	110	1.46	0.05547	0.00573	0.28113	0.02313	0.03841	0.00088	432	236	252	18	243	6
D0111-U1-19	650	1009	0.64	0.05124	0.00372	0.06304	0.00408	0.00913	0.00015	250	167	62	4	59	1
D0111-U1-20	280	139	2.01	0.06050	0.01391	0.03743	0.00999	0.00553	0.00027	620	513	37	10	36	2
D0111-U1-21	293	159	1.84	0.06860	0.01700	0.03395	0.00561	0.00531	0.00027	887	498	34	6	34	2
D0111-U1-22	1014	323	3.14	0.04636	0.00852	0.03292	0.00701	0.00546	0.00021	17	389	33	7	35	1
D0111-U1-23	550	1384	0.40	0.04615	0.00431	0.03144	0.00272	0.00490	0.00010	6	211	31	3	32	1

续表

样品号	Th /10^{-6}	U /10^{-6}	Th/U 值	同位素比值						年龄 /Ma					
				$^{207}Pb/^{206}Pb$	±1σ	$^{207}Pb/^{235}U$	±1σ	$^{207}Pb/^{238}U$	±1σ	$^{207}Pb/^{206}Pb$	±1σ	$^{207}Pb/^{235}U$	±1σ	$^{206}Pb/^{238}U$	±1σ
样品 D0111-U1															
D0111-U1-24	244	626	0.39	0.04633	0.00554	0.03475	0.00378	0.00535	0.00016	13	267	35	4	34	1
D0111-U1-25	213	113	1.89	0.06228	0.01887	0.03420	0.00677	0.00517	0.00029	683	542	34	7	33	2
D0111-U1-27	1008	1936	0.52	0.04746	0.00351	0.03229	0.00223	0.00494	0.00009	72	167	32	2	32	1
D0111-U1-28	122	206	0.59	0.05318	0.00322	0.28074	0.01595	0.03834	0.00065	345	142	251	13	243	4
D0111-U1-29	1288	2234	0.58	0.04921	0.00339	0.03343	0.00216	0.00489	0.00007	167	156	33	2	32	1
D0111-U1-30	356	179	1.98	0.06461	0.01465	0.03712	0.00682	0.00535	0.00022	761	497	37	7	34	1
样品 D0111-U2															
D0111-U2-01	210	329	0.64	0.05148	0.00316	0.25954	0.01453	0.03651	0.00056	261	138	234	12	231	4
D0111-U2-02	251	514	0.49	0.04814	0.00295	0.11252	0.00648	0.01693	0.00030	106	150	108	6	108	2
D0111-U2-03	586	1630	0.36	0.04900	0.00367	0.03074	0.00207	0.00457	0.00008	146	176	31	2	29	1
D0111-U2-05	80	81	0.98	0.06770	0.00341	1.26707	0.06443	0.13350	0.00191	861	106	831	29	808	11
D0111-U2-06	154	274	0.56	0.05162	0.00282	0.27619	0.01466	0.03860	0.00063	333	95	248	12	244	4
D0111-U2-07	207	617	0.33	0.04959	0.00658	0.03265	0.00386	0.00498	0.00015	176	281	33	4	32	1
D0111-U2-08	268	480	0.56	0.04950	0.00306	0.10354	0.00610	0.01522	0.00028	172	144	100	6	97	2
D0111-U2-10	376	1181	0.32	0.04886	0.00445	0.03369	0.00253	0.00488	0.00011	143	200	34	3	31	1
D0111-U2-11	1309	3565	0.37	0.05090	0.00284	0.03302	0.00151	0.00474	0.00006	235	130	33	2	31	0
D0111-U2-12	661	509	1.30	0.05860	0.01074	0.02010	0.00266	0.00298	0.00011	554	405	20	3	19	1
D0111-U2-13	543	1461	0.37	0.05049	0.00380	0.03347	0.00244	0.00484	0.00008	217	176	33	2	31	1
D0111-U2-14	135	300	0.45	0.04742	0.00403	0.09742	0.00794	0.01504	0.00031	78	183	94	7	96	2

续表

样品号	Th /10^{-6}	U /10^{-6}	Th/U 值	同位素比值						年龄 /Ma					
				$^{207}Pb/^{206}Pb$	±1σ	$^{207}Pb/^{235}U$	±1σ	$^{207}Pb/^{238}U$	±1σ	$^{207}Pb/^{206}Pb$	±1σ	$^{207}Pb/^{235}U$	±1σ	$^{206}Pb/^{238}U$	±1σ
样品 D0111-U2															
D0111-U2-15	17	232	0.07	0.05186	0.00535	0.09261	0.00819	0.01363	0.00033	280	232	90	8	87	2
D0111-U2-16	661	944	0.70	0.05147	0.00369	0.05674	0.00351	0.00818	0.00013	261	165	56	3	53	1
D0111-U2-17	39	257	0.15	0.10379	0.00289	3.96024	0.10526	0.27420	0.00357	1694	51	1626	22	1562	18
D0111-U2-18	143	222	0.64	0.06136	0.00288	0.67558	0.03087	0.07935	0.00131	652	102	524	19	492	8
D0111-U2-19	55	127	0.44	0.10257	0.00340	4.70929	0.15135	0.32783	0.00412	1672	61	1769	27	1828	20
D0111-U2-20	114	182	0.62	0.05649	0.00361	0.28964	0.01648	0.03772	0.00067	472	141	258	13	239	4
D0111-U2-21	159	296	0.54	0.05244	0.00299	0.27618	0.01478	0.03832	0.00052	306	130	248	12	242	3
D0111-U2-22	13419	5391	2.49	0.04809	0.00284	0.03060	0.00167	0.00452	0.00006	102	137	31	2	29	0
D0111-U2-23	241	375	0.64	0.04961	0.00318	0.17391	0.01093	0.02520	0.00041	176	150	163	10	160	3
D0111-U2-25	101	161	0.63	0.06685	0.00310	1.23493	0.05174	0.13426	0.00193	833	92	817	24	812	11
D0111-U2-26	421	1365	0.31	0.04729	0.00364	0.03084	0.00242	0.00468	0.00009	65	174	31	2	30	1
D0111-U2-27	773	2001	0.39	0.04721	0.00471	0.03012	0.00299	0.00456	0.00007	61	222	30	3	29	0
D0111-U2-28	1303	1383	0.94	0.04992	0.00300	0.03172	0.00177	0.00462	0.00008	191	134	32	2	30	1
D0111-U2-29	300	725	0.41	0.04813	0.00398	0.12935	0.00817	0.01967	0.00027	106	194	124	7	126	2
D0111-U2-30	216	432	0.50	0.05873	0.00200	0.73530	0.02444	0.08975	0.00098	567	76	560	14	554	6

附表 6-10 羌塘盆地晓那火山岩主微量元素及 Sr-Nd 同位素数据

样品号	D0111-H1	D0111-H2	D0111-H3	D0111-H4	D0111-H5	D0111-H6	D0111-H7	D0111-H8	D0111-H9	D0111-H10	D0111-H10R	D0111-H11	D0111-H12	D0111-H13	D0111-H14
主量元素 /%															
SiO_2	61.45	61.08	62.27	61.62	62.18	62.46	62.00	62.44	61.10	60.55	60.38	62.37	62.63	62.03	61.97
TiO_2	1.35	1.35	1.38	1.36	1.32	1.30	1.30	1.33	1.30	1.31	1.30	1.33	1.30	1.33	1.29
Al_2O_3	16.65	16.54	17.51	16.66	16.90	16.91	16.34	16.96	16.37	16.43	16.34	17.07	16.79	16.81	16.50
$Fe_2O_3^T$	4.95	5.56	4.43	5.23	4.07	3.60	4.47	3.77	5.74	6.06	6.08	3.81	3.70	4.22	4.56
MnO	0.05	0.06	0.03	0.03	0.04	0.02	0.03	0.02	0.07	0.07	0.07	0.02	0.02	0.03	0.03
MgO	0.69	0.6	0.59	0.63	0.54	0.53	0.68	0.5	0.54	0.55	0.59	0.52	0.56	0.59	0.76
CaO	3.36	3.42	3.42	3.43	3.39	3.33	3.25	3.48	3.29	3.33	3.33	3.35	3.35	3.37	3.26
Na_2O	5.11	5.00	5.11	5.10	5.18	5.18	5.04	5.04	4.99	5.01	4.97	5.23	5.15	5.18	4.99
K_2O	3.57	3.60	3.66	3.62	3.76	3.79	3.64	3.72	3.65	3.58	3.59	3.71	3.70	3.65	3.66
P_2O_5	0.75	0.75	0.77	0.78	0.74	0.75	0.74	0.75	0.73	0.73	0.73	0.75	0.72	0.73	0.72
LOI	3.02	3.07	2.06	2.20	2.84	2.71	2.96	2.96	2.92	3.27	3.27	2.69	2.16	1.20	1.40
汇总	100.95	101.03	101.22	100.66	100.95	100.58	100.45	100.97	100.69	100.89	100.65	100.85	100.09	99.14	99.15
K_2O+Na_2O	8.86	8.78	8.84	8.86	9.11	9.17	8.90	8.94	8.84	8.80	8.79	9.11	9.04	9.02	8.85
$Mg^\#$	22	18	21	19	21	23	23	21	16	15	16	21	23	22	25
微量元素 /10^{-6}															
Sc	5.14	5.71	6.37	5.44	4.04	5.24	5.25	6.48	5.32	5.81		5.21	4.93	4.07	5.2
V	105.12	117.89	115.23	105.95	103.05	101.28	102.19	105.42	101.43	118.62		105.2	99.72	103.52	101.77
Cr	22.32	25.51	61.55	20.25	18.76	19.92	19.86	23.96	21.64	24.33		22.54	18.97	23.86	20.1
Co	8.61	10.29	10.66	9.35	8.15	8.33	8.56	12.42	10.45	13.03		7.6	9.03	10.28	8.91
Ni	12.81	14.35	27.58	11.59	9.68	9.95	10.53	12.47	11.54	10.44		10.84	11.08	11.67	11.1
Ga	21.69	24.24	22.41	22.56	21.42	21.79	21.67	22.57	21.9	27.88		22.51	23.19	22.16	22.13
Rb	68.14	76.75	78.70	77.64	74.99	74.11	74.73	74.61	79.05	100.00		86.31	81.18	76.34	76.58
Sr	778.1	869.52	822.5	830.77	771.8	795.2	787.97	777.27	774	957.63		794.78	800.79	761.79	759.34

续表

样品号	D0111-H1	D0111-H2	D0111-H3	D0111-H4	D0111-H5	D0111-H6	D0111-H7	D0111-H8	D0111-H9	D0111-H10	D0111-H10R	D0111-H11	D0111-H12	D0111-H13	D0111-H14
微量元素 /10^{-6}															
Y	12.86	14.29	14.25	12.86	10.45	12.42	12.31	11.53	13.23	14.68		11.59	12.11	10.76	11.44
Zr	354.13	395.1	346.15	350.58	326.43	334.19	334.52	361.14	352.16	439.05		358.92	353.66	353.11	354.79
Nb	36.76	41.04	36.02	37.22	34.34	35.28	35.77	37.58	37.09	44.57		38.34	35.95	37.06	37.59
Ba	911.98	1026.04	763.23	785.16	723.2	742.82	748.51	783.46	749.44	975.15		784.88	790.86	782.78	769.93
La	60.08	66.98	62.94	62.49	57.43	60.49	59.68	56.37	59.92	74.45		63.1	68.07	57.26	63.73
Ce	109.52	123.08	117.86	121.85	107.35	115.56	115.31	106.54	113.75	140.43		119.33	128.82	107.67	123.02
Pr	12.66	14.04	13.13	13.44	11.91	12.79	12.51	11.83	12.73	15.44		13.1	14.09	12.04	13.67
Nd	44.54	49.76	46.95	46.98	40.73	44.37	43.88	41.01	44.68	54.79		45.97	50.14	42.03	47.41
Sm	7.11	7.96	7.55	7.56	6.44	7.24	7.18	6.55	7.21	8.61		7.32	8.03	6.76	7.76
Eu	1.81	2.01	1.84	1.85	1.66	1.78	1.75	1.73	1.78	2.21		1.81	1.89	1.73	1.83
Gd	5.64	6.28	6.07	5.89	5.11	5.74	5.64	5.22	5.65	6.81		5.6	6.22	5.24	5.93
Tb	0.64	0.73	0.7	0.67	0.57	0.65	0.65	0.58	0.65	0.76		0.63	0.69	0.59	0.67
Dy	2.91	3.24	3.17	3.01	2.43	2.9	2.86	2.6	2.95	3.32		2.74	2.93	2.59	2.93
Ho	0.47	0.52	0.52	0.48	0.38	0.47	0.46	0.42	0.48	0.53		0.43	0.45	0.4	0.45
Er	1.22	1.35	1.32	1.23	0.98	1.2	1.19	1.09	1.23	1.39		1.11	1.15	1.02	1.14
Tm	0.14	0.16	0.15	0.14	0.11	0.14	0.14	0.13	0.15	0.16		0.13	0.13	0.12	0.13
Yb	0.82	0.93	0.88	0.82	0.63	0.8	0.78	0.73	0.84	0.91		0.73	0.74	0.67	0.78
Lu	0.12	0.13	0.13	0.12	0.09	0.11	0.11	0.1	0.12	0.13		0.1	0.1	0.1	0.11
Hf	7.41	8.31	7.19	7.42	6.86	7.04	6.96	7.46	7.4	9.07		7.52	7.55	7.59	7.57
Ta	1.86	2.09	1.74	1.81	1.68	1.72	1.72	1.88	1.86	2.22		1.91	1.79	1.87	1.86
Pb	14.98	16.73	15.98	16.42	15.93	15.61	15.44	16.74	16.53	21.26		17.54	17.16	17.55	17.15
Th	7.86	8.58	7.82	7.98	7.46	7.98	7.64	8.23	8	9.72		8.11	8.67	8.17	8.46
U	1.35	1.58	1.53	1.36	1.47	1.59	1.56	1.68	1.5	2.24		1.51	1.52	1.17	1.3

续表

样品号	D0111-H1	D0111-H2	D0111-H3	D0111-H4	D0111-H5	D0111-H6	D0111-H7	D0111-H8	D0111-H9	D0111-H10	D0111-H10R	D0111-H11	D0111-H12	D0111-H13	D0111-H14
微量元素 /10^{-6}															
Sr/Y	60.5	60.9	57.7	64.6	73.9	64.0	64.0	67.4	58.5	65.2		68.6	66.1	70.8	66.4
$(La/Yb)_N$	52.4	51.8	51.3	54.4	65.5	54.5	54.6	55.3	51.2	58.9		62.3	65.8	61.6	58.7
Eu/Eu*	0.87	0.87	0.83	0.85	0.88	0.84	0.84	0.90	0.85	0.88		0.86	0.82	0.89	0.83
Sr-Nd 同位素															
$^{87}Rb/^{86}Sr$	0.2536	0.2556	0.2771	0.2706	0.2813	0.2699		0.2779		0.3024		0.3145			0.2920
$(^{87}Sr/^{86}Sr)_m$	0.70485	0.70481	0.70475	0.70480	0.70480	0.70479		0.70480		0.70485		0.70477			0.70479
2SE	5	4	4	5	6	5		4		5		5			4
$(^{87}Sr/^{86}Sr)_i$	0.70473	0.70469	0.70462	0.70467	0.70467	0.70467		0.70467		0.70471		0.70463			0.70465
$^{147}Sm/^{144}Nd$	0.096491	0.096652	0.097229	0.097219	0.095535	0.098618		0.096547		0.094986		0.096319			0.098922
$(^{143}Nd/^{144}Nd)_m$	0.512678	0.512674	0.512700	0.512686	0.512691	0.512681		0.512687		0.512686		0.512687			0.512686
2SE	5	4	7	6	5	4		4		5		4			4
$\varepsilon_{Nd}(t)$	1.18	1.11	1.61	1.35	1.45	1.23		1.37		1.35		1.37			1.34
$(^{143}Nd/^{144}Nd)_i$	0.512652	0.512649	0.512674	0.512661	0.512666	0.512655		0.512662		0.512661		0.512662			0.512660
T_{DM}/Ga	0.61	0.62	0.59	0.61	0.59	0.62		0.60		0.60		0.60			0.62
T_{DM2}/Ga	0.75	0.76	0.72	0.74	0.73	0.75		0.74		0.74		0.74			0.74

注：LOI 为烧失量；$Mg^{\#}$ 为镁指数；A/CNK 为 $Al_2O_3/(CaO+Na_2O+K_2O)$ 摩尔比；A/NK 为 $Al_2O_3/(Na_2O+K_2O)$ 摩尔比；Eu 异常计算公式为 $Eu/Eu^*=2*Eu_N/(Sm_N+Gd_N)$，N 为球粒陨石标准化后的数值；m 为同位素比值测量值；t 为校正后的初始同位素比值；$\varepsilon_{Nd}(t)$ 为初始值；CHUR 为球粒陨石均一储库；T_{DM} 为地壳物质从亏损地幔分离的时间；T_{DM2} 为二阶段钕亏损地幔模型年龄。